고분자재료학

Polymer Materials

공학박사 정평진 편저

고분자재료학

초판 인쇄 2014년 8월 25일
초판 발행 2014년 8월 29일

지은이 정평진
펴낸이 최국주
펴낸곳 동명사
출판등록 1950년 11월 1일(제1-76호)
주소 (우 413-756) 경기도 파주시 회동길 50(문발동)
전화 031-955-7200(대표)~2, 7203(편집부), 7204(물류)
팩스 031-955-7205
전자우편 webmaster@dmsbook.com
홈페이지 www.dmsbook.com

ISBN 978-89-411-8136-1 93570
값 30,000원

東明社

머 리 말

거대분자로 형성되어 있는 고분자의 개념이 확립된 것은 1930년경이기 때문에, 고분자화학은 다른 학문에 비하여 비교적 젊다고 말할 수 있다. 그러나 현재는 일단 체계화 되었으며, 관련분야에서 연구자와 기술자의 수도 증대하는 등의 독자적으로 한 분야를 형성하고 있다.

고분자재료는 금속, 세라믹, 고분자의 3대 재료 중에서 하나의 분야로서, 그 중에는 플라스틱, 고무, 섬유 등의 종류도 다양하며, 또한 내열성, 내약품성, 고탄성, 고강도 등의 특성을 가지는 고성능재료가 많이 개발되었고, 최근에는 감광성 수지, 전도성 고분자, 분리막 등이 전자재료, 의료용 재료 등으로서 광범위하게 활용되고 있다.

인류가 21세기에 새로운 문명을 맞이하기 위해서는, 인류가 다종다양한 새로운 재료를 개발해야 할 필요가 있다. 특히 고분자재료의 연구에는 다른 분야의 연구와는 달리 불확정 요소가 상당히 많다. 따라서 재료연구의 유일한 방법론은 포기하지 않고, 끊임없이 폭넓게 계속해서 연구하는 것이다.

본서는 광범위한 고분자재료를 기초편과 응용편의 2개 분야로 대분류했고, 기초편에서는 특성별로 10개 분야로 소분류했으며, 응용편에서는 6개 분야로 소분류하여 독자들이 분야별로 연구하는데 도움을 주려고 노력했다.

본서의 내용은 기본적, 일반적인 것을 정선했고, 독자들에게 이해를 증진시킬 목적으로 실험을 기술했으며, 여기에 참신한 것을 추가하여 독자들이 흥미를 갖도록 노력했지만, 내용상 부족한 부분도 있을 것으로 사료된다.

필자는 학식이 천박한 자로서 본서의 내용 중에 뜻이 잘 통하지 않는 곳도 적지 않으리라고 생각되기 때문에 독자 여러분의 아낌없는 충고를 바라마지 않는 바이다.

끝으로 본서의 필요성을 인식하고, 집필을 강력히 권고해 주신 선후배들과 동료 교수들, 그리고 각종 학술정보를 제공해 주신 한국과학기술정보연구원의 관계자 여러분들에게 감사드리며, 또한 출판을 기꺼이 허락해 주신 동명사 임직원 여러분들에게 심심한 사의를 표하는 바입니다.

2014년 7월 정평진

CONTENTS

제1부 기초편

제5장 열적 특성 고분자재료

제6장 광학적 특성 고분자재료

제7장 기계적 특성 고분자재료

제8장 전기적 특성 고분자재료

CONTENTS

제12장 탄소사슬고분자

제13장 다른 사슬을 갖는 열가소성 플라스틱

CONTENTS

1

기초편

Chapter 01

고분자재료의 개요

1-1 서론

새로운 성능 혹은 기능을 갖는 재료의 제조는 매우 중요한 연구과제로서 과학기술의 중심적 과제의 하나이다. 다종다양한 유기화합물 중에서 거대분자인 고분자재료는 금속재료, 세라믹스재료와 함께 3대 재료의 하나이다. 더욱, 특수한 금속재료나 세라믹스 또는 탄소섬유재료 등도 유기화학적 합성방법이나 구조에 대한 이해로 부터, 고분자재료로서의 구별은 반드시 명확하지 않다. 동일의 재료일지라도 발전의 경위로부터 고분자재료로서 취급되어왔다. 고분자재료에 한정되지 않고 재료는 그 특징과 용도로부터 구조재료, 성능재료, 기능재료라고 불리고 있지만, 특히 후자의 2종류에 있어서는 이들의 구별이 명확하지 않다. 우선 기능성인 면에서 취급되고 있는 분야나 개인에 따라서 성능재료와 기능재료에 대한 생각이 다르다. 그러나, 그의 개념으로 부터 정리하면, 성능은 내열성, 내구성, 강도 등의 수동적 성질이라고 생각되며, 한편 기능은 분리, 광전변환, 일렉트로크로미즘, 포토크로미즘, 비선형 광학기능이나 광반응성 등의 화학, 빛, 전기, 열, 기계 등의 정보나 에너지를 양적 혹은 질적(형태적)으로 변환시키는 능동적 성질이라고 생각할 수 있다. 여기서는 취급하는 고분자재료를 그의 개념에 따라서 분류하여 표 1-1에 나타내지만, 그러나 일률적으로 더욱 분류하는 것은 어렵다.

성능과 기능은 밀접한 관계가 있으며, 또한 고분자재료의 사용목적에 따라서 이해가 다르다. 즉, 구조 혹은 성능을 이용하는 경우와, 재료시스템이나 정보처리 혹은 에너지변환에 이용하는 경우에 따라서, 전자는 성능재료로서, 후자는 기능재료로서 취급되고 있다. 생체에 비교하면 이것도 일률성이 없지만, 그러나 성능재료는 뼈나 근육, 기능재료는 감각기관이나 내장기관에 상당한다고 생각된다.

재료의 새로운 성능이나 기능의 제조나 개발은, 신소재의 제조, 혹은 소재의 복합화에 의하여 행해진다. 후자는 일반적으로 복합재료(composite materials)라고 불린다. 복합재료에도 거시적, 평균적 복합과, 시스템화 된 복합이 있으며, 그리고 복합에는 각종 수준이 있다. 또한, 등방적 구조와 이방적 구조도 재료의 성능이나 기능을 지배한다. 이 구조의 제어에는, 특히 프로세싱이 크게 역할하고 있다. 더욱 금속, 세라믹스, 플라스틱은 3대 소재의 경계영역을 메우는 재료, 즉 이들을 융합한 재료는 하이브리드재료로서 가장 각광을 받는 재료의 하나이다.

1-2 고성능 고분자재료

고성능 고분자재료는 구조재료로서, 금속이나 세라믹스에서는 관찰되지 않는 유연성, 가공성, 경량성 등의 뛰어난 성질을 갖는 재료이다. 그의 응용범위는 매우 넓으며, 그의 성질은 각각 발전되어, 항공, 우주과학기술이나 생체관련 과학기술 분야의 개발에 있어서 반드시 필요한 재료로서 공급되고 있다. 이들은 훌륭한 성질에 의하여 보다 가혹한 조건이나 생체내의 환경에 견디는 고분자재료에 대한 요구에 따라서, 내열성고분자를 비롯하여 내한성고분자, 내후성고분자, 열특성고분자, 접착성고분자, 고탄성고분자, 또한 많은 생체적합성 고분자재료가 개발되었다. 이들은 종래의 범용고분자(commodity polymers)에 대해서, 고성능고분자재료(high performance polymers)나, 생체적합성 고분자재료(biocompatible polymers)로서 눈부시게 발전했다. 현재, 이들의 고분자재료는, 우리들의 일상생활에 없어서는 안 될 많은 도움을 주고 있다.

고성능 고분자재료의 성능, 예를 들면 밀도, 결정성, 투명성, 굴절률 등의 특성을 비롯하여, 강도, 항장력, 경도, 탄성, 내충격성 등의 역학적 특성, 열팽창율 등의 열적 특성, 절연성이나 유전율 등의 전기특성, 내열성, 내한성, 내후성 등의 안정성, 접착성, 점착성, 생체적합성 등의 상호작용특성, 광분해성이나 생체분해성 등의 분해성, 이외에 많은 성능은, 표 1-2에 나타낸

표 1-1 고분자재료 분류

성능재료	성능재료-기능재료	기능재료
고강도재료	탄성재료	투과막(분리막)
내구성재료	팽윤성재료	분리재료
내열성재료	광투과재료	형상기억재료
유연성구조재료	고굴절재료	광변환재료
차단막재료	유전재료	광전도성재료
탄소섬유	비수축성중합재료	비선형광학재료
실리콘수지	열경화재료 · 열분해재료	광기억재료
경량재료	광경화재료 · 광분해재료	고분자시약
금속함유섬유	분해성재료 · 생분해성재료	압전 · 초전재료
접착재료	규소수지	생체기능성재료
생체적합성 재료	이온전도성재료	
연신재료	전자전도성재료	
하이브리드 재료	바이오테크놀로지재료	
적층재료	표면가공재료	
주물재료	초박막 · LB재료	
	라텍스 · 콜로이드	

바와 같이 재료의 물리적 성질, 물리화학적 성질, 화학적 성질에 지배되고 있으며, 이들은 반드시 단독적인 성질에 지배되는 것은 적고, 거의 대부분은 오히려 몇 개의 성질이 종합되어 나타내고 있다.

표 1-2 고분자재료의 성능

화학적 성질	물리화학적 성질	물리적 성질
광분해성 생분해성	내열성, 내한성, 내후성 접착성, 점착성, 생체적합성	밀도, 결정성, 투명성, 굴절률, 강도, 항장력, 경도, 탄성, 내충격성, 내마모성, 절연성, 유전율, 도전성

고분자 성능재료의 성질 중에서 가장 특징적인 것으로서는, 경량성과 유연성 그리고 상용성 혹은 친화성이라고 생각된다. 이것은 **표 1-2**에 나타낸 바와 같은, 각종의 고성능재료가 개발되어 있으며, 예를 들면 내열성, 난연성, 내한성, 내후성은 각각 가혹한 환경의 변화에 대한 내성적 성능 외에 고강도, 고탄성, 내마모성, 절연성, 차단성 등의 성능이 겹쳐있다.

고분자재료의 성능은, 구성성분인 고분자의 종류에 따라서 일률적으로 결정된 것이 아니고, 구성고분자의 집합상태에도 큰 영향을 받고 있으며, 예를 들면 분자가 배향된 섬유이다. 섬유의 형태에 있어서 고분자사슬은 배향되어 있으며, 고분자사슬이 갖는 특성인 강도나 탄성이 나타나고, 금속이나 세라믹스에서는 얻어지지 않는 성능이 나타난다. 단순한 구조의 폴리에틸렌으로부터 강철을 상회하는 고강도, 고탄성섬유가 얻어지고 있는 것은 그의 전형적인 예이다.

1개 이상의 소재를 조합하여 새로운 재료특성을 갖게 하는 방법으로서 복합재료화가 있으며, 섬유강화플라스틱(fiber reinforced plastics)은, 그의 좋은 예이다. 그 후, 섬유로서 글라스섬유, 탄소섬유, 붕소섬유, 금속섬유 등의 소위 이질섬유를 비롯하여 아라미드섬유 등의 동질의 고강도섬유가 사용되고 있으며, 첨단복합재료로서 경량이고, 강도가 좋은 재료가 개발되고 있다. 이것에 대해서 질적으로 다른 성능의 발휘를 기대하며, 분자나 원자, 혹은 초마이크로 레벨의 복합에 의한 융합재료의 개발을 목표로 연구가 진행되고 있다. 폴리머고용체는 동질소재의 융합재료로서, 금속이나 세라믹스와 같은 이질소재의 융합재료에 대한 기대가 크다. 한편, 고분자재료의 대부분은 유기화합물이기 때문에, 금속이나 세라믹스와는 다르며, 분자나 이온 등을 용해시켜 도입시킬 수 있는 커다란 특징을 가지고 있다. 따라서, 이들은 재료화 시키기 위한 메트릭스로서 이용할 수도 있다. 고분자매트릭스는, 분자나 이온을 안정하게 보존하고 고정시켜서 기능을 발현하는 고분자성능재료의 중요한 분야이다. 절연성고분자, 광성능고분자, 전도성고분자 각각의 특징을 가지며, 기능분자의 재료화를 위한 매트릭스로서 사용되고 있다. 현재의 최첨단 정보소자로서 연구되고 있는 광화학홀버닝(PHB ; photochemical hole burning)은 이것의 하나의 좋은 예이다.

1-3 고기능 고분자재료

기능재료는 외부로 부터의 자극에 응답하는 재료이지만, 모든 재료는 열에 대해서 구조나 형태의 변화로서 응답하기 때문에, 재료는 열자극에 응답하는 기능재료로 된다. 따라서, 같은 성질의 재료일지라도 이용목적에 따라서 성능재료와 기능재료로 분류된다. 성능재료와 비교되는 기능재료는, 정보나 에너지의 질적 혹은 양적 변환이라고 생각할 수 있다. 정보나 에너지의 형태를 빛, 전기(자기), 화학, 열, 기계 등으로 분류하면, **표 1-1**로서 분류했던 고분자재료는 **표 1-3**과 같은 기능재료로 분류된다.

이들은 외관적인 정보나 에너지의 형태를 지적하고 있지만, 본래는 재료를 구성하고 있는 분자의 기능, 즉 화학기능에 의존하고 있는 경우가 많다. 또한, 고분자는 거대분자이기 때문에, 그의 구조 변화는 기계에너지의 변환에 직접적으로 관련되어 있다. 생체기능성재료로 분류되는 구동장치(actuator), 즉 운동기능재료나 유연한 기계라고 불리는 기계기능재료는, 고분자가 갖는 유연성이 있기 때문에 비로소 구체화된 것이라고 말할 수 있다. 생체에는 많이 관찰되는 기능이 있다. 이들은 광에너지의 변환인 광합성을 비롯하여, 생체막에 의한 수송, 정보의 변환으로서 시각을 비롯한 5가지의 감각(5감) 등의 감각기능은 어느 것이나 매력있는 기능이다. 한편, 생체막의 분자응집체로서 동적 기능도 고분자기능재료에 포함되어 취급되지만, 이들은 LB막, 2분자막, 미셀, 콜로이드, 액정으로서 각각의 분야에서 개척되고 있다.

한편, 정보변환의 분야에서, 일렉트로닉스소자의 거의 대부분은 기능고분자재료인 광반응성 고분자를 사용하여 소자의 가공이 행해졌지만, 빛의 간섭으로 인하여 미세한 가공에 한도가 있기 때문에, 세분화를 더욱 진전시켜 집적도를 향상시키기 위해서 최소의 기능체라고 말할 수 있는 분자를 이용한 일렉트로닉스소자를 제조할 목적으로 분자소자의 개념이 제안되었다. 이것은 소위 분자(전자)소자의 실현을 위해서 연구가 진행되었다. 그러나 분자소자 중의 분자기

표 1-3 기능재료의 기능분류

기능재료	변환기능	기능재료	변환기능
투과막(분리막)	(화학 → 화학)	비선형광학재료	(광 → 광)
분리재료	(화학 → 화학)	광기록재료	(광 → 화학)
형상기억재료	(열 → 기계)	고분자시약	(광 → 화학)
광변환재료	(광 → 전기, 화학, 열, 기계)	압전, 초전재료	(기계 → 전기; 열 → 전기)
광도전재료	(광 → 화학, 전기)	생체기능성재료	(화학 → 화학; 화학, 광전기 → 기계)

능은 일렉트로닉스의 분야에서 정지되는 것이 아니다. 분자는, 앞에서 설명한 모든 정보나 에너지에 대해서 변환기능을 가지며, 각각의 기능을 발현하는 것으로서, 특히 분자는 빛을 개성적으로 수용한다. 따라서 분자는 광정보변환에 다양성을 갖는다. 이것은 분자의 광흡수스펙트럼의 다양성으로부터 관찰해도 확실하다. 이와 같은 사실로부터, 빛의 파동성에 주목하여 optoelectronics, 또한 입자성에 주목하여 molecular photonics의 연구가 행해지고 있으며, 이들은 광기능고분자재료에 의하여 지탱되고 있는 것이 많다.

고기능고분자재료는, 이와 같은 기능분자로 형성되는 고분자재료이다. 기능은, 기능분자 혹은 기능기의 시스템화에 의하여 새로운 기능으로 발현된다. 이 기능분자 혹은 기능기의 시스템을 고정시켜 재료화시키는 방법에 고분자가 이용되며, 고기능고분자재료가 설계되는 예가 많다. 그러나, 고분자는 단순히 고분자 그 자체가 재료로 되는 것만이 아니고, 기능에 고분자성, 즉 고분자효과도 기능의 발현에 중요하며, 전도성고분자가 하나의 예이다. 즉, 전도성은 공액사슬길이의 확장에 관여한다. 또한 고분자시약에서는, 고분자가 가지고 있는 입체구조나 소수성, 혹은 기능기의 고정이 기능에 직접 관여한다. 더욱, 재료기능은 양자기능재료를 고분자재료로서 구축하려는 연구도 행해지고 있다.

이와 같이 고기능고분자재료는, 고분자의 특성뿐만이 아니고, 금속이나 세라믹스에서는 실현되기 어려운 기능을 발현시키기 위하여 종래의 기능성고분자의 분야로부터는 최기능고분자재료, 또한 생체기능재료의 분야로부터는 초생체기능재료의 실현을 위해서 연구가 빈번하게 진행되고 있다.

1-4 고분자재료의 가공과 평가

고분자재료를 구성하는 고분자는, 분자량이나 구조에 분포하고 있으며, 복합재료는 구성분자의 종류도 다양하기 때문에, 가공의 영향은 더욱 증대한다. 고분자를 재료로 완성시키는 조작을 행하기 위해서는 중합방법, 성형가공, 후가공처리 등 어느 것이나 제조된 고분자재료의 성질에 크게 영향을 끼친다. 분포가 있는 고분자의 집합상태는 자유도가 크며, 많은 준안정상태가 존재하기 때문에, 가공에 의하여 재료의 성질이나 기능이 크게 달라진다. 우선, 재료의 내부구조는 미시적으로 보면 불균일하다. 이 불균일구조의 상태는, 가공에 지배되는 곳이 많다. 예를 들면, 필름이나 섬유의 구조에 있어서, 연신조작에 의한 고분자의 배향에 따르는 강도의 증대는, 이것을 확실히 나타내고 있는 예이다. 압전재료나 편광재료도 배향효과가 큰 재료이다. 한편, 고분자재료의 내부와 표면에서도 구조가 다르다. 내부에서는, 재료를 구성하고 있는 고분자는 다른 고분자와 접속된 환경에 있으며, 표면에서는 일반적으로 형태나 고분자의 부피층, 형태나 공기에 접하고 있기 때문에 환경이 다르다. 따라서 고분자의 집합상태가 다르며, 고분자의 어떤 부분이, 혹은 어떤 고분자가 어떤 형태로서 표면을 형성하고 있는가에 따라서 재료의 성질에 크게 관여하고 있다. 이것은 캐스팅법에 의한 막형성에 있어서, 캐스팅기판의 성질에 따라서, 생성막의 표면과 내부의 구조나 성분이 다른 비대칭막이 형성되는 것으로부터도 알 수 있다. 또한 분말 폴리에틸렌에서도, 기계적으로 분쇄시킨 것과, 용매석출법으로 분말을 제조한 것은, 형상이 다르고, 그의 재료물성이 크게 다르다. 일반적으로 내부구조는 부피의 재료특성에 크게 관여하며, 표면구조는 외계와의 접촉면에 있어서 기능에 크게 관여하고 있다. 따라서, 내부구조의 제어, 표면구조의 제어는 모두 고분자재료의 성능이나 기능에 있어서 중요하며, 이들은 가공의 영향을 크게 받는다.

고분자재료의 성능을 지배하는 내부구조의 제어는, 가능한 준안정상태로부터 가장 목적에 적합한 상태를, 어떤 조작을 선택해서 실현시켜야 좋을지 잘 생각해야 한다. 즉, 열처리, 가압처리, 연신처리 등에 의한 결정성의 제어나 배향성의 제어가 이것에 해당한다. 이것에 대해서 고분자재료의 표면처리나 제어의 대부분은, 기능에 관계하고 있다. 현재 행해지고 있는 주요한 처리방법과 메커니즘을 표 1-4에 나타낸다. 같은 처리방법일지라도 조건에 따라서 메카니즘이 다르다.

표 1-4 고분자재료의 표면처리 기술

처리방법	방식	메카니즘	처리방법	방식	메카니즘
물리적	건식	부식	방사선	–	피복
화학적	습식	반응	플라즈마	–	–
열 불꽃	–	중합	이온	–	–
전자선	–	주입	광 · 자외선	–	–

이것과 관련하여 박막형성도 또한 고분자재료기술로서 중요하다. 박막의 형성은, 단순히 표면처리나 표면가공, 또는 박막 그 자체의 제조뿐만이 아니고, 기능재료라고 불리는 초격자 등으로 대표되는 구조의존의 기능인 양자기능을 갖는 양자재료의 구축을 포함하고 있다. 이 박막의 형성은 고분자재료를 탐색하는 방향의 구조제어라고 말할 수 있다. 표 1-5에 각종 박막의 형성방법과 그의 특징을 나타냈다. 각각의 방법에 따라서 생성하는 막두께의 범위가 있다. 또한 초박막의 형성에는 고진공계가 필요하며, 기능성의 부여에 필요한 막조성의 변조가 곤란하기 때문에, 생산성까지 포함하여 각각 장점과 단점이 있다.

가공의 선택은 성형이 곤란한, 예를 들면 열경화성고분자의 형성에 있어서도 중요하다. 즉, 열경화성고분자를 어떤 형태로서 열가소화 혹은 가용화시켜 성형한 후, 원래의 고분자로 되돌

표 1-5 박막제조프로세스

방법	막두께/m 10^{-9} 10^{-6} 10^{-3}	프로세스	막조성 변조성	생산성
캐스팅	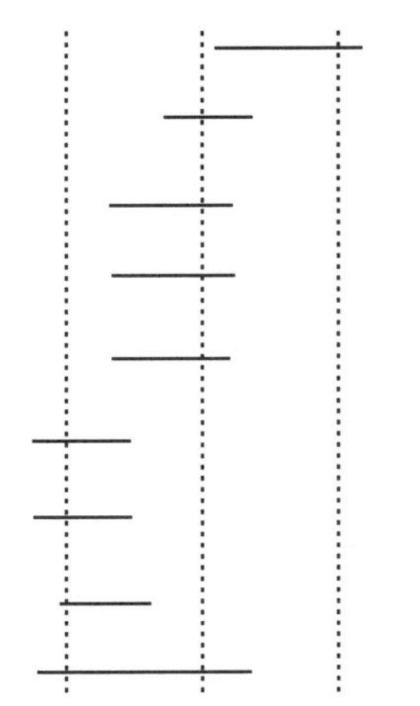	용액 → 건조	X	◎
스핀코팅		용액 → 건조	X	◎
증착		증기 → 고착	X	○
화학증착		증기 → 반응고착	○	○
플라즈마중합		증기 → 반응고착	○	○
분자선적층		증기 → 결정화고착	○	△
유기금속화학증착		증기 → 반응고착	○	△
Langmuir-Blodgett		단분자층 → 고정	X	△
전위주사전해중합		용액 → 중합고정	○	◎

nm µm mm

리는 방법도 적용된다. 또한, 탄소섬유, 붕소섬유, 금속섬유 등도, 미리 섬유형성이 가능한 고분자화합물 혹은 고분자착화합물 등으로부터 섬유를 형성시킨 후, 소성 등에 의하여 각각 섬유를 얻는 방법도 있다. 그 밖에 초극세섬유도 용해 혹은 증발이 가능한 고분자를 직물로 조제하고, 방사, 연신시킨 후, 목적으로 하는 고분자 초극세섬유를 얻는 방법도 있다. 또한, 최초 필름상태로 얻어진 폴리아세틸렌이 전도성 유기고분자인 것으로 밝혀진 것도, 가공의 중요성을 나타내는 좋은 예이다. 그리고 또한 전위주사하에서의 전해중합법은, 경우에 따라서는 헤테로층 구조체로부터 경사 구조체까지 임의적으로 구축할 수 있는 프로세스이다.

이와 같이, 재료는 부피조성이 같을지라도, 구조의 차이에 따라서 그의 성질이나 기능이 크게 다르다. 재료의 거의 대부분은 분자의 집합체이기 때문에, 단독분자가 아니고, 재료로서의 성능과 기능의 평가가 필요하다. 평가해야 할 대상은 각각의 재료이기 때문에 그 만큼 평가의 대상이 많다. 그러나 그의 평가를 위해서 취득할 수 있는 정보의 종류는 구성고분자의 성분, 형상, 구조, 상태의 4가지로 대별된다. 이들의 정보는 평가의 내용에 의하여 거시적인 것으로부터 미시적인 것까지 있다. 최근, 분석기기의 발달에 의하여 고분자재료의 설계와 구축은 눈부시게 착실히 발전하고 있다.

Chapter 02

화학적 특성 고분자재료

2-1 고분자시약

2-1-1 서론

1960년대에 Merrifield가 가교폴리스티렌을 지지대로 사용하는 실용성이 높은 펩티드의 합성법을 개발한 이래, 고분자를 지지대 혹은 반응의 장소로서, 더욱 진행시켜 고분자시약으로서 그의 특징을 활용하여 합성화학에 응용시키는 각종 실험이 행해졌다. 고분자반응으로 고분자(주로 불용성 고분자)에 반응성기를 도입시키든지 혹은 반응성기를 갖는 모노머를 중합에 의하여 고분자화시키는 각종 형태의 합성시약은 그의 고분자화가 가능하다. 합성시약을 고분자화시키는 것에 의하여, ① 반응시킨 후에 시약의 분리가 용이하고, 회수 및 재생, 재사용이 가능하다. 더욱 칼럼화에 의하여 연속시스템으로의 이행도 가능하다. ② 시약의 독성, 휘발성을 제어하여 취급이 용이하다. ③ 고분자 매트릭스에 의하여 반응점의 근접화, 고립화가 가능하기 때문에, 저분자간의 반응에서는 행해지지 않는 반응의 선택성, 특이성이 발현된다. 고분자 시약으로서 실용단계에 도달한 것도 많기 때문에, 고분자 시약의 합성법과 응용 예에 대해서 설명하기로 한다.

2-1-2 고분자 산화제·환원제

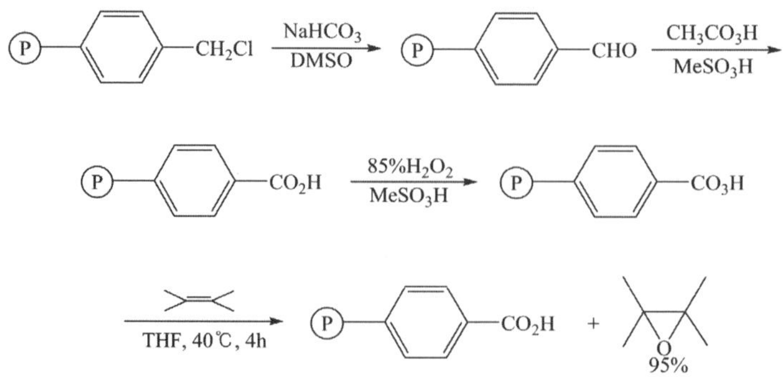

유기 과산은 유용한 산화제이지만, 폭발성을 나타내는 것이 많다. 클로로메틸화폴리스티렌으로부터 유도되는 고분자 과벤조산은 고분자화에 의하여 안정성이 부여되며, 게다가 올레핀의 에폭시화에 있어서 저분자 과산 보다도 활성이 높은 것이 얻어지고 있다.

또한, 이 시약에 의한 술피드의 산화에 있어서는, 술폰을 생성하지 않고, 선택적으로 술폭사이드가 얻어진다. 시약을 회수, 재산화시켜 반복해서 사용할 수 있으며, 컬럼법에 의한 자동화의 가능성도 나타내고 있다.

실험 예 2-1 고분자 과벤조산을 사용하는 시클로옥텐의 에폭시화

시판의 가교폴리스티렌(1% 디비닐벤젠의 가교)으로부터 얻어진 고분자 벤조산(치환율 83%) 5g을 메탄술폰산 15ml에 현탁시키고, 이 용액에 반응온도 25~30℃로 유지하면서 85% H_2O_2의 메탄술폰산용액(1 : 1) 20ml를 서서히 적하한 후, 더욱 20℃에서 16시간 계속 교반한다. 반응용액을 여과하고, 얻어진 수지를 THF 및 1,2-디클로로메탄으로 잘 세척한 후, 감압건조시키면 과벤조산의 함유량 3.90mmol/g(벤조산의 변환율 70%)의 수지가 얻어진다.

시클로옥텐 55mg(0.5mmol), THF 2ml, 고분자 과벤조산 256mg(1.0mmol)의 혼합용액을 40℃, 4시간 교반한 후, 수지를 여과하고, 더욱 THF로서 세척하면 수득률 95%(GLC 수득률)로서 에폭시시클로옥텐이 얻어진다.

유화중합에 의하여 얻어진 가교폴리비닐피리딘과 산화크롬과의 반응에 의하여 피리디늄디크로메이트의 고분자화도 용이하게 행할 수 있다. 알코올류의 케톤, 알데히드로의 산화에 있어서 거의 같은 몰의 사용으로 높은 반응성을 나타내며, 우수한 재사용 능력을 갖는 고분자 산화제가 얻어진다.

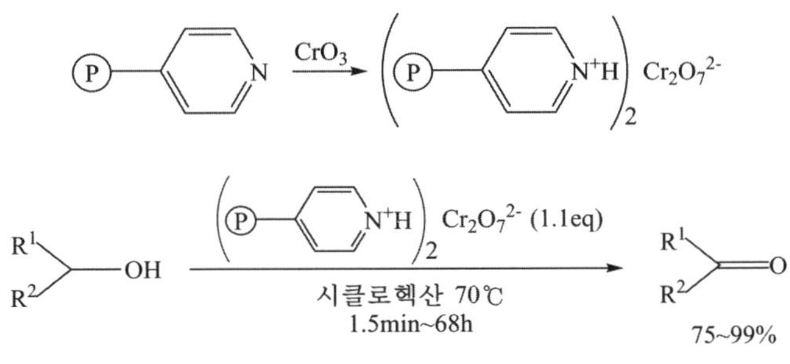

실험 예 2-2 가교폴리비닐피리딘(PVP)의 합성과 산화제로의 변환

탈기시킨 증류수 1.5ℓ에 도데실황산나트륨 3g, Triton X-200 6ml, 폴리에틸렌이민 1g을 용해시키고, 이 용액에 교반하면서 새로 증류시킨 4-비닐피리딘 200ml의 톨루엔용액 500ml를 가한다. 더욱 폴리프로필렌글리콜 1025ml, AIBN 1.5g을 가하고, 격렬하게 교반하면서 반응온도를 85℃로 상승시키면 입상 폴리머의 생성이 확인된다. 더욱, 85℃에서 하룻밤 계속 교반한 후, 폴리머를 여과하고, 물, 메탄올, THF, 아세톤, 1,2-디클로로메탄 더욱 에테르로서 반복해서 세척하면 197g의 가교PVP수지가 얻어진다. 더욱, 시판품도 입수가능하다(Reilly Tarand Chemical Corp.).

여기서 얻어진 수지 200g을 2ℓ의 물에 현탁시키고, 크롬산 200g을 가한 후, 수 시간에 걸쳐 교반하면, 발열되지 않고 착화합물이 형성된다. 반응용액을 여과하여 얻어진 수지를 더욱 세척액이 무색으로 될 때까지 물로서 반복해서 세척한다. 감압건조시키면 380g의 폴리(비닐피리디늄디크로메이트)가 얻어진다. 산화제의 함유량 14meq/g$(PVPH)_2{}^+Cr_2O_7{}^{2-}$ 2.3mmol/g, 변환율 98% 이상.

한편, 리튬화시킨 가교폴리스티렌으로부터 고분자화 아르손산이 얻어진다. 반응계 내에서 과산의 구조는 H_2O_2에 의하여 쉽게 재생되기 때문에, 촉매량의 시약으로서 케톤의 H_2O_2에 의한 Baeyer-Villiger 산화가 진행되어 에스테르가 높은 수득률로서 얻어진다. 또한 시약의 재사용의 가능성도 높다.

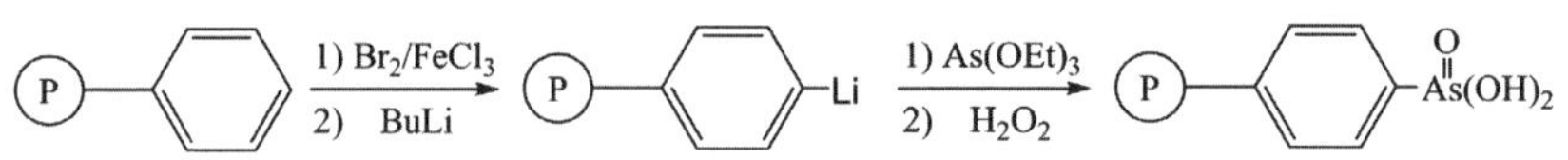

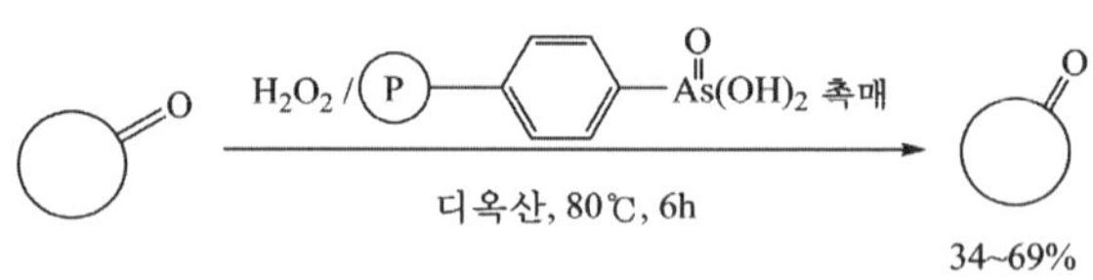

무기담체도 많이 이용되며, 담체에 각종 산화제를 흡착시키는 것만으로 고분자 산화제가 쉽게 얻어진다. 담체에 의하여 활성이 향상되고, 온화한 조건에서 선택적 산화가 가능해진다. Ag_2CO_3/셀라이트에 의한 중성 조건하에서 알코올의 선택적 산화, 디올의 산화에 의한 락톤의 생성, 클로랄 혹은 벤즈알데히드/알루미나에 의한 2차 알코올의 선택적 산화 등이 있다.

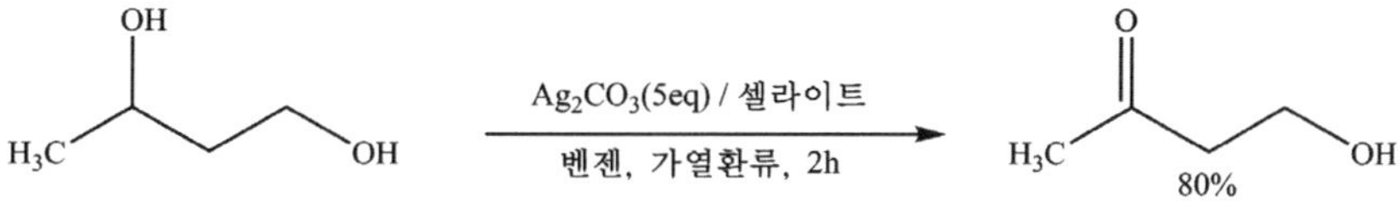

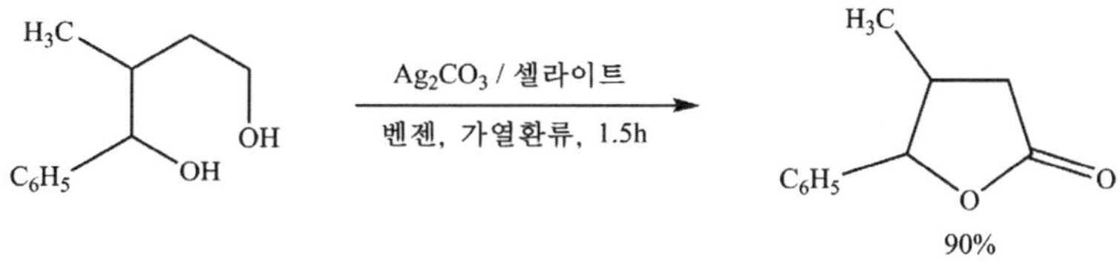

한편, 폴리스티렌, 실리카겔 등에 금속수소화물을 담지시키면 고분자 환원제가 얻어진다. 고분자화 틴하이드라이드에 의한 디알데히드의 환원에서는, 한 쪽만이 환원되어 알콕사이드의 형태로서 고분자에 도입되기 때문에 높은 수득률로서 모노알코올체가 얻어진다.

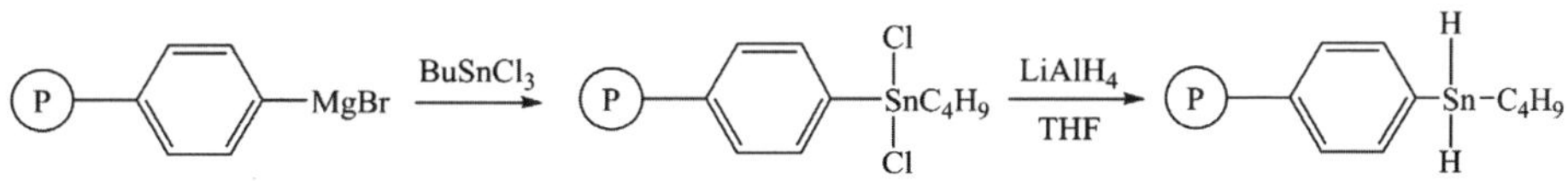

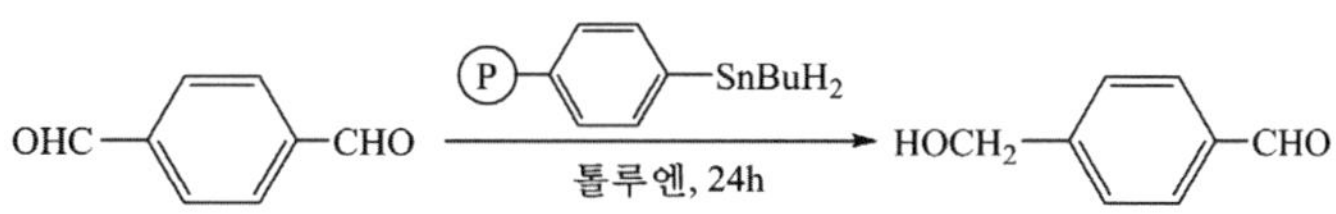

2-1-3 고분자일리드

P^+-C^-, S^+-C^- 등의 일리드화합물은 카르보닐화합물을 올레핀, 옥시란으로 변환시킬 때, 반드시 필요한 시약이지만, 일반적으로 불안정하고, 부생성물의 제거도 곤란하다. 시약의 고분자화에 의하여 이들이 극복되고 있다.

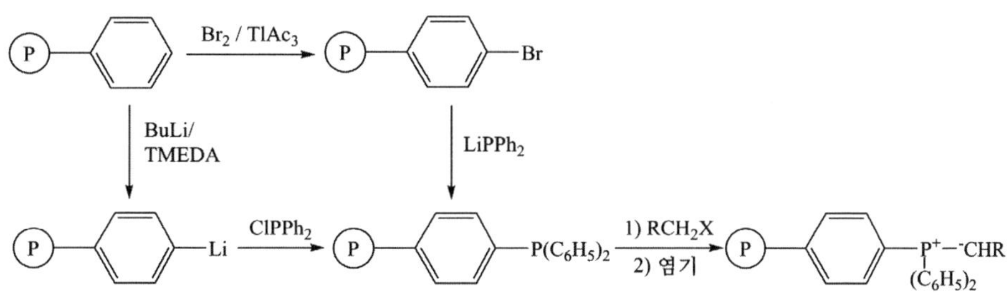

Wittig시약으로서 알려져 있는 P-ylide 화합물은 다음과 같이 여러 경로로서 고분자화가 행해진다.

1~2% DVB로서 가교시킨 고분자일리드를 사용하면, 알데히드, 케톤으로부터 올레핀이 높은 수득률로서 얻어진다(표 2-1 참조). 부생하는 포스핀옥사이드는 여과하여 간단히 제거할 수 있다. 또한, 옥사이드를 트리클로로실란으로 환원하면 고분자포스핀이 재생된다. 더욱 일리드가 형성될 때 생성하는 염을 세척한 후, 반응에 사용하면 올레핀 E체의 함량이 적어지는 것으로부터 일리드를 고분자화시키는 것에 의하여 많은 장점이 확인되고 있다.

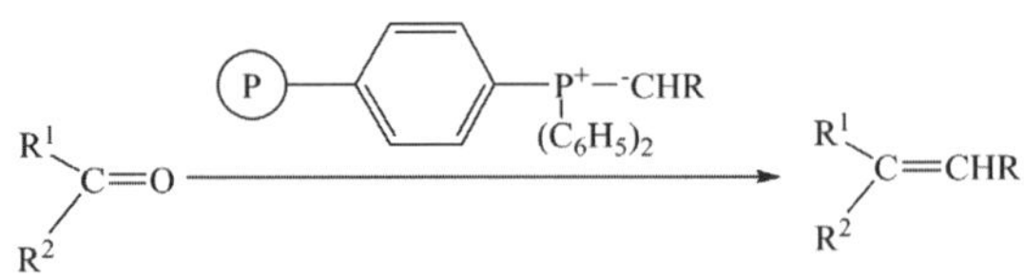

표 2-1 고분자일리드에 의한 올레핀의 생성

공중합체의 가교율(%)	할로겐화합물	카보닐화합물	생성물	수득률(%)	기하이성체 비율 Z/E(%)
2 8 20*	$PhCH_2Br$	PhCHO	PhCH=CHPh	93 73 80	57/43 48/52 28/72
2 8 20*	CH_3I	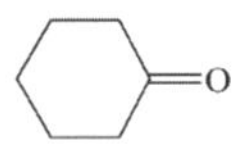	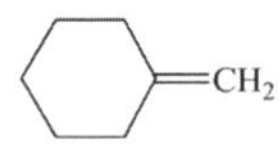	95 52 83	
2 8 20*	CH_3I	$Ph_2C=O$	$Ph_2C=CH_2$	94 61 74	

* macro porous

실험 예 2-3 고분자포스핀을 사용하는 Wittig반응

리본상태 금속리튬의 작은 조각 1.55g에, −10℃에서 클로로디페닐포스핀 16ml(0.086mol)의 THF 50ml용액을 적하하고, 더욱 실온에서 16시간 교반하여 리튬디페닐포스핀용액을 얻는다. 2% 가교브로모폴리스티렌(Br : 3.10meq/g) 10g을 THF 10ml에 현탁시키고, −10℃로 냉각시킨 후, 이전의 용액을 잘 교반하면서 서서히 적하한다. 더욱 THF 50ml를 가하고, 20℃에서 48시간 교반한 후, 질소로서 탈기시킨 아세톤−물 혼합용액(2 : 1) 50ml를 가하고, 15분간 교반한다. 반응용액을 기울려서 제거한 후, 더욱 아세톤−물 혼합용액 50ml를 가하고, 수지를 질소분위기하에서 여과한 후, 아세톤, THF, 에테르로서 반복해서 세척한다. 100℃에서 감압건조시켜 13.1g의 고분자포스핀을 얻었다. 포스핀의 함유량 2.09meq/g.

2% 가교고분자포스핀 10.0g을 DMF 70ml에 현탁시키고, 교반하면서 벤질브로마이드 5ml(42mmol)를 적하한다. 혼합용액을 70℃에서 10시간 교반하고, 냉각시킨 후, 여과하여 얻어진 수지를 벤젠, 1,2-디클로로메탄 각각 10ml로서 세척하고, 더욱 에테르 10ml로서 10회 세척한다. 감압건조시키면 13.5g의 고분자포스포늄염이 얻어진다. Br^-함유량 1.36meq/g(변환율 93%).

여기서 얻어진 고분자포스포늄염 1.97g(2.42meq)을 THF 30ml에 현탁시키고, -10℃로 냉각시킨 후, 2.03M 소듐메톡사이드메탄올용액 1.2ml(2.5mmol)를 적하하고, 더욱 20℃에서 3시간 교반한다. 다음에 반응생성물을 -10℃로 냉각하고, 벤즈알데히드 0.25g(2.5mmol)을 적하한 후, 20℃에서 10시간 반응시키고, 더욱 2시간에 걸쳐 가열환류시킨다. 생성된 수지를 여별하여 THF, 1,2-디클로로메탄, 에테르 각각 5ml로서 세척한다. 세척용액을 합치고, 감압제거하면 93%의 수득률(GLC)로서 스틸벤(Z/E=57/43)이 얻어진다.

S-일리드를 고분자화시키면, 반응할 때 부생하는 휘발성 술피드의 생성을 방지할 수 있다.

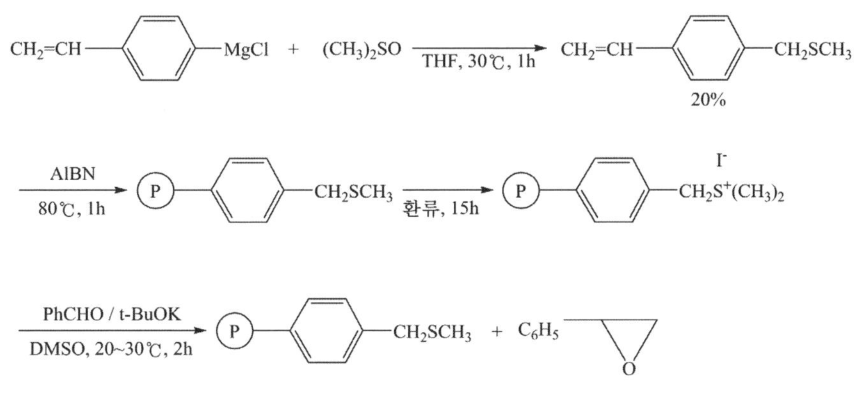

2-1-4 고분자 보호기

2관능성의 산, 알코올, 알데히드의 한 쪽만을 고분자 보호기로서 보호하고, 유리의 관능기를 변환시킨 후, 탈보호하면, 저분자반응에서는 제조하기 어려운 한 쪽만이 변환된 유도체가 얻어진다. 고분자 보호기에 의하여 한 쪽이 보호되면, 다른 한 쪽의 마스킹이 고체간의 반응으로 되기 때문에, 그의 반응성이 극단적으로 저하되는 것을 이용하고 있다.

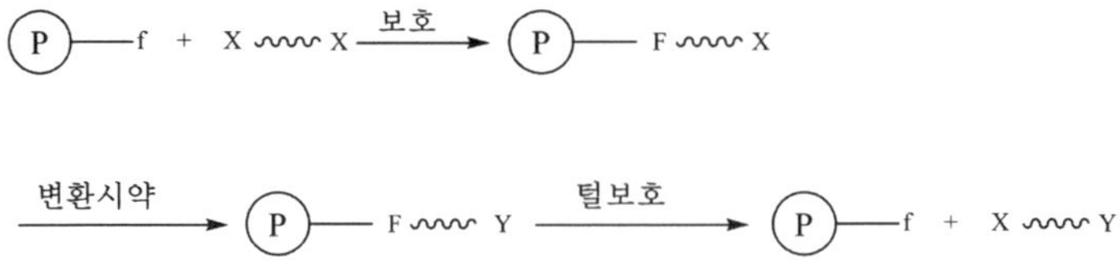

1,2-디올형의 고분자에 의하여 디알데히드의 한 쪽만을 보호하고, 얻어진 아세탈폴리머의 유리알데히드에 대해서 각종의 반응을 행한 후, 산으로서 탈보호하는 것에 의하여, 저분자반응에서는 제조하기 어려운 치환벤즈알데히드가 얻어진다(표 2-2 참조).

표 2-2 고분자보호기를 이용한 치환알데히드의 합성

시약 A	R	수득률(%)
NH_2OH	CH=NOH	71 ~ 86
$Ph_3P^+-C^-H(CH=CH)nPh$	$(CH=CH)_{n+1}Ph$	27 ~ 83
$PhCOCH_3/CH_3ONa$	CH=CHCOPh	96 ~ 100
PhMgBr	CH(OH)Ph	100

디카르복실산의 염화물도 그의 한 쪽만을 고분자알코올과 반응시켜서 고분자모노에스테르를 제조한 후, 아민을 작용시키면, 아미드기를 갖는 에스테르가 얻어진다.

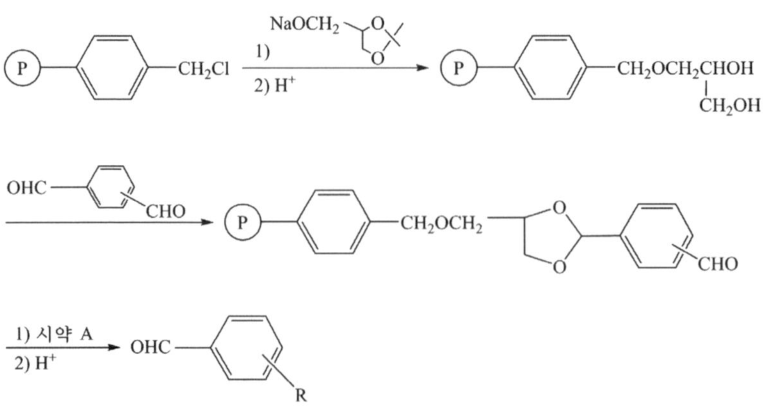

실험 예 2-4 고분자 보호기에 의한 디카르복실산염화물의 모노에스테르화

2% 가교하이드록시메틸화폴리스티렌 3g(3.48meq)의 THF 현탁액 50ml에 세바코일클로라이드 13mmol을 가하고, 아르곤분위기하에서 12시간에 걸쳐 실온에서 교반한다. 수지를 아르

곤분위기하에서 여별하고, 건조시킨 THF로서 세척한다. 여기서 얻어진 고분자보호산염화물을 아닐린과 반응시켜 모노아미드로 변환시킨 후, THF 용매 중에서 탄산칼륨으로 가수분해시키고, 더욱 디아조메탄으로 에스테르화시키면 98%의 높은 수득률로서 모노에스테르화된 아미드가 얻어진다. mp 66℃.

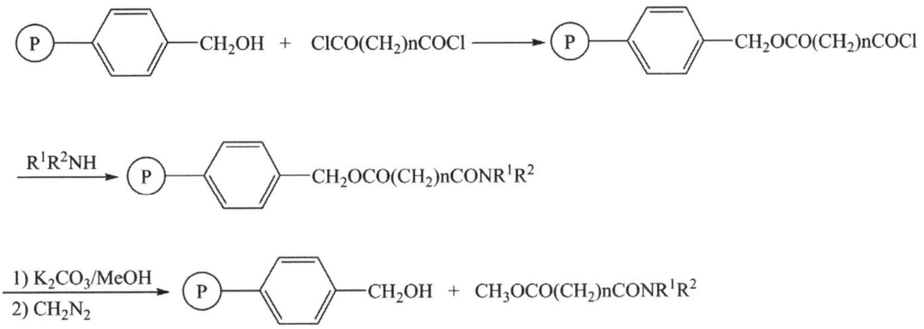

2-1-5 고분자산염기촉매

용이하게 입수할 수 있는 이온교환수지는, 분리시킨 후 재사용 능력이 우수한 고체산염기촉매로서 많은 반응에 적용되고 있다. 저분자촉매와 비교하면 선택성이 높고, 게다가 무수의 조건하에서 촉매의 분리가 가능하기 때문에 그의 효용성이 높다. 산촉매의 예로서, 강산형수지에 의한 에스테르의 가수분해, 에스테르의 합성, 아세탈의 생성반응 등이 있다.

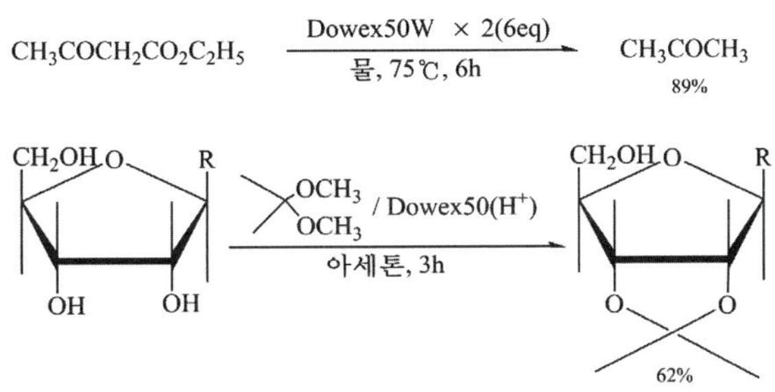

또한, 고체 초강산인 Nafion-H는 뛰어난 촉매작용을 나타내며, Friedel-Crafts 알킬화반응 방향족화합물의 니트로화, 에테르의 합성에 있어서 균일계촉매에 비교할 수 있는 활성을 나타낸다.

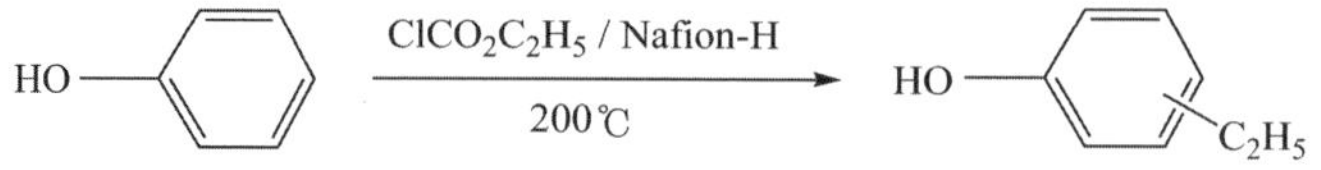

o- : 50%, m- : 24%, p- : 26%, 65%

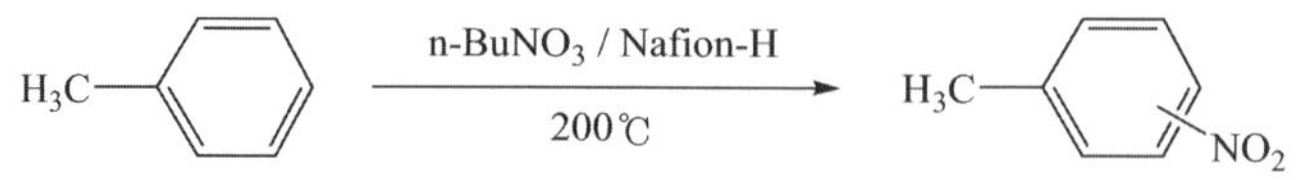

o- : 50%, m- : 3%, p- : 47%, 65%

$$ROH + CH_3OCH_2OCH_3 \xrightarrow[-CH_3OH]{Nafion\text{-}H} ROCH_2OCH_3$$

실험 예 2-5　Nafion-H를 산촉매로 사용하는 에테르의 합성

시클로헥실메탄올 1.14g(10mmol)을 디메톡시메탄 20ml에 용해시킨 후 Nafion-H 500mg을 가하고, 건조질소분위하에서 10시간 가열환류 시킨다. 반응종료 후 수지를 여별하고, 디메톡시메탄으로 잘 세척한다. 여과액을 합친 후, 용매를 감압유거하고, 실리카겔칼럼으로 정제시키면 상당하는 메폭시메틸에테르 1.42g(수득률 90%)이 얻어진다. bp. 42~46℃ /25mmHg.

염기 촉매반응에는 염기형수지에 의한 니트릴의 수화, 아미노산의 탈보호 등이 있다.

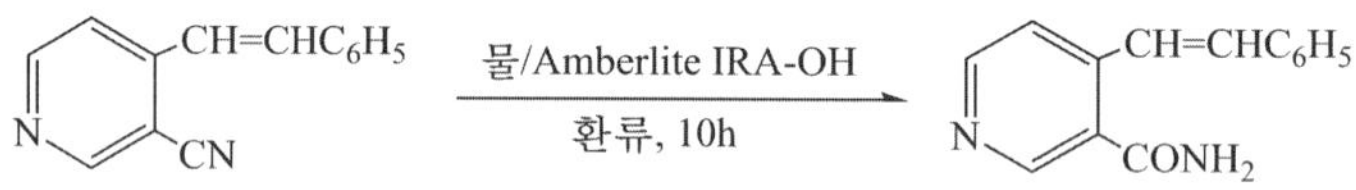

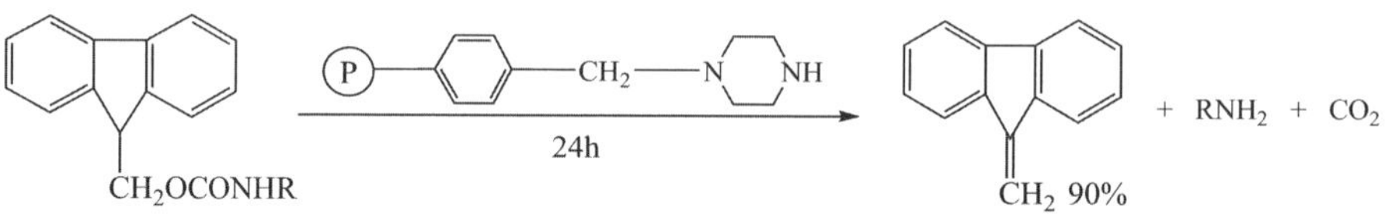

(폴리머와의 부가체 형성)

4차암모늄염형 음이온교환수지나 고분자포스포늄염 등의 수지는 상간이동촉매로서 다상계에서의 친핵반응을 촉진시킨다.

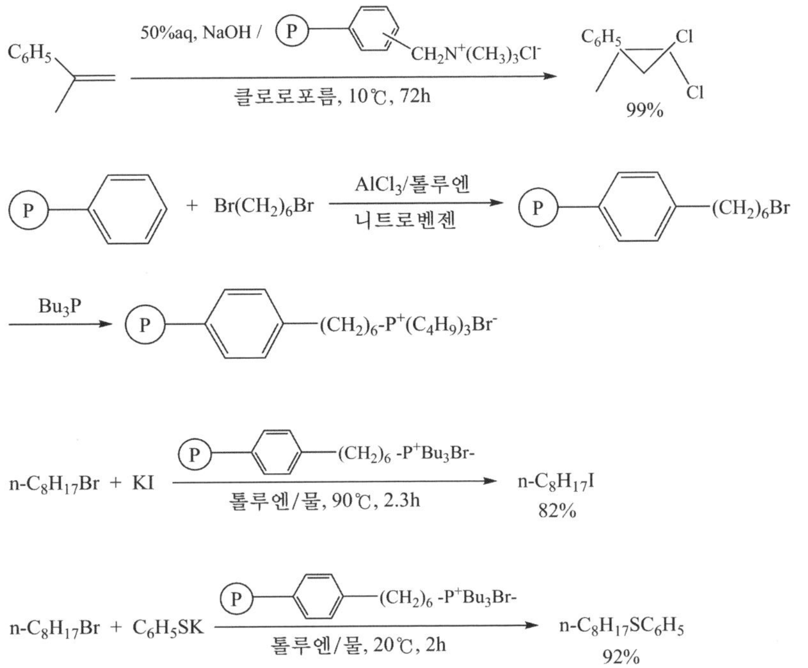

실험 예 2-6 고분자포스포늄염을 상간이동촉매로 사용하는 술피드의 합성

폴리스티렌 20.8g(0.20mol), 1,6-디브로모헥산 73.2g(0.30mol), 톨루엔 1.84g(0.02mol), 염화알루미늄 12.5g 및 니트로벤젠 200ml의 혼합용액을 90℃에서 7시간 가열한다. 반응용액을 냉각시킨 후, 메탄올을 가하고, 석출하는 겔을 잘 분쇄시킨 후, 물, 메탄올, 톨루엔, 1,2-디클로로메탄, 더욱 에테르로서 수 회에 걸쳐 세척하면 브로모헥실기를 갖는 폴리스티렌 28.9g이 얻어진다. 브롬함유량 10.2%(1.27meq/g).

이 수지 20g을 트리부틸포스핀 30ml에 가하고, 주의하여 탈기하면서 65℃에서 5일 방치시킨 후, 반응용액을 냉각하고, 에테르를 가하여 수지를 석출시킨 후, 에테르, 1,2-디클로로메탄, 메탄올, 더욱 에테르로서 수 회에 걸쳐 세척하면, 알킬포스포늄염의 구조를 갖는 수지 23.4g이 얻어진다. Br의 함유량 6.6%(0.83meq/g). 이 수지를 잘 분쇄하여 촉매반응에 사용한다.

1-브로모옥탄 19.30g(100mmol), 1,2-디클로로메탄 50ml 및 촉매수지 1.20g(포스포늄염으로서 1.0mmol)의 혼합용액을 20℃에서 15분간 교반시킨 후, 3.0M 티오페녹사이드칼륨수용액 50ml(150mmol)를 가하고, 2시간 계속해서 교반한다. 반응종료 후, 에테르를 가하고, 수지를 여별한 후, 증류에 의하면 n-옥틸페닐술피드 20.4g(수득률 92%)이 얻어진다.

2-1-6 고분자착화합물촉매

고가인 금속착화합물촉매도 리간드의 고분자화에 의하여 분리재사용이 가능해진다. 리간드를 갖는 가교폴리스티렌 상에서 고분자화 로듐착화합물을 조제하여, 관능기의 수소첨가촉매로 사용되고 있다. 폴리아미드는 백금 및 로듐과의 착화합물을 형성하며, 하이드로실릴화반응에 있어서, 저분자착화합물로부터 고활성인 촉매작용을 나타낸다. 더욱, 시클로펜타디엔일화시킨 가교폴리스티렌으로부터 고분자티타노센이 얻어지며, 고분자상에서는 불활성인 2핵착화합물의 형성이 억제되기 때문에 올레핀의 수소첨가반응에 높은 활성을 나타낸다.

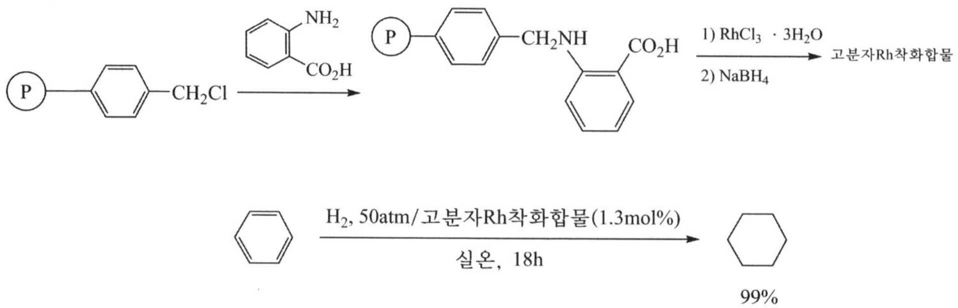

실험 예 2-7 폴리아미드-백금착화합물에 의한 하이드로실릴화

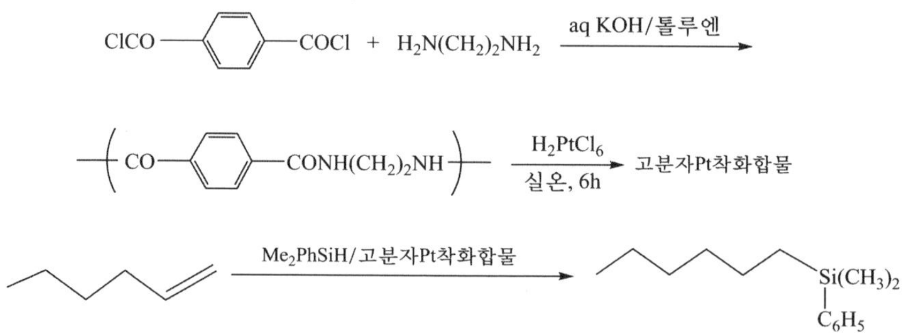

에틸렌디아민 2.8mmol, 수산화칼륨 5.6mmol을 물 100ml에 용해시키고, 격렬하게 교반하면서 테레프탈로일디클로라이드 2.8mmol의 톨루엔용액 100ml를 한번에 가한 후, 더욱 실온에서 10분간 계속해서 교반하여 중축합반응을 행한다. 반응종료 후, 반응계로부터 석출하는 고체를 여별하고, 아세톤으로 수 회에 걸쳐 세척한 후, 증류수로서 세척하고, Soxhlet추출기를 사용하여 아세톤으로 추출한 후, 감압건조시킨다. 얻어진 분말상의 폴리아미드 1g을 물에 현탁시키고, 30% 염화백금산수용액 0.12g(0.1mmol Pt)을 가한 후, 실온에서 6시간 교반하고, 폴

리머를 뜨거운 물로서 잘 세척한 후, 건조시키면 폴리아미드백금착화합물이 얻어진다.

폴리아미드백금착화합물을 넣은 가지관 부착의 반응용기에 벤젠과 1-헥센을 가하고, 불활성 가스로서 치환시킨 후, 탈기하고 디메틸페닐실란을 가지관으로부터 가한다. 45℃에서 교반하여 반응의 진행을 GLC에 의하여 추적한다.

광학활성인 아미노알코올을 도입시킨 고분자를 촉매로 사용하고, 디에틸아연에 의한 비대칭 부가반응을 진행시킨 후, 비대칭고분자를 리간드로 갖는 아연착화합물의 형성을 경유하여 높은 화학수득률 및 광학수득률로서 광학활성인 알코올이 얻어진다. 게다가 고분자촉매의 재사용에 의하여 그의 수득률은 유지된다.

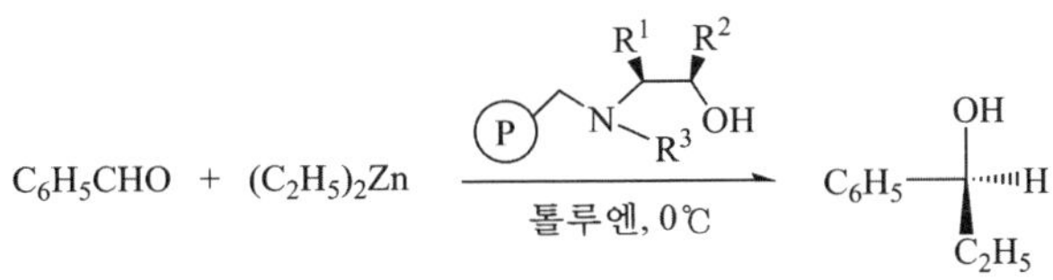

표 2-3 비대칭고분자리간드를 촉매로 사용하는 디에틸아연의 알데히드로의 비대칭부가

알데히드	촉매	반응시간(h)	수득률(%)	광학효율 (%ee)	절대배치
벤즈알데히드	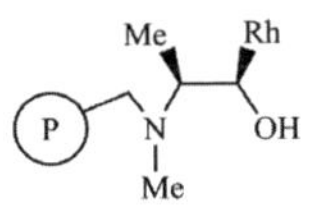	62 62(재사용)	96 93	80 81	R
벤즈알데히드	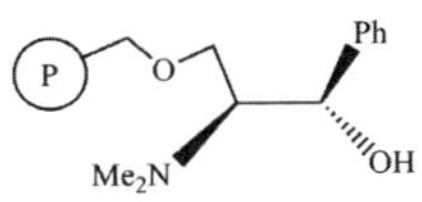	72	85	9.5	S
벤즈알데히드	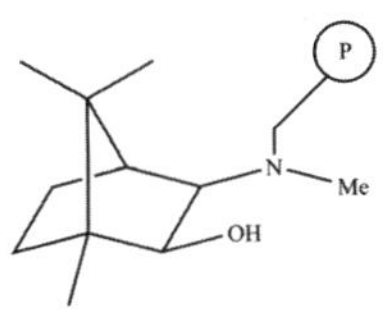	75	90	10	R
o-에폭시벤즈알데히드	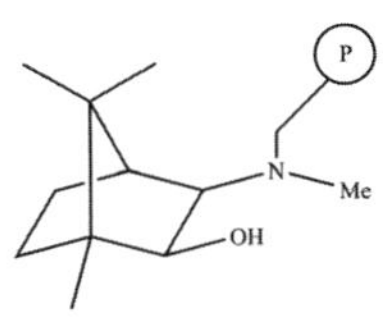	24	92	95	

실험 예 2-8　광학활성인 고분자화아미노알코올을 촉매로 사용하는 아연착화합물에 의한 비대칭부가반응

N,N-디알킬-(-)-3-exo-아미노이소보르네올을 도입한 1~2% 가교폴리스티렌 0.5mmol의 톨루엔현탁액에 디에틸아연의 톨루엔용액 10ml(15mmol)를 가하고, 0℃에서 30분간 교반시킨 후, 벤즈알데히드 10ml(1.5mmol)을 가하고, 더욱 73시간 교반한다. 반응종료 후, 1M 염산을 가하여 가수분해하고, 촉매를 여별한 후, 증류하면 (s)-1-페닐프로판올 1.2g(수득률 91%)이 얻어진다. 광학수득률 92%ee.

2-1-7 산화환원고분자, 고분자전자전달제

가역적인 산화환원 능력을 갖는 퀴논, 플라빈, 비올로겐, 디술피드 등을 고분자화시킨 소위 산화환원고분자, 산화환원수지는 그의 합성법, 산화환원전위, 생체전자전달계와의 유사성 등에 대한 각종 성질에 흥미가 집중되고 있지만, 한편, 고분자산화환원제로서 적극적으로 이용되는 시험도 널리 행해지고 있다.

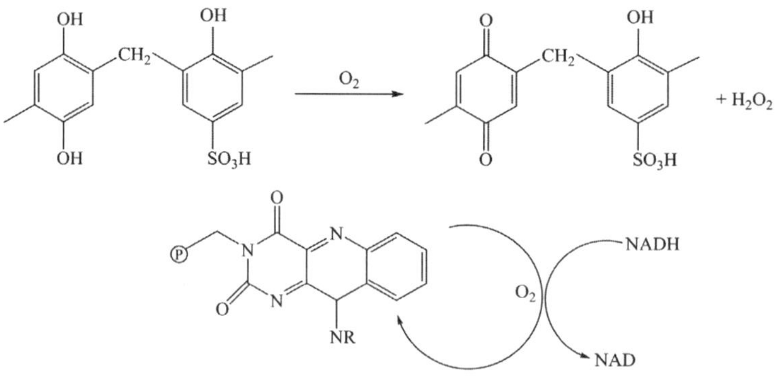

비올로겐(V^{2+})을 고분자화시켜 전자전달제로서 사용하면, $Na_2S_2O_4$에 의한 카르보닐화합물의 환원이 온화한 조건으로 진행된다. 고분자계에서는 생성하는 비올로겐카티온라디칼($V^{+\cdot}$)의 2량체 형성에 의한 실활이 입체장해에 의하여 억제되며, 불균일계인 것에도 불구하고 저분자 V^{2+}보다도 높은 반응성을 나타낸다.

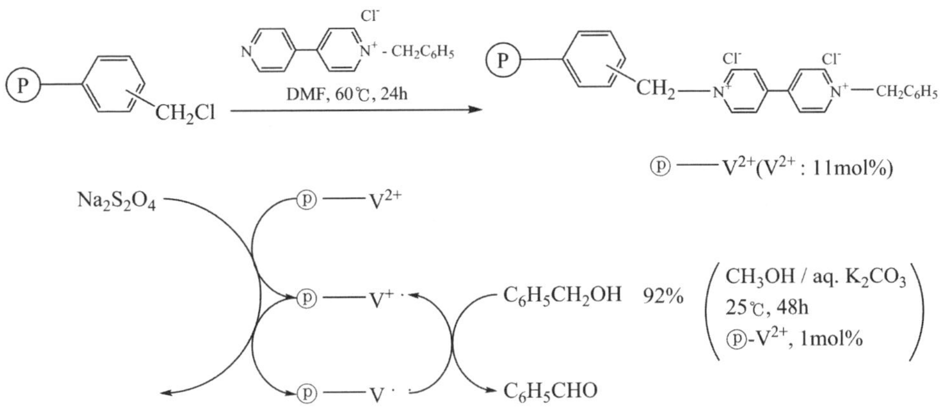

환상디술피드의 구조를 갖는 보효소리포산을 폴리알릴아민, 키토산 등의 아미노폴리머에 아미드기를 매개하여 도입시키고, 고분자전자전달촉매로서 선택적 환원반응에 사용된다. $NaBH_4$에 의한 p-치환니트로벤젠의 환원에서는, 촉매량의 리포아미드화폴리알릴아민-$FeCl_2$로서, 에탄올 중에서 30℃의 온화한 조건에서 정량적으로 치환아닐린이 얻어지고 있으며, 촉매의 제거, 재사용도 가능하다. 또한, 디페닐아세틸렌의 환원에서는 디티올-철(Ⅱ) (2 : 1) 불활성착화합물의 형성이 억제되며, 저분자계에 비하여 높은 반응성을 나타낸다.

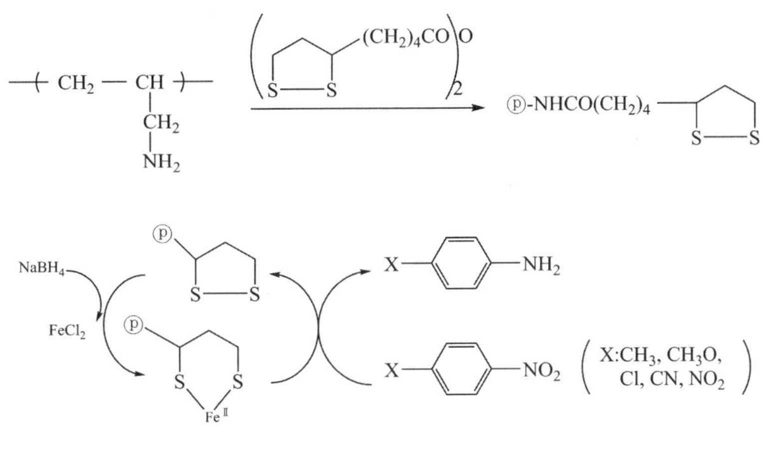

실험 예 2-9 리포아미드 구조를 갖는 고분자를 촉매로 사용하는 치환니트로벤젠의 환원

폴리알릴아민염산염 2.34g(25mmol)의 메탄올현탁액 100ml에 트리에틸아민 3.48ml (25mmol)를 가하고, 격렬하게 교반하여 폴리머를 용해시킨다. 반응용액을 빙랭하고, 격렬하게 교반하면서 리포산무수물의 THF용액 20ml(50mmol)를 서서히 적하한다. 더욱, 실온에서 24

시간 교반시킨 후, 석출하는 폴리머를 기울려서 분리하고, 10% 탄산수소나트륨, 물, 더욱 메탄올로서 수 회에 걸쳐 세척한 후, 감압건조시키면 황색의 리포아미드화폴리알릴아민이 얻어진다. 리포아미드의 함유량 46mol%. 리포아미드화폴리머(리포아미드로서 0.2mmol), 무수 염화철(Ⅱ) 12.7mg(0.1mmol), $NaBH_4$ 0.193g(5mmol) 및 4-니트로벤조니트릴 0.148g(1mmol)을 반응관에 칭량하여 취하고, 반응용기를 질소치환한다. 미리 질소로서 치환시킨 에탄올 10ml를 가하고, 30℃에서 3시간 교반시킨 후, 폴리머를 여별하고, 여과액에 물 10ml를 가한 후, 1,2-디클로로메탄으로 추출하면, 4-아미노벤조니트릴 0.170g(수득률 99%)이 얻어진다.

2-1-8 멤브레인 반응기(membrane reactor)

시약을 고분자막에 분산 혹은 결합시키고, 이와 같은 막을 매개하여 합성반응을 행하면, 시약의 분리가 용이하며, 시약과의 접촉효율이 향상되는 것 등의 장점이 있다. 더욱 선택적 막투과를 이용하여 생성물만을 분리할 수 있으며, 촉매막으로서 기능하는 경우에는, 시약과 반응기질을 격리시킬 수 있기 때문에, 부작용이 저지되는 것 등의 복합기능을 갖는다. 어느것이나 연속반응프로세스에 사정이 좋으며, 고분자를 합성화학에 응용시킬 때, 그의 특징을 살릴 수 있는 것도 유효한 형태라고 말할 수 있다.

가역적 산화환원 능력을 갖는 비올로겐 및 리포산을 폴리글루타메이트막에 공유결합으로 도입하여, 고체막내부의 전자전달에 의하여 막을 경계로 환원반응이 진행된다.

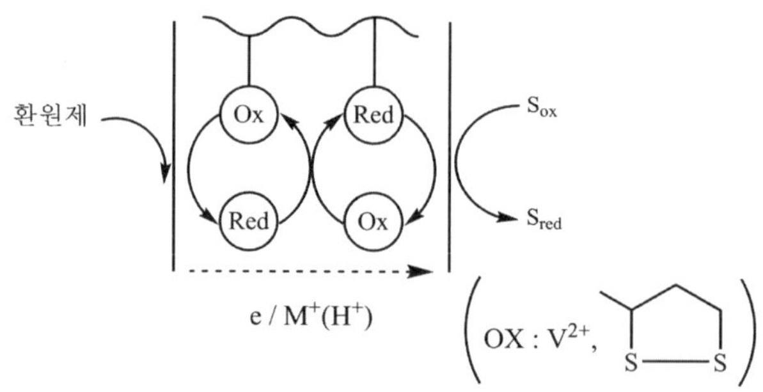

또한 Nafion막, 인산담지 실리카막에 전극을 설치하고, 막내부의 프로톤 수송을 이용하여 탄산가스의 알칸류로의 환원, 올레핀, 벤젠, 알코올 등의 선택적 산소산화가 가능해진다.

$$CO_2 \xrightarrow[40.4mA]{H_2 / 막} CH_4 + C_2H_4 + C_2H_6$$

막 : CO_2 / Cu / Nafion 117 / Pt, H_2(10%), N_2(90%)

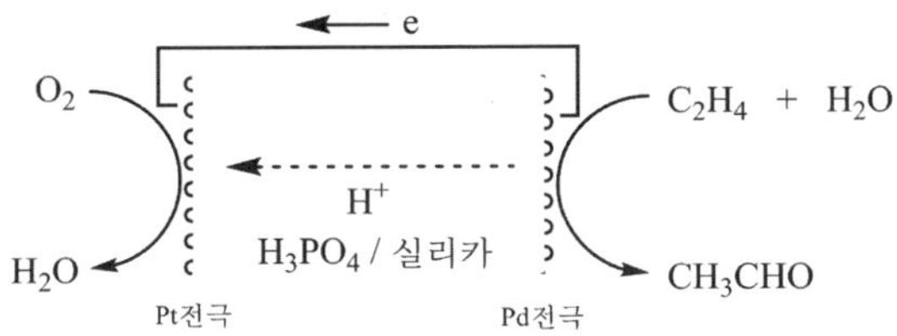

효소는 온화한 조건에서 선택적 특이적인 반응을 행하는 촉매로서, 최근 유기합성에 많이 응용되고 있지만, 가수분해효소를 고정화시킨 고분자막과 선택적 투과막과의 복합막을 분리막 반응기로 사용하면, 높은 반응수득률로서 연속적으로 L–아미노산이 얻어진다.

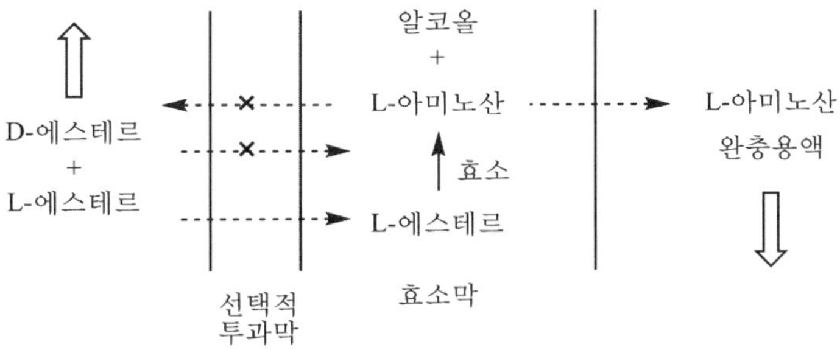

2-2 고분자 접착재료

2-2-1 서론

최근, 우주, 항공, 해양개발을 비롯한 첨단산업분야에 있어서 구조물의 접합기술 발달은 기반기술에 있어서 커다란 과제로 취급되고 있다. 그러나, 접착의 역사는 길고, 예를 들면 중국의 만리장성이나 옻칠 등이 알려져 있다.

과학기술의 진보에 따라서, 요구되는 재료의 성능은 점점 엄격해지고 있으며, 단일소재로서는 그의 목적을 달성하기 어렵게 되었다. 이와 같은 문제를 해결하는 하나의 방법으로서, 종래의 소재 특성을 조합시킨 복합재료의 개발을 들 수 있다. 공업재료로서 복잡재료를 볼 때, 가장 중요한 작용을 하고 있는 것이 접착제라고 말할 수 있다.

현재는 강인한 접착제가 우주, 항공, 자동차, 기타 산업기계의 넓은 분야에 있어서 금속, 비금속 구조재료, 유기재료, 섬유, 플라스틱, 고무 등의 접착에 사용되며, 새로운 공업재료를 생산하고 있다. 예를 들면, 용접, 리베트, 볼트접합에 비하여 접착제의 수량이 감소되는 것뿐만이 아니고, 양쪽이 면접합하는 것에 기인하는 응력분산, 불연속효과, 산란과 흡수 등의 복합효과가 나타나는 특징이 있다.

접착재료는 단순한 준구조접착제, 더욱 점착, 점접착제 등, 일상적으로 사용되는 것에 이르기 까지 폭넓은 분야에서 사용되고 있다. 따라서, 피접착체 표면의 물성을 이해한 후에, 수많은 접착제를 정확하게 사용하지 않으면, 그의 장점을 발휘시킬 수 없다.

여기서는, 접착재료로 일반적으로 사용되고 있는 구조용 접착제를 중심으로, 더욱 점착제, 점접착제에 대해서도 설명하기로 한다.

2-2-2 접착

접착이란, "동종 또는 이종물질의 접촉면이 접착제에 의하여 결합하는 것"이라고 정의되고 있다.

그림 2-1에는 접착메카니즘의 모델을 나타내고 있다. Ⓐ는 피접착제의 응집력, Ⓑ는 피접착제-접착체간의 상호작용, Ⓒ는 접착제의 응집력을 나타낸다. 파괴는 더욱 약한 부분으로부터 일어나기 때문에, 접착의 입장으로부터 보면, Ⓐ 〈 Ⓑ 〈 Ⓒ로 되는 것이 바람직하다. Ⓐ에서 파괴되는 것을 재료파괴라고 말하며, Ⓑ에서 파괴되면 계면파괴, Ⓒ에서 파괴되면 응집파괴라고 말한다. 접착강도는 접착접합한 것의 파괴 강도로서, 접착제와 피접착제간의 계면 상호작용의 강도뿐만이 아니고, 피접착제와 접착제 자체의 응집력, 신장, 탄성율 등의 역학적 성질 이외에 다른 많은 인자가 작용하고 있다.

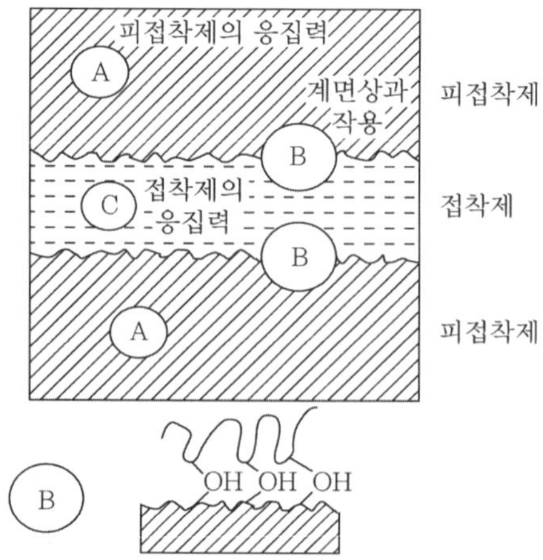

그림 2-1 접착메카니즘의 모델

일반적으로 피접착체의 표면에는, 평평한 표면일지라도 +nm의 요철(凹凸)이 있다. 접착제의 역할은, 먼저 그 표면의 극성기와 접착제 자체가 갖는 극성기간에, 예를 들면, 화학결합, 수소결합, 쌍극자 상호작용을 강하게 작용시키는 것이다. 따라서, ① 우선, 접착제는 액체로서 유동하지 않으면 안되고, ② 미세한 틈에 흘러들어가지 않으면 안되고, ③ 그러기 위해서는 피접착체의 표면을 잘 적시고, 최종적으로는 고화하고, 강인한 상을 형성하지 않으면 안된다. 이 고화에 동반되는 체적수축이 고강도 구조접착제에 있어서 잔류응력으로서 재차 문제로 되고 있다. 이와 같이 접착제는 반드시 한번 유동상태를 경유하고 있다. 예를 들면, 순간접착제, hot melt접착제 등은 액체로서의 낮은 표면장력이 피접착체를 잘 적시는 특징을 가지고 있다. 접착계면에 있어서 작용력은 기본적으로는 분산력, 극성력, 수소결합력, 이온결합력, 공유결합력이다.

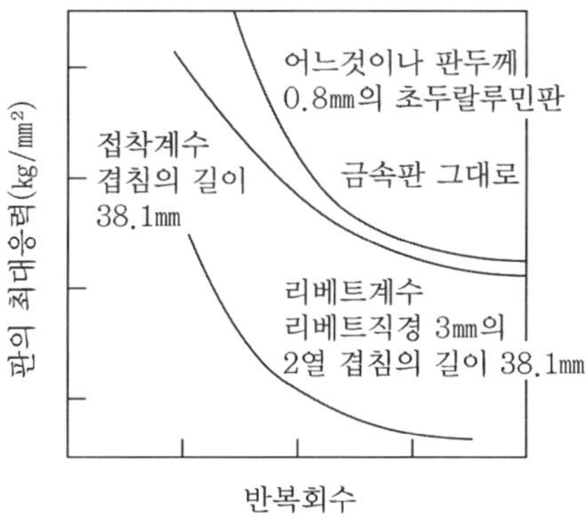

그림 2-2 리베트접합과 접착정합의 피로강도의 비교

현재, 공업용도로 접착제가 널리 사용되고 있는 이유로서는, 다음과 같은 점을 들 수 있다. ① 접착제의 성능향상에 의하여 리베트, 볼트접합의 대체로서의 기능이 인정되었다. ② 그림 2-2에 나타내는 바와 같이, 응력분산에 의하여 피로강도가 향상된다. ③에너지가 감소된다. ④ 접착에 관련되는 기술의 자동화가 가능하게 되었다. 예를 들면, 접착제의 자동도포, 정밀도포, 접착공정의 시스템화 등의 에너지감소, 공정의 간소화 등의 많은 특성을 들 수 있다.

2-2-3 접착제의 종류와 응용 예

접착제는, 그의 사용목적에 따라서 각종의 관점으로부터 분류할 수 있지만, 여기서는 기능, 용도로부터 다음과 같이 분류하고, 응용 예로서 설명하기로 한다.

① 구조용으로서의 고강도접착제, ② 내열성접착제, ③ 탄성접착제, ④ 유면접착제(SGA), ⑤ 혐기성접착제, ⑥ 순간접착제, ⑦ 점착제, ⑧ 박리제 기타.

1) 구조용으로서의 고강도 접착제

구조용 접착제란, 예를 들면, 항공기의 동체, 날개 등의 구조부분에 있어서 리베트접합에 대체되는 접착제가 그의 대표이다. 즉, 높은 전단강도, 박리강도, 내열성 등이 요구된다. 통상의 접착제와는 달리, 사용법이 명확히 규정되어 있다. 일반적으로 그다지 알려져 있지 않지만, 매우 우수한 성능을 가지고 있다. 1949년에는 영국에서 제트여객기 코밋(comet)이 접착제(Reducts®)로서 조립된 것이 항공기에 본격적으로 사용되기 시작했다. 그 후, 네덜란드 Fokker사의 Friendship®, YS-11, 727, 747, 767, … 등 다수의 항공기의 주요부분이 접착구조에 의하여 조립되고 있다. 네덜란드의 Friendship에서는 비행기 전체의 각종 부분재료의 접합에 접착제가 사용되었으며, 보잉의 727형 이후에는 Moneycomb sandwich 구조의 날개나 보조날개 및 동체구조의 보조강판 접합 등의 광범위한 곳에 사용되고 있다.

(i) 비닐/페놀계 접착제

가장 오래전부터 사용되고 있는 것으로서, 페놀계수지는 이전에 목공, 합판 등에서 많이 사용되었지만, 여기에 내충격성의 개량을 위해서 비닐아세탈수지를 혼합하여 가소성을 향상시켰고, 알루미늄합금의 접착제로서 30년 이상에 걸쳐서 안전성과 경제성이 높은 실적을 가지고 있다. 레졸-페놀계용액을 피접착체의 표면에 도포하고, 용제를 증발시킨 후, 필름상태 혹은 분말상태의 비닐아세탈수지를 이것의 상부에 놓고, 다른 피접착체를 놓은 후, 0.7MPa 이상의 압력으로 140℃에서 압착경화시킨다. 접착특성은 페놀계수지와 비닐아세탈수지의 비율로서 변한다. 폴리비닐아세탈은 페놀계수지의 가소화와 가교반응에 관여하고 있다.

(ii) 니트릴/페놀계 접착제

$$-\!\left[CH_2-CH=CH-CH_2 \right]_x\!-\!\left[CH_2-\underset{\displaystyle CN}{\underset{|}{CH}} \right]_y\!- \quad + \quad NR$$

비닐아세탈수지 대신에 니트릴고무계 공중합체를 첨가한 것으로서, 그의 특성은 박리강도가 높은 것이다. 물론, 조성에 따라서 접착특성이 변한다. 그의 우수한 내구성은 항공기의 구조접착, 자동차의 브레이크라이닝 등에 널리 사용되고 있다.

(iii) 에폭시/ 페놀계 접착제

단단한 페놀계수지에 단단한 에폭시수지의 조합으로는, 그 분자의 강한 특징으로 인하여, 박리강도는 작지만, 내열성이 높고, 아폴로 우주선의 조립 등의 내열성이 요구되는 곳에 사용되고 있다. 에폭시수지는 다음과 같은 분자 자신의 특징, 피접착체와 수소결합력을 갖는 극성기,

소수성기와의 밸런스, 그의 간격 등이 접착력 발현에 기여하고 있다.

비스페놀A-디글리시딜에테르의 화학구조와 구성단위의 기능

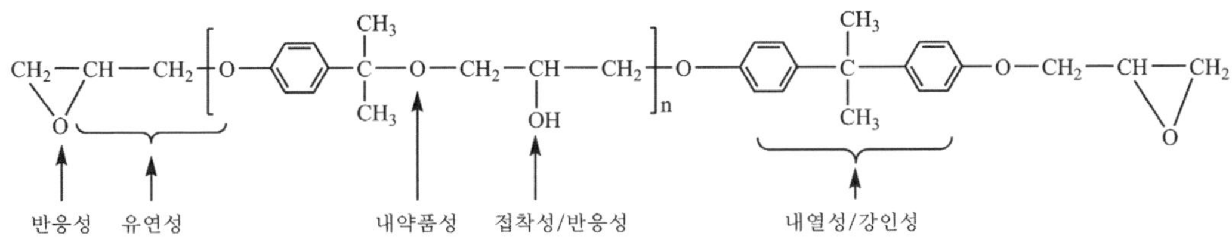

에폭시수지의 함유량이 증대할수록, 강인성이 향상된다. 에폭시기와 경화제의 조합으로서 상당히 넓은 범위의 접착물성을 얻을 수 있다. 아민, 산, 알코올성 OH, 티오콜 등의 관능기를 갖는 경화제에 의하여 반응경화접착이 완료된다.

(iv) 나일론/에폭시계 접착제

에폭시접착제의 가소성을 개량하기 위해서, 가용성 나일론(Zytel 61)을 첨가하는 것에 의하여, 45kg/in라고 하는 높은 T형 박리강도를 나타낸다. 이 가소성은, 에폭시수지와 나일론이 상분리구조를 취하며, 더욱 상간에서는 수소결합이 충분히 결성되어 응력분산을 일으켜서 우수한 박리강도를 나타내는 것이라고 생각된다. 조성과 접착특성을 표 2-4에 나타낸다. 나일론의 함유량이 70~80%일 때, 전단강도는 400~500kg/cm^2, 박리강도는 35kg/cm^{2}로서 매우 높은 접착력이 얻어진다. 이 계에 있어서 최대의 단점은 내수성이다.

표 2-4 에폭시수지에 대한 나일론 변성의 효과

접착제의 조성*			전단강도(psi)			박리강도(lb/in)		
나일론	에폭시	트리아진	−67°F	실온	180°F	−67°F	실온	180°F
0	100	24	2690	2855	3500	3.0	3.0	2.0
20	80	19	2690	2950	2400	3.7	4.5	6.0
40	60	15	4850	4800	4200	14	49	71
50	50	12	6100	5700	4900	10	78	102
70	30	7.3	7240	6420	5200	26	135	119
85	15	3.6	8250	5740	4850	37	180	143
95	5	1.2	7560	4125	2700	18	143	82

* 접착시료의 조제방법 : 메탄올-물-푸르푸릴알코올 혼합용매 중에, 나일론(Zytel 61), 에폭시수지(ERL 2774), 경화제(2,4-디하이드라지노-6-메틸아미노트리아진)를 용해시킨다. 상기의 용액을 산처리한 알루미늄 표면에 도포하고, 용매를 휘발시킨 후, 접착시키고, 350°F, 60분간 경화를 행한다.

(v) 니트릴/ 에폭시계 접착제

상기 (ii)의 페놀계 대신에, 말단에 카르복실기를 갖는 액상고무(CTBN) 등의 관능기를 갖는 니트릴고무를 에폭시수지에 첨가한 경우에도 박리강도를 크게 향상시킨다. 표 2-5에 니트릴 고무변성의 효과를 나타낸다. 이상 5종류 구조접착제의 전단강도와, T형 박리강도를 표 2-6에 나타낸다. 표로부터 이들의 접착제가 우수한 접착특성을 가지고 있는 것이 확실하다.

표 2-5 에폭시수지에 대한 니트릴고무 변성의 효과

온도	고무변성		고무가 없을 때	
℉	전단/psi	T형박리(1b/in)	전단/psi	T형박리(1b/in)
-40	4900	481	2100	2
0	5100	47	2500	3
25	5200	44	2700	3
75	3600	22	2200	4
100	2800	21	3000	5

2) 내열성 접착제

항공기, 고속철도, 자동차, 산업기계의 고성능화에 있어서, 이들에 사용되는 접착제도 내열성이 요구되고 있다. 베이스로 되는 수지에 유기계통의 고분자를 사용하는 한, 어느 정도의 한계는 있을지라도, 예를 들면 짧은 시간이라면, 폴리벤즈이미다졸은 539℃, 폴리이미드는 482℃라고 하는 내열성을 가지고 있다. 물론 1)의 구조용 접착제로서는 모두 될 수 있는 한, 높은 내열성이 요구되고 있다. 그림 2-3에는, 1)에 나타낸 구조용 접착제의 내열성을 나타내고 있다.

이미 설명한 바와 같이, T형 박리강도는 약간 작지만, 에폭시/페놀계가, 그 구조상의 특징으로부터 내열성이 우수한 것을 알 수 있다. 폴리이미드의 기본구조는 다음과 같이 경화반응이 진행하면서 접착된다. 접착제인 폴리아미드산의 분자량이 높기 때문에 경화할 때의 유동성이 나쁘며, 따라서 높은 압축력을 필요로 하고 있다.

표 2-6 시판의 테이프상, 필름상 항공기용 접착제의 접착강도(실온)

접착제	전단강도/psi	T형박리강도(1b/in)
폴리비닐포르말/페놀계	3000 ~ 4500	15 ~ 35
니트릴고무/페놀계	3000 ~ 4500	15 ~ 60
에폭시/페놀계	2000 ~ 3200	6 ~ 12
나일론/에폭시	5500 ~ 7200	80 ~ 130
니트릴고무/에폭시	3700 ~ 6000	22 ~ 90

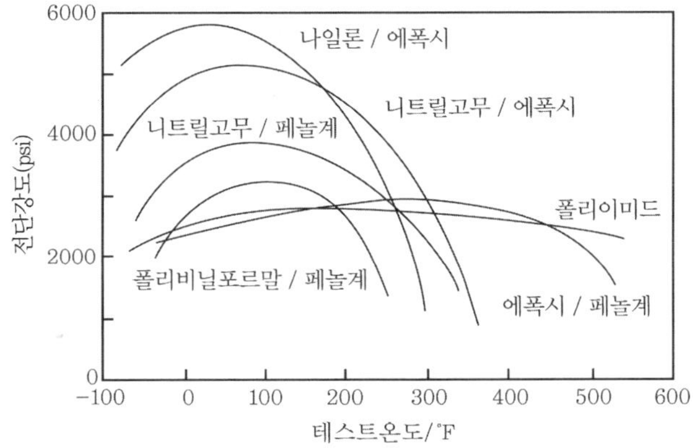

그림 2-3 테이프상, 필름상, 용액상 접착제의 온도특성(전단강도)

압축수의 발생에 의한 공간율이 생성하기 때문에, 분자말단에 반응성이 높은 관능기를 도입시키는 것으로 방지하려고 하는 시험도 있다.

그 예로서는 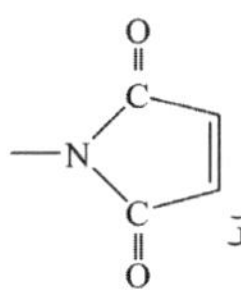 과 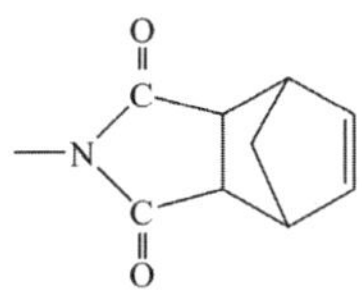 등이 있다.

그림 2-4에는 폴리이미드계 및 2, 3종류 접착제의 내열성을 나타낸다.

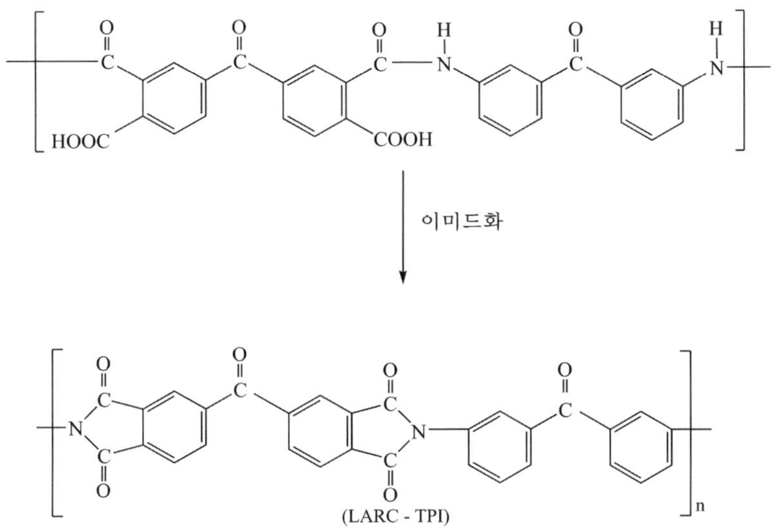

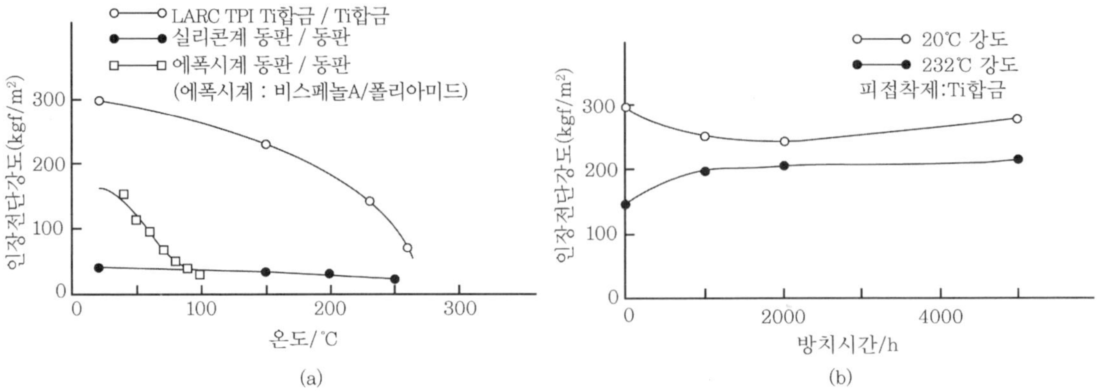

그림 2-4 LARC-TPI 및 이외의 접착제의 전단강도와 온도(a)와 LARC-TPI의 232℃에 있어서 가열 열화 후의 전단강도(b)

LARC-TPI가 우수한 내열성을 나타내는 것을 알 수 있다. 박리강도의 향상에는, 엘라스토머의 혼합, 그래프트화 등의 구조용 접착제로 행해진 것과 마찬가지의 수단이 행해지고 있다. 예를 들면, 플루오르화, 실리콘, 비닐기말단실리콘, 아미노기말단실리콘 등이 검토되고 있다.

표 2-7에는 각종 엘라스토머-강화LARC의 접착강도를 나타내고 있다.

표 2-7 엘라스토머-강화LARC-13/티타늄의 접착강도

접착제	LSS의 초기값(미열화)/psi			234℃500시간 열화후의 LSS/psi		
(측정온도)	RT	232℃	288℃	RT	232℃	288℃
LARC-13	2900	2800	1300	2900	2900	2200
LARC-13/silastic	2200	1800	500	1600	1800	1300
LARC-13/sylgard184	3300	2400	-	2500	2300	-
LARC-13/ATBN	3700	2800	-	2000	1900	-
LARC-13/ATS	2600	1800	900	1700	1600	1400

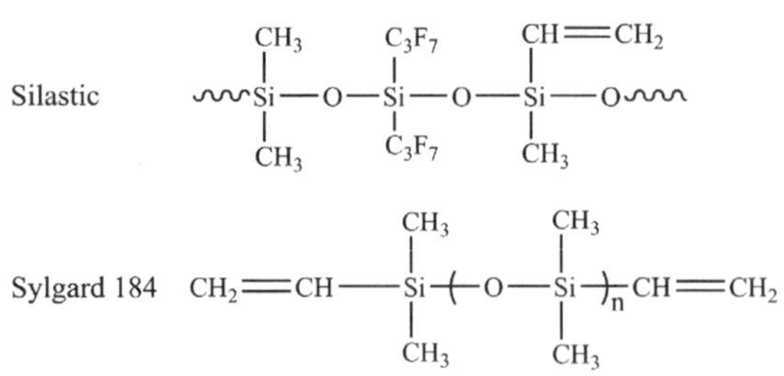

ATBN

ATS

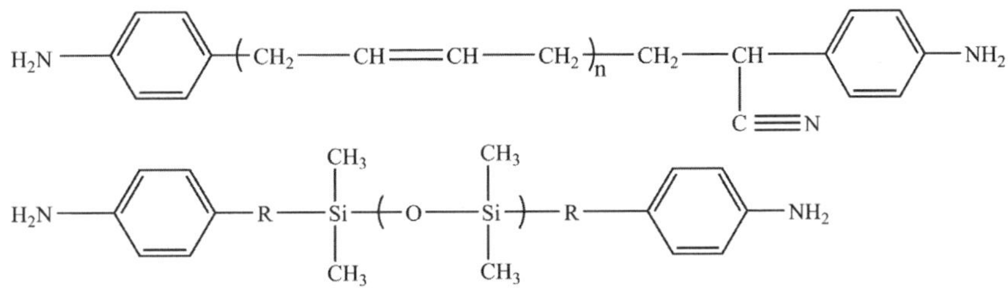

기본구조인 폴리이미드는 최근, 각종 화학구조의 것이 개발되었으며 예를 들면, 고신뢰성 가소성필름상회로(FPC)로써 널리 사용되고 있다.

Thermit은, 더욱 내열성이 우수한 접착제이다. 표 2-8에는 LARC-TPI에 대한 비율을 나타낸다.

표 2-8 선상폴리이미드와 부가형 접착제의 비교(LARC-TPI와 Thermit의 예)

성 능	Thermit	LARC-TPI
분자구조	말단아세틸렌기의 부가형 폴리이미드	선상폴리이미드
형태	프레이미드화된 분말	폴리아미드산다이글라임용액
접착의 전처리	용매 + 도포 + 용매의 휘발 (필름접착제에서는 필요없다)	도포 + 용매의 휘발 + 이미드화 (이미드화필름에서는 필요없다.)
접착제 온도	190~370℃	320~350℃
접착제 압력	1~5kgf/cm^{2}이상	15~50kgf/cm^2
접착제 가압시간	2분~2시간	0.5~5분
경화시의 점도거동	**그림 2-6 참조**	-
후경화시의 온도	260~400℃(0~16시간)	250~350℃(0~1시간)
후경화의 주요효과	Tg의 상승, 미반응 관능기의 반응	아닐, 결정화의 촉진
경화폴리머의 Tg	200~350℃ (후경화온도, 시간에 의존)	220~ 260℃ (후경화온도, 시간에 의존)
내크립성	양호	보통
도막의 성질	약간 무르다	연신도가 크다
내열분해성	양호	양호

내열성 접착제로서는 이미드계 이외에 실리콘계, 말레이미드계, 에폭시계 등으로서 많이 검토되고 있다. 특히 실리콘계에서는 탄성적이며, 열팽창계수가 크고 다른 물질을 접착시킬수도 있다. 예를 들면 태양전지의 접착 등 고온도의 강도저하 및 열에 의한 열화가 적기 때문에 우

수하지만, 강도의 절대값은 60kg/cm^{2}정도로서 약간 작다. 최근, 탄소섬유강화플라스틱의 개발에 의하여 매트릭스로서 이용되는 에폭시수지의 내열성이 문제로 되어 있다.

다관능에폭시수지를 응용한 상온경화 내열형접착제가 개발되었다. 예를 들면 P-아미노페놀(TGpAP)과 3,3′,4,4′-벤조페논테트라카르복실산무수물(BTDA)과의 반응을 이용한 것이 있다.

3) 탄성 접착제

실리콘폴리머는 기본적으로 $\left[-\mathrm{Si}(\mathrm{CH_3})_2-\mathrm{O}- \right]_n$ 의 형태로서, Si에 결합하고 있는 메틸기가 자유회전하기 쉽고, Si-O의 결합에너지는 C-C의 결합에너지보다도 크며, Si-O주위의 회전이 쉽기 때문에 실리콘폴리머의 글라스전이온도는 -123℃로서 상당히 낮다. 내열, 내한성이 있으며 더욱 낮은 표면에너지를 갖는 특징이 있다. 이 폴리머는 가교방법이나 배합기술에 의하여 액체상태, 고무상태, 수지상태로 되며 ≡SiOH기의 피접착제와의 화학흡착에 의하며 거의 대부분의 피접착체에 잘 접착한다. 전처리제로서의 실란커플링제는, 최근 복합재료의 연구에 많이 사용되고 있으며, 많이 개발되어 있다.

실리콘RTV(room temperature vulcanizing)는 1성분형과 2성분형의 2종류로 분류할 수 있다. 1성분형은 주로 공기중의 습기에 의하여 경화탄성체로 되는 것이 있으며, 2성분형은 사용할 때 경화제를 일정한 비율로서 첨가하는 것에 의하여 경화하는 것이다. 접착제, 실링재료 등에 사용되는 것은 주로 1성분형이다. 그림 2-5에는 실란커플링제에 의한 접착메카니즘을 나타내고 있다.

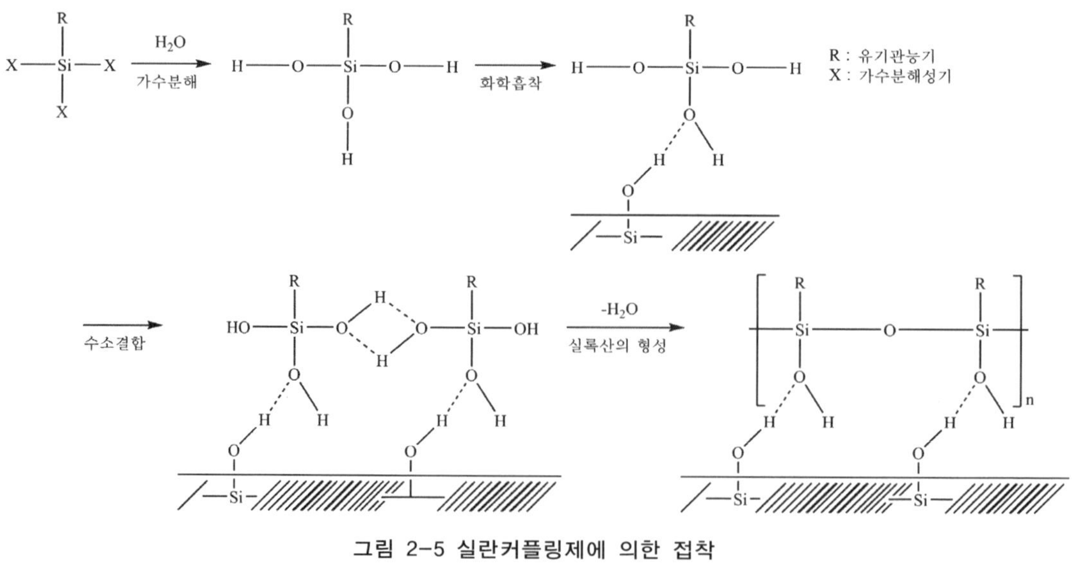

그림 2-5 실란커플링제에 의한 접착

4) 유면접착제-제2세대 변성 아크릴계 접착제(SGA)

기름부착면에의 접착은 일반적으로 접착하기 어려운 난접착성이다. 금속 특히 강판에서는 압연유 혹은 방청유의 부착은 피할 수 없다. 접착할 때 용제를 탈지시키는 것은 생산성, 코스트, 노동위생적으로 큰 난점이다. 따라서 기름부착인 그대로 접착시키는 것은 큰 의의가 있다고 생각된다. 이 점에 있어서 제 2세대 변성 아크릴계 접착제(second generation acrylic adhesives, SGA)는 상당히 어려운 조건을 만족시키는 것이라고 생각할 수 있다. 흡유성 접착제의 메카니즘은 다음과 같이 생각할 수 있다. 접착제층이 피접착체표면의 기름을 흡수하고, 용매화하며, 접착제가 피접착체표면과 강력하게 결합을 형성하는 것이다. 표 2-9에 SGA의 성능을 2, 3종류 접착제의 것과 비교해서 나타낸다.

표 2-9 반응형 접착제의 성능 비교(실온 경화)

일반용	SGA	혐기성	시아노아크릴레이트	에폭시	우레탄
랩전단/kgf/cm^2					
오일부착/스틸	169~197	42~56	-	53~70	0
오일부착177℃, 30분 가열	197~211	-	-	70~85	49~70
용제세척, 연마하지 않음, 스틸	169~211	-	14	127~148	39~46
용제세척, 샌드블라스트, 스틸	232~246	151~179	282	127~148	46~74
에칭, 알루미늄	239~253	-	211	141~169	123~144
용제세척, 알루미늄	141~155	63~109	70	113~127	26~28
충격, ft-1b/in^2					
실온(20℃)	14~16	3~5	3~5	10~12	5~11
-29℃	10~14	-	-	3~5	2.5~3.0
-18℃	11~14	-	-	5~6	2.5~3.5
+82℃	11~13	-	-	5~6	4.0~5.5
T형 박리, 실온, kgf/25mm					
용제세척, 스틸	11~14	0.7	-	2.3~4.5	13~14
에칭, 알루미늄	11~14	0.7	-	6.8~9.0	16~17
세팅시간/min	2~4	1	0.5	120~180	15

기타 에폭시수지계, 클로로프렌계, 우레탄계 등이 있다. SGA의 용도는 상온 단 시간 경화접착이라고 하는 특징을 활용하여 가전제품(펠라이트 마그네트), 중기(엘리베이터), 철도차량의 내장 패널의 접착, 기타 타악기, 스포츠용품 등에 사용되고 있다.

5) 혐기성 접착제

혐기성 접착제는 이미 개발되어 모든 분야에서 나사의 헐거움을 방지하고, 서로 접속되는 부분의 고정, 취약한 면의 봉인 등에 사용되고 있다. 최근에는 구조용을 포함한 평면접착이나 자외선에 의한 경화를 행한 포팅 분야에도 적용되며, 자동접착 시스템으로의 응용이 많이 행해지고 있다.

주성분은 다음과 같은 폴리에틸렌글리콜디메타크릴레이트이며, 이것은 산소가 공급되어 있는 경우에는, 이 2개의 이중결합은 중합하지 않지만, 틈 등에 도입되어 산소가 절단되면, 우수한 내열성, 내약품성을 나타낸다. **그림 2-6**에 Locknot-271의 내열 노화성을 나타낸다.

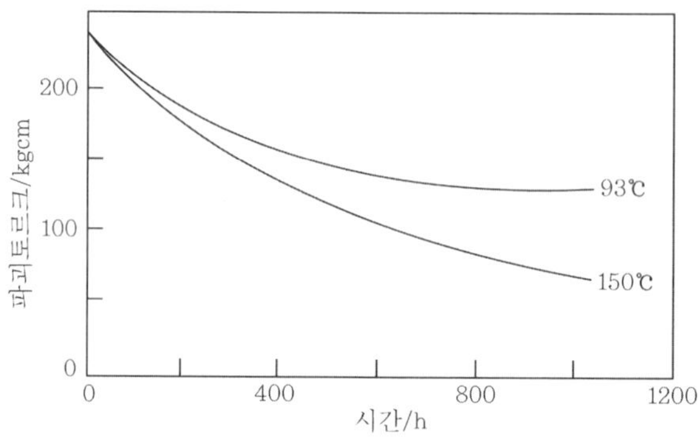

그림 2-6 접착제 Locknot-271의 내열 노화성 볼트-너트 3/8-16UNC강철 각 온도에서 폭로시킨 후, 실온에서 파괴토르크 측정

6) 순간 접착제

일렉트로닉스, 가전, 정밀 기계 등의 조립공정에서는 금속, 세라믹스, 글라스, 고무, 목재, 등의 다른 재료를 고강도로서 내구성 좋게 단시간으로 접착시키지 않으면 안된다. 이와 같은 목적에는 주성분으로서 CH_2=C(CN)COOR로서 표시되는 α-시아노아크릴레이트계접착제가 우수하다. 접착은 공기 중에서 혹은 피접착체 표면의 흡착수가 접착제인 모노머 중에 확산되어 이온중합하여 경화, 접착된다. 모노머는 그의 낮은 점도로 인하여 피접착체 표면의 요철(凹凸)을 충분히 적시고, CN기에 의한 강한 상호작용에 의하여 강한 접착력을 발현한다. 모노머 중의 R기가 메틸, 에틸, 프로필기로 바뀌는 것에 의하여 특성은 크게 변한다. **표 2-10**에는 각종 피접착체를 접착시킨 경우의 접착강도를 나타내고, **그림 2-7**에는 옥외폭로시험에 의한 접착 내구성을 나타낸다. 접착수가 열가소성수지, 고무 등의 경우에는 접착내구성과 내수성이 뛰어나다.

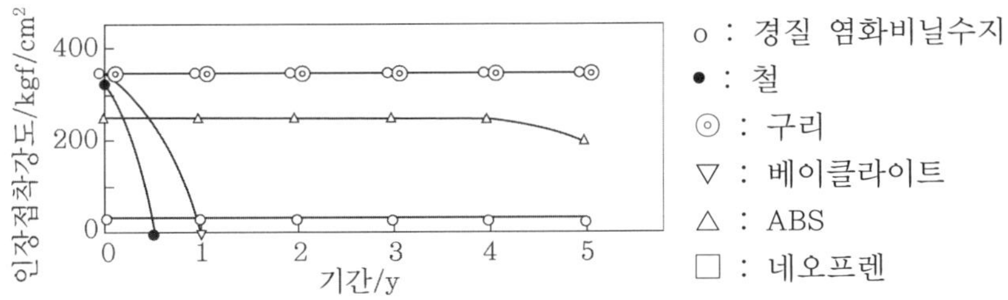

그림 2-7 접착내구성 옥외 폭로시험(Aron alpha #201)

이상, 주로 구조용 접착제, 준구조용 접착제에 대해서 설명했다. 물론, 접착제는 이상과 같은 고강도를 항상 요구하는 것만이 아니고, 반대로 더욱 약한 접착력으로 충분한 경우도 있으며, 다른 기능이 요구되는 경우도 있다. 상기의 설명에서는 피접착체의 표면처리가 상당히 중요하며, 보다 좋게 접착시키기 위해서는 피접착체의 화학적 특징을 잘 숙지한 후에, 정확하게 각각의 접착제에 적합한 표면처리를 행하지 않으면 안된다. **표 2-11**에는 각종 다른 피접착체에 대한 접착제의 조견표를 나타낸다. 접착체의 선택 특성을 간단히 알 수 있다.

표 2-10 시아노아크릴레이트계 접착제에 의한 각종 재료의 접착강도

피접착재료	접착속도/s*1	인장강도(kg/cm^2)
경질염화비닐-경질염화비닐	10~15	253
베이클라이트-베이클라이트	40~50	216
ABS-ABS	5~10	176
MMA-MMA	10~15	306
네오프렌-네오프렌	10~15	38*2
NBR-NBR	10~15	66*2
나일론-나일론	20~30	114*2
폴리카보네이트-폴리카보네이트	10~15	236
델린-델린	10~10	68
구리-구리	5~10	270
델린-베이클라이트	50~60	52
나일론-구리	10~15	132
경질염화비닐-스테인리스	10~15	225
NBR-알루미늄	10~15	63*2
네오프렌-철	10~15	36*2
네오프렌-멜라민도장철판	10~15	25*2

*1 온도 24℃, 양생시간(Aron alpha #201 사용)

*2 접착 이외의 장소가 파괴되어, 접착강도를 측정할 수 없던 것

표 2-11 접착제 선정의 조건표

	피혁	종이	목재	펠트	섬유	비닐	페놀	고무	타일	석재	글라스	금속
금속	1,9,16,19,20	1,16,17	1,5,6,10,11,12,14,15,16	1,4,17	1,16,17,19	20	2,6,10,11,12,14,15,16	6,10,11,12,14,15,16,17	3,4,6,14,15,17	2,3,4,6,17	2,6,11,12,13,14	2,5,6,10,11,12,15
글라스	1,6,19	1,16,17	1,6,10,11,12,14,15,16	1,3,4,16,17	1,16,17,19	20	2,6,10,14,15,16	10,14,15,16,17	17	2,6,17	2,6,11,14,15	
석재	1,16,19	1,16,17	1,3,4,16,17	3,4,16,17	3,4,16,17,19	20	2,6,15	10,14,15,16,17	3,4,17	2,3,4,6		
타일	1,16,19	1,16,17	1,3,4,16,17	3,4,16,17	3,4,16,17,19	20	2,6,15	10,14,15,16,17	3,4,17			
고무	9,16,19	16,17	12,14,15,16,17	16,17	16,17,18	20	15,16,17	2,10,14,15,16,17				
페놀	2,16,19,20	16,17	5,6,11,12,15,16,19	15,16,17,20	16,17,19,20	15	6,11,12,15					
비닐	16	16	16	16	16	20						
섬유	16,17,18,19	16,17,18	16,17,18	4,16,17,18	1,16,17,18							
펠트	9,16,17,18,19	16,17,18	16,17,18	4,17								
목재	9,16,17,18,19	16,17	1,2,3,5,6,7,8,9									
종이	9,16,17,18,19	1,16										
피혁	1,9,16,17,18,19											

1. 폴리아세트산비닐계
2. 아크릴계
   순간접착제
   혐기성접착제
   2액반응형
3. 핫멜트
   EVA
   감압형
   올레핀
   폴리아미드
   폴리에스테르
4. 아스팔트
5. 페놀수지계
6. 에폭시수지계
   2액형
   1액형
7. 요소수지계
8. 멜라민수지계
9. 폴리우레탄계
   2액형
   1액형
10. 페놀수지-비닐계
11. 페놀수지-부틸알계
12. 페놀수지-아세탈계
13. 페놀수지-나일론계
14. 페놀수지-CR계
15. 페놀수지-NBR계
16. 천연고무계
17. 재생고무계
18. SBR계
19. CR계
20. NBR계
21. 실리콘계

2-2-4 점착제

점착이란, Dow에 의하면 "용제, 열 등의 힘을 빌리지 않고 극히 약한 힘으로 피접착체 표면에 접착하고, 때어내는 경우에는 피접착체 표면에 흔적을 남지기 않고 박리시키는 접착"을 말한다. 점착제는 감압접착제라고 불리며, 초기에 약한 힘으로서 접착시키고, 그 후에 점탄성적 변형에 의하여 접착된다. 때어 낼 때는 점탄성적 성질이 주요인자로 되며, 박리강도는 주로 점착제의 변형에너지와 밀접하게 관계되어 다음 식으로 표시된다.

$$P = bt_a f_c^2 / 4E_a + bW_b / 2$$

여기서 P는 박리강도, b는 테이프의 폭, ta는 점착제의 두께, fc는 계면에서 결합력, Ea는 점착제의 탄성율, Wb는 박리계면에 있어서 단위면적당의 접착 에너지를 나타낸다. 더욱 윗식의 우변의 제1항은 점착제의 변형 에너지를 나타내며, 통상 제2항에 비하여 크다. 식에 의하면, 박리강도를 높이기 위해서는, 계면에서의 결합력 fc를 높일 필요가 있다. 점착부여제는 점탄성체로서의 베이스폴리머의 표면장력과 점도를 저하시켜서, 피접착체의 표면에 대해서 잘 젖게하는 것으로 사용된다. **그림 2-8**은 천연고무(NR)계 점착제의 박리강도 P와 점착부여제의 함유량 관계를 나타낸다.

점착부여제의 첨가에 의한 외관상의 점도의 극소는 박리강도의 극대와 대응하고 있다.

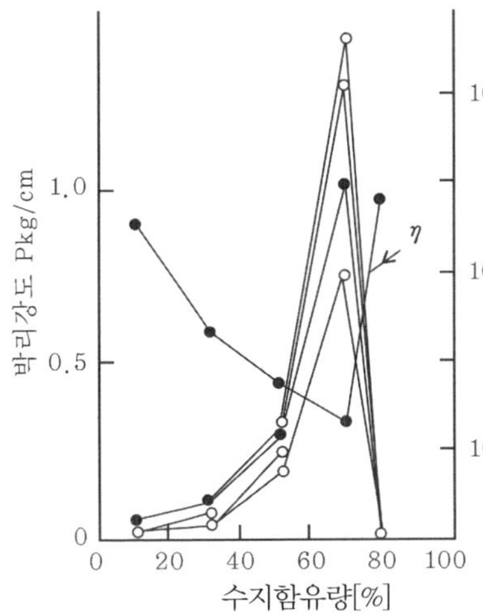

그림 2-8 천연고무계 점착제의 박리강도 P와 점착부여제 함유량의 관계

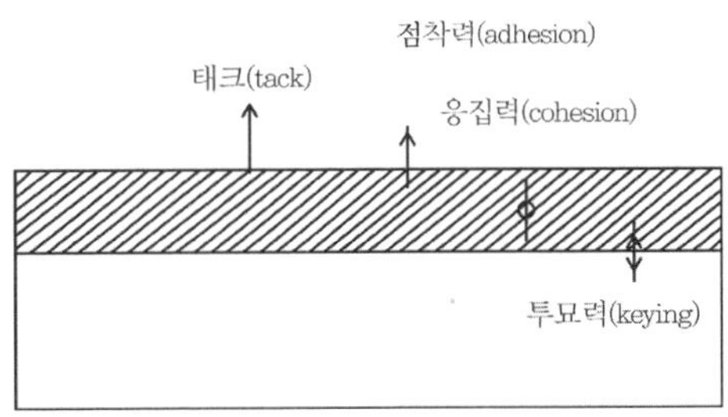

그림 2-9 점착테이프의 강도 구조

1) 점착테이프의 구성과 점착특성의 측정방법

그림 2-10에 점착테이프의 구성을 나타낸다. 점착제와 접착제의 가장 큰 차이점의 하나는 사용할 때, 점착제에서는 지지체를 사용하는 것이다. 접착제가 먼저 지지체에 충분히 투입되는 것과 동시에, 점착제를 상대방에게 남기지 않고 때어내기 위한 필요 조건은, k>c>a>t로 되지 않으면 안된다. 좋은 점착테이프를 제조하기 위해서는, 이 힘의 밸런스가 필요하며, 각 회사의 점착테이프의 제조에 노우하우가 있다.

점착 특성의 표시방법은, ① 약한 힘으로 접착된 순간에 나타나는 초기주름(tack), ② 피접착체 표면을 충분히 적신 후의 점착력(박리강도), ③ 일정한 하중하에서 낙하할 때까지의 시간, 혹은 이동거리로부터 구한 응집력의 3종류로 대별된다. 이들을 점착의 3특성이라고 말한다.

그림 2-10에는 기본적인 점착 3특성의 측정방법을 나타내고 있다.

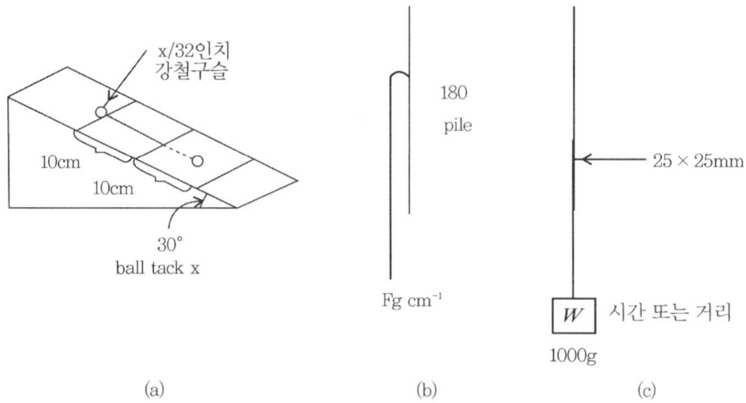

그림 2-10 점착테이프의 시험법

(a)는 Dow에 의한 ball tack법이다. 30°의 기울어진 경사판의 위에 10cm길이의 점착테이프를 고정시키고, 점착제가 없는 조주로를 10cm로 정하고, 1/32인치의 구경으로부터 32/32인치까지의 강철구슬을 굴려서 정지하는 볼의 최대 구경으로서 tack를 나타낸다. 숫자가 클수록 tack 는 크다. (b)는 점착력을 측정하는 180° 박리법이다. 같은 점착제일지라도 지지체와 도포 두께가 변하면, 박리강도는 크게 변하는 것에 주의하지 않으면 안된다. (c)는 응집력의 측정법이다. 표준 피접착체에 있어서 일정면적에 점착테이프를 붙이고, 수직의 다른 쪽에 일정하중을 걸어서 낙하할 때까지의 시간 또는 일정시간내의 벗어난 거리로서 점착성을 나타낸다. 응집력은 전단파괴에 대한 저항력으로서 중요한 인자이며, 실용적으로도 예를 들면, 마분지의 접착 등 장기간에 하중이 걸리는 용도에서는 매우 중요한 특성이다. 이와 같은 포장용 점착테이프의 경우, 고온일 때의 높은 점착력과 응집력, 저온일 때의 tack 등이 필요하다. 따라서 저온에서도 점착성을 잃지 않고, 고온에서 불필요한 유동성을 나타내지 않는 것과 같은 점착부여제의 선택, 가교의 도입 등의 분자 설계가 행해지고 있다. 점착에 관한 이론적, 실험적 연구는 많이 행해지고 있다.

약한 힘으로 피접착체 표면에 충분이 접한 후, 압력과 시간에 따라서 강한 접착력을 발휘시키기 위해서는, 점착제의 베이스폴리머는 고무상탄성체로서 더욱 유동성이 없으면 안되며, 여기에 점착부여제와 가소제를 조합시킨다.

표 2-12에 제조방법으로부터 점착제의 분류를 나타내고, 그림 2-11에는 점착제에 있어서 형태를 나타낸다. 점착제의 내열성, 내한성을 개량하기 위한 점착제의 가교방법의 차이와 그 구조의 차이가 그림에 모형으로 표시되어 있다.

표 2-12 점착제의 분류

- 점착제
  - 용제형
    - 고무계 : 천연고무, 합성고무, 폴리이소부틸렌
    - 아크릴계 : 아크릴산알킬에스테르와 공중합체
    - 실리콘계
  - 에멀전형
    - 아크릴계 : 아크릴산알킬에스테르와 공중합체에멀젼
    - 고무계 : 천연고무라텍스, SBR라텍스
  - 무용제형
    - 핫멜트형 : 스티렌-부타디엔, 스티렌-이소프렌블록공중합체, 에틸렌-아세트산비닐공중합체
    - 올리고머형 : 액상고무, 아크릴계올리고머, 우레탄올리고머

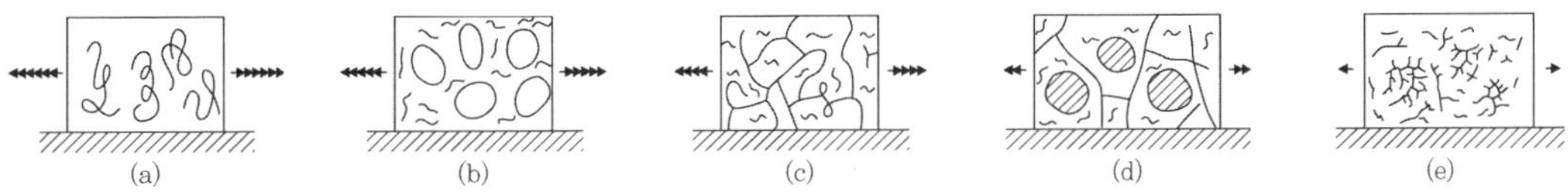

실뭉치형 고분자 | (분지, 그래프트), (겔) 구형고분자 | 가교고분자 | 충진제-가교고분자 | 이상적인 점착제

그림 2-11 점착체조성-폴리머 형태

1) 고무계 점착제

표 2-13에 나타낸 바와 같이 점착제의 구성성분을 용제에 용해시키고, 베이스재료의 위에 도포, 건조시켜 점착제를 제조한다. 천연고무(NR)계 용제형 점착제는 가장 오래전부터 제조되었으며, 고무계의 주류이다. 표에는 배합에 있어서 하나의 예를 나타내고 있다.

표 2-13 고무계점착제의 배합 예

pale crepe	100부	석유계 오일	5부
poly(β-pinene resin)	75부	중합트리메틸하이드로퀴논	2부

천연고무의 우수한 점착성과 높은 응집력이 점착제에 적합하지만, 불포화기를 갖기 때문에 내노화성에 문제가 있으며, 노화방지제의 선택이 포인트로 된다. 미가교 천연고무는 내열성에 문제가 있기 때문에, 그림 2-11에 모형적으로 나타낸 바와 같이, 고무탄성을 유지하는 범위내에서 부분적으로 가교하든지 메틸메타크릴레이트, 아세트산비닐 등을 그래프트중합하여 응집력을 향상시켜서 내열성, 내용제성 등의 개량이 행해지고 있다. 더욱 카본블랙 등의 충진제의 첨가도 행해지고 있다.

2) 아크릴계 점착제

용제형 중에서 고무계통 이외에 가장 다량으로 사용되고 있는 것이 아크릴계폴리머이다. 표 2-14에는 베이스폴리머로서 사용되는 아크릴산계모노머의 특징과 코모노머의 성질을 나타낸다. 주요 폴리머의 Tg는 −20~−70℃에서 강한 점착성을 나타내지만, 이것만으로는 응집력이 부족하다. 따라서, 극성기 혹은 관능기를 갖는 코모노머를 공중합하여 응집력을 향상시키고, 더욱 불균질상 구조로 조절하여 점착특성의 개량을 행하고 있다. 아크릴계는 일반적으로 부피가 적어서 의료용에 적당하다. 초기의 약한 힘으로 접착에 의한 tack와 강한 점착력의 발현을 위해서, 이소시아네이트, 금속염, 자외선 등에 의한 가교의 도입에 의하여 불균질상 구조의 조작이 시험되고 있다.

3) 에멀젼형 점착제

에너지의 절약, 탈공해 등의 문제로부터 용액형에 비하여 에멀젼형이 유리하기 때문에, 최근에 급속히 에멀젼형 점착제의 개발이 행해져, 라벨분야에서는 이미 다량으로 사용되고 있다. 이 점착제의 특징은, ① 베이스폴리머를 합성할 때, 중합조작이 용이하고, 단시간으로 종료된다. ② 고분자가 넓은 분자량분포로서 형성되어 있다. ③ 입자 중에 가교제의 도입과 입자내의 상구조를 변화시킬 수 있다. 이와 같은 특징으로 인하여 특이한 성능을 갖는 각종의 점착제가 제조되고 있다. 중합시킬 때 사용된 유화제가 내수성에 영향을 끼치기도 하고, 팽윤시키기 때문에 주의해야 한다. 유화제의 팽윤을 역으로 이용하면, 약한 점착으로 표면보호피막으로 되는 stripper blue paint로 된다.

표 2-14 아크릴계 점착제에 사용되는 모노머와 그의 중합체 성질

	모노머	구조식	Tg(℃)	특징
모노머	에틸아크릴레이트(EA)	$H_2C=CHCOOC_2H_5$	−22	냄새가 강하다
	부틸아크릴레이트(BA)	$H_2C=CHCOOC_4H_9$	−55	tackiness 크다
	2−에틸헥실아크릴레이트 (2−EHA)	$H_2C=CHCOOCH_2CHC_4H_9$ $\vert$ C_2H_5	−70	tackiness 크다
코모노머	아세트산비닐(VAc)	$H_2C=CHOOCCH_3$	32	값이 싸다. 응집력
	아크릴로니트릴(AN)	$H_2C=CHCN$	97	응집력, 독성이 있다.
	아크릴아미드(AM)	$H_2C=CHCONH_2$	165	응집력

구분	모노머	화학식		특성
코모노머	스티렌(St)	$H_2C=CHC_6H_5$	80	응집력
코모노머	메틸메타크릴레이트 (MMA)	$H_2C=C(CH_3)COOCH_3$	105	응집력, tackiness 제어
코모노머	메틸아크릴레이트(MA)	$H_2C=CHCOOCH_3$	8	친수성
관능기함유모노머	메타크릴산(MAA)	$H_2C=C(CH_3)COOH$	228	접착력
관능기함유모노머	아크릴산(AA)	$H_2C=CHCOOH$	106	접착력
관능기함유모노머	이타콘산(IA)	$H_2C=C(COOH)CH_2COOH$	55	가교화기점
관능기함유모노머	하이드록시에틸 메타크릴레이트(HEMA)	$H_2C=C(CH_3)COOCH_2CH_2OH$	86	가교화기점
관능기함유모노머	하이드록시프로필메타크릴레이트(HPMA)	$H_2C=C(CH_3)COOCH_2CH(OH)CH_3$	76	NCO반응이 느리다
관능기함유모노머	디메틸아미노에틸메타크릴레이트(DM)	$H_2C=C(CH_3)COOCH_2CH_2N(CH_3)_2$	13	유화제 불필요 에멀젼 가능, 가교화기점
관능기함유모노머	아크릴아미드(AM)	$H_2C=CHCONH_2$	165	응집력
관능기함유모노머	메틸올아크릴아미드 (N-MAN)	$H_2C=CHCONHCH_2OH$	-	자기가교성
관능기함유모노머	글리시딜메타크릴레이트 (GMA)	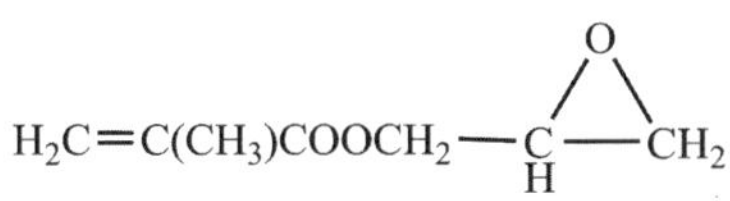	-	가교화기점
관능기함유모노머	무수말레산	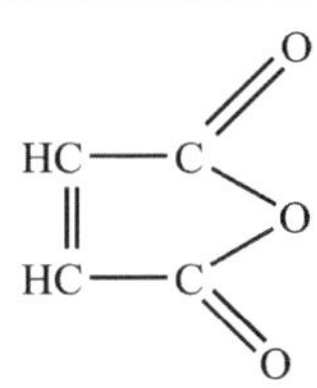	-	밀착성 가교화기점

4) 핫멜트형 점착제

스티렌-이소프렌(SIS), 스티렌-부타디엔(SBS) 블록공중합체 등은 아무튼 고무상으로 용해하는 점착부여제를 블렌드로 하여 점도를 저하시킨다. 이것을 고온으로 용해시켜서 기재 위에 도포하는 것에 의하여 무용제형 점착테이프가 제조된다. 이 기재 위에 도포할 때, 장시간 고온으로 행해지기 때문에, 일반의 가교제는 사용될 수 없다. 따라서 고온에서의 접착성, 내크립강도, 내용제성에 있어서 문제가 있지만, 현재는 각종 가교의 도입이 행해져 내열, 내용제성의 핫멜트형점착제 혹은 반응형핫멜트접착제가 여러 가지로 개발되어 있다.

2-2-5 박리제

박리의 현상에도 접착과 마찬가지로 많은 요인이 복잡하게 관련되어 있다. 또한 해명되어 있지 않은 많은 현상도 있지만, 기본적인 요인에 관한 이론적 어프로치도 적지 않다. 사용전의 점착라벨이나 점착테이프 등은 박리제에 의하여 보호되어 있으며, 이것을 박리하여 사용한다. 주로 사용되는 박리제는 실리콘계, 폴리올리핀계, 파라핀계의 3종류가 있으며, 더욱 불소계수지 등도 우수한 박리제로 된다. 이들의 표면처리제로서 처리된 고체표면은 낮은 표면장력의 표면으로 되며, 다른 물질로서 접착시키기 어렵게 된다. 즉, 실리콘계에서는, $-CH_3$기가 외부로부터, 파라핀계에서는 $-CH_2-$기, 불소계에서는 $-CF_3$기 혹은 $-CF_2-$기의 segment가 외부로 배향하고 있다. 그 결과, 고체의 표면장력은 20dyn/cm 또는 그 이하로 되며, 점착제와의 접착이 나빠지며 쉽게 박리된다. 특히 불소계수지의 표면장력은 실리콘계의 표면장력 보다도 작고, 실리콘계의 점착제에 대해서도 우수한 박리성을 나타낸다. 물론, 이들의 처리제는 분자의 다른 말단이 적당한 위치에 극성기를 가지고 있으며, 피처리표면의 극성기와 강한 상호작용으로 흡착고정화된다. 점착테이프에서는 이 처리를 이면처리라고 말한다.

이상으로 접착, 점착, 박리의 현상을 계면화학적으로 관찰하였다. 접착, 점착에 있어서 이론과 실제의 차이에 관해서는 앞으로 많이 의론되리라고 생각된다. 그러나 현실적으로는, 접합면에서의 응력집중을 방호할 수 있다고 하는 접착제의 우수한 특징과 접착파괴강도도 수백 kg/cm에 달하는 것으로부터 항공기를 비롯하여 자동차, 산업용 자재 등의 수많은 분야에서 접착제가 사용되고 있다. 이 접착력, 점착력의 기본이 계면에 있어서 피접착체-접착제간의 상호작용(분산력, 극성력, 수소결합력, 공유결합력, 이온결합력 등)에 기인하는 것이라고 이미 설명했다.

금후에는 보다 유효하게 이들의 힘을 이용할 수 있도록, 계면구조의 제어와 접착제 자신의 경화수축, 고화수축 등에 기인하는 내부능력 등의 해명과 제어가 과제로 될 것이다. 이와 같이 하기 위해서는 계면화학뿐만이 아니고, 널리 합성, 물성면으로부터의 연구가 더욱 필요하다.

2-3 분해성 고분자재료

2-3-1 서론

고분자는, 산화나 산, 알카리처리 등의 화학적 자극에 의하여 분해하는 이외에, 열이나 빛 혹은 전기적, 기계적 자극 등의 물리적인 자극이나 미생물, 박테리아 등의 생물학적인 자극에 의해서도 분해된다. 지금까지 고분자의 분해는 "고분자의 열화, 붕괴 혹은 고분자의 구조연구" 등의 관점으로부터 주로 의론되었지만, 최근에는 환경문제에 관련하여 적극적으로 "분해성 재

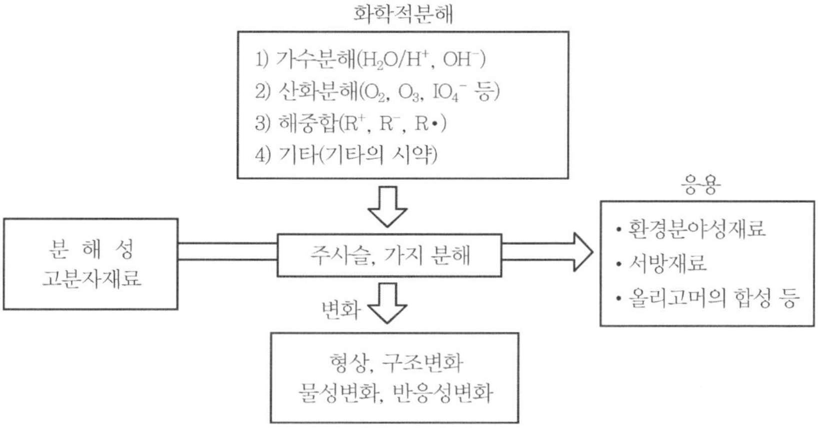

그림 2-12 분해성 재료

료"에 대해서 많이 의론되고 있다. 이 고분자의 분해성을 활용한 재료가 "분해성 고분자재료"로서, 어떤 특정의 자극 또는 처리에 의하여 그의 전부 또는 일부가 분해되도록 미리 설계된 고분자재료라고 정의되기에 이르렀다. 이 경우 반드시 주사슬의 분해를 동반할 필요는 없다고 생각된다. "고분자 분해"와 "분해성 재료"는 목적의 대상이 본질적으로 상당히 다르지만, 연구방법은 유사하다. 따라서 "분해성 재료"는 화학적인 작용을 받아서 분해하도록 설계된 고분자재료로서, 보다 정확한 정의는 화학적 분해성 재료라고 말할 수 있다.

2-3-2 분해성재료의 분해방법과 분해에 영향을 끼치는 인자

그림 2-12에 나타내는 바와 같이, 화학분해성재료는 그의 주사슬 또는 가지의 화학적 분해를 받아서 분해하여, 그의 형상 또는 구조의 변화나 물성의 변화를 일으키는 것에 의하여, 목적으로 하는 기능이나 특성을 발휘하는 것이다. 이와 같은 분해성재료는, 컨트롤 릴리스용재료, 레지스트 등의 이미징재료, 반응성 올리고머합성, 농업용필름 등의 자연환경 분해성재료 등으로서 활용되는 것이라고 생각되지만, 그의 예는 많지 않다. 폴리머를 개량할 수 있는 화학제품에는 각종의 것이 있지만, 주로 사용되고 있는 것은, 그림 2-12에 나타낸 것과 같은 약품이다. 분해성재료로서 사용되고 있는 것은 이외에 단순히 재료의 분해로서 지금까지 취급된 것도 포함된다.

고분자재료를 형성하는 고분자소재는, 일정 조건하에서 미분말 혹은 박막상의 형태를 취하는 한, 재현성이 어떤 과정에서 분해하기 때문에 고분자의 화학구조와 분해요인이나 분해메카니즘과의 관계가 확실하다. 그러나 용도에 적합한 상태로 가공되어 있는 고분자재료는 첨가물을 함유하고 있기 때문에 형태도 다종 다양하다. 따라서 그의 분해는 동일소재로부터 형성되는 재료일지라도 분해속도에 차이가 발생하기도 하고, 율속단계가 소재와 다른 경우도 있다. 또한, 처리조건 이외에 고분자의 입체구조, 분자량, 분자량분포, 공중합조성, 가교상태 등 분해에 영향을 끼치는 각종 물리적, 화학적, 요인이 있는 경우도 있으며, 분해성재료의 확실한 평가법이 확립되어 있지 않다.

2-3-3 산화분해

고분자재료는, 일반적으로 자연계에서 서서히 산화되어 분해한다. 산소분자 그 자체는 활성이 낮고, 폴리올레핀류의 산화에 의한 산화반응속도는 매우 느리다. 이것에 대해서, 오존이나 다른 산화제(질산, 과요오드산 등) 등에 의한 산화분해는, 올레핀이나 디올과 같은 산화제에 대응하는 관능기가 폴리머 중에 존재하면 매우 빠르게 일어난다. 질산산화에 의하여 폴리에틸렌의 주사슬을 절단시켜서 균일한 분자사슬길이의 디카르복실산 및 올리고머파라핀을 얻을 수 있다. 폴리프로필렌의 경우, 산소만으로는 산화되는 속도가 매우 느리지만, 구리분말 등의 촉매 존재하에서는 빠르게 산화된다.

한편, 과요오드산에 의한 vicinal디올의 산화적 절단을 이용하여 스티렌-비닐렌카보네이트 공중합체로부터 말단에 알데히드 및 카르복실기를 갖는 폴리스티렌이 합성된다.

실험 예 2-10 과요오드산 산화에 의한 telechelic polystyrene

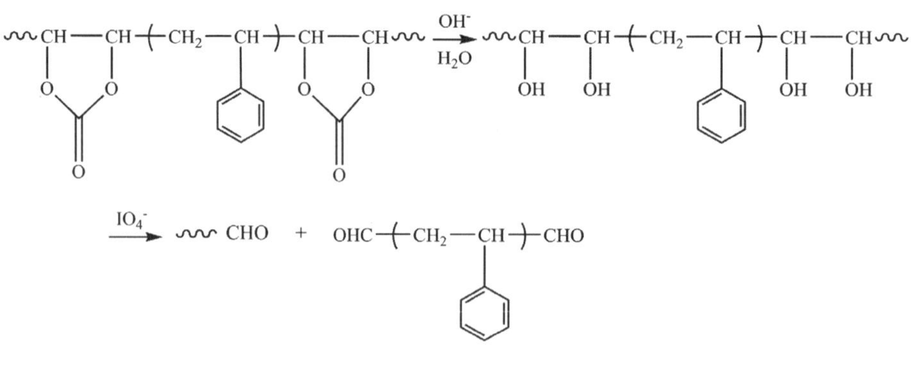

1.5 mol%의 비닐렌카보네이트단위를 갖는 폴리스티렌($\overline{M}_n$ 64000) 2.0g과 금속나트륨을 메탄올-THF 혼합용매(10ml +100ml)에 용해시키고, 그 용액을 3일간 실온에서 교반한다. 얻어진 폴리머를 벤젠에 용해시키고, 메탄올 중에 투입하여 침전시킨다. 이와 같은 침전조작을 2회 행하여 정제시킨다. 수량 1.8g(수득률 90%), $\overline{M}_n$ 56400.

IR스펙트럼에는 카르보닐기의 흡수가 확인되지 않는다. 이 폴리머 1.5g과 과요오드산 1.0g(4.4mmol)의 THF 8ml 슬러리를 질소분위기하에서 실온으로 18일간 교반한다. 3일간 교반 후에 과요오드산 0.5g과 THF 4ml의 용액을 가한다. 반응용액이 무색으로부터 적갈색으로 변하면서 백색의 불용성 생성물이 침전한다. 반응용액을 여과시킨 후, 생성한 폴리머를 정제한다. 수량 1.5g(수득률 100%)으로서, 알데히드의 말단을 갖는 폴리스티렌이 얻어진다($\overline{M}_n$ 27900).

24mol%의 비닐렌카보네이트단위를 갖는 폴리스티렌($\overline{M}_n$ 164000)으로부터 합성된 하이드록실화폴리스티렌 0.3g, 과요오드산 0.3g(1mmol), 과망간산칼륨 0.3g(2mmol), THF 50ml, 및 물 약 2ml의 혼합물을 실온에서 25일간 교반한다. 반응혼합물을 4M 염산 중에 투입하여 침전시키고, 여과한 후, 메탄올-진한 염산(30ml+10ml)의 혼합용액으로 2회 세척하고, 더욱 메탄올로서 세척한 후, 건조시킨다.

IR에 카르복실산(1720cm^{-1})의 흡수를 갖는 백색폴리머 0.3g(수득률 100%, $\overline{M}_n$ 8300)이 얻어진다.

이중결합을 폴리머의 주사슬 중에 함유하는 합성고무 등의 고분자나 폴리올레핀계 고분자는, 오존과의 반응에 의하여 주사슬이 절단된다. 이중결합을 함유하는 경우에는, 오조니드를 경유하는 통상의 분해이지만, 폴리올레핀과의 반응은 라디칼메카니즘으로 진행하며, 산소에 의한 분해와 유사한 메카니즘으로 진행한다.

실험 예 2-11 부틸고무의 오존산화

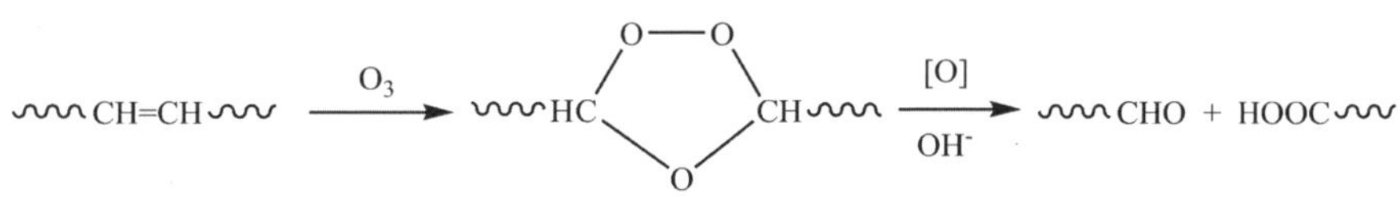

부틸고무 49.06g($\overline{M}_n$ 800000, 2mol% 이소프렌 함유)을 메틸시클로헥산 1ℓ에 용해시킨다. −10℃에서 오존을 용액 중에 포화될 때까지 유입시킨다(요오드화나트륨용액으로부터 요오드가 유리된 후, 더욱 2시간 유입 시킨다). 건조질소가스를 유입시켜 용존산소를 제거한다. 반응용액의 온도를 −5℃ 이하로 유지하면서 수소화알루미늄리튬 3.35g의 THF 440ml 용액을 적하한다. 실온으로 되돌린 후, 30분간 가열환류시킨다. 재차 −10℃로 냉각하고, 진한 황산을 적하하여 과잉의 환원제를 분해시킨다. 유기층을 분리하고, 묽은 황산으로 세척한 후, 물로서 세척하고, 황산나트륨으로 건조시킨다. 점성의 생성물이 95%의 수득률로서 얻어진다. $\overline{M}_n$ 2750 (계산치 2848).

기타, 이산화질소(NO_2), 이산화황(SO_2) 등도 폴리머의 분해제로 된다.

2-3-4 가수분해, 가용매분해

알코올분해, 아민분해 등도 포함된 분해형식으로 아미드, 에스테르, 아세탈 등의 관능기를 주사슬 (혹은 가지)에 갖는 축합형고분자 등은 모두 그의 대상으로 된다. 전분, 셀룰로오스, 단백질, 핵산 등의 천연고분자는 이와 같이 분해되기 쉬운 결합으로 형성되어 있기 때문에, 자연붕괴형 고분자로 간주할 수 있지만, 이와 같은 헤테로원자를 함유하는 결합을 고분자 주사슬의 어느곳에 갖는 경우에도 그의 분해성, 붕괴성의 향상이 기대되기 때문에, 라디칼 부가중합형폴리머(주로 폴리올레핀) 주사슬에의 에스테르기 등의 도입이 검토되고 있다. 라디칼 개환공중합은, 비닐폴리머 주사슬에의 에테르, 에스테르결합 등을 도입시키는 좋은 방법이다.

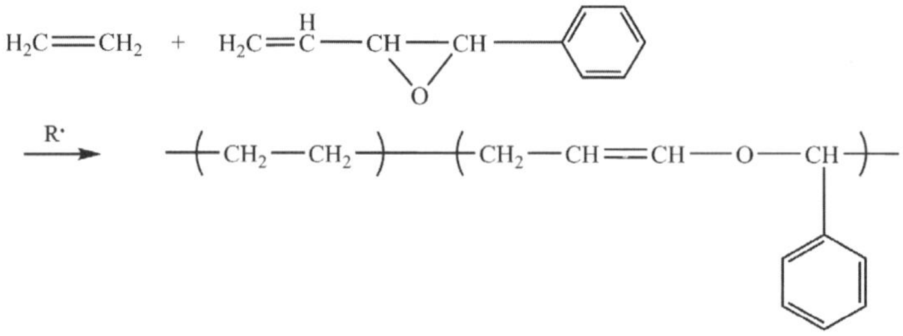

셀룰로오스의 산가수분해는 그의 마이크로구조나 결정화도의 연구에 관련하여 여러 가지로 행해지고 있다. 가아세트산 분해는 β-1,4-올리고당의 합성에 응용된다. 대표적 폴리에스테르인 폴리에틸렌테레프탈레이트(PET)의 산가수분해, 아민분해, 등은 비교적 용이하게 배향성이나 결정화도에 의존한 분해속도로서 진행한다고 알려져 있다. 폴리산무수물은 높은 가수분해성을 가지며, 컨트롤릴리스재료에의 응용이 기대되는 재료이다.

실험 예 2-12 폴리산무수물의 가수분해

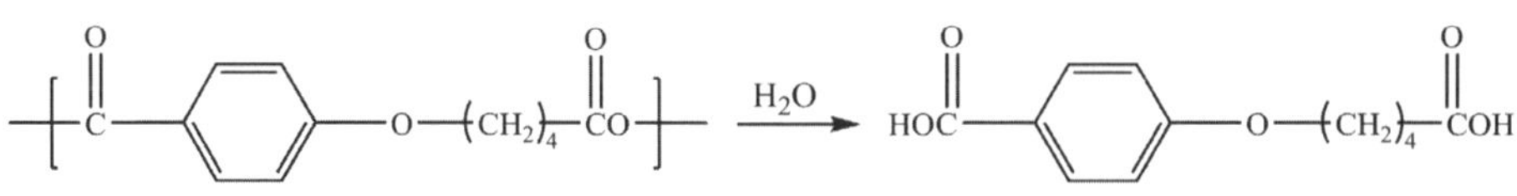

원판상의 폴리산무수물 200mg[poly(CPV), 두께 1mm, 직경 15mm]을 0.1M 인산나트륨 완충용액 (pH 7.4) 중에 침적시키고, 37℃로 유지시킨다. 일정시간마다 용액의 일부를 취하여 UV스펙트럼으로부터 235nm의 흡수강도를 측정한다. 약 20일간으로 완전히 분해한다. 또한 p-니트로아닐린(5w/w%)을 미리 poly(CPV)에 도입시킨 폴리머를 마찬가지로 처리하여 UV로서 p-니트로아닐린의 흡수(380nm)에 의하여 가수분해를 평가한다. 이 경우도 약 20일간으로 완전히 분해되는 것으로 관찰되었다.

실험 예 2-13 공중합 폴리에스테르의 중성 조건하에서의 가수분해

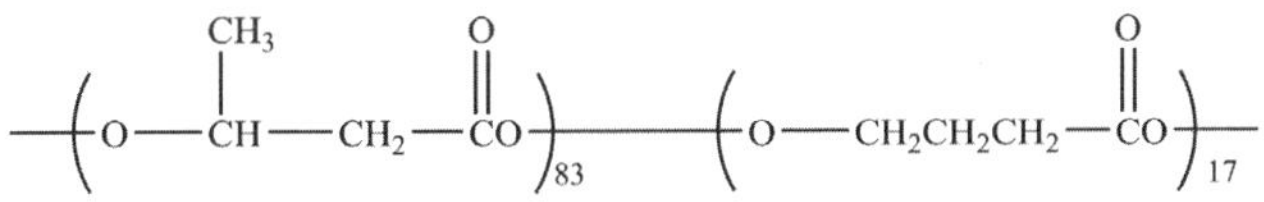

미생물폴리에스테르(3-하이드록시부틸레이트-co-4-하이드록시부틸레이트[83 : 17], $\overline{M}_n$ 332000, 결정화도 43%)의 필름(두께 0.04~0.07mm, 직경 12mm)을 0.01M 인산 완충용액 40ml(pH 7.4) 중에 침적시키고, 55℃로 유지시킨다. 일정기간마다 취하여 물로서 세척시킨 후, 평균분자량과 중량을 측정한다. 13일 후 $\overline{M}_n$ 197000, 18일 후 $\overline{M}_n$ 91000으로 되지만, 중량손실은 1%정도이다. 더욱, 같은 시료를 폴리머분해효소 P(3HB) depolymerase를 사용하여 분해시키면, 37℃, 5시간으로 중량손실은 57%에 달한다.

2-3-5 산·알칼리분해

1) 해중합

에테르결합을 주사슬에 갖는 폴리에테르, 폴리아세탈 등은, 산으로 처리하는 것에 의하여 용이하게 해중합 한다. 폴리옥시테트라메틸렌글리콜(폴리테트라하이드로푸란)을 과염소산으로 처리하면, 테트라하이드로푸란(THF)이 생성한다. 이 생성은, 폴리머말단으로부터 순서에 따라서 THF가 생성된다. 폴리옥시메틸렌은 말단의 하이드록시기를 에스테르 등으로 변환시키는 것에 의하여 안정한 폴리머로서 이용할 수 있기 때문에, 고분자량체의 분해, 말단보호에 의한 합성법이 보고되어 있다.

실험 예 2-14 고분자량 폴리옥시메틸렌의 산분해

질소분위기하에서 폴리옥시메틸렌([η]=7.3dl/g) 및 무수아세트산의 톨루엔용액 (폴리머 및 무수아세트산의 농도는 어느 것이나 약 10%)에 $BF_3O(C_2H_5)_2$(100mmol/l)를 가하고, 20℃에서 반응시킨다. 10분 후, 반응용액을 곧바로 다량의 메탄올에 투입하고, 얻어진 폴리머슬러리를 여별한 후, 아세톤으로 잘 세척하고, 60℃에서 4시간 진공건조 한다. [η]=1.2의 폴리머가 정량적으로 얻어진다.

IR스펙트럼에는 1740cm^{-1}에 말단의 아세트산에스테르의 카르보닐 흡수가 관찰된다.

또한, 산에 의한 스피로오르토에스테르의 중합이 평형중합인 것을 이용한다. 용매 중에서 산처리하면 폴리오르토에스테르는 순간적으로 분해하여 대응하는 모노머로 된다.

폴리스티렌, 폴리부타디엔 등은 금속칼륨에 의하여 음이온 해중합하기 때문에, 일정한 분자량의 올리고머를 얻을 수도 있다.

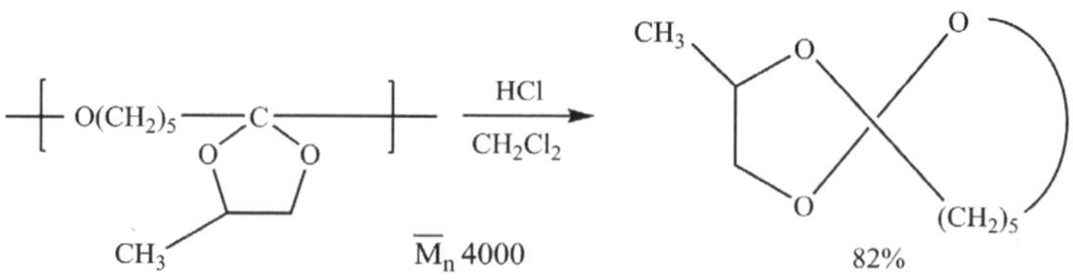

올레핀의 메타세시스에 의하여 폴리머를 분해시켜 올리고머를 얻는 것도 가능하다. 예를 들면, cis-1,4-폴리부타디엔($\overline{M}_n$ 172000)을 WCl_6와 $Sn(CH_3)_4$의 존재하에 톨루엔 중에서 1-헥센일-6-(9-BBN)과 반응시키면 말단에 붕소기를 갖는 올리고머가 얻어진다.

실험 예 2-15 올레핀의 메타세시스에 의한 올리고머의 합성

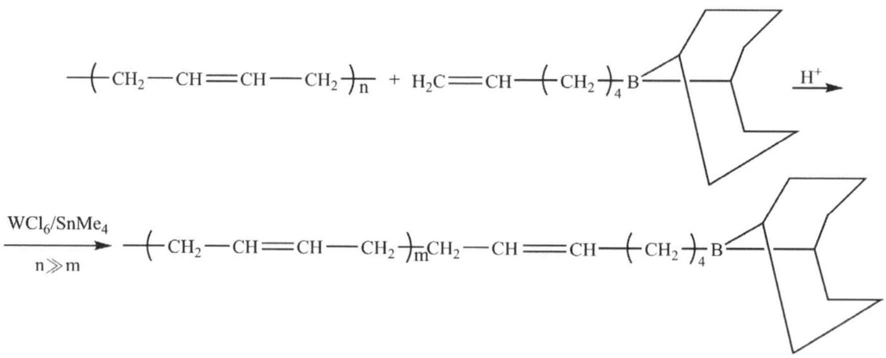

1-헥센일-6-(9-BBN) 2.38g과 cis-1,4-폴리부타디엔 4.5g의 톨루엔 20ml용액에 WCl_6 0.33g과 $Sn(CH_3)_4$ 0.298g의 혼합물의 톨루엔 5ml용액을 가한다. 혼합물을 25mmHg의 감압하에서 실온으로 교반한다. 용액의 점도가 반응 중에 빠르게 저하한다. 일정시간 후, 2-프로판올 2ml를 가하여 반응을 중지시키고, 감압하에서 용매, 1-헥센일-6-(9-BBN) 및 과잉의 2-프로판올을 제거한다. 잔사를 THF 30ml에 용해시키고, 6M 수산화나트륨 2.5ml 및 30% 과산화수소 4.8ml을 가한 후, 40℃에서 3시간 가열한다. 포화 염화나트륨수용액으로 세척시킨 후, 용매를 유거하면 α,ω-디하이드록시-1,4-폴리부타디엔이 얻어진다.

2) 탈에스테르화분해

t-부틸기 등의 3차알킬기를 갖는 에스테르나 카보네이트기는, 산에 의하여 탈에스테르화분해하기 때문에 감광성재료 등에 응용되고 있다. 이와 같은 재료로부터 형성되는 레지스트의 경

우, 산의 발생은 광반응에 의하지만, 분해 그 자체는 광반응이 아닌 것이 많다. 주사슬형, 가지형의 폴리에스테르, 폴리카보네이트가 산에 의하여 분해하며, 폴리카보네이트에서는 이산화탄소와 대응하는 올레핀과 알코올이 생성된다.

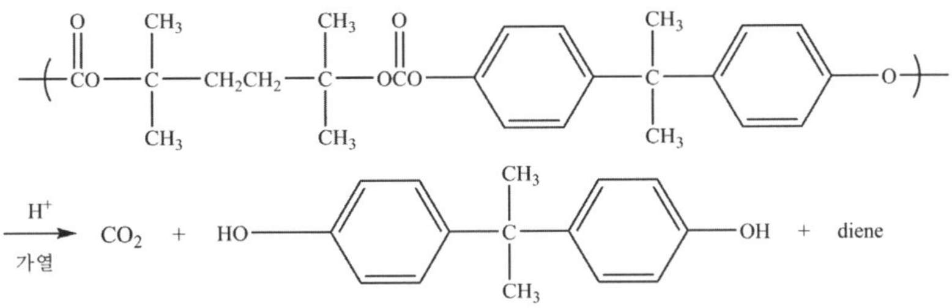

실험 예 2-16 폴리메타크릴산에스테르의 산분해

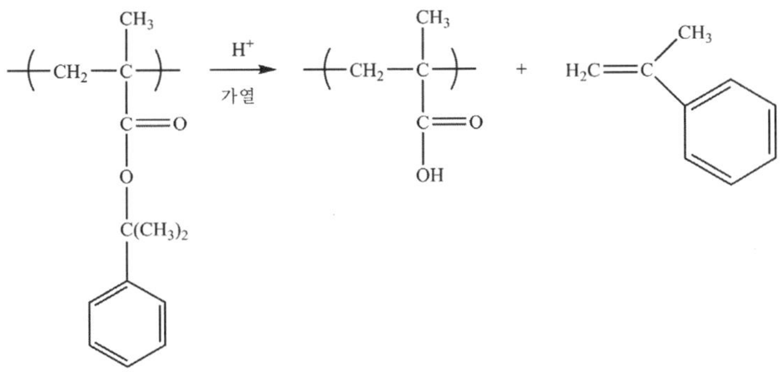

3.7mol%의 디페닐-4-(페닐티오)페닐술포늄헥사플루오로안티모네이트를 함유하는 폴리머 PCMA의 시클로헥사논용액으로부터 캐스팅한 필름(두께 0.9~1.1μm)을 UV(313nm) 조사(2.1mJ/cm^2)하여, 산을 광화학적으로 발생시킨 후, 135℃에서 2분간 가열한다. 75%의 전환율로서 폴리메타크릴산이 얻어진다.

이 가지의 탈보호반응은, 광반응으로 생성된 프로톤산에 의하여 연쇄적으로 진행하기 때문에 "화학증폭"이라고 불리며, 고해상도용의 레지스트에 있어서 중요한 반응이다. 에스테르, 카보네이트기 이외에 실록시기, 테트라하이드로피라닐기 등의 산에 민감한 그룹도 마찬가지의 분해반응을 일으킬 수 있다.

2-3-6 복합분해형재료

실용레벨의 환경분해성재료에 있어서는, 분해과정이 단순하지 않고, 가끔 그의 조성에 의존하여 미생물분해를 포함한 복수의 분해프로세스를 거쳐서 분해한다. 예를 들면, 옥수수전분과 같은 천연고분자와 폴리스티렌과 같은 합성고분자를 베이스로 하는 혼합재료계(상품명 : ECOSTAR®)의 경우에는, 약간의 불포화지방산을 자동산화제로서 가하고 있으며, 분해는 다음과 같이 일어난다. 즉, 먼저 미생물분해에 의하여 전분이 분해제거되고, 커다란 피표면적을 갖는 폴리에틸렌으로 된 곳에서, 불포화지방산으로부터 생성된 과산화물에 의하여 폴리에틸렌이 산화분해된다. 이것의 일부가 분해하여 형상붕괴된 폴리머는 더욱 서서히 미생물분해를 받고, 최종적으로는 완진히 분해한다.

한편, 어떤 종류의 합성고분자간의 폴리머블렌드계(폴리아세트산비닐과 스티렌-무수말레산 코폴리머)에도 느린 가수분해성이 확인되며, 이어서 산화적 및 미생물적인 분해에 의하여 더욱 분해가 진행된다고 생각되기 때문에, 포장이나 농업분야로의 응용이 기대되고 있다.

Chapter 03

물리적 특성 고분자재료

3-1 라텍스, 콜로이드

3-1-1 서론

입자의 직경이 수십 nm로부터 수백 ㎛ 범위의 고분자 미립자의 분산용액을 일반적으로 고분자콜로이드라고 말한다. 라텍스는 본래 천연고무로부터 유래되는 고분자콜로이드였지만, 현재는 합성된 고분자콜로이드도 라텍스라고 불린다.

일반적으로 합성고분자콜로이드는, 다음과 같은 방법으로 제조된다.

① 유화중합(emulsion polymerization)

② 현탁중합(suspension polymerization)

③ 분산중합(dispersion polymerization)

이들 중에서 유화중합이 가장 잘 시험되고 있지만, 최근에는 분산중합도 빈번하게 행해지고 있다. 이들 조제법의 특징을 표 3-1에 나타낸다.

어느 경우에나 생성폴리머는 연속상(분산매)으로 난용성이며, 연속상과 입자간의 계면장력

표 3-1 중합법의 비교

중합의 종류	유화 중합	현탁 중합	분산 중합
연속상	주로 물	물	주로 비수용매
모노머의 연속상으로의 용해도	작다	작다	크다
개시제	수용성, 유용성	유용성	유용성
중합의 장소	미셀내부	유화모노머 기포내부	최초는 용액 중에서 진행에 따라서 석출된 입자 내부에서
첨가물	계면활성제	안정제, 분산제	양쪽 친매성 고분자 안정제
입자직경	작다. 0.1 ~ 2㎛	비교적 크다, 수mm	넓은 범위, 0.1 ~ 30㎛

에 의하여 수축, 구상화 되는 것과 동시에, 입자표면의 전하에 의한 정전적 반발력이나, 고분자 보호층에 의한 입체적 안정화 등에 의하여 연속상으로 분산되어 있다.

예를 들면, 물에 분산되는 콜로이드의 경우, 고분자입자는 입자표면에 결합 혹은 흡착되어 있는 보호층에 의하여 안정화 되어 있으며, 특히 후자의 흡착보호층은 수 중의 수용성 고분자나 계면활성제와 흡착평형에 있다. 한편, 유기용매에 분산되어 있는 콜로이드입자의 경우에는, 연속상과 입자와의 계면장력이 비교적 유사하기 때문에, 분산상과 입자의 양쪽에 친화성을 갖는 고분자가 입자계면에 결합보호층으로서 존재하며, 입자를 안정화시킬 필요가 있다. 또한 용매 중에서 형상을 안정화시키기 위하여 디비닐화합물이나 디엔화합물에 의하여 입자 내에서 가교시키는 방법도 행해지고 있다.

입자가 복수의 고분자로서 구성되어 있는 경우에는, 고분자간의 상용성에 의하여 내부구조가 결정된다. 상용성이 낮은 경우에는 상분리가 일어나 코어셀구조나 마이크로도메인구조 등을 취한다.

3-1-2 유화중합

유화제의 존재하에서, 수용성 중합개시제의 열분해로서 생성되는 프리라디칼에 의한 중합이 진행하여 콜로이드 분산액이 생성된다. 유화제에는 라우릴황산나트륨(SDS)이나 브롬화헥사데실트리메틸암모늄(CTAB) 등의 이온성 혹은 비이온성 계면활성제, 또한 중합개시제에는 과황산암모늄이나 과황산칼륨 등의 수용성 라디칼개시제를 사용하여 중합을 행한다. 이것에 의하여 입자표면에 전하를 부여할 수 있으며, 분산입자가 안정화 된다. 더욱, 4,4′-아조비스(4-시아노발레르산)이나 2,2′-아조비스(2-아미디노프로판)2염산염 등의 이온성 아조형의 라디칼개시제를 사용하는 것에 의해서도 입자표면에 전하를 부여할 수 있다. 또한 AIBN 등 유용성 개시제를 사용하는 경우에도 유화중합 거동을 나타내는 것이 확인되고 있다.

1) 유화중합의 메카니즘

유화제의 일부는 모노머를 유화시키고, 일부는 회합되어 미셀을 형성하고 있다. 모노머는 대부분 유화되어 유화기포로서 존재하며, 일부는 미셀내부 및 수 중에 용해되어 있다(미셀의 수 ≫ 유화 기포의 수). 70℃정도로 가열하면서 개시제를 투입하면, 열분해로서 생성한 라디칼이 미셀 중 혹은 수 중의 모노머와 충돌하여 모노머라디칼이 생성한다. 미셀내부에서의 중합에 의하여 미셀내부에 폴리머가 생성하며, 이것에 동반하여 수상으로부터 모노머가 공급되고, 수상으로는 유화기포로부터 모노머가 보급된다. 미셀이 폴리머입자로 성장하는 것과 함께, 유화기포는 축소되고, 최후에는 폴리머입자만이 계중에 존재한다. 유화제로서 사용된 계면활성제는 폴리머의 입자표면에 흡착되어 안정화에 기여한다.

2) 유화중합을 지배하는 인자

입자에 라디칼이 침입하면 중합이 진행된다. 그러나 같은 입자에 더욱 다른 라디칼이 침입하면, 성장하고 있는 폴리머사슬과 반응하여 중합이 정지한다. 중합개시로부터 정지할 때까지의 시간 t에는 입자내부에 1개의 라디칼이 존재하며, 정지는 라디칼이 침입하면 순간 Δt로 행해진다. 이 때, 미립자 중에는 2개의 라디칼이 존재한다. 일반적으로 $t \gg \Delta t \doteqdot 0$ 이고, 중합이 정지한 후, 다음의 라디칼이 침입할 때까지의 시간 $(t-\Delta t \doteqdot t)$ 입자는 불활성화 상태로 된다. 따라서 중합속도 Rp는 입자의 수 N의 1/2에 비례하게 된다(Smith-Ewart 규칙).

$$Rp=Kp(N/2)[M]$$

단, Kp는 성장속도상수, [M]은 입자 중의 모노머의 농도이다. 유화중합이 이와 같은 메카니즘으로 진행하는 경우, 그 중합과정에 영향을 미치는 주된 인자는 표 3-2와 같다. 스티렌과 같이 물에 대한 용해도가 작은 모노머의 경우에는, 이 표에 잘 적용된다. 모노머의 친수성도에 의하여 입자의 생성메카니즘이 다르며, 친수성도가 낮을수록 유화제미셀이 존재하지 않으면 유화중합은 일어나기 어렵다.

표 3-2 유화중합에 있어서 생성입자 수, 중합속도, 중합도에 미치는 각종 인자의 영향[*1]

인자	입자 수	중합속도	중합도
유화제 농도[S]	$\propto[S]^{0.6}$	$\propto[S]^{0.6}$	$\propto[S]^{0.6}$
중합개시제 농도[I]	$\propto[I]^{0.4}$	$\propto[I]^{0.4}$	$\propto[I]^{-0.6}$
모노머/물 비	관계없음	관계없음	관계없음
온 도	$2(E_e-E_P)/5$	E_P+E_N	$3(E_P-E_e)/5$

[*1] E_e : 라디칼발생의 활성화에너지, E_N : 입자발생의 활성화에너지, E_P : 성장의 활성화에너지

실험 예 3-1 폴리스티렌라텍스의 유화중합에 의한 조제

스티렌 500g, 라우릴황산나트륨 15g, 증류수 590ml를 환류냉각기, 온도계 및 교반날개 부착의 모터를 갖추고 있는, 3구 플라스크내에 넣고, 70℃에서 200rpm정도의 속도로서 교반한다. 플라스크내부에 질소를 통한 후, 과황산암모늄 1g을 10ml의 증류수에 용해시키고, 이것을 플라스크내부에 투입한다. 2~3시간으로 직경 10nm의 라텍스분산액이 얻어진다.

반응종료후, 응집물을 나일론여과포로서 제거하고, 비반응의 모노머, 계면활성제 등은 투석, 이온교환 혹은 한외여과에 의하여 제거한다. 특히, 유화제로서 사용된 계면활성제의 투석에 의한 제거는 매우 곤란하며(160일간에 겨우 10~50%가 탈착), 분산액을 Amberlite MB-3® 이나

Bio-Rad AG 501-X8® 등의 혼상형태 이온교환수지와 함께 서서히 회전 교반시키는 것이 효과적이다. 한외여과에는 Amicon, Millipore, Advantec 등으로 부터 각종 사이즈의 한외여과기, 여과막이 시판되고 있다. 분산입자의 응집을 방지하기 위하여 여과시킬 때에는 분산액의 과도한 응축은 피해야 한다. 또한 교반기의 회전수, 가압여과할 때의 질소압력에도 주의할 필요가 있다.

3) 시드중합(Seed polymerization)

유화중합계에 있어서는, 중합의 진행에 동반되는 핵생성, 입자성장 과정을 동일의 미셀내부에서 행해지고 있지만, 모든 핵생성이 동시에 일어나지 않기 때문에, 입자직경의 분포가 넓은 것이 얻어지는 경우가 있다. 이것을 피하기 위하여, 미리 조제한 미립자(seed)에 모노머를 함침시키고, 이것을 중합하여 입자의 직경을 성장시키는 시드중합법이 있으며, 이것에 의하여 높은 단분산성을 갖는 입자가 얻어진다. 이와 같은 방법은 뒤에서 설명하는 분산중합에 있어서도 이용할 수 있다.

4) 유화제가 존재하지 않는 유화중합

앞에서 설명한 바와 같이, 계면활성제의 제거는 매우 곤란하기 때문에, 유화제를 첨가하지 않는 유화중합에 의하여 청정한 입자표면을 얻으려고 하는 시험이 행해지고 있다. 이온성 중합개시제와 모노머로부터 형성되는 수용성으로 계면활성을 갖는 올리고머가 중합의 장소를 제공할 뿐만이 아니고, 생성된 입자상에 보호층을 형성하여 안정하게 분산시키는 것이라고 생각된다.

보다 안정한 콜로이드를 얻는 데에는, 이온성의 모노머를 0.5% 정도 공중합시키면 좋다. 음이온성 콜로이드에서는, 에틸렌술폰산, p-스티렌술폰산의 칼륨이나 나트륨염, 2-술포에틸메타크릴레이트나트륨염, 3-술포프로필아크릴레이트칼륨염, 아크릴산, 메타크릴산, 이타콘산 등이 사용된다. 또한 양이온성의 콜로이드에서는, 염화3-메타크릴로일아미노프로필트리메틸암모늄, 디에틸아미노에틸메타크릴레이트 등을 사용한다.

예를 들면, p-스티렌술폰산을 코모노머로서 스티렌의 유화제를 첨가하지 않은 유화중합을 행하는 경우, 먼저 수용성의 올리고머-라디칼이 생성되고, 라디칼이 성장하여 불용성으로 되며, 더욱 이것이 응집하여 1차입자를 형성한다. 1차입자가 더욱 응집하여 안정한 입자를 형성한다. 수용성의 모노머가 너무나 많으면 얻어지는 입자의 단분산성이 저하한다.

더욱, 9-아크릴아미드스테아르산나트륨염이나 술포도데실스티릴에테르나트륨염 등의 계면활성제형태의 모노머를 유화제로 사용하고 유화중합을 행하는 것도 가능하다.

이온성의 코모노머를 사용하는 것에 의하여, 전해질의 첨가에 대해서 안정하며, 기계적 전단력에 뛰어난 분산액이 얻어진다. 또한 분산액의 표면장력은, 계면활성제를 사용한 경우에 비하여 상당히 크고, 거품이 적게 일어난다고 하는 특징을 갖는다.

5) 새로운 유화중합계

중합을 미셀내부나 수상에서가 아니고, 모노머의 기포내부에서 행하는 것에 의해서도, 콜로이드입자를 얻을 수 있다. 예를 들면 지방족 알코올이나 알칸과 CTAB나 SDS 등의 계면활성제, 스티렌으로 형성되는 직경이 100~500nm의 수 중의 기름방울형태(oil-in-water) 미니에멀젼 중에서, 수용성 혹은 유용성의 개시제를 사용하여 중합을 행하는 것에 의하여, 에멀젼과 거의 같은 사이즈의 입자를 얻을 수 있다. 이것을 미니에멀젼중합(mini-emulsion polymerization) 이라고 말한다. 입경분포는 넓지만, 알칸 등의 첨가를 조절하는 것에 의하여, 입자의 미세구조를 변화시킬 수 있다. 더욱 입경이 5~40nm의 마이크로에멀젼중합도 시험되고 있다. 이외에도 오일 중의 물방울형태(water-in-oil)에멀젼 중에서 수용성의 모노머를 중합시키는 역상유화중합(inverse-emulsion polymerization)도 시험되고 있다.

실험 예 3-2 스티렌의 마이크로에멀젼중합

환류냉각기, 교반기부착의 3구플라스크 중에 브롬화헥사데실트리메틸암모늄(CTAB) 20g, 1-펜탄올 10g, 스티렌 20g, 물 500g을 넣고, 80℃, 250rpm으로 교반하면, 10nm이하의 에멀젼이 얻어진다. 여기에 아세톤 3g에 용해시킨 AIBN 0.23g을 첨가하고, 계속적으로 교반하는 것에 의하여, 입경이 37nm의 콜로이드분산액이 얻어진다(분산률 1.11).

3-1-3 현탁중합

유용성의 개시제를 첨가한 모노머를 수 중에 유화분산시키는 것에 의하여, 유화기포내부에 있어서 중합의 개시, 성장이 행해져서 콜로이드분산액이 얻어진다. 이것은 괴상중합의 일종으로 간주할 수 있다. 유화기포 내부에서의 중합에 동반하여 모노머에 불용의 매크로라디칼이 생성하고, 이것이 응집하여 마이크로도메인을 거쳐서 1차입자핵이 형성하며, 더욱 1차입자가 집합하여 2차입자가 형성된다. 이와 같이 해서 얻어지는 입자는 유화중합에 비하여 커다란 입경을 갖는다. 생성하는 입자에 의하여 구슬중합(bead polymerization), 진주중합(pearl polymerization) 등으로 불리는 경우도 있다. 입자직경은 유화조건, 현탁제에 의하여 영향을 받는다. 현탁제로서는 수용성의 폴리아크릴산, 폴리비닐알코올 등이나 벤토나이트나, 활석 등의 고체상태 미분말이 사용된다.

실험 예 3-3 아세트산비닐의 현탁중합

환류냉각기, 교반기, 온도계를 설치한 500ml의 3구플라스크에 폴리비닐알코올(중합도 1700, 비누화도 99%) 1.5g 및 부분비누화 폴리비닐알코올(중합도 1700, 비누화도 90%) 0.04g을 가한다. 여기에 과산화벤조일 0.9g을 아세트산비닐 90g에 용해하여 가한다. 65℃에서 3시간 교반시킨 후, 실온으로 냉각하면, 직경 0.5~1.0mm의 폴리아세트산비닐입자의 현탁액이 얻어진다.

3-1-4 분산중합

분산제로서의 양쪽 친매성폴리머의 존재하에서 중합에 의하여 입자를 형성시킨다. 비수용매 중에서 행해지는 경우가 많고, 얻어지는 분산액은 비수분산액 (non-aqueous dispersion, NAD)이라고 불린다. 개시제, 모노머는 분산매에 용해하지만, 폴리머는 용해하지 않는다고 하는 것이 중요한 조건이고, 분산제폴리머와 분산매, 생성하는 폴리머의 조합에 충분히 주의할 필요가 있다. 최초는 용액중합이 진행하고, 폴리머입자의 석출 및, 표면에 흡착된 분산제에 의한 안정화와 함께 불균일중합으로 되는 것으로부터 침전중합의 특수한 형태로 간주할 수 있다. **그림 3-1**에는 하이드록시프로필셀룰로오스를 분산매로 하는 스티렌의 분산중합에 있어서, 용매로서 사용된 알코올의 탄소수와, 얻어진 입자의 직경과의 관계를 나타냈다.

분산매의 극성을 변화시키는 것에 의하여 입경을 상당히 넓은 범위로 변화시킬 수 있다. 또한, 분산제의 양이나 분자량을 증가시키면 입자경은 작아진다. 중합법으로서는, 모노머를 연속적으로 첨가하여 행하는 seed and feed법과 초기에 한번에 첨가하는 one-shot법이 있다. 비수용매 중에서 입체적(엔트로픽)으로 입자를 안정화시키기 위해서는, 입자에 친화성을 갖는 고

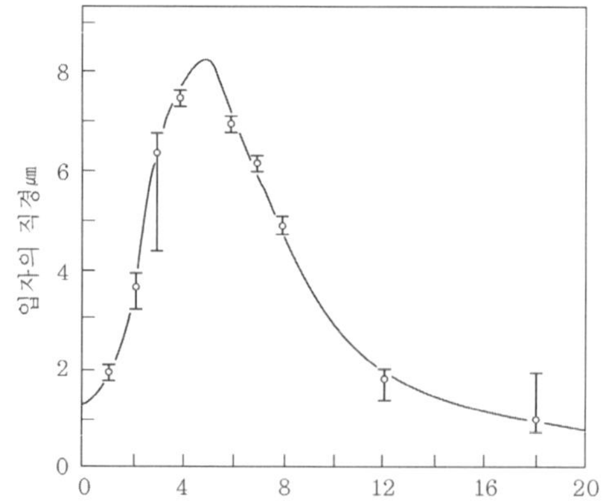

그림 3-1 스티렌의 분산중합을 이용한 알코올의 탄소수와 얻어진 입자의 직경 관계

분자와 분산매에 친화성을 갖는 고분자로 형성되는 블록폴리머나 빗살형폴리머를 분산제로서 사용하는 것이 효과적이다. 이외에도 매크로모노머를 사용하는 분산중합도 시험되고 있다.

실험 예 3-4 메틸메타크릴레이트(MMA)의 분산중합

폴리(12-하이드록시스테아르산, 평균분자량 1740)과 글리시딜메타크릴레이트로부터 매크로모노머를 조제하고, 이 매크로모노머 24.6g과 MMA 22.4g, 글리시딜메타크릴레이트 2.5g을 공중합시키는 것에 의하여 분자량 65800의 빗살형 안정제를 먼저 조제한다. 이 안정제(2.5wt%)와 MMA모노머(49wt%), 메타크릴산(1wt%)을 헥산-고비점(230~250℃) 지방족탄화수소(중량비 2 : 1) 혼합용액 중에서, AIBN(0.39%)을 개시제, 옥틸메르캅탄(0.25wt%)을 연쇄이동제로서 사용하여 80℃에서 2시간 교반하면서 공중합시킨다. 얻어진 입자의 직경은 2586nm, 분산률은 1.039였다.

3-1-5 유화분산

물에 불용의 고분자를 유기용매에 용해시키고, 이것을 폴리비닐알코올 등의 고분자를 분산제로서 유화분산시킨 후, 용매를 제거하는 것에 의하여 입자를 얻을 수가 있다. 또한, 기름-물 중의 기포형(water-in-oil, w/o)에멀젼 중에서 수용성 고분자를 가교하여 입자화 시키는 것도 가능하다. 마찬가지의 방법에 의하여 폴리-L-리신 등의 폴리펩티드나 알부민, 젤라틴 등의 단백질도 입자화가 가능하다.

실험 예 3-5 폴리알릴아민 미립자의 조제

분자량 60000의 폴리알릴아민염산염 200mg을 물 1.4ml에 용해시키고, 클로로포름 5ml, 톨루엔 5ml, Span 80®(소르비탄모노올레에이트, 2.3g)의 혼합용액에 혼합시킨 후, 20분 vortex mixer로써 교반하여 w/o에멀젼을 조제한다. 이것을 더욱 클로로포름 15ml, 톨루엔 45ml, Span 80® 5.9g의 혼합용액에 첨가하고 격렬하게 교반한다. 여기에 글루타르알데히드-포화톨루엔용액 5ml를 첨가하고 교반한다. 6시간 후에 원심분리하고, 클로로포름-톨루엔(1 : 4), 2-프로판올, 물의 순서로서 원심으로 세척하면, 적갈색의 직경 약 5~10㎛의 폴리알릴아민 입자분산액이 얻어진다. 입자 중의 Schiff base를 $NaBH_4$나 디메틸아민보란착화합물로서 환원시키는 것에 의하여 입자는 더욱 안정화 된다.

3-2 중합할 때 비수축성을 나타내는 재료

3-2-1 서론

비닐모노머나 개환성 모노머는 중합할 때, 또는 에폭시수지 등의 열경화성 수지를 경화시킬 때에는 커다란 체적수축을 동반한다. 이 현상은 접착제, 주형재료, 봉지제, 정밀성형재료에서의 칫수안정성이라고 하는 점에서 문제가 된다. 특히 비닐모노머는 10~30% 전후의 수축율을 나타내며, 중합시킬 때 성형에는 적당하지 않다. 개환성 모노머의 에폭시화합물은 비닐모노머보다도 낮은 수축율을 나타내지만, 10% 전후의 수축을 동반하기 때문에 전환제를 가하여 수축을 억제시키고 있다. 수축성의 저감은 중합할 때의 칫수안정성을 향상시키며, 비틀림, 틈 발생의 저감에 의한 정밀성형, 내부응력에 의한 재료강도나 접착력의 향상 등의 효과가 기대된다. 비수축성 모노머로서는 쌍환상 에테르인 스피로오르토에스테르(SOE), 비시클로오르토에스테르(BOE), 스피로오르토카보네이트(SOC)가 양이온중합시킬 때에 2중개환이성화하여 사슬상태 폴리머를 제공하는 것으로 부터 체적이 팽창하는 것으로 알려져 있다. 여기서는 이들의 모노머를 응용한 비수축성을 나타내는 재료의 합성에 대해서 설명한다.

3-2-2 비수축성 모노머

스피로오르토에스테르(SOE)는 락톤을 삼플루오르화붕소에테레이트 등의 루이스산을 사용하여 에폭시화합물로서 아세탈화 하는 것에 의하여 합성된다. SOE는 양이온개시제에 의하여 개환 이성화중합하여 폴리에테르에스테르를 생성한다. 이 때, SOE의 고리상 치환기에 다소 좌우되는 것으로 −0.7%~+0.9%의 비수축성 혹은 팽창성을 나타낸다.

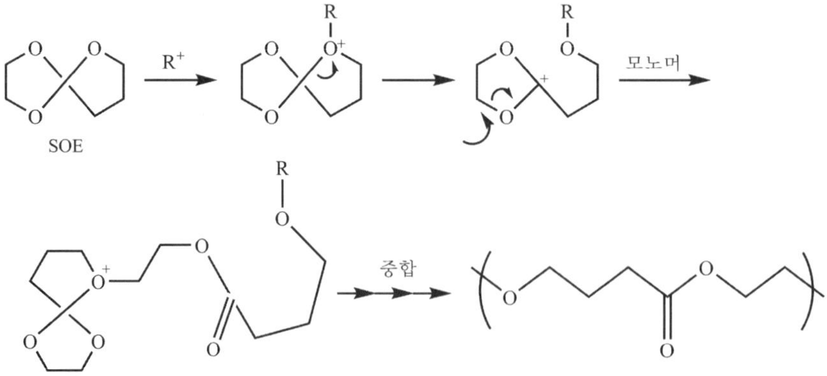

비시클로오르토에스테르(BOE)는 오르토에스테르와 트리올을 p−톨루엔술폰산 등의 산촉매를 사용하여 아세탈교환반응에 의하여 합성된다. BOE는 양이온개시제에 의하여 2중개환 이

성화하여, 가지에 에스테르기를 갖는 폴리에테르가 생성한다. 이 때, 0~0.2%의 팽창을 동반한다.

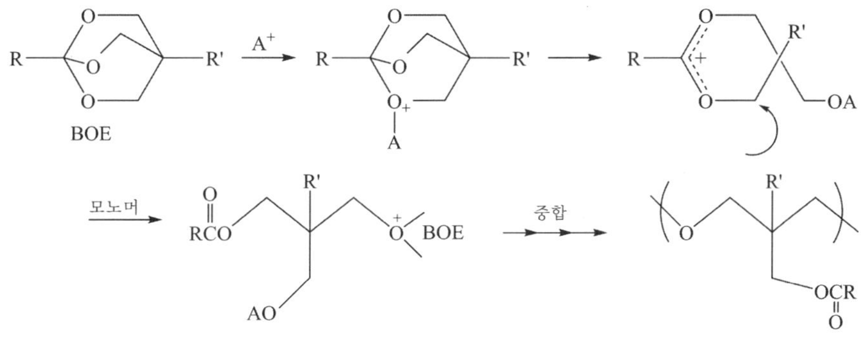

스피로오르토카보네이트(SOC)의 합성법은 테트라알킬오르토카보네이트와 디올을 p-톨루엔술폰산 등의 산촉매를 사용하여 아세탈교환반응에 의하여 합성한다. 6원환의 SOC는 양이온개시제에 의하여 2중개환이성화중합하여, 사슬상태의 폴리에테르카보네이트를 생성하며, 이 때, 4~19%의 팽창을 동반한다. 그러나, 5원환 및 7원환의 SOC는 양이온중합으로 환상카보네이트나, 테트라하이드로푸란 등의 저분자화합물의 탈리를 동반하기 때문에 비수축성 모노모로서 사용할 수 없다.

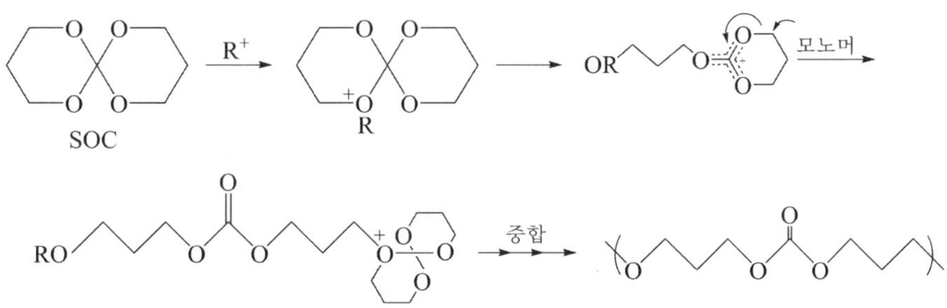

3-2-3 SOC와 에폭시화합물의 공중합에 의한 수축률의 제어

에폭시화합물은 접착제로서 유용한 화합물이지만, 중합할 때 약간의 수축을 동반한다. 여기에 SOC를 첨가하여 양이온 공중합을 행하면, 첨가하지 않은 경우 보다도 수축률이 저하한다. **그림 3-2**에 나타내는 바와 같이, 코폴리머 중의 SOC의 함유율과 체적변화는 직선관계를 나타낸다.

비스페놀A디글리시딜페닐에테르와 무치환의 6원환 SOC를 사용하면, SOC를 첨가하지 않았을 때의 4.2%의 체적수축율이 25mol%의 SOC의 첨가에 의하여 0.1%까지 개선된다.

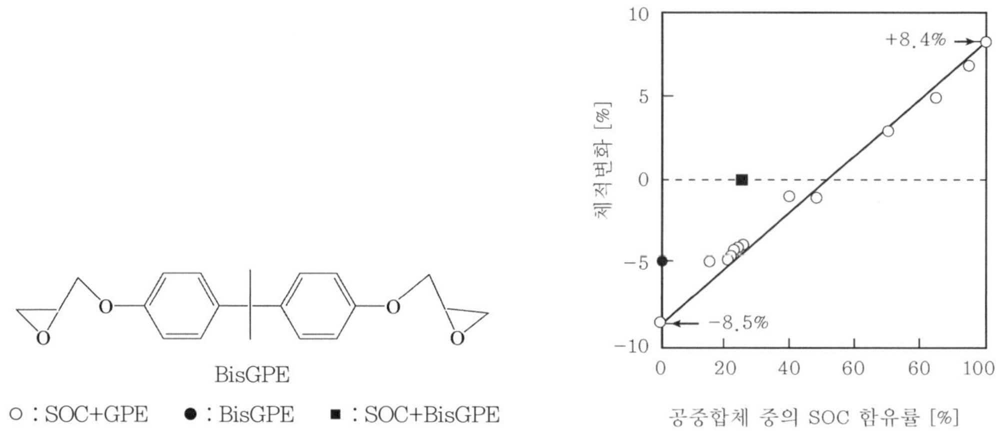

그림 3-2 SOC와 에폭사이드의 공중합에 있어서 도입비와 체적변화의 관계

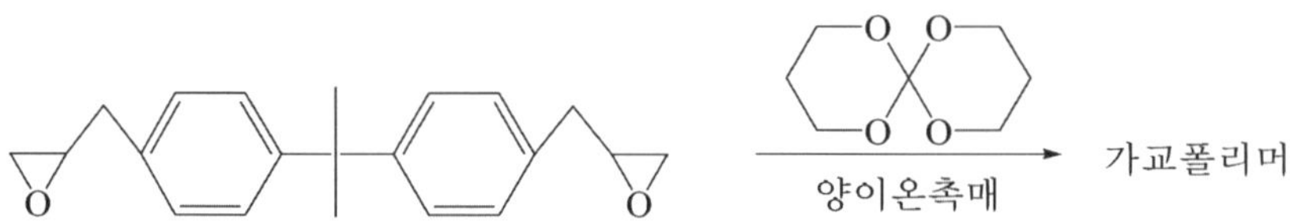

3-2-4 다관능형 비수축성 모노머의 합성

비스페놀A디글리시딜에테르형 에폭시수지와 ε-카프로락톤으로부터 Lewis산을 촉매로서 사용하여 2관능성 SOE가 합성되며, 중합하여 가교폴리머를 얻을 때에는 비수축성을 나타낸다. 마찬가지로 크레졸노블락형 에폭시수지와 ε-카프로락톤으로부터 다관능성 SOE가 합성되며, 이것을 가교시킬 때에 비수축성을 나타낸다. 또한, 디이소시아네이트와 수산기를 갖는 비시클로오르토에스테르로부터 2관능성 비시클로오르토에스테르가 얻어지며, 양이온중합으로 가교시킬 때 비수축성을 나타낸다.

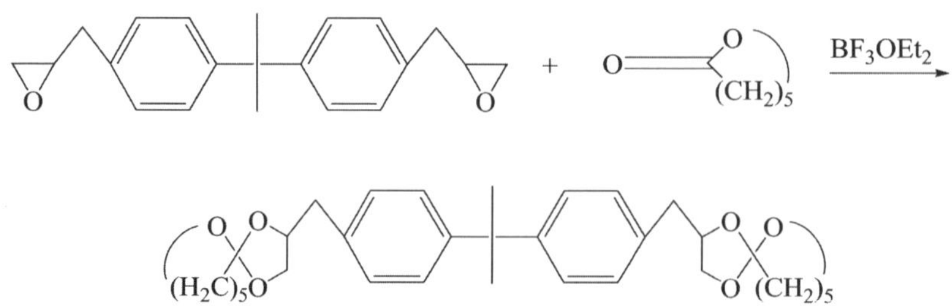

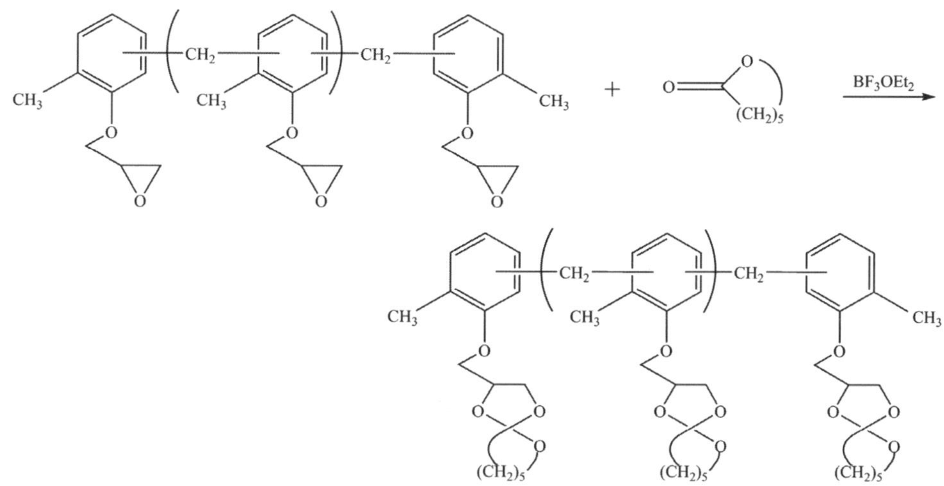

하이드록시메틸기를 갖는 BOE와 디이소시아네이트를 부가시키는 것에 의하여 우레탄결합을 갖는 2관능성 BOE가 합성된다.

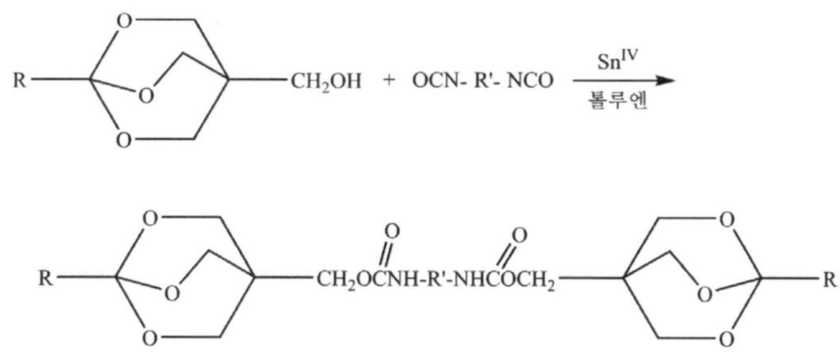

실험 예 3-6 2관능성 SOE의 합성

4,4′-술포닐비스페놀디글리시딜에테르 7.97g (22.0mmol)과 ε-카프로락톤 6.02g (52.8mmol)을 디클로로메탄 30ml에 분산시키고, 삼플루오르화붕소에테레이트 22.5μℓ (1.76mmol)를 0℃에서 적하한다. 적하한 후, 10℃에서 3시간 교반하고, 더욱 실온으로 되돌린 후, 4시간 반응시킨다. 트리에틸아민으로 반응을 정지시킨 후, 용매를 감압으로 유거하고, 에테르로서 3일간 세척하면 백색 고체의 목적물이 11.4g(수득률 88%) 얻어진다. mp 96~98℃.

3-2-5 비수축단을 갖는 비닐모노머

비수축성 모노머에 라디칼 중합성기인 비닐기를 도입시키는 것에 의하여, 각종의 비수축성 폴리머의 합성이나, 폴리머의 기능화가 가능하다. 3-2-4절에서 설명한 환상화합물을 가지에 갖는 폴리머나 주사슬 중에 갖는 폴리머를 합성하고, 여기에 양이온 화학종을 작용시키면, 가교반응할 때 체적팽창을 동반한다.

에피클로로하이드린과 락톤으로부터 얻어지는 SOE를 소듐메톡사이드로서 탈염화수소를 행하면, 엑소메틸렌기를 갖는 SOE가 얻어진다. 이 SOE는 단독중합성이 낮지만, 무수말레산과 같은 전자흡인성 모노머와 무촉매로서 교대공중합이 일어난다. 이 폴리머를 산촉매로서 처리하는 것에 의하여 체적이 수축되지 않고, 가교체가 얻어진다.

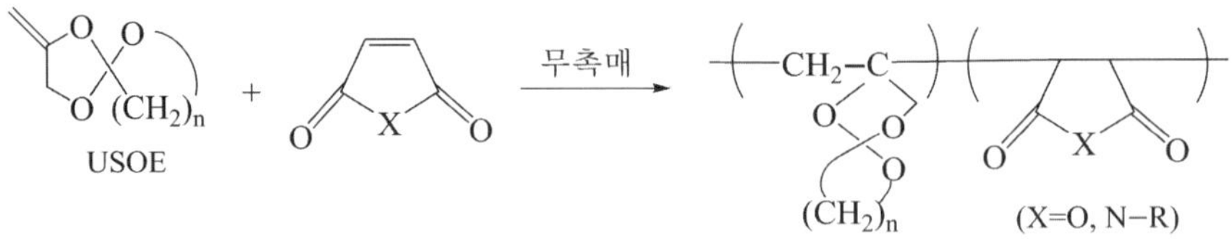

술포늄염이나 암모늄염의 구조를 갖는 비닐모노머와 공중합시키면 가열만으로 자기가교반응이 가능한 폴리머가 얻어진다.

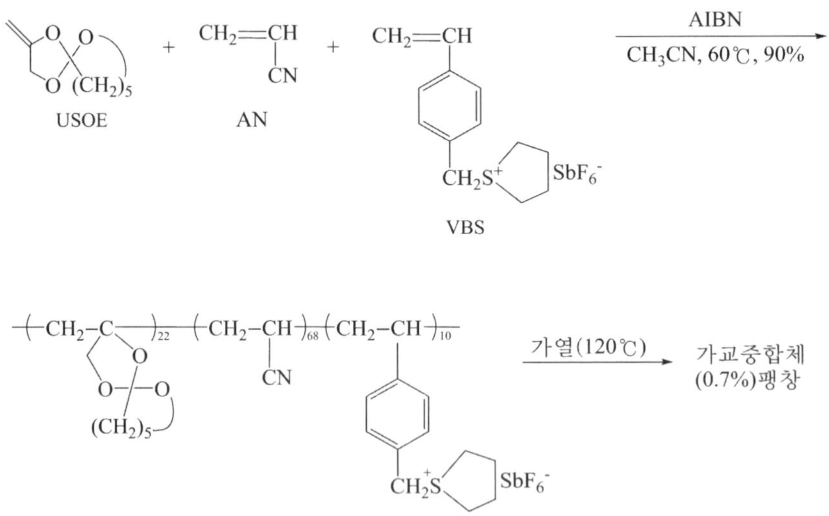

2개의 올레핀을 갖는 모노머는 라디칼중합 이외에, 디티올과의 중부가에 의하여 비수축단을 주사슬 중에 갖는 폴리머가 합성된다. 이 폴리머는 산촉매에 의하여 가교반응이 일어나며, 이 때 체적팽창을 동반한다.

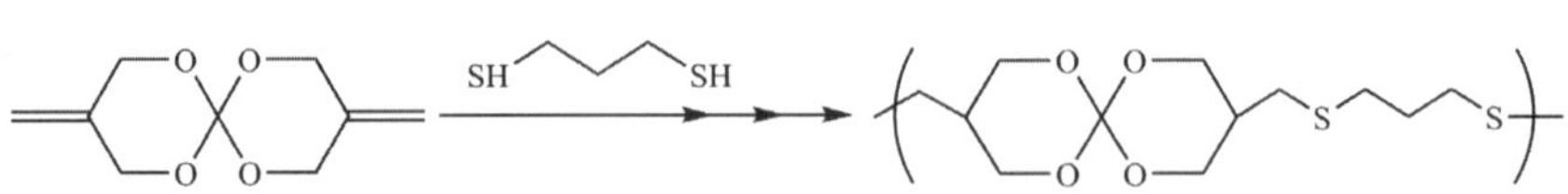

실험 예 3-7 엑소메틸렌기를 갖는 SOE(2-메틸렌-1,4,6-트리옥사스피로[4,6]운데칸)의 합성

γ-부티로락톤 17.2g(0.2mol)과 삼플루오르화붕소에테레이트 1.26ml(0.01mol)를 디클로로메탄 40ml 중에서 혼합한다. 이 용액을 0℃로 냉각하고, 에피브로모하이드린 54.8g (0.4mol)을 디클로로메탄에 용해시킨 용액을 적하한다. 적하종료 후, 반응용액을 3시간 교반하고, 1M 수산화나트륨수용액 200ml로서 세척한다. 디클로로메탄층을 무수 황산마그네슘으로 건조시키고, 농축한 후, 감압증류하면 수량 24.3g으로 2-브로모메틸-1,4,6-트리옥사스피로[4,6]운데칸이 얻어진다. 수득률 65%, 무색액체 bp 85~86℃/0.6mmHg.

얻어진 SOE 20g(0.1mol)을 디메틸포름아미드 50ml에 용해시키고, 소듐메톡사이드 6.5g(0.12mol)을 분산시킨 디메틸포름아미드 100ml 중에 실온에서 적하한다. 3시간 후, 반응용액을 물 200ml에 투입하고, 에테르 300ml로서 수회에 걸쳐 추출한 후, 농축한다. 얻어진 액체를 증류하면 9.2g의 엑소메틸렌을 갖는 SOE가 얻어진다. 수득률 65% 무색액체, bp 41℃/1.5mmHg.

실험 예 3-8 SOE구조를 갖는 자기가교형 폴리머의 합성

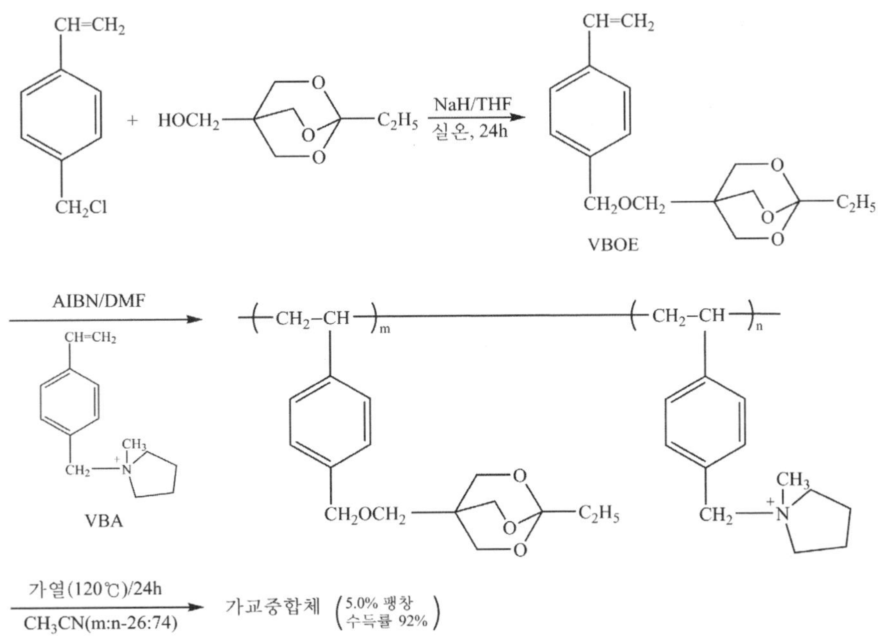

클로로메틸스티렌 30.4g(0.2mol) 및 테트라하이드로티오펜 6.0g(0.068mol)을 메탄올 80ml에 용해시키고, 실온에서 6일간 교반한 후, 메탄올 및 미반응의 테트라하이드로티오펜을

감압유거하면 무색의 고체가 얻어진다. 이 고체를 물 50ml에 용해시키고, 에테르로서 미반응의 클로로메틸스티렌을 추출제거한 후, 육플루오르화안티몬산나트륨 19.4g(0.075mol)을, 이 수용액에 가하고, 실온에서 교반하면 백색의 침전이 얻어진다. 이 침전물을 여과하여 취하고, 2-프로판올로부터 재결정하면 p-비닐벤질술포늄염(VBS)이 16.2g(수득률 51.4%)이 얻어진다. mp 37.5~39.5℃.

이 VBS와 USOE는 공중합성이 낮기 때문에, 각각 공중합성이 좋은 아크릴로니트릴을 제3의 모노머로서 사용하는 것에 의하여 자기가교형 폴리머가 합성된다.

USOE 0.42g(40mol%), AN 0.265g(50mol%), VBS 0.437g(10mol%)을 아세토니트릴 1.5ml에 용해시키고(모노머/아세토니트릴=1g/1g), AIBN 3mg(1.8mol%)을 첨가한 후, 탈기봉관하고, 60℃, 24시간 중합을 행한다. 개봉 후, 반응용액을 헥산 100ml에 투입하면 백색의 자기가교형 폴리머가 얻어진다. 이 폴리머를 아세토니트릴에 용해시키고, 120℃, 24시간 가열하는 것에 의하여 1.32g(수득률 85%)의 가교체가 얻어지며, 이 때 0.7%의 체적팽창이 관찰된다.

BOE 구조를 갖는 스티렌유도체는 암모늄염 구조를 갖는 스티렌유도체와 공중합하며, 마찬가지로 수축되지 않는 가교폴리머가 얻어진다.

실험 예 3-9 BOE 구조를 갖는 자기가교형 폴리머의 합성

헥산으로 여러번 세척한 수소화나트륨 0.3g(13mmol)을 테트라하이드로푸란 10ml에 가하고, 여기에 1-에틸-4-하이드록시메틸-2,6,7-트리옥사비시클로[2,2,2]옥탄의 테트라하이드로푸란 용액 5ml(1.3M)을 실온에서 적하한다. 3시간 후, p-클로로스티렌 1.0g(6.6mmol)을 적하하고, 24시간 가열환류한다. 반응용액을 에테르로서 추출하고, 농축하여 얻어진 잔사를 트리에틸아민으로 처리한 실리카겔컬럼으로 정제하면 1-에틸-4-(p-비닐벤족시메틸)-2,6,7-트리옥사비시클로[2,2,2]옥탄(VBOE) 12g(수득률 62%)이 얻어진다. mp 52.2~54.5℃.

클로로메틸스티렌 2.3g(15mmol) 및 N-메틸피롤리딘 1.04ml(10mmol)를 메탄올 20ml에 용해시키고, 실온에서 3일간 교반한 후, 메탄올 및 미반응의 N-메틸피롤리딘을 감압유거하면 무색의 고체가 얻어진다. 이 고체를 물 50ml에 용해시키고, 에테르로서 미반응의 클로로메틸스티렌을 추출제거한 후, 육플루오르화안티몬산나트륨 2.6g(10mmol)을, 이 수용액에 첨가하고, 실온에서 교반하면 백색의 침전이 얻어진다. 이 침전물을 여과하여 취하고, 메탄올-에테르로부터 재결정하면 비닐벤질암모늄염(VBA) 3.3g(수득률 75%)이 얻어진다. mp 82~83.5℃.

VBA 0.88g(2mmol), VBOE 0.58g(2mmol), AIBN 0.02g(3mol%)을 아세토니트릴 2ml에 용해시키고, 탈기봉관한다. 이 용액을 60℃에서 24시간 가열한 후, 과잉량의 메탄올에 투입하면 거의 도입에 대응하는 조성의 공중합 폴리머가 얻어진다. 수득률 63%. 이 폴리머는 아세토니트릴 중 120℃에서 24시간으로 수득률 95%로서 가교폴리머가 얻어진다. 이 때, 체적이 3~5% 팽창한다.

브로모하이드린으로부터 유도된 SOE는 염기 존재하에서 아크릴산과 축합반응하여 SOE 구조를 갖는 아크릴레이트 모노머가 얻어진다. 이 모노머는 높은 라디칼중합 능력을 가지며, 스티렌 등의 범용 모노머와 좋은 효율로서 공중합 한다. 얻어진 폴리머를 산으로 처리하면 SOE 부분이 양이온중합하여 가교체가 생성하며, 이 때 −3~+1%의 체적변화를 동반한다.

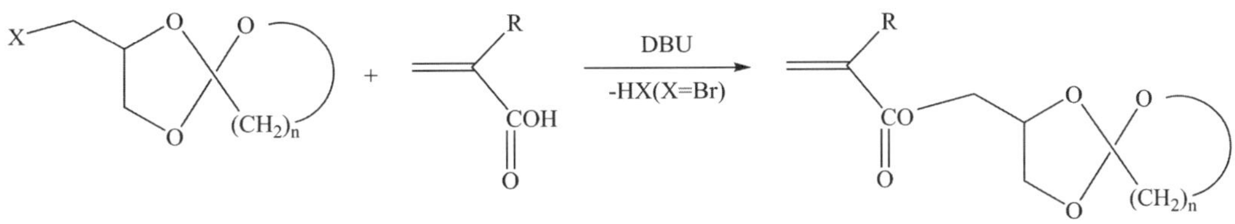

실험 예 3-10 SOE 구조를 갖는 아크릴레이트모노머(2-메타클로릴옥시메틸-1,4,6-트리옥사스피로[4,6]운데칸)의 합성

디메틸술폭사이드 10ml에 용해시킨 디아자비시클로[4,5]운데칸(DBU) 8.38g(55mmol) 용액을 디메틸술폭사이드 20ml에 용해시킨 메타크릴산 용액에 10~15℃로 유지하면서 적하한다. 이어서, 2-브로모메틸-1,4,6-트리옥사스피로[4,6]운데칸 12.6g(50mmol)을 실온에서 적하한다. 이 반응용액을 65℃에서 3시간 가열한 후, 에테르 250ml에 투입하고, 2회 물로서 세척한다. 에테르층을 황산마그네슘으로 건조시킨 후, 감압농축한다. 증류는 모노머의 중합성이 높기 때문에, 구리분말과 테트라에틸렌펜타아민의 존재하에서 행한다. 1.91g의 무색 투명한 액체의 목적물이 얻어진다. 수득률 15%. bp 101~103℃/0.12mmHg.

실험 예 3-11 SOE 구조를 갖는 아크릴레이트모노머와 스티렌의 공중합

2-메타클로릴옥시메틸-1,4,6-트리옥사스피로[4,6]운데칸 0.261g(1.02mmol)과 스티렌 0.161g(1.54mmol) 및 AIBN(3mol%)을 벤젠 2.5ml에 용해시키고, 60℃에서 45시간 중합을 행한다. 반응용액을 n-헥산에 투입하면 공중합 폴리머가 92%의 수득률로서 얻어진다. 조성비, poly SOE : poly St=40 : 60. $\overline{M}_n$=8000.

알릴기를 갖는 SOC는 라디칼중합에 의하여, 가용성의 폴리머를 생성한다. 이 때, 9.9%의 수축을 동반하지만, 얻어진 폴리머는 양이온 중합에 의하여 1.8% 팽창한다.

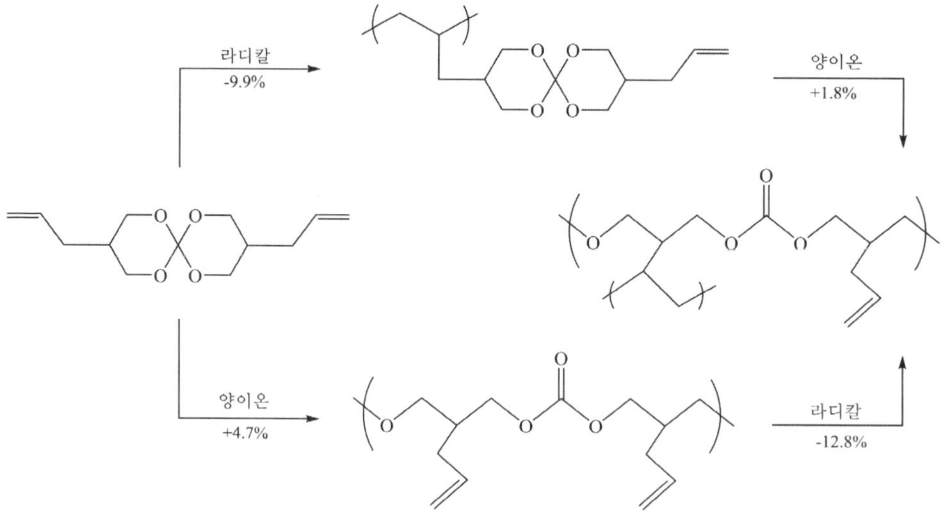

이 모노머를 양이온중합시키면 4.7%의 팽창을 동반하며, 얻어진 폴리머를 라디칼 가교시키면 12.8%의 수축을 동반한다.

실험 예 3-12 알릴기를 갖는 SOC의 합성

수소화알루미늄리튬 11.9g(313mmol)을 탈수시킨 에테르 300ml에 분산시키고, 테트라하이드로푸란 10ml에 용해시킨 디에틸알릴말로네이트 22.9g(124mmol)을 실온에서 적하한다. 12시간 교반시킨 후, 포화 황산나트륨수용액을 서서히 첨가하고, 침전물을 여과한 후, 여과액을 농축하면 2-알릴-1,3-프로판디올 11.5g이 얻어진다. 수득률 80%. bp 90~93℃/1mmHg.

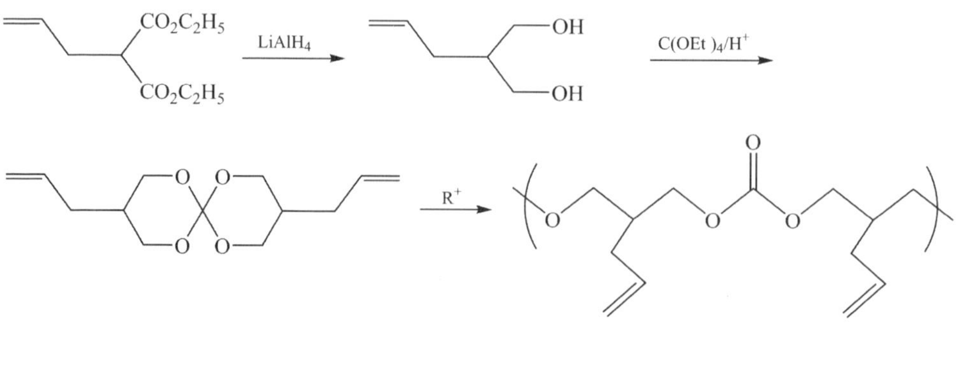

얻어진 디올 13.9g(118mmol)과 테트라에틸오르토카보네이트 11.3g(58.9mmol)을 자일렌 120ml에 용해시키고, 이 혼합용액에 p-톨루엔술폰산 0.12g을 가한 후, 110℃로 가열하고, 에탄올을 유거하면서 9시간 반응시킨다. 반응을 몇 방울의 트리에틸아민으로 정지시킨 후, 감압

증류하면 SOC(3,9-디알릴-1,5,7,11-테트라옥사스피로[5,5]운데칸) 13.5g이 얻어진다. 수득률 95%. bp 128~131℃/0.1mmHg.

실험 예 3-13 알릴기를 갖는 SOC의 중합

3,9-디알릴-1,5,7,11-테트라옥사스피로[5,5]운데칸 0.5g(2.08mmol)을 벤젠 0.5g에 용해시키고, DTBP 6mg(2mol%)을 개시제로 가한 후, 탈기봉관하고, 120℃에서 48시간 반응시킨다. 얻어진 폴리머는 디클로로메탄에 용해시킨 후, n-헥산에 투입하고, 재침전 정제를 행한다. 수량 0.16g. 수득률 34%. 팽창율 -9.9%. 이 폴리머 0.2g을 클로로벤젠에 용해시키고, 벤질테트라하이드로티오페늄헥사플루오로안티모네이트 7mg의 존재하, 120℃에서 18시간 반응을 행하면, 용매에 불용인 폴리머 0.18g이 얻어진다. 수득률 83%. 팽창율 + 1.8%.

3,9-디알릴-1,5,7,11-테트라옥사스피로[5,5]운데칸 0.68g(2.84mmol)에 삼플루오르화붕소에테레이트 12mg을 첨가하고, 봉관한 후, 120℃에서 24시간 양이온중합시키면, 0.31g의 n-헥산에 불용의 폴리머가 얻어진다. 수득률 46%, 이 때, +4.8%의 팽창을 동반한다. 이 폴리머는 DTBP를 개시제로 사용하고, 120℃에서 18시간의 라디칼중합에 의하여 78%의 수득률로서 가교폴리머가 얻어진다. 이 때, 12.8%의 수축을 동반한다.

3-3 흡착분리재료

크로마토그래피용 충진제 및 이온교환수지나 킬레이트수지는, 물질과의 상호작용을 통하여 물질을 분리하는 재료로서, 지금까지 어느 것이나 상당히 많은 것이 개발되었다. 액체크로마토그래피, 특히 고속액체크로마토그래피(HPLC)는 최근 현저하게 진보되어 분석레벨로 부터 공업적 규모의 분리에 이르기 까지 이용되고 있다. 이 분리기술을 지탱하고 있는 것은 고성능의 충진제로서, 유기 및 무기의 각종 고분자재료가 사용되고 있다. 이온교환수지는, 일반적으로 가교폴리스티렌의 입자가 기본 소재이고, 크로마토그래피용 충진제로서 사용되고 있으며, 입자경은 3~10μm의 것으로부터 이온교환수 등의 제조에 사용되는 입경 보다 훨씬 큰 것까지 각종 성능의 것이 개발되어 있다. 킬레이트수지도 가교폴리스티렌의 입자를 기본소재로서 제조된 것이 많지만, 금속이온과의 강한 상호작용을 이용하기 때문에, HPLC용 충진제와 같은 고성능의 것은, 특수한 이용법을 알아야 한다.

3-3-1 액체크로마토그래피용 충진제

액체크로마토그래피용 충진제는, 폴리스티렌겔과 같은 유기계의 고분자재료와 실리카겔로 대표되는 무기계의 고분자재료로 분류되지만, 최근에는 이들을 혼합시킨 재료도 있다. 유기고분자계 충진제는, 가교폴리스티렌이나 폴리아크릴아미드 등과 같이 모노머의 중합과 가교를 동시에 행하여 입자로 제조한 것과, 셀룰로오스, 키토산, 덱스트란 등 주로 천연고분자를 가교제로 사용하여 입자로 제조한 것으로 분류된다. 한편, 무기계 충진제의 기본소재로서는, 일반적으로 실리카겔이 사용되지만, 이것은 실란화제로서 처리하는 것에 의하여 각종 관능기를 갖는 충진제로 유도할 수 있다. 또한 이들의 충진제는, 사용하는 이동상(용리액)에 의하여 유기용매계 충진제와 수계 충진제로도 분류된다. HPLC용 충진제로서는 다공질로서 게다가 고압에 견딜 수 있는 강도를 가지며, 입자경이 3~10μm로서 정리된 것이 요구되기 때문에, 고분자재료는 이들의 요구에 따르지 않으면 안 된다.

1) 크로마토그래피의 형식과 충진제

액체크로마토그래피는, 충진제(고정상)를 채운 컬럼 중에서 용리액(이동상)을 유출시키면서 각종의 상호작용을 이용하여 물질(용질)의 이동속도에 차이를 발생시켜 물질을 분리하는 방법으로서, 그 형식의 차이에 따라서 표 3-3과 같이 세분화 된다. 각각의 형식에 대해서 그것에 적합한 충진제가 필요하며, 실리카겔 및 그 유도체 이외에는 거의 대부분이 유기고분자이다.

표 3-3 크로마토그래피의 형식과 충진제의 재료

형식	재료
겔침투, 겔여과	가교폴리스티렌, 가교폴리아크릴아미드, 가교덱스트란, 셀룰로오스, 실리카겔
흡착	실리카겔, 알루미나, 활성탄
분배	옥틸화실리카겔, 옥타데실화실리카겔, 페닐화실리카겔, 아미노프로필화실리카겔
키랄	키랄분자고정화실리카겔
친화성	리간드고정화한천, 합성고분자 및 실리카겔
이온교환	술폰화 및 알킬암모늄화가교폴리스티렌
기타	하이드록시아파타이트, 폴리-α-아미노산

겔침투크로마토그래피(GPC) 혹은 겔여과크로마토그래피는, 분자의 크기에 따라서 분리시키는 방법이다. 다공성의 충진제와 용질분자간의 상호작용이 존재하지 않을 때에는, 작은 분자는 작은 구멍에 의하여 확산되며, 이동속도가 느려지기 때문에, 사이즈가 큰 것으로부터 순서에 따라서 용출된다. GPC에 의하여 간단히 고분자의 정제, 분자량에 의한 분별 및 분자량의 산출이 행해지기 때문에, GPC는 고분자의 연구에는 반드시 필요한 분리, 분석수단이다.

흡착크로마토그래피는, 실리카겔과 같은 고체표면에 물질의 흡착력에 의하여 분리하는 방법으로서, 저분자화합물의 분리, 정제에 널리 이용되고 있다.

분배크로마토그래피는, 다공성의 담체표면에 도입된 고정상액체와 이동상액체간에, 용질의 분배의 차이에 따라서 분리하는 방법으로서 고정상과 이동상의 차이에 의하여, 순상 및 역상분배크로마토그래피로 분류된다. 충진제로서는, 주로 표면개질 실리카겔이 사용된다.

키랄크로마토그래피는, 광학이성체의 분리를 위한 것으로서, 광학활성인 고정상을 사용할 필요가 있다. 실리카겔을 담체로 사용하는 충진제가 많다.

친화성크로마토그래피는, 주로 생체물질의 분리에 사용된다. 생체내에서는, 항원과 항체, 호르몬과 수용체 등의 관계가 확인되도록 매우 선택성이 높은 상호작용이 존재하기 때문에, 이것을 이용하여 분리를 행한다.

이온교환크로마토그래피는, 이온교환기를 갖는 충진제와 이온성물질의 정전력의 차이에 의하여 분리를 행한다. 가교폴리스티렌에 이온교환기를 도입시켜 사용하는 경우가 많다.

이들 이외에, 인산칼슘의 일종인 하이드록시아파타이트나 폴리-α-아미노산 등도 크로마토그래피용 분리재료로서 사용되고 있다.

2) 충진제로서 성능의 평가

재료를 개발하는 데 있어서, 그의 기능과 성능을 정확히 평가하는 것은 매우 중요하다. **그림 3-3**에 2성분을 분리했을 때의 크로마토그래피의 예를 나타냈다.

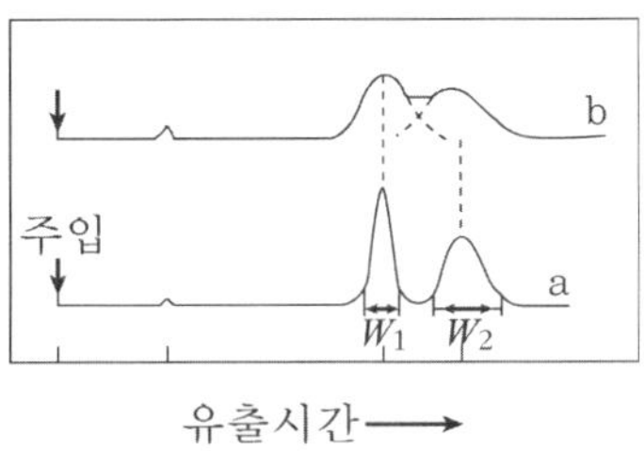

그림 3-3 충진제의 성능 평가

그림 3-3이 나타내는 2성분(S_1, S_2)은, 크로마토그램 a, b에 있어서 같은 시간(t_1과 t_2)에 용출하고 있으며, a에서는 완전분리, b에서는 부분분리가 행해지고 있다. 즉, a의 충진제와 b의 충진제는 S_1과 S_2에 대해서 같은 식별능력을 가지며, 그의 분리계수[$a=(t_2-t_0)/\ (t_1-t_0)$]는 같다. 그러나, 충진제로서의 효율은 a쪽이 우수하고, 보다 고단수의 컬럼을 제공하고 있다. S_1에 대한 컬럼의 단수는 $N=16\times(t_1/W_1)^2$으로 되기 때문에, a의 컬럼쪽이 단수가 큰 것으로 된다. 즉, 큰 분리계수와 단수를 제공하는 충진제가 우수한 충진제로 되는 필요조건이다. 분리계수는, 충진제의 표면상태와 형상에 강하게 의존하는 것에 대해서, 단수는 충진제의 입경과 그

의 분포 및 컬럼의 충진방법 등에 의존한다. 일반적으로는, 입경이 작고 분포가 정리된 것이 고단수의 컬럼을 제공하여 효율이 좋은 충진제로 된다. 또한 고압에 견딜 수 있는 강도와 화학적인 안정성 등이 필요하다.

3) GPC용 충진제

지금까지 상당히 많은 GPC 혹은 겔여과크로마토그래피용 충진제가 시판되고 있다. 스티렌, 아크릴아미드, 메타크릴산에스테르, 아세트산비닐과 디비닐벤젠 등의 가교제와의 공중합으로 얻어진 겔 및 덱스트란, 한천, 셀룰로오스, 키토산 등의 다당류로부터 얻어지는 겔 및 폴리아미노산이 주로 기본소재로서 사용되고 있다. 그림 3-4에, 입경이 약 10㎛, 배제한계 약 40만의 폴리메타크릴레이트계 충진제의 예를 나타냈다. 이것은 수계의 GPC에 사용되고 있다. 그림 3-4에서 보는 바와 같이, GPC용 충진제는 다공질겔로서, 이 미세한 구멍의 크기에 따라서 배제한계분자량이 결정되기 때문에, 이것을 제어하여 각종 크기의 것을 조제할 필요가 있다. 세공의 크기는, 모노머, 가교제와 여기에 첨가되는 희석제의 종류와 양에 따라서 결정된다. 희석제로서 폴리머에 대해서 양용매(good solvent)를 가하면 세공이 작은 겔이 생성하고, 빈용매(poor solvent)로 되는 것에 따라서 세공은 커진다. 스티렌과 디비닐벤젠(3 : 1)의 가교겔의 세공에 미치는 희석제의 효과를 표 3-4에 나타냈다.

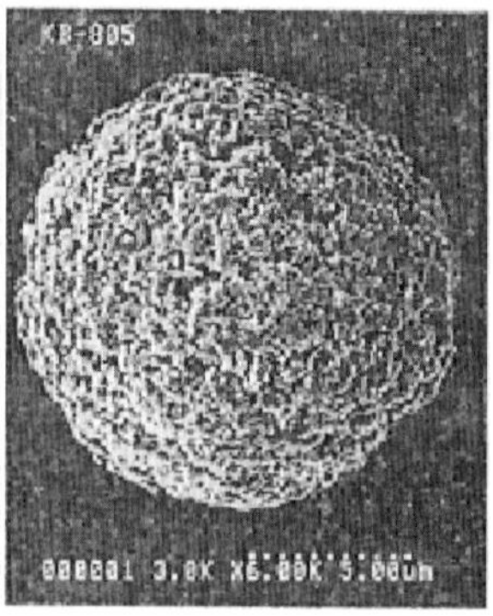

그림 3-4 폴리메타크릴레이트계 GPC충진제

표 3-4 폴리스티렌겔의 세공에 미치는 희석제의 효과[*1]

희석제[%]	배제한계 분자량	희석제[%]	배제한계 분자량
톨루엔 [60]	7×10^3	디에틸벤젠/이소펜틸알코올 [40/20]	3.6×10^3
톨루엔/디에틸벤젠 [30/30]	1.5×10^4	" [20/40]	8×10^6
디에틸벤젠 [60]	1.2×10^4	" [13.3/46.7]	1×10^{10}
톨루엔/n-도데칸 [45/15]	1×10^5	이소펜틸알코올 [60]	극단적으로 크다
" [30/30]	3×10^5		
" [10/50]	2×10^6		

*1 스티렌 30%, 디비닐벤젠 10%, 희석제 60%

실험 예 3-14 GPC용 폴리스티렌겔

정제시킨 스티렌 38.3g, 디비닐벤젠 34.5g(순도 56%), 톨루엔 70g에 2,2′-아조비스(2,4-디메틸발레로니트릴) 2g을 용해시킨다. 이것을 0.6% 폴리비닐알코올의 수용액 700ml를 넣은 1ℓ의 플라스크에 가한다. 혼합용액을 20℃이하로 냉각하고, 고속회전 dispersor(약 20000rpm)를 사용하여 교반한 후, 평균입경이 7~8㎛가 되도록 조절한다. 분산계를 80℃로 유지하고, 교반하면서 10시간 중합을 행한다. 반응 후, 겔을 여별하고, 뜨거운 물, 냉수, 아세톤으로 충분히 세척한다. 흡인여과하고, 충분히 건조시킨 후, 감압으로 건조시킨다. 건조시킨 겔을 아세톤을 사용하여 입경분별한다. 얻어진 겔(입경 약 8㎛)의 배제한계는 약 3000이다.

실험 예 3-15 셀룰로오스 구상겔의 조제

3아세트산셀룰로오스(아세틸화도 3.0)의 2.9% 디클로로메탄 용액을 15vol%의 헵탄올로서 희석하고, 그 혼합용액을 약 5%의 젤라틴수용액에 첨가한 후, 교반하면서 현탁액을 30℃에서 24시간 가열하고, 현탁입자 중에 함유되는 디클로로메탄을 제거한다. 2mol/ℓ 의 수산화나트륨수용액(10vol%의 메탄올을 함유한다) 중에서, 위에서 설명한 입자를 24시간 침적시키면, 에스테르가 비누화하여 베제한계 약 10,000의 셀룰로오스의 구상입자가 얻어진다.

4) 흡착형 충진제

흡착형의 충진제는 실리카겔, 알루미나, 활성탄 등이 있다. 이 중에서 무기고분자인 실리카겔이 가장 잘 사용된다.

실리카겔에는 오르토규산[$Si(OH)_4$]이 3차원적으로 중합한 것으로서, 구조적으로는 2산화규소의 폴리머($SiO_2 \cdot nH_2O$) 라고 생각된다. 겔의 제조법으로서는, 각종 방법이 알려져 있지만, 중합할 때의 오르토규산의 농도, 반응용액의 pH, 용매조성, 교반속도 등을 변화시키는 것에 의하여, 입자경 및 세공을 조절할 수 있다.

5) 분배형 충진제

실리카겔의 표면에 아미노프로필기나 시아노프로필기를 갖는 순상계의 분배형 충진제는 어느것이나 실리카겔을 시판의 것에 상당하는 알킬기를 갖는 실란화제로서 처리하면 쉽게 조제할 수 있다.

실험 예 3-16 옥타데실화실리카겔의 조제

실리카겔 10g(입경 5㎛, 공경 10nm)을 200ml의 플라스크에 넣고, 150℃에서 2시간 감압건조시킨다. 질소기류하에서 실온으로 되돌리고, 여기에 건조 톨루엔 50ml, 트리에틸아민 5ml, 트리클로로옥타데실실란 5ml를 가한 후, 110℃에서 8시간 반응시킨다. 더욱 잔존하는 실라놀기를 트리메틸실릴화시키기 위하여, N,O-비스(트리메틸실릴)아세트아미드 3.7ml를 가하고, 110℃에서 16시간 반응시킨다. 반응혼합물을 메탄올 200ml에 쏟고, 여과, 세척, 건조시킨다. 탄소 함량 약 20%의 옥타데실화실리카겔이 얻어진다.

6) 키랄충진제

광학이성체의 분리에는, 광학활성인 키랄충진제가 필요하다. HPLC용의 키랄충진제는, 일반적으로 비대칭 식별능력을 갖는 광학활성인 저분자화합물 혹은 고분자를 실리카겔에 고정하여 조제한다. 전자는 저분자계통 키랄충진제, 후자는 고분자계통 키랄충진제이다. 저분자계통 충진제의 조제법은, 기본적으로 앞에서 설명한 분배형 충진제의 조제법과 같다. 고분자계통 충진제의 경우, 실리카겔을 사용하지 않고, 광학활성 고분자를 그대로 겔로서 사용할 수도 있지만, 실리카겔에 고정화시키면 쉽게 효율이 좋은 충진제가 얻어지기 때문에, 실리카겔과 함께 사용되는 경우가 많다.

고분자는 일반적으로 저분자화합물에 비하여 용해성이 매우 낮기 때문에, 실리카겔에 화학결합시키지 않고, 흡착시키는 것만으로도 실용성이 높은 충진제가 조제될 수도 있다. 고분자계통 충진제의 광학분할능력은, 고분자의 입체형태에 의존하기 때문에, 그 영향에 대해서 충분히 주의할 필요가 있다. 그림 3-5에 광학활성고분자의 예를 나타냈다. 이들 중에서 셀룰로오스, 아밀로오스 등 다당류의 유도체, 알부민, α_1-산성당단백질, 오보무코이드(Ovomucoid) 등의 단백질, 폴리메타크릴산트리페닐메틸, 폴리(N-아크릴로일-L-페닐알라닌에틸에스테르), 폴리[1-(1-나프틸)에틸메타크릴아미드]로 형성되는 충진제가 실용화 되고 있다.

실험 예 3-17 광학활성 폴리메타크릴산트리페닐메틸을 담체시킨 실리카겔의 조제

(1) 모노머의 합성

건조 테트라하이드로푸란 중, 트리에틸아민의 존재하에서 트리페닐메탄올과 메타크릴산클로라이드와의 반응(65℃, 12시간)으로 합성한다. 에테르 및 헥산으로부터 재결정한다. mp102~103℃.

메타크릴산은과 트리페닐메틸클로라이드와의 반응으로도 합성된다.

(2) 개시제의 조제

글라스플라스크 중, 질소기류하에서 5ml의 정제 톨루엔에 N,N′-디페닐에틸렌디아민 0.50g을 용해시키고, 여기에 1mol/ℓ의 n-부틸리튬 2.4ml를 가한다. 생성된 침전에, 정제시킨 (-)-(2R,3R)-디메톡시-1,4-비스(디메틸아미노)부탄 0.57g을 가하면, 균일한 개시제용액이 얻어진다.

(3) 중합

충분히 건조시킨 300ml의 글라스봉관 중에 모노머 10g(30.5mmol)을 넣고, 충분히 배기시킨 후, 건조 질소를 주입하고, 3방콕을 부착시킨다. 여기에 건조시킨 톨루엔 200ml를 주사기로서 가하고, 모노머를 용해시킨다. 모노머 용액을 −78℃로 냉각하고, 금방 조제한 위에서 설명한 개시제 6.7ml(1.52mmol)를 주사기로서 가한다. 2시간 후, 소량의 메탄올을 가하여 반응을 정지시키고, 반응용액을 메탄올 2ℓ 중에 쏟은 후, 폴리머를 침전시킨다. 침전된 폴리머는 될 수 있는 한 빨리 원심분리시켜 분리한다. 수량은 정량적 $[\alpha]_D^{25}$ −300~330°(c=2, THF). 폴리머를 THF 200ml에 용해시킨 후, 벤젠-헥산(1 : 1) 200ml에 적하한다. 폴리머는 원심분리하여 분리한다. 수량 약 9g(수득률 90%). $[\alpha]_D^{25}$ −320~350°.

(4) 키랄충진제의 조제

위에서 설명한 광학활성 폴리메타크릴산트리페닐메틸 0.75g을 THF 10ml에 용해시킨다. 이 용액 5ml를 디클로로디페닐실란으로 처리할 대공경실리카겔(Nucleosil® 4000-7, 입경 7㎛, 공경 400nm) 3g에 될 수 있는 한 균일하게 가한다. THF를 감압하에서 서서히 유거한 후, 나머지의 폴리머용액을 사용하여 재차 코팅을 행한다.

얻어진 충진제는 메탄올-에틸렌글리콜에 분산시키고, 길이 25cm, 내경 0.46cm의 컬럼에 충진하면, 단수 3000~5000의 컬럼으로 된다.

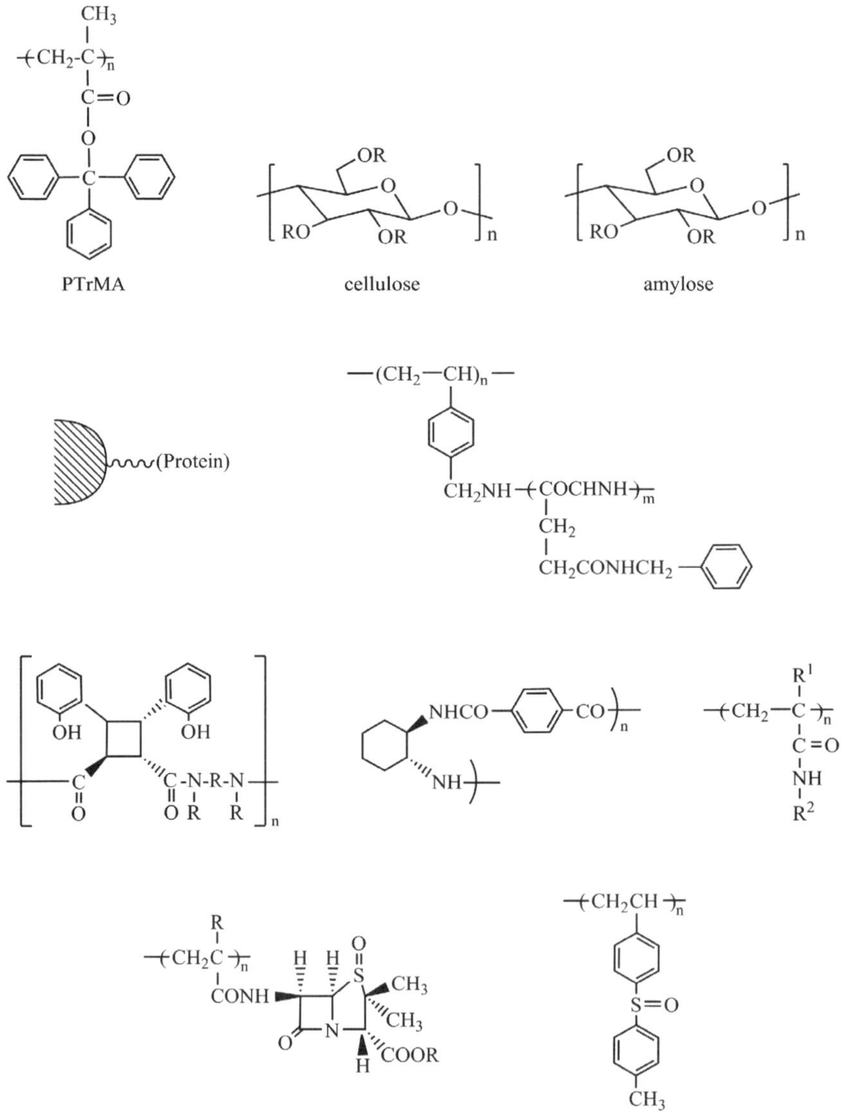

그림 3-5 고분자계통 키랄충진제

실험 예 3-18 셀룰로오스트리스(3,5-디메틸페닐카르바메이트)를 담지시킨 실리카겔의 조제

셀룰로오스 10g과 3,5-디메틸페닐이소시아네이트 34.7g(0.24mol)을 건조시킨 피리딘 500ml 중, 80℃에서 약 24시간 교반한다. 반응계는 차츰 균일하게 된다. 반응종료 후, 반응용액을 메탄올 5ℓ 중에 쏟고, 얻어진 침전을 글라스필터로서 여별한 후, 메탄올로서 충분히 세척하고, 60℃에서 약 2시간 진공건조시키면 목적물이 얻어진다. 수량 29.3g(수득률 79.3%).

셀룰로오스유도체 0.75g을 THF 10ml에 용해시키고, 3-아미노프로필트리에톡시실란으로 처리한 실리카겔(Nucleosil® 4000-7, 입경 7㎛, 공경 400nm) 3g에, 실험 예 3-17과 마찬가지의 방법으로 담지시켜서 HPLC용 키랄을 조제한다. 충진제를 헥산-유동파라핀에 분산시키고, 길이 25cm, 내경 0.46cm의 컬럼에 충진하면 단수 3000~5000의 HPLC컬럼으로 된다.

실험 예 3-19 실리카겔에 결합시킨 광학활성 폴리아크릴아미드의 조제

디올실리카겔(LiChrosorb® Diol, 5㎛) 2.5g을 질소기류하에서, 무수 디옥산 20ml에 현탁시키고, 여기에 무수 메타크릴산 1.5g(디옥산 10ml 중)과 디이소프로필에틸아민 0.8g(디옥산 30ml 중)을 가한 후, 실온에서 30분간 교반한다. 실온에서 24시간 방치시킨 후, 실리카겔유도체를 여별하고, 감압건조시킨다. 이 실리카겔 2.5g을 건조시킨 톨루엔 10ml에 질소기류하에서 분산시키고, 여기에 (S)-N-아크릴로일페닐알라닌에틸에스테르 7.5g을 톨루엔 10ml에 용해시킨 용액과 아조비스이소부티로니트릴 22mg을 톨루엔 10ml에 용해시킨 용액을 가한다. 80℃에서 15분간 반응시킨 후, 실리카겔유도체를 여별한다. 톨루엔, 디옥산, 2-프로판올로서 세척하고, 감압건조시킨다. 생성물의 탄소 함유량은 21%로 된다.

7) 친화성 크로마토그래피용 충진제

생체내에는, 항원과 항체, 호르몬과 수용체, 효소와 기질 등의 상호간에 매우 선택성이 높은 특이한 상호작용이 존재한다. 이와 같은 상호작용을 이용하여 단백질, 핵산 관련물질, 당류 등의 생체 관련물질의 분리분석을 행하는 것이 친화성 크로마토그래피이다. 충진제(흡착제)는, 일반적으로 식별에 관여하는 리간드와 이것을 고정화시키는 담체로 형성된다. 리간드와 그 분리목적물질을 표 3-5에 나타냈다. 이들의 리간드를 고정화시키는 담체는 지금까지 한천의 구형겔(sepharose)이 잘 사용되었지만, HPLC용 충진제에는 합성고분자나 실리카겔도 사용된다, 담체의 표면에 정돈된 에폭시 등의 반응성기를 도입시킨 후, 이것과 리간드의 아미노기를 반응시키는 것에 의하여, 리간드의 고정화가 행해진다.

표 3-5 친화성 크로마토그래피용 리간드

리간드	분리목적물질	리간드	분리목적물질
cibacron blue	알부민	polyriboinosinic acid	리보누클레아제
concanavalin A	당 · 당단백질	heparin	안티트롬빈Ⅲ
protein A	1gG	p-aminophenyl-α -D-mannoide	렉틴

3-3-2 이온교환수지

대표적인 이온교환수지는, 그림 3-6에 나타낸 것과 같은 디비닐벤젠으로 가교시킨 폴리스티렌수지에 이온교환기를 도입시킨 것이다. 술폰기를 갖는 양이온교환수지는, 폴리스티렌수지를 진한 황산 혹은 클로로술폰산에 의한 술폰화를 행하면 합성된다. 음이온교환수지는 폴리스티렌수지를 클로로메틸화시키고, 더욱 트리에틸아민과 반응시키면 얻어진다. 마찬가지의 클로로메틸화수지는 클로로메틸스티렌과 디비닐벤젠과의 공중합으로도 얻어진다. 이온교환기로서 카르복실기를 갖는 약산성 양이온교환수지나 3차아미노기를 갖는 약염기성 음이온교환수지도 제조할 수 있다. 더욱, 폴리스티렌수지 이외의 합성고분자 및 실리카겔에 이온교환기를 도입하고, 고속이온교환 크로마토그래피용 충진제로서 사용되는 경우도 행해지고 있다.

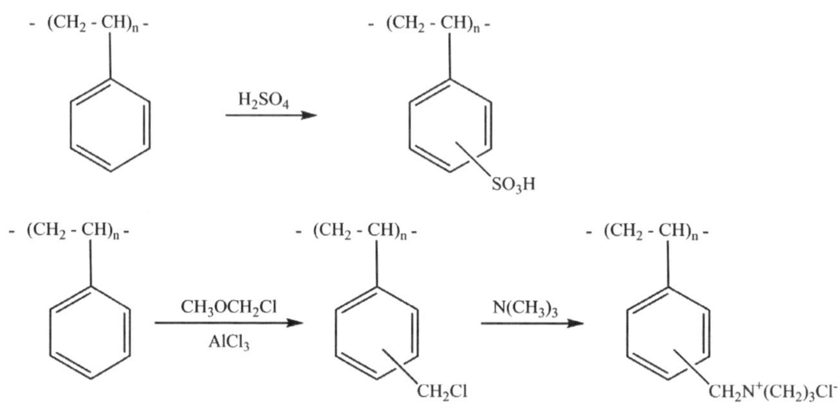

그림 3-6 이온교환수지의 합성

실험 예 3-20 클로로메틸화 폴리스티렌겔의 합성

젤라틴 2.70g을 증류수 60ml에 50~60℃에서 교반하여 용해시킨다. 물 390ml에 도데실벤젠술폰산나트륨 0.0816g, 폴리(디알릴디메틸암모늄클로라이드) 24.6g, 붕산 5.1g을, 이 순서에 따라서 실온에서 용해시킨 후, 25% 수산화나트륨수용액으로 pH를 10으로 조정한다. 여기에 아질산나트륨 0.01g을 가하고, 더욱 뜨거운 젤라틴용액을 가한다. 이들의 혼합물을 냉각기, 교반기, 온도계를 설치한 1ℓ의 3구플라스크에 옮긴다. 여기에 금방 정제시킨 스티렌 117.75g, 클로로메틸스티렌 41.25g, 디비닐벤젠 6.10g, 아조비스이소부티로니트릴 0.825g의 용액을 서서히 가한다. 30분간 플라스크를 질소로서 치환시킨 후, 8cm의 교반날개로서 매분 300회의 속도로서 회전시킨다. 회전날개의 위치는 수층과 유기층의 경계면에 둔다. 적어도 10분간 실온에서 교반시킨 후, 40~60분 동안 70℃로 가열한다. 70℃에서 36시간 반응시킨 후, 실온으로 되돌리고, 폴리머를 여별한다. 폴리머는 물, 메탄올, 아세톤, 메탄올로서 세척하고, 60℃에서 건조시킨다. 수량 100~115g. 12~28% 〉 100mesh, 36~56% 100~200mesh, 13~17% 200~325mesh, 5~6% 325~400mesh, 9~18% 〈 400mesh.

3-3-3 킬레이트수지

1개의 금속이온에 다좌배위자가 결합하면 고리구조(킬레이트고리)가 형성된다. 이 킬레이트 화합물은, 단좌로서 배위한 화합물에 비하여 안정하며 특이한 성질을 갖는다. 지금까지 많은 다좌배위자가 알려져 있지만, 각각의 배위자와 금속이온과의 배위의 강도는 금속이온에 따라서 다르기 때문에, 이와 같은 다좌배위자(배위기)를 갖는 수지는 금속이온을 선택적으로 흡착분리하는 기능을 갖는 킬레이트수지로 된다. 킬레이트수지는 폐수 중의 중금속이온을 제거하는데 공업적으로 사용되고 있다. 또한, 유용한 금속을 채취하기 위해서 사용되는 경우도 있다. 배위기의 지지체로서는, 스티렌-디비닐벤젠 공중합체, 페놀수지 등의 가교유기고분자가 주로 사용된다. 요구되는 수지의 특성으로서는, 금속이온에 대한 선택성, 흡착성, 흡착속도가 큰 것, 구경 0.2~0.6mm의 구상인 것, 화학적 안정성, 기계적 강도가 큰 것 등을 들 수 있다.

1) 배위기

금속에 직접 배위하는 전자공여체의 원소는 O, N, S, P, As, Se가 주로서, 거의 대부분은 O, N, S이다. 대표적인 배위기를 그림 3-7에 나타냈다.

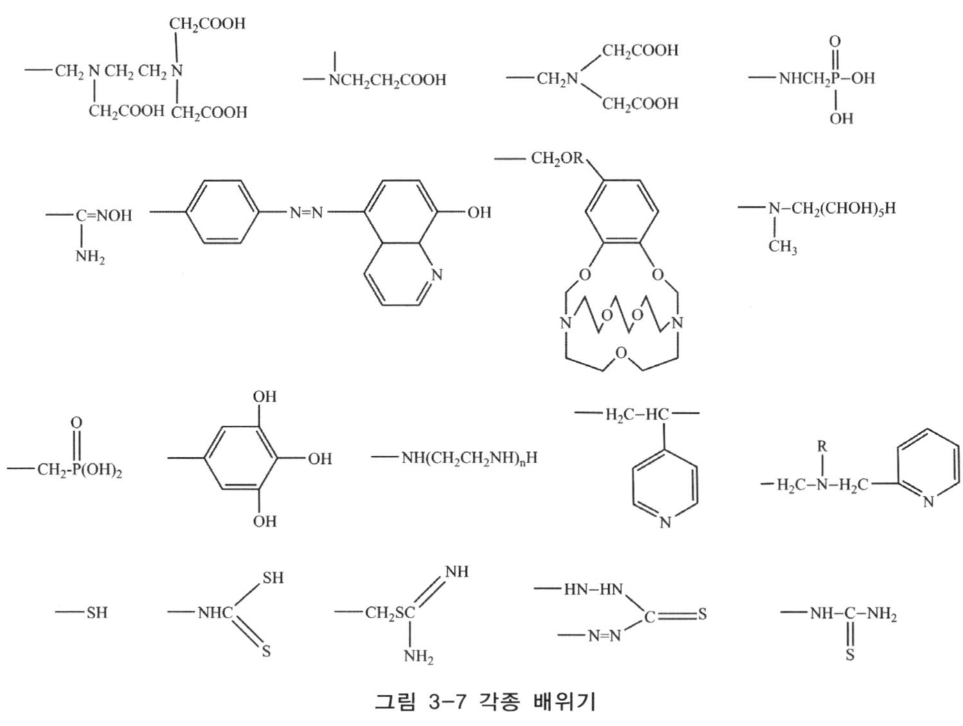

그림 3-7 각종 배위기

2) 합성법

킬레이트수지의 합성법은, ① 배위기를 갖는 모노머의 중합에 의한 방법, ② 가교고분자에 화학반응에 의하여 배위기를 도입하는 방법으로 대별된다. 실용화 되고 있는 수지는 주로 ②의 방법으로 합성되고 있다. 가교폴리스티렌 및 가교폴리아크릴로니트릴에 배위기를 도입시킨 예가 **그림 3-8**에 표시되어 있다. 더욱, 후자의 킬레이트수지는 우라늄을 선택적으로 흡착한다.

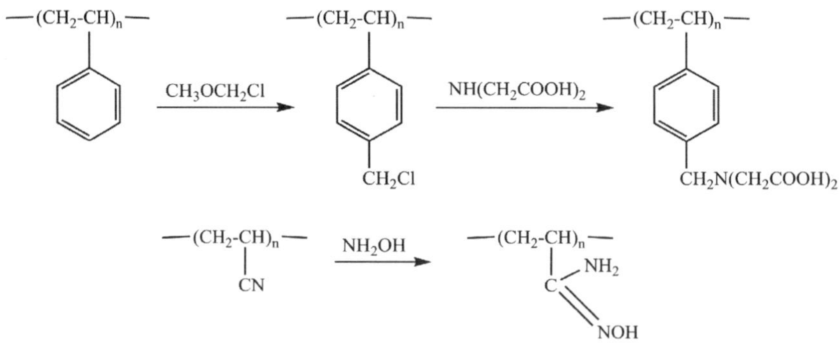

그림 3-8 이미노디아세트산 및 아미드옥심기의 도입에 의한 킬레이트수지의 합성

실험 예 3-21 아미드옥심기를 갖는 수지의 합성

분산중탕으로서, 물 470ml, 젤라틴 1% 수용액 30ml, 황산나트륨 30g, 탄산칼슘 5g을 사용한다. 정제시킨 아크릴로니트릴(72.3mol%)과 디비닐벤젠(16.2mol%)의 혼합물에 80vol%의 톨루엔을 가하고, 이 용액에 모노머에 대해서 1(w/v)%의 과산화벤조일을 용해시킨다. 이 용액 50~100ml를 위에서 설명한 분산중탕 중에 첨가한 후 반응용액을 소정의 속도로서 교반하면서 1시간에 걸쳐 용액의 온도를 60℃로 상승시키고, 60~70℃에서 3~4시간, 90℃에서 1시간 중합을 행한다. 내용물을 분리하고, 1M 염산을 가하여 탄산칼슘을 분해시킨 후, 온수 및 메탄올로서 세척한다. 공기건조시킨 후, 32~60mesh의 구상공중합체를 채취한다. 얻어진 수지 1g에 10% NH_2OH의 수용액 10ml를 가하고, 80℃에서 2시간 반응시키면, 아미드옥심기를 갖는 수지가 생성된다.

Chapter 04 생물적 특성 고분자재료

4-1 총론

생물체와 고분자재료가 밀접하게 관계하고 있는 것은, 주로 생명화학의 분야이다. 구체적으로는, 임상의학과 바이오테크놀로지이다. 최근에는, 미생물에 의하여 분해되는 생분해성 고분자도, 환경보호로부터 주목되고 있다.

본 장에서는 임상의학에서 이용되는 생체재료를 중심으로 기술하기로 한다. 그 이유는, 바이오리엑터와 같은 바이오테크놀로지용 재료나 플라스틱용 생분해성 고분자의 연구는 아직 거의 진전되지 않은 것으로 인하여, 이들은 생체재료 중에 포함시킬 수 있기 때문이다. 본 절에서는, 이들이 새로운 학문분야이기 때문에, 먼저 전체의 개략을 설명한 후에, 각론이 아니고, 이들과 공통적인 기본사항을 될 수 있는 한 실험화학적으로 설명하기로 한다.

4-1-1 생체재료

살아있는 생체에 직접 접촉하는 재료를 생체재료 혹은 biometerial이라고 말한다. 살아있는 생체는, 상처를 받은 피부, 정상각막, 혈액, 콜라겐성 결합조직, 골조직, 기관 등이다.

1) 기본조건

생체재료의 소재에는, 합성 및 천연고분자 이외에, 금속과 세라믹스도 포함되지만, 이들의 공통적인 기본조건은, 표 4-1에 표시된다.

표 4-1 생체용 재료의 기본조건

조건	예
비독성	비발열성, 비용혈성, 비만성염증성, 비알레르기성
가멸균성	내오토클레이브성, 내방사선성, 내에틸렌옥사이드성
기능성	구조보존성, 물질분리성, 광굴절성, 약물서방성
생체적합성	혈액적합성, 조직적합성, 역학적합성

우선, 가장 중요한 필수조건은, 비독성인 것이다. 독성이란, 재료에 접촉된 생체에 발열이 일어나지 않고, 용혈하지 않으며, 강한 염증반응이 일어나지 않고, 알레르기반응이 확인되지 않으며, 암이 발생되지 않는 것 등이다. 현재, 이들의 원인물질은, 미생물 등으로부터 생물유래물질, 재료로부터 용출된 첨가물이나, 잔존 모노머, 분해생성물 등인 것이 알려져 있다. 완전히 정제된 고분자재료로서 분해되지 않으면, 특수한 형상과 표면특성을 갖지 않는 한, 독성의 가능성은 매우 낮다. 그러나 생체재료를 임상적으로 사용하는 경우에는, 깨끗한 환경에서 제조할지라도 반드시 멸균조작을 행하지 않으면 안 된다.

생체재료에 주어진 다음의 중요한 필수조건은, 충분한 기능성을 갖는 것이다. 수술용 봉합사라면 목적대로 봉합되어야 할 것, 혈액투석막이라면 필요한 양의 물을 제거하는 것과 동시에 요독증 병인물질을 제거할 것, 인공혈관이라면 혈액을 어떤 일정기간 이상은 계속적으로 유통시킬 것 등이 각각의 생체재료의 기능성이다. 만일, 재료가 쉽게 열화하여 내구성이 결핍되면, 그 기능성을 유지할 수 없게 된다. 또한, 만일 재료가 생체흡수성이라면, 병소부의 치유 혹은 부상생체조직의 재생까지는 필요한 강도를 유지하여 재료로서의 기능을 수행하고, 목적을 달성한 후에는 빠르게 체내에 흡수되는 것이 바람직하다.

2) 생체적합성

표 4-1의 생체재료의 기본조건으로서 생체적합성을 보면, 생체재료의 연구자간에도 아직 정의가 정리되지 않은 용어이다. 이것은, 생체에 재료가 적합하다고 하는 특성에 많은 내용이 포함되어 있기 때문에, 짧은 문장으로서는 도저히 그 내용을 망라할 수 없다. 가끔, 생체적합성을 비독성과 동의어로서 사용되는 경우가 있지만, 구별하는 쪽이 생체재료의 본질을 보다 잘 이해할 수 있게 된다. 그림 4-1은, 그 생체적합성의 구체적인 분류이다.

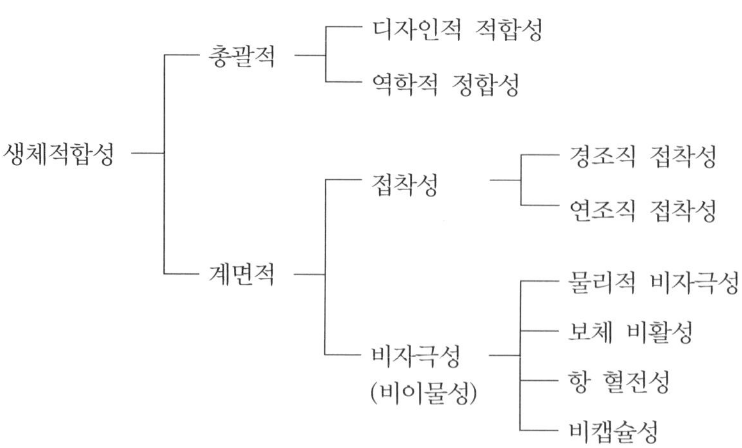

그림 4-1 생체적합성의 분류

여기서는 재료의 생체적합성을 재료전체의 총괄적 성질에 관련된 적합성과, 생체와 재료와의 계면에 관련된 적합성으로 대별했다. 이들은 서로 관련되어 있는 경우도 있기 때문에, 반드시 이 분류는 정확하지 않지만, 편의상 여기서는 이와 같이 2종류로 분류했다.

우선, 총괄적 적합성에 관계되는 생체재료의 디자인은, 인공관절이나 인공치근과 같이 커다란 하중이 걸려서 그것에 인접하는 골조직에 흡수가 일어나기도 하고, 인공심장의 혈액펌프나 인공막과 같이 혈액의 흐름에 소용돌이나 요동이 일어나 혈전이 생기는 경우에 중요하다. 디자인을 잘못하면, 어떤 우수한 재료를 사용해도 목적으로 하는 기능을 얻을 수 없는 경우가 많다. 한편, 생체재료의 강성이나 탄성률은, 생체재료가 생체조직과 강하게 접합되지 않으면 안되는 경우에 문제로 된다. 그의 예는, 골접합제나 인공혈관 등이다. 생체의 탄성률에 비하여 재료의 탄성률이 너무나 높으면, 생체와 재료간에 하중의 전달이 평활하게 진행되지 않으며, 특히 오랫동안 사용한 경우, 파탄이 발생한다.

계면적 생체적합성은, 생체가 그것에 접촉되는 인공재료를 다른 종류의 물질로 인식하기 때문에 일어나는 생체반응에 관련된 특성이다. 일반적으로 인공재료는 생체에 있어서 다른 종류의 물질이기 때문에, 생체는 그것을 배제하려고 한다. 항원과 같은 생물계에 다른 종류의 물질이 침입한 경우는 생체에 준비된 면역계가 활동을 개시하여, 침입자에 대해서 계속 사투를 감행한다. 그러나, 비생물계의 인공재료에 대해서는, 그 정도의 커다란 생체방어반응은 보이지 않으며, 콜라겐 섬유성 조직을 주성분으로 한 캡슐화(피포화)에 의한 거부반응이 확인될 정도이다.

재료에 혈액이 접촉한 경우에는, 먼저 혈전이 생성하고, 이것이 제거되면 동시에 캡슐조직이 형성되어 간다. 생체에 의한 다른 물질로서 최초의 인식은, 재료표면에 점착된 혈소판으로부터의 생리활성물질의 방출이나 보체의 활성화에 의한 화학주화인자의 산출 등에 의한다고 생각된다. **그림 4-2**에 재료표면에 대한 이물반응의 흐름을 모형적으로 나타냈다.

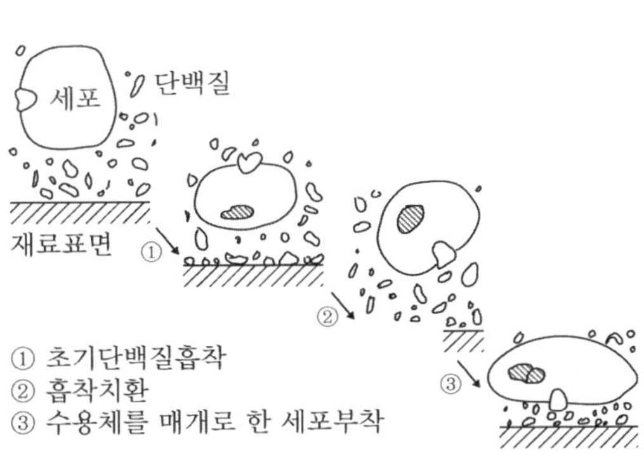

그림 4-2 재료표면과 생체와의 초기반응의 모델메카니즘

4-1-2 의료용 재료

가장 초기에서 생체재료는, 수술용 재료나 인공장기 등에만 사용되었지만, 현재는 약물의 유효성을 높이는 것과 동시에 약물의 부작용을 저감시키기 위해서도 사용되고 있다. 이들의 새로운 약품전달시스템을 drug delivery system(DDS)이라고 말하지만, 그 주요 목적을 나타낸 것이 표 4-2이다.

표 4-2 약품 전달시스템의 목적

목 적	예
1. 간단한 투여경로	경피 흡수
2. 서방성	임플런트, 흡수성 미립자
3. 수명 연장	수용성 고분자에 의한 개질
4. 인위적 전달제어	뜨거운 열이나 초음파 등의 이용
5. 표적 지향화	모노클로날 항체와의 결합

그 목적의 어느 것이나 고분자가 크게 기여하고 있지만, 이것에 이용되는 고분자도 생체재료의 일종이다. 대상이 약품인 것이다.

고분자를 이용한 DDS의 주요한 목적은, 1회만의 투여에 의한 약품의 장기에 걸친 서방화와, 약품을 전신이 아니고 표적으로 하는 병소부에의 집적화이다. 경구투여는 지금까지도 지효성이라고 불리는 제제가 사용되고 있지만, 약효성은 수일이 아니고, 수개월이나 수년에 걸쳐서 유지시키려고 하면, 종래의 제제용 재료만으로는 불가능에 가깝고, 새로운 고분자재료를 필요로 한다. 한편, 약물의 표적 지향화를 위해서 항체나 리간드와 약품을 복합화 하는 것이 시험되고 있지만, 이 경우에는 반드시 고분자재료를 필요로 하지 않는다. 그러나 하나의 분자에 많은 항체나 약품을 결합시키려고 하는 경우에는, 그의 토대로서 고분자를 이용하는 것이 좋은 방법이라고 생각된다.

올리고펩티드 의약이나 폴리펩티드 의약의 짧은 혈중수명을 연장시키기 위해서도 고분자가 이용되고 있다.

4-1-3 생분해성 재료

생체내에 주입되었을 때 내부에 흡수되어 소멸되는 재료를 생체내 흡수성이라고 말한다. 이 경우, 효소에 의한 가수분해를 받아서 흡수되어도, 체액 중에 용해되어 소멸되어도, 그의 구별은 어렵다. 그러나 생분해성이라고 불리는 용어는 엄밀히 생물체가 갖는 특성에 의하여 비로소 분해하는 경우에 사용된다. 콜라겐은 생분해성이기 때문에 생체흡수성이지만, 폴리락트산은 생체흡수성이지만 생분해성은 아니다. 한편, 셀룰로오스는 생분해성이지만, 생체흡수성은 아니다.

생분해성 고분자는, 생체재료보다도 포장용이나 해양용의 플라스틱으로서 사용되고 있다. 생분해성 고분자는 그 분해에도 반드시 효소를 필요로 하며, 모든 천연고분자가 이것에 속한다고 말할 수 있다. 합성고분자도 매우 장시간에 걸쳐서 생물계에 접촉시켜 두면, 언젠가는 생분해를 받지만, 단기간 중에 생분해되는 합성고분자는 적은 예가 알려져 있다. **그림 4-3**에 생분해성 고분자를 유래별로 분류했다.

- 생분해성 고분자
  - 미생물 유래
    - 다당류(덱스트란, 풀루란 등)
    - 폴리에스테르(P3HB 등)
  - 식물 유래
    - 다당류(셀롤로오스, 전분, 알긴산 등)
    - 단백질(글루텐 등)
  - 동물 유래
    - 다당류(키틴, 키토산 등)
    - 단백질(콜라겐, 피브린 등)

그림 4-3 생분해성 고분자의 종류

천연고분자에는 폴리이소프렌의 천연고무(시스체)와 guttapercha(트란스체)나 핵산도 포함되지만, 폴리이소프렌의 생분해성은 너무나도 낮고, 핵산은 재료로서 아직 공업적으로는 이용되지 않는다. **그림 4-3**에 나타낸 바와 같이, 생분해성 고분자재료로서 연구되고 있는 것은, 다당류와 단백질과 폴리에스테르로서, 이전부터 본격적으로 이용되고 있는 것은 주로 다당류이다.

셀룰로오스를 비스코스법 등에 의하여 재생시키는 경우에는, 이것을 제조할 때 공해가 발생하지 않도록 세심한 주의가 필요하지만, 이와 같은 필요성이 없는 다당류도 많다. 그러나, 키틴과 같은 예외를 제외하면, 일반적으로 다당류는 친수성이기 때문에, 공업적 재료로서 사용하기 위해서는 가교, 에스테르화, 에테르화, 니트로화 등의 화학반응을 필요로 하는 경우가 많다. 또한, 셀룰로오스, 아밀로오스, 키틴 등을 제외하면, 다당류는 일반적으로 결정성이 아니기 때문에, 강도가 높은 재료는 얻기 어렵다. 그러나 리그닌과 같이 결정성은 아니지만 고차의 가교체로 되어 생체조직의 보강에 기여하고 있는 경우도 있다.

흥미 있는 것은, 미생물이 그의 에너지 저장용으로서 생산하는 지방족 폴리에스테르이다. 전분도 구조용이 아니고, 에너지 저장용이다. 천연폴리에스테르는 수소세균 등의 100종류 이상의 원핵미생물에 의하여 그의 내부에 자신의 건조 중량의 약 10% 양이 축적되어 있다. 만일 적당한 생육조건을 선택하면, 그 균체의 건조 중량의 70~80%에 달하는 양을 미립자상으로 균체내에 축적시킬 수 있다. 이 미생물 산물의 폴리에스테르는 일반적으로 결정성이고 소수성이기 때문에, 공업적 재료로서의 가능성을 간직하고 있다. 그러나 현재는 아직 생체용 재료로서는 분해속도가 너무나 낮고, 포장용 등의 공업 재료로서는 너무나 비싼 문제점이 있다. 키틴은 생체 내에서의 분해도 빠르기 때문에, 생체용으로서 이용되고 있다.

4-1-4 바이오테크놀로지용 재료

바이오테크놀로지의 정의도 아직 확실히 확정되지 않았다. 일반적으로는 생물체에 관련된 공학을 바이오엔지니어링이라고 불리며, 이것이 더욱 의료 혹은 생체와 관련되어 있는 것을 바이오메디컬엔지니어링과, 그 이외의 생물 관련 공학 즉 바이오테크놀로지로 대별하고 있다. 본 절에서는, 이 분류에 의하여 효소, 세포, 균체 등을 의료가 아니고, 농업, 의약공업, 식품공업, 화학공업 등에 이용되는 기술을 바이오테크놀로지로 정의한다.

그의 바이오테크놀로지에는, 목적으로 하는 유용한 물질을 생합성하려고 하는 유전자를 조환하는 기술, 그 유전자를 조합해서 세포로부터 효율 좋게 목적물질을 생산하기 위하여 세포융합과 배양기술, 생합성 되는 목적 물질을 분리, 정제하는 기술 및 목적물질 혹은 그것을 생산하는 생물체를 공업의 생산과정에 도입시키기 위한 리액터화기술이 포함된다. 이들의 기술과 고분자의 관계를 표 4-3에 나타냈다. 표 4-3의 가장 아래에 나타낸 바이오리액터와 바이오센서는 고분자와 가장 관계가 깊지만, 아직 그 연구개발은 공업적 규모에는 이르지 못했다.

표 4-3 바이오테크놀로지용 고분자재료

기 술	고분자재료
유전자 조환기술	블록팅용 재료
세포융합과 증식기술	융합제, 배양 기본재료
생산물의 분리, 정제기술	친화성 크로마토그래피용 재료
바이오리액터와 바이오센서	고정화재료

유전자의 단리나 확인에 니트로셀룰로오스나 폴리아크릴아미드겔 등의 고분자가 사용되고 있지만, 고분자쪽으로부터 보면, 이것은 너무나 규모가 작고, 또한 흥미있는 연구대상도 아니다. 세포융합에는 센다이바이러스, 폴리에틸렌글리콜(PEG), 전기자극 등의 생물적, 화학적 및 물리적 수단이 이용되고 있지만, 가장 많이 이용되고 있는 것은 화학융합제인 PEG이다. 그의 PEG에는 최적 분자량이나 농도가 존재하지만, 상세한 내용은 불명이고, PEG에 의한 융합의 메카니즘 해명은 지금부터의 과제이다. 세포의 증식에는 섬유아세포와 같이 어떤 기재에의 부착을 필요로 하는 경우와 대장균과 같이 부유상태 그대로 좋은 경우가 있다. 고분자 기재가 필요한 것은 전자이다. 대량의 세포배양으로 되면, 단순한 종래의 평면형으로는 많은 공장면적을 필요로 한다. 따라서 다층형 기재나 미립자 기재가 개발되어 있다. 단백질 등의 생산물 정제에

는 생물특이성을 이용한 친화성 크로마토그래피가 이용되고 있다. 이 기술에는, 비면적이 많은 고분자 미립자기재에의 항원 등의 고정화가 필요하다. 마찬가지로 고정화기술이 바이오리액터나 바이오센서에도 필요하다.

다당류 담체에의 단백질이나 세포의 고정화는, 생체용 재료에 있어서도 필요하며, 바이오테크놀로지의 경우와 그 기본실험조작은 공통이다. 또한, 가까운 장래, 혹은 빠른 장래에 뉴로컴퓨터, 바이오소자, 바이오미메팅재료 등이 공업에 이용되어 제조된다는 가정과, 더욱 그 바이오공업에 고분자도 참여한다고 가정하면, 그때 필요한 단위조작은 기본적으로 고분자와 생체성분과의 복합화라고 생각된다.

4-2 고분자 소재

생물적 특성고분자의 소재라고 하는 것은 아직 반드시 존재하지 않는다. 강조해서 설명한다면 생분해성 고분자이다. 예를 들면, 폴리글리콜산은 공장에서 생산되고 있지만, 현재 이 고분자소재는 생체용으로만 사용되고 있다. 만일 생체적합성재료가 개발된다고 가정하면, 그것은 생체용뿐만이 아니고 해양용으로도 용도가 있을 것으로 생각된다. 본 절에서는 비교적 생물용에 가까운 고분자에 대해서 설명하기로 한다.

4-2-1 분해성 고분자

생체흡수성과 생분해성의 차이는 이미 4-1-3절에서 설명했다. 생체흡수성에도 생분해성에도 속하는 고분자가 존재하면, 언젠가는 한쪽밖에 속하지 않는 고분자도 존재하리라고 생각된다. **표 4-4**에 잘 알려진 생체흡수성 고분자를 나타냈다. 생분해성 고분자는 **그림 4-3**에 정리하여 나타냈다.

생체흡수성 고분자에는, 37℃의 체내에서 서서히 용해되는 것과 같은 수용성 고분자의 성형품도 포함되어 있지만, 이들은 **표 4-4**에 표시되어 있지 않았다.

생체흡수성 고분자는 **표 4-4**에 표시된 바와 같이 효소적으로 분해하는 것과 비효소적으로 분해하는 것이 있으며, 전자는 천연고분자 혹은 그의 합성물질이고, 후자는 모두 합성고분자이다. 천연고분자 중에서는 콜라겐이 생체흡수성으로서 가장 많이 연구되어 있다. 이 단백질은 세포와의 접착성이 높다는 커다란 특징을 갖지만, 역학적 강도는 낮다. pH 7의 수용액에는 용해되지 않지만, 가수분해속도를 낮추기 위하여 디알데히드, 디에폭시, 자외선조사 등에 의하여 가교가 일어난다.

표 4-4 생체흡수성 고분자의 분류

효소 비의존성		효소 의존성	
분해성 결합	고분자	분해성 결합	고분자
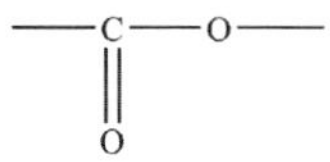	폴리에스테르, 폴리락티드, 폴리락톤	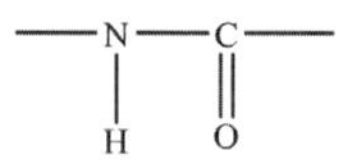	단백질, 합성폴리펩티드
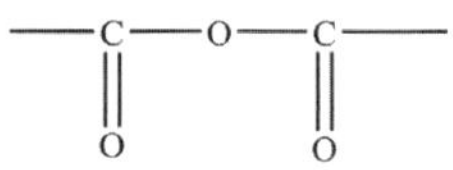	폴리산무수물	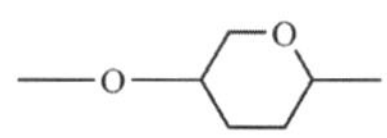	다당류
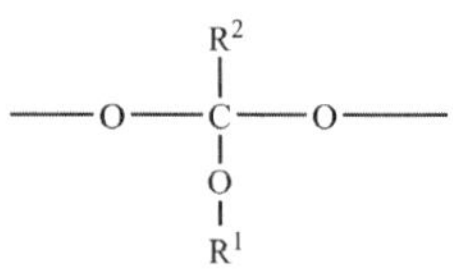	폴리오르토에스테르	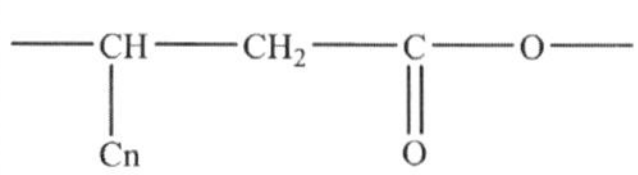	폴리(β-하이드록시알킬카르복실산)(폴리에스테르의 일종)
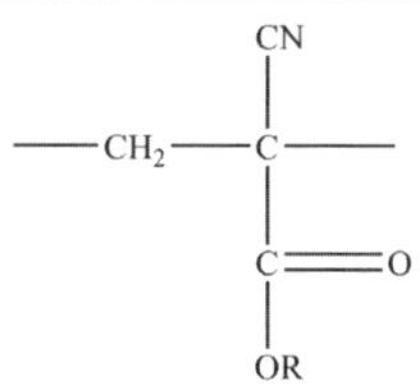	폴리시아노아크릴산에스테르	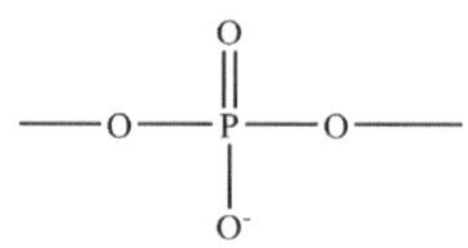	핵산
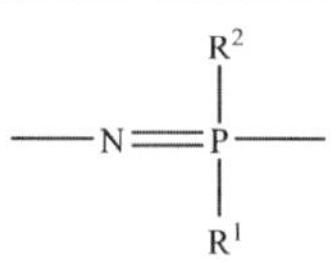	폴리포스파젠		

생체흡수성 고분자 중에서도 가장 다량으로 임상 응용되고 있는 것은 폴리글리콜산이다. 현재의 용도는 거의가 봉합사이고, 약간 직물, 클립 등에 사용되고 있다. 글리콜산과 락트산과의 공중합체는 치과용재료 뿐만이 아니고, 약품서방용 미립자담체로서 사용되고 있다. 폴리글리콜산은 분해속도가 높을지라도 체내부위에 잘 사용되며, 폴리락트산은 이것보다도 분해속도가 느린 것이 요망되는 부위에 사용되고 있다. 또한 폴리글리콜산의 합성법도 폴리락트산과 본질적으로 같다. 다음의 [실험 예 4-1]에 폴리-L-락트산의 합성법을 나타내었다.

실험 예 4-1 폴리-L-락트산의 합성

L-락트산(90% 수용액) 500g을 500ml의 삼구플라스크에 넣고, 교반하면서 180℃까지 서서히 가열한 후, 상압으로부터 20mmHg까지 감압하면서 탈수중축합 시킨다. 약 10시간 후, 3산화안티몬 5g을 가하고, 고온(180~260℃), 고감압(5mmHg~3mmHg)하에서 해중합을 행하면, 락트산의 고리상 디에스테르인 락티드가 얻어진다. 이 조잡한 락티드를 아세트산에틸로서 몇 회에 걸쳐 재결정한 후, 진공 건조시킨다. 이 정제시킨 락티드, 촉매로서의 옥틸산주석

(0.03wt%) 및 라우릴알코올(0.01wt%)을 글라스앰플에 넣고, 10^{-3}mmHg의 고감압하에서 탈기시킨 후, 봉관한다. 140–220℃의 온도에서 21~24시간 가열하면, 중량평균분자량이 수만으로부터 수십만의 중합체가 얻어진다. 저분자량 폴리락트산의 분자량은 THF를 용매로 사용되는 GPC측정으로부터 구해지지만, 고분자량 폴리-L-락트산은 결정성으로서 THF에는 잘 용해되지 않기 때문에, 분자량 M의 측정에는 점도법을 이용한다. 점도식은 $[\eta]=5.45\times10^{-4}M^{0.73}$(클로로포름, 25℃)이다.

생분해성 고분자는 이미 설명한 바와 같이, 모두가 천연고분자로서 생물이 합성한다. 미생물이 메탄올을 원료로 하여 지방족 폴리에스테르를 생합성하는 예를 [실험 예 4-2]에서 설명하기로 한다.

실험 예 4-2 미생물에 의한 폴리-β-하이드록시부티르산(P3HB)의 합성

배지를 KH_2PO_4 0.8g, $Na_2HPO_4\cdot12H_20$ 3g, $(NH_4)_2SO_4$ 0.8g : $MgSO_4\cdot7H_2O$ 0.1g, $CaCl_2\cdot2H_2O$ 5mg, $MnSO_4\cdot nH_2O$ 2mg, $ZnSO_4\cdot7H_2O$ 5mg, $Na_2M_0O_4\cdot2H_2O$ 0.2mg, $FeSO_4\cdot7H_2O$ 10mg, $CoCl_2\cdot6H_2O$ 5mg, $CuCl_2\cdot6H_2O$ 1mg을 증류수 1ℓ에 용해시켜 조제한다.

protomonas extorquens sp. K를 배지에 옮기고, 메탄올 농도와 용존 산소농도를 각각 0.5g/ℓ와 2~3ppm으로 유지한다. 암모니아수를 메탄올의 공급과 연동시켜 공급비가 C/N=8(mol/mol)이 되도록 조제하면서 30℃에서 진동 배양시킨다. 균체농도는 배양개시 후 75시간으로 약 160g/ℓ에 달한다. 이 시점에서 암모니아수의 공급을 정지하고, P3HB 생산물을 유도하는 것에 의하여, 급속히 P3HB가 축적되며, 배양개시 후 170시간에 있어서 P3HB농도는 136g/ℓ에 달한다. 이때의 건조균체농도는 206g/ℓ이기 때문에, P3HB 함유율은 66%로 된다. 생육된 균을, 원심분리기에 의하여 수집한 후, 아세톤으로 세척하고, 동결건조시킨 후, 클로로포름에 의하여 P3HB를 추출하고, 불용물을 여과에 의하여 서서히 제거한다. 이 클로로포름상에 3배량의 헥산을 가하여 P3HB를 침전시킨 후, 에테르에 의하여 세척하고, 건조시킨다. GPC측정으로부터 구해진 분자량은 약 30만이다.

4-2-2 하이드로겔

고도로 물을 함유한 하이드로겔은 이전부터 식품으로서 공업생산되고 있지만, 이후에는 컬럼용담체 혹은 생체재료로서도 사용되기에 이르렀다. 현재, 하이드로겔의 의료목적은 콘택트렌즈 등의 안과용으로 거의 대부분이 사용되고 있다. 그 주요한 이유는, 생체를 구성하고 있는 하이드로겔에 비하여 합성겔은 너무나 역학적 강도가 낮기 때문이다. 다당류로부터도 하이드로겔을 제조할 수 있지만, 강도는 높지 않다. 생체내에서 강도를 지탱하고 있는 것은 콜라겐섬유이고, 다당류는 수분을 조절하는 것이 주요한 역할이라고 생각된다. 합성고분자에서는, 결정-비결정 혹은 소프트시그멘트-하드시그멘트와 같은 미세한 2상구조를 취할 수 있는 소재로부터 비교적 강도가 높은 하이드로겔이 얻어진다. 그러나, 같은 함유율로서 비교하면, 생체하이드로겔쪽이 훨씬 높은 강도를 가지고 있다. 합성고분자로부터 하이드로겔의 예로서, [실험 예 4-3]에 PVA하이드로겔의 합성법을 나타냈다.

실험 예 4-3 PVA하이드로겔의 합성

(1) 방사선 가교법

중합도 1750, 비누화도 99.9mol%의 폴리비닐알코올(PVA) 1g을 질소분위기 중에서 증류수 9ml에 가하고, 가열하여 용해시킨다. 냉각 후, 글라스앰플에 주입하고, 질소기류 중에서 봉관한다. 그 후, Mrad의 $^{60}Co \cdot \gamma$선을 조사하면 겔이 얻어진다.

(2) 화학적 가교법

PVA 10% 수용액을 글라스판상에서 cast로 하고, 건조시키는 것에 의하여 필름을 제작한다. 이 필름을 2.5wt% 글루타르알데히드를 함유하는 1M 염산용액 중에 25℃에서 수분간 침적시킨다. 반응 후, 물로서 세척하는 것에 의하여 가교PVA하이드로겔의 필름이 얻어진다.

(3) 물리적 가교법

PVA 10% 수용액을 플라스틱제 비커에 넣고, 냉동고 (−20℃) 중에서 하룻밤 방치하여 동결시킨다. 그 후, 냉장고(5~10℃)에서 하룻밤 방치하여 용해시키면, 백색의 불투명 겔이 얻어진다. 한편, 수용매 대신에 물과 디메틸술폭사이드(DMSO)와의 혼합용매 [H_2O : DMSO = 2 : 8(wt)]를 사용하면 투명한 PVA겔이 얻어진다.

4-2-3 탄성재료

생체는 뼈와 치아조직을 제외하면, 탄성인 유연체이다. 따라서 그 생체유연조직의 대체품 혹은 그것에 장시간에 걸쳐 접촉되는 재료에는 합성탄성재료가 사용되고 있다. 그의 대표적인 예는 가소화폴리염화비닐, 천연고무, 실리콘 등이다. 그러나 이들은 가소제나 충진제를 함유하기 때문에 이들이 용출될 위험이 있다. 따라서 등장한 것이, 첨가제를 함유하지 않고, 또한 화학가교가 필요 없는 열가소성 엘라스토머이다. 그의 대표적인 예가 시그멘트화 폴리우레탄이다. 이것에 대해서 [실험 예 4-4]에 그의 합성법을 나타냈다.

실험 예 4-4 시그멘트화 폴리우레탄의 합성

교반날개부착 냉각기가 설치된 2ℓ의 분리용 플라스크에 80℃의 오일중탕에 세트한다. 여기에, 건조 질소기류하에서 4,4′-디페닐메탄디이소시아네이트 95g(0.38mol)과, 평균분자량 2000의 폴리테트라메틸렌에테르글리콜 380g(0.19mol)을 가하고, 5시간 교반하여 프레폴리머를 합성한다. 50℃까지 냉각한 후, 사슬연장제로서 1,4-부탄디올 17g(0.19mol)을 가하고, 10~15분간 교반시킨다. 반응물질을 적당한 용기에 옮기고, 건조질소기류하 80℃에서 약 15시간 반응시키는 것에 의하여, 사슬연장반응이 완료된다. 반응종료 후, 적당한 크기로 절단하고, 메탄올에 의한 Soxhlet추출을 행하는 것에 의하여 미반응물이나 부생물이 제거된다.

4-2-4 상온 경화형 고분자

조직보충이나 생체재료와 생체조직과의 접합에 모노머 혹은 모노머와 폴리머와의 슬러리를 상온에서 경화시키는 경우가 있다. 이들이 잘 이용되는 것은 치과와 정형외과이고, 치과용 합성복합레진과 인공관절용의 골시멘트가 널리 사용되고 있다. 다음의 [실험 예 4-5]에 나타낸 것은, 광중합형의 치과용 복합레진이다.

실험 예 4-5 복합레진의 광경화

실리카분말 80부와 2,2-비스[4-(3-메타크릴옥시-2-하이드록시프로폭시)-페닐]프로판(bis-GMA) 10부와 트리에틸렌글리콜디메타크릴레이트(3G) 10부(어느 것이나 중량)를 혼합하여 복합레진을 조제한다. 더욱 광증감제인 comphorquinone을 0.5% 첨가하고, 흑색의 플라스틱제 주사기에 봉입하여 보존한다. 이 혼합레진을 직경 6mm, 높이 3mm의 스테인리스 형틀에 충진한다. 이 때, 기포가 들어가지 않도록 주의한다. 시편의 상하 양쪽면을 플라스틱필름으로 싸고, 글라스판으로 압박한다. 이어서 가시광 조사기를 시편의 윗면에 될 수 있는 한 근접시켜서 30~40초 조사한다. 경화시킨 후, diametral법으로 압축시험을 행한다.

4-3 합성과 반응

이미 설명한 바와 같이, 재료로부터 용출된 물질은 세포를 손상시킬 가능성이 높기 때문에, 생물적 특성 고분자재료의 합성에는 극도의 정제가 요구된다. 또한, 통상의 고분자재료에 생체적합성을 부여하기 위해서는, 그 재료에 고분자반응도 필요하다.

4-3-1 분리용 고분자재료

세계에서 최초로 생체에 사용된 고분자재료는 구조용과 분리용이었다. 즉, 단순히 구조를 지지하는 것, 혹은 생체 중의 2개 부분을 격리시키든지, 혈액으로부터 어떤 성분만을 분리시키는 것과 같은 재료였다. 그 중에서 현재도 대규모로 생산되고 있는 것은 혈액투석용의 고분자막이다. 현재는 고성능 분리막이 투석 이외의 혈액정화용으로 공업생산되고 있으며, 실험실에서 생물용의 연구를 위해서 성막되는 경우는 적다. 이것에 대해서 고성능흡착제의 개발연구는 지금부터의 과제이다. 혈액정화용 흡착제에는 활성탄을 비롯하여 각종의 것이 알려져 있다. 예를 들면, 면역흡착제 뿐만이 아니고, **그림 4-4**에 나타낸 바와 같이, 단순한 물리화학적 흡착제와 생물특이적 흡착제가 있다. 기재의 형태는, 다공질 구슬, 비다공질 구슬, 섬유, 포 등이 있다. 문제는 어떻게 선택적 흡착성이 높고 비표면적이 큰 흡착제를 제조하는가에 있다. 생물특이적 흡착제에서는, 그의 표면에 생리활성체를 고정화시키는 것이다. 만일, 그 흡착제를 바이오테크놀로지에 있어서 분리정제에 사용하는 것이 아니고, 환자의 혈액정화에 사용하는 경우에는, 사용 중에 고정화 생리활성체가 혈액 중에 탈리되지 않도록 집중적으로 상세한 연구가 필요하다.

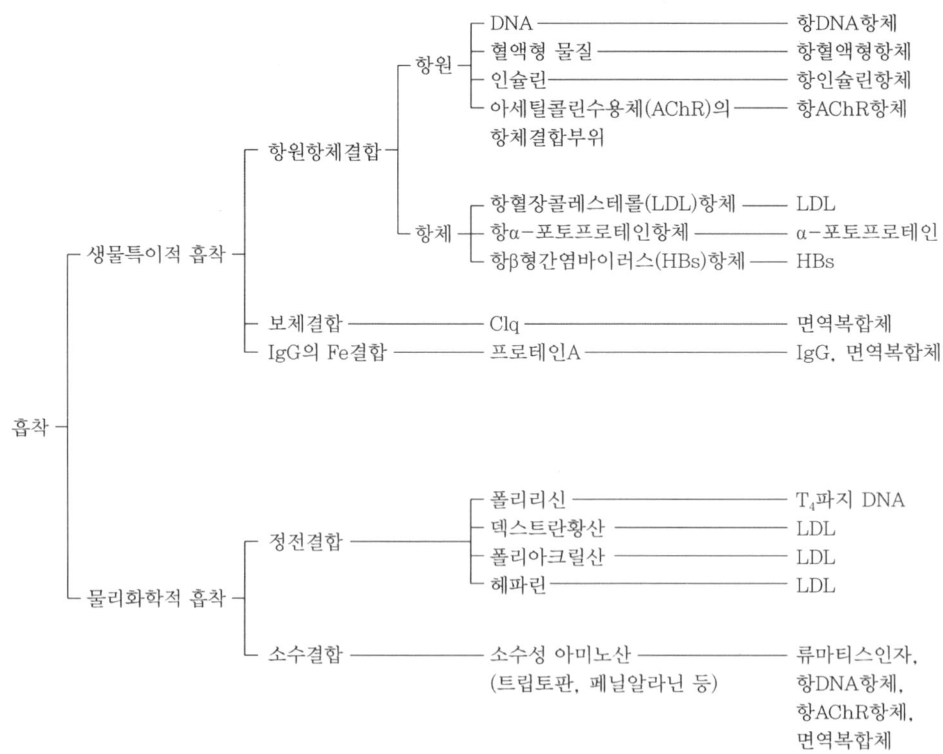

그림 4-4 면역흡착제의 분류

4-3-2 산소 투과성 재료

생물에는 산소가 필요하기 때문에, 산소투과성이 생물용 재료에 요구되는 경우가 있다. 인공심폐, 인공폐, 인공호흡기, 콘택트렌즈, 세포배양기재 등이 그의 예이다.

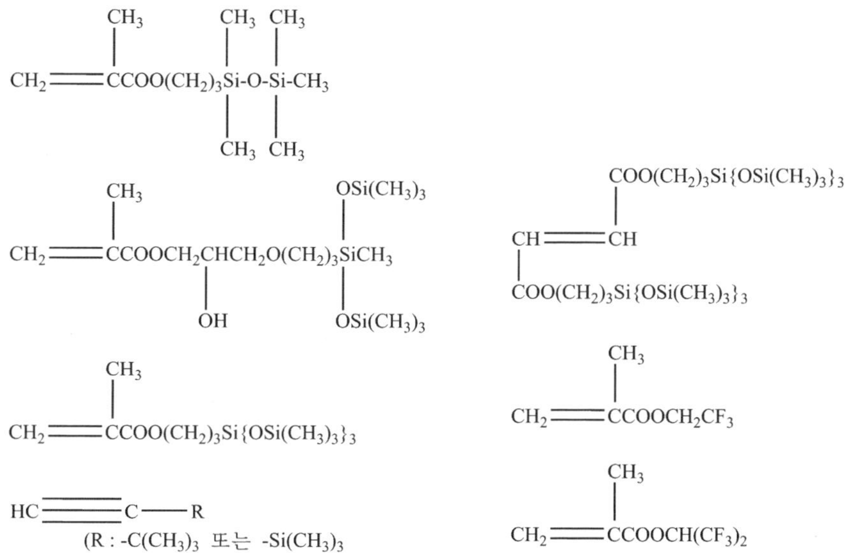

그림 4-5 산소투과성 모노머

소수성이 높은 고분자로 형성된 다공질재료는, 그의 세공에 물이 통과되지 않고, 산소와 이산화탄소만이 투과되기 때문에, 인공심폐용 막에 이용되고 있다. 그러나 장기간 사용하면 그의 세공으로부터 액체가 새어 나온다. 비다공질막에서는 이와 같은 위험이 없고, 주로 실리콘막이 사용되고 있다.

콘택트렌즈에도 산소투과성이 요망되며, 그림 4-5에 나타낸 모노머를 포함한 공중합체가 연구되고 있다.

4-3-3 표면개질

일반적인 고분자표면의 개질법에는 물리적인 코팅법과 화학법이 있다. 생물용 재료에는, 통상 수분의 존재하에서 사용되기 때문에, 단순한 코팅법은 피해야 한다. 화학법에는 저분자관능기를 표면에 도입시키는 경우와 고분자를 도입시키는 경우가 있다. 저분자관능기는 주로, 재료표면을 친수화 혹은 소수화시키는 경우에 이용된다. 생물용 재료에서는 물에 대한 높은 젖음성이 필요한 경우가 특히 많고, 플라즈마 처리가 잘 이용된다. 여기에 공기와 같은 산화성 기체를 사용하거나, 아르곤과 같은 불활성기체를 사용하든지, 최종적으로는 표면의 소수성이 저하된다. 소수성의 플라즈마 중합성 기체를 적당한 조건하에서 플라즈마중합을 행하면, 기재로부터 박리되지 않는 소수성 표면이 얻어진다. 이 플라즈마 중합막은 매우 가교밀도가 높은 3차원 망상구조체이지만, 기재표면에 플라즈마 처리에 의하여 고분자 프리라디칼 혹은 고분자퍼옥사이드를 도입시킨 후, 그의 중합개시제를 사용하여 아크릴 혹은 비닐모노머를 라디칼중합시키면, 표면에 비가교의 고분자사슬을 고정화시킬 수 있다. 이 방법에 의하여 폴리에틸렌 표면에 아크릴아미드를 그래프트중합시키는 예를 [실험 예 4-6]에 나타낸다.

실험 예 4-6 플라즈마 처리에 의한 표면 그래프트중합

폴리에틸렌필름을 메탄올로서 Soxhlet추출한다. 이어서 플라즈마 발생장치에 아르곤가스를 도입하여 가스압 0.04Torr, 유속 20ml/min, 출력 20W의 조건하에서 10초간에 플라즈마로서 처리한다. 플라즈마 처리 후, 필름을 건조공기에 접촉시키고, 필름표면의 고분자라디칼을 고분자퍼옥사이드로 변환시킨다. 10wt%의 아크릴아미드수용액에 필름을 침적시키고, 탈기, 봉관 후, 50℃에서 1시간 그래프트중합을 행한다. 필름표면에 부착된 호모폴리머를 물로서 세척하여 제거한 후, 건조시키면 그래프트화시료가 얻어진다. 그래프트의 양은 ninhydrin법에 의하여 구한다. 아르곤플라즈마로서 처리한 경우, 필름표면에 100μg/cm^2 까지의 그래프트화가 가능하다.

중합 개시화학종은 glow방전뿐만이 아니고, 코로나방전, 자외선조사, 방사선조사, 오존처리 등에 의해서도 제조할 수 있다. 또한, 이온성모노머를 중합시키면, 기재표면을 음이온 혹은 양이온성으로 변화시킬 수 있다. 더욱, 플루오르계의 소수성 모노머를 사용하면, 친수성 표면을 소수성으로 변화시킬 수 있다.

그래프트중합이 아니고, 기존의 폴리머분자를 기재표면에 공유결합에 의하여 고정화시킬 수도 있다. 셀롤로오스 표면에 폴리에틸렌글리콜 사슬을 결합시키는 것을 [실험 예 4-7]에 나타낸다.

실험 예 4-7 셀롤로오스에의 고분자커플링반응

양쪽 말단에 카르복실기를 갖는 폴리에틸렌글리콜 2.2mmol, 디시클로헥실카르보디이미드 2.5mmol, 디메틸아미노피리딘 0.07mmol을 톨루엔 350ml에 용해시킨 후, 10℃로 냉각한다. 이 용액에 정제시킨 셀룰로오스필름 (3 × 5cm^2) 혹은 길이가 15cm의 셀룰로오스 중공사 다발을 침적시킨 후, 10분간 방치한다. 다음에 온도를 30℃로 높이고, 온화하게 교반시킨다. 소정시간 후, 셀룰로오스 시료를 반응용액으로부터 꺼내고, 톨루엔으로 시료표면을 세척한 후, 메탄올로서 치환하고, 진공건조시킨다. 반응도는 정성적으로는 물에 대한 접촉각 측정으로부터 예측할 수 있다. 미반응의 카르복실기는, 삼플루오로화에탄올로서 반응시킨 후, X선광전자분광(XPS)에 의한 C_{1s}, O_{1s}, F_{1s}의 결합에너지의 측정에 의하여 분석된다.

4-3-4 생체성분의 고정화

생체성분에는 단백질과 같은 수용성 성분과 세포나 균체와 같은 유형성분이 있다. 고분자재료에의 이들의 고정화는, 재료의 표면과 재료의 내부에 행할 수가 있다. 균체의 고정화는, 영양이나 생산물의 투과가능한 하이드로겔의 내부에 행해진다. 이것에 대해서, 효소나 항체는, 겔내부나 마이크로캡슐내에 포함시켜서 고정화시킬 수도 있지만, 거의 대부분은 기재의 표면에 고정화시킨다. 그 생체성분과 반응하는 상대물질이 고분자량체의 경우에는, 기재내부에의 침투가 곤란하기 때문에, 표면에 고정화된다. 균체의 하이드로겔내부에의 고정화는, 오래전부터 잘 알려져 있기 때문에 여기서는 단백질의 표면고정화에 대해서 설명하기로 한다. 단백질분자의 표면에는 아미노기, 카르복실기, 수산기, 티올기 등의 관능기가 존재하기 때문에, 이들을 이용하여 기재표면에 단백질을 결합시킬 수 있다. 그림 4-6에 단백질과 인공재료와의 결합반응을 나타냈다.

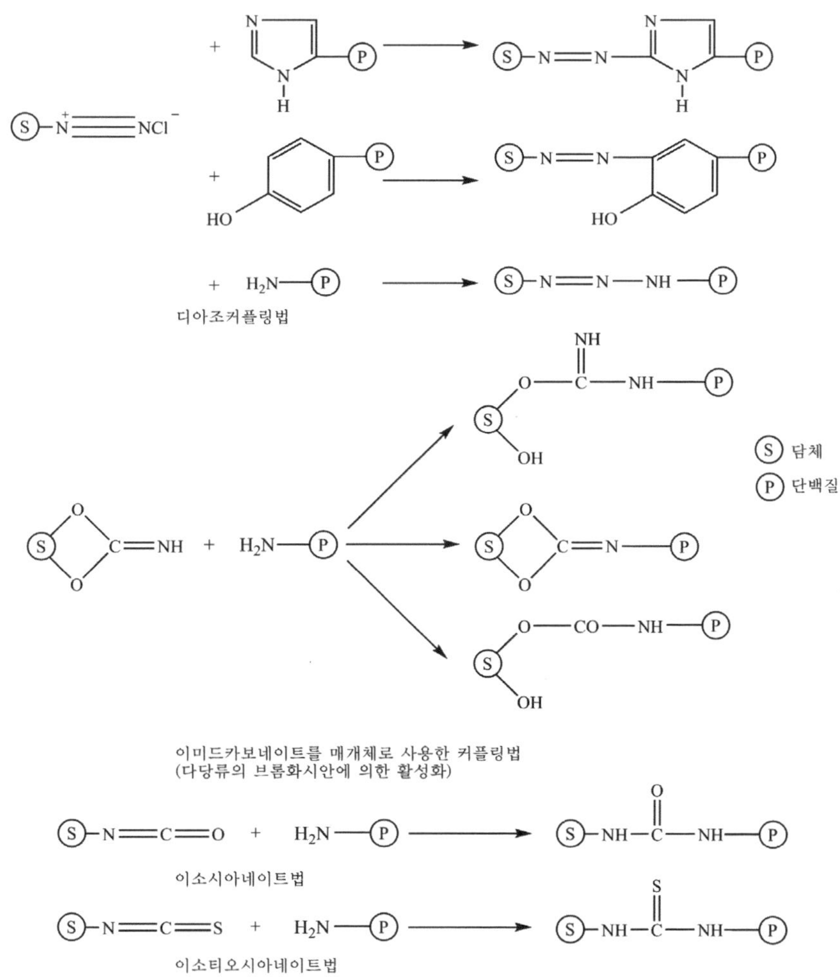

그림 4-6 단백질의 고정화

실험 예 4-8 고분자 구슬상에의 효소 고정화

(1) 평균입경 0.4㎛의 폴리아크롤레인 미립자 50mg을 0.05M PBS(pH 7.0, 4.0℃) 2ml에 분산시키고, 이어서 리포단백리파아제 10mg을 0.05M PBS(pH 7.0, 4.0℃) 1ml에 용해시킨 용액에 가한 후, 4℃에서 6시간 교반하여 반응시킨다. 그리고 미반응의 알데히드기를 같은 양의 $NaBH_4$를 첨가하여 1시간 반응으로 환원시킨다. 반응계를 4℃에서 원심분리법에 의하여, 0.05M PBS, SDS용액 및 순수한 물의 순서로서 세척하고, 상등액 중에 잔존 효소가 존재하지 않는 것을 확인한다. 그 후, 원심분리와 동결건조를 행하고, 냉동고에 보관한다. 효소고정화의 수량은 ninhydrin법에 의하여, 570nm의 흡광도로부터 구한다.

에폭시기에 의한 커플링법

티올-디술피드 교환반응법

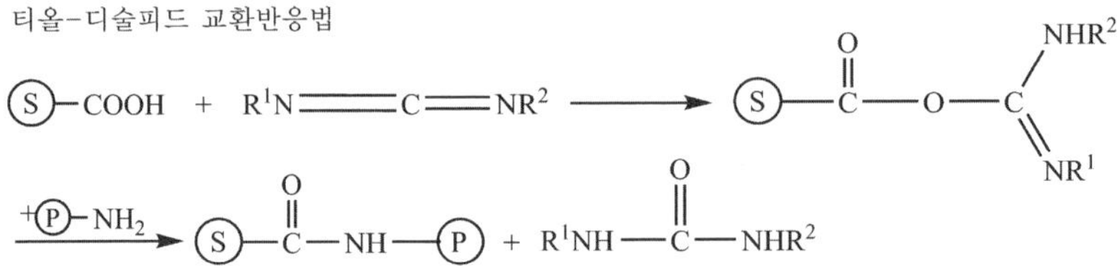

카르보디이미드법

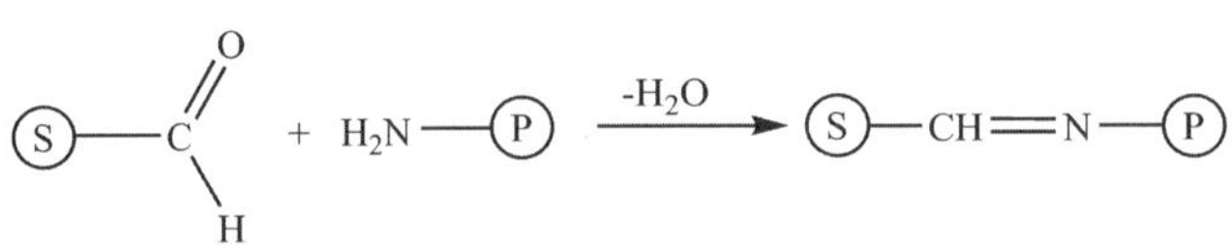

시프염기 형성법

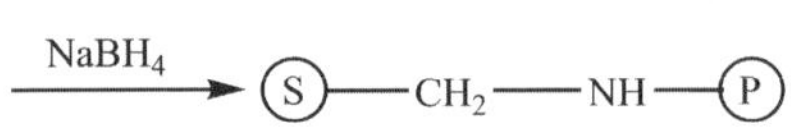

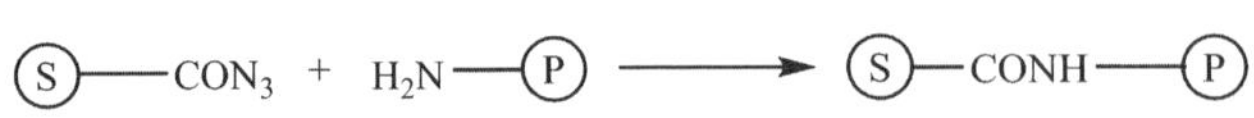

아지드법

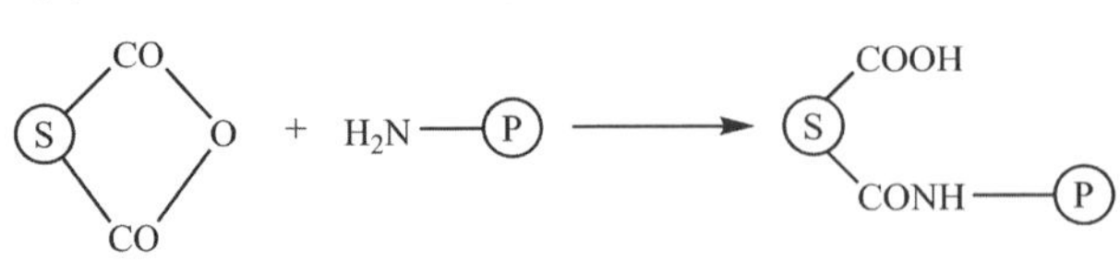

산무수물법

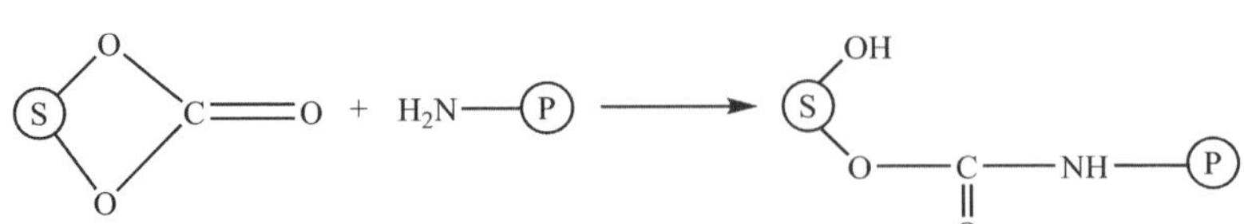

환상카르보네이트법을 위한 공유결합법

(2) 탈아세틸화도 80%의 키토산을 아세트산수용액에 용해시키고, NaOH－에탄올－물(2 : 49 : 49, v/v) 혼합용액 중에 적하한 후, 응고시켜 키토산 구슬을 조제한다. 이어서, 무수아세트산에 의하여 부분 아세틸화시키고, 잔존 아미노기에 무수숙신산을 반응시켜서 카르복실기를 도입한다. 활성 에스테르의 도입은 N－하이드록시숙신이미드와 디시클로카르보디이미드에 의하여 행한다. 얻어진 활성화 키토산 구술(입경 1mm, 평균입경 0.1㎛) 200mg을 키모트립신 10mg을 용해시킨 0.1M MOPS 완충용액(pH 7.5) 2ml 중에 분산시키고, 4℃에서 16시간 반응시킨 후, 0.1M Tris완충용액(pH 7.0)으로 반복해서 세척하고, 상등액 중에 잔존 효소가 존재하지 않는 것을 확인한다. 원심분리와 동결건조시킨 후, 냉동고에 보관한다. 효소고정화의 수량은, 진한 염산에 의한 가수분해 후, UV법에 의한 효소의 트립신과 트립토판 잔존량의 측정에 의하여 구할 수 있다.

실험 예 4-9　콜라겐의 고정화

실리콘시트를 실온, 상압하에서 코로나방전(9.5~15kV, 2~10분)에 의하여 전처리하고, 10wt% 아크릴산수용액 중에 침적시킨 후, 탈기하고 봉관한다. 중합은 50℃의 온수 중에서 1시간 행한다. 실리콘시트를 취하고, 호모폴리머를 잘 제거시킨 후, 70℃의 온수 중에서 더욱 24시간 세척한다. 15kV에서 2분간 코로나처리한 경우 아크릴산의 그래프트의 수량은 20㎍/cm^2이다. 이 그래프트화된 실리콘시트를 1－에틸－3－(3－디메틸아미노프로필)카르보디이미드 용액(10mg/ml)에 4℃에서 30분 침적시켜 그래프트사슬 중의 카르복실기를 활성화시킨 후, 4℃의 콜라겐용액(0.5mg/ml, pH 3.0) 중에 2시간 침적시킨다. 이 조작에 의하여 실리콘시트에 약 10㎍/cm^2의 콜라겐이 고정화된다.

Spacer를 매개로서 효소를 고정화시킨 경우, Spacer가 길어지면 비활성은 증대하지만, 효소분자의 운동성이 높고, 안정성이 감소할 위험성이 있기 때문에 주의하지 않으면 안 된다.

4-3-5 마이크로캡슐화와 마이크로스피어화

컬럼충진용 미립자, 인공혈액용 미립자, 약품서방용 미립자 등, 생물용 고분자재료에는 미립자를 사용하는 예가 많다. 그의 크기도 nm로부터 mm까지의 범위에 걸쳐 존재한다. nm사이즈의 초미립자는 시아노아크릴레이트모노머의 수용액 중의 현탁중합에 의하여 합성되며, 수용액 중에 목적물질을 용해시켜 두면, 이것은 미립자에 포함된다. 가장 잘 알려진 포함법은, 고분자의 각 중에 목적물질을 가두는 마이크로캡슐법이다. 이것은 비상용성의 2 용액을 혼합했을 때, 그 계면에서 일어나는 상분리나, 폴리이온컴플렉스반응 혹은 계면중축합을 이용하여 합성된다.

단순히 고분자재료와 목적물질을 물리적으로 혼합시킨 미립자도 잘 사용된다. [실험 예 4-10]에 나타낸 것은, 평균직경이 약 50㎛의 마이크로스피어에 인터페론을 포함하는 실험예이다. 사용된 기재는 젤라틴이지만, 이것은 수용성 고분자이기 때문에, 글루타르알데히드에 의하여 가교된다. 이 가교도의 변화에 의하여 미립자의 분해속도를 변화시킬 수 있다.

실험 예 4-10 약품을 함유한 미립자의 합성

젤라틴 20mg을 물 0.2ml 중에 용해시킨 후, 1.5×10^4단위의 인터페론(IFN)을 가한다. 이 젤라틴수용액을 Span 80(5wt%)을 함유하는 클로로포름–톨루엔(1 : 1, v/v) 혼합용액 5ml 중에 적하한다. 이 혼합용액을 45℃에서 잠시 가온시킨 후, 초음파로서 유화(10w, 10분)시킨다. 다음에, 이 유화액을 얼음중탕 중에서 미리 냉각시켜 둔 Span 80(5wt%)을 함유하는 클로로포름–톨루엔(3 : 1, v/v) 혼합용액 중에 적하하고, 교반한다. 젤라틴을 가교시키기 위해서, 이 유화액 중에 글루타르알데히드(GA)로서 포화시킨 톨루엔용액 5ml를 가하고, 6시간, 얼음중탕 중에서 계속 교반시킨다. GA포화 톨루엔용액은, 25wt% GA수용액과 같은 양의 톨루엔을 강력하게 교반시킨 후, 4℃에서 하룻밤 정치시키는 것에 의하여 제조된다. 반응 후, IFN함유 젤라틴미립자를, 2–프로판올, 인산 완충용액(pH 7.4)의 순서로서 원심세척한다(4000rpm, 5분). 얻어진 IFN함유 젤라틴미립자의 평균 입자경은 1.5㎛이고, IFN의 트랩율은 약 100%이다.

인슐린은 동물세포로부터 생산하고, 인슐린치료법을 행하기 위한 인공랑게르한스섬의 제법을 [실험 예 4-11]에 나타낸다. 랑게르한스섬은 췌장에 있어서 인슐린을 생산하는 미소생체조직이다.

실험 예 4-11 췌장랑게르한스섬의 마이크로캡슐화

햄스터를 에테르 마취하에 개복하고, 췌장을 적출시킨다. 췌장을 가위로서 1mm정도 미세하게 절단한다. 3마리 분량의 췌장조직을 콜라게나제용액(800mg/dl Hanks액) 5ml에 분산시키고, 37℃에서 6분간 격렬하게 교반시킨다. 소화물질을 Hanks액 50ml에 분산시키고 800rpm으로 5분간 원심교반하여 침전시킨다. 이 조작을 2회 반복하여 콜라게나제를 제거한다. 침전된 잔사를 Hanks액 15ml에 분산시키고, 실체현미경(20배)하에서 파스퇴르피펫으로 췌장랑게르한스섬을 흡입한다. 햄스터 1마리당, 약 200개의 췌장랑게르한스섬이 얻어진다.

이 정제 췌장랑게르한스섬을 원심교반하여 침전시키고, 약 0.2ml의 Hanks액에 분산시킨 후, 빙냉시켜 둔다. 한편, 50ml의 뚜껑이 부착된 원심분리관에 저온겔화 아가로우스(겔화온도 30℃이하) 0.15g과 Hanks액 3ml를 취한다. 별도의 용기에 유동파라핀 20ml를 분취한다. 이 양쪽을 121℃에서 20분간 오토클레이브 멸균시킨 후, 40℃에서 10분간 보온시켜 둔다. 췌장랑게르한스섬 분산액을 40℃에서 1분간 보온시킨 후, 아가로우스용액에 주입하고, 잘 혼합시킨다. 그 위에 유동파라핀 20ml를 가하고, 원심분리관에 뚜껑을 덮은 후, 잘 흔들고, 아가로우스 용액을 유동파라핀 중에 균일하게 분산시킨다. 이 조작은 아가로우스가 겔화하지 않도록 빨리 행한다. 아가로우스용액의 입경이 500㎛정도로 되었을 때, 원심분리관을 얼음물에 10분간 침적시켜 아가로우스용액을 겔화시킨다. 원심분리관에 Hanks액 30ml를 가하고, 2000rpm으로 15분간 원심분리한다. 원심분리관의 밑바닥에 모인 아가로우스의 마이크로입자를, Hanks액 30ml에 분산시킨다. 실체현미경(20배)하에서 췌장랑게르한스섬이 봉입된 아가로우스의 마이크로입자를 분취한다.

4-4 분석과 평가법

모든 재료는, 그것을 실제로 사용하기 전에 충분한 분석과 평가시험을 끝내지 않으면 안된다. 그러나, 생물용 재료의 경우, 분석수단은 여하튼 반드시, 그 평가방법은 확립되어 있지 않다. 이것은, 연구대상으로 하는 생물적 특성이 각양각색으로서, 생물이 비생물보다는 훨씬 복잡한 거동을 나타내기 때문이다. 따라서, 본절에서는 기본적인 관련항목만을 한정해서 설명하기로 한다.

4-4-1 표면분석

생물용 재료는 특수한 생물적 환경에 접촉되어 사용되기 때문에, 그 재료의 표면특성은 중요하다. 일반적으로 사용되고 있는 물리화학적 표면분석수단을 그대료 생물용 시료에도 적용할 수 있지만, 생물적 환경은 수성인 것을, 재료의 분석시에는 항상 염두에 둘 필요가 있다.

1) 물에 젖는 성질

표면이 젖을지 어떨지의 성질은, 생물용 재료에 있어서 결정적인 역할을 하는 경우가 많다. 그 표면이 물에 젖는 성질은 표면의 자유에너지에 의한 표시가 가장 정량적이지만, 그 측정은, 현재 소수성 재료에만 한정되고 있다. 따라서 정성적이지만, 접촉각에 따라서 표면의 물에 젖는 특성을 나타내고 있다. 이 접촉각의 측정에는, 종래로부터의 확대경에 의한 목측법뿐만이 아니고, 자동측정기나 레이저를 이용하는 방법도 개발되어 있다. 만일 전진과 후퇴에 있어서 2개의 접촉각을 측정하면, 단순히 물에 젖는 성질뿐만이 아니고, 표면구조의 지식까지 얻을 수 있다. [실험 예 4-12]에 레이저를 이용한 측정법과 자동방식에 의한 전진접촉각과 후퇴접촉각의 측정법을 설명하기로 한다.

실험 예 4-12 고분자의 접촉각 측정

(1) 레이저법

광학설치무대에 레이저광원, 필터, 시료대, 스크린을 배치한다. 수평으로 유지시킨 상하좌우에 이동가능한 시료대(XYZ 스테이지)위의 시료필름에 주사기를 사용하여 0.5㎕의 물방울을 떨어트린다. 필터를 통한 He-Ne레이저빔이 수평방향으로부터 물방울의 고체-액체-기체 계면에 조사되도록 스테이지를 조정한다. 입사레이저광에 대해서 수직으로 설치한 스크린에는 물방울 표면에서 반사된 레이저광이 명료한 가느다란 휘선으로 되며, 수평선과의 사이에 $90^{0}-\theta$의 각도를 갖는 기울기가 나타난다. 이때의 θ가 그의 접촉각이다.

(2) Wilhelmy법

시료인 필름을 정확하게 1cm×4cm로 절단하고, 양쪽 말단의 중앙에 약 1mm의 구멍을 뚫은 후, 그 한쪽에 백금의 추를 달고, 다른 쪽은 동적 접촉각 측정장치(예를 들면, Shimazu제 ST-1S형)에 매단다. 물이 들어있는 비커를 1cm/min의 속도로 올려서 필름이 2cm이상 침적될 상태로 조절한 후, 같은 속도로 비커를 내려서 필름을 끌어당긴다. 이 때, 시료에 걸리는 힘과 침적되는 깊이간의 히스테리시스의 루프를 X-Y레코더에 기록한다. 이 곡선으로부터 필름의 하단이 물에 접할 때에 걸리는 힘 Fa, 및 물로부터 떨어질 때에 걸리는 힘 Fr을 외삽하여 구한다. 전진접촉각 θa와 후퇴접촉각 θr은 다음 식으로부터 산출된다.

$$Fa=\gamma L\cos\theta a, \qquad Fr=\gamma L\cos\theta r$$

여기서 L은 필름의 바깥둘레, γ은 물의 표면장력이다.

2) 원소분석과 관능기분석

고분자재료표면의 원소분석의 경우, 매크로적으로는 전자선마이크로분석(EPMA), 마이크로적으로는 X선광전자분광(XPS, ESCA)이 가장 일반적이다. 2차이온 질량분석(SIMS)이나 Auger전자분광은, 시료의 절연성 문제도 있기 때문에, 특수한 예에 한정되고 있다.

XPS는 유기고분자재료의 경우, 최외층으로부터 수nm까지의 깊이의 평균적 원소분석을 행할 수 있다. 접촉각측정으로 얻어지는 것은, 그것보다도 얇은 표면층의 정보이다. XPS의 측정에 있어서 특히 주의해야 할 사항은, 배기계로부터의 탄화수소에 의한 오염과 X선원의 anode 부분의 탄화물의 부착이다. XPS의 측정각을 변화시키면, 원소의 심도분포도 알 수 있다. 또한 Cs, Os, Ns전자 등의 결합에너지의 화학시프트로부터 관능기를 확인하는 것도 어느 정도 가능하다. 측정감도가 높은 Ag나 F를 관능기로 도입하는 유도법을 이용하면, 더욱 정밀도가 높으며, XPS법에 의하여 관능기를 분석할 수 있다. 그러나 많은 관능기에 대해서 보다 더욱 일반적으로 행해지는 방법은 ATR법을 조합시킨 FT-IR분석이다. 그러나 이 경우에는 difference spectrum을 잘 이용하지 않으면, 미량표면분석을 행하는 것에 매우 곤란하다.

4-4-2 막의 성능

고분자 막의 성능평가법은 그 사용목적에 따라서 다르다. 예를 들면, 혈액투석막에서는 투수속도, 우레아나 크레아티닌의 틈새, 혈청알부민 등의 체의 계수(sieve coefficient) 등이, 대략적으로 측정되고 있는 평가기준이다. 인공심폐나 인공폐용의 막에서는, 산소와 이산화탄소의 가스투과계수의 측정이 필요하며, 이들은 통상의 방법에 따라서 행하면 된다. 인공피부에 있어서는 적어도 수분투과속도가 필요하다. 한편, 연속장착형 콘택트렌즈에서는 산소투과능력이 중요하다. 고분자막내부에 동물조직이나 세포를 포함하는 하이브리드형 인공장기에서는, 그 막의 생체성분 투과성이 중요한 성능평가로 된다. [실험 예 4-13]에 기재되어 있는 것은, 높은 함수성 막의 단백질 투과속도를 측정한 예이다.

실험 예 4-13 생체성분의 고분자막 투과

중합도 1750의 PVA의 5Wt% 수용액에, 염산을 0.02M, 글루타르알데히드를 PVA의 0.2mol이 되도록 가하고, 샤레에 흘려서 넓힌다. 얻어진 함수율 90%의 하이드로겔막을 흐르는 물로서 세척한 후, 아크릴수지제품의 2챔버형 투과측정셀의 챔버 사이에 겔막을 끼워 넣는다. 챔버 A에는 인산완충용액(pH 7.4)에 용해시킨 글루코오스용액을, 챔버 B에는 용매인 인산완충용액을 가한다. 37℃에서 용액을 교반하면서 챔버 B로부터 경시적으로 일정량씩 샘플링하고, 임상검사킷(글루코오스 B-test Wako, Wako chemicals)를 사용하여 글루코오스의 농도를 측정한다. 이 농도를 C_B, 챔버의 용적을 V, 막의 면적을 A, 막의 두께를 L, 막의 확산계수를 D, 챔버 A의 용액의 초기농도를 C_O라고 하면, Fick의 규칙으로부터 다음의 식이 얻어진다.

$$\ln(1-\frac{2C_B}{C_O})=\frac{2AD}{LV}t$$

이것으로부터 확산계수 D가 구해진다. 글루코오스 이외에 인슐린이나 헤파린, 알부민, 글로불린 등에 대해서도 마찬가지의 측정을 행한다. 글로불린은 효소면역법으로, 인슐린과 알부민은 일상검사킷으로 농도를 결정하면 좋다. 또한 액체크로마토그램을 이용할 수도 있다.

4-4-3 독성 평가

이미 설명한 바와 같이, 생물용 재료로서의 필수조건은, 접촉하는 생물체에 해를 끼치지 않는 것이다. 예를 들면, 세포배양기재의 세포증식능력이 어느 정도 우수할지라도, 그것으로부터 세포유해물질이 용출되면 사용할 수 없다. 그 독성의 하나의 커다란 원인은 재료에 부착 혹은 침입한 잡균이다. 어느 정도 완벽한 청결한 환경에서 제조하지 않는 한, 잡균의 혼입을 완전히 부정할 수 없기 때문에, 생체용 재료에는 멸균이 의무적으로 수행되어야 한다. 표 4-5에 일반적인 멸균법을 정리했다.

표 4-5 대표적인 멸균법

수단	실제적인 예
가열	건열법(160~180℃, 30분~2시간), 고압증기법(오토클레이브법, 스팀법, 121~136℃, 30분 이내), 비등법(100℃)
기체	에틸렌옥사이드(EOG법, 40~55℃, 45~60%RH, 수 시간), 포름알데히드(40~60℃, 3시간)
방사선	^{60}Co γ선(2.5Mrad), 전자선(EB), 자외선(253.7nm)
여과	필터(기체용, 액체용, 여과세공 0.2㎛)

이들 중에서 유효성이 높은 것은 오토클레이브법이지만, 고분자재료의 내열성 문제도 있기 때문에, 가장 널리 채용되고 있는 것은 에틸렌옥사이드가스(EOG)에 의한 가스멸균법이다. 그러나, 이 방법도 EOG의 가격이나 독성에 문제가 있기 때문에, 생체재료에 있어서는 앞으로 γ선멸균이 더욱 많이 채용될 것이라고 생각된다.

생체재료의 독성은 용혈성, 피부접촉반응, 안구내부반응, 발열성, 피하매장반응, 알레르기반응, 발암반응, 변이성 등에 의하여 판정된다. 그러나 동물을 이용한 시험은, 그 경제성이나 동물보호 차원으로부터 피하는 것이 바람직하며, 앞으로는 세포에 의한 시험법이 보다 중요하리라고 예상된다. [실험 예 4-14]에 나타낸 것은, 폴리시아노아크릴레이트의 독성을 세포배양을 이용하여 평가한 예이다.

실험 예 4-14 세포를 이용한 독성시험

1well당 5×10^3개의 3T3세포를 96구멍 multi-well 배양플레이트에 심고, 37℃에서 24시간, 5% CO_2의 인큐베이터내에서 배양한다. 배양액으로는, 5% 송아지혈청(FCS) 함유 Dulbecco변법 Eagle's배지(DME)를 1well당 0.2ml로 사용한다. 세포를 DME로서 세척한 후, 10% FCS 함유 DME 0.1ml와 각종 수량의 폴리시아노아크릴레이트(PCA) 미립자를 함유하는

DME 0.1ml를 각각의 well에 가한다. 더욱, 24시간 배양을 계속한 후, 50μl의 25% 글루타르알데히드수용액을 각각의 well에 가하고, 세포를 1시간 고정시킨 후, 물로서 세척하고, 공기 중에서 건조시킨다. 다음에, 0.05%의 메틸렌블루-수용액을 가하여 세포를 염색한다. 세포를 물로서 세척한 후, 공기 중에서 건조시키고, 0.33M HCl수용액 0.2ml에 의하여 각 well의 염색세포로부터 메틸렌블루를 추출한 후, 그 흡광도를 Titer-techmulti scan Mcc/340(Flow Laboratories사제품)으로 측정한다. 이 경우, 흡광도와 세포수 간에는 비례관계가 있기 때문에, 이것에 의하여 증식세포수의 평가가 가능하다. 이 실험에서는, PCA 미립자가 공존하는 것에 의한 세포증식의 억제도로부터 그의 특성평가가 행해지고 있다.

4-4-4 생체성분과의 상호작용

고분자재료와 생체성분과의 상호작용은, 재료표면에의 단백질의 흡착과 결합, 재료표면에의 세포의 부착과 신장, 더욱 재료에 대한 세포의 탐식 등이 알려져 있다. 이들의 결과, 단백질의 변성 혹은 활성화, 더욱 세포의 응집 등의 생물학적 변화가 확인되고 있다. 이들의 초기반응이 발판으로 되어 인공재료에 대한 생체이물반응이 개시된다. 따라서 이들의 재료와 생체성분과의 상호작용을 정성적, 될 수 있으면 정량적으로도 측정가능하면, 후기에 일어나는 생체응답을 예상하는 데 있어서도 매우 유익하리라고 생각된다.

1) 단백질의 흡착

생체반응에 있어서 최초에 일어나는 변화는, 재료표면에의 단백질의 흡착이다. 그 흡착량의 측정에는, 미흡착 단백질 농도의 UV측정, 흡착단백질의 ninhydrin에 의한 측정, 흡착단백질의 항체에 의한 면역법적 측정, 형광 혹은 방사라벨 단백질을 이용하는 측정 등이 알려져 있다. 가장 일반적인 방법은, ^{125}I 혹은 ^{131}I로서 표지한 방사법이다. 이것을 사용하여 측정한 예에 대해서 [실험 예 4-15]에 나타냈다.

실험 예 4-15 단백질의 흡착량 측정

1mg/ml의 단백질용액 150μl에 Na^{125}I를 5μl 가한 후, 클라로민T(0.4mg/ml) 50μl을 가하고, 1분간 반응시킨다. $Na_2S_2O_5$(2mg/ml) 20μl를 가하여 반응을 정지시킨 후, 미반응의 요오드를 음이온교환수지(Dowexl-X8)에 의하여 제거한다. 여기에 표지하지 않은 단백질을 가하고, 약 30mg/ml의 PBS용액(pH 7.4)으로 조제한다. 한편, 미리 실험 전에 PBS 중에 고분자시료 필름을 침적시키고, 탈기해 둔다. 여기에 상기의 단백질용액을 가하여 필요한 농도로 조절하고, 37℃에서 소정시간 배양한다. 흡착시킨 후, 페리스타릭 펌프를 이용하여 순차적으로

단백질용액을 희석시킨다. 더욱 필름을 취하고, PBS용액으로 세척한 후, γ-카운터로서 그의 방사활성을 측정한다. 최후에, 방사활성과 단백질양과의 검량선으로부터 흡착된 단백질의 양을 산출한다.

흡착된 단백질의 형태는 편향감도, 변성은 원편광2색성이나 FT-IR로부터 관찰되지만, 흡착된 단백질량은 일반적으로 매우 적기 때문에, 그다지 그 측정감도는 높지 않다.

2) 세포의 부착

재료에의 단백질의 흡착에 이어서 일어나는 것이 세포의 재료표면에의 부착이라고 하는 것을 이미 **그림 4-2**에 나타냈다. 이 세포부착은 재료의 표면특성에 크게 의존한다. 세포부착측정을 행하는 데에는, 먼저 세포배양기술의 습득이 필요하다. 배양샤레를 사용한 통상의 세포배양조작을 [실험 예 4-16]에 나타냈다.

실험 예 4-16 마우스 L929세포의 계대배양

L929세포는, 생 후 100일(수컷)의 C3H계 마우스의 정상피하조직으로부터 수립된 배양세포주의 일종이다. 이 세포의 계대배양법을 설명하면 다음과 같다.

우선, 배양사례(100Φ, 폴리스티렌제)중에 오래된 배지가 있으면, 그것을 버리고, 5ml의 PBS(−)용액으로 2회 세척한다. 트립신용액[0.25%(w/v) 트립신(1 : 250, Difco), 0.04%(w/v) EDTA-2Na/PBS(−)]을 5ml 가하고, 37℃에서 5분간 방치한다. 같은 양의 배지(Eagle's MEM①), 10%(v/v) 송아지혈청, 0.15%(w/v)탄산수소나트륨, 0.03%(w/v) L-글루타민을 가하여 트립신 작용을 저지시킨다. 회수된 세포부유액의 15ml를 원심분리관에 옮기고, 1000rpm으로 5분간 원심교반으로 침전시켜 세포를 모은다. 상등액을 버리고, 5ml의 배지를 첨가하여 부유액을 조제한다. 이 부유액의 100㎕를 취하고, 25㎕의 에리스로신용액[0.2%(w/v)/PBS(−)]을 가한 후, 혈구계산기를 사용하여 1ml당의 세포수를 구한다. 이것에 이어서, 3×10^5개의 세포를 새로운 사례에 옮기고, 전량이 10ml가 되도록 배지를 가한 후, 37℃의 배양기(CO_2 농도 5%, 상대습도 100%)중에서 소정시간 배양한다.

목적으로 하는 세포의 분리를 위한 기본조작을 습득하는 것도 필요하다. 혈액으로부터 혈소판과 백혈구를 분리하고, 이들의 고분자재료에의 부착을 측정할 때에 대한 실험 예를 각각 [실험 예 4-17]과 [실험 예 4-18]에 나타냈다.

실험 예 4-17 고분자재료 표면에의 혈소판의 부착

20ml의 사람의 신선한 혈액을 1000rpm으로 10분간 원심분리하는 것에 의하여 약 10ml 다혈소

판혈장(PRP, 1.0×10^8혈소판/ml)을 얻는다. 더욱, 그 PRP를 3000rpm으로 10분간 원심분리하여 침강된 혈소판을 2회 Tyrode액으로 세척하여 세척혈소판을 조제한다. 최종적으로 1.76×10^6 혈소판/ml의 부유혈소판용액이 되도록 인산완충용액[PBS(-)]으로 조정한다.

한편, 충분히 정제시킨 고분자필름을 15mmΦ의 원형으로 절단하고, 시판되는 24개 구멍의 배양샤레 중에서 PBS(-)에 침적시켜둔다. PBS를 제거하는 것과 동시에, 이전의 세척혈소판 용액을 1ml씩 고분자필름상에 나누어서 쏟고, 그대로 37℃ 중에서 정치시킨다. 1시간 후, 필름을 취하고 PBS(-) 중에서 3회 세척한 후, 미부착의 혈소판을 제거한다. 이 필름을 Triton-X 100의 0.5% PBS용액 1ml 중에 침적시키고, 1시간 후, 락트산 탈수소효소(LDH)측정시약에서 이 용액의 LDH활성을 측정한다. 미리 작성해 둔 혈소판수-LDH 활성검량선을 이용하여, 필름에 부착된 혈소판의 수를 정량한다. 혈소판의 응집을 방지하기 위해서, 채혈로부터 2시간 이내에 실험한다.

실험 예 4-18 과립구(다핵백혈구)의 분리와 부착실험

플라스틱 주사기의 내벽을 소량의 헤파린수용액으로 적신다. 그리고, 채혈한 정맥혈 3.5ml를, $13\times100mm^2$의 시험관 중에 모노-폴리분리용액(M-PRM, Flow사제, Ficoll-Hypaque액) 3ml상에 넣는다. 이것을 약 25℃에서 $300\times g$하에서 30분 원심분리한다. 그 결과, 상층으로부터 혈장층(황색), 단핵구(임파구와 단구)층(백색), M-PRM층(무색), 과립구(다핵구)층(백색), M-PRM층 및 아랫부분의 적혈구층(적색)의 순서로서 분리된 층이 얻어진다. 파르퇴르 피펫을 사용하여 과립구층을 별도의 시험관에 옮기고, 인산완충액(PBS)을 5~10ml 가하여 현탁액(다핵구 부유액)으로 조절한 후, 실온에서 $250\times g$하에 10분간 원심분리하여 세척한다. 상등액을 제거하고, 다핵구를 PBS 혹은 Hanks액 등의 완충용액으로 현탁부유시킨다. 이와 같이 해서 조제한 다핵구 부유용액은 95% 이상의 순도로서 좋은 중핵구를 함유하고 있다.

부착실험에는, 시료필름을 밑바닥에 펼친 24well multi disuse에, 이 다핵구 부유용액을 약 10^6cell/well이 되도록 파종하고, 37℃에서 2시간 정치한다. 그 후, 필름을 취하고, PBS로서 세척한 후, ^{3}H-티미딘의 채취량, 광학현미경사진, LDH법[세포로부터 용출시킨 락트산 탈수소 효소(LDH)의 정량] 등에 의하여 부착세포를 계산한다.

3) 매크로파지에 의한 탐식

인공재료의 사이즈가 수㎛와 같이 작은 경우, 일반적으로 그의 미소체는 탐식계 세포에 의하여 식작용을 받는다. [실험 예 4-19]에 나타낸 것은, 폴리스티렌 미립자의 복강매크로파지에 의한 탐식 예이다.

실험 예 4-19 마이크로파지에 의한 고분자미립자의 탐식

마우스의 복강내부에 세균배양용 티오글리콜레이트(2.4wt%) 2ml를 투여한다. 4일 후, 경동맥으로부터 방혈시켜 죽은 마우스의 복부를 70% 알코올로서 소독하고, 표피를 잘라 복막을 노출시킨다. 10ml의 주사기를 사용하여 Eagle's MEM배지(MEM) 10ml로서 복강내부를 세척하고, 미리 냉각시킨 글라스원심분리관에 복강침출세포(PEC)를 회수한다. 이 조작을 2, 3회 행한다. 4℃에서 2회 MEM에 의한 PEC의 원심세척을 행한다. 청결한 커버글라스(14mm직경)를 펼친 24구멍 multi well 배양플레이트에, 세척 PEC 현탁용액을 1well당 1ml씩 가한다. 이때의 세포밀도는 1×10^5개/ml, 10% 송아지혈청첨가 MEM이다. 2시간 37℃에서 5% CO_2 인큐베이터 중에서 배양시킨 후, 부착되지 않은 세포를 제거한다. 부착되어 있는 세포의 98% 이상이 매크로파지(Mφ)이다. 이어서, 폴리스티렌 미립자(1.73㎛직경)를 가하고, Mφ와 함께 배양한다. 일정시간 후, 탐식되지 않은 미립자를 MEM으로 세척한 후, Mφ를 2.5% 글루타르알데히드로서 고정시킨 후, 글리세린젤리로서 봉입하여 위상차현미경으로 검사한다. 400개 이상의 Mφ에 있어서 탐식되어 있는 미립자를 계산한다.

4-4-5 생체적합성

인공재료에 대한 생체반응의 결과, 최종적으로는 재료가 수용성인 경우에는 배설되고, 미소체의 경우에는 탐식되며, 재료가 큰 경우에는 혈전으로 덮이기도 하고, 콜라겐 섬유성 결합조직으로 감싸이게 된다. 이와 같이 감싸이는 것에 의한 인공적 이물질은 생체로부터 격리된다. 그러나 이와 같은 혈전생성과 콜라겐조직에 의하여 감싸이는 것은, 그의 고분자재료가 목적으로 하는 기능을 발휘하려고 할 때 방해적으로 작용한다. 즉, 그 재료에 생체적합성이 부족한 결과로 된다. 구체적인 생체적합성은 **그림 4-1**에 나타낸 것과 같다. 그 중의 역학적 적합성의 평가법은 생략하고, 본절에서는 계면적 적합성 중의 혈액적합성과 조직적합성에 대해서만 언급하기로 한다.

1) 혈액적합성

인공재료에 혈액이 접촉했을 때의 혈전생성의 분자적 메카니즘은 아직 완전히 해명되지 않았다. 확실한 것은, 우선 혈액 중의 면역관련 단백질, 예를 들면 보체분자가 흡착되어 활성화된 후, 백혈구의 부착, 혈소판의 점착과 응집, 혈액응고계의 활성화 등이 일어나는 메카니즘이다. [실험 예 4-20]에 나타낸 것은, 고분자필름 및 섬유에 의한 보체의 활성화를 측정한 예이다.

실험 예 4-20 고분자에 의한 보체의 활성화

미리 정제시켜 둔 시료고분자의 필름 혹은 섬유를, 필름은 2.5~5mm조각으로, 섬유는 2mm 길이로 절단한다. 총 표면적을 계산하여 15~25cm^2 범위의 시료를 사용하고, 폴리프로필렌제의 시험관에 넣어 둔다. 첨가하는 보체용액은 200㎕로서 소량이기 때문에, 전체가 침적하도록 주의한다. 시료를 넣지 않은 비어 있는 시험관도 준비한다. 한편, 동결건조 모르모트전보체(Cordis lab제)를 젤라틴베로날 완충용액으로 4배로 희석한다. 이 조작은 저온(4℃)하에서 행한다. 비어 있는 시험관 및 시료가 들어 있는 시험관에, 4배로 희석한 희석용액을 200㎕씩 나누어서 넣고, 곧바로 진동기가 부착된 항온조 중 37℃에서 진동시킨다. 60분 후에 항온조로부터 취하여 얼음물에 옮긴다. 각 시험관 중 상등액의 보체값을 CH 50법으로 측정하고, 비어 있는 시험관의 값과 비교한다. CH 50측정법은, Mayer원법의 1/2.5법을 이용한다.

혈전생성의 측정에는, in vitro, ex vivo, in vivo의 각각에 있어서 각종의 방법이 제안되어 있지만, 가장 좋은 방법은, 실제로 그 재료를 사용할 때와 같은 혈액접촉 조건하에서 측정하는 것이다. 그 이유는, 재료의 형상이나 표면특성 뿐만이 아니고, 혈액의 유체역학적 요인, 즉 유속, 전단속도, 난류나, 혈액성분의 조성과 농도, 동물 종류의 차이와 건강상태 등도 혈전생성에 크게 영향을 미치기 때문이다. 또한, 재료표면에 부착된 혈전량 뿐만이 아니고, 부착된 미소혈전이 잘 분리되어 하류의 미소혈관을 폐쇄시킨 양이라든지, 소비된 혈소판의 수의 측정도 필요하리라고 생각된다. 그러나 현실적으로 실제로 사용할 때와 동일의 조건하에서 측정할 때에는 많은 노력과 비용을 필요로 하기 때문에, 간편법이 제안되어 있다. 간편하다고 말하지만, 혈전생성은 혈류의 전단속도와 밀접하게 관계하고 있기 때문에, 정적인 측정방법은 될 수 있는 한, 선택하지 않는 것이 좋다. 잘 이용되고 있는 동적 방법은, 분류기(shunt)를 이용한 ex vivo법이다. 이 2가지의 예를 [실험 예 4-21]에 나타낸다.

실험 예 4-21 AV shunt법에 의한 항혈전성 평가

(1) 실험동물에 18~35kg 잡종 큰 개를 사용한다. 미리, 사용하는 개의 피브리노겐과 혈소판을 각각 ^{125}I와 ^{51}Cr으로 표지하고 체내부에 둔다. Shunt실험은 대퇴동맥과 대퇴정맥간에서 행한다. 다음에, 내경 약 3mm의 폴리에틸렌관과 시료관으로 형성되는 shunt tube를 혈관내부에 삽입한다. 시료부분의 연결에는 실리콘관을 사용한다. 소정시간의 혈류 후, 세척을 위하여 동맥쪽에 삽입한 16 gage의 카테테르로부터 타이로드액을 유입하고, 정맥의 T자관으로부터 발취한다. 다음에 2% 글루타르알데히드/0.1M PBS 용액을 유입하여 고정시킨다. 시료부분을 분리하여 방사활성을 측정하는 것과 동시에 SEM에 의한 표면의 부착상

태를 관찰한다. 이 계에서는, 별도의 시료를 취하여 실험을 계속 행할 수도 있다. 또한 집토끼를 사용하여 행하는 경우에는, 경부동정맥을 사용할 수도 있다.

(2) 실험동물에 집토끼(2~3kg)를 사용한다. 먼저, 마취하에서 경부동정맥을 분리하고, 그림 4-7에 나타낸 바와 같이, shunt tube를 연결한다. 튜브의 내경은 3mm이고, 양쪽 말단에는 테플론제 동정맥(AV) shunt용 bessel tube를 갖추고 있다. 각 시료간의 연결에는 실리콘관을 사용한다. 소정시간 혈액을 유출시킨 후, 동맥쪽으로부터 시료 표면이 공기에 접촉되지 않도록 인산완충용액(PBS)을 1ml/s의 속도로서 흘려준다. 다음에, 2.5% 글루타르알데히드/PBS용액으로 치환하고, 수 시간 방치한다. 이것을 동결건조 혹은 임계점건조시키고, SEM에 의하여 표면을 관찰한다. 혈액성분의 부착상태를 순번 표시법으로 항혈전성을 평가한다.

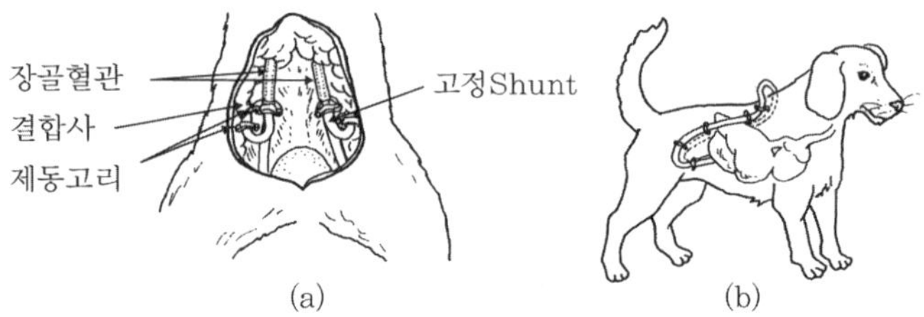

그림 4-7 개의 장골혈관을 사용한 AV shunt
(a) 장골혈관부분에 있어서 shunt말단의 고정법 (b) 전체그림

이 방법으로는 장시간에 걸쳐 측정이 곤란하기 때문에, 그림 4-7에 나타낸 것과 같은 복잡한 shunt법도 제안되어 있다. 또한, 미소인공혈관의 경우에는, 상당히 접합부분의 혈전도 관찰되기 때문에, 재료표면 만의 항혈전성 평가로서는 불충분하다.

(2) 조직적합성

위에서 설명한 바와 같이, 인공재료를 장시간에 걸쳐서 체내에 삽입시켜 두면, 콜라겐조직에 의하여 감싸이게 된다. 이 감싸이는 조직과 인공재료간에 접착성은 없고, 오히려 사멸된 공간이 존재한다. 따라서 양자간에 접착이 필요한 경우에는, 현재 주로 물리적인 투묘효과에 의존하고 있다. 그러나 치아조직과 같이 인공다공체 중에의 생체조직이 이미 증식하는 것을 정지한 경우라든지, 감염방지를 위하여 미소한 사멸된 공간의 존재도 허용되지 않는 경우, 또는 강고한 접착은 필요 없을 지라도, 인공유방과 같이 두껍게 감싸인 조직의 생성을 필요로 하지 않는 경우 등에는, 재료표면의 개질이 필요하리라고 생각된다.

이와 같은 생체조직과 재료간의 적합성을 평가하기 위해서는, 재료를 생체내부의 적당한 장소에 삽입시키지 않으면 안 된다. [실험 예 4-22]와 [실험 예 4-23]에 그 대표적인 삽입방법을 나타냈다.

실험 예 4-22 피하에의 삽입실험

동물에 Nembutal을 투여(쥐 : 40mg/kg, 토끼 : 25~30mg/kg)하여 마취시킨다. 쥐는 복강에, 토끼는 이하정맥으로부터 투여한다. 이 투여량으로 1시간의 마취가 얻어진다. 마취를 걸면, 삽입되는 부위를 바리캉 혹은 면도로서 빠르게 털을 제거한다. 절개구는 작을 지라도 털의 제거는 넓게 행한다. 털을 제거한 부분을 소독제로서 소독하고, 멸균대를 붙인 후, 수술부분만을 보이도록 한다. 핀셋으로 피부를 잡고, 가위로서 절개한다. 절개구로부터 피하에 가위를 넣어 조직을 박리하도록 전진시켜서 피하포켓을 형성시킨다. 여기에 삽입하려고 하는 시료를 넣고, 절개구를 3~0정도의 견사로서 봉합한다. 봉합간격은 5~6mm가 좋다. 또한 토끼에는 수술 후, 항생물질을 투여한 쪽이 좋을 것으로 생각된다. 당연하지만, 모두 멸균시킨 기구류를 사용한다.

실험 예 4-23 골내부에의 삽입실험

동물의 마취법 및 수술의 기본조작은 [실험 예 4-22]에 따른다. 주요 동맥의 결박을 행하고, 대퇴골 하단부분 또는 경골 하단부분에서 뼈를 옆으로 절단한다. 골수강을 드릴로서 리밍하여 세척하는 동안에, 조수는 분말폴리머 [폴리메타크릴산메틸 15%, 메타크릴산메틸-스티렌 공중합체 75%, 황산바륨 10%] 40g에 액체 모노머 [메타크릴산메틸 97.4%, 디메틸톨루이딘 2.6%, 하이드로퀴논 75.15ppm] 20ml를 혼합하고, 약 4분 경과 후, 적당한 경도로 되었을 때, 골수강에 삽입한다. 뼈의 부분은 근육으로 덮고, 피부를 봉합한다. 수술 후에 테트라사이클린 50mg/kg을, 또는 수술 후 2주간째에 calcein 5mg/kg을 복강내부에 투여하고, 수술후 3, 12, 24주째에 동물을 도살하여, 탈회 및 비탈회조직 표본을 작성한다. 탈회는 포름산 50%, 염산 2.7%, 염화알루미늄 6%를 함유하는 탈회용액에 침적시키고, 약 10시간 교반을 행한다. 탈회표본은 hematoxylin-eosin염색, 비탈회표본은 Villanueva골염색을 행하고, 뼈 및 세포의 관찰을 행한다. 또한, 형광현미경으로 뼈의 생성상태를 관찰한다.

4-4-6 재료의 분해

고분자재료는 느리거나, 빠르거나 분해한다. 이 분해가 바람직하지 않은 경우가 열화나 피로이다. 분해를 필요로 하는 경우가 생분해성 혹은 생체흡수성이다. 열화나 피로의 시험에는, 통상의 역학적 측정장치를 그대로 이용하면 좋지만, 시료의 측정환경은 될 수 있는 한, 생체내부에서 하든지, 그의 모의환경을 설정하지 않으면 안 된다.

생체분해성 시험도, 그 측정환경의 설정은 열화의 경우와 마찬가지이다. 특히, 효소에 의하여 분해를 받는 재료의 경우는, 될 수 있는 한, 실제에 가까운 환경하에서 측정하지 않으면 안 된다. 측정해야 할 항목은 재료의 분자량, 중량, 형상, 강도 등의 시간적 변화와 재료주변의 생체조직의 형태변화 등이다. 재료의 분해속도를 표시하는 경우에는, 그의 측정항목을 명시하지 않으면 안 된다. 일반적으로 분자량 저하와 중량 저하간에 일정한 관계가 존재하지 않는다.

4-4-7 약물 관련 재료

항암제나 인슐린과 같은 약품의 유효성을 높이고 부작용을 억제하는 DDS를 위하여 고분자재료를 사용하는 경우, 그 재료의 평가로서, 제일 먼저 알아 두어야 할 것은, 그 재료의 안정성과 체내에 있어서 거동이다. 재료의 생체안정성 시험법은, 비독성과 똑같은 것으로 좋지만, 약품과 함께 투여되는 고분자재료의 거동은, 다른 시험에 의하여 추적해 둘 필요가 있다. 큰 사이즈의 고체재료는 삽입장소에 몰입되어 있지만, 수용성 고분자나 분산성 미립자의 경우에는, 그의 체내거동을 조사해야 한다. 그의 연구방법은 복잡하지만, 가장 간단한 것은 [실험 예 4-24]와 같은 방법에 의하여 재료의 체내분포의 측정이다.

실험 예 4-24 고분자의 체내분포측정

폴리에틸렌글리콜(PEG)의 8% 디옥산용액에, 말단 −OH기의 10배 mol양의 카르보닐디이미다졸을 가하고, 실온에서 5시간 반응시킨다. 그 후, 용매를 10mM의 붕산 완충용액으로 교환하고, 활성기의 5배 mol양의 티라민을 첨가한 후, 4℃에서 48시간 반응시킨다. 미반응 티라민을 투석하여 제거하고, 도입된 티라민을 클로라민 T법으로 ^{125}I를 표지한다. 이온교환수지에 의하여 유리된 ^{125}I를 제거하고, 실험에 사용한다. 얻어진 ^{125}I−PEG를 쥐의 꼬리 정맥내부에 투여하고, 소정시간 후에 심장으로부터 채혈하며, 더욱 폐, 심장, 간장, 비장, 췌장, 신장, 위장관, 갑상선 등의 장기의 적출과 분뇨의 회수를 행한다. 이들의 방사활성을 측정하기 위하여, 혈액은 200㎕를 분취하고, 각각의 장기는 인산 완충용액으로 세척한 후, 방사활성을 측정한다. 장기를 적출시킨 후, 시체와 배설물의 방사활성도 측정한다. 한편, 쥐의 혈청알부민을 사용하여 분포용적과 장기내부의 잔존혈액량을 미리 구한 후에, 상기와 같이 시행하여 얻어진 자료로부터, 전 혈액 중, 각 장기 중, 및 배설물 중의 PEG의 양을 산출한다. 장기 내부의 혈액을 될 수 있는 한, 관류 등에 의하여 제거하는 것이 바람직하지만, 조작은 매우 복잡하다. 체내에 유리된 ^{125}I가 존재하지 않는 것은, 갑상선의 방사활성의 측정에 의하여 확인할 수 있다.

폴리스티렌라텍스의 체내분포는 다음과 같이 행한다. 먼저, 폴리스티렌 미립자를 $Na^{125}I$수용액에 현탁시키고, 질소를 도입한 후, 봉관하고, ^{60}Co로부터의 γ선을 2 Mrad만큼 조사한다. 유리된 ^{125}I가 확인되지 않을 때까지 투석을 행한다. 그 후의 조작은, PEG의 경우와 마찬가지이다.

서방화용 고분자재료의 사이즈는 일반적으로 수십nm이상으로서, 투여된 부위에 체류한다. 따라서 이 경우에는 그 재료의 안정성과 서방성이 평가의 대상으로 된다. 안전성은 위에서 설명한 방법으로 행하면 좋지만, 약품의 서방성을 in vivo시험에 의하여 평가하는 것은 매우 곤란하다. 따라서 일반적으로는 in vitro시험을 먼저 행한다. 락트산올리고머에 항암제를 함유시킨 제제의 in vitro 시험법을 나타낸 것이 [실험 예 4-25]이다.

실험 예 4-25 약물의 서방속도의 측정

소정량의 항암제인 아드리아마이신(ADR)과 L-락트산올리고머(LAO, 중량평균분자량 6100) 1g을 함유하는 1,2-디클로로에탄 10ml를, 2wt%의 폴리비닐알코올수용액 100ml 중에 투하하고, 교반하는 것에 의하여 에멀젼을 형성시킨다. 이 에멀젼을 30℃에서 하룻밤 교반하면서 1,2-디클로로에탄을 증발시킨다. 얻어진 ADR을 함유하는 LAO미립자를 냉수로서 수회에 걸쳐 원심세척한다. 이 미립자 10mg을 10ml의 인산 완충용액(PBS, pH 7.4) 중에 현탁시키고, 37℃의 항온조 중에서 진탕시킨다. 정기적으로 그 현탁용액으로부터 일정량의 상등액을 회수하고, 재차 새로운 PBS를 같은 양 가한다. PBS 중에 서방된 ADR은, ADR의 형광강도를 측정하는 것으로 정량한다(여기파장 470nm, 발광파장 580nm). 마찬가지의 조작으로 진탕시간에 대한 ADR 축적서방량을 플롯하여 서방곡선을 작성하는 것으로써 서방속도를 구할 수 있다.

Chapter 05

열적 특성 고분자재료

5-1 내열성 재료

5-1-1 서론

내열성 고분자재료는 150℃ 이상의 고온 하에서 장시간 사용할 수 있으며, 구조재료, 기계부품, 전기전자재료 등에 적합한 고성능 재료로서, 종래의 범용 엔지니어링플라스틱보다도 내열성이 우수한 슈퍼엔지니어링플라스틱이다. 여기서 내열성의 척도는, 실용적으로는 하중에 꺾이는 온도나 장기간 내열성의 가늠이 되는 UL 온도지수가 일반적으로 사용되고 있지만, 기본적으로는 그 고분자에 고유의 융점 Tm이나 글라스 전이점 Tg을 사용하여 내열성을 평가할 수 있다. 즉, 내열성 고분자는, 글라스전이점이 약 200℃ 이상의 것을 말한다.

내열성 고분자는, 방향족 골격을 기본구조로 형성되어 있으며, 더욱 구체적으로는 방향족고리를 적당한 연결기로서 결합시키는 것에 의하여 얻을 수 있다.

$$\left[Ar - X - Ar' - Y - Ar'' - Z \right]_n$$

그 연결기로는 $-CH_2-$, $-C(CH_3)_2-$, $-O-$, $-S-$, $-CO-$, $-SO_2-$, $-COO-$, $-CONH-$, 이미드 고리 등이 있으며, 이들 연결기 종류의 선택과 조합을 변화시키는 것에 의하여 다양한 내열성을 갖는 고분자가 얻어지고 있다 이들 중에서 방향족 폴리에스테르, 폴리에테르술폰, 폴리에테르케톤, 방향족 폴리술피드, 폴리아릴레이트, 아라미드(방향족 폴리아미드), 폴리이미드 등이 슈퍼엔지니어링플라스틱으로서 실용화되고 있다.

여기서, 내열성 고분자재료의 실험법으로서는, ① 내열성을 갖는 폴리머의 분자설계와 합성, 및 ② 그 내열성의 측정과 평가가 중요하다. 본 절에서는 주로, 전자의 폴리머 합성 예를 될 수 있는 한 많이 설명하기로 하고, 후자에 대해서는 생략하기로 한다.

5-1-2 방향족 폴리에테르와 그 관련 폴리머

방향족 핵과 -O- 결합으로 형성되는 방향족 폴리에테르, 이것에 $-SO_2-$나 -CO-와 같은 연결기를 갖는 폴리에테르술폰이나 폴리에테르케톤, 더욱 -S-결합으로 형성되는 방향족 폴리술피드 등을 설명하면 다음과 같다. 이들의 방향족 폴리에테르류는, 방향족 핵간에 이와 같은 연결기가 도입되어 있기 때문에 분자의 굴곡성이 증대된 결과, 대부분의 폴리머가 유기용매에 가용성을 나타내며, 또한 Tg가 200~250℃ 내외의 중정도의 내열성을 갖는 폴리머로 된다. 이들은 실용적인 내열성 재료로서 중요한 지위를 점유하고 있다.

1) 폴리페닐렌에테르

폴리페닐렌에테르의 대표적인 예는, 2,6-자일렌올의 산화중합(탈수소중합)에 의하여 얻어지는 폴리머로서, 2,6-자일렌올을 피리딘 중에서 염화구리(I)-아민착화합물 촉매의 존재하에 실온에서 산소산화시키는 것에 의하여 쉽게 얻어진다.

실험 예 5-1　2,6-자일렌올로부터 폴리페닐렌에테르의 합성

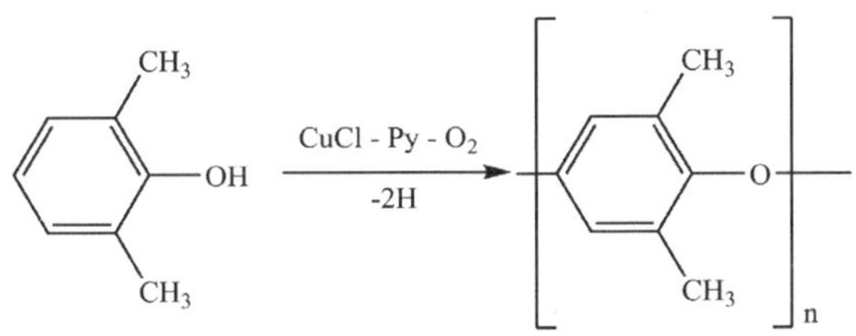

교반기, 산소도입관, 온도계를 설치한 500ml의 입구가 넓은 삼각플라스크에 니트로벤젠 200ml, 피리딘 70ml, 염화구리(I) 1.0g(재침전으로 정제시킨 것)을 취하고, 이것을 30℃의 물중탕 중에 담근다. 이 용액을 격렬하게 교반하면서 산소를 통한 후(300ml/min), 2,6-자일렌올 15.0g(0.12mol)을 가한다. 16분간에 온도는 33℃까지 상승하며, 반응혼합물의 점도가 높아진다. 반응을 더욱 12분간 행한 후, 클로로포름 100ml로서 희석하고, 진한 염산 3ml를 함유하는 메탄올 1100ml 중에 가한다. 침전된 폴리머를 여별하고, 메탄올 250ml, 이어서 진한 염산 10ml를 함유하고 있는 메탄올 250ml, 최후에 메탄올 250ml로서 세척한다. 폴리머를 클로로포름 500ml에 용해시키고, 여과한 후, 진한 염산 3ml를 함유하는 메탄올 1200ml 중에 가하여 재침전시킨다. 메탄올로서 세척하고, 110℃에서 감압건조시키면 거의 무색의 폴리머 13.5g(수득률 91%)이 얻어진다. 이것의 극한점도[η]는 0.96dl/g(클로로포름 중, 25℃)이고, 침투압법에 의한 분자량은 28000이다.

이 폴리머(Tg=210℃, 미국 General Electric사의 PPO수지)는 단독으로 사용되는 경우는 거의 없으며, 폴리스티렌과의 상용성 블렌드의 형태로서 엔지니어링플라스틱으로서 사용되고 있다(General Electric사의 변성 PPO수지 "Noryl®").

이 폴리머는 4-브로모-2,6-자일렌올을 톨루엔-수산화나트륨수용액의 2상계로서 상간이동 촉매(테트라부틸암모늄하이드로술파이트)와 산소(공기)의 존재하에 실온에서 자기중축합(탈브롬화수소중합)시키는 것에 의해서도 쉽게 합성할 수 있다.

실험 예 5-2 4-브로모-2,6-자일렌올로부터 폴리페닐렌에테르의 합성

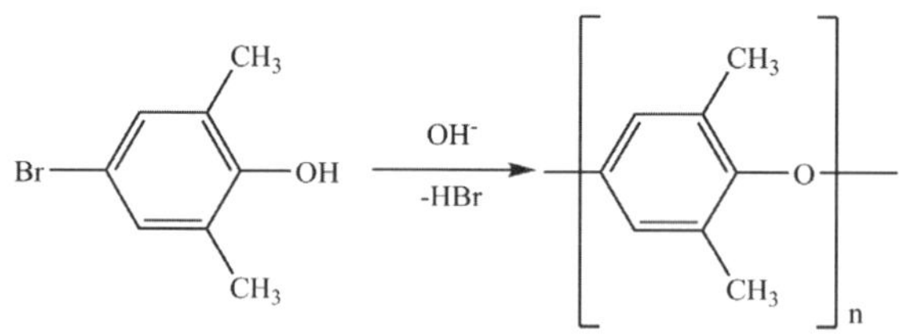

4-브로모-2,6-자일렌올 0.6541g(3.6mmol)을 6M 수산화나트륨수용액 5.4ml에 용해시킨다. 이 수용액을 격렬하게 교반하면서 톨루엔 5.4ml, 이어서 테트라부틸암모늄하이드로술파이트 0.056g(0.165mmol)을 가한다. 실온에서 10시간 교반하여 반응시킨 후, 이 2상계에 진한 염산을 가하여 중화시킨다. 톨루엔상을 분리시킨 후, 이것을 무수 황산나트륨으로 탈수하고, 더욱 감압하에서 톨루엔을 유거한다. 농축된 끈적끈적한 용액을 메탄올 중에 투입하여 폴리머를 석출시킨다. 이것을 여별하고, 일단 건조시킨 후, 클로로포름에 재차 용해시킨 후, 이 용액을 메탄올 중에 투입하여 정제된 폴리머를 제조한다. 감압건조시킨 후의 폴리머의 수득률은 83%이고, GPC에 의한 수평균분자량은 36000(폴리스티렌 환산)이다.

또한, 2,6-디페닐페놀은 산화은을 사용하여 산화중합시키면, 페닐화폴리페닐렌에테르(Tg=230℃)가 얻어진다.

실험 예 5-3 2,6-디페닐페놀로부터 페닐화폴리페닐렌에테르의 합성

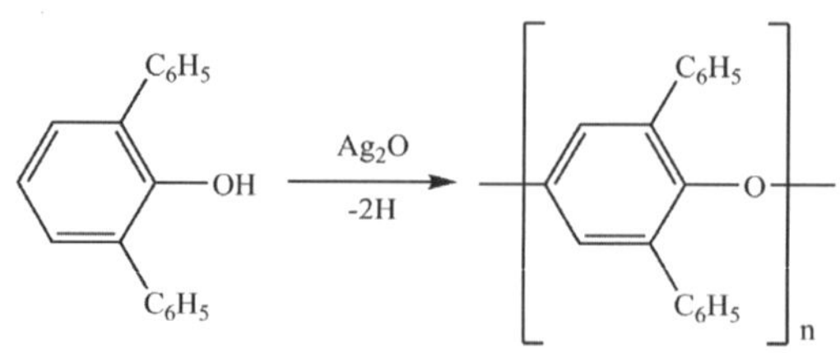

150ml의 잠금형 글라스용기에 2,6-디페닐페놀 2.0g(8.1mmol)과 산화은 10g과 벤젠 50ml를 넣는다. 이 글라스용기를 실온에서 16시간 진탕시킨 후, 생성된 은과 과잉의 산화은을 여과

하여 제거한다. 이 벤젠용액을 메탄올 500ml 중에 적하하여 폴리머를 석출시킨다. 섬유상의 폴리머를 일단 건조시킨 후, 클로로포름 20ml로서 재차 용해시키고, 그 용액을 셀라이트를 사용하여 여과시킨 후, 메탄올 100ml 중에 가하여 폴리머를 재침전시킨다. 이것을 여별하고, 110℃에서 3시간 감압건조시킨다. 폴리머의 수량은 1.66g(수득률 84%)이고, 그의 극한점도 $[\eta]$는 0.74dl/g(클로로포름 중, 25℃)이다.

2) 방향족 친핵치환중합에 의한 방향족 폴리에테르류

방향족 폴리에테르류는 일반적으로, 방향족 친핵치환중합에 의하여 합성할 수 있다. 통상, 비스페놀의 알칼리금속염과 $-SO_2-$, $-CO-$, $-CN$ 등의 전자흡인성기에 의하여 활성화된 방향족디할라이드를 극성 용매 중에서 가열하여 중합시키는 것에 의하여 얻어진다.

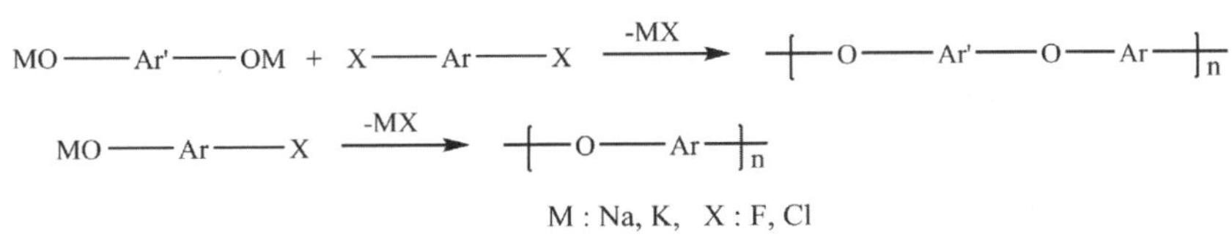

중합용매로서는 미리 조제한 비스페놀의 Na, K염 등의 용해성이 크고, 게다가 생성 폴리머에 좋은 용매인 디메틸술폭사이드(DMSO), 테트라메틸렌술폰(술폴란), 디페닐술폰 등이 좋은 결과를 제공한다. 더욱, 이 중합을 원활하게 진행시키기 위해서는, 수분이 없는 상태에서 반응을 행하는 것과, 비스페녹사이드이온이 고온에서 쉽게 산화되기 때문에, 엄밀히 산소가 존재하지 않는 상태에서 반응을 행할 필요가 있다.

구체적인 예로서는 우선, 비스페놀A와 비스(4-클로로페닐)술폰으로부터의 방향족 폴리에테르술폰의 합성이다.

실험 예 5-4 비스페놀과 방향족디클로라이드로부터 방향족 폴리에테르술폰의 합성

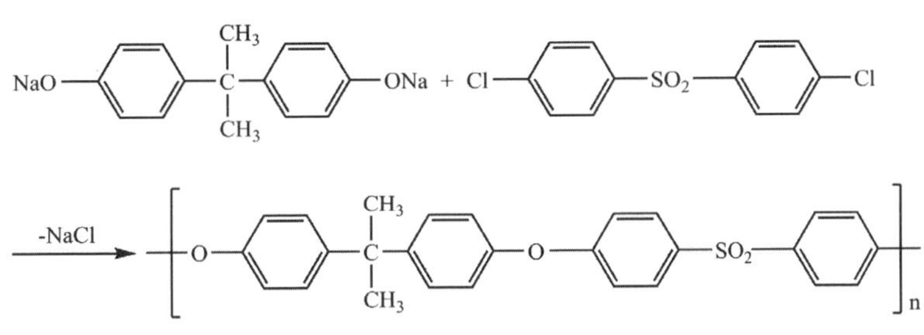

교반기, 질소도입관, 온도계, 적하깔때기, 냉각기(수분트랩을 연결한 것)를 설치한 1ℓ의 플라스크 중에, 고순도의 2,2－비스(4－하이드록시페닐)프로판 51.36g(0.225mol), DMSO 115g, 클로로벤젠 330g을 취하고, 이것을 60~80℃로서 가열하여 용해시킨다. 이 중에, 정확히 0.450mol의 50.00% 수산화나트륨수용액을 교반하면서 가한다. 2액상으로 형성되는 혼합물 중에 질소를 도입하고, 교반하면서 내용물이 환류될 때까지 승온시켜 계속적으로 수분을 제거한다. 비등물의 온도는 초기 120℃정도로부터 140℃정도로, 더욱 최후에는 155~160℃까지 상승한다. 이 시점에서 매우 끈적끈적한 균일용액이 얻어지며, 이윽고 반응계 내부에는 흔적량의 수분이 남는다. 다음에, 비스(4－클로로페닐)술폰 64.61g(0.255mol)을 건조시킨 클로로벤젠 65g에 용해시킨 용액(110℃로 가온시켜 둔다)을, 이전의 용액 중에 10분에 걸쳐서 가한다. 첨가가 시작되면, 반응혼합물은 화려하게 착색된다. 이 때, 반응계의 온도가 160℃로 유지되도록 과잉의 용매를 유거하면서 계속 첨가한다. 그 후, 요망되는 중합도에 달할 때까지 계속 중합시킨다. 160℃에서 거의 1시간 중합시키면, 환원점도 $\eta sp/C$(클로로포름용액, 25℃)가 약 1.0dl/g, 혹은 그 이상의 폴리머가 얻어진다. 이것은 수평균분자량으로 환산하면 80000정도에 상당한다. 이어서, 반응혼합물 중에 120~160℃로서 5분간, 가스상의 염화메틸을 도입시켜, 폴리머의 말단정지를 행하면, 반응계의 색이 소실되어 옅은 호박색으로 된다. 생성된 끈적끈적한 폴리머용액을 냉각하고, 클로로벤젠 700g을 가하여 희석시킨 후, 부생된 염화나트륨을 감압하에서 여과한다. 투명한 용액을 3~4배량의 에탄올 중에 투입하여 폴리머를 침전시킨다. 얻어진 생성물을 135℃로서 수 시간 진공건조시킨다. 폴리머의 수득률은 약 90% 이상이다.

이 폴리머(Tg=195℃)는, 미국 Union Carbide사에서 개발된 것으로서, 현재 미국 Amoco사에 의하여 "Udel®" 폴리술폰으로 상품화되고 있다.

마찬가지의 방향족 폴리에테르술폰이, 1분자 내에 페놀성 수산기와 활성화된 염소를 갖는 4－클로로－4′－하이드록시디페닐술폰(또는 4－플루오르이성체)으로부터 합성되고 있다. 다음에 용융중축합과 고온용액중축합의 반응 예를 나타낸다.

반응 예 5-5 용융중축합법에 의한 염소화페놀로부터 방향족 폴리에테르술폰의 합성

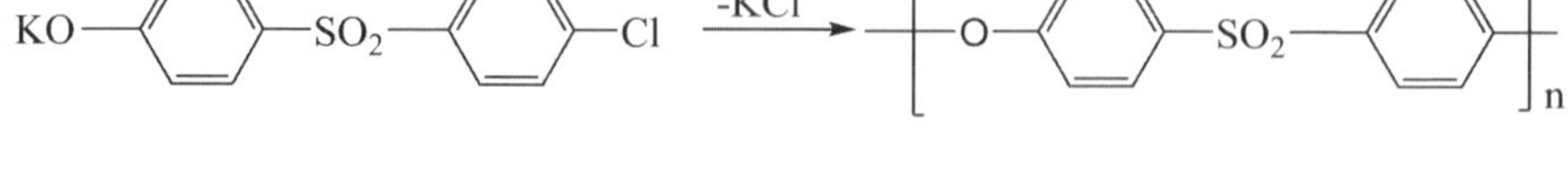

4－클로로－4′－하이드록시디페닐술폰을 메탄올에 용해시키고, 이 용액 중에 교반하면서 계산량의 4M 수산화칼륨의 물을 함유한 메탄올용액(미리 전위차적정을 행하여 표정한 것)을 뷰

렛을 사용하여 적하한다. 얻어진 용액을 로타리에버포레이터로서 메탄올과 수분을 증발시킨다. 더욱, 플라스크를 열중탕으로 가열하여 온도를 서서히 100℃까지 상승시킨다. 얻어진 염소화페놀칼륨염의 고체를 플라스크로부터 취하고, 분쇄시킨 후, 더욱 0.001 Torr의 고진공하에서 100~120℃로서 건조시킨다. 이 염소화페놀칼륨염을 탈기관을 설치한 반응관에 취하고, 진공펌프로서 1Torr정도로서 감압시킨다. 이 반응관을 용융금속중탕에 넣고, 감압을 유지하면서 280℃에서 45분 반응시킨다. 반응관을 냉각한 후, 고형물을 취하고, DMF에 용해시킨다. 이 용액을 다량의 메탄올 중에 격렬하게 교반하면서 가하여 폴리머를 침전시킨다. 폴리머분말을 여별한 후, 물에 투입하고, 비등시켜 부생한 염화칼륨을 제거한다. 폴리머를 여별하고, 140℃에서 진공건조시킨다. 이 폴리머의 환원점도 η_{sp}/C는 0.50~0.84dl/g(DMF 중, 20℃)이다.

실험 예 5-6 용액중축합에 의한 플루오르화페놀로부터 방향족 폴리에테르술폰의 합성

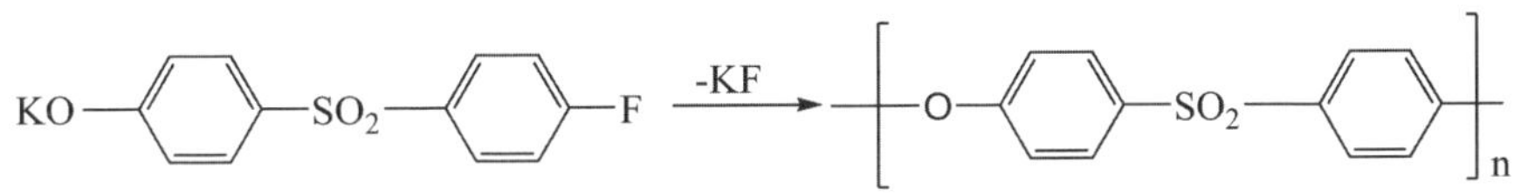

교반기, 질소도입관, 냉각기를 설치한 250ml의 플라스크에, 4-플루오로-4′-하이드록시디페닐술폰의 칼륨염([실험 예 5-5]와 마찬가지로 조제]) 30g과 테트라메틸렌술폰 70g을 취한다. 이 용액을 오일중탕 중, 180℃에서 24시간, 질소분위기하에서 교반하여 반응시킨다. 이 용액을 다량의 메탄올 중에 격렬하게 교반하면서 투입한다. 생성된 폴리머를 여별하고, 메탄올로서 환류 중합용매를 제거하고, 더욱 물로서 2회 환류시켜 부생된 플루오르화칼륨을 제거한다. 폴리머를 여별하고, 진공하에서 가열건조 시킨다. 이 폴리머의 환원점도 $\eta sp/C$는 0.88dl/g (DMF 중, 20℃)이다.

이 폴리머(Tg=225℃)는 영국 Imperial Chemical사에 의하여 "Victrex PES®"의 명칭으로 상품화되어 있다.

방향족 폴리에테르술폰이 비결정인 것에 대해서, 방향족 폴리에테르케톤의 대부분은 결정성이다. 따라서, 방향족 친핵치환중합에 의하여 고분자량체를 얻기 위해서는 고비점의 용매를 사용하고, 그 폴리머의 비점부근 온도에서 반응시켜야 한다. 비스(4-하이드록시페닐)케톤과 4,4′-디플루오로벤조페논으로부터의 방향족 폴리에테르케톤의 합성에 대해서 다음에 설명한다.

실험 예 5-7 비스페놀과 방향족 디플루오라이드로부터 방향족 폴리에테르케톤의 합성

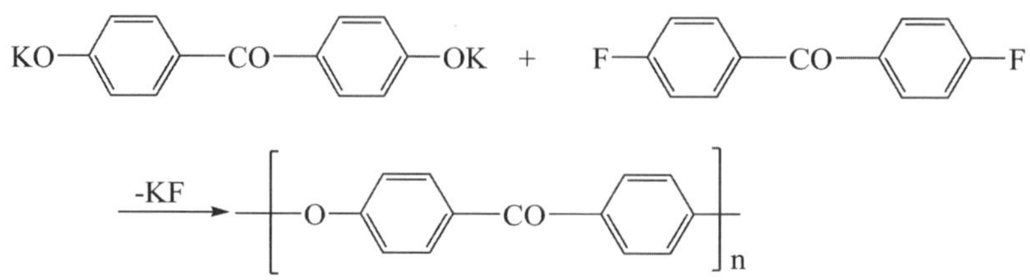

플라스크에 비스(4-하이드록시페닐)케톤을 취하고, 여기에 2배몰의 4M 수산화칼륨수용액을 가한 후, 더욱 이들을 완전히 용해시키기 위하여 충분한 양의 메탄올을 가한다. 이 플라스크를 증발기로서 담황색액체가 투명할 때까지, 상압에서 계속 진탕시킨다. 이어서, 메탄올과 수분을 증발기에 의하여 감압하에 유거하고, 생성된 비스페놀의 칼륨염을 건조시킨다. 담황색의 고형물을 긁어모은 후, 분쇄시키고, 체로 걸러서 500㎛ 이하의 분말상으로 조제한다. 이것은 일부가 수화된 상태를 취하고 있다.

플라스크 중에, 이 비스페놀칼륨염의 부분수화물을 취하고, 중합에 필요한 디페닐술폰(용매)의 약 반절을 가하고 진탕시킨다. 이 혼합물을 질소분위기하에서 교반하면서 200~240℃로 가열하고, 서서히 감압시켜 30Torr로 조절한다. 이와 같이 해서, 무수 비스페놀염의 슬러리가 얻어진다. 이 플라스크에, 4,4′-디플루오로벤조페논을 가하고, 더욱 디페닐술폰의 나머지 반절(모노머 농도가 30~50wt%가 되도록 조절한다)을 가한다. 이 혼합물을 질소기류하, 335℃에서 2~3시간 교반하여 반응시킨다. 얻어진 끈적끈적한 용융액을 냉각시키면 단단한 고체로 되지만, 이것을 햄머분쇄기로서 분말화시킨다. 이것을 뜨거운 메탄올로서 3회, 비등수로서 3회, 더욱 뜨거운 메탄올로서 3회 처리하여, 부생된 플루오르화칼륨과 중합용매의 디페닐술폰을 추출하여 제거한다. 얻어진 폴리머를 140℃에서 24시간 진공건조시킨다. 폴리머의 수득률은 98% 이상이며, 그의 환원점도 ηsp/C는 1.0~1.8dl/g(진한 황산 중, 25℃)이다. 이 폴리머의 Tm은 367℃, Tg는 154℃이다.

마찬가지의 방법에 의하여, 하이드로퀴논과 4,4′-디플루오로벤조페논으로부터 방향족 폴리에테르케톤을 합성할 수 있다. 이 폴리머(Tm=335℃, Tg=144℃)는 영국 Imperial Chemical 사로부터 "Victrex PEEK®"의 명칭으로 공업화되어 있다.

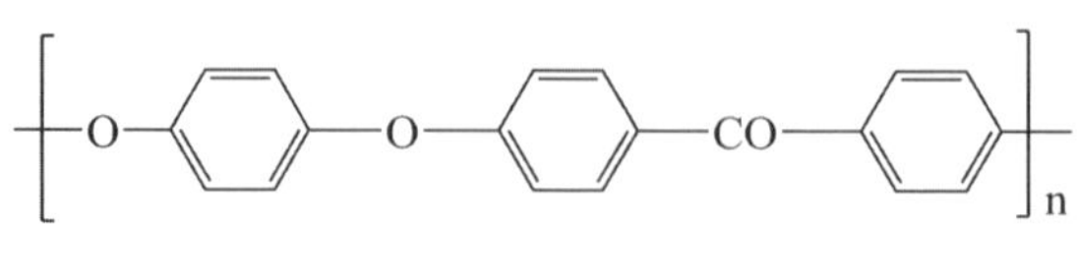

비스페놀의 알칼리염의 공격을 받는 친전자성분으로서는, 전자흡인성기에 의하여 활성화된 방향족 디할라이드 이외에, 방향족 디니트로화합물도 사용할 수 있다. 이 경우에는, 니트로기의 탈리를 동반하는 방향족 친핵치환반응이 일어나며, 탈리기는 아질산염으로 된다. 니트로기 치환에 의한 방향족 폴리에테르케톤을 합성하는 예에 대해서 다음에 나타낸다.

실험 예 5-8 비스페놀과 방향족 디니트로화합물로부터 방향족 폴리에테르케톤의 합성

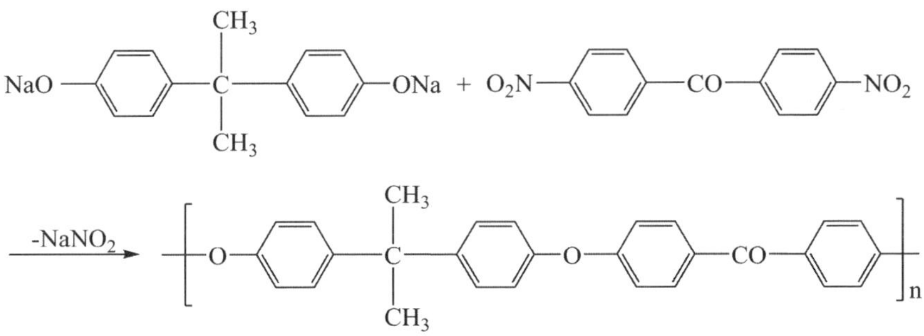

플라스크에 2,2-비스(4-하이드록시페닐)프로판 45.6g(0.2mol)을 취한 후, DMSO 390ml와 클로로벤젠 210ml를 가하여 용해시킨다. 이 용액 중에, 수산화나트륨 16.0g(0.4mol)을 물 25ml에 용해시킨 용액을 질소기류하에서 교반하면서 가한다. 얻어진 용액을 질소기류하에서 가열하여 공비에 의하여 수분을 제거한다. 수분의 유출이 확인되지 않은 후에, 4,4′-디니트로벤조페논 54.4g(0.2mol)을 가하고, 65℃에서 15시간 교반하여 반응시킨다. 중축합이 거의 끝나면, 생성하는 폴리머가 석출한다. 반응혼합물을 다량의 메탄올 중에 투입하고, 여별한다. 담황색의 폴리머를 메탄올 중에서 잘 세척하고, 여별한 후, 수용액 중에서 분산시키고, 아세트산을 가하여 약산성으로 조절한 후, 비등시켜서 세척을 행한다. 이것을 여별하고, 물로서 세척한 후, 50℃에서 진공건조시킨다. 폴리머의 수량은 78.2g(수득률 94%)이고, 그의 환원점도 η sp/C는 1.4dl/g이다(NMP 용액 중, 25℃). 이 폴리머의 Tg는 155℃이다.

이상의 방향족 친핵치환중합의 개량법으로서, 비스페놀의 알칼리염을 미리 조제하지 않고, 직접 비스페놀과 활성화된 방향족 디할라이드를 Na_2CO_3나 K_2CO_3와 같은 약염기의 존재하에서, 디메틸아세트아미드(DMAc)나 N-메틸피롤리돈(NMP)과 같은 극성용매와 톨루엔의 혼합용매 중에서 가열하여 반응시키는 방법이 알려져 있다. 이 경우, 톨루엔은 부생되는 수분을 공비에 의하여 반응계외로 제거시키는 역할을 하고 있다. 이 방법은, 위에서 설명한 방법에 비하여, 반응조작이 대폭적으로 간략화 되어 있으며, 고중합체를 간편하게 합성하는 방법으로서 유용하다.

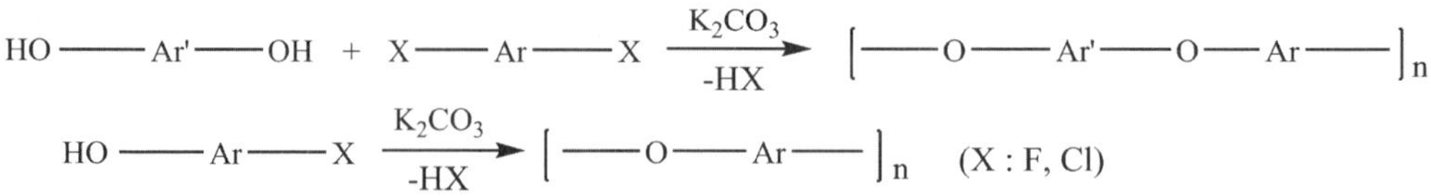

실험 예 5-9 탄산칼륨을 산의 수용제로 사용하는 비스페놀과 방향족 디클로로라이드로부터의 방향족 폴리에테르술폰의 합성

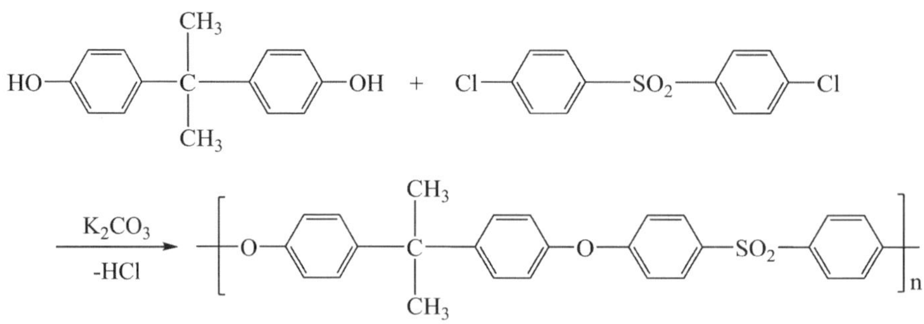

교반기, 질소도입관, 냉각기(수분트랩을 연결한 것), 온도계를 설치한 500ml의 4구플라스크에, 고순도의 2,2−비스(4−하이드록시페닐)프로판 22.8g(0.10mol)과 비스(4−클로로페닐)술폰 28.7g(0.10mol)을 정확히 취하고, 여기에 NMP 200ml를 가하여 용해시킨다. 다음에, 무수탄산칼륨(분쇄하여 가열건조시킨 것) 18.0g(0.135mol)과 톨루엔 100ml를 가한다. 이상의 조작은 플라스크 중에 질소를 유통시키면서 행한다. 이 혼합물을 질소기류하에서 140~150℃로 가열한다. 수분트랩 중에서 유출되는 초기의 유분은, 공비에 의한 수분이기 때문에 매우 흐린 상태이다. 1~2시간 가열하면, 이 트랩 중의 액체는 2개의 층으로 분리된다. 상층은 거의 순수한 톨루엔이고, 하층은 공비혼합물이다. 공비에 의하여 더욱 수분의 유출이 확인되지 않을 때까지 계속 가열환류시킨다. 일반적으로 4~6시간을 필요로 한다. 이 때, 내용물의 색상이 암갈색으로 변하며, 용액은 암녹색으로 된다. 이 단계에서 온도계, 질소도입관, 교반기 주변의 글라스조인트 부분에 물방울이 남아있지 않은 것을 확인해야 한다. 만일, 존재하면 드라이어로서 그 부분을 가열하여 물방울을 용액 중에 되돌리고, 공비에 의하여 유거시킬 필요가 있다. 완전히 탈수시키는 것이, 이하의 중축합을 원만하게 진행시키기 위한 요점이다.

다음에, 가열온도를 서서히 상승시킨다. 즉, 수분트랩으로부터 톨루엔을 분리시키면서 행한다. 플라스크내부의 온도는 180℃ 부근까지 상승하면서 중축합이 시작된다. 더욱 교반하면서 계속 반응시킨다. 중축합이 거의 종점에 이르면, 반응용액의 점성이 급격히 상승한다. 이 기간은 약 1.5~4시간이다. 톨루엔을 계속 유거하면서 내부의 온도를 190~195℃로 상승시키고, 더욱 1시간 반응시킨다. 얻어진 끈적끈적한 용액에 NMP 200ml를 가하여 희석시키고, 뜨거울 때 글라스여과기를 사용하여 여별한다. 여과액을 냉각시킨 후, 용액의 색이 어두운 녹갈색으로부터 엷은 갈색으로 변할 때까지 아세트산을 가하여 폴리머말단의 페놀나트륨염을 중화시킨다. 이 폴리머용액을 메탄올 4000ml 중에 격렬하게 교반하면서 서서히 적하한다. 석출된 폴리머를 여별하고, 끓는 물에 넣어서 가열세척을 행하여 잔류된 부생염을 석출시킨다. 폴리머를 여별하고, 80℃에서 진공건조시킨다. 폴리머의 수득률은 거의 정량적이며, 그의 극한점도 [η]은 0.58dl/g(클로로포름 중, 25℃)이다.

마찬가지의 방법에 의하여, 레조르신과 2,6-디클로로벤조니트릴로부터 방향족 폴리에테르니트릴(Tm=340℃, Tg=145℃)이 합성되고 있다(Idemitz의 "PEN®").

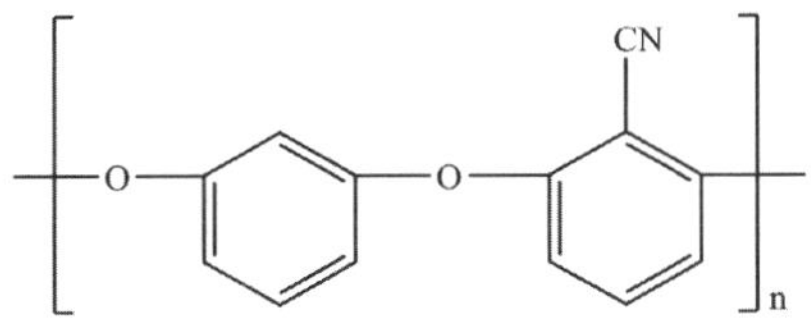

이외에 방향족 폴리에테르의 합성법으로서, O-트리메틸실릴화비스페놀을 출발원료로 하는 방법이 알려져 있다.

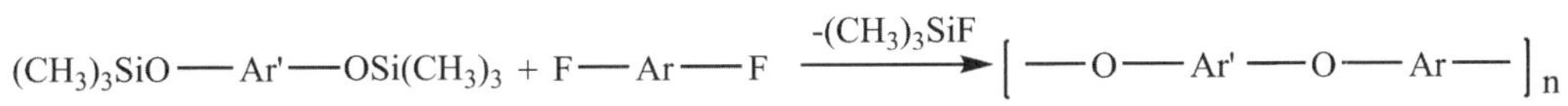

이 방법에 의하여 고중합체를 얻기 위해서는, O-트리메틸실릴화비스페놀의 반응성이 낮기 때문에, CsF와 같은 촉매의 존재하에서 250℃ 이상의 고온에서 반응시키는 것이 필수적이다. 또한, 다른 한쪽의 친전자성분으로서는, 방향족 디클로라이드는 반응성이 너무나 낮기 때문에 사용할 수 없으며, 주로 방향족 디플루오라이드가 사용된다. 이 방법에 의하면, 탈리성분은 휘발성의 트리메틸실릴플루오라이드로서, 생성폴리머 중에는 촉매가 잔존할 뿐이기 때문에, 이전의 방법에서는 폴리머 중에 부생된 알칼리금속염의 제거가 큰 문제로 되었지만, 폴리머의 정제공정이 대폭적으로 간소화된 장점이 있다.

실험 예 5-10 O-트리메틸실릴화비스페놀과 활성 방향족 디플루오라이드로부터 방향족 폴리에테르술폰의 합성

교반기, 질소도입관, 냉각기를 설치한 250ml의 3구플라스크에, 0,0′-비스트리메틸실릴화된 2,2-비스(4-하이드록시페닐)프로판 0.1mol과 비스(4-플루오로페닐)술폰 0.1mol을 취하고, 질소기류하에서 교반하면서 180℃로 가열한다. 다음에, 건조시킨 분말상태의 플루오르화세슘

50mg을 가하고, 180℃에서 30분 가열한다. 이 때, 트리메틸실릴플루오라이드의 발생이 거의 정지된다. 이어서 반응온도를 320℃까지 상승시키고, 이 온도에서 2.5시간 교반하여 반응시키면, 끈적끈적한 용융액이 얻어진다. 냉각시킨 후, 폴리머를 1,2-디클로로메탄 300ml에 가온하여 용해시키고, 메탄올 2000ml 중에 적하한다. 석출된 폴리머를 여별한 후, 80℃에서 진공 건조시킨다. 폴리머의 수득률은 98%이고, 그의 고유점도 ηinh는 1.4dl/g(sym-테트라클로로에탄 중, 30℃)이다.

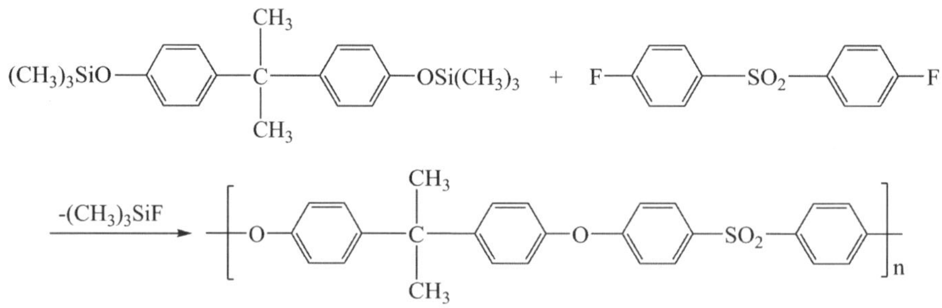

이상과 같이, 방향족 친핵치환중합에 있어서 친전자성분으로서는, 전자흡인성기에 의하여 활성화된 방향족 디할라이드(또는 방향족 디니트로화합물)가 주로 사용되고 있지만, 활성화되어 있지 않은 방향족 디할라이드를 사용할 수도 있다. 예를 들면, 비스(4-브로모페놀)에테르와 같은 활성화되어 있지 않은 방향족 디브로마이드와 비스페놀로부터는, 염화구리(Ⅰ)를 촉매로 사용하여 Ullmann 반응조건하에서 고온으로 반응시키는 것에 의하여, 고중합도의 방향족 폴리에테르가 얻어진다.

실험 예 5-11 비스페놀의 나트륨염과 방향족 디브로마이드로부터 방향족 폴리에테르의 합성

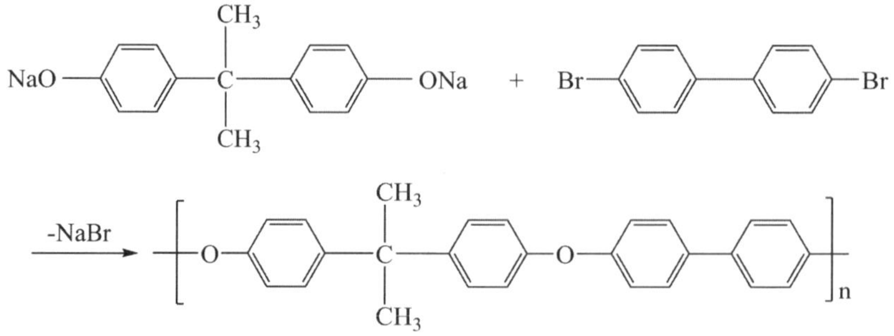

교반기, 질소도입관, 냉각기(수분트랩을 연결시킨 것)를 설치한 플라스크 중에, 2,2-비스(4-하이드록시페닐)프로판의 나트륨염의 6수화물 45.64g(0.12mol)을 취하고, 톨루엔 100ml

를 가하여 용해시킨다. 질소기류하에서 교반하면서 가열환류시켜 공비에 의하여 수분을 제거한다. 2.5시간에 걸쳐 약 13ml의 수분이 유출된다. 이어서, 벤조페논(용매) 140g을 가하고, 가열중탕의 온도를 210℃까지 상승시켜 톨루엔을 유거한다. 이 용액을 일단 냉각하고, 수분트랩을 제거한다. 여기에, 4,4′-디브로모비페닐 37.44g(0.12mol)을 가하고, 더욱 염화구리(Ⅰ) 0.09g(0.9mmol)을 피리딘 9ml에 용해시킨 용액을 가한다. 이 용액을 질소기류하, 185~215℃에서 6시간 교반하여 반응시킨다. 이 때, 용액의 색은 갈색으로 되며, 게다가 끈적끈적해진다. 생성폴리머의 말단정지제로서 브로모벤젠 0.95g(6mmol)을 가하고, 더욱 1시간 가열하면서 반응시킨다. 이 용액에 톨루엔 200ml를 가하여 희석하고, 소량의 아세트산을 함유하는 메탄올 2000ml 중에 적하하여 폴리머를 침전시킨다. 섬유상의 폴리머를 여별하고, 먼저 메탄올로서 세척한 후, 소량의 아세트산과 염산을 함유하는 뜨거운 물로서 세척하고, 재차 메탄올-아세톤 혼합용액으로 가열환류하여 세척한다. 이것을 여별하고, 120℃에서 하룻밤 진공건조시킨다. 폴리머의 수량은 44.6g(수득률 98%)이고, 그의 환원점도 $\eta sp/C$는 1.11dl/g(클로로포름 중, 25℃)이다. 이 폴리머의 Tg는 154℃이다.

3) 방향족 친전자치환중합에 의한 방향족 폴리에테르류

방향족 폴리에테르류의 합성법으로서는, 2)의 방향족 친핵치환중합법이 기본이지만, 이외에 Friedel-Crafts아실화반응을 응용한 방향족 친전자치환중합이 알려져 있다. 이것은 디페닐에테르와 같은 전자가 풍부한 방향족 화합물과 방향족 2산클로라이드를 Lewis산 촉매의 존재하에서 반응시키는 방법으로서, 디술폰산클로라이드로부터는 방향족 폴리에테르술폰이, 디카르복실산클로라이드로부터는 방향족 폴리에테르케톤 등이 얻어진다.

$$\mathrm{H{-}Ar'{-}H + HO{-}Y{-}Ar{-}Y{-}OH \xrightarrow{-H_2O} \left[Ar'{-}Y{-}Ar{-}Y \right]_n}$$

$$\mathrm{H{-}Ar{-}Y{-}OH \xrightarrow{-H_2O} \left[Ar{-}Y \right]_n}$$

$$\mathrm{(Y : CO, SO_2)}$$

이 방법에 의하여 유용한 폴리머를 얻기 위해서는, 균일한 용액계에서 반응을 진행시킬 수 있는 용매의 선택과, 전자가 풍부한 방향족 화합물, 예를 들면 디페닐에테르나 비페닐 등의 파라위치에서의 위치선택적인 반응을 가능하게 하는 반응조건의 설정이 필요하다. 비결정성의 방향족 폴리술폰류 합성의 경우에는, $FeCl_3$를 촉매로 사용하여 니트로벤젠 용액 중에서 용이하게 반응을 진행시킬 수 있지만, 많은 방향족 폴리케톤류는 결정성 폴리머로서 적당한 유기용매가 없기 때문에 고중합체의 생성이 곤란하다.

실험 예 5-12 디페닐에테르와 방향족 디술폰산클로라이드로부터 방향족 폴리에테르술폰의 합성

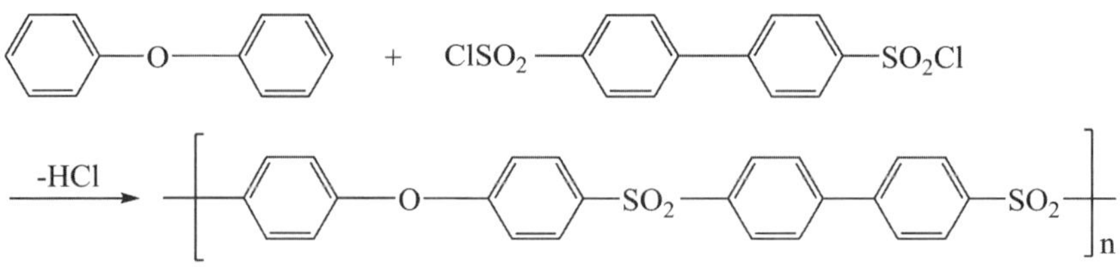

교반기, 질소도입관, 온도계를 설치한 3구플라스크에, 화학양론량의 4,4′-비페닐디술포닐클로라이드와 디페닐에테르를 취하고, 여기에 모노머의 농도에 약 30~50%가 되도록 니트로벤젠을 가한다. 내용물을 교반하면서 120℃로 가열하고, 0.3~1.0wt%(생성폴리머에 대해서)의 무수 염화철(Ⅲ)을 가한다. 반응혼합물의 온도를 1시간에 걸쳐서 130℃까지 승온시키고, 같은 온도에서 약 20시간 유지시킨다. 얻어진 반응용액을 DMF로서 희석하여 20% 농도로 조절하고, 다량의 메탄올 중에 교반하면서 투입하여 폴리머를 침전시킨다. 이 박편조각을 뜨거운 메탄올로서 추출한 후, 260℃까지의 온도에서 건조시켜 잔류하는 용매를 제거한다. 이 폴리머의 고유점도 ηinh는 0.3~0.7dl/g(DMAc 용액, 25℃)이고, 그의 Tg는 275℃이다.

이와 같은 전형적인 Friedel-Crafts 아실화반응에서는, 산염화물을 사용하는 것이 필요하지만 방향족 술폰산이나 카르복실산을 그대로 반응에 사용하는 직접 중축합법도 알려져 있다. 이 방법에 있어서 반응시약으로서는, 5산화인을 메탄술폰산에 용해시켜 얻어진 시약(PPMA)이나,초강산인 트리플루우오로메탄술폰산 등이 사용되고 있다. 이들은 생성폴리머의 good solvent이며, 게다가 산성분을 활성화하여 축합을 용이하게 하는 축합제로서의 역할을 하고 있다.

$$\text{H–Ar'–H + HO–Y–Ar–Y–OH} \xrightarrow{-H_2O} \text{+Ar'–Y–Ar–Y+}_n$$

$$\text{H–Ar–Y–OH} \xrightarrow{-H_2O} \text{+Ar–Y+}_n$$

(Y : CO, SO_2)

더욱, 이들의 강산성 반응시약을 사용할 때의 문제점은, 모노머의 선택에 관해서 제한이 있다. 즉, 디페닐에테르, 이소프탈산, 테레프탈산과 같은 유용성이 높은 모노머나, 4-페녹시벤조산, 4,4′-디페녹시벤조페논 등으로부터는 고중합체를 얻을 수 없지만, 그 밖의 방향족 폴리에테르류의 간편한 합성법으로서는 유용하다.

실험 예 5-13 트리플루오로메탄술폰산을 사용하는 방향족 에테르카르복실산으로부터 방향족 폴리에테르케톤의 합성

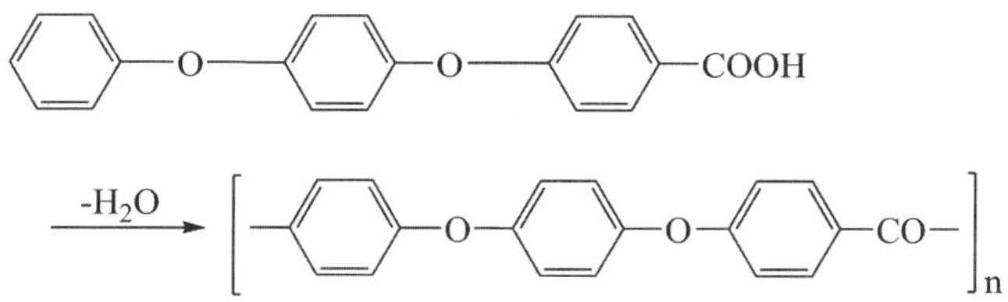

교반기, 질소도입관, 건조기를 설치한 3구플라스크에, 4-(4′-페녹시페녹시)벤조산 5.0g과 1,4-디페녹시벤젠(폴리머의 말단정지제) 2 mol%를 취하고, 트리플루오로메탄술폰산 50ml를 가한 후, 질소기류하에서 교반하여 용해시킨다. 얻어진 진한 등적색의 용액을 실온에서 24시간, 그대로 방치하여 반응시키면 끈적끈적한 용액이 얻어진다. 이것을 물 500ml 중에 잘 교반하면서 적하한다. 얻어진 구슬상태의 폴리머를 여별하고, 뜨거운 수용액 중에서 1시간 비등시켜 세척한 후, 여별하고, 더욱 아세톤으로 세척한다. 이것을 일단 건조시킨 후, 초원심분쇄기를 이용하여 분쇄한다. 분말화된 폴리머를 뜨거운 DMAc, 물, 아세톤으로 계속 세척한 후, 120℃에서 진공건조시킨다. 이 폴리머의 고유점도 ηinh는 1.03dl/g(진한 황산 중, 30℃)이다.

방향족 친전자치환중합에 속하는 것으로서, 최근 Scholl 반응이 디나프틸에테르류의 산화중합에 응용되었고, 고중합도의 방향족 폴리에테르류가 얻어지고 있다.

실험 예 5-14 디나프틸에테르술폰유도체의 산화중합에 의한 방향족 폴리에테르술폰의 합성

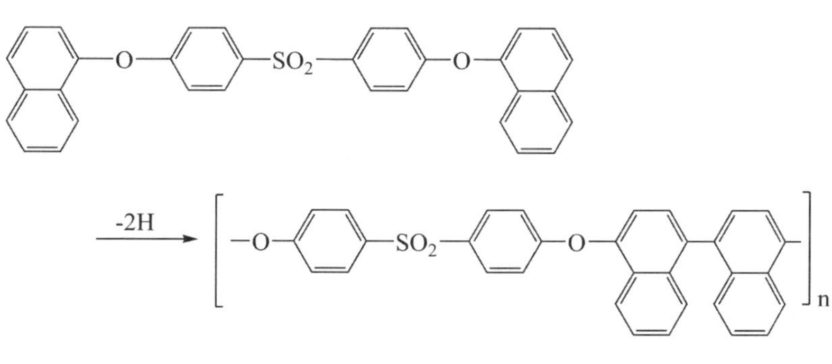

교반기, 질소도입관, 적하깔때기를 설치한 플라스크에, 질소기류하에서 4,4′-디(1-나프톡시)디페닐술폰 1.0g(1.98mmol)을 취하고, 니트로벤젠 5ml를 가하여 용해시킨다. 무수 염화철(Ⅲ) 1.28g(7.94mmol)을 니트로벤젠 10ml에 용해시킨 용액을 이전의 용액 중에 교반하면서 실온에서 적하한다. 염화철(Ⅲ) 용액의 적하가 끝나면, 실온에서 4시간 교반하여 반응시킨다.

이 반응용액을 소량의 염산을 함유한 메탄올 500ml 중에 투입하여 폴리머를 석출시킨다. 폴리머를 여별하고, 메탄올로서 세척한 후 건조시킨다. 이것을 클로로포름에 용해시키고, 메탄올 중에 침전시키는 조작을 2회 반복시키는 것에 의하여 폴리머의 정제가 행해진다. 100℃에서 진공건조시킨 후의 폴리머의 수득률은 75%이고, 그의 수평균분자량(폴리스티렌 환산)은 12,900이다. 이 폴리머의 Tg는 272℃이다.

4) 개환중합에 의한 방향족 폴리에테르류

위에서 설명한 것 이외에 방향족 폴리에테르류의 희귀한 합성법으로서, 개환중합법이 알려져 있다. 에테르케톤구조로 형성되는 환상 화합물(아래의 구조식, mp 353℃)은, 플루오르화세슘이나 4-하이드록시벤조페논의 칼륨염과 같은 친핵성 개시제의 존재하에, 그의 융점 이상으로 가열하면 개환중합하여 그에 상당하는 방향족 폴리에테르케톤(Tg = 225℃)을 생성한다. 극히 미량의 말단정지제를 첨가하여 개환중합을 행하면, 고유점도 ηinh 0.4~0.7dl/g (진한 황산 중, 25℃)의 폴리머가 얻어진다. 물론, 중합개시제가 존재하지 않으면, 개환중합은 일어나지 않는다.

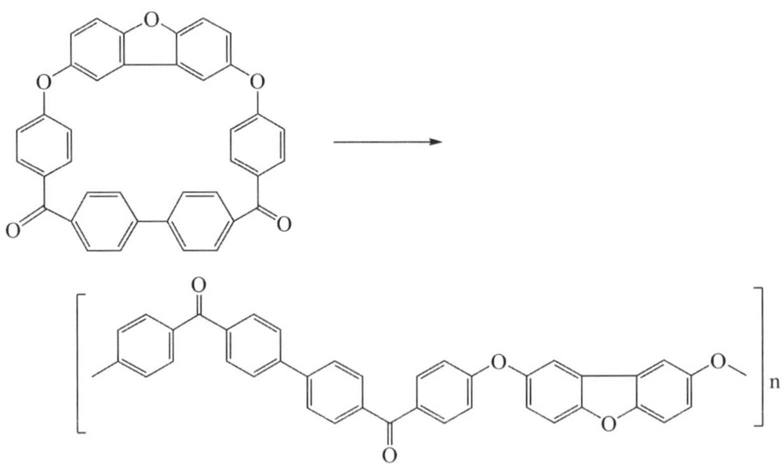

5-1-3 폴리아릴레이트

폴리아릴레이트(전방향족 폴리에스테르)는 첫째, 굴곡성의 구조를 함유하며, 중정도의 내열성을 나타내는 비결정성의 폴리아릴레이트와, 둘째, 강직한 사슬구조로 형성되는 고결정성, 고내열성의 폴리아릴레이트와 이것에 관련된 용융액정성(Thermotropic 액정성)의 폴리아릴레이트의 2종류로 분류된다. 이들의 폴리아릴레이트는 비스페놀과 방향족 디카르복실산, 혹은 방향족 하이드록시산을 출발물질로 사용하여 합성, 제조된다. 디카르복실산은 반응성이 극도로 낮으며, 다른 한쪽의 비스페놀도 친핵성이 떨어지기 때문에, 이들 양자간에는 가열해도 탈수에 의하여 폴리에스테르를 얻는 것은 곤란하지만, 디카르복실산클로라이드는 카르복실산유도체 중에서 가장 반응성이 높기 때문에 비스페놀과도 쉽게 반응하여 얻어진다. 방향족 디카르복실산클로라이드와 비스페놀, 혹은 방향족 하이드록시산클로라이드를 출발물질로 사용하는 폴리아릴레이트의 합성법은, 가장 일반적인 폴리아릴레이트의 합성법이다. 페놀은 친핵성이 낮은 반응시약이지만, 미리 알칼리수용액 혹은 유기염기(3차 아민류)와 반응시켜서 페녹사이드이온으로 변화시키면 친핵성이 증대되기 때문에, 산염화물과는 실온에서 반응하게 된다. 즉, 알칼리수용액에 용해시킨 비스페놀과, 디클로로메탄과 같은 물에 불용인 유기용매에 용해시킨 디카르복실산클로라이드의 2상계를, 4차암모늄염과 같은 상간이동촉매의 존재하에, 실온내외에서 교반하여 반응시키면 쉽게 폴리아릴레이트가 얻어진다. 이것이 계면중축합법의 일종이라고 간주되는 상간이동촉매 중축합법으로서, 실험실적으로 가장 널리 채용되고 있는 간편한 폴리아릴레이트의 제조법이다.

$$\mathrm{NaO{-}Ar'{-}ONa} + \mathrm{ClCO{-}Ar{-}COCl} \xrightarrow{\text{-NaCl}} \mathrm{+\!\!\left[O{-}Ar'{-}OCO{-}Ar{-}CO\right]\!\!+_n}$$

실험 예 5-15 상간이동촉매법에 의한 비스페놀과 방향족 디카르복실산클로라이드로부터 폴리아릴레이트의 합성

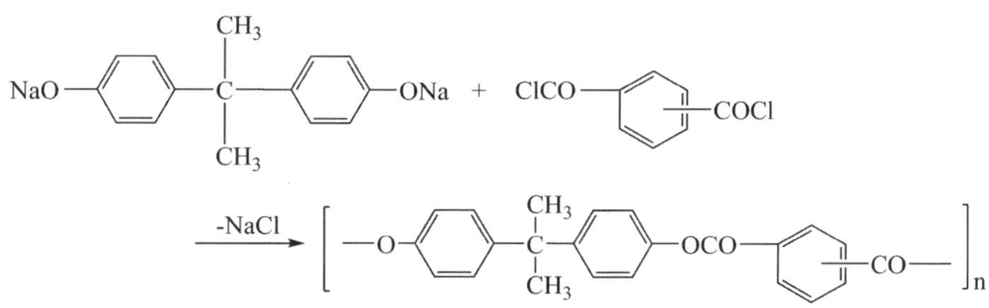

교반기와 냉각기를 설치한 100ml의 삼구플라스크에, 2,2-비스(4-하이드록시페닐)프로판 4.568g(0.02mol)과 촉매인 벤질트리에틸암모늄클로라이드 0.12g을 취하고, 여기에 1M 수산화나트륨수용액 40.8ml를 가하여 용해시킨다. 여기에 이소프탈산클로라이드 2.032g(0.01mol)과 테레프탈산클로라이드 2.032g(0.01mol)을 디클로로메탄 40ml에 용해시킨 용액을 한 번에 가하고, 실온에서 30분 격렬하게 교반한다. 반응종료 후, 디클로로메탄 40ml를 가하고, 반응용액을 희석한다. 교반을 정지하고, 분리된 수상과 폴리머가 녹아 있는 유기상 중, 위층의 수상을 제거한다. 남은 유기상을 아세톤 700ml 중에 서서히 쏟고, 침전된 폴리머를 여별한다. 이 폴리머를 물과 아세톤으로서 반복하여 세척한 후, 감압건조시킨다. 이 반응에 의하여, 고유점도 ηinh 1.2~1.9dl/g[sym-테트라클로로에탄-페놀(중량비 40/60)용액 중, 30℃]의 고분자량 폴리아릴레이트가 얻어진다. 이 폴리머의 Tg는 195℃이다.

$$\text{HO-Ar'-OH} + \text{ClCO-Ar-COCl} \xrightarrow{\text{-HCl}} \left[\text{O-Ar'-OCO-Ar-CO}\right]_n$$

$$\text{HO-Ar-COCl} \xrightarrow{\text{-HCl}} \left[\text{O-Ar-CO}\right]_n$$

또한, 할로겐화탄화수소-3차아민계 혹은 피리딘 단독 용매계를 사용하여 실온부근에서 반응시키는 저온 용액중축합법도 유력한 방법이다. 더욱, 친핵성이 떨어지는 비스페놀도 고온하에서는 디카르복실산클로라이드와 반응시켜 제조하기 때문에, o-디클로로벤젠과 같은 고비점 용매 중에서 100~200℃로 가열하여 용액중축합시키는 방법도 알려져 있다(염화수소의 탈리를 동반한다). 이들의 합성법은 자기중축합형 폴리아릴레이트의 합성에도 적당하다.

실험 예 5-16 저온 용액중축합에 의한 비스페놀과 방향족 디카르복실산클로라이드로부터 폴리아릴레이트의 합성

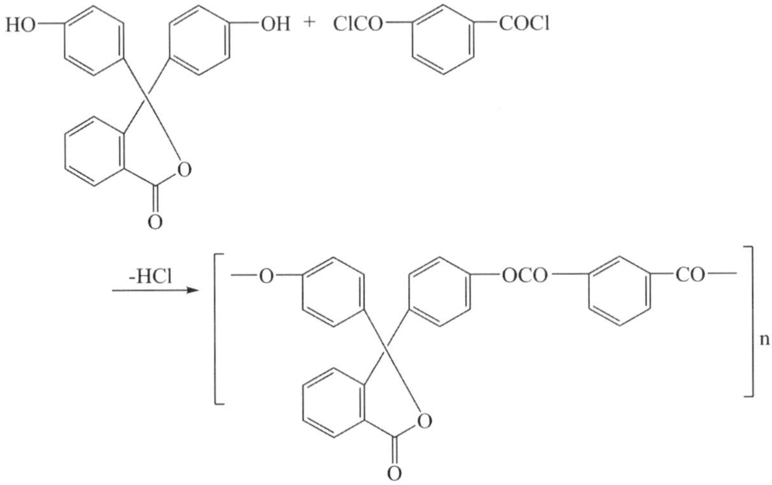

교반기, 질소도입관, 건조관을 설치한 3구플라스크에, 페놀프탈레인 3.18g(0.01mol)과 트리에틸아민 2.8g을 취하고, 1,2-디클로로에탄 50ml를 가하여 용해시킨다. 이 단계에서 페놀프탈레인은 완전히 용해하지 않는다. 이 혼합물을 10℃로 냉각하고, 이소프탈산클로라이드 2.03g(0.01mol)을 고체인 그대로 한 번에 가한 후, 서서히 교반한다. 반응의 진행에 따라서 트리에틸아민염산염이 젤라틴상으로 석출하지만, 이 때 페놀프탈레인의 미분말은 완전히 용해한다. 중합용액은 서서히 끈적끈적해진다. 90분간 교반하여 반응시킨 후, 이것을 격렬하게 교반되고 있는 아세톤 500ml 중에 서서히 적하한다. 침전된 입상의 폴리머를 아세톤으로 잘 세척한 후, 50℃에서 진공건조시킨다. 폴리머의 수량은 4.04g(수득률 90%)이고, 그의 고유점도 ηinh는 0.67dl/g[sym-테트라클로로에탄-페놀(중량비 40/60)용액 중, 30℃]이다.

실험 예 5-17 고온 용액중축합에 의한 비스페놀과 방향족 디카르복실산클로라이드로부터 폴리아릴레이트의 합성

교반기, 질소도입관, 냉각기를 설치한 3구플라스크에, 페놀프탈레인 3.98g과 트리에틸아민 염산염(촉매) 0.20g과 o-디클로로벤젠 25ml를 취한다. 이 혼합물을 질소기류하에서 교반하면서 210℃로 가열하고, 이소프탈산클로라이드 2.564g을 o-디클로로벤젠 25ml에 용해시킨 용액을 적하깔대기로부터 적하한다. 이 용액을 염화수소의 가스가 발생하지 않을 때까지 교반하여 가열 반응시킨다. 일반적으로 4시간 정도를 필요로 한다. 반응의 종점부근에서, 용액의 일부를 질소기류하에서 유거하면, 염화수소가스를 방출시키는 방법에 효과적이다. 생성폴리머는, 뜨거울 때 반응용액에 용해되어 있지만, 냉각하면 겔상으로 된다. 이 중합용액을 헥산 500ml 중에 투입하여 폴리머를 침전시킨다. 이것을 여별한 후, 메탄올, 물을 함유한 메탄올(용량비 50/50), 물로서 잘 세척하고, 50℃에서 진공건조시킨다. 폴리머의 수량은 5.19g이며, 그의 고유점도 ηinh는 0.97dl/g[sym-테트라클로로에탄-페놀(중량비 40/60)용액 중, 30℃)이다.

다음에, 에스테르교환법에 있어서는, 비스페놀을 디아세테이트(아세트산에스테르)로 변화시키고, 방향족 디카르복실산과 에스테르교환을 행하는 아세테이트법이 오래전부터 알려져 있다. 또한, 방향족 하이드록시산의 자기중축합의 경우에도 이 방법이 잘 사용되고 있다. 에스테르교환반응은 평형반응이기 때문에, 이들의 반응으로 고중합도의 폴리아릴레이트를 합성하는 경우에는, 200~350℃의 고온으로 가열하여, 부생하는 아세트산을 계외로 제거시키는 것이 필수적이며, 실제로는 용융(고상) 중축합법이 고비점 용매를 사용하는 고온 용액중축합법이 채용되고 있다. 불용성의 고내열성 수지인 폴리아릴레이트나 기타의 많은 용융결정성 폴리아릴레이트의 공중합체가, 이 용액중축합법에 의하여 합성, 제조되고 있다.

$$CH_3COO-Ar'-OCOCH_3 \;+\; HOCO-Ar-COOH$$

$$\xrightarrow{-CH_3COOH} \left[O-Ar'-OCO-Ar-CO \right]_n$$

$$CH_3COO-Ar-COOH \xrightarrow{-CH_3COOH} \left[O-Ar-CO \right]_n$$

실험 예 5-18 용융중축합에 의한 비스페놀디아세테이트와 방향족 디카르복실산으로부터 폴리아릴레이트의 합성

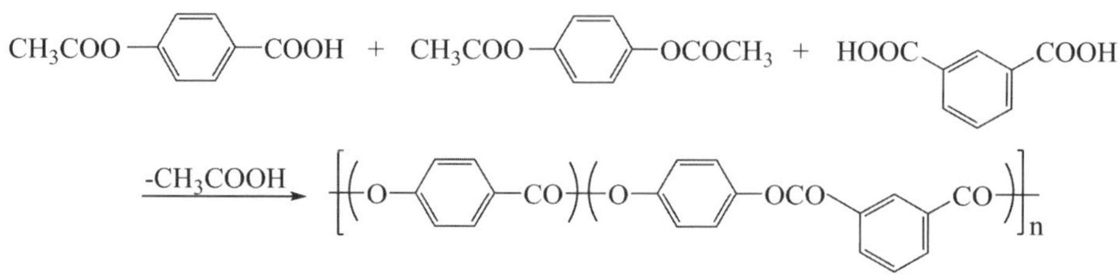

교반기, 질소도입관, 진공배기관, 유출물을 받는 용기(냉각기부착)를 설치한 3구플라스크에, p-아세톡시벤조산 0.2mol, 하이드로퀴논디아세테이트 0.2mol, 이소프탈산 0.2mol, 아세트산 76ml를 취한다. 이 반응기를 실리콘오일중탕에 담그고, 반응물질을 서서히 교반하면서 질소를 유입시켜 공기를 방출시킨다. 오일중탕의 온도를 20분 이내에 305℃까지 상승시키면, 이소프탈산이 용해하여 균일한 용액으로 되면서 격렬하게 발포를 동반한다. 여기서 실온으로부터 305℃까지의 승온은 빨리 행하는 것이 필수적이며, 서서히 승온시키면 이소프탈산의 용해가 완결되지 않는 중에, 주로 파라위치에서 연결된 프레폴리머가 침전되기 때문에, 랜덤공중합체의 합성이 곤란하다. 이 균일용액을 질소기류하, 305℃에서 45분간 교반하여 반응시킨다. 이 단계에서 대부분의 아세트산(반응매체로서 가한 분량과 반응에 의한 부생물)이 유출되어 회수된다. 다음에, 반응계를 감압계로 바꾸고, 더욱 65분간 반응시킨다. 이 때, 압력을 약 1.5Torr로부터 0.05Torr까지 진공도를 높인다. 교반할 때에 유백색광을 발하는 것으로 부터, 이 폴리머가 용융액정성을 갖는 것을 알 수 있다. 최종적으로는, 305℃에서 반응계는 교반이 불가능하게 되며, 불투명한 고체로 된다. 반응기로부터 고체의 폴리머를 취하고, 분쇄한 후, 100℃에서 16시간 진공건조시킨다. 이 폴리머의 극한점도[η]는 0.69dl/g[트리플루오로아세트산-디클로로메탄(중량비 30/70)용액 중, 25℃]이다.

실험 예 5-19 고온 용액중축합에 의한 p-아세톡시벤조산으로부터 폴리아릴레이트의 합성

교반기, 질소도입관, 유출물을 받는 용기(냉각기 부착)를 설치한 3구플라스크에 p-아세톡시벤조산 9.0g(50mmol)을 취하고, 고비점 불활성용매(디벤질톨루엔 이성체의 혼합물) 80ml를 가하여 분산시킨다. 이 혼합물을 질소기류하에서 서서히 교반하면서, 금속중탕 중에서 320℃

까지 승온시킨다. 반응에 의하여 부생하는 아세트산의 유출이 격렬해지면(약 200℃), 가열을 약하게, 질소를 서서히 유입시키는 경우, 10분간으로 대부분의 아세트산이 유출된다. 이 혼합물을 320℃에서 15분간 반응시킨다. 냉각시킨 후, 클로로포름을 가하여 희석하고, 폴리머의 침전물을 여별한다. 에테르 중에서 가열환류시킨 후, 80℃에서 진공건조시킨다. 이 폴리머의 수득률은 90%이고, 수평균분자량은 16200이다.

폴리아릴레이트의 새로운 합성법으로서, O-트리메틸실릴화비스페놀을 사용하는 방법이 알려져 있다. 이 방법은, 실릴화비스페놀과 방향족 디카르복실산클로라이드를 250℃ 이상의 고온하에서 용융중축합시키는 방법으로서, 트리메틸실릴클로라이드의 탈리를 동반하면서 고중합도의 폴리아릴레이트가 생성한다. 이 방법은, 자기중축합형의 모노머 중합에 적당하며, 분자량이 2~5만의 폴리아릴레이트가 용이하게 얻어진다. 더욱, 고중합체를 얻기 위해서는, 반응계에 트리에틸아민염산염과 같은 촉매의 첨가가 유효하다.

$$(CH_3)_3SiO{-}Ar'{-}OSi(CH_3)_3 \;+\; ClCO{-}Ar{-}COCl$$

$$\xrightarrow{-(CH_3)_3SiCl} \left[{-}O{-}Ar'{-}OCO{-}Ar{-}CO{-}\right]_n$$

$$(CH_3)_3SiO{-}Ar{-}COCl \xrightarrow{-(CH_3)_3SiCl} \left[{-}O{-}Ar{-}CO{-}\right]_n$$

실험 예 5-20 p-트리메틸실록시벤조산클로라이드로부터 폴리아릴레이트의 합성

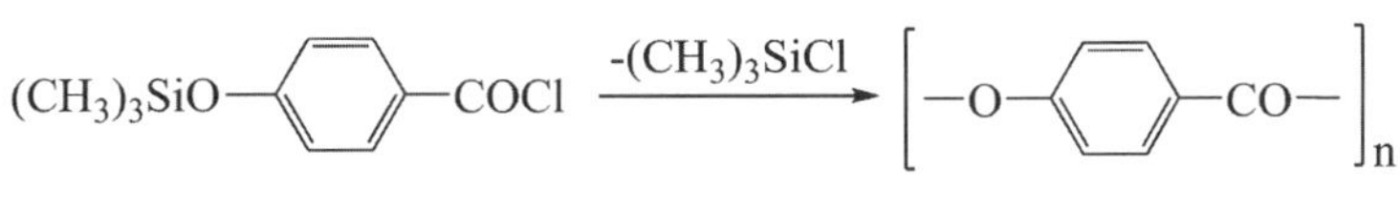

플라스크에 p-트리메틸실록시벤조산클로라이드 11.4g(50mmol)과 촉매로서 트리에틸아민염산염 0.5mmol, 여기에 고비점 불활성용매(디벤질톨루엔 이성체의 혼합물) 80ml를 취하고, 이 혼합물을 질소기류하에서 서서히 교반하면서 320℃까지 승온시킨다. 반응에 의하여 부생하는 트리메틸실릴클로라이드의 유출이 격렬하게 진행되면(약 170~300℃), 가열을 약하게, 중정도의 질소기류하에서 트리메틸실릴클로라이드의 유출을 촉진시킨다. 320℃에서 16시간 교반하여 반응시킨 후, 냉각하고, 클로로포름을 가하여 희석시킨다. 폴리머의 침전물을 여별하고, 에테르로서 가열환류시킨 후, 80℃에서 진공건조시킨다. 이 폴리머의 수득률은 97%이고, 수평균분자량은 20500이다.

디카르복실산과 비스페놀계에 적당한 축합제(XY : 카르복실산의 활성화제)를 가하여 반응시키면, 비스페놀과 디카르복실산, 혹은 방향족하이드록시산으로부터, 직접 폴리아릴레이트를 합성할 수 있다. 이와 같은 합성법을 직접 중축합법이라고 말한다. 이 직접 중축합법에 적당한 축합제로서는, p-톨루엔술폰산클로라이드-DMF계 이외에 몇 개의 것이 알려져 있으며, 이들과 조합시켜 피리딘이 중합용매로서 잘 사용된다. 이와 같은 축합제를 사용하는 것에 의하여, 고중합도의 폴리아릴레이트의 합성을 간편하게 행할 수 있다.

$$\text{HO-Ar'-OH} + \text{HOOC-Ar-COOH} + 2\text{XY}$$

$$\longrightarrow \left[\text{-O-Ar'-OCO-Ar-CO-}\right]_n + 2\text{HX} + 2\text{YOH}$$

$$\text{HO-Ar-COOH} + \text{XY} \longrightarrow \left[\text{-O-Ar-CO-}\right]_n + \text{HX} + \text{YOH}$$

실험 예 5-21 직접 중축합에 의한 비스페놀과 방향족 디카르복실산으로부터 폴리아릴레이트의 합성

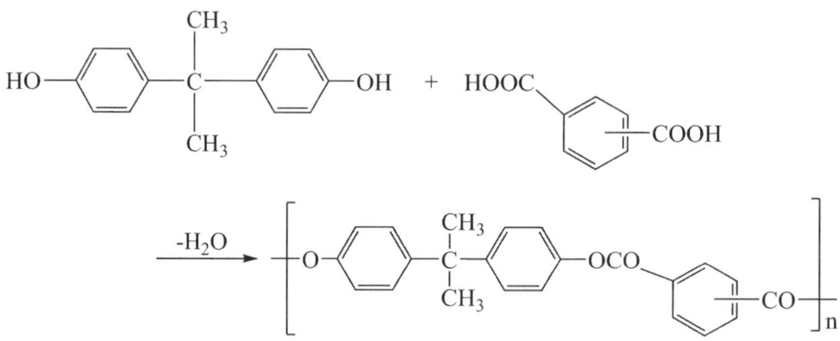

플라스크에 p-톨루엔술폰산클로라이드 13mmol을 취하고, 피리딘 10ml를 가하여 용해시킨다. 여기에 디메틸포름아미드 3mmol을 가하고, 실온에서 30분 교반한다. 교반기, 질소도입관, 적하깔대기, 냉각기를 설치한 3구플라스크에, 이소프탈산 2.5mmol, 테레프탈산 2.5mmol과 피리딘 10ml를 취하고, 이 혼합물 중에 질소기류하에서 이전의 용액을 한번에 가한 후, 실온에서 10분간, 이어서 120℃에서 10분간 교반하면 균일한 투명용액으로 된다. 이 용액 중에, 120℃에서 교반하면서 2,2-비스(4-하이드록시페닐)프로판 5.0mmol을 피리딘 10ml에 용해시킨 용액을 20분에 걸쳐 적하하고, 120℃에서 3시간 교반하여 반응시킨다. 얻어진 끈적끈적한 용액에 피리딘 20ml를 가하여 희석하고, 메탄올 800ml 중에 서서히 가하여 폴리머를 석출시킨다. 생성물을 여별하고, 메탄올 중에서 가열환류하여 세척한 후, 50℃에서 진공건조시킨다. 이 폴리머의 고유점도 ηinh는 1.29dl/g[sym-테트라클로로에탄-페놀(중량비 40/60)용액 중, 30℃]이다.

5-1-4 아라미드

폴리-m-페닐렌이소프탈아미드나 폴리-p-페닐렌테레프탈아미드로서 대표되는 아라미드(전방향족 폴리아미드)는, 그의 대부분이 결정성 폴리머로서, 내열성 · 고성능섬유에 적당한 소재로서 중요한 지위를 점유하고 있다. 이것에 추가되어, 최근, 내열성플라스틱의 아라미드도 얻어지고 있다.

이들의 아라미드는, 어느 것이나 방향족 디아민과 방향족 디카르복실산, 혹은 방향족 아미노산을 출발물질로서 사용하고, 적당한 아민 또는 카르복실산유도체를 경유하여 합성, 제조되고 있다. 방향족 디아민은 친핵성이 낮고, 방향족 디카르복실산과의 조합으로부터 가열에 의하여 고분자량의 아라미드를 얻는 것은 곤란하다. 방향족 아미노산의 경우도 마찬가지이다. 여기서 카르복실산유도체 중에서도 가장 반응성이 풍부한 산염화물을 사용하면, 방향족 디아민과도 실온내외의 온화한 조건하에서 반응시킬 수 있다.

$$H_2N\text{- }Ar'\text{- }NH_2 \quad + \quad ClCO\text{- }Ar\text{- }COCl \xrightarrow{-HCl} [\text{- }NH\text{- }Ar'\text{- }NHCO\text{- }Ar\text{- }CO\text{- }]_n$$

$$H_2N\text{- }Ar\text{- }COCl \xrightarrow{-HCl} [\text{- }NH\text{- }Ar\text{- }CO\text{- }]_n$$

아라미드는, 이 조합으로부터 합성하는 것이 일반적인 방법이다.

구체적인 합성법으로서는, 저온 용액중축합법과 개량 계면중축합법이 고전적인 방법으로서 알려져 있다. 저온 용액중축합법은, DMAc, NMP, 헥사메틸포스포르아미드(HMPA)등의 아미드계 용매 중에서 실온 혹은 그 이하의 온도에서 교반하여 반응시키는 방법으로서, 이들의 용매는 산의 수용제(탈리하는 염화수소의 보촉제)로서도 기능하고 있다. 더욱, 고분자량의 폴리-p-페닐렌테레프탈아미드를 제조하기 위하여, 적당한 HMPA-NMP계(용적비 2 : 1)를 사용하여 중합이 행해지고 있었지만, HMPA에 발암성이 있기 때문에, 현재는 NMP-$CaCl_2$계에 의하여 제조가 행해지고 있다(아라미드가 겔상으로 생성된다). 또한, 독특한 중합용매계로서, 클로로포름-트리에틸아민염산염계가 알려져 있다. 개량 계면중축합법은, 물과 혼합하여 얻어지는 유기용매-알칼리수용액계에서 반응을 행하는 방법이 있지만, 테트라하이드로푸란(THF)이나 시클로헥사논 등이 적당한 용매로서 사용되고 있다. 이들 중에서, 특히 저온 용액중축합법이, 실험적인 아라미드의 간편한 합성법으로서 뿐만이 아니고, 공업적으로도 중요성이 높다.

실험 예 5-22 저온 용액중축합에 의한 방향족 디아민과 방향족 디카르복실산클로라이드로부터 아라미드의 합성

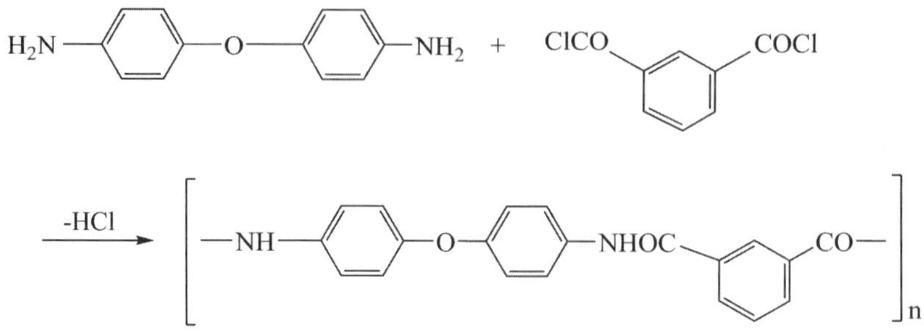

교반기, 질소도입관, 건조관을 설치한 100ml의 3구플라스크에 정제시킨 비스(4-아미노페닐)에테르 4.00g(0.02mol)을 넣고, 여기에 NMP 40ml를 가하여 용해시킨다. 질소도입관으로부터 질소를 유입시키면서 이 용기를 드라이아이스-아세톤중탕에 담그고, 용액을 완전히 동결시킨 후, 이소프탈산클로라이드 4.06g(0.02mol)을 고체인 그대로 가한다. 다음에, 드라이아이스-아세톤중탕을 얼음물중탕으로 교체하고, 혼합물을 서서히 교반한다. 3시간 정도 계속 교반하면 반응용액은 끈적끈적해진다. 5시간 후에 반응용액에 NMP 40ml를 가하여 희석시킨 후, 메탄올 1000ml 중에 투입하여 폴리머를 석출시킨다. 침전된 폴리머를 여별한 후, 메탄올 1000ml 중에 분산시키고, 가열환류하여 폴리머를 세척한다. 이 폴리머를 여별하고, 80℃에서 진공건조시킨다. 이 아라미드의 고유점도 ηinh는 1.2~2.0dl/g(진한 황산 중, 30℃)이고, 그의 Tg는 270℃이다.

실험 예 5-23 저온 용액중축합에 의한 방향족 디아민과 방향족 디카르복실산클로라이드로부터 아라미드의 합성

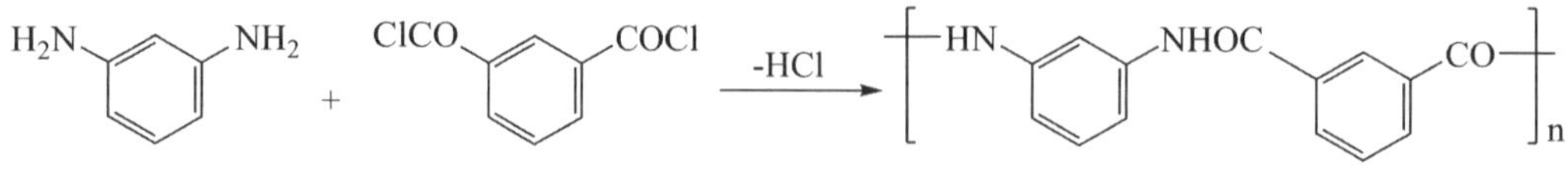

교반기, 질소도입관, 적하깔대기(건조관 부착)를 설치한 3구플라스크에 m-페닐렌디아민 2.163g(0.02mol), 트리에틸아민염산염 5.50g, 트리에틸아민 5.62ml, 클로로포름 36ml를 취하여 용해시킨다. 이 용액을 30℃로 유지하면서 질소분위기하에서 서서히 교반하면서 이소프탈산클로라이드 4.06g(0.02mol)을 클로로포름 14ml에 용해시킨 용액을 15분에 걸쳐 적하한다. 적하깔대기에 클로로포름 3ml를 넣고, 나머지 부분을 씻어서 적하한다. 20분간 계속 교반하면, 투명한 반응용액은 상당히 끈적끈적해 진다. 2시간 후에, 이 반응용액을 석유에테르

800ml 중에 투입하면 섬유상의 폴리머가 석출한다. 이것을 여별하고, 다량의 물로서 세척한 후, 80℃에서 진공 건조시킨다. 이 아라미드의 수득률은 99%이고, 그의 고유점도 ηinh은 1.9dl/g(진한 황산중, 30℃)이다.

아라미드의 새로운 합성법으로서, N-트리메틸실릴화디아민법이 제안되어 있다. 즉, N-실릴화방향족디아민과 방향족 디카르복실산클로라이드를 용액중축합시킨다. 상당하는 방향족 디아민을 사용하는 경우보다도 온화한 조건하에서, 게다가 고분자량의 아라미드가 용이하게 생성된다. 이 방법에 의하면, 반응성이 부족한 방향족 디아민류도 N-트리메틸실릴화합물로 변하는 것에 의하여 활성화되며, 고분자량의 아라미드류가 얻어진다. N-실릴화디아민법의 특징을 들면, N-실릴화방향족디아민의 고순도화가 용이한 것(증류에 의한 정제), 광범위한 중합용매의 선택이 가능한 것, 중축합이 중성조건하에서 진행하는 것(트리메틸실릴클로라이드의 부생), 이 부생성물을 회수하여, 방향족 디아민의 실릴화제로서 순환재사용이 가능한 것 등으로서, 실험적 합성법으로서 유용하다.

$$(CH_3)_3SiNH\text{-}Ar'\text{-}NHSi(CH_3)_3 + ClCO\text{-}Ar\text{-}COCl$$

$$\xrightarrow{-(CH_3)_3SiCl} \left[\text{-}NH\text{-}Ar'\text{-}NHCO\text{-}Ar\text{-}CO\text{-}\right]_n$$

실험 예 5-24 N-트리메틸실릴화방향족디아민과 방향족 디카르복실산클로라이드로부터 아라미드 합성

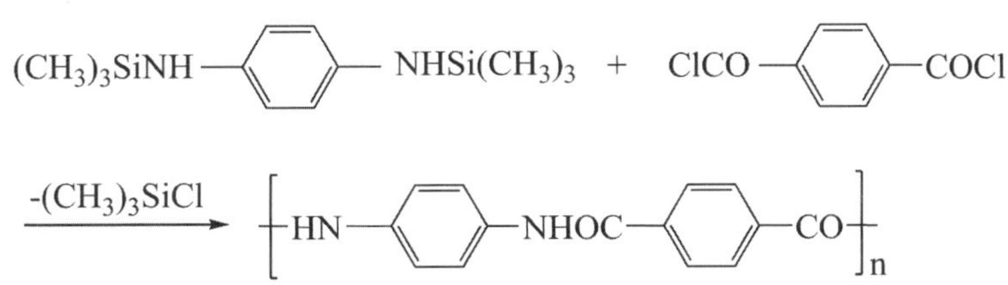

교반기, 질소도입관, 건조관을 설치한 3구플라스크에 N,N′-비스(트리메틸실릴)-p-페닐렌디아민 1.263g(5.0mmol)과 염화리튬 1.33g을 취한 후, HMPA 16.7ml와 NMP 8.3ml를 가하고 교반하여 용해시킨다. 이 용액을 얼음-소금으로 형성되는 냉각중탕에서 -15℃로 냉각하고, 분말화시킨 테레프탈산클로라이드 1.015g(5.0mmol)을 한 번에 가한다. 이 혼합물을 질소분위기하 -15℃~-5℃에서 교반하여 반응시킨다. 중합은 균일한 용액계에서 진행하지만, 6시간 후에는 겔상으로 되며 반응용액 전체가 굳어진다. 교반을 중지하고 그대로 더욱 6시간 방치시킨 후, 메탄올 500ml 중에 투입하고 교반하여 폴리머를 침전시킨다. 폴리머를 여별하고, 메탄올 500ml 중에서 가열환류시켜 잘 세척한 후 80℃에서 진공건조 시킨다. 이 아라미드의 수량은 1.18g(수득율 99%)이고, 그의 고유점도 ηinh는 7.41dl/g(진한 황산 중, 30℃)이다.

아라미드의 합성법으로서, 산염화물법에 추가하여 이소시아네이트법이 알려져 있다. 방향족 디아민으로부터 유도되는 디이소시아네이트와 디카르복실산을 반응시키는 방법으로서, 폴리아미드나 아라미드의 합성은, 어떤 종류의 인 계통 촉매의 존재하에, 술폴란과 같은 고비점 용매 중에서 약 200℃로 가열하는 것에 의하여 달성되며, 용이하게 고중합체를 얻을 수 있다.

$$\text{O=C=N- Ar'- N=C=O} + \text{HOCO- Ar- COOH} \xrightarrow[\text{-CO}_2]{} \left[\text{- NH- Ar'- NHCO- Ar- CO-}\right]_n$$

실험 예 5-25 방향족 디이소시아네이트와 방향족 디카르복실산으로부터 아라미드의 합성

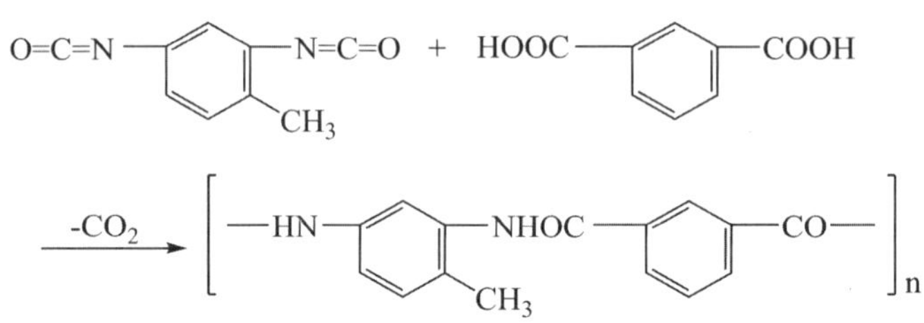

교반기, 질소도입관, 냉각기(건조관 부착)를 설치한 3구플라스크에, 이소프탈산 0.8306g(5.0mmol)과 3-메틸-1-페닐-2-포스포렌-1-옥사이드(촉매) 2.4mg(0.0125mmol)을 취하고, 술폴란 10ml를 가하여 용해시킨다. 이 용액을 오일중탕 중에서 200℃로 가열하고, 질소기류하에 교반하면서 2,4-톨릴렌디이소시아네이트 0.8708g(5.0mmol)을 술폴란 5ml에 용해시킨 용액을 5분간에 걸쳐 적하한다. 다음에, 이 용액을 질소 기류하, 200℃에서 3시간 교반하여 반응시킨다. 반응용액을 메탄올 500ml 중에 가하고, 침전된 폴리머를 여별한 후, 건조시킨다. 이 폴리머를 DMAc에 용해시키고, 메탄올 중에 투입하여 정제시킨 후, 메탄올과 가열환류하여 잘 세척하고, 80℃에서 진공 건조시킨다. 아라미드의 수득률은 정량적이며, 그의 고유점도 ηinh는 0.95dl/g(진한 황산 중, 30℃)이다. 이 아라미드의 Tg는 263℃이다.

위에서 설명한 바와 같이, 방향족 디아민과 방향족 디카르복실산으로부터는, 가열시키는 것만으로 직접 아라미드를 합성하는 것은 곤란하지만, 이 반응계에 적당한 축합제(XY : 카르복실산의 활성화제)를 가하고 반응시키면, 고분자량의 아라미드를 얻을 수 있다. 이 직접 중축합에 적당한 축합제로서 대표적인 것은 아인산트리페닐-피리딘계로서, NMP 등의 중합용매와 잘 조합시켜 사용된다.

$$H_2N{-}Ar'{-}NH_2 + HOOC{-}Ar{-}COOH + 2XY$$

$$\longrightarrow \left[-NH{-}Ar'{-}NHCO{-}Ar{-}CO- \right]_n + 2HX + 2YOH$$

$$H_2N{-}Ar{-}COOH + 2XY \longrightarrow \left[-NH{-}Ar{-}CO- \right]_n + 2HX + 2YOH$$

실험 예 5-26 직접 중축합에 의한 방향족 디아민과 방향족 디카르복실산으로부터 아라미드의 합성

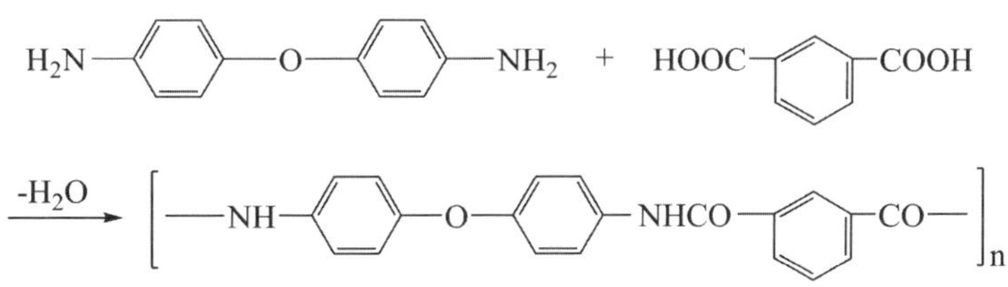

교반기, 질소도입관, 냉각기(건조관 부착)를 설치한 3구플라스크에, 비스(4-아미노페닐)에테르 4.00g(0.02mol)과 이소프탈산 3.32g(0.02mol)을 취하고, 여기에 NMP 40ml를 가하여 용해시킨다. 다음에 피리딘 10ml와 아인산트리페닐 12.4g과 염화리튬 2.0g을 순서에 따라서 가한다. 이 용액을 질소 기류하, 100℃에서 3시간 교반하여 반응시킨 후, 끈적끈적한 용액에 NMP 40ml를 가하여 희석하고, 메탄올 1000ml 중에 서서히 투입하여 폴리머를 석출시킨다. 침전된 폴리머를 여별한 후, 메탄올 1000ml 중에 분산시키고, 가열환류하여 폴리머를 세척한다. 이 폴리머를 여별하고, 80℃에서 진공 건조시킨다. 이 아라미드의 고유점도 ηinh는 0.9~1.5dl/g(진한 황산 중, 30℃)이다.

5-1-5 폴리이미드

폴리피로멜리트이미드로서 대표되는 폴리이미드는 내열성인 점에서 최고 위치를 점유하며, 모든 산업분야에서 사용되고 있는 명실공히 대표격의 내열성 폴리플라스틱이다.

폴리이미드의 대표적인 합성법은, 방향족 디아민과 방향족 테트라카르복실산2무수물을 개환 중부가-탈수환화반응시키는 2단 합성법(디아민법)이다.

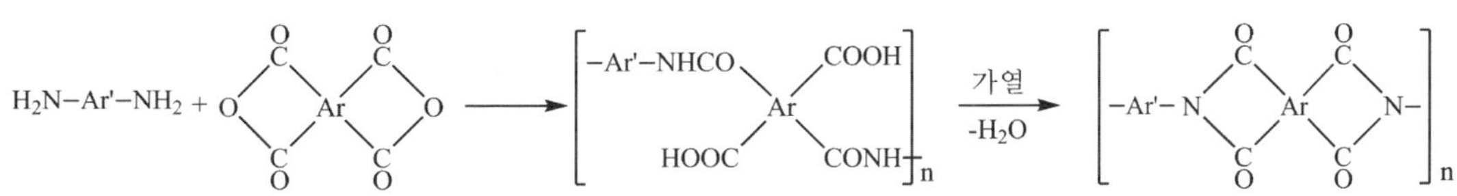

제1단계의 반응은, 2종류의 모노머를 DMAc와 같은 아미드계통의 용매 중, 실온에서 교반시키는 것에 의하여 달성되며, 용이하게 고분자량의 폴리아미드산이 생성된다. 중합용매로서는, 아미드계통 용매 이외에 다이글라임이 매우 적당한 용매이다. 이 제1단계의 반응으로 고중합체를 얻기 위해서는, 수분이 전혀 존재하지 않는 반응계에서 중합을 행하는 것이 필수적이다. 폴리이미드의 거의 대부분은 불용 불융성이기 때문에, 이 가용성의 전구체인 폴리아미드산의 단계에서 필름, 이외에 성형가공한 후, 제2단계의 탈수환화반응(이미드화)시켜, 폴리이미드로 전환시킨다. 이미드화는 일반적으로, 폴리아미드산을 300℃ 내외로 가열하는 것에 의하여 쉽게 달성되지만, 무수아세트산-피리딘계를 사용하는 화학적 처리도 행해진다.

실험 예 5-27 방향족 디아민과 방향족테트라카르복실산2무수물로부터 폴리이미드의 합성

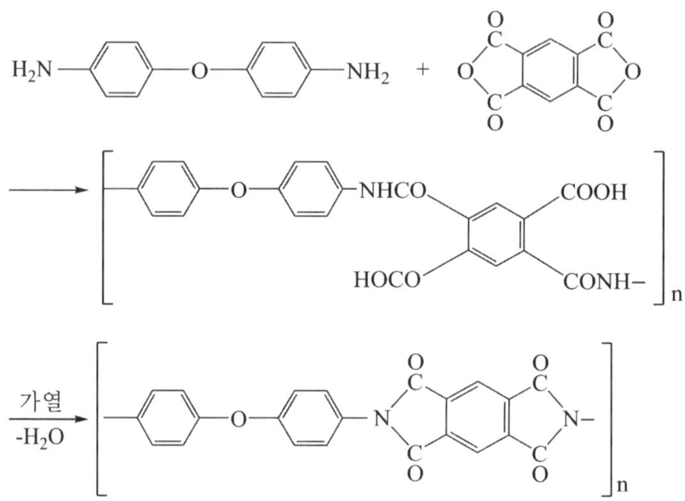

교반기, 질소도입관, 건조관을 설치한 500ml의 3구 플라스크에, 비스(4-아미노페닐)에테르 10.0g(0.05mol)을 취하고, DMAc 160g을 가한 후, 질소를 통하면서 교반하여 용해시킨다. 이 용액을 교반하면서, 무수피로멜리트산 10.90g(0.05mol)을 2~3분에 걸쳐 가한다. 나머지 산무수물을 DMAc 28g으로 플라스크내에서 세척하여 적하한다. 이 산무수물을 첨가한 후, 내부의 온도가 40℃ 정도로 상승하지만, 곧바로 실온으로 되돌아온다. 반응혼합물을 계속 교반하면, 용액의 점도가 상승한다. 1시간 후에는, 고유점도 ηinh는 1.5~3.0dl/g (0.5g/dl DMAc 용액, 30℃)의 폴리아미드산이 얻어진다. 이 중합체 용액(10% 농도)은 건조시킨 밀폐용기내에서 -15℃로서 저장이 가능하다.

이 용액을 글라스판상에 펼치고, 80℃의 통풍 건조기내에서 질소를 통하면서 건조시키면, 폴리아미드산의 필름이 얻어진다. 이 필름을 글라스판 그대로, 혹은 일단 벗겨서 집게로 고정시킨 후, 150℃에서 1시간, 200℃에서 1시간, 더욱 300℃에서 1시간, 진공 중에서 가열처리하면 오렌지색의 폴리이미드 필름이 얻어진다. 이 폴리이미드의 Tg는 420℃이고, 공기 중 270℃에서 1년 이상, 300℃에서 1개월 이상의 연속 사용에 견디는 고도의 내열성을 나타낸다.

방향족 디아민 대신에 디이소시아네이트를 사용하는 디이소시아네이트법도 채용되고 있다. 즉, 방향족 디이소시아네이트와 방향족 테트라카르복실산2무수물을 DMAc나 DMSO와 같은 용매 중에서, 약 120℃로 가열하여 반응시키면, 2산화탄소의 탈리를 동반하면서 1단계로서 폴리이미드가 생성된다. 이 반응에서는, 미량의 수분의 존재가 반응을 촉진시키는 것으로 확인되었다.

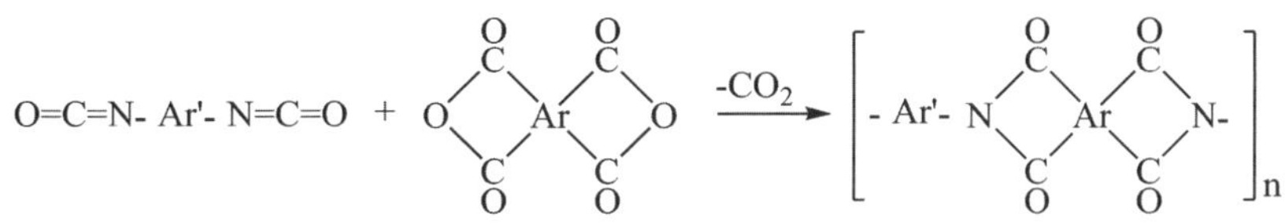

실험 예 5-28 방향족 디이소시아네이트와 방향족 테트라카르복실산2무수물로부터 폴리이미드의 합성

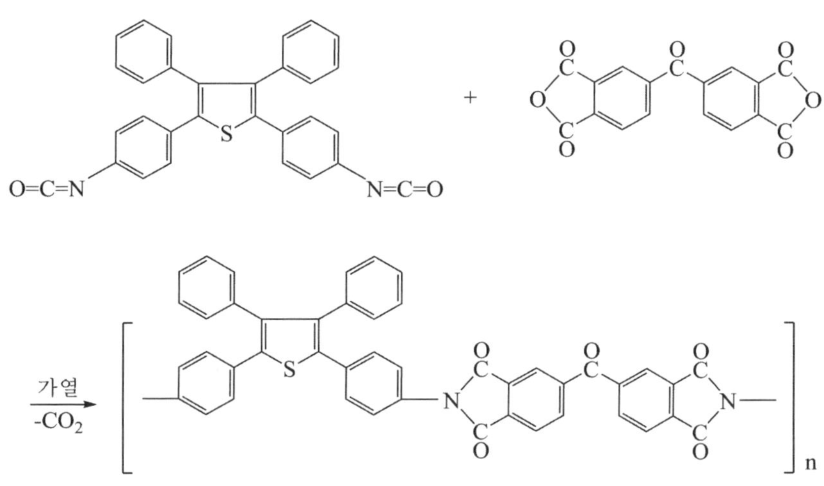

플라스크에 테트라페닐티오펜디이소시아네이트 0.47g(1.0mmol), 벤조페논테트라카르복실산2무수물 0.322g(1.0mmol), 촉매인 트리에틸렌디아민 40mg, 벤조니트릴 3.5ml를 취하고, 이 혼합물을 질소기류하, 140℃로 가열하면서 교반하여 6시간 반응시킨다. 이 때, 혼합물은 용액으로 되며, 그 후에 폴리머가 석출한다. 이 반응혼합물을 아세톤 중에 투입하고, 침전물을 여별한 후, 80℃에서 감압건조시킨다. 생성폴리머의 수득률은 99%이고, 그의 고유점도 ηinh는 1.49dl/g(진한 황산 중, 30℃)이다.

폴리이미드의 다른 합성법으로서, 방향족 디아민 대신에 N-트리메틸실릴화디아민을 사용하는 방법(N-실릴화디아민법)과, 방향족 테트라카르복실산2무수물 대신에 티오무수물을 사용하는 방법(티오무수물법)이 알려져 있다.

N-실릴화디아민법에 있어서는, 먼저 N-트리메틸실릴화방향족디아민과 방향족 테트라카르복실산2무수물과의 개환 중부가반응에 의하여 폴리아미드산트리메틸실릴에스테르를 얻은 후, 이어서 이것을 300℃내외로 가열하여 이미드화를 행하여(트리메틸실라놀의 탈리를 동반한다), 폴리이미드로 전환시킨다. 이 방법은 개환중부가-환화이미드화의 2단계를 경유하는 반응으로서, 종전의 디아민법과 유사하다.

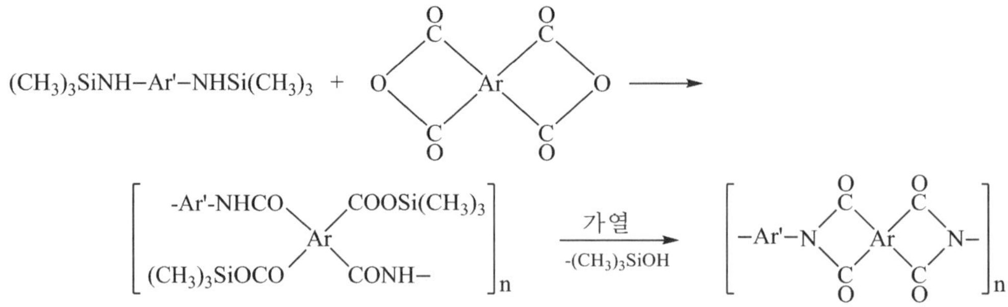

이 방법에 의하여 얻어지는 폴리이미드의 전구체인 폴리아미드산실릴에스테르는, 종전의 폴리아미드산과 비교하면, 카르복실산의 부분이 실릴에스테르로서 보호되어 있기 때문에 용해성에 뛰어나며, 따라서 중합용매로서 DMAc와 같은 아미드계통 용매 이외에, 테트라하이드로푸란이나 클로로포름과 같은 저비점의 저극성용매 중에서도 고중합체를 얻을 수 있다. 또한 종전의 폴리아미드산은 보존 안정성이 나쁜 것(가수분해에 의한 분자량의 저하와 이미드화에 의한 겔화), 이 점이 문제로 남아 있었지만, 폴리아미드산실릴에스테르에서는, 이 점이 해결되었으며, 수분과의 접촉조차도 단절시키면, 실온에서 변질 없이 장시간의 보존에 견딜 수 있다. 이 폴리아미드산실릴에스테르의 가열에 의한 이미드화(실라놀의 탈리를 동반한다)는, 종전의 방법과 마찬가지의 가열조건하에서 이미드화를 달성시킬 수 있다.

실험 예 5-29 N-트리메틸실릴화 방향족 디아민과 방향족 테트라카르복실산2무수물로부터 폴리이미드의 합성

교반기, 질소도입관, 건조관을 설치한 3구플라스크에, N,N′-비스트리메틸실릴화비스(4-아미노페닐)에테르 1.723g(5.0mmol)을 취하고, DMAc 12.5ml를 가하여 용해시킨다. 이 용액 중에 무수피로멜리트산 1.091g(5.0mmol)을 가하고, 질소기류하, 20℃에서 1시간, 이어서 40℃에서 6시간 교반하여 반응시킨다. 반응의 진행에 동반하여 용액의 점도가 상승한다. 생성 폴리머는 폴리아미드산트리메틸실릴에스테르이고, 얻어진 반응용액의 일부를 메탄올 중에 투입하는 것에 의하여, 탈트리메틸실릴화된 폴리아미드산을 얻을 수 있다. 이 메탄올 중에서 침전된 담황색의 폴리아미드산을 여별하고, 잘 메탄올로서 세척한 후, 실온에서 24시간 진공건조시킨다. 이 폴리아미드산의 고유점도 ηinh는 1.65dl/g(DMAc용액 중, 30℃)이다.

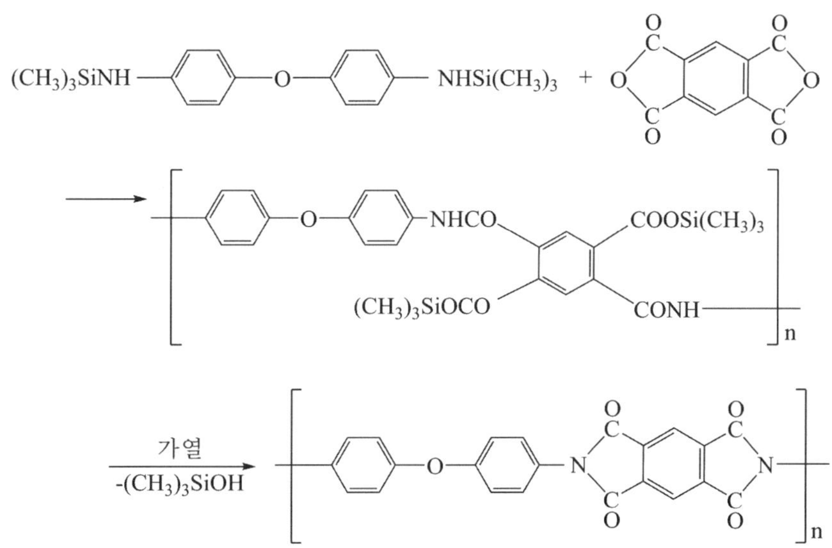

이 반응용액을 글라스판상에 펼치고, 실온에서 24시간, 80℃에서 12시간, 150℃에서 1시간, 200℃에서 1시간, 더욱 300℃에서 2시간, 진공 중에서 가열처리하는 것에 의하여, 폴리이미드의 오렌지 필름이 얻어진다.

티오무수물법은, 방향족 테트라카르복실산2무수물 대신에, 상당하는 티오무수물을 사용하는 방법이다. 즉, 이 방법에 의하면, 방향족디아민과 방향족 테트라카르복실산2티오무수물을 DMAc나 피리딘과 같은 용매 중에서, 100~140℃로 가열하고, 용액중축합을 행하면, 황화수소의 탈리를 동반하면서 단번에 폴리이미드가 얻어진다.

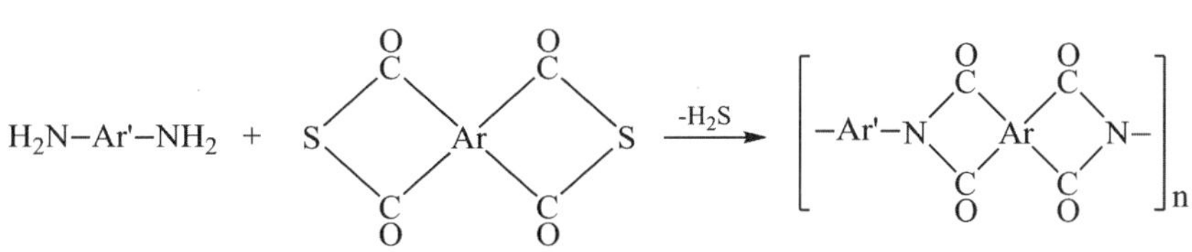

이 방법은, 100℃ 부근의 온화한 조건하에서 양쪽 반응성분으로부터 직접 폴리이미드가 합성되며, 게다가 폴리아미드산 구조 등의 다른 구조를 전혀 함유하지 않는 고순도의 폴리이미드가 얻어지는 점에서 큰 특징이 있다.

실험 예 5-30 방향족 디아민과 방향족 테트라카르복실산2티오무수물로부터 폴리이미드의 합성

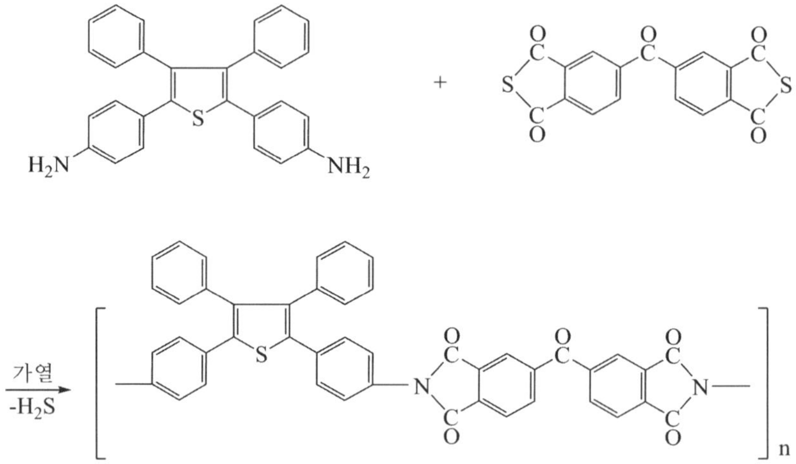

플라스크에 테트라페닐티오펜디아민 0.627g(1.5mmol)을 취하고, NMP 15ml를 가하여 용해시킨다. 이 용액에 벤조페논테트라카르복실산2티오무수물 0.532g(1.5mmol)을 가하고, 이 용액을 질소기류하, 140℃에서 교반하여 6시간 반응시킨다. 얻어진 끈적끈적한 반응용액의 일부를 메탄올 중에 투입하고, 침전된 폴리머를 여별한 후, 뜨거운 메탄올로서 잘 세척하고, 80℃에서 감압 건조시킨다. 이 폴리이미드의 고유점도 ηinh는 1.40dl/g(NMP용액, 30℃)이다. 또한, 이 반응용액을 글라스판상에 펼치고, 150℃에서 3시간 건조시키는 것에 의하여, 단번에 폴리이미드의 필름을 얻을 수 있다.

5-2 형상기억재료

형상기억 폴리머는, 임의의 형태로 형성된 성형체가 원래의 형상을 기억하고 있으며, 소정의 온도 이상으로 가열하면, 변형된 이전의 형상으로 되돌아온다고 하는 특이한 성질을 갖는 폴리머이다. 형상기억의 과정을 나타내면 그림 5-1과 같이 되지만, 이 형상기억과 회복을 가능하게 하는 고리로서는, 일반적으로 글라스전이나 미결정의 융해라고 하는 물리과정이 이용되고 있다.

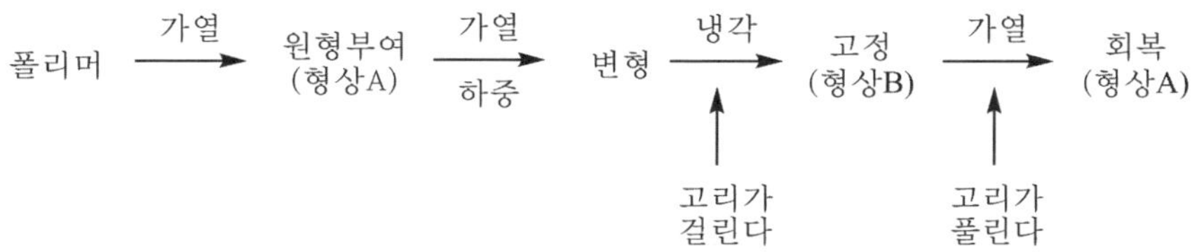

그림 5-1 형상기억의 과정

이와 같은 형상기억 폴리머로서는 유연한 고분자사슬로 형성되고, 망목구조(물리적 가교 또는 화학적 가교)를 가지며, 실온이상의 특정온도에서 분자운동이 동결되기도 하고 제한되는 구조를 가지는 등의 조건으로 된다. 구체적으로는 표 5-1과 같은 형상기억 폴리머가 개발되어 있다.

표 5-1 형상기억 폴리머의 종류

폴리머	분자구조
폴리노르보르넨	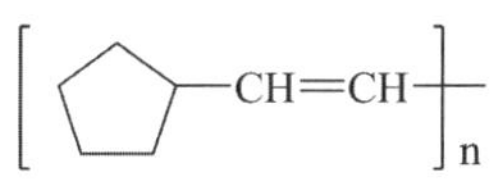
트란스폴리이소프렌	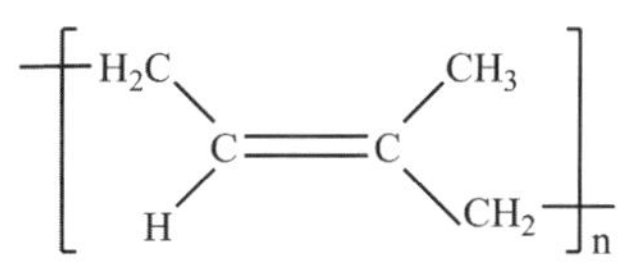
스티렌-부타디엔 블록 공중합체	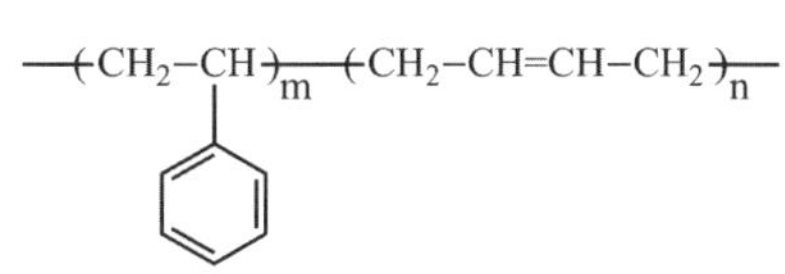
폴리우레탄	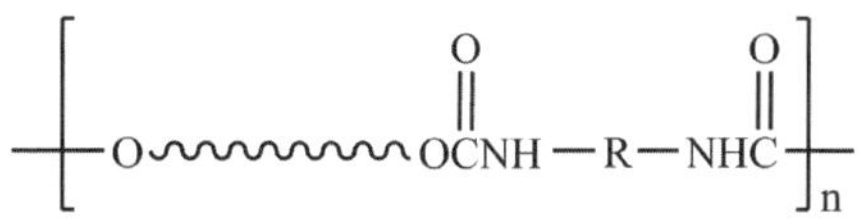

이 표에서 보는 바와 같이, 형상기억 폴리머는 그 분자구조나 합성법(제조법)도 다르기 때문에 다양하며, 예를 들면 폴리노르보르넨은 노르보르넨 모노머의 개환중합에 의하여, 트란스 폴리이소프렌은 이소프렌 모노머의 중합에 의하여, 스티렌-부타디엔 블록공중합체는 양쪽 모노머의 블록공중합에 의하여, 폴리우레탄은 폴리머디올과 디이소시아네이트의 중부가에 의하여 얻어지고 있다.

실험 예 5-31 폴리노르보르넨의 형상기억과 회복

폴리노르보르넨(평균 분자량 300만 이상)은 글라스전이온도가 35℃로서, 먼저 150℃ 전후에서 10분 정도에 걸쳐 압축성형하면, 어떤 형상의 성형체(그림 5-1의 형상A)가 얻어진다. 이것을 약 150℃에서 외부에서 압력을 가하면서 임의의 형태로 변형시킨 후, 실온까지 냉각시켜 그 변형을 고정시킨다(그림의 형상B). 실온에서는 이 형상이 그대로 유지된다. 다음에 이것을 약 40℃ 가열하면(40℃의 온수에 담근다) 소재의 폴리머는 연화하여 기억하고 있던 원래의 형상(그림의 형상A)으로 빠르게 회복된다.

이와 같은 형상기억 폴리머는, 통상의 플라스틱의 성형방법(압출, 압축, 사출성형 등)에 의하여 용이하게 성형(원형부여)할 수 있다. 가열, 변형, 냉각에 의하여 용이하게 변형을 고정시킬 수 있으며, 또한 변형량도 크게 조절할 수 있고, 기억회복온도가 상온보다도 높으며, 일반조건의 보관에서는 변형(자연회복)을 무시할 수 있는 등의 특징을 갖는 것으로, 공업제품, 의용재료, 일용잡화 등에 널리 응용되고 있다. 더욱, 위에 나타낸 형상기억 폴리머의 요건에 의하면, 위에 설명한 이외의 다른 분자구조로 형성된 형상기억 폴리머도 분자설계할 수 있기 때문에, 앞으로 더욱 다종다양한 물질이 출현하리라고 생각된다.

5-3 열경화성 재료

열경화성 수지는, 가열에 의하여 분자의 성장(고분자량화)과 분자간의 가교생성을 일으켜 비가역적인 3차원구조로 되는 것이 특징이다. 일반적으로 열경화성 수지는, 비교적 분자량이 작은 전구중합체(올리고머)형태로서 제공되며, 가열경화의 과정을 거쳐 최종제품으로 된다. 최근, 열경화성 수지를 고성능화시키려고 하는 경향이 현저하며, 내열성, 기계적 특성(특히 무른정도의 개선), 접착성 등의 향상이 요구되고 있기 때문에, 성형품 이외에, 특히 선진섬유강화 복합재료용의 내열성 매트릭스수지로의 응용이 진행되고 있다. 이미, 범용의 열경화성 수지로서, 페놀수지, 요소수지, 멜라민수지, 불포화폴리에스테르수지, 에폭시수지 등이 사용되고 있다.

5-3-1 부가경화성 올리고머

열경화성 관능기로서는, 범용 열경화성수지 중에서 많이 사용되고 있는 $-CH_2OH$와 같은 축합형 관능기가 있지만, 이들의 수지는 경화과정에서 휘발성의 축합생성물을 발생하기 때문에 성형재료, 적층재료로는 좋지 않다. 따라서 성형시킬 때 휘발성분을 생성하지 않는 부가경화형의 관능기를 갖는 수지가 바람직하다. 이와 같은 부가경화형 관능기를 양쪽 말단에 갖는 분자량 1500 정도의 올리고머가 몇 개 개발되어 있다.

최종제품의 내열성은, 올리고머의 분자구조에 따라서 크게 지배되기 때문에, 올리고머로서는 내열성인 점으로부터 방향족 이미드올리고머가 가장 유용하며, 많이 사용되고 있다. 이외에, 슈퍼엔지니어링플라스틱에 상당하는 골격, 예를 들면 방향족 폴리에테르술폰 등으로 형성되는 올리고머도 제안되고 있다. 부가경화형 관능기로서는, **표 5-2**에 나타내는 것들이 알려져 있다.

표 5-2 양쪽말단에 부가경화형의 관능기를 갖는 올리고머

종별	종별열경화성관능기	종별	종별열경화성관능기
Ⅰ	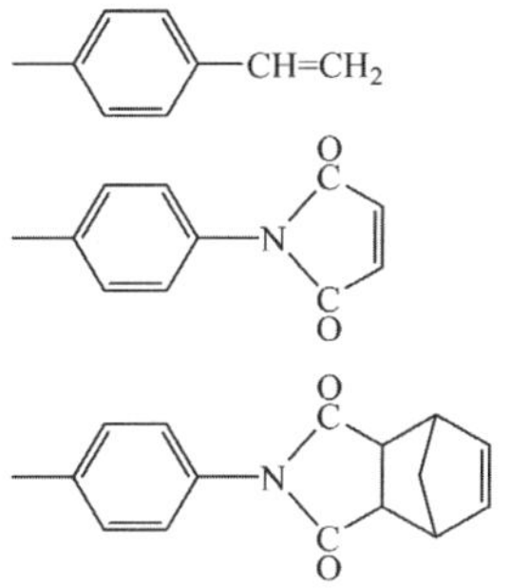	Ⅲ	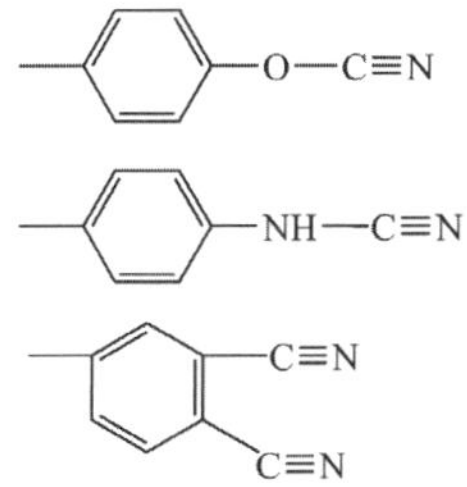
Ⅱ	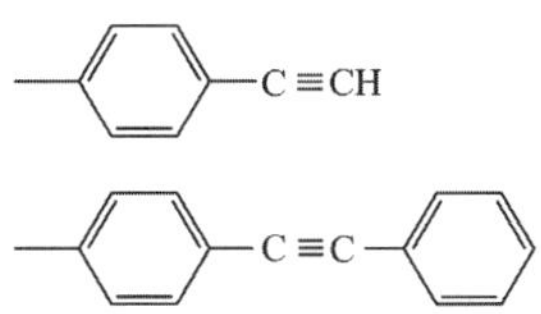	Ⅳ	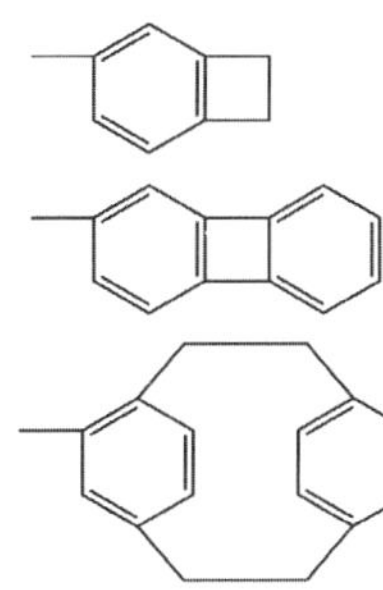

이들의 관능기는 가열에 의하여 이중결합, 삼중결합, 시클로부탄고리 등의 상호간에 반응하면 가교점이 형성되어, 원래의 올리고머를 경화시키지만, 반응성은 같지 않고, 관능기의 종류에 따라서 크게 다르다. 올리고머의 종류와 분자량, 경화되는 관능기의 조합에 따라서 올리고머의 용융유동성, 강화섬유와의 젖음성, 경화반응의 난이성, 경화조건 등이 다른 것으로 인하여, 최종제품의 각종 특성이 변하기 때문에, 상황에 따라서 선택되고 있다.

실험 예 5-32 폴리아미노비스말레이미드의 합성과 경화

교반기, 건조관 부착의 냉각기, 질소도입관을 설치한 4구플라스크에 비스(4-아미노페닐)메탄 19.8g(0.10mol)을 취하고, N-메틸피롤리돈 45ml를 가한 후, 질소분위기하에서 교반하여 용해시킨다. 이 플라스크를 130℃로 유지시킨 기름중탕에 담근 후, 이 용액 중에 비스(4-말레이미드페닐)메탄 43.0g(0.12mol)을 가하고, 20~50분간 교반하여 반응시킨다. 이와 같이 해서 용액점도가 3~8poise(30℃에서 측정)의 프레폴리머용액이 얻어진다. 이것을 물에 교반하면서 적하하여 생성물을 침전시킨다. 이것을 여별하고, 물로서 반복하여 세척한 후 80℃에서 15시간 건조시킨다. 더욱, 이것을 110℃에서 20분, 130℃에서 20분, 전경화시켜 폴리아미노비스말레이미드수지 분말을 얻는다. 이 분말을 압력 10MPa, 온도 230℃에서 1시간의 조건으로 성형시키고, 더욱 200℃에서 24시간 후경화시키면, Tg가 220℃의 인장특성이 뛰어난 경화물이 얻어진다. 이때의 경화반응은 다음의 반응식에 따라서 진행하고 있다.

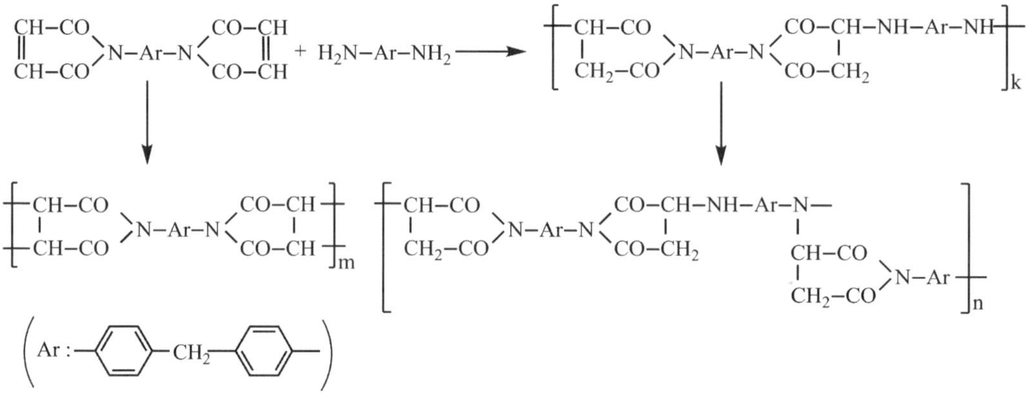

더욱, 양쪽 반응성분을 같은 몰량을 사용하여, 마이켈형 중부가반응시켜 얻어지는 고분자량의 선상폴리머 Tg는 218℃이고, 한편, 비스말레이미드를 단독으로 280℃에서 10시간 경화시킨 것의 Tg는 342℃이다. 폴리아미노비스말레이미드는 "Kerimid®", "Kinel®"(프랑스 Rhone-Poulenc사) 등으로서 실용화 되고 있다.

실험 예 5-33 노르보르넨고리를 양쪽 말단에 갖는 방향족 이미드올리고머의 합성

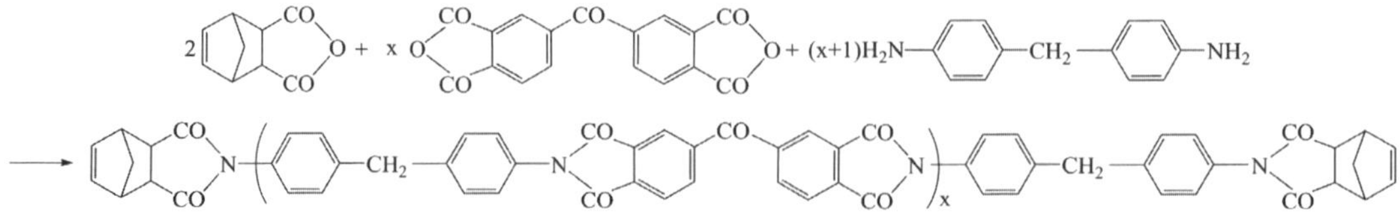

자석식 교반기, 건조관 부착의 냉각기, 질소도입관을 설치한 3구플라스크에 비스(3-아미노페닐)메탄 7.92g(0.040mol)을 취하고, NMP 54ml를 가하여 질소기류하 실온에서 교반하여

용해시킨다. 이 용액 중에 5-노르보르넨-2,3-디카르복실산무수물 4.93g(0.030mol)을 3회로 나누어서 가하여 용해시키고, 이어서 3,3',4,4'-벤조페논테트라카르복실산 2무수물 8.06g(0.025mol)을 5회로 나누어서 첨가하여 용해시킨다. 이 용액을 실온에서 3시간 교반하여 반응시킨 후, 물에 투입하여 아미노산올리고머를 침전시킨다. 이것을 여별하고, 잘 물로써 세척한 후, 실온에서 진공건조시키고 이어서 진공하에 195℃로 가열하여 이미드화를 완결시킨다. 생성된 이미드올리고머의 평균분자량은 1300이며, 194~214℃에서 용융한다. 250℃에서 1시간 가열처리한 경화물의 Tg는 222℃이다.

여기에서 설명한 노르보르넨고리를 양쪽 말단에 갖는 방향족 이미드올리고머 이외에 아세틸렌기를 말단에 갖는 것 등이 실용화 되고 있다.

5-3-2 반응성 희석제

부가경화형 내열성올리고머는, 대응하는 고분자량의 폴리머와 비교하면 성형성은 양호하지만, 이 올리고머도 Tg가 높기 때문에 용융유동성은 그다지 좋지 않다. 부가경화형 올리고머를 성형하는 경우, 그 용융온도와 부가 경화반응을 개시시키는 온도의 차가 충분히 큰 것이 바람직하다. 올리고머의 유동성은 그의 평균분자량을 작게 조절하는 것에 의하여 개량시킬 수 있지만, 그러나 평균분자량을 작게 하면 가교밀도가 커지기 때문에 성형체의 인성이 저하한다.

표 5-3 비스말레이미드계 올리고머용 반응성 희석제

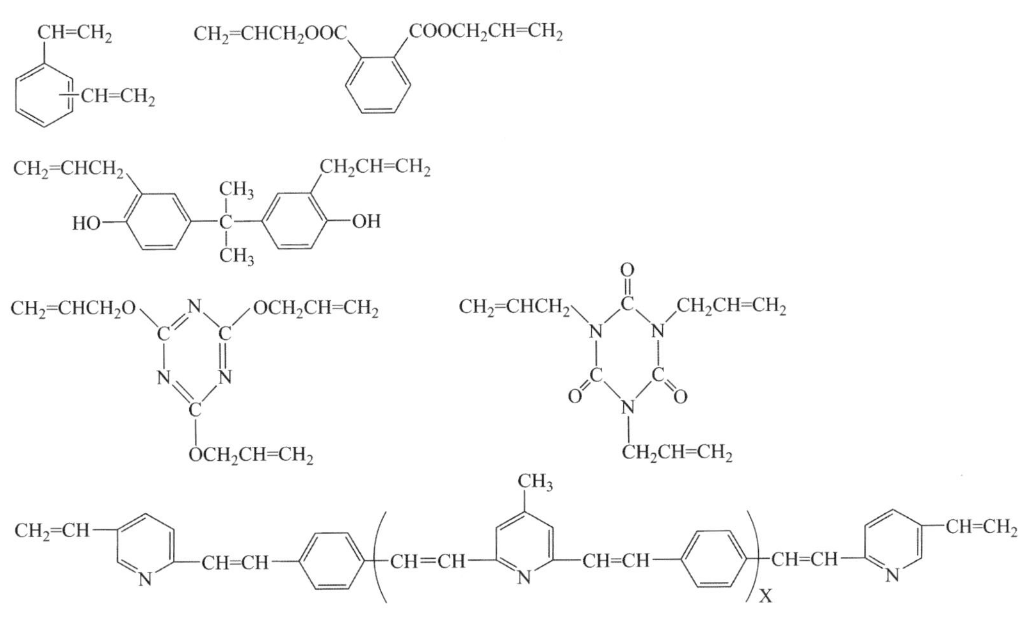

이와 같은 점의 해결책의 하나는, 올리고머에 저분자량의 말단관능성 모노머를 소량 첨가하고, 경화되지 않은 계통의 혼합물의 성형성을 향상시키는 방법이 있다. 이와 같은 종류의 모노머를 반응성 희석제라고 말한다. 여기서 부가경화형 내열성 올리고머와 반응성 희석제를 조합시키는 경우에는, 이들 상호간의 상용성에 충분히 주의할 필요가 있다.

반응성 희석제의 이용은, 비스말레이미드계 올리고머에서는 일반화 되어 있다. 이 계통에 적합한 반응성 희석제를 **표 5-3**에 나타낸다. 비스말레이미드계 올리고머와 디시아네이트로 형성되는 비스말레이미드-트리아진수지를 비롯하여 2, 3종류의 조합이 실용화 되고 있다.

실험 예 5-34 비스말레이미드와 디시아네이트로부터 비스말레이미드-트리아진수지의 합성

플라스크에 비스(4-말레이미드페닐)메탄 8.0g과 2,2-비스(4-시아네이트페닐)프로판 2.0g을 취하고, 이들의 분말을 혼합시킨 후, 150℃의 기름중탕 중에서 질소분위기하에 용융시킨다. 이것을 3Torr의 감압하에서 20분 진공탈포시킨 후, 테플론제의 형틀에 넣고, 더욱 같은 온도에서 3Torr의 조건하에 탈포시킨다. 이것을 170℃에서 24시간, 180℃에서 3시간, 240℃에서 10시간 가열하여 경화시킨다. 얻어진 경화물의 Tg는 292℃이다. 가열에 의한 경화반응은 다음의 반응식에 따라서 진행한다.

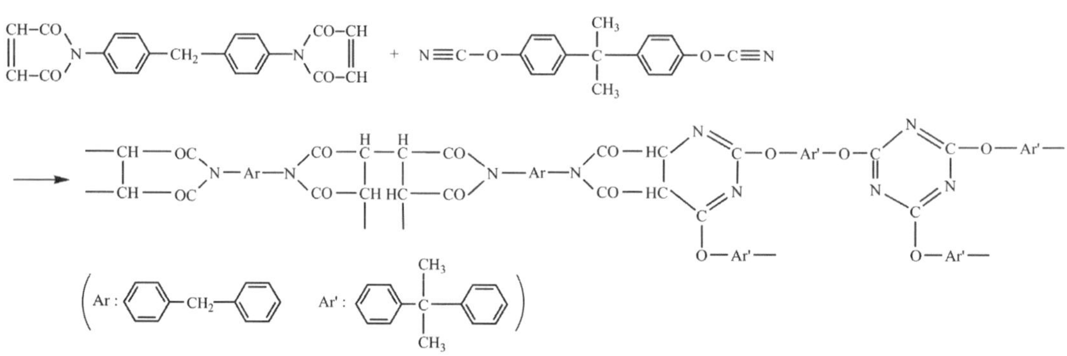

이외에, **표 5-2**에 나타낸 부가 경화형 관능기를 양쪽 말단에 갖는 모노머가 몇 종류 합성되었으며, 부가 경화형 올리고머의 반응성 희석제로서의 평가가 행해지고 있지만, 이들의 조합으로부터 실용화된 예는 드물다.

여기서, 고분자량의 내열성 폴리머나 슈퍼엔지니어링플라스틱에 반응성 희석제를 소량 혼합시키면, 원래의 폴리머의 유동성을 개량시킬 수 있으며, 더욱 성형시킨 후에 후경화시키는 것에 의하여 내열성 폴리머 중에 혼입된 망상구조(interpenetrating polymer networks, IPN)

를 갖는 성형체를 얻을 수 있다. 이 종류의 조성물은 semi IPN이라고 불리며, 내열성 폴리머의 강성의 향상에 효과를 나타낸다.

5-4 열분해성 재료

가열에 의하여 분해하는 열분해성 고분자는 고분자의 주사슬 중에 결합해리에너지가 작은 결합을 도입시키는 것에 의하여 분자설계할 수 있다. 즉, 과산화물결합(–O–O–)이나, 지방족기에 아조결합(–N=N–) 등의 도입이 유효하며, 이와 같이 해서 과산화물폴리머나 지방족 아조폴리머 등이 합성되고 있다. 이들은 고분자 라디칼중합개시제로서의 기능을 가지고 있으며, 비닐모노머의 중합이나 블록공중합체의 합성 등에 유용하다.

5-4-1 과산화물 폴리머

과산화물폴리머로서는, 다음과 같은 과산화알킬계(Ⅰ), 과산화에스테르계(Ⅱ), 과산화아실계[(Ⅲ), (Ⅳ)] 등이 합성되어 있다.

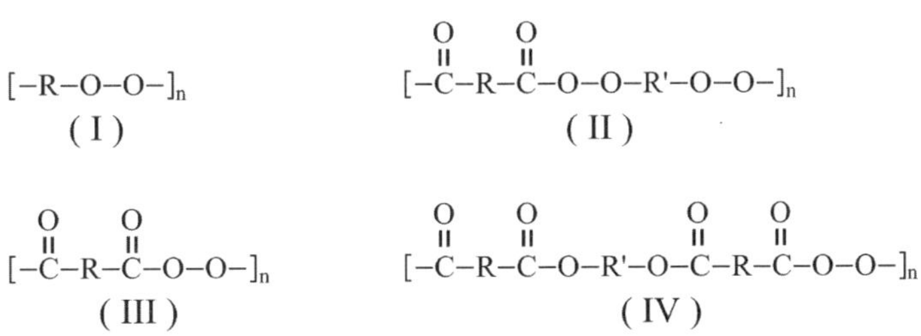

이들 중에서, 폴리스티렌퍼옥사이드(스티렌과 산소의 교대 라디칼공중합에 의하여 얻어진다)에 의하여 대표되는 과산화알킬계 폴리머(Ⅰ), 과산화에스테르계 폴리머(Ⅱ)(디카르복실산클로라이드와 비스하이드로퍼옥사이드의 중축합에 의하여 얻어진다), 및 단순한 구조의 과산화아실계 폴리머(Ⅲ)(디카르복실산클로라이드와 과산화나트륨의 반응에 의하여 얻어진다)는, 어느 것이나 마찰, 충격, 가열 등에 매우 민감하며, 폭발적으로 분해하는 폴리머이기 때문에, 공업적으로는 이용되지 않는다. 다른 과산화아실계 폴리머(Ⅳ)는, 주사슬 중에 에스테르결합을 도입시키는 것에 의하여 과산화아실의 비율을 상대적으로 감소시킨 것으로서 폭발성이 없으며, 용매나 비닐모노머에 잘 용해하기 때문에, 상품화 되어 있고, 블록공중합체의 합성 등에 사용되고 있다.

실험 예 5-35 스티렌과 산소의 라디칼 교대공중합에 의한 폴리스티렌퍼옥사이드의 합성과 반응

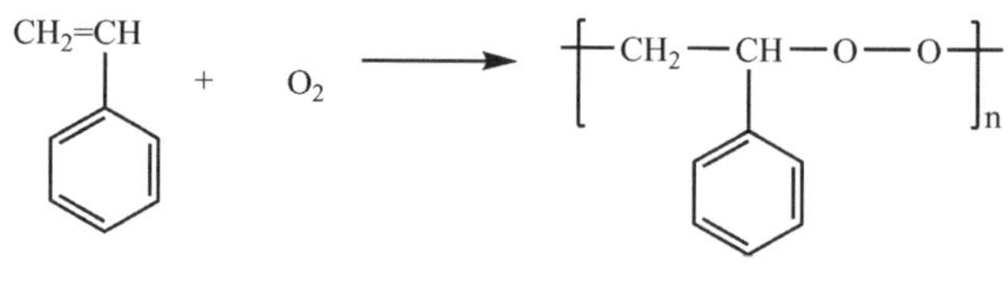

고속교반기, 산소도입관, 환류냉각기를 설치한 플라스크에, 스티렌 104g(1.0mol)을 취하고, 55℃로 가열하면서 상압하에 산소를 유입시켜 포화시킨다. 이 용액 중에, 2,2′-아조비스이소부티로니트릴 0.20g(1.23mmol)을 가하고, 고속으로 교반하면서 같은 온도에서 산소를 계속 유입시킨다. 산소의 공급속도는, 공중합에 의하여 소비되는 산소의 양보다는 적어도 5배 이상으로 조절한다. 이와 같이 조절하여 20시간 반응시킨 후, 얻어진 균일용액을 10배량의 빙랭시킨 메탄올 중에 투입하면, 끈적끈적한 고무상태의 공중합체가 침전하여 얻어진다. 이 고무상 물질을 벤젠에 용해시키고, 메탄올 중에 투입하여 침전시키는 조작을 3회 반복하여, 메탄올에 가용되는 것은 불순물로서 제거하는 조작으로 정제된 폴리머를 얻는다. 이것을 실온에서 15시간 진공건조시킨 후, −40℃의 어두운 곳에 보관한다. 얻어진 공중합체의 중량평균분자량은 약 10000이다. 이 폴리머는 급속히 가열하면, 100℃ 이상에서 폭발한다.

이 폴리머는 라디칼중합 개시제로서 스티렌의 괴상중합에서 촉매로서 사용된다.

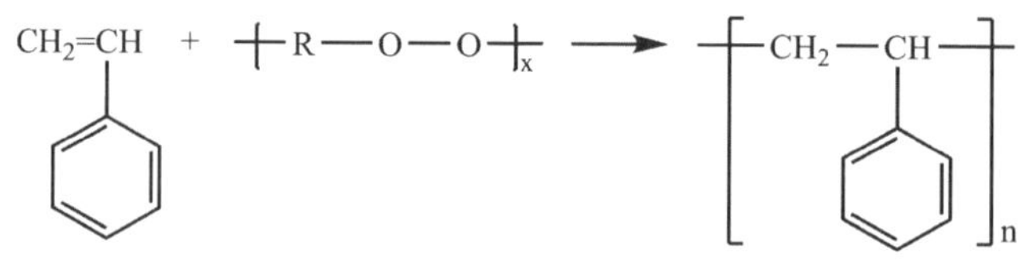

시험관에 이 폴리머 0.1g을 취하고, 스티렌 2ml를 가하여 용해시킨다. 이 용액을 80℃에서 4시간 가열하면, 스티렌이 중합하여 폴리스티렌의 고체가 얻어진다.

실험 예 5-36 아디프산클로라이드와 트리에틸렌글리콜로부터 과산화아실계폴리머의 합성

$$ClCO(CH_2)_4COCl \;+\; HO(CH_2CH_2O)_3H$$

$$\xrightarrow[-HCl]{} ClCO(CH_2)_4CO{-}(O(CH_2CH_2O)_3CO(CH_2)_4CO)_x{-}Cl$$

$$\xrightarrow[-2NaCl]{Na_2O_2} \left[CO(CH_2)_4CO{-}(O(CH_2CH_2O)_3CO(CH_2)_4CO)_x{-}O{-}O \right]_n$$

플라스크에 아디프산클로라이드 72.3g(0.396mol)을 취하고, 질소기류하, 50℃에서 교반하면서 트리에틸렌글리콜 29.7g(0.198mol)을 적하시킨 후, 같은 온도에서 약간 감압하여 탈리하는 염화수소의 제거를 돕는다. 3시간 반응시키면 반응은 종료한다. 다음에 이것의 양쪽 말단이 산염화물의 축합물 22.2g(0.05mol)과 메틸에틸케톤 2.3g으로 형성되는 용액을, 수산화나트륨 5.0g(0.125mol), 50% 과산화수소 4.3g(0.06mol), 계면활성제인 디옥틸포스파이트 0.22g을 물 100g 중에 용해시킨 용액 중에, 5℃에서 교반하면서 20분에 걸쳐 적하한다. 더욱, 같은 온도에서 20분간 반응시킨 후, 침전물을 여별하고, 물로서 세척을 반복하면, 물을 함유한 생성물 40g이 얻어진다. 이것을 더욱, 물과 메탄올로서 각각 3회 세척한 후, 실온에서 진공 건조시킨다. 이것을 벤젠에 용해시키고, 미량의 불용물을 제거한 후, 메탄올 중에 투입하여 재침전시키면 백색분말상의 폴리머가 얻어진다. GPC에 의하여 구한 수평균분자량은 6200이다(폴리스티렌 환산).

실험 예 5-37 폴리메타크릴산메틸과 폴리스티렌의 블록공중합체의 합성

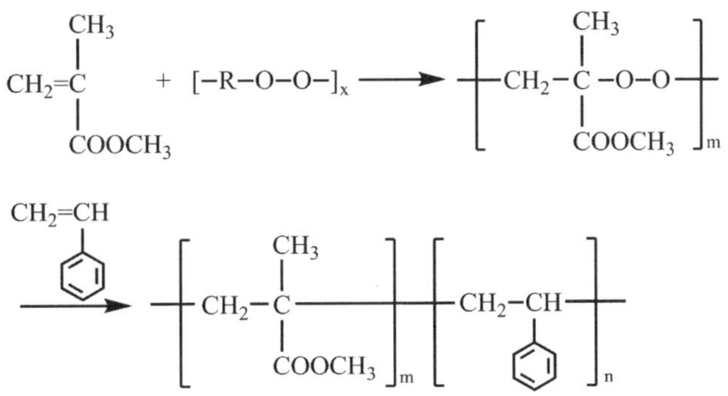

위에서 설명한 과산화아실계 폴리머 0.5g을 메타크릴산메틸 9.5g에 용해시키고, 글라스앰플 중에 넣은 후, 탈기, 질소로서 치환하고, 봉관시킨 후, 60℃에서 3시간, 항온조 중에서 진탕하여 중합시킨다. 폴리머로의 전환률은 정량적이며, 생성된 폴리메타크릴산메틸의 점도평균분자량은 58000이다. 다음에, 이 폴리머의 0.5g을 스티렌 4.5g에 용해시키고, 글라스앰플 중에 옮긴 후, 탈기, 질소로서 치환하고, 봉관시킨 후, 70℃에서 5시간, 같은 온도에서 중합시킨다. 얻어진 중합용액을 메탄올 중에 투입하여 폴리머를 침전시킨다. 이것을 여별하고, 진공건조시킨다. 스티렌의 전환률은 12%이고, 생성된 폴리메타크릴산메틸-폴리스티렌 블록공중합체의 중량평균분자량은 190000이다.

5-4-2 지방족 아조폴리머

지방족 아조폴리머로서는 4,4′-아조비스(4-시아노펜탄산) 및 그의 유사화합물과 디아민이나 디올과의 중축합에 의하여 얻어진 아조결합을 갖는 폴리아미드나 폴리에스테르가 대표적인 것이다. 이들은, 아조비스시아노펜탄산클로라이드를 사용하는 것에 의하여, 폴리아미드나 폴리에스테르의 고전적 합성법인 계면중축합이나 저온 용액중축합에 의하여 용이하게 합성할 수 있다.

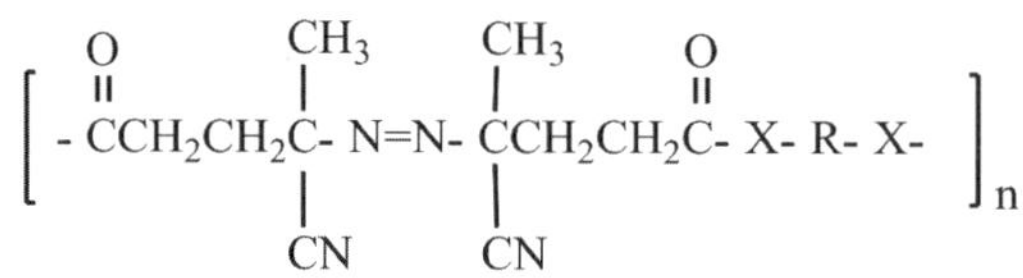

(X : NH, O)

이와 같은 종류의 지방족 아조폴리머는, 위에서 설명한 과산화물폴리머와 같은 폭발성이 없고, 취급이 용이하며, 또한 2,2′-아조비스이소부티로니트릴과 마찬가지로 100℃ 부근에서 열분해하여 질소를 방출하는 것과 동시에 라디칼을 생성하기 때문에, 고분자라디칼중합 개시제로서 비닐모노머의 중합이나 블록공중합체의 합성에 이용할 수 있다.

실험 예 5-38 아조비스시아노펜탄산클로라이드와 헥사메틸렌디아민으로부터 아조결합을 갖는 폴리아미드의 합성

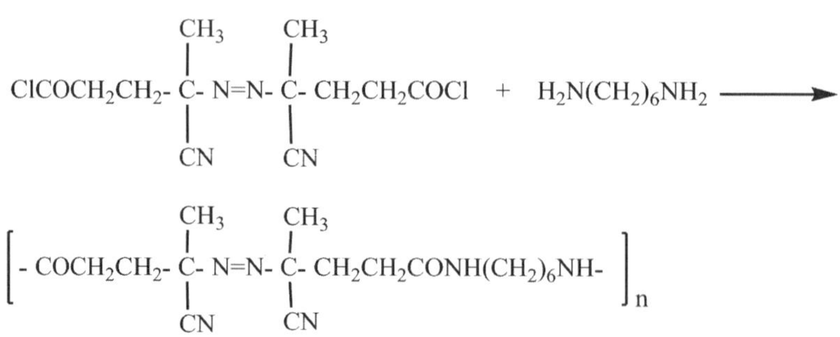

이 폴리아미드의 합성은, 정치 계면중축합에 의하며 행해진다. 플라스크에 4,4′-아조비스(4-시아노펜탄산클로라이드) 12.7g(0.04mol)을 취하고, 니트로벤젠 100ml를 가하여 용해시킨다. 다른 플라스크에 헥사메틸렌디아민 7.0g(0.06mol)과 수산화나트륨 1.6g(0.04mol)을 취하고, 물 150ml를 가하며 용해시킨다. 니트로벤젠이 들어 있는 플라스크 중에, 디아민의 알칼리수용액을 살며시 도입하고, 이 수층과 유기층의 계면에서 반응시킨다. 이 계면에서 생성된 폴리아미드의 박막을 로프상태로 연속적으로 취하고, 박막이 채취되지 않을 때까지 계속해서 행한다. 생성물을 묽은 염산으로 수회에 걸쳐 세척한 후, 물로써 세척하고, 약알칼리수용액에 의한 중화, 재차 물로서 세척한 후, 최후에 50% 에탄올수용액으로 수회 세척하고, 진공 건조시킨다. 얻어진 폴리아미드의 극한점도는 0.50dl/g (DMF용액 중, 25℃에서 측정)이다.

이 아조폴리아미드는 라디칼중합개시제로서 스티렌중합에 있어서 촉매로 사용된다.

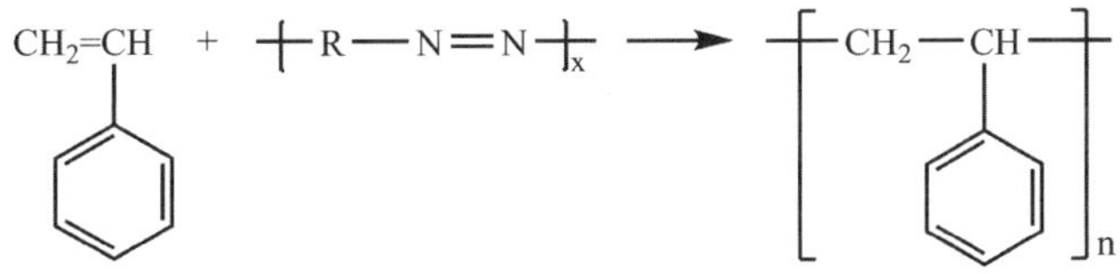

이전의 아조폴리아미드를 메타크레졸에 용해시키고, 에테르 중에 투입하는 것에 의하여 정제된다. 이 아조폴리아미드 95mg과 스티렌 27g과 DMF 28.4g을 글라스앰플 중에 넣고, 용해시킨 후, 탈기하고, 질소치환시킨 후 봉관하고, 60℃에서 10시간 항온조 중에서 교반하여 중합시킨다. 이 중합용액을 메탄올 중에 투입하고, 침전된 폴리머를 여별한 후, 진공 건조시킨다. 스티렌의 전환율은 15.2%이고, 생성폴리머의 중량평균분자량은 470000이다(GPC에 의한 폴리스티렌 환산).

Chapter 06 광학적 특성 고분자재료

6-1 광투과재료

광투과성은 필름이나 도료용재료에 있어서 중요한 성질이지만, 특히 최근에 투명플라스틱재료가 광학렌즈, 비구면렌즈, 광디스크, 광섬유 등에 사용되고 있으며, 이와 같은 광투명성은 더욱 중요하게 되었다.

6-1-1 투명성에 미치는 인자

판상 매체의 표면에 수직으로 빛이 입사된 경우, 빛의 일부는 반사하며, 또한 표면이 완전히 평평하지 않으면 일부는 표면에서 난반사한다. 매체내부에 진입된 빛의 일부는 흡수·산란을 일으킨다. 빛이 매체로부터 공기 중에 나올 때에도 계면에서 반사·산란을 일으킨다. 따라서 투과광에는 매체의 이면에 수직으로 투과하는 빛과 산란으로 인하여 비스듬하게 투과하는 산란투과광이 있다.

광학재료로서의 투과율은 적분구식 투과율 측정장치를 사용하여 측정된다, 전광선 투과율 T_t와 산란광선 투과율 T_d(전방의 산란광 중에서 산란각 2.5°이상의 광)가 측정된다. 흐림값은 T_d/T_t로서, 산란투과광의 비율이다. 수직의 광선투과율 T_p는 (T_t-T_d)로서 구해진다.

이와 같이 시료의 표면평활성도 투명성에 영향을 미치지만, 여기서는 이것에 대해서는 생략하고, 반사·흡수·산란에 의한 손실에 대해서 고찰하기로 한다.

1) 반사에 의한 손실

빛이 투명한 매체에 입사할 때, 빛의 일부는 표면에서 반사된다(Fresnel 반사). 굴절률 n_1의 매체로부터 굴절률 n_2의 매체(판상체, 두께 d)에 수직으로 입사했을 때의 반사율 r_f는 식 (6-1)로 된다.

$$r_f=[(n_2-n_1)/(n_2+n_1)]^2 \qquad (6-1)$$

판상체의 이면에 있어서 반사는 고려되지만, 매체 중에는 흡수나 산란에 의한 손실이 없다고 하면, 투과율의 한계치 T_0(한계투과율)는 식(6-2)로 된다.

$$T_0=(1-r_f)/(1+r_f) \tag{6-2}$$

T_0는 반사로 인하여 1보다 작지만, n_1과 n_2가 근접할수록 1에 가까워진다. 굴절률 1.60의 폴리머의 공기 중에 있어서 T_0는 89.9%이다.

반사에 의한 손실을 감소시키기 위하여 매체의 표면에 낮은 굴절률의 박막(반사방지막)을 붙이는 방식이 널리 행해지고 있다. 방지막의 두께가 굉장히 두껍고, 빛의 간섭을 일으키지 않는 경우에는, 방지막의 굴절률 $n_t=\sqrt{n_1n_2}$ 일 때, 반사는 최소로 된다. n_1=1.000, n_2=1.600일 때, n_t=1.265로 되며, 투과율은 97.3%로 된다. 그러나, 유기폴리머에서는 플루오르나 에테르결합의 도입에 의하여 굴절률을 낮출 수 있지만, 그의 한계는 1.29 정도라고 생각되고 있으며, 이와 같은 저굴절률 재료는 얻어지지 않는다. 다층막 등이 연구되고 있다.

2) 광흡수에 의한 손실

투명한 매체 중의 어떤 점에서 강도 I_1의 빛이 거리 ℓ만큼 전파되어 강도 I_2로 되었다고 하면, 식(6-3)의 감쇠계수 α_t는, 광흡수에 의한 감쇠인 흡광계수 α_a와, 산란에 의한 감쇠계수인 탁도 τ_s와의 합이라고 생각해도 좋다.

$$I_2/I_1=\exp(-\alpha_t l)\ ;\ \alpha_t=\alpha_a+\tau_s \tag{6-3}$$

광흡수에 의한 손실을 감소시키기 위해서는, 가시부에 기준진동의 파장밴드를 갖지 않는 이외에, 자외부에 흡수밴드가 단파장으로 샤프하고, 그의 흡수자락이 가시부에 미치지 않을 필요가 있다. 필름, 시트, 렌즈 등과 같이 빛이 투과하는 짧은 소재에는 이것으로 충분하다.

광섬유에서는 전파거리가 매우 길기 때문에 상당히 미약한 흡수도 무시할 수 없다. 문제로 되는 것은, 적외흡수의 고조파 흡수이다. 다음과 같은 방법으로 측정한다. 즉, 백색광원[예를 들면, Advantest(Co.)제품 TQ 8111]을 사용하고, 길이 ℓ_1의 광섬유 단면으로부터 파장 λ_0의 빛을 입사시켜, 다른 단면으로부터 출사되는 빛의 절대강도를 각각의 파장에 대해서 spectrum analyzer[예를 들면, Advantest(Co.)제품 TQ 8345]로서 기록한다. 그의 강도를 $I_i(\lambda_0)$, 그리고 광섬유를 길이 ℓ_j로 절단하여 재차 측정한다. 측정치를 $I_j(\lambda_0)$라고 하면, 흡광계수는

$$\alpha_a(\lambda_0) = 2.303\log(I_j/I_i)/(l_i - l_j) \tag{6-4}$$

실제로 자료의 처리에는 컴퓨터[예를 들면, 일본전기(주)제품 PC-8801]가 필요하다.

최근, C-X결합의 n차 고조파의 진동수 및 강도가 이론적으로 계산되어 있다. 즉, C-X결합의 기저상태(진동의 양자수 v=0)의 진동수를 ν_0, χ를 비조화상수라고 하면 기준진동 ν_1, 제2 고조파 ν_2, 제n차 고조파 ν_n은

$$\begin{aligned} \nu_1 &= \nu_0(1-2\chi) \\ \nu_2 &= 2\nu_0(1-3\chi) \\ \nu_n &= n\nu_0[1-(n+1)\chi] \end{aligned} \tag{6-5}$$

따라서 ν_1, ν_2를 알 수 있으면, ν_n이 구해진다.

한편, 고조파의 강도에 있어서는, 기준진동강도에 대한 상대치로서

$$\frac{E_n}{E_1} = \frac{n \cdot n!(K-2n-1)}{(K-3)^2(K-4)\cdots\cdots\cdots(K-n-1)} \tag{6-6}$$

여기서 K≡1/χ이다.

각각 결합의 기준진동(nm)은 다음과 같다.

C-H 3390(지방족), 3290(방향족), C-D 4484, C-F 8000, C-Cl 12987, C=O 5417.

그림 6-1에 계산결과를 나타낸다.

강도는 C-H의 기준진동의 강도 E_1^{CH}에 대한 분율로서 나타내고 있다. 가시영역에 있는 고조파의 강도는, 기준진동파장이 단파장에 있는 C-H의 경우에 가장 현저하며, C-D, C=O, C-F, C-Cl의 순서로서 저하한다.

그림 6-2는 폴리메타크릴산메틸(PMMA)에서 관찰되는 C-H의 고조파로서 계산과 잘 일치하고 있다. 유기폴리머에는 C-H결합이 일반적으로 많이 존재하며, 플라스틱 광섬유(POF)의 저손실영역은 이들의 고조파 사이에 있다.

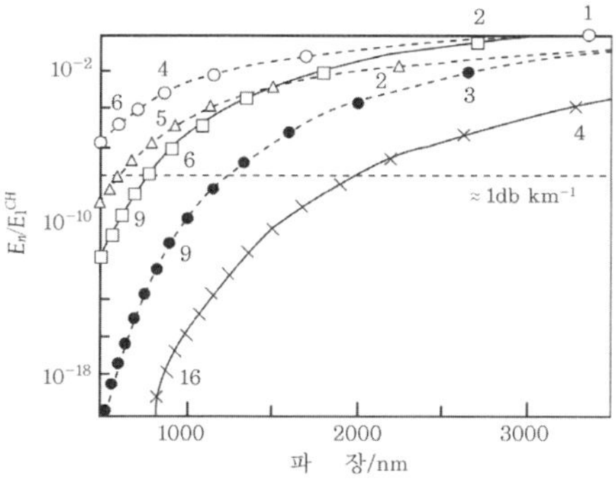

○ : C−H, △ : C−D, □ : C=O, ● : C−F,
× : C−Cl, 플롯상의 숫자 : 고조파의 차수,
E_n : C−X 결합의 n차 고조파의 강도,
E_1^{CH} : C−H의 기준진동강도

그림 6−1 C−X결합의 n차 고조파의 파장과 상대강도의 계산치

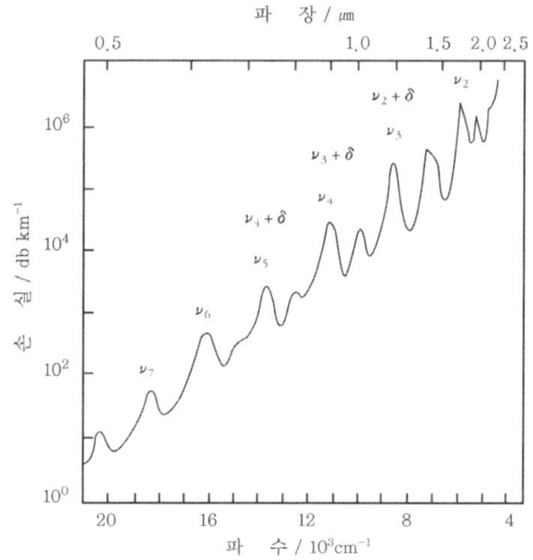

ν : C−H 신축진동흡수
δ : C−H 변각진동흡수

그림 6−2 PMMA의 흡수스펙트럼에서 관찰되는 C−H의 고조파 흡수

3) 산란손실

매크로적으로 투명하고 균일한 매체일지라도 밀도의 동요에 의하여 빛은 산란한다. 뒤에서 설명하는 바와 같이, 이 경우의 산란손실은 약 10dB/km 정도이다. 밀도나 굴절률이 국부적으로 매체의 그것과 다른 영역(산란체)이 있으면 산란손실은 훨씬 커진다. 이와 같은 산란체의 크기가 빛의 파장에 비하며 충분히 작으면 Rayleigh산란으로서, 산란광강도는 산란각 θ에는 의존하지 않고, 식 (6−7)에 나타내는 바와 같이 산란손실은 $1/\lambda_0^4$에 비례한다. 그러나 산란체가 더욱 커지면 산란광강도의 산란각 의존성은 현저하다. 뒤에서 설명하는 바와 같이, 이 산란각 의존성으로부터 산란체의 크기를 예상할 수 있다.

산란손실은 공학적 측정법에서는, 흐림값으로 되어 나타나는 것에 불과하며, 위에서 설명한 정보를 얻는 데에는 아래에서 설명하는 방법이 좋다.

그림 6−3에 산란손실 측정장치의 원리도형을 나타냈다. 원통상의 시료를 제작하고, Goniometer−head의 중심위치에 수직으로 세팅한다. laser−beam(예를 들면, He−Ne laser)을 polarizer를 통하여 수직편광으로서 시료의 중심을 조사한다.

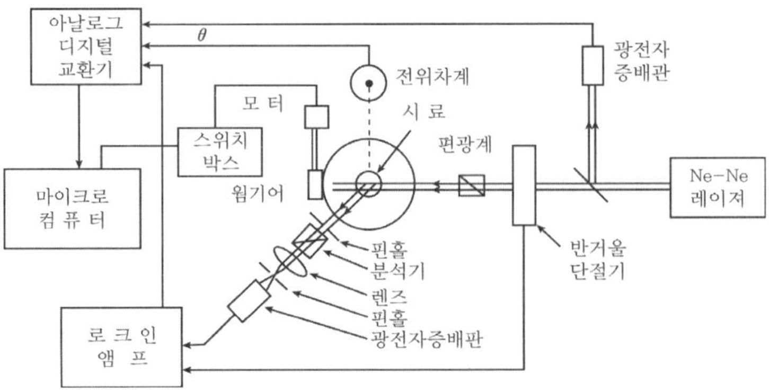

그림 6-3 광산란 강도측정장치 원리도형

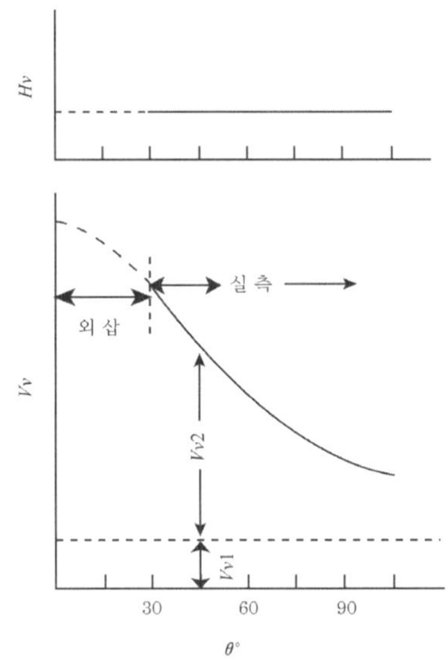

그림 6-4 편광산란(V_V) 및 편광해소산란(H_V)의 산란각의존성 모형도

중심점으로부터 산란각(입사광과 산란광을 이루는 각) θ의 방향으로 산란하는 광강도를 그림 6-3에 나타낸 바와 같이, Goniometer-head에 고정된 광전자증배관[예를 들면, Hamamatz(Co.)제품 Model R 929]으로 200회 측정하여 평균한다. 여기서, 실측치에 sinθ를 곱하여 표준화 시킨 것이 산란광강도이지만, 그림 6-4에 나타낸 바와 같이 산란광강도와 산란각의 관계가 측정된다.

산란광에는 편광면에 관해서 V_V, H_V, V_H, H_H의 4가지 성분이 있다. 여기서, V는 수직편광(그림 6-3의 지면에 대해서)을, H는 수평편광을, 대문자는 산란광의 편광면을, 첨자는 입사광의 성분을 나타내고 있다. 그 중에서 실제로 측정되는 것은, 수광부(빛을 받는 부분) 분석기의 편광면을 수직으로 한 경우의 V_V의 산란(편광산란, polarized scattering)과, 수평으로 한 경우의 H_V산란

(편광해소산란, depolarized scattering)이다. V_V 및 H_V의 절대강도는, 순수한 벤젠의 실측치와 문헌치로부터 산출된다. 산란손실은 다음과 같이 행하여 해석된다.

V_V는 매체 중에 존재하는 불균일성(산란체)에 의한 것으로서, 산란체의 크기가 빛의 파장에 비하여 매우 작으면 θ 의존성을 나타내지 않지만, 산란체가 커지는 것에 따라서 현저한 θ 의존성을 나타내게 된다. Debye와 공동 연구자들은, 유전율 요동의 2승평균을 $\langle n^2\rangle$으로, 임의의 2점 i, j에 있어서 유전율의 요동을 η_i, η_j라고 했을 때, 상관함수 $r \equiv \eta_i\eta_j/\langle n^2\rangle$을 $\exp(-r/\alpha)$라고 가정하여, V_V의 θ에 의존하는 부분 V_{V2}을 식 (6-7)로서 나타냈다.

$$V_{V2} = \frac{8\pi^3 < \eta^2 > a^3}{\lambda_0^4(1+\nu^2 s^2 a^2)^2} \tag{6-7}$$

여기서, $\nu = 2\pi n/\lambda_0$, $s=2\sin(\theta/2)$이고, α는 산란체의 넓이의 척도로 된다. 이것에 대해서 H_V는 모노머단위의 화학구조가 광학이방성에 유래하는 것으로서, 이방성이 크면 커진다. 또한, 광학이방성단위가 배향하고 있으면 H_V는 θ 의존성을 나타낸다. H_V에 θ 의존성이 없으면, 광학이방성 단위는 배향하고 있지 않는 것을 나타낸다. 무정형 폴리머는 거의 대부분이 후자이다.

H_V에 θ 의존성이 없는 경우, 밀도 요동에 의한 산란 등의 θ에 의존하지 않는 부분(이것을 V_{V1} 이라고 한다)이 V_V실측치에는 포함되어 있기 때문에, **그림 6-4**에 나타내는 바와 같이, V_{V2}가 식 (6-7)과 가장 적당하게 V_{V1}의 크기를 결정하면, α값, $\langle\eta^2\rangle$을 알 수 있다.

H_V가 θ 의존성을 나타내지 않는 것과 같은 등방성매체에서는

$$V_{V1} = V_{V1}^{iso} + 4/3H_V \tag{6-8}$$

여기서, V_{V1}^{iso}은 등방성매체의 밀도 요동에 의한 편광산란이고, 불균질 영역을 갖지 않는 순수한 액체구조의 이론식 (6-9)로서 주어진다.

$$V_{V1}^{iso} = (\pi^2/9\lambda_0^4)(n^2-1)^2(n^2+2)^2 kT\beta \tag{6-9}$$

여기서 k는 Boltzmann상수, T는 절대온도, β는 등온압축율이다.

그리고 산란에 의한 감쇠계수인 탁도는,

$$\tau_s = \pi \int_0^{\pi} (V_V + V_H + H_V + H_H) \sin\theta d\theta \tag{6-10}$$

완전히 랜덤으로 정렬되어 있는 polymer-bulk에서는,

$$V_H = H_V, \ H_H = V_V \cos^2\theta + H_V \sin^2\theta \tag{6-11}$$

따라서,

$$\tau_s = \pi \int_0^{\pi} [(1+\cos^2\theta) V_V + (3-\cos^2\theta) H_V] \sin\theta d\theta \tag{6-12}$$

$$= \pi \int_0^{\pi} [(1+\cos^2\theta)(V_{V1}^{iso} + V_{V2}) + H_V(13+\cos^2\theta)/3] \sin\theta d\theta \tag{6-13}$$

H_V는 V_V에 비하여 작기 때문에 제2항의 영향은 크지 않지만, 그래도 광학이방성 단위를 갖는 폴리머의 산란손실은 극성이 낮은 폴리머보다도 커진다.

MMA를 괴상중합시킨 폴리머의 산란손실값을 **표 6-1**에 나타낸다.

표 6-1 PMMA-bulk의 산란손실

#	중합온도	α	$\langle\eta^2\rangle$	α_1^{iso}	α_2	α^{aniso}	α_t
	℃	Å	10^{-8}	$dBkm^{-1}$	$dBkm^{-1}$	$dBkm^{-1}$	$dBkm^{-1}$
A	70	676	1.05	16.8	40.8	4.4	62.0
B	100	466	0.53	17.7	10.9	4.0	32.6
C	130	–	0	9.7	0	4.7	14.4

어떤 중합온도의 경우에도, H_V에는 θ 의존성이 없고, HV산란에 유래하는 α^{aniso}는 일정한 값이다. T_g 이하의 중합에서는 중합수축 등으로 인하여, 비틀림, 공극 등을 발생하고, 커다란 산란체를 생성하여 산란손실도 크다. #C와 같이 T_g 이상 온도의 경우에는 비틀림, 공극의 발생은 없고, 저손실이다. #A, #B의 시료도 130℃ 이상의 온도에서 열처리하면, #C와 같은 정도의 손실치까지 저하한다. 이들 시료의 중합도, 입체규칙성, 의존 모노머의 양 등은 다르지만, 각각 시료의 산란손실치는 변하지 않는다고 말할 수 있다. 또한, 식 (6-9)로부터 PMMA

의 V_{Vi}^{iso}의 이론치를 구하면, 9.5dB/km로 되며, 실측치의 9.7dB/km는 좋은 일치를 나타내고 있다.

산란손실은 매체 중의 어떤 불균일성에 의하여 증대하기 때문에 공존하는 불순물 · 미세한 세공, 모노머단위의 회합, 잔존하는 비틀림 등이 가져오는 굴절률의 불균일성에 의하여 산란광의 강도는 증대하게 된다. 또한, T_g 이상에서 밀도 유동은 커지기 때문에, 산란손실은 증대한다.

이상의 사실로부터 산란손실을 감소시키기 위해서는, 다음과 같은 점에 주의할 필요가 있다.

(i) 굴절률의 균일성

① 이물질을 함유하지 않는 고순도의 모노머 및 폴리머를 얻는 프로세스일 것. 예를 들면, 부재료를 사용하지 않는 괴상중합, 먼지가 없는 상태에서의 성형가공, 폴리머의 생성과 가공의 연속화.

② 결정성 폴리머, 그래프트공중합체, 블록공중합체, 폴리머블렌드는 어느 것이나 본질적으로는 상분리구조로 되어 바람직하지 않다. 이와 같은 계에서 투명화를 위해서는, 분리하는 2상의 굴절률의 조정 · 분리상의 미세화가 필요하다.

③ 비틀림을 잔류시키지 않는다. 성형조건, 소재의 용융점도의 조정, 금형디자인의 세심한 주의, 충분한 어닐링이 필요하다. 캐스팅성형에서는, 중합에 동반하는 체적수축이 잔류하는 비틀림의 원인으로 되기 때문에, 체적변화가 적은 중합법의 검토도 중요하다.

(ii) 고유의 분극이방성이 적은 모노머단위로 형성되는 폴리머의 선택

폴리스티렌(PS_t)이나 폴리카보네이트(PC)는 방향족기의 극성으로 인하여, 분극이방성 효과가 크다. 그러나 PMMA는 이방성이 적고, 분극이방성 효과는 무시할 정도이다.

6-1-2 투명한 폴리머소재

1) 무정형폴리머

투명화에는 무정형구조가 유리하며, 많은 무정형폴리머가 사용되고 있다. 대표적인 것으로서는 PMMA, PSt, PC, CR-39 폴리머가 있다. 특히 폴리머의 순도가 중요하며, 모너머의 고순도화, St나 MMA로서는 고순도 모노머의 괴상중합이 행해진다.

2) 결정성폴리머

결정성폴리머의 결정영역과 무정형영역에서는 굴절률에 차이가 있으며, 결정성폴리머는 일반적으로 불투명하다. 그러나 핵물질의 첨가, 급속한 결정화 등에 의하여 결정을 미세화 시키면, 상당히 투명한 필름이 얻어진다. 폴리에틸렌, 아이소탁틱형 폴리프로필렌, 나일론, 폴리에틸렌테레프탈레이트(PET) 등으로 행하고 있다. 그러나 결정의 미세화는 한편으로 역학강도의 저하를 초래한다.

3) 마이크로상으로 분리된 투명폴리머

현재에 이르기까지 없는 새로운 물성을 찾기 위하여, 폴리머블렌드, 폴리머알로이의 개발이 빈번히 행해지고 있다. 이와 같은 계에서는, 거의 대부분의 경우 바다, 섬이나 라멜라상태의 상분리가 일어나고 있다. 그리고 높은 충격강도를 얻기 위해서는 1 ~ 10μm 정도 크기의 고무성분이 필요하다. 이들의 계에서는, 반드시 높은 투명성이 필요하지 않기 때문에, 투명화에 대한 방법을 간결하게 설명하기로 한다.

상분리되어 있는 2상의 굴절률을 일치시키면 투명하게 된다. 구체적으로는, MABS 수지[아크릴로니트릴-부타디엔-스티렌(ABS)의 연속상에 MMA를 가한다], 내충격성 PMMA(PMMA에 아크릴계고무, 또는 고무성분을 첨가), 또는 스티렌-부타디엔고무(SBR)를 섬의 성분에 MMA-S_t공중합체를 바다의 성분으로 가한 제품이 있다. 그러나 굴절률은 온도에 따라서 변하기 때문에, 넓은 온도범위에 걸쳐 투명화 시키는 것은 어렵다. 사용온도 범위에 일치시키는 것이 필요하다.

4) 플라스틱-광섬유(POF)

고굴절률의 핵심부분과 저굴절률의 주변부분으로 형성되어 있는 POF(SI형 POF)가 시판되고 있다. 소재는 PMMA/불소폴리머를 함유한 계이다. 원료폴리머의 고순도화가 중요하다. MMA를 연속괴상중합시켜 얻어지는 고순도 폴리머를 곧바로 복합방사시키는 것에 의하여, 전송손실은 상당히 저하되고 있다. 즉, 전송손실(dB/km/nm)은 95(567), 160(650)이다. 광원인 적색 발광다이오드의 고성능화도 진전되어 100m 정도까지의 단거리 전송이 가능하게 되어 있다. 그 결과, 현재는 OA(office automation), FA(factory automation), 이동체나 기기내부의 배선, LAN(local area network) 등의 분야에서 플라스틱광섬유의 채용이 확대되고 있는 상황이다. 최근, 135℃에서 견디는 PMMA계 POF가 개발되어 있다.

PC의 내열성을 활용하여 PC를 핵심으로 하는 내열성 POF가 검토되고 있다. PC와 같은 축합폴리머의 경우에는, 폴리머의 저손실을 기대할 수 있을 정도로 고순도화시키는 것은 어려운 문제이다. 최근, 다음과 같은 PC의 환상올리고머(m=2~20)의 고수율 합성법과 그의 개환중합이 보고되어 있다.

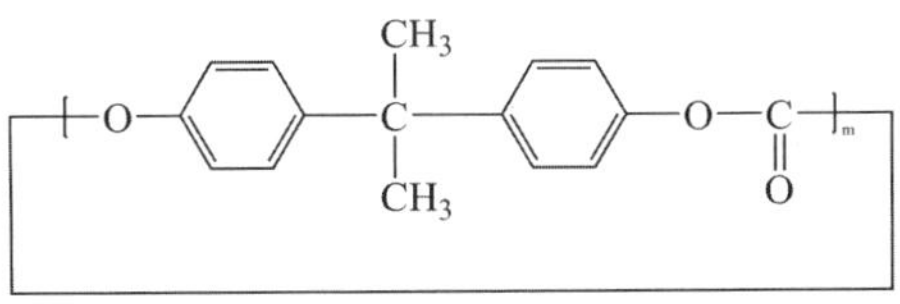

유기폴리머는 대부분의 경우, C-H결합을 함유하지만, C-H결합의 고조파가 가시부에 있기 때문에, POF에 있어서는 적합하지 않다. C-H결합을 갖지 않든지, 혹은 C-H결합을 적게 갖는 유기폴리머가 검토되고 있다. **그림 6-5**에는 MMA의 부분 중수소화(메타크릴산 부분을 중수소화, PMMA-d_5) 및 완전 중수소화(MMA의 모든 수소를 중수소화, PMMA-d_8)시킨 POF를 나타냈다. 고조파흡수대의 장파장으로의 시프트에 의하여 전송손실은 극적으로 감소하고 있다. 따라서 높은 가격이 문제로 된다.

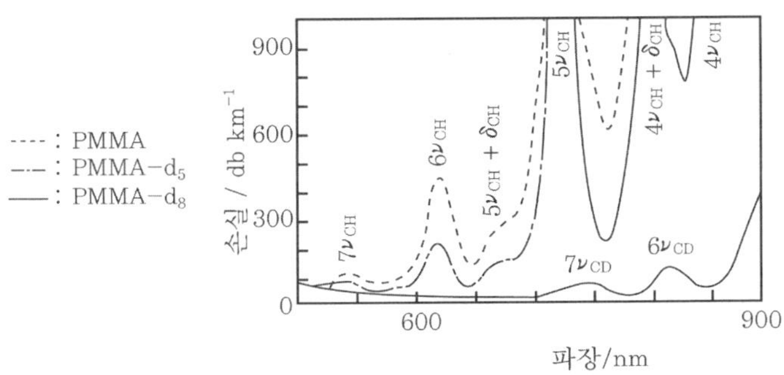

그림 6-5 중수소화 MMA의 POF의 전송손실스펙트라

St의 경우에도 수소를 중수소 또는 플루오르로서 치환시킨 모노머가 검토되고 있다. 또한 아래의 공중합체도 C-H결합을 함유하지 않지만, 이들은 낮은 굴절률로서 광섬유의 핵심재료가 아니고, 주변재료로 된다.

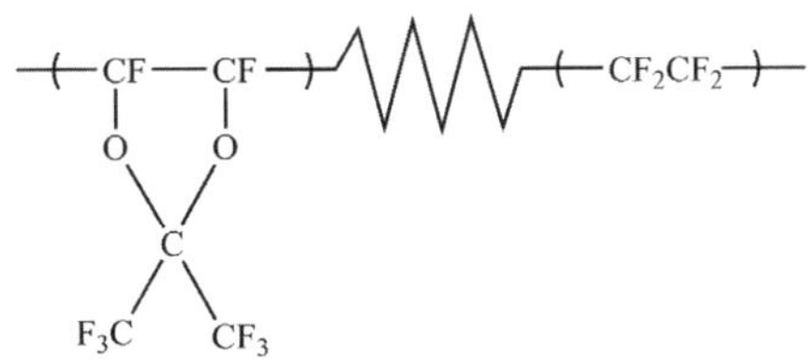

시판 SI형 POF의 전송대역은 6MHz km 정도이다. 이것에 대해서 GI형 POF(핵심 부분의 굴절률이 포물선형으로 분포되어 있다)의 전송대역은 훨씬 넓으리라고 생각된다. 최근에 GI형 POF의 특성에 대해서 보고되어 있다. MMA-VB형 광섬유의 전송대역은 260MHz km로서, 그의 전송손실은 134dB/km 정도로까지 달성되어 있다.

6-2 고굴절재료

최근 투명한 유기폴리머재료의 정밀과학이나 optoelectronics 분야로의 진출은 현저하며, 유기폴리머가 광학렌즈, 비구면렌즈, 광디스크, 광섬유 이외에 광도파로에 대해서도 검토되고 있다. 그러나 유기폴리머는, 그 화학구조로부터, 고굴절률의 재료를 얻는 데에는 일반적으로 용이하지 않으며, 이것이 유기광학재료의 용도를 제한하는 것으로 되기 때문에, 유기폴리머의 고굴절화는 중요한 과제로 된다.

6-2-1 굴절률의 측정법

빛이 하나의 매질로부터 다른 매질로 진행할 때, 빛은 Snell의 법칙에 따라서 경계면에서 진행방향을 바꾼다. 이것은 매질에 따라서 빛의 진행속도가 다르기 때문이며, 굴절률 n_d는

$$n_d = v_0/v \tag{6-14}$$

여기서, v_0, v는 각각 진공 중 및 매질 중에서 빛의 속도이다.

굴절률은 Abbé굴절계나 Pulfrich굴절계를 사용하기도 하고, 액침법으로 측정한다.

근년, 폴리머필름이나 폴리머박막의 광학이방성 측정이 중요한 사항으로 되어 있기 때문에, 여기에서는 이것에 관한 측정법에 대해서 설명하기로 한다.

1) 편광을 이용한 Abbé굴절계에 의한 방법

폴리머필름을 필름면에 대해서 직각으로 절단한다. 고체시료의 측정법에 따라서, Abbé굴절계의 측정프리즘상에 시료를 광학적으로 밀착시키고, 편광을 절단면으로부터 필름면에 평행하게 입사시키면, 입사편광면에 대한 굴절률이 구해진다. 입사광의 편광면을 바꾸어 측정하면, 광학이방성을 알 수 있다. 폴리머필름이 1축성 또는 2축성의 이방성으로서, 이들의 광축이 필름면의 내부에 있으면(대부분이 이것에 속한다), 굴절률 타원체의 광축을 결정하는 것도 가능하다.

2) 프리즘커플러에 의한 박막굴절률의 측정

폴리머박막(두께 d, 굴절률 n_1)을 굴절률 n_3의 기판상에 작성하고, 박막상에 좌우대상의 프리즘(굴절률 n_2)을 놓고, Goniometer-head상에 세팅한다(그림 6-6).

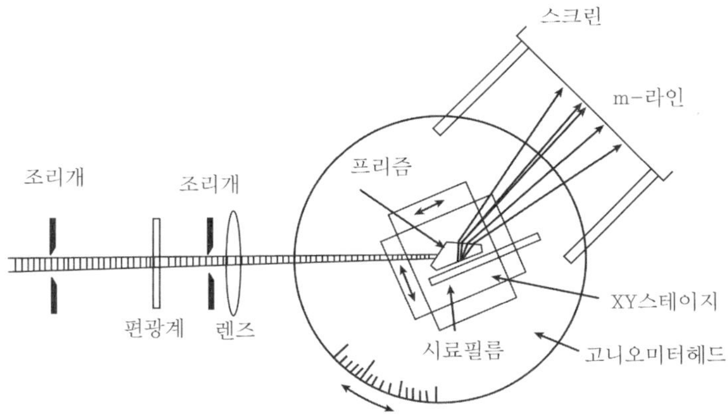

그림 6-6 프리즘커플링법에 의한 박막굴절률 측정장치의 원리도형

굴절률에 관해서는 $n_2 > n_1 > n_3$가 되도록 조정한다. 파장 λ의 레이저빔을 프리즘경사면으로 부터 입사시키고, Goniometer-head를 회전시키면, 스크린상에 **그림 6-6**의 지면과 수직방향으로 달리는 밝은 선(각각의 mode에 대응한 m-라인)이 나타나기 때문에, 이것과 반사광의 스폿을 일치시킨다. 따라서 프리즘박막의 커플링이 일어날 때의 입사각 α의 각각의 값(각각의 모드에 대응하는 값)이 구해진다.

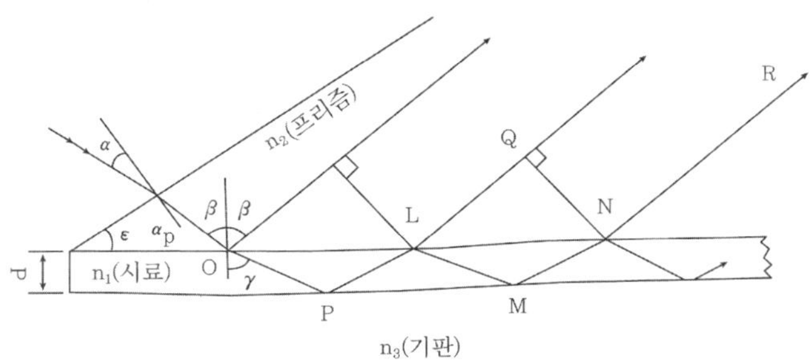

그림 6-7 프리즘커플링의 광선추적

그림 6-7에 커플링할 때의 광선을 나타냈다. 프리즘의 밑면에 있어서 입사광의 일부는 반사하고, 일부는 박막 중에 진입하여, 박막-기판의 경계면에서 전반사한다. 이를 위해서는 $N \equiv n_1\sin\gamma = n_2\sin\beta > n_3$가 성립할 필요가 있다, 여기서 N을 실효굴절률이라고 말하며, 식 (6-15)로부터 구해진다.

$$N = n_2\sin[\epsilon + \sin^{-1}(\sin\alpha/n_2)] \tag{6-15}$$

광선 LQ 및 NR이 동기하기 위해서는,

$$2\Psi_m + \varnothing_{12} + \varnothing_{13} = 2m\pi \tag{6-16}$$

여기서, $2\Psi_m$은 광선 LMN과 광선 LQ의 위상차, $\varnothing_{12}$ 및 $\varnothing_{13}$은 각각 프리즘-박막계면의 위상시프트(이 경우 $-\pi$) 및 박막-기판계면의 위상시프트(Goos-Haenchen Shift), m은 mode 수이다.

$$2\Psi_m = [(\overline{LM}+\overline{MN})n_1 - \overline{LQ}n_2](2\pi/\lambda) = (4\pi/\lambda)d\sqrt{(n_1^2 - N_m^2)} \tag{6-17}$$

$$\varnothing_{13} = -2\tan^{-1}[(n_1/n_3)^{\rho}\sqrt{\frac{N_m^2 - n_3^2}{n_1^2 - N_m^2}}] \tag{6-18}$$

따라서,

$$\Psi_m = (m+\frac{1}{2})\pi + \tan^{-1}[(n_1/n_3)^{\rho}\sqrt{\frac{N_m^2 - n_3^2}{n_1^2 - N_m^2}}] \tag{6-19}$$

여기서 Nm은 mode수 m일 때의 실효굴절률, ρ는 TE mode광(전장벡터가 **그림 6-7**의 지면에 수직)에 대해서는 0, TM mode광(전장벡터가 **그림 6-7**의 지면의 위)에 대해서는 2이다.

i, j를 mode수라고 하면, 식 (6-17)로부터

$$n_1^2 = (N_i^2\Psi_j^2 - N_j^2\Psi_i^2)/(\Psi_j^2 - \Psi_i^2) \tag{6-20}$$

이들로부터 n_1을 해석적으로 구할 수는 없지만, 근사식을 이용하여 해석할 수 있다. 그러나, 컴퓨터가 보급되어 있는 현재, 다음의 수치계산에 의하여 n_1 및 d가 구해진다.

mode수 i, j에 대한 실효굴절률 N_i, N_j를 식 (6-15)로부터 구하고, n_1에 적당한 값을 넣은 후, 식 (6-19)로부터 Ψ_i, Ψ_j를 계산하고, 식 (6-20)을 이용하여 n_1을 산출한다. 산출된 n_1값을 이용하여 재차 계산을 행한다. 이것을 반복하면, n_1은 일정한 값으로 된다. 이어서, 막두께 d를 식 (6-17)로부터 구한다.

3) Ellipsometer에 의한 측정

평평한 시료표면에 편광을 입사시키고, 입사광의 편광상태를 검토하여 시료표면의 광학상수를 구하는 방식이다. 시료에 흡수가 없으면, 표면의 굴절률을 쉽게 알 수 있다. 시료에 흡수가 있기도 하고, 표면에 박막층이 존재하면, 반사광의 타원편광을 해석하여, 전자로부터는 복소굴절률(흡광계수를 알 수 있다)이, 후자로부터는 막두께도 알 수 있다.

6-2-2 굴절률

1) 화학구조와의 관계

굴절률 n_d와 화학구조에 관계하는 기초로 되는 것은 Lorentz-Lorentz식이다. 이것으로 부터 n_d, 분자굴절 [R] 및 분자용적 V는 식 (6-21)의 관계로 된다. 단, A는 단위 체적당의 분자수, α는 분극율이다.

$$(n_d^2-1)/(n_d^2+2)=(4/3)\pi A\alpha=[R]/V\equiv\phi \qquad (6\text{-}21)$$

ø는 n_d의 증가함수이기 때문에, ø를 크게 하면, n_d는 높아진다. 따라서 분극율 α가 높을수록, 또는 A가 많을수록(V가 작다), 굴절률은 높아진다.

더욱, 식 (6-21) 이외에 다수의 식이 제안되어 있다.

무정형 폴리머의 반복단위가 k_i개의 원자단 G_i(i = 1~n)로 형성되어 있으며, 여기에 Lorentz-Lorentz식을 대입하면, 폴리머의 분자굴절, 분자용적은 식 (6-22)로 표시된다.

$$[R]=\sum_{i=1}^{n}k_i[R_i], \qquad V=\sum_{i=1}^{n}k_iV_i \qquad (6\text{-}22)$$

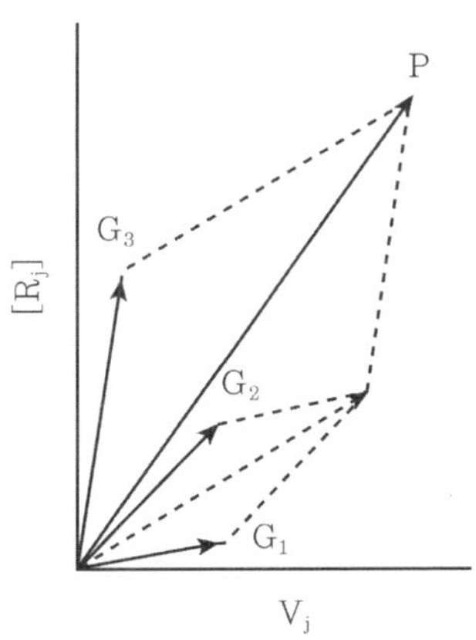

그림 6-8 구성원자단 및 폴리머 각각의 분자굴절-분자용적

여기서, $[R_i]$, Vi는 각각 원자단 G_i의 분자굴절, 분자용적이다. 따라서 G_1, G_2 및 G_3로 형성되는 폴리머 P는, **그림 6-8**로 나타내는 바와 같이, 각각의 원자단 벡터의 합으로 표시되며, 벡터 P의 기울기가 폴리머의 ø값이다. 다수의 폴리머 자료로부터 원자단 G_j의 분자굴절 $[R_j]$, 분자용적 V_j, ϕ_j 및 굴절률 n_j가 구해지고 있다. 대표적인 원자단의 값을 **표 6-2**에 나타낸다. 표의 하단일수록 고굴절률을 제공하는 원자단이다. 이들의 수치는 각각의 원자단의 배향이 랜덤일 때에 유효하다. 원자단간의 상호작용에 의하여 랜덤이 아닌 경우에는 실측치와 계산치는 일치하지 않는다(6-2-4(1) (ⅰ)참조).

다음과 같은 구조를 갖는 폴리머가 고굴절률로 된다.

i) π전자계 : 방향족기(#18, #21, #24, #26), 불포화기(#16, #19, #23), 공액계 등이다.

ii) 고립전자쌍 : F 이외의 할로겐(#15, #20, #21, #22), 유황(#17), 인 등이다.

iii) 지방족 고리기 : n-헥산과 시클로헥산에 관해서, 비중은 각각 0.66과 0.79, 굴절률은 각각 1.375와 1.426으로서, 고리상구조에 의하여 분자용적 V가 감소하고, 굴절률이 상승하고 있다. 폴리머일지라도 마찬가지의 경향으로 된다. #6, #12, #25, #27 참조

2) 굴절률의 온도변화

굴절률은 온도와 함께 저하한다. 이것은 체적팽창에 의한 것으로서, 유기폴리머에서는 양쪽 모두 상당히 크다.

이것에 대해서, 광학글라스 굴절률의 온도에 의한 변화량은 유기폴리머의 1/10 이하 이외에 온도와 함께 증대하는 것, 온도에 의존하지 않는 것(인산염글라스), 온도와 함께 저하하는 것(플루오르화 인산염글라스) 등으로 다양하다.

3) 복굴절

유기폴리머의 사슬은 모노머단위의 연결이다. 모노머단위는 화학구조에 유래하는 분극율이방성을 가지고 있다. 완전히 무정형인 폴리머벌크는, 모노머단위가 모두 난잡하게 배열되어 있기 때문에, 매크로적으로는 광학적으로 등방성이다.

표 6-2 폴리머를 구성하는 원자단의 $[R_j]$, V_j, $ø_j$, n_j

#	원자단G_j	$[R_j]$	V_j/ml mol^{-1}	$ø_j$	n_j
1	$-CP_3$	6.149	40.274	0.153	1.242
2	$-CP_2CF_3$	11.209	67.913	0.165	1.262
3	-O- (에테르)	1.625	9.052	0.180	1.288
4	$-CF_2-$	5.061	27.640	0.183	1.293
5	$-CO_3-$ (카보네이트)	6.266	31.608	0.198	1.319
6	$-CH_3$	5.901	25.798	0.229	1.375
7	-CN	6.477	24.445	0.265	1.443
8	$-CH_2O-$	6.312	23.648	0.270	1.452
9	$-CO_2-$ (에스테르)	6.289	22.761	0.276	1.464
10	$-C_6F_5$ (방향족)	27.181	97.645	0.278	1.468
11	-CH(OH)-	5.851	20.288	0.288	1.488
12	$-CH_2-$	4.504	15.528	0.290	1.492
13	-CHO	5.158	17.078	0.302	1.516

#	원자단G_j	$[R_j]$	V_j/ml mol^{-1}	$ø_j$	n_j
14	$-CHF-$	4.082	13.460	0.303	1.518
15	$-CCl_3$	20.620	67.096	0.307	1.526
16	$-CH=CH-$	8.769	28.38	0.309	1.530
17	$-SO_2-$	9.630	27.713	0.348	1.613
18	$-C_6H_5$ (방향족)	25.824	74.129	0.348	1.613
19	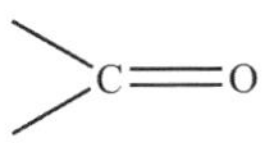	4.590	13.170	0.349	1.615
20	$-Br$	10.116	28.843	0.351	1.619
21	$-C_6Cl_5$ (방향족)	51.454	140.399	0.367	1.655
22	$-CCl_2-$	15.786	41.498	0.380	1.685
23	$-CONH-$	8.256	21.660	0.381	1.687
24	$-p-C_6H_4-$ (방향족)	25.235	65.912	0.383	1.692
25	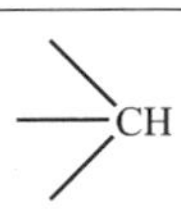	3.412	8.085	0.422	1.786
26	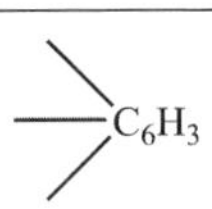 (방향족)	24.785	53.710	0.462	1.891
27	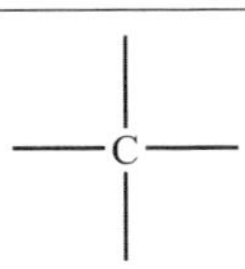	2.10	3.41	0.616	2.417

그러나 필름을 연신하면 폴리머사슬의 배향이 일어나기 때문에, 연신방향의 굴절률 $n_{//}$과 직각방향의 굴절률 $n_\perp$은 달라진다. 굴절률의 차를 다음 식으로 정의한다.

$$\Delta n \equiv n_{//} - n_{\perp} \tag{6-23}$$

Δn은 $10^{-4 \sim -5}$ 정도의 크기이기 때문에, Abbé굴절계에 의한 정확한 측정은 어렵지만, 비틀림 측정계(예를 들면, Toshiba(주)제품 SVP-30)에 의하여 용이하게 측정할 수 있다.

또한 Lorentz-Lorentz식으로부터

$$\Delta n = (2\pi/9n)(n+2)^2(d/M)A\Delta\alpha, \quad \Delta\alpha \equiv \alpha_{//} - \alpha_{\perp} \tag{6-24}$$

여기서 α, A, M, d는 각각 분극율 Avogadro수, 분자량, 밀도이다.

폴리머사슬의 배향도의 합을 f(폴리머사슬축과 연신축이 일치했을 때의 f=1), 폴리머사슬에 고유굴절률의 차를 Δn^0이라고 하면, $\Delta n = f\Delta n^0$이다. 따라서, Δn은 분극율 이방성과 배향하기 쉬운 정도에 의존한다.

폴리머벌크에 외력을 가하여 변형시키면 폴리머벌크는 일시적으로 광학이방성으로 되어, 굴절률을 나타내게 된다. 이것이 광탄성효과이다. 광탄성효과와 배향복굴절의 관계는 반드시 명확하지 않지만, 광탄성상수의 절대치가 큰 폴리머는 굴절률을 나타내기 쉬워질 것으로 생각된다.

PMMA 및 PC의 Δn^0에 관해서는, 각각의 화학구조로부터 전자는 작고, 후자는 클 것이다(양의 값). 실제로, PMMA는 복굴절을 일으키기 어렵고, PC는 일으키기 쉽다.

6-2-3 굴절률에 관련된 기타의 성질

광학재료로서는 굴절률만을 조정하는 것이 아니고, 내열성, 내수성, 투명성, 균일성 등도 광학재료에 요구된다.

1) 흡수성, 열변형온도

유기폴리머의 흡수율은 상당히 크며, 그 중에서도 광학재료로서 가장 잘 사용되는 폴리메타크릴산메틸(PMMA)이 흡수성이 크기 때문에, 문제점의 하나로 되어 있다. 메타크릴산에스테르의 알킬사슬을 길게 하면, 함수율을 저하시킬 수 있지만, 동시에 글라스전이온도(Tg)가 저하하고 내열성을 잃게 된다. 이것에 대해서 지방족 고리의 도입은 흡수율을 낮추고, Tg를 높게 유지시킨다. 축합환의 경우에는, Tg는 물론 상승한다(그림 6-9 참조). 플루오르를 함유한 메

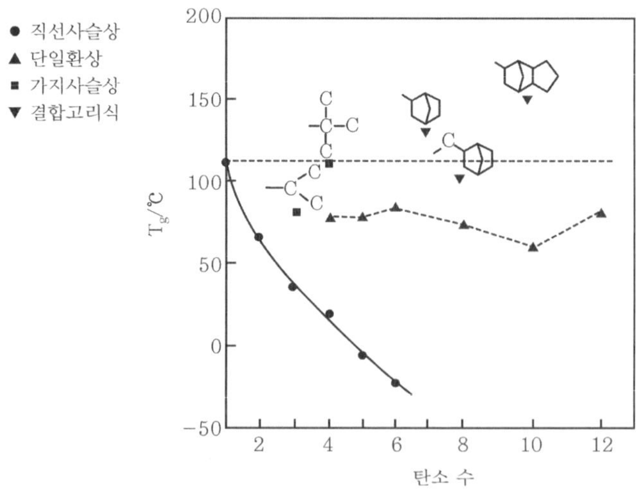

그림 6-9 지방족 알코올의 메타크릴산에스테르 폴리머류의 글라스전이온도(Tg)와 알코올의 사슬길이 및 구조와의 관계

타크릴산에스테르의 공중합체와 같이, 플루오르의 도입에 의하여 마찬가지의 효과가 있다. Tg가 높은 광학폴리머로서는, 지방족 고리를 갖는 폴리머나 α-플루오로아크릴산에스테르의 폴리머 이외에 PC, 폴리아릴레이트, 폴리술폰, 폴리페닐렌설파이드, 방향족 폴리아미드 등의 강직 사슬폴리머가 있다.

2) 광학 비틀림의 배제

국소적으로 굴절률의 변동이 있으면 광학비틀림으로 된다. 따라서 벌크 전체를 균일하게 조절하고, 굴절률의 국부적 변동을 억제시킬 필요가 있다.

6-2-4 굴절률제어의 실제

1) 고굴절률 폴리머

할로겐화비스페놀A를 함유한 플라스틱렌즈(n_d = 1.596, υ_d = 32)가 시판되고 있다.

(i) 방향족 폴리아미드

폴리(p-페닐렌테레프탈아미드) (Kevlar 29®)는 고굴절률 (n=2.50, n=1.65)이지만, 결정성이 높고 광학용도에는 부적합하다. 그러나 2,3′-위치에 부피가 큰 기를 갖는 p-비페닐렌기로 형성된 방향족 폴리아미드는, 고굴절률 · 고글라스전이온도(Tg)로서 폴리머사슬은 강직 사슬상구조일지라도 벤젠고리는 동일평면구조를 취하지 않고 있기 때문에 자외부흡수대(λmax)는 단파장이고, 무색투명하여 용매에 잘 용해하는 성질이 많다. 다음의 폴리머는 무색 Tg=188℃, n=1.89, △n=0.58, LiCl를 함유한 디메틸아세트아미드 등에 가용인 폴리머이다.

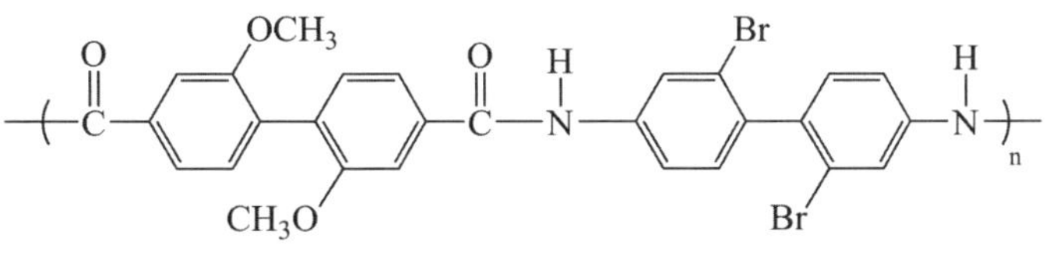

이들의 계에서는 강직사슬이기 때문에 극성기는 서로 랜덤이 아니고, 서로 영향을 미치는 것으로 인하여 굴절률은 높은 경향이 있다.

(ii) 카르바졸기를 갖는 폴리머

광전도성폴리머로서 유명한 폴리(N-비닐카르바졸)은 n=1.68, Tg=227℃이지만, 무르기 때문에 부적당하다.

이것에 대해서, 할로겐화카르바졸기를 가지로 갖는 메타크릴산에스테르의 폴리머가 보고되어 있다. 예를 들면, 아래와 같은 모노머로서, n=4, 5, 6의 혼합물을 사용하면, 그의 융점은 50℃ 이하로 된다.

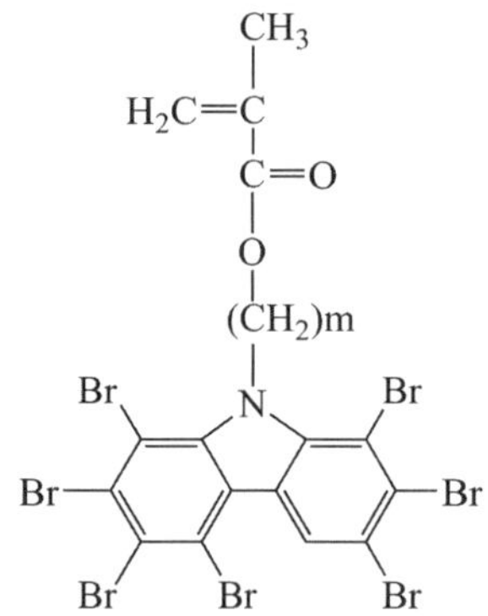

이것은 개시제를 사용하지 않고 괴상중합시키면, 그다지 높지 않은 Tg(175℃)를 가지며, 고굴절률(1.72), 낮은 복굴절, 통상의 용매에는 용해되지 않는 투명한 필름이 얻어진다.

2) 고굴절률 · high Abbés' number폴리머

단순한 방향족기의 도입은, 굴절률을 높이는 것과 동시에 아빼 수(Abbés' number)를 낮게 한다. 이것에 대해서 지방족 고리의 도입은 아빼 수를 저하시키지 않고 굴절률을 높일 수 있다.

(i) 가지에의 도입

메타크릴산의 지방족 고리 알코올에스테르의 폴리머, 예를 들면 폴리메타크릴산트리시클로데실은 고굴절률과 고 아빼 수 이외에, 높은 Tg(147℃)와 낮은 흡수율(PMMA의 1/10 이하)이다. 또한, 다음과 같은 호모폴리머도 있다.

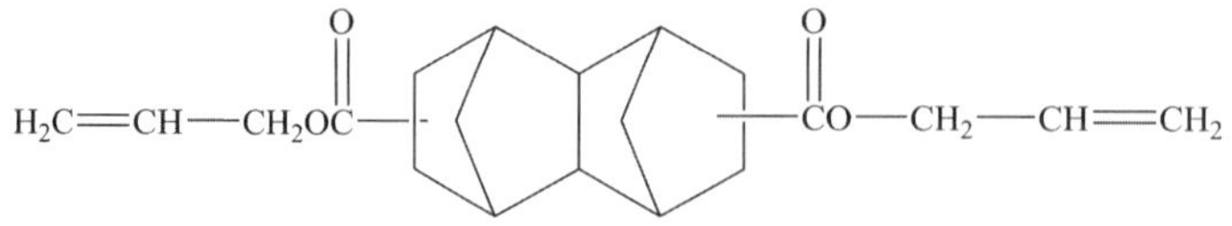

(ii) 주사슬에의 도입(환상올레핀의 공중합)

각종의 측합고리형 올레핀과의 공중합체가 개발되어 있다. 이것은 다음의 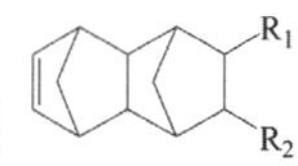 축합고리형 올레핀과 에틸렌과의 공중합에 의하여 n=1.54, 비정질, 투명성, 내열성, 내용제성, 낮은 복굴절의 광학재료가 개발되어 있다.

또한, 디시클로펜타디엔(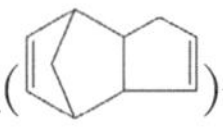)을 베이스로 하여, 아크릴계수지를 고차로 배합시킨 재료로 개발되어 있다.

(iii) 주사슬에의 도입(스피란 구조의 도입)

스피란수지인 다음의 디알릴리덴펜타에리트리톨과 다관능성알코올, 티올로서 수소이동에 의한 부가반응을 일으킨 것이다.

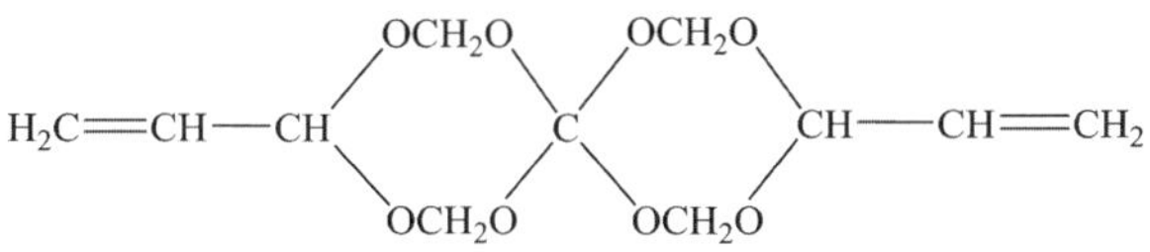

이 계는 또한 경화수축율이 비닐중합에 비하여 반절정도로 적고, 광학 비틀림을 발생하기 어려운 소재를 제공한다.

3) 저복굴절률폴리머

최근 눈부시게 발전된 광디스크 기판에는 저복굴절률이 필요하다. 또한 장래의 발전이 기대되는 광집적 회로에서는 커다란 전기광학효과를 얻기 때문에 발색단의 배향이 필요하며, 배향은 복굴절로 되어 나타난다. 상황에 따라서 소재에 요구되는 복굴절성은 다른 면도 있지만, 여기서는 복굴절의 저감에 대해서 설명하기로 한다. 광학이방성이 적기 때문에, 복굴절을 일으키기 어려운 광학재료로서는, 앞에서 설명한 올레핀계폴리머가 있다.

최근 폴리머블렌드에 의한 복굴절 소거효과가 보고되어 있다. 음의 복굴절성 폴리머인 PMMA에, 양의 복굴절성 폴리머인 폴리염화비닐(PVC)을 함께 용해시킨다. PMMA/PVC=82/18 조성물의 복굴절은 어떤 성장비에 있어서도 양음의 복굴절이 상쇄되어 0으로 된다. 마찬가지의 블렌드계가 보고되어 있다. 또한 유사한 예로서는 PSt와 PC의 블록공중합체도 있다.

음의 배향복굴절폴리머를 제공하는 모노머 (지방족 알코올의 메타크릴산에스테르, α-플루오로아크릴산에스테르 등)와, 양의 배향복굴절폴리머로 되는 모노머(플루오르화비닐리덴, 메타크릴산벤질, 플루오르를 함유한 알코올의 메타크릴산에스테르 등)를 적당한 도입비율로서 공중합시키면 배향복굴절은 거의 소멸되는 것이 밝혀졌다. 예를 들면, 메타크릴산메틸(MMA), 메타크릴산트리플루오로에틸(3FMA)의 계에서는 MMA/3FMA (wt/wt)=44/56이다.

배향복굴절이 큰 폴리머사슬에 있어서도 폴리머사슬의 배향이 완전히 랜덤이면 복굴절을 나타내지 않는 것은 위에서 설명한 것으로부터 명백하다. 저복굴절화의 key의 다른 하나는 가공법에 있다고 말할 수 있다. 저분자량 그레이드의 PC가 성형기술의 고도화에 의하여 디스크 기판으로서 널리 사용되고 있다.

6-3 광경화·광분해재료

광경화 · 광분해재료는 릴리프화상형성재료로서 인화판, 프린트 배선회로, LSI, 초LSI 등의 제조에 실용화되어 있으며, 공업적으로 중요한 재료이다. 더욱, 광경화재료는 잉크, 도료를 광경화시킬 목적으로 사용되는 이외에 치과용 충진수지로서 사용되고 있다. 이들의 광경화 · 광분해재료는 일반적으로 감광성수지 혹은 광폴리머지로 불리며, 이들 중에서 프린트 배선회로나 반도체 집적회로의 제조에 사용되는 재료는, 특히 레지스트재료라고 말한다.

감광성재료에 있어서 재료의 성능을 결정하는 중요한 인자는, 감도, 해상도 및 감광파장영역(분광감도)이다. 일반적으로 감도는 경화 혹은 화상형성에 필요한 최소의 로광에너지의 양(mJ/cm^2), 해상도는 화상형성에 있어서 최소의 선폭(㎛)으로서 표시된다. 고감도화와 해상도의 향상은 감광성재료에 있어서 중요한 과제이다.

6-3-1 광경화반응과 광분해반응

광경화는 광조사에 동반되는 3차원 망상구조의 생성에 의하여 고분자재료가 불용화되는 현상으로서, 모노머로부터 폴리머를 생성하는 광중합반응 혹은 폴리머간의 광가교반응에 의하여 일어난다.

광중합반응은 ① 모노머의 광여기에 의한 중합, ② 중합개시제를 사용하는 중합, ③ 광개시 전하이동중합, ④ 순차광부가중합 등으로 분류할 수 있지만, 광경화용으로서 공업적으로 널리 사용되고 있는 중합형식은 ②의 종합개시제를 사용하는 광중합이다. 고분자의 광가교는 고분자사슬의 불포화기를 광환화2량화반응, 고분자–광가교제 2성분계에 있어서 고분자간의 가교 및 고분자 모노머의 조합에 있어서 모노머의 광중합과 폴리머에의 그래프트화 등에 의하여 달성된다.

광분해는 질소의 탈리나 고분자 주사슬의 절단에 의하여 일어난다. 광분해를 이용하는 감광성수지는 인쇄용 평판재료나 미세가공용의 posi형레지스트재료로서 응용되고 있다.

6-3-2 중합개시제를 사용하는 광중합

중합개시제를 사용하는 광중합은 라디칼중합과 이온중합으로 대별되지만, 공업적으로는 오래전부터 광라디칼중합이 행해지고 있다. 그 후 산소의 영향을 받지 않는 광카티온중합이 개발되어 있다.

1) 광라디칼 중합

광라디칼 중합은, 그림 6-10에 나타낸 바와 같이, 라디칼중합개시제가 빛을 흡수하는 것에 의하여, 라디칼을 생성하고, 이것이 모노머에 부가하는 것에 의하여 중합이 개시되며, 중합반응이 연속적으로 진행된다.

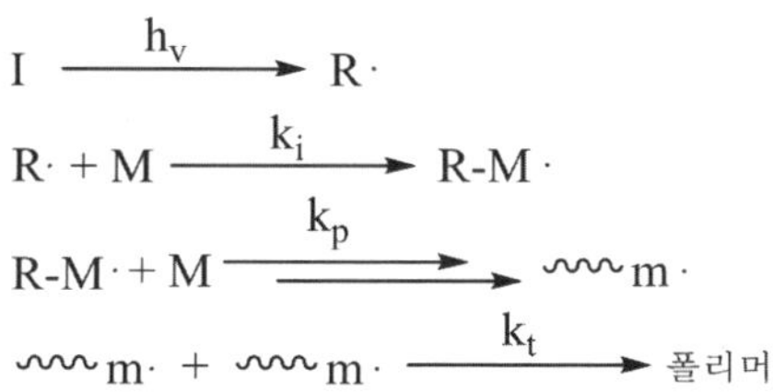

그림 6-10 광라디칼 중합반응의 기소과정

광라디칼 중합의 성장속도 Rp는 6-25식으로 표시된다. 여기서 I_0/einsteins/cm^2/s는 조사광강도, ∅는 라디칼생성의 양자수율, ε/mol/dm^3/cm는 파장 λ/nm에 있어서 몰흡광계수, ℓ/cm는 시료의 두께, [I]/mol/dm^3은 개시제농도, f는 개시제효율이다.

$$R_p = \frac{k_p}{k_t^{1/2}} R_i^{1/2}[M]$$
$$R_i = \frac{1}{l} I_0 \varnothing f (1 - e^{-2.303 \varepsilon l [I]}) \qquad (6\text{-}25)$$

광라디칼 중합개시제에 요구되는 조건은, 빛에 의한 라디칼생성의 양자수율이 높은 것이다. 많은 광라디칼 중합개시제의 감광파장 영역은 400nm 이하의 자외광 영역에 있지만, 색소증감에 의하여 분광감도를 500nm이상으로 확대할 수 있다. 주된 광라디칼 중합개시제의 예를 표 6-3에 나타낸다. 빛에 의한 라디칼 생성메카니즘의 대표적인 예를 그림 6-11에 나타낸다.

표 6-3 대표적인 광라디칼 중합개시제

항목	광라디칼 중합개시제
1	아조화합물(AIBN, 기타)
2	과산화물(BPO, 기타)
3	폴리할로겐화물(트리클로로아세토페논, 트리스(트리클로로메틸)-S-트라아진, 기타)
4	아실포스핀옥사이드(2,4,6-트리메틸벤조일디페닐포스핀옥사이드)
5	케톤류(벤조인알킬에테르, 벤조페논, 기타)
6	퀴논류(안트라퀴논, 캄파퀴논, 기타)
7	유기금속화합물[비스펜타디엔일티타늄디(펜타플루오로페닐), 기타]
8	2성분전자이동계(방향족 케톤-아민계, 과산화물-Fe^{3+} 혹은 색소계, 방향족 술핀산-색소계, 기타)

광에 의한 유리라디칼의 각종 생성메카니즘을 나타내면 다음과 같다.

(a) 벤조페논

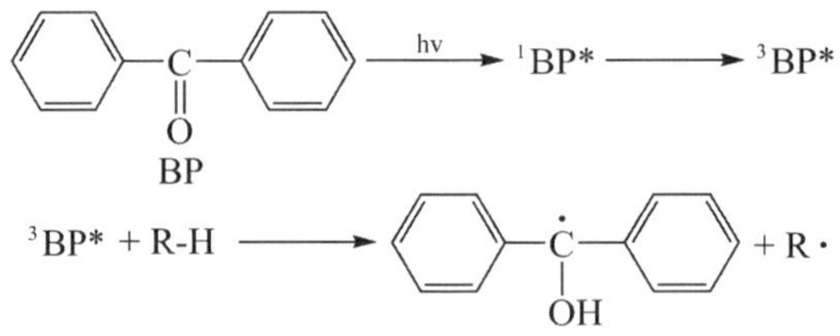

(b) 벤조인알킬에테르

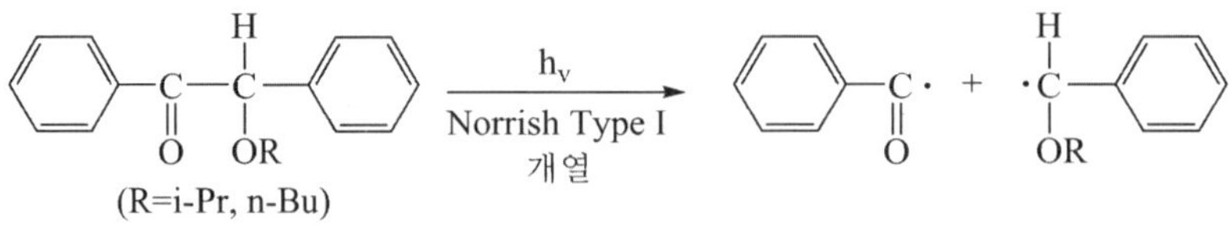

(c) α,α-디에톡시아세토페논

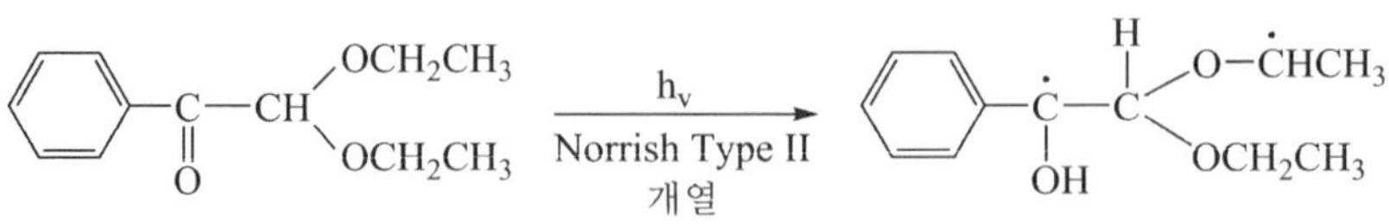

(d) 벤조페논-아민전자이동계

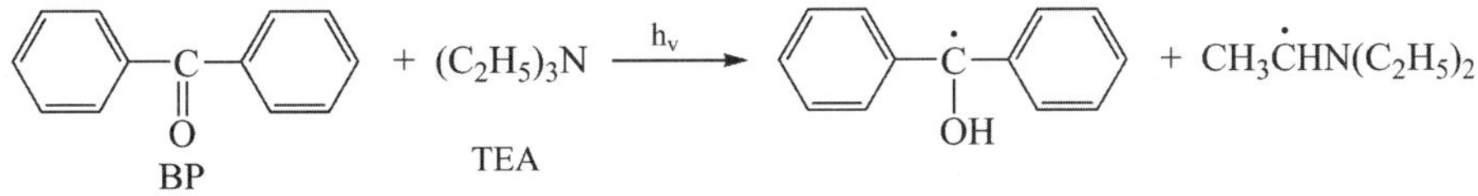

(e) 색소(티오닌, 메틸렌블루)증감계

$$\text{Dye} \xrightarrow{h_v} {}^{1}\text{Dye}^{*} \longrightarrow {}^{3}\text{Dye}^{*}$$

$$ {}^{3}\text{Dye}^{*} + \text{CH}_3\text{ArSO}_2^{-} \longrightarrow (\text{Dye})^{\dot{-}} + \text{CH}_3\text{ArSO}_2 \cdot $$

그림 6-11 주요한 광라디칼 중합개시제의 광분해메카니즘

공업적으로 널리 이용되고 있는 광라디칼 중합용모노머는, 단관능 및 다관능성 아크릴계모노머이다. 다관능성 아크릴계모노머의 예를 그림 6-12에 구조식으로 나타내면 다음과 같다.

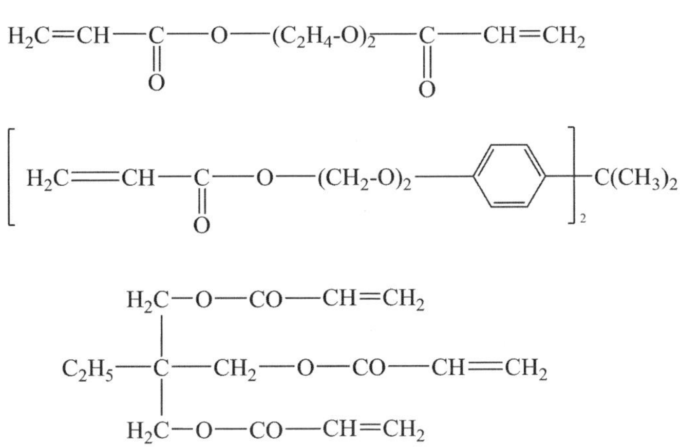

그림 6-12 광경화용 다관능성 아크릴계 모노머

2) 광카티온 중합

광라디칼 중합에 있어서 문제점은, 산소에 의하여 중합이 저해되는 것이다. 따라서 산소에 의하여 영향을 받지 않는 광카티온중합이 개발되어 있다.

광카티온 중합개시제로서, 아릴디아조늄염 이외에, 디아릴요오드늄염, 트리아릴술포늄염 등의 오늄염이 사용되고 있다. 이들의 광분해 메카니즘을 나타내면 그림 6-13과 같다.

(a) 아릴디아조늄염

$$ArN_2^+X^- \xrightarrow{h_v} Ar^+X^- + N_2$$

(b) 디아릴요오드늄염, 트리아릴술포늄염

$$Ph_2I^+X^-(Ph_3S^+X^-) \xrightarrow{h_v} PhI^{+\cdot}X^-(Ph_2SH^{+\cdot}X^-)$$

$$PhI^{+\cdot}X^-(Ph_2S^{+\cdot}X^-) + RH \longrightarrow PhI^+H(Ph_2S^{+\cdot}X^-) + R\cdot$$

$$PhI^+H(Ph_2S^{+\cdot}X^-) \longrightarrow PhI(Ph_2S^{+\cdot}) + HX$$

(c) 광전자 이동증감계

$$S \xrightarrow{h_v} {}^1S^*$$

$${}^1S^* + Ph_2\overset{+\,-}{IX}(Ph_3\overset{+\,-}{SX}) \xrightarrow{h_v} S^{+\cdot}X^- + PhI(Ph_2S) + Ph\cdot$$

$$S^{+\cdot} + \text{모노머} \xrightarrow{h_v} \text{폴리머}$$

그림 6-13 광카티온 중합개시제의 광분해메카니즘

광카티온 중합에 사용되는 모노머는, 카티온중합이 가능한 다관능성 비닐에테르 혹은 다관능성 에폭시계 모노머이다. 후자의 예를 구조식으로 나타내면 그림 6-14와 같다.

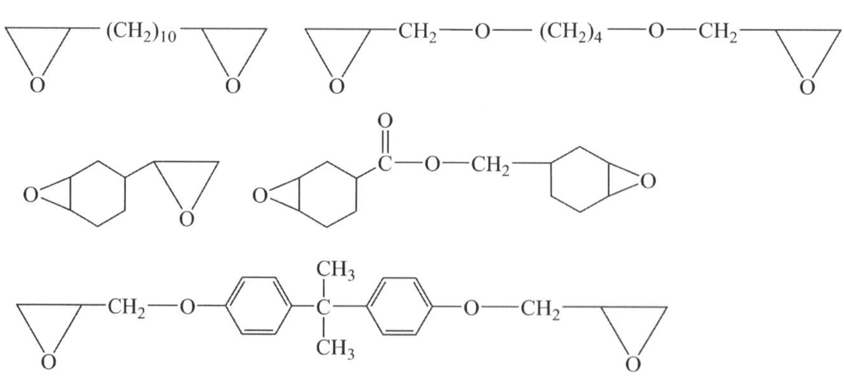

그림 6-14 광경화용 다관능성 에폭시계 모노머

6-3-3 광가교

고분자가지의 광2량화반응에 기본으로 되는 고분자간의 광가교반응으로서 가장 잘 알려진 예로서는, 폴리(비닐신남산)의 가지에 있는 불포화기의 광환화 2량화반응으로서, 3중항 증감이 가능하다. 고분자-광가교 제2성분계의 예로서는, 환화고무-비스아지드계, 디아조수지-폴리비닐알코올계, 폴리엔-폴리티올계 등이 있다. 고분자-광가교 제2성분계에서는, 다관능성 광가교제가 빛을 흡수하여 활성종을 생성하고, 고분자와 반응한다. 예를 들면, 비스아지드를 사용하는 경우, 광분해에 의하여 생성한 비스나이트렌이 폴리머의 C-H결합에 삽입반응 혹은 불포화기에 부가반응이 일어나며, 그 결과, 고분자간에 가교가 일어난다. 광가교반응의 예를 나타내면 **그림 6-15**와 같다.

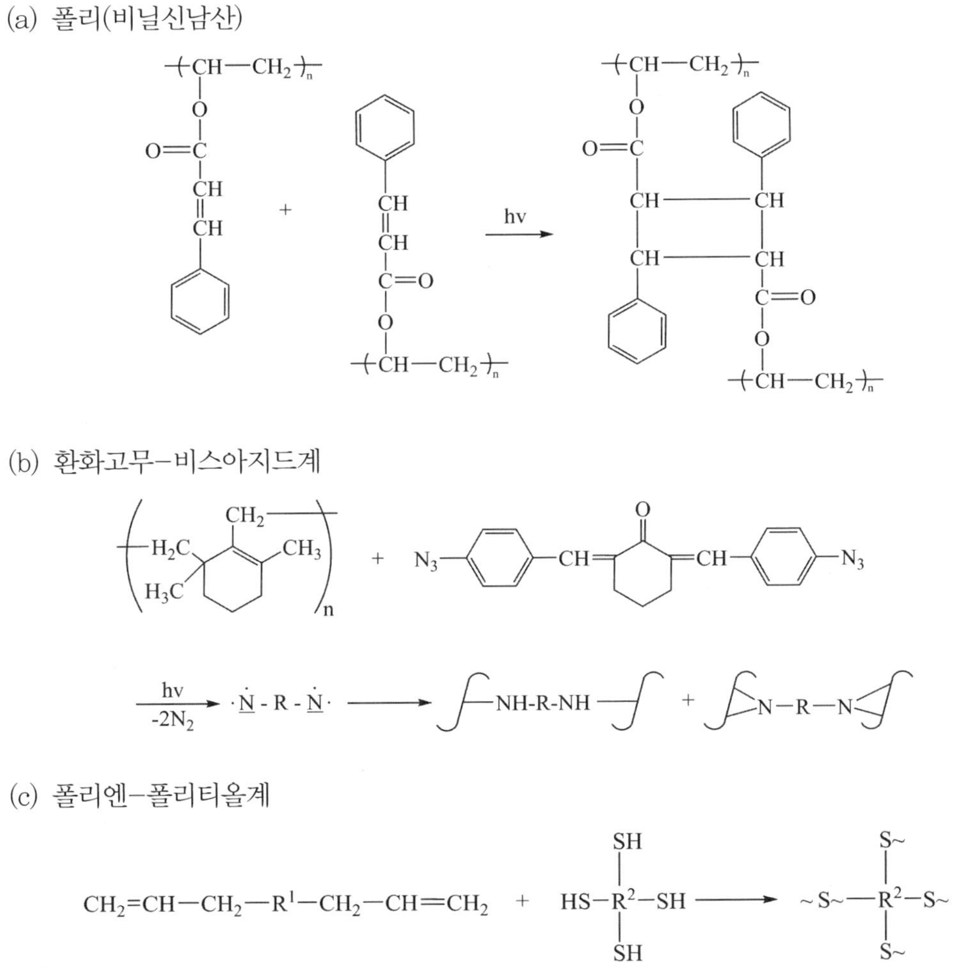

그림 6-15 광가교반응의 예

6-3-4 광경화·광분해를 이용하는 릴리프화상의 형성

릴리프화상의 형성은, 일반적으로 감광성재료의 로광부와 비로광부에 있어서 생기는 용해성의 차이를 이용하고 있으며, 로광에 의한 잠상형성, 이어서 용제현상에 의한 릴리프화상형성의 2개의 과정으로 형성되어 있다. 릴리프화상의 형성에 이용되는 용해성의 변화는, 일반적으로 고분자의 광경화 혹은 고분자 주사슬의 절단을 동반하는 광분해에 의하여 달성된다. 이외에, 관능기변환에 기인하는 용해성의 변화가 이용되고 있다. 이와 같은 릴리프화상의 형성이 인쇄제판이나 반도체집적회로의 제조를 위한 미세가공에 이용되고 있다.

6-3-5 감광성수지의 인쇄제판에의 응용

인쇄판은, 화상부와 비화상부의 상태로부터, 볼록판, 평판, 오목판, 구멍판으로 대별되며, 몇 종류의 제판시스템이 실용화 되어 있다. 광중합계 감광성수지를 이용하는 볼록판(감광성수지 볼록판)은, 수지의 릴리프상을 그대로 인쇄에 이용한다. 광중합계에서는, 광흡수에 의한 중합개시제라디칼의 생성양자수율은 1보다도 작지만, 연쇄중합과정에서 중합도에 상당하는 상의 증폭프로세스가 조합되어 있으며, 감도향상에 연관되어 있다.

광중합형 감광성수지에는, 액상의 것과 고상의 것이 있으며, 주로 다음과 같은 3성분으로 구성되어 있다. 즉, ① 광중합성 프레폴리머(액상수지의 경우) 혹은 바인더폴리머(고형수지의 경우), ② 단관능 혹은 다관능성 모노머, 및 ③ 광중합개시제이다. 광중합성 프레폴리머는 대부분의 경우, 올리고머의 양쪽 말단에 아크릴산기를 도입시킨 불포화폴리에스테르, 불포화폴리우레탄, 불포화에폭시수지 등이다. 폴리머 바인더 중에 있어서 광중합속도는, 수지의 글라스전이온도에 따라서 영향을 받는다.

평판은, 일반적으로 친수성의 알루미늄 기판상에 감광성수지에 의한 친유성의 화상을 형성시킨 것이다. 감광성수지로서, 디아조수지-폴리비닐알코올계(nega형)나 o-퀴논디아지드-노볼락수지계(posi형)가 사용되고 있다. 기판에 감광성수지를 제막시킨 PS판(presensitized plate)이 시판되고 있다.

실험 예 6-1 광중합반응을 이용한 감광성수지 볼록판의 제작

중합도가 다른(n=9, n=14) 폴리에틸렌글리콜디메타크릴레이트의 혼합물[(중량비 1 : 1) (점도의 조정을 위해서)]을 비커에 20ml 취한다. 이 액체에 광중합개시제(액상)로서 2-하이드록시-2-메틸-1-페닐프로판-1-온을 0.5ml 가하고 혼합시킨다. spacer를 부착시킨 알루미늄 기판상에 혼합용액을 도포하고, 그 위에 공기차단층으로서 PET필름을 씌운다. 더욱, 그 위에 nega필름을 두고, 글라스판으로 누른다. 여기에 500W UV램프광을 약 5초 조사시켜 경화시킨다. 물로서 세척하면 미로광부가 세척되어 릴리프화상이 얻어진다.

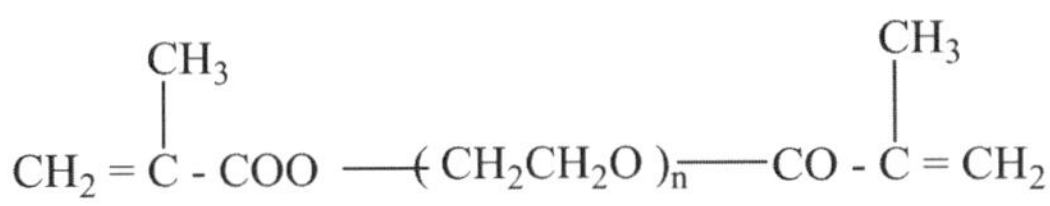

polyethylene glycol dimethacrylate

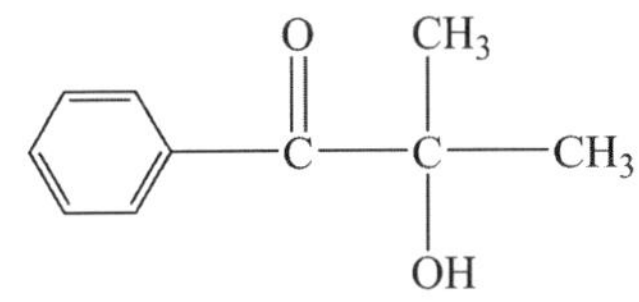

2-hydroxy2-methyl-1-phenylpropane-1-one

6-3-6 감광성 수지의 반도체 집적회로에의 응용-레지스트재료

컴퓨터를 지탱하고 있는 LSI, 초LSI 등의 반도체 집적회로는, 레지스트재료를 사용하여 마이크로리소그래피라고 불리는 미세가공기술에 의하여 제작된다.

1) 마이크로리소그래피프로세스

마이크로리소그래피프로세스는, **그림 6-16**에 나타낸 것과 같다. 이하의 프로세스를 몇단계 반복시키는 것에 의하여 반도체소자가 제조된다. ① 실리콘단결정을 가열산화(1000℃)시켜 표면에 SiO_2 막을 형성시킨다. ② SiO_2 막의 위에 레지스트를 스핀코팅법에 의하여 도포한다. ③ 건조시킨 후, free back(80℃, 30분)시킨다. ④ 마스크를 통하고, 축소투영에 의한 상로광을 행하여 잠상을 형성시킨다. 포토리소그래피에서는 로광원으로서, UV광(g선 436nm, i선 365nm) 혹은 deep UV광(엑시머레이저, 예를 들면 KrF 248nm)이 사용된다. ⑤ 용제현상에 의하여, 릴리프화상을 형성한다. ⑥ post back(100℃)을 행한다. ⑦ 엣칭에 의하여 레지스트가 소멸된 부분의 SiO_2를 제거한다. 습식 엣칭 대신에 건식 엣칭이 이용되기에 이르렀다. ⑧ 레지스트를 박리한다. ⑨ 인, 붕소 등의 불순물 도핑을 행한다.

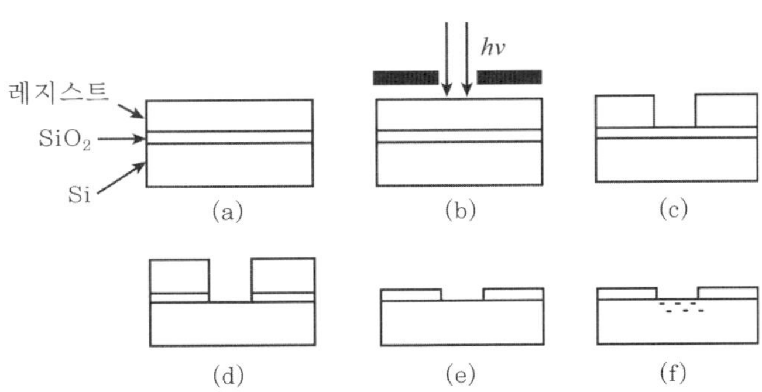

(a) 레지스트도포 (b) 상로광
(c) 현상 (d) 엣칭
(e) 레지스트제거 (f) 불순물도핑

그림 6-16 마이크로리소그래피프로세스

2) 레지스트재료

미세가공을 위하여 반드시 필요한 재료인 레지스트재료는, 빛, 전자선, X선의 조사에 의한 용해성의 변화를 이용하는 것으로서, 릴리프화상 형성과 엣칭에 있어서 SiO_2의 보호막으로서의 2가지 역할을 하고 있다. 로광에 의하여 보다 용해되기 쉬운 것을 posi형 레지스트, 보다 용해되기 어려운 것을 nega형 레지스트라고 말한다. 레지스트재료에 요구되는 성질은, 고감도, 고해상도 및 엣칭에 대한 내성이다. 이외에, 양호한 필름형성능, 기판에 대한 접착성, 내열성이 요구되는 것은 당연하다.

레지스트의 감도 및 콘트라스트는, 용제현상시킨 후의 잔막율을 로광량의 대수에 대해서 플롯시켜 얻어지는 감도곡선으로부터 구해진다(**그림 6-17** 참조). posi형의 경우는 잔막율이 0, nega형의 경우는 잔막율이 0.5로 되는 것에 필요한 최소로광량(mJ/cm^2)으로 감도를 정의한다. 콘트라스트(γ)는, $\gamma=\tan\theta$이다.

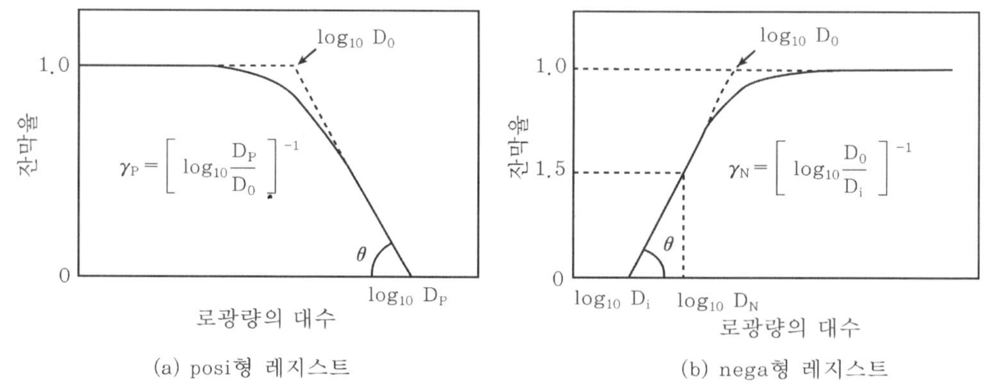

그림 6-17 레지스트의 감도곡선

대표적인 nega형 포토레지스트는, 환화고무-비스아지드계이다. 이외에, 폴리비닐페놀-비스아지드계가 개발되어 있다. posi형 포토레지스트의 대표적인 예는, o-나프토퀴논디아지드-노볼락수지계이다. 그의 광분해반응을 **그림 6-18**에 나타낸다.

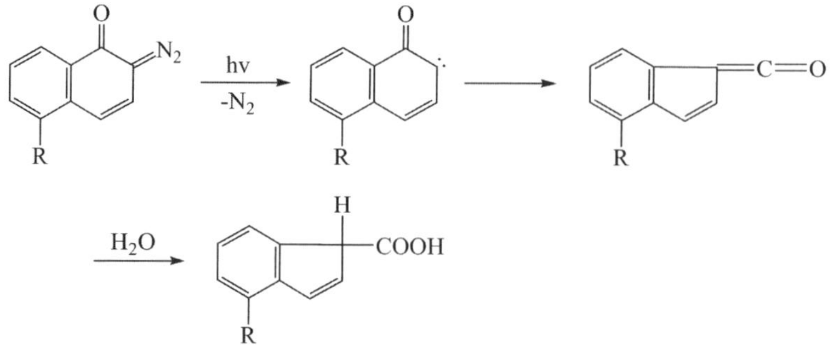

그림 6-18 나프로퀴논디아지드의 광분해반응

레지스트의 고감도화에 대한 어프로치로서, 화학증폭형 레지스트가 개발되어 있다. 대표적인 2가지 예를 들면, 하나는 오늄염-폴리-t-부톡시카르보닐옥시스티렌계이고, 다른 하나는 오늄염-폴리프탈알데히드계이다. 어떤 계나 오늄염의 광분해에 의하여 생성된 프로톤이 고분자에 작용한다. 전자의 계에서는 관능기의 변환이 일어나 t-부톡시카르보닐옥시스티렌이 p-하이드록시스티렌으로 변환되며, 그 결과 극성이 변한다. 현상제로서 극성용제를 사용하든지, 무극성용제를 사용하든지 posi형으로나 nega형으로도 된다. 이 계에서는, **그림 6-19**에 나타내는 바와 같이, 프로톤이 카르보카티온으로부터 연쇄적으로 생성하여 화학증폭이 달성된다. 양자수율은 10^3정도이다. 오늄염-폴리(비닐벤조산에스테르)계도 마찬가지로 에스테르로부터 카르복실산으로 관능기 변환이 일어나 극성이 변한다.

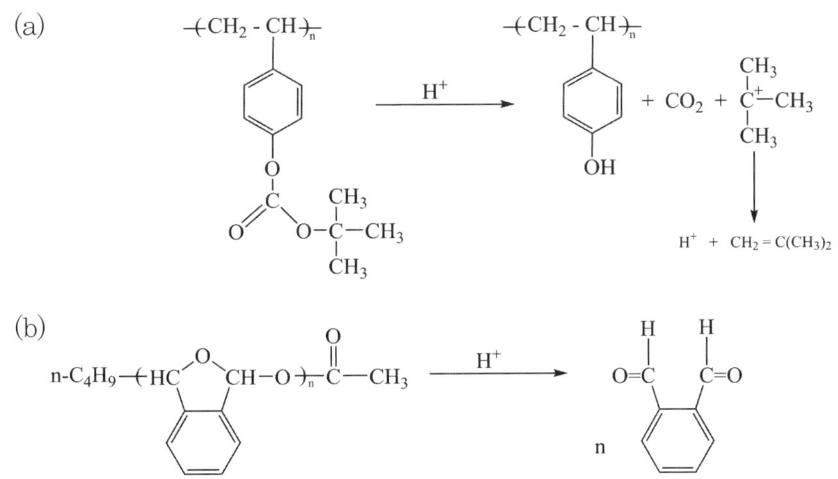

그림 6-19 화학증폭형레지스트

폴리프탈알데히드계에서는 광분해에 의하여 생성한 프로톤이 폴리프탈알데히드의 에테르결합을 절단한다. 이 고분자는 천정온도가 낮기 때문에, 한번 절단이 일어나면 연쇄적으로 주사슬의 절단이 진행하며, 화학증폭이 달성된다. 이 계는, 고분자 주사슬의 절단이 동반하여 posi형레지스트로서 기능한다.

고해상도화로의 레지스트재료쪽으로부터의 어프로치로써, 다층구조 레지스트프로세스가 진전되고 있다. 다층레지스트프로세스는 웨이퍼상에 두꺼운 막의 평탄화층을 설치하는 것에 의하여, 웨이퍼의 단차를 해소시켜 해상도를 높이는 방식이다. 2층구조에서는, 상층레지스트박막으로 형성된 패턴을 산소반응성 이온엣칭(O_2RIE)에 의하여, 하층의 평탄화층에 복사된다. 2층구조에 있어서 상층레지스트로서, O_2RIE에 대해서 내성을 갖는 실리콘을 함유한 고분자가 사용된다.

고해상도를 달성하기 위해서, 로광원으로서 전자선이나 X선을 사용하는 프로세스기술이 진전되어, 이들의 프로세스에 적합한 레지스트재료가 개발되어 있다. 전자선레지스트의 예를 그림 6-20에 나타낸다.

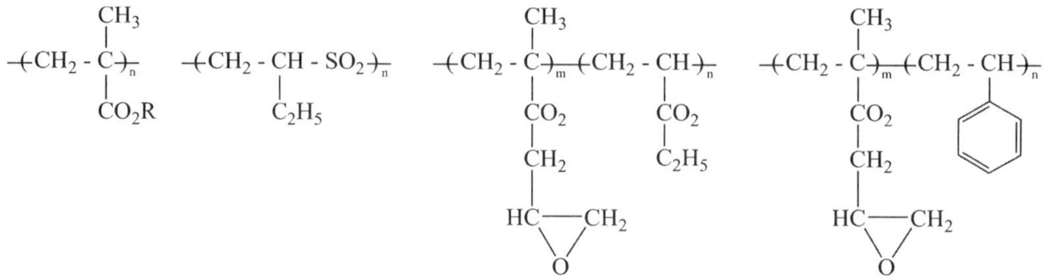

posi형 전자선 레지스트　　　nega형 전자선 레지스트

그림 6-20 전자선레지스트

6-4 광전도성재료·광전변환재료

광전변환재료는 태양전지나 광센서 등의 광에너지를 전기에너지로 변환시키는 디바이스에 이용되는 재료이고, 광전도성재료는 전자사진용 감광체재료로서 정보기록용에 실용화되고 있다. 이들의 재료에 있어서 기능발현은 감광효과라고 불리는 현상에 기인하고 있다.

6-4-1 광전효과

광전효과라고 불리는 현상에는, 광흡수에 의하여 물질표면으로부터 전자가 외부로 방출되는 광전자방출효과, 광흡수에 의하여 물질(절연체, 반도체) 내부의 캐리어 농도가 증가하여, 그 결과 전기전도도가 증대하는 광전도효과 및 광흡수에 의하여 2종류 물질의 계에 전위차(광기전력)가 발생하는 광기전력효과가 있다.

광전도효과와 광기전력효과는 어느 것이나 광흡수에 의한 캐리어의 생성을 함유하는 점에서 공통적이지만, 캐리어의 광생성 및 생성된 캐리어의 이동에 관여하는 전장은 광전도효과에서는 외부로부터 인가된 전장인 것에 대해서, 광기전력효과에서는 2종류 물질의 계면에 자발적으로 형성된 전위기울기이다.

6-4-2 광전도효과

광전도는 열평형상태일 때보다도 광조사했을 때에 물질의 전기전도도가 증대하는 현상으로서, 이것은 물질(절연체 혹은 반도체)이 빛을 흡수하는 것에 의하여 캐리어(전자, 정공의 하전

다. 또한, 고체광전변환소자를 제작하고, 그 광전변환특성을 조사하는 것에 의해서도 광전도성에 관한 지식이 얻어진다.

1) 정상광전류의 측정

정상광조사에 의한 광전류는 다음과 같이 측정한다. 광전도성 물질의 시료(일반적으로 막)의 양쪽 면에 반투명전극을 증착하여 샌드위치구조의 셀을 제작하고, 양쪽 전극에 전압을 인가하여 한쪽의 반투명전극쪽으로부터 광조사하면 외부회로에 광전류가 관찰된다.

2) 비행시간 측정법에 의한 drift이동도의 측정

펄스광조사에 의하여 캐리어를 시료표면에 시트상태로 형성시키고, 형성된 캐리어가 두께 ℓ/cm의 시료 중으로 이동하여 대향전극에 도달하는 데 필요로 하는 시간 tr(주행시간)을 전류파형 혹은 전하파형으로부터 구하면, 캐리어의 drift이동도 μ가 식 6-27로부터 구해진다. 이것을 비행시간측정법(time-of-flight method)이라고 말한다.

$$\mu = \frac{l^2}{t_\tau T} \qquad (v(E) = \mu E) \tag{6-27}$$

여기서, v(E)/cm s^{-1}는 캐리어의 이동속도이다. v(E)는 전장강도 E/Vcm^{-1}에 비례하며, 그의 비례상수가 drift이동도 μ이다. V(volt)는 인가전압이다.

폴리(비닐부틸알)을 톨루엔과 메틸에틸케톤의 혼합용매에 용해시킨다. 이 용액에 금속 무치환 X형 프탈로시아닌을 넣은 후, 교반하여 프탈로시아닌을 고분자 중에 분산시킨다. 이것을 알루미늄으로 증착시킨 PET필름상에 bar coating법을 이용하여 제막하고, 전하발생층으로 사용한다. 이 위에 측정시료와 폴리카보네이트를 혼합시킨 디클로로메탄용액으로부터, 전하발생층의 경우와 마찬가지로 약 10~20μm의 전하수송층을 제막한다. 그 위에 반투명금전극을 진공증착시킨다.

크라이오스타트(Cryostat) 중에 소자를 고정하고, 알루미늄쪽이 양, 반투명금전극쪽이 음이 되도록 직류전원을 이용하여 전압을 인가한다. 여기에 크라이오스타트의 창을 통하여 금전극쪽으로부터 색소레이저 혹은 스트로보스코프를 이용하여 펄스광을 조사한다. 이 때 흐르는 광전류를 프리앰프로서 증폭시키고, 과도광전류의 시간변화를 디지털스토리지스코프로서 관측한다. 그림 6-21에 측정의 개략도를 나타낸다.

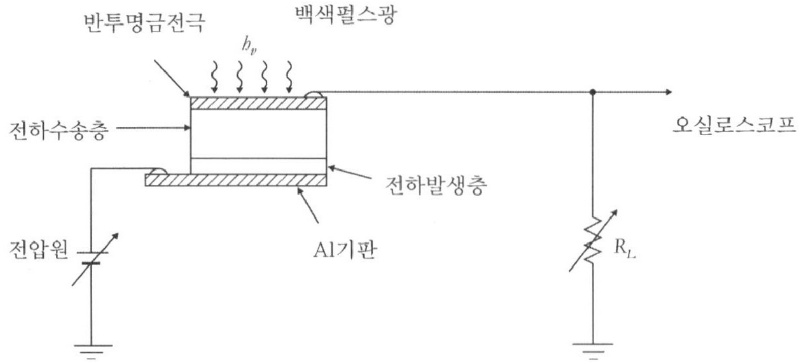

그림 6-21 측정의 개략도

그림 6-22는 과도광전류파형의 예로서, 그의 전류값과 시간의 양쪽 대수플롯을 2개의 직선으로 유사하게 나타내고, 그의 교차점을 주행시간 t_t로 한다(그림 6-23 참조). 식 6-27을 이용하여 μ를 결정하고, 그의 온도 의존성 및 전장강도 의존성을 해석한다.

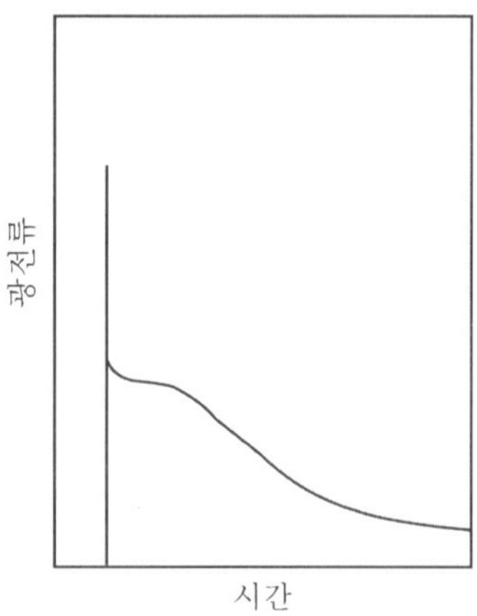

그림 6-22 과도광전류파형의 예

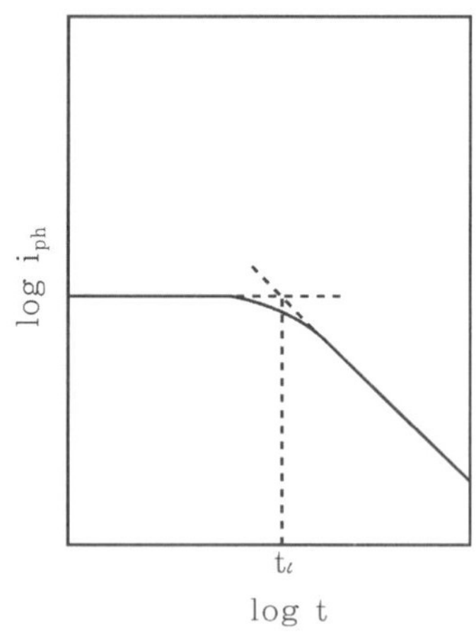

그림 6-23 전류값과 시간의 양쪽 대수플롯

6-4-4 광전도성재료

광전도성은 절연성영역 및 전도성이 좋지 않은 반도성영역의 거의 모든 π전자계 물질집단에 속하지만, 일반적으로 암전류에 대한 광전류의 비가 현저하게 큰 물질($i_{ph}/i_d=10^2 \sim 10^3$)을 광전도성물질이라고 말한다. 광조사에 의하여 생성하는 것과 같은 물성의 차이가 전자사진용 감광체재료로서의 응용에 연관되어 있다.

유기광전도성물질(organic photoconductive materials, OPC)은 저분자계물질과 고분자계물질로 대별된다. 광전도성을 나타내는 저분자계유기물질에는, ① 안트라센 등의 축합다환방향족 탄화수소, ② 카르바졸 등의 방향족 헤테로고리화합물, ③ 아릴아민류, ④ 아릴하이드라존류, ⑤ 프탈로시아닌류 등의 안료가 있다.

광전도성고분자는, 구조적 관점으로부터, ⑥ 직쇄상 전π공액계고분자, ⑦ 면상 전π공액계고분자, ⑧ 광전도성기를 주사슬이나 가지에 함유하는 고분자, ⑨ 고분자전하이동착화합물, ⑩ 기타의 고분자로 분류된다.

고분자의 가지 혹은 주사슬에 함유되는 광전도성기는, 축합다환방향족 탄화수소, 방향족 헤테로고리화합물, 아릴아민, 기타이다. 지금까지 많은 광전도성고분자가 합성되고 있다.

실험 예 6-3 광전도성 고분자의 합성

광전도성 고분자의 합성방법에는, 다른 기능성 고분자의 경우와 마찬가지로, (a) 고분자반응에 의하여 광전도성기를 고분자에 도입시키는 방법과, (b) 광전도성기를 함유하는 모노머의 중합에 의한 방법으로 대별된다(그림 6-24).

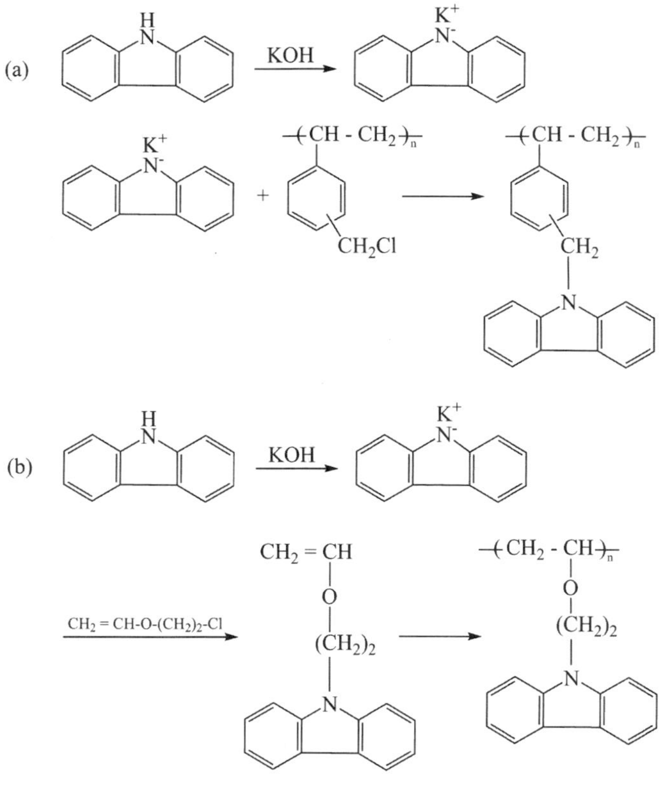

그림 6-24 광전도성 고분자의 합성
(a) 고분자반응을 이용하는 방법 (b) 모노머의 중합에 의한 방법

(a) 고분자반응을 이용하는 방법

고분자반응은, 모노머의 합성과 중합의 조작을 포함하지 않기 때문에 간편하지만, 광전도성기를 고분자관능기의 위치에 규칙 바르게 도입시킬 수 없다.

(b) 모노머의 중합에 의한 방법

광전도성기를 가지에 함유하는 비닐모노머를 합성하는 경우에는, ① $-CHO$, $-COCH_3$기를 비닐기, 프로펜일기로 변환시키는 방법, ② $-COCH_3$기를 $-CH(OH)CH_3$기로 변환시킨 후, 탈수하는 방법, ③ 관능기를 함유하는 기존의 모노머와 반응시키는 방법, ④ 기타의 방법이 있다.

6-4-5 광전도성재료의 응용

유기광전도성재료(organic photoconductor, OPC)는, 전자복사기 혹은 레이저프린트 등의 감광체로서, 또는 전자사진방식을 이용하는 인쇄제판에 실용화되고 있다. 전자사진의 기본방식은, 1938년 Carlson에 의하여 발명된 방식으로서, 물질의 정전기 현상과 광전도성 현상을 이용한 것이다. 복사기에 이용되고 있는 방식은 감광체상에 형성시킨 토너상을 보통 종이에 전사시키는 것으로서, xerography라고 불린다. xerography는, 코로나방전에 의한 감광체표면에의 대전, 상로광에 의한 정전잠상의 형성, 토너현상, 토너상의 종이에의 전사, 가열압착에 의한 정착, 감광체표면의 클리닝, 제전의 각 프로세스로 형성되어 있으며, 한 장 한 장 복사할 때마다 이들의 프로세스가 반복된다. 레이저프린터의 경우에는, 로광부에 토너가 부착되도록 반전현상을 행한다. 감광체디바이스로서는, 단층형과 적층형이 있지만, 캐리어 발생층(CGL)과 캐리어 수송층(CTL)을 분리하여 적층시킨 적층형 감광체가 주류로 되어있다. 적층방식에 있어서는, CGL로부터 CTL으로의 캐리어 주입효율 혹은 계면에 있어서 캐리어 광생성의 양자수율이 높을 필요가 있다.

OPC 중에서, 폴리(N-비닐카르바졸)(PVCｚ)-2,4,7-트리니트로플루오렌(TNF) 전하이동착화합물계가 최초로 사무용 복사기에 실용화 되었지만, 그 후, 폴리카보네이트와 같은 고분자에 저분자계 유기물질을 분산시킨 계가 주로 실용화되고 있다. 적층감광체에 있어서 캐리어수송재료에는, 각종의 아릴하이드라존류, 아릴기 치환올레핀류, 트리아릴아민류 등이 알려져 있다. 캐리어 발생재료에는, 클로로다이안블루 등의 비스아조안료가 사용되고 있다. 레이저프린터용의 캐리어 발생재료로서는, 광원으로 사용되고 있는 AlGaAs계 반도체레이저의 발진파장인 근적외광(780~830nm)에 고감도이고 게다가 내구성을 갖추고 있는 것이 요구된다. 각종의 프탈로시아닌류, 특히 티탄일프탈로시아닌의 각종 형태가 근적외영역에 고감도인 캐리어 발생재료로서 사용되고 있다. 그 밖에, 스쿠아릴륨색소, 비스아조 및 트리아조안료가 사용되고 있다. 캐리어 수송재료의 예를 나타내면 **그림 6-25**와 같다.

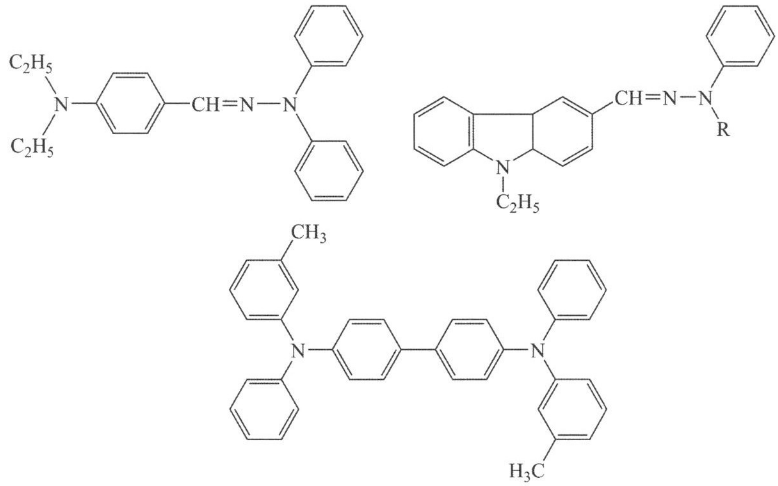

그림 6-25 캐리어수송재료의 예

몇 종류의 광전도성 유기물질에 있어서 캐리어의 drift이동도의 값을 표 6-4에 나타낸다.

표 6-4 유기광전도체의 hole drift 이동도

재료	이동도 $\mu^{*1}/cm^2V^{-1}s^{-1}$
폴리(N-비닐카르바졸)	1×10^{-7}
트리-p-톨릴아민 40wt%수지*2분산계	3×10^{-5}
p-디에틸아미노벤즈알데히드디페닐하이드라존 50wt%수지*2분산계	1×10^{-6}
N,N′-디페닐-N,N′-비스(3-메틸페닐)-[1,1′-비페닐]-4,4′ -디아민 50wt%수지*2분산계	1×10^{-5}
4-디페닐아미노벤즈알데히드디페닐하이드라존 100%글라스 50wt%수지*2분산계	2×10^{-4} 6×10^{-6}
4-디페닐아미노아세토페논디페닐하이드라존 100%글라스 50wt%수지*2분산계	3×10^{-5} 2×10^{-6}

*1 온도 : 293K, 전장강도 : $1\times10^5Vcm^{-1}$, *2비스페놀A-카보네이트

6-4-6 광기전력 효과를 이용하는 광전변환

p형반도체와 n형반도체와의 접합(pn접합 혹은 pn헤테로접합)이나 반도체와 금속과의 Schottky접합에 의하여, 2종류 물질의 계면에 전위기울기가 형성되고 있을 때, 광흡수에 의하

여 캐리어가 생성되면 계면에 기전력(광기전력)이 발생한다. 이와 같은 광기전력 효과를 이용하는 것에 의하여, 광에너지를 전기에너지로 변환시킬 수 있다. 전위기울기의 형성 및 광기전력의 발생은, 전자에너지 밴드모델을 이용하여 설명하면 다음과 같다. 즉, pn접합 혹은 Schottky접합에 있어서, 계면을 통하여 Fermi준위가 높은 쪽으로부터 낮은 쪽으로 전자이동이 일어나며, Fermi준위가 동등하게 된 시점에서 양쪽 상간에 전자를 주고받는 것이 평형에 달한다. 그 결과, 계면에 전기2중층이 형성되며, 반도체에 있어서 가전자대, 전도대인 2개의 전자에너지밴드는 굽어지면서 전위기울기가 형성된다(그림 6-26 참조).

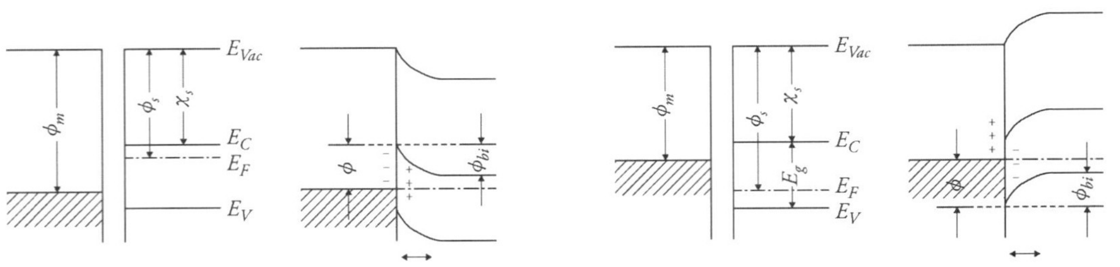

그림 6-26 금속-반도체 접촉의 에너지밴드 도형

열평형상태에 있어서 에너지밴드 굽힘의 크기$\varnothing_{bi}$(확산전위, built-in potential)은, Schottky접합의 경우, 접촉전에 있어서 반도체의 Fermi준위 $\varnothing_s$와 금속의 일함수 $\varnothing_m$과의 차와 같다(식 6-28 참조). 금속쪽에서 보았을 때의 전위장벽을 Schottky장벽($\varnothing$)이라고 말한다. Schottky장벽의 크기는, 일함수가 비교적 큰 금속과 n형반도체와 접촉하는 경우, 식(6-29)로서 표시되며, 일함수가 비교적 작은 금속과 p형반도체와의 접촉의 경우에는, 식(6-30)으로 표시된다. 여기서 Xs는 반도체의 전자친화력, Eg는 반도체의 밴드갭에너지이다. pn접합에 있어서도 마찬가지이며, 계면에서의 전위기울기 크기 $\varnothing_{bi}$는 p형반도체와 n형반도체의 Fermi준위의 차와 같다. Schottky접촉 혹은 pn접합에 있어서 전위기울기가 생성하는 영역을 공핍층 혹은 공간전하층이라고 말한다.

$$\varnothing bi = |\varnothing m - \varnothing s| \tag{6-28}$$

$$\varnothing = \varnothing m - Xs \tag{6-29}$$

$$\varnothing = Xs + Eg - \varnothing m \tag{6-30}$$

pn접합 혹은 Schottky접합에 있어서는, 어두운 곳에서 전류밀도-전압특성을 측정하면, 정류작용이 확인된다. pn접합에 있어서, 외부로부터 전압 V를 인가했을 때에 흐르는 전전류밀도 J는 식(6-31)로서 표시된다.

$$J=J_0[\exp(\frac{qV}{nkT})-1] \tag{6-31}$$

여기서, J_0는 역방향 포화전류밀도, q는 전자전하, k는 Boltzmann상수, T는 절대온도, n은 이상인자이다. n형반도체에 대해서 p형반도체 영역에 정전압을 인가했을 때가 순방향 bias이고, 전위장벽이 작게 되어 n형 영역으로부터 p형 영역으로 전자이동이 용이해 지며, 전류는 인가전압에 대해서 지수함수적으로 증가한다. 반대로, p형반도체에 부전압을 인가했을 때(역방향 bias)는, 전위장벽이 열평형상태보다도 더욱 크게 되어 다수캐리어에 기인하는 전류는 흐르기 어려우며, J는 $-J_0$에 가까워진다. J_0는, 열평형상태에 있어서 다수캐리어의 확산에 의한 전류를 소거시키고 있는 소수캐리어에 의한 역방향 전류이다. 금속과 반도체와의 Schottky접촉의 경우에도 마찬가지이며, 이 경우 식(6-31)에 있어서 J_0는, 열전자 방출이론에 기인하면, 식(6-32)로서 표시된다.

$$J_0=A^*T^2\exp(-\frac{\varnothing}{kT}) \tag{6-32}$$

여기서, A^*는 Richardson상수(자유전자의 경우는 $120Acm^{-2}k^{-2}$), $\varnothing$/eV는 Schottky장벽이다.

반도체의 밴드갭에너지 Eg보다도 큰 에너지의 빛이 반도체의 공간전하층에 흡수되면, 가전대로부터 전도대로의 전기여기에 의하여, 전자정공의 쌍이 각각 전도대, 가전자대에 생성된다. 이 전자와 정공은 공간전자층에 생성되어 있는 내부전장에 의하여, 재결합과 경쟁적으로 서로 반대방향으로 drift되어 캐리어로 된다.

광조사하에 있어서는, 캐리어의 생성에 의하여 평형상태의 전하분포가 흐트러지기 때문에, 2종류 물질의 Fermi준위는 이윽고 같아지며, 그 계면에 전위차가 발생한다. 양쪽의 상을 외부회로에서 접속시키면, 광전류가 흐르며, 외부회로에 부하저항을 넣으면 전력이 얻어진다. 단락할 때 최대의 광전류 J_{sc}가 흐른다. 광조사하에 있어서 전류밀도-전압특성은 식(6-33)으로 표시된다. 식(6-33)의 제1항의 암전류와 제2항의 광전류 J_{ph}의 방향은 반대로서, 그의 차가 관찰되는 전류이다.

$$J=J_0[\exp(\frac{qV}{nkT})-1]-J_{ph} \quad (6-33)$$

에너지밴드를 형성하지 않는 유기고체의 경우에는, 분자의 개념으로 이해할 필요가 있다. 분자의 이온화퍼텐셜, 전자친화력을 각각 IP, EA라고 하면, 불순물이 관여하지 않는 경우, IP−EA가 밴드갭에너지 Eg에 대응하며, 1/2(IP+EA)가 Fermi준위에 대응한다. 대부분의 유기고체는 절연성이며, 도핑에 의하여 비로소 전도성을 나타낸다. p형유기반도체는, 본래 전자공여성물질로서, 전자수용성 불순물과의 사이에 전자이동에 의하여 캐리어(이동에 기여하는 주된 캐리어는 정공)를 발생하며, 반도성을 나타내는 것이다. n형유기반도체는, 본래 전자수용성물질로서, 전자공여성 불순물과의 사이에 전자이동에 의하여 캐리어(이동에 기인하는 주된 캐리어는 전자)를 발생하며, 반도성을 나타내는 것이다. 이들의 불순물은, 합성단계 혹은 시료를 제조하는 단계에서 혼입되는 물질 혹은 도핑에 의하여 의도적으로 첨가된 물질이다.

불순물유기반도체와 금속과의 접촉계면 혹은 p형유기반도체와 n형유기반도체의 헤테로접합면에 있어서는, 불순물 혹은 캐리어가 관여한 전자이동에 의하여 전위기울기의 형성을 동반하는 공간전하층이 생성되며, 그 결과, 정류특성이 발현된다. 광조사에 의하여 분자의 전자적 여기상태를 경유하여 캐리어가 생성되면, 열평형상태에 있어서 계면의 전하분포가 흐트러지기 때문에, 광기전력이 발생한다.

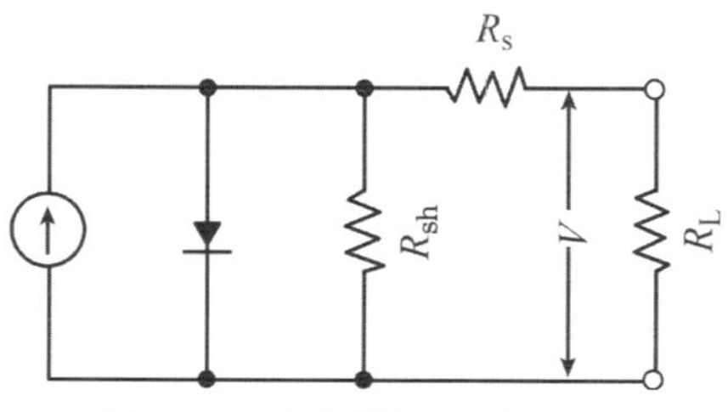

그림 6-27 광전변환소자의 등가회로

고체광전변환소자의 등가회로는 **그림 6-27**으로 표시되며, 실제의 소자에서는, 직렬저항 R_s 및 병렬저항 R_{sh}를 고려할 필요가 있다. 이 경우의 광조사하에 있어서 전류밀도−전압특성은 식(6−34)와 같이 된다.

R_s가 커지면, J의 값은 현저하게 작아진다.

$$J=J_0[\exp\{\frac{q(V-JR_s)}{nkT}\}-1]+\frac{(V-JR_s)}{R_{sh}}-J_{ph} \quad (6-34)$$

광에너지의 전기에너지에의 변환효율 η(%)는 식(6-35)로서 표시된다.

$$\eta = \frac{V_{oc}J_{sc}FF}{I_0} \times 100$$
$$FF = \frac{V_{max}J_{max}}{V_{oc}J_{sc}} \qquad (6-35)$$

fill factor(FF)는, 광전변환소자의 특성을 나타내는 값의 하나이다. I_0는 조사광강도, V_{oc}, J_{sc}는 광조사하에 있어서 개방단전압, 단락광전류밀도, V_{max}, J_{max}는 최대출력을 제공하는 광기전력, 광전류밀도이다.

실험 예 6-4 유기재료를 사용한 광전변환소자의 제작법

지금까지, 유기반도체를 2개의 다른 전극으로 좁혀서 샌드위치 구조로 제작한 Schottky형 소자, 유기반도체/무기반도체의 헤테로접합을 이용한 소자, p형유기반도체/n형유기반도체의 헤테로접합소자, 광합성계를 모방한 소자 등이 연구되고 있다. 소자구조를 **그림 6-28**에 나타내며, 실제의 제작법을 이하에서 설명하기로 한다.

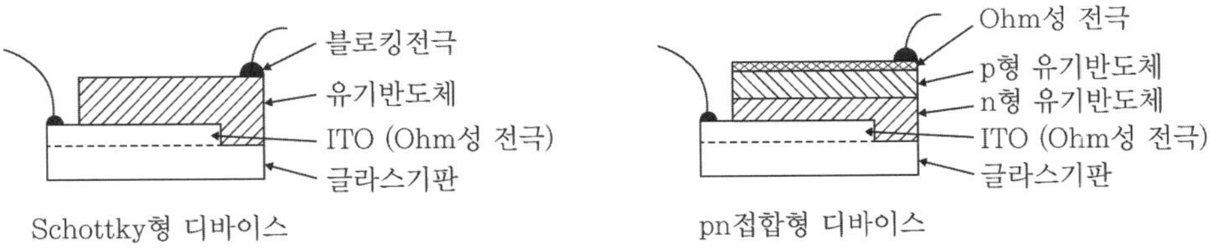

그림 6-28 유기광전변환소자의 구조

아세톤, THF 등의 유기용매를 사용하여 초음파로서 세척시킨 ITO(indium tin oxide)도포 투명전극 글라스기판상에 유기물질을 성막하고, 그 위에 반투명전극으로서의 금속을 증착시킨 후, 각각의 전극에 은페이스트로서 리드선을 설치하여 소자를 제작한다. 유기물질의 제막방법에는, 진공증착법, 이온스퍼터링법, 이외에 용액으로부터의 bar coating법, cast법, spin coating법 등이 이용된다.

진공증착의 경우에는, 진공증착 장치내에 ITO도포 글라스기판을 세팅하고, 저항가열용의 증착boat에 유기물질을 넣은 후, 진공도 5×10^{-5} Torr이하, 증착속도 3~5Ås^{-1}로서 증착을 행한다. 유기층의 막두께는, 수정발진식 막두께측정계 혹은 간섭현미경을 이용하여 측정한다.

실험 예 6-5 광전변환소자의 평가

(1) 어두운 곳에서 전류-전압특성(정류성)

제작한 소자를 블랙박스에 넣고, 광차폐하에서 function generator로부터 10mV/s 소인속도의 선형파전압을 potentiostat를 통하며 인가한 후, 정 또는 부의 전압을 인가한 경우의 전류-전압곡선을 X-Y레코더에서 기록한다.

(2) 광조사시의 전류-전압특성

제작한 소자를 블랙박스 중에 고정하고, 각각의 전극으로부터 광조사를 행한다. 백색광을 조사하는 경우에는, 감광필터를 사용하여 조사광강도를 태양광의 강도 $60mWcm^{-2}$정도로 조절한다. 단색광을 조사하는 경우에는, 크세논램프광을 monochromator를 사용하여 분광한다. monochromator의 슬릿폭을 변화시키는 것에 의하여 광강도를 변화시킨다. 광조사시의 전류-전압특성의 측정은, 광조사한 상태에서, function generator로부터 10mV/s의 소인속도의 선형파전압을 potentiostat를 통하여 소자에 인가하고, 전류-전압곡선을 X-Y레코더에서 기록한다.

(3) 광전류의 작용스펙트럼의 측정

크세논램프광을 monochromator로서 10nm 마다 분광시킨 단색광을 각각의 전극으부터 조사하고, 그 때의 단락광전류를 potentiostat로서 측정한다. 측정된 각각의 파장에 있어서 광전류를, 조사한 광의 강도 및 전극투과율로서 보정하고, 그 광전류를 세로축, 파장을 가로축에 취하여 광전류의 작용스펙트럼을 얻는다.

정류특성 및 광조사시의 전류-전압특성의 예를 그림 6-29에 나타낸다.

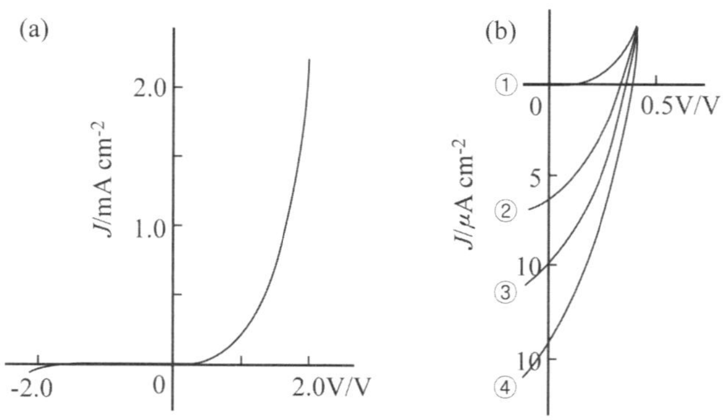

그림 6-29 ITO/페릴렌안료/티탄일프탈로시아닌/Au소자에 있어서 어두운 곳 (a) 및 470nm의 단색광을 금전극으로 조사한 경우 (b)(투과광강도 ① 어두운 곳, ② 230, ③ 370, ④ $550\mu Wcm^{-2}$)의 전류-전압특성

6-4-7 광전변환용 유기재료

실리콘 등의 무기반도체를 사용한 고체 광전변환소자는 실용으로 공급되고 있지만, 유기고체 광전변환소자는 아직 기초연구 단계이다. 유기 광전변환소자에 있어서 연구의 초기에는, 유기색소와 일함수가 작은 Al이나 In 등의 금속을 접촉시킨 Schottky형 소자가 주로 검토되었다. 그 후, 페릴렌테트라카르복실산 유도체와 구리프탈로시아닌 안료를 적층시킨 pn헤테로접합형 소자가 활발히 연구되기에 이르렀다. pn헤테로접합형 소자는, Schottky형 소자에서 보이는 전극금속의 열화를 방지시킬 수 있는 것과 동시에, 조합시킨 색소를 선택하는 것에 의하여 뛰어난 특성을 나타내는 소자의 제작이 기대된다. 광전변환용 광활성재료로써, 각종 색소 이외에 반도성 고분자가 연구되고 있다, 주요한 유기 광전변환재료의 구조식은 **그림 6-30**과 같다.

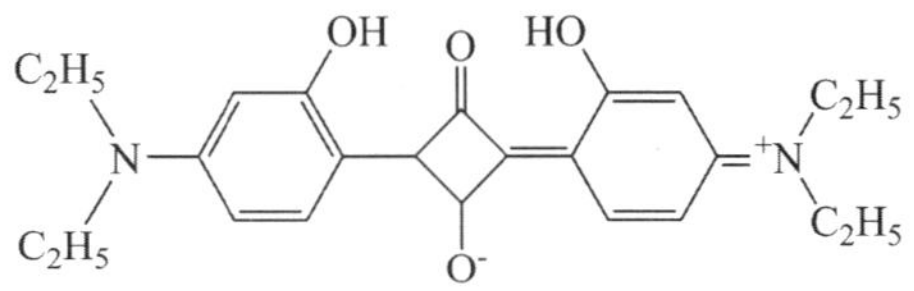

스쿠아릴륨 유도체

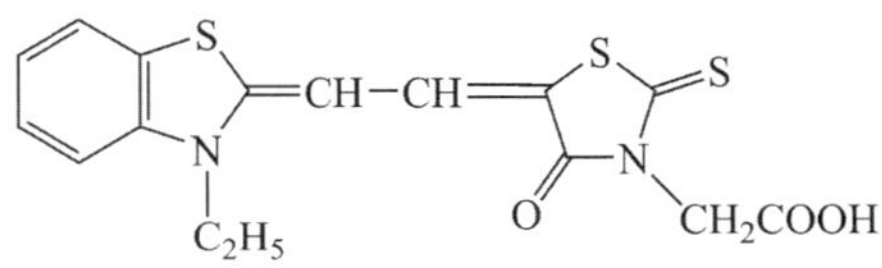

메로시아닌 색소

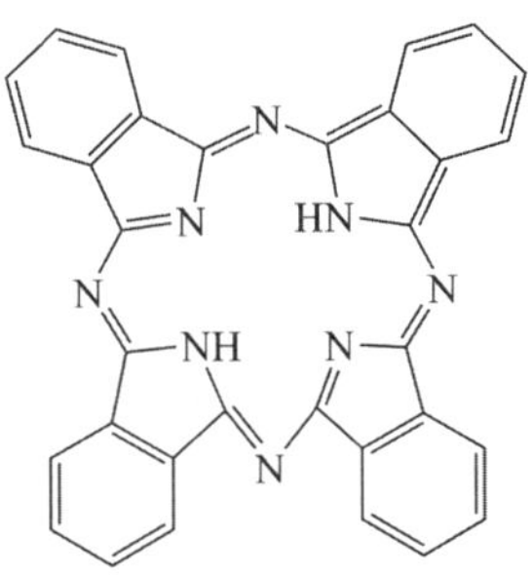

무금속프탈로시아닌

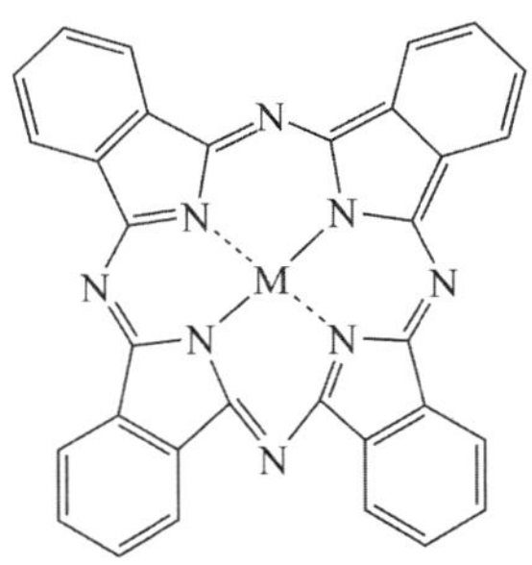

(M : Mg, Cu, Ti =O)

금속 프탈로시아닌

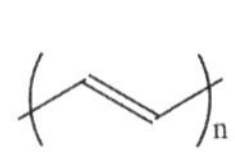

폴리아세틸렌

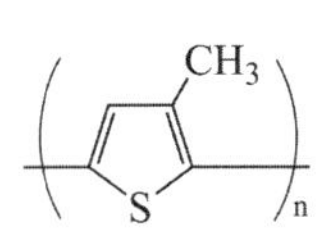

폴리(3-메틸티오펜)

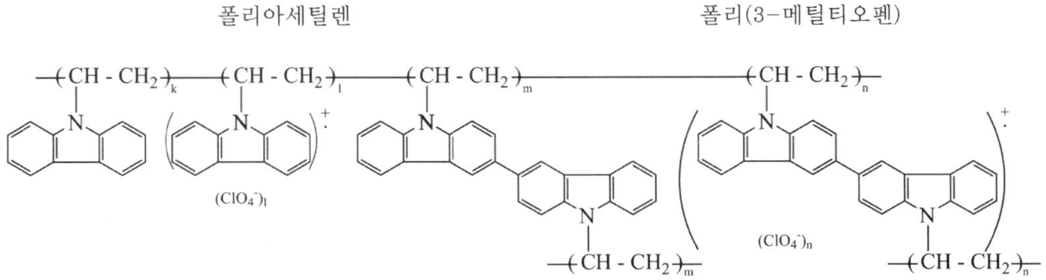

전기화학적으로 도핑시킨 폴리(N-비닐카르바졸)

그림 6-30 주요한 유기광전변환재료의 구조식

또한, 유기광전변환재료를 사용하여 제작된 소자의 광전변환 특성을 표 6-5에 나타낸다.

표 6-5 유기 광전변환소자의 특성

소자 구조	조사광		변환 효율[%]
Schottky형소자			
Ga/스쿠아릴륨유도체/Pt	0.14mWcm^{-2}	AM0	0.1
Al/Mc[*1]/Ag	100mWcm^{-2}	AM1	0.7
Al/H_2Pc[*2]-폴리아세트산비닐/NESA	6μWcm^{-2}[*3]	670nm	6.5[*4]
Al/폴리아세틸렌/Au	8mWcm^{-2}[*3] 7mWcm^{-2}	유사태양광 AM1	0.07[*4] 1.1[*4]
Al/전기화학적으로 도핑시킨 PVCz[*5]/Au Al/폴리(3-메틸티오펜)/Pt Al/도핑시킨 PDAPM[*6]-XPCl[*7]/ITO	6.63mWcm^{-2} 1mWcm^{-2} 17μWcm^{-2}[*3]	366nm 백색광 470nm	0.015[*4] 0.15 3[*4]
헤테로접합형소자			
ITO/MG[*8]/Mc/Ag NESA/MG/Mc/Au Ag/PV[*9]/CuPc[*10]/ITO ITO/MPCl[*11] TiOPc[*12]/Au	70mWcm^{-2} 75mWcm^{-2} 75mWcm^{-2} 0.4mWcm^{-2}[*3] 60mWcm^{-2}	백색광 태양광 AM2 720nm 백색광	0.05 0.12 0.95 0.39[*4] 0.2
ITO/XPCl/5T[*13]/Au	0.6mWcm[*3] 62mWcm	470nm 백색광	0.40[*4] 0.023

[*1] MC : 메로시아닌, [*2]H_2Pc : 무금속프탈로시아닌, [*3]투과광강도 [*4]전극을 투과한 광에 대한 변환효율, [*5]PVCz : 폴리(N-비닐카르바졸), [*6]PDAPM : 폴리[4-(디페닐아미노)페닐메틸메타크릴레이트], [*7]XPCl : N,N′-비스(3,5-디메틸페닐)-3,4 : 9,10-페릴렌비스(디카르복시이미드), [*8]MG : 말라카이트그린, [*9]PV : 3,4 : 9,10-페릴렌테트라카르복실비스(벤즈이미다졸), [*10]CuPc: 구리프탈로시아닌, [*11]MPCl : N,N′-디메틸-3,4 : 9,10-페릴렌비스(디카르복시이미드), [*12]TiOPc : 티탄일프탈로시아닌, [*13]5T : 2,2′ : 5′,2″ : 5″,2‴ : 5‴,2⁗-킹크티오펜

6-5 비선형 광학재료

6-5-1 비선형 광학재료

물질에 빛을 입사시켰을 때, 그 전계에 의하여 분자 중에 유기되는 분극 p는 식(6-36)에 따라서 전계된다.

$$p_i = \alpha_{ij}E_j + \beta_{ijk}E_jE_k + \gamma_{ijkl}E_jE_kE_l + \cdots \tag{6-36}$$

여기서, α는 선형분자 분극률, β, γ는 각각 2차 3차의 초분자 분극률이다. 첨자, i, j, k, l은 분자 분극축을 나타낸다. 입사광이 약한 경우에는 우변의 제 2항 이하는 무시할 수 있으며, p_i는 입사광 전장 E에 비례하고 있다. 그러나 레이저광과 같은 강한 빛을 입사시킨 경우, 입사광의 2승이나 3승에 비례한 비선형 분극이 유기된다. 이 현상을 비선형 광학효과라고 말한다.

한편, 매우 강한 광전장 E에 의하여 결정 중에 유기되는 거시적 분극 P_I는 식(6-37)과 같이 표시된다.

$$P_I = \varepsilon_0\{x_{IJ}^{(1)}E_J + x_{IJK}^{(2)}E_JE_K + x_{IJKL}^{(3)}E_JE_KE_L + \cdots\} \tag{6-37}$$

여기서 $x_{IJ}^{(1)}$는 선형 감수율, $x_{IJK}^{(2)}$, $x_{IJKL}^{(3)}$은 각각 2차, 3차의 비선형 감수율이다. 첨자 I, J, K, L은 결정의 유전주축을 나타낸다. 짝수 다음의 비선형 감수율은 원자나 분자의 집합체가 반전 대칭중심을 가지고 있으면, 모두 0으로 된다. 즉, 분자 자체가 커다란 β를 가지고 있거나, 분자가 랜덤으로 배향하면, 2차의 비선형 광학효과는 발현되지 않는다. 일반적으로 2차의 비선형 감수율 $x_{III}^{(2)}$는 비선형광학상수 α_{II}로써 표시된다. 여기서 x=2d의 관계가 성립된다.

표 6-6에 비선형 광학효과에 의하여 발현되는 현상과 주요한 응용을 표시한다. 그 중에서도 빛의 파장을 절반으로 하는 광 제2 고조파발생(SHG)를 이용하면 반도체레이저와 일체화되는 소형 가시광레이저가 개발될 수 있기 때문에, 현재 많이 연구되고 있다.

표 6-6 각종 비선형 광학효과와 그의 응용

차수	분자 분극율	전자감수율(집합체)	입사광의 각주파수	발생하는 분극파의 각주파수	효 과	응 용
1	α	$x^{(1)}(-\omega : \omega)$	ω	ω	선형 분산	광섬유
2	β	$x^{(2)}(-\omega_3 : \omega_1, \omega_2)$	ω_1, ω_2	ω_3 ($\omega_3 = \omega_1+\omega_2$)	화주파 발생	파장변환
		$x^{(2)}(-2\omega : \omega, \omega)$	ω	2ω (2ω = ω+ω)	제2고조파 발생	주파수더블러
		$x^{(2)}(-\omega : \omega, 0)$	ω,0	ω	Pockels효과	광강도, 위상변조
		$x^{(2)}(-\omega_3 : -\omega_2, \omega_1)$	ω_1, ω_2	ω_3 ($\omega_3 = \omega_1-\omega_2$)	파라메트릭 발진	증폭, 가변파장변환
		$x^{(2)}(0 : -\omega, \omega)$	ω	0	광정류	광에 의한 직류전압 발생

차수	분자 분극율	전자감수율(집합체)	입사광의 각주파수	발생하는 분극파의 각주파수	효 과	응 용
3	γ	$x^{(3)}(-3\omega : \omega, \omega, \omega)$	ω	3ω ($3\omega = \omega+\omega+\omega$)	제3고조파 발생	주파수 트리플러
		$x^{(3)}(-\omega : 0, 0, \omega)$	ω, 0	ω	DC-Kerr 효과	초고속 광샷터
		$x^{(3)}(-\omega : -\omega, \omega, \omega)$	ω	ω	광 Kerr 효과	광쌍안정(광IC)위상공액
		$x^{(3)}(-2\omega : 0, \omega, \omega)$	ω, 0	2ω	DC-SHG	분자분극율의 측정

또한, 전계에 의하여 물질의 굴절률이 변하는 전기광학효과(EO효과), 혹은 입사광강도에 의하여 재료자체의 굴절률이 변하는 광 Kerr효과 등도 고속스윗칭소자나 광빔편향기에의 응용이 가능하게 된 것으로부터 강한 관심이 집중되고 있다.

6-5-2 비선형 광학재료의 분자설계

유기재료가 커다란 비선형성을 나타내기 위해서는, 우선 분자자신이 커다란 초분자분극율을 가지고 있지 않으면 안 된다. 2차의 초분자분극율 β는 분자가 벤젠과 같이 반전대칭중심을 가지고 있는 경우에는 0으로 된다. 따라서 2차의 비선형 광학재료를 설계하는 경우에는 donor나 acceptor기를 분자에 도입하여 π전자계를 크게 왜곡시켜서 전자의 치우침을 유기시킬 필요가 있다. β의 크기는 2준위 모델을 이용하여 계산할 수 있다.

$$\beta = \frac{3e^2h^2}{2m} \times \frac{f \times \triangle \mu_{ge}}{\{\triangle E^2 - (2h\nu)^2\}\{\triangle E^2 - (h\nu)^2\}} \qquad (6-38)$$

여기서 e는 전자의 전하, m은 전자의 질량, h는 Planck상수, $\triangle$E는 제1여기에너지, ν는 진동수, f는 진동자강도, $\triangle \mu_{ge}$는 기저상태와 여기상태의 쌍극자모멘트의 차를 나타내고 있다. 이 식으로부터, 커다란 β를 갖는 재료를 얻기 위해서는 여기에너지가 작고, 진동자강도와 $\triangle \mu_{ge}$가 큰 분자를 설계하면 좋다. 구체적으로는 벤젠과 같은 π전자공액계에 donor와 acceptor기를 도입하고, 분자내 전하이동(CT)을 크게 하면 좋다. π전자공액계를 길게 하면 그것에 동반하는 β나 γ는 커지지만, 재료의 cut off파장도 장파장으로 시프트하는 것으로 알려져 있다. 재료의 투명성과 그 비선형성간의 trade off에 있어서는, 분자를 설계할 때 충분히 고려하지 않으면 안 된다.

한편, 3차재료의 분자설계 지침은 2차재료에 비하여 아직 명확하게 되지 않았다. 3차의 비선형 광학효과에도 2준위모델이 적용가능하다고 하면, 3차의 비선형 분극율 γ는 기저상태와 여기상태의 쌍극자모멘트의 차 $\Delta\mu_{ge}$와 전이모멘트 $\Delta\gamma_{ge}$를 이용하여

$$\gamma = \gamma_{ge}^{2}\left\{\gamma_{ge}^{2} - (\Delta\mu_{ge})^{2}\right\} \tag{6-39}$$

로서 나타낸다. β를 크게 하는 경우에는 분자내 전하이동을 크게 하는 것이 유효하다. 그러나 분자내 전하이동을 크게 하면, γ_{ge}와 $\Delta\mu_{ge}$가 모두 증대하며, 단순히 γ가 증가하지 않는 것을 알 수 있다. 이것으로 부터 분자에 반전대칭성을 제공하여 $\Delta\mu_{ge}$를 0으로 하고, 더욱 CT를 크게 하면 좋다고 하는 제안도 있다. 실제로, 주사슬 공액계폴리머나 폴리엔 등의 1차원 전자공액계가 커다란 γ_{xxxx}를 가지고 있는 것으로 확인되었다.

6-5-3 초분자분극율과 비선형 광학감수율의 관계

유기재료는 분자간에 Van der Waals 힘이나 수소결합 등의 비교적 약한 힘으로 결합된 분자집합체이다. 분자자신의 미시적인 비선형성(초분자분극율)을 벡터적으로 보조를 맞추는 것에 의하여, 재료자체가 갖는 거시적인 비선형성(비선형 광학감수율)을 구할 수 있다. 여기서 i, j, k는 분자의 분극축, I, J, K는 결정의 유전주축이다. 단위체적 중에 N개의 비선형분자가 함유되어 있는 경우, 2차, 3차의 비선형감수율과 초분자분극율의 관계는 배향가스모델을 이용하여 나타낼 수 있다.

$$\chi_{IJK}^{(2)} = 2Nf_{2\omega}f_{\omega}^{2}\cos(i \cdot I)\cos(j \cdot J)\cos(k \cdot K)\beta_{ijk} \tag{6-40}$$

$$\chi_{IJKL}^{(3)} = 4Nf_{3\omega}f_{\omega}^{3}\cos(i \cdot I)\cos(j \cdot J)\cos(k \cdot K)\cos(l \cdot L)\gamma_{ijkl} \tag{6-41}$$

여기서 f_ω는 Lorentz의 국소장 보정인자로서, $f_\omega=(n_\omega^{3}+2)/3$으로 나타낸다. N은 단위체적당의 비선형분자의 수이다. 이 식으로부터 $x^{(2)}$, $x^{(3)}$을 증대시키기 위해서는 β나 γ가 큰 분자를 선택하고, 다음에 결정격자 중에서 분자배향을 제어할 필요가 있다. 분자의 전하이동축과 결정유전주축이 이루는 각도를 θ라고 한다. $x_{333}^{(2)}$이나 $x_{3333}^{(3)}$ 등의 텐솔대각성분은 θ가 0°의 경우 최대로 된다. 이것에 대해서 θ=54.8°의 경우에는 $x_{211}^{(2)}$ 등의 벌크단결정으로 위상정합이 가능한 텐솔비대각성분이 최대로 된다. 또한, N이 클수록, 치밀하게 분자를 설계하는 것도 중요하다.

6-5-4 비선형 광학효과의 측정법

1) 초분자 분극율의 측정

3차의 초분자 분극율 γ는 재료를 용해시킨 용액에 레이저광을 조사하고, 용액으로부터 발생한 고조파광강도를 측정하는 것에 의하여 구해진다. β를 측정하는 경우에도, 우선 용액으로부터 발생하는 제3고조파광을 측정할 필요가 있다.

$$P^{(3\omega)} = \chi_{IJKL}{}^{(3)} E_J E_K E_L \qquad (6-42)$$

식(6-42)로부터 용액의 $x^{(3)}$을 측정할 수 있으며, 식(6-41)로부터 γ_{zzzz}가 구해진다. 이 측정에 의하여 구할 수 있는 γ는 분자자신의 각종 텐솔의 평균화 된 것으로

$$< \gamma > = \frac{1}{5}(\gamma_{xxxx} + \gamma_{yyyy} + \gamma_{zzzz} + 2\gamma_{yyzz} + 2\gamma_{zzxx} + 2\gamma_{xxyy}) \qquad (6-43)$$

로서 표시된다. 이 용액에 정전장 E_L을 인가하는 것에 의하여 반전대칭중심을 제거시키는 것이 가능하다. 이 때, 전계인가에 의하여 용액으로부터 발생하는 제2고조파의 힘(EFISHG)은 다음 식으로 표시된다.

$$P^{(2\omega)} = \Gamma_{IJKL} E_J E_K E_L \qquad (6-44)$$

여기서, 다음 식을 이용하여 Γ로부터 β를 구할 수 있다.

$$\Gamma_{xxxx} = N\left(\gamma_{xxxx} + \frac{\mu_x \cdot \beta_{xxx}}{5kT}\right) f_0 f_\omega{}^2 f_\omega \qquad (6-45)$$

μ_x는 분자의 쌍극자모멘트이다. 더욱, EFISHG법에 의하여 구해진 β_x와 양자화학 계산에 의하여 구해진 β_{ijk}는

$$\beta_x = \beta_{xxx} + \beta_{xyy} + \beta_{xzz} \qquad (6-46)$$

으로 관계되고 있다.

2) 비선형감수율의 측정

반전대칭중심을 잃은 물질 중에 $P^{(\omega)}$의 강도인 빛을 입사시킨 경우, 발생하는 SH광의 힘 $P^{(2\omega)}$는 다음 식에 의하여 계산할 수 있다.

$$P^{(2\omega)} = 2\varepsilon_0^{1/2}\mu_0^{3/2}\omega^2 \frac{d_{eff}^{\ 2}}{n_{2\omega}n_\omega^{\ 2}} L^2 \frac{(P^{(\omega)})^2}{\pi W_0^2} sin^2\left(\frac{\Delta kL}{2}\right) / \left(\frac{\Delta kL}{2}\right)^2 \qquad (6\text{-}47)$$

여기서 W_0는 레이저빔의 구경, ΔK는 파수벡터이고, $\Delta K = K_{2\omega} - 2K_\omega$ 이다. 또한, L은 광로의 길이이다. n_ω , $n_{2\omega}$ 는 각각 기본파와 고조파에 대한 시료의 굴절률을 나타낸다. 고조파광강도는 ΔkL의 함수로 되어 있으며, 물질 중에 진행하는 비선형 분극파와 고조파의 위상이 다른 경우, 발생된 고조파간에 서로 간섭한 SH광강도는 감소한다. 예를 들면, 평행기판상의 비선형 광학재료를 회전시킨 경우, 입사각에 의존하여 SH광강도가 변한다. 이 때 측정되는 SH광강도의 변화를 maker fringe 라고 말하며, 재료의 비선형 광학상수를 정확하게 구하는 수단으로서 이용되고 있다.

3차재료의 비선형 광학상수도 아래의 계산식을 이용하여 2차재료와 거의 같은 방법으로 결정할 수 있다.

$$P^{(3\omega)} = 12\mu_0^2\omega^2 \frac{C_{eff}^{\ 2}}{n_{3\omega}n_\omega^{\ 3}} L^2 \frac{(P^{(\omega)})^3}{\pi^2 W_0^4} sin^2\left(\frac{\Delta kL}{2}\right) / \left(\frac{\Delta kL}{2}\right)^2 \qquad (6\text{-}48)$$

여기서 $C_{IJKL} = X_{IJKL}/4$

6-5-5 2차 비선형 광학재료

2차 비선형 광학재료를 설계하는 경우, 가장 중요한 것은 어떻게 반전 대칭중심이 없는 결정구조를 구축시킬지에 대한 문제이다. 결정구조제어를 위한 각종 분자설계의 지침이 보고되어 있다. 지금까지 보고된 주요한 2차 비선형 광학재료에 대해서 설명하면, 다음과 같다.

1) 저분자 단결정

저분자 단결정의 특징은 그의 커다란 비선형 광학감수율에 있다. 특히, 전하이동축이 결정격자 중에서 한쪽 방향으로 배향된 재료는 니오브산리튬($LiNbO_3$)의 수천 배의 성능지수를 갖는다. 통계적으로 조사하면 약 8할의 물질이 중심 대칭구조로 되기 때문에, SHG활성인 결정을 효율 좋게 얻을 수 있는 것으로, 각종 방법이 검토되고 있다. 결정 중에 비대칭중심을 도입하기 위하여 이용되고 있는 방법으로서는, ① 수소결합성 치환기의 도입, ② 키랄리티의 도입, ③ 기저상태의 쌍극자모멘트를 작게 조절한다, ④ 부피가 큰 치환기의 도입, ⑤ A형 입체형태의 도입이 보고되어 있다. A형 입체형태는 1차원 CT분자들을 그리스 문자의 Λ형이 되도록 화학적으로 결합시키는 것에 의하여, 부피가 큰 단결정을 사용하여 위상접합에 최적인 분자배향을 분자설계나 합성단계로부터 도입시키는 것이다. **표 6-7**에 주요한 저분자 단결정의 구조와 비선형 광학상수와 Cut-off파장을 나타낸다.

2) 고분자재료

고분자재료는 분자구조가 다양하며, 그의 주사슬이나, 가지에 커다란 초분자 분극율을 갖는 원자단을 자유로 도입시킬 수 있다. 또한, 공중합에 의하여, 복수의 기능(예를 들면, 비선형활성부분과 안정화을 위한 가교사이트)을 도입시키는 것이 가능하다.

표 6-7 무기, 유기재료의 비선형광학상수

무기, 유기 재료	d상수(esu)	공간군 (점군)	532nm에서의 굴절률	1064nm에서의 굴절률
SiO_2	$d_{11}=1.35\times10^{-9}$	$P3_221(32)$	1.534	1.547
KDP	$d_{36}=1.04\times10^{-9}$	$I\bar{4}2d(\bar{4}2m)$	1.486	1.466
$LiNbO_3$	$d_{33}=91\times d_{11}(SiO_2)$	R3C(3m)	2.233	2.154
Urea	$d_{14}=3.6\times10^{-9}$	$P\bar{4}2_1m(\bar{4}2m)$	$n_x=1.48$ $n_z=1.59$	$n_y=1.48$ (633nm)
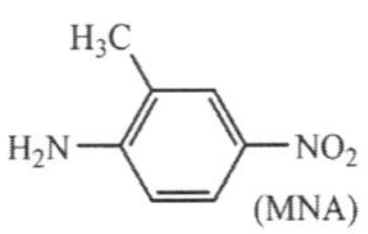 (MNA)	$d_{11}=500\times d_{11}(SiO_2)$	$P2_1(2)$	2.2	1.8
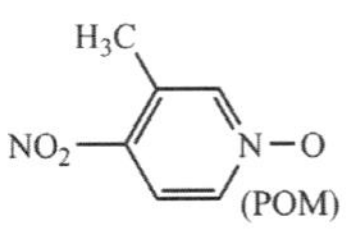 (POM)	$d_{14}=20\times d_{11}(SiO_2)$	$P2_12_12_1$ (222)	$n_x=1.750$ $n_y=1.997$ $n_z=1.660$	$n_x=1.663$ $n_y=1.829$ $n_z=1.625$
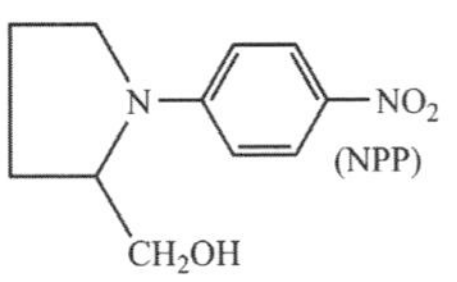 (NPP)	$d_{21}=164\times d_{11}(SiO_2)$ $d_{22}=61\times d_{11}(SiO_2)$	$P2_1(2)$	1.77	1.68

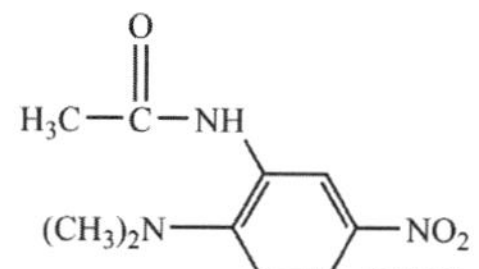 (DAN)	deff=64×10^{-9}	$P2_1(2)$	n_x=1.658 n_y=1.712 n_z=1.775	(546nm)
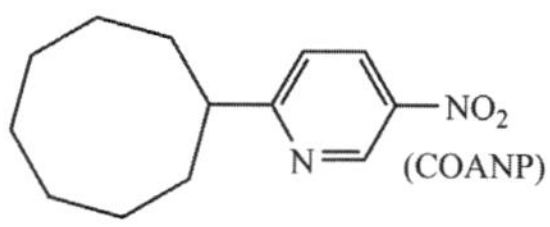 (COANP)	d_{32}=80×$d_{11}(SiO_2)$ d_{33}=34×$d_{11}(SiO_2)$	$Pca2_1$ (mm2)	n_x=1.700 n_y=1.845 n_z=1.683	(550nm)
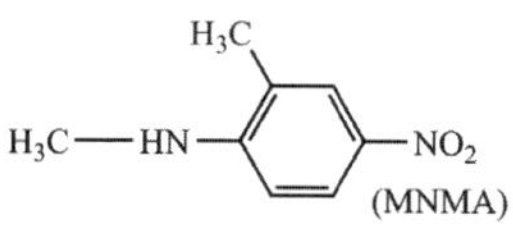 (MNMA)	d_{33}=6.5×$d_{11}(SiO_2)$ d_{31}=33×$d_{11}(SiO_2)$ d_{15}=30×$d_{11}(SiO_2)$	$Pna2_1$ (mm2)	n_x=2.385 n_z=1.541	n_x=1.936 n_z=1.506
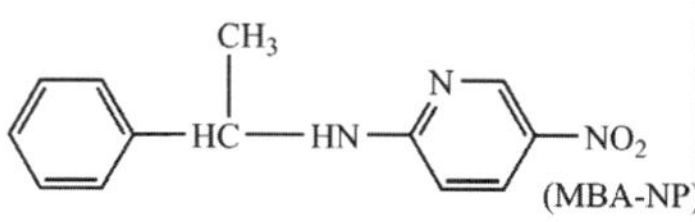 (MBA-NP)	d_{22}=69×$d_{11}(SiO_2)$	$P2_1(2)$	n_y=1.75	n_y=1.62
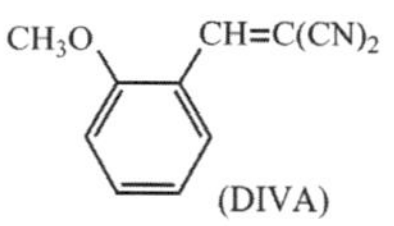 (DIVA)	d_{22}=20×$d_{11}(SiO_2)$ deff=40×$d_{11}(SiO_2)$	$P2_1(2)$	—	—
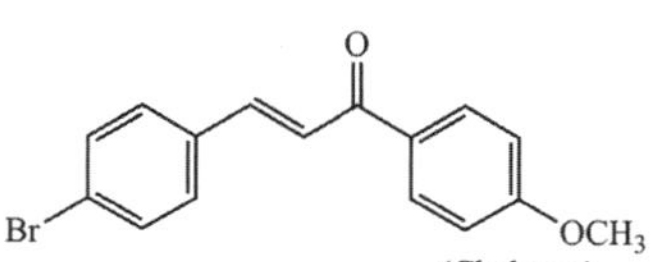 (Chalcone)	d_{13}=64×10^{-9}	Pc(m)	nx=1.55 ny=1.50 nz=1.92	nx=1.52 ny=1.42 nz=1.83
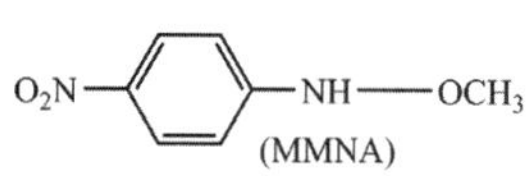 (MMNA)	d_{34}=25×$d_{11}(SiO_2)$	$P2_12_12_1$ (222)	n_y=1.626 n_z=1.635	n_x=1.825 n_y=1.593 n_z=1.580

이들의 재료는 스핀코팅법에 의하여 쉽게 광도파로를 제작할 수 있으며, 또한 고분자재료 중의 비선형분자를 글라스전이온도 이상으로 고전계를 인가하는(분극처리) 것에 의하여 배향시켜서 물질에 비대칭중심구조를 부여시킬 수 있다. 고분자재료에서 최초로 비선형 광학효과가 측정된 것은 압전성재료이다. 압전성고분자재료의 화학구조를 나타내면 **그림 6-31**과 같다. 이 중에서도 Poly(VDCN-co-VAc)는 투명성이 높고 비선형 광학상수가 크기 때문에 응용이 기대되고 있다.

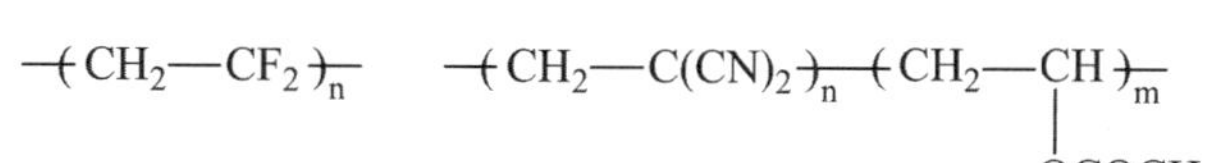

PVDF P(VDCN-co-VAc)

그림 6-31 단독물질이 비선형 광학효과를 나타내는 고분자의 화학구조

guest-host계 재료는 그림 6-32와 같이 PMMA 등의 비결정성 고분자에 색소를 도핑시켜 제작한다.

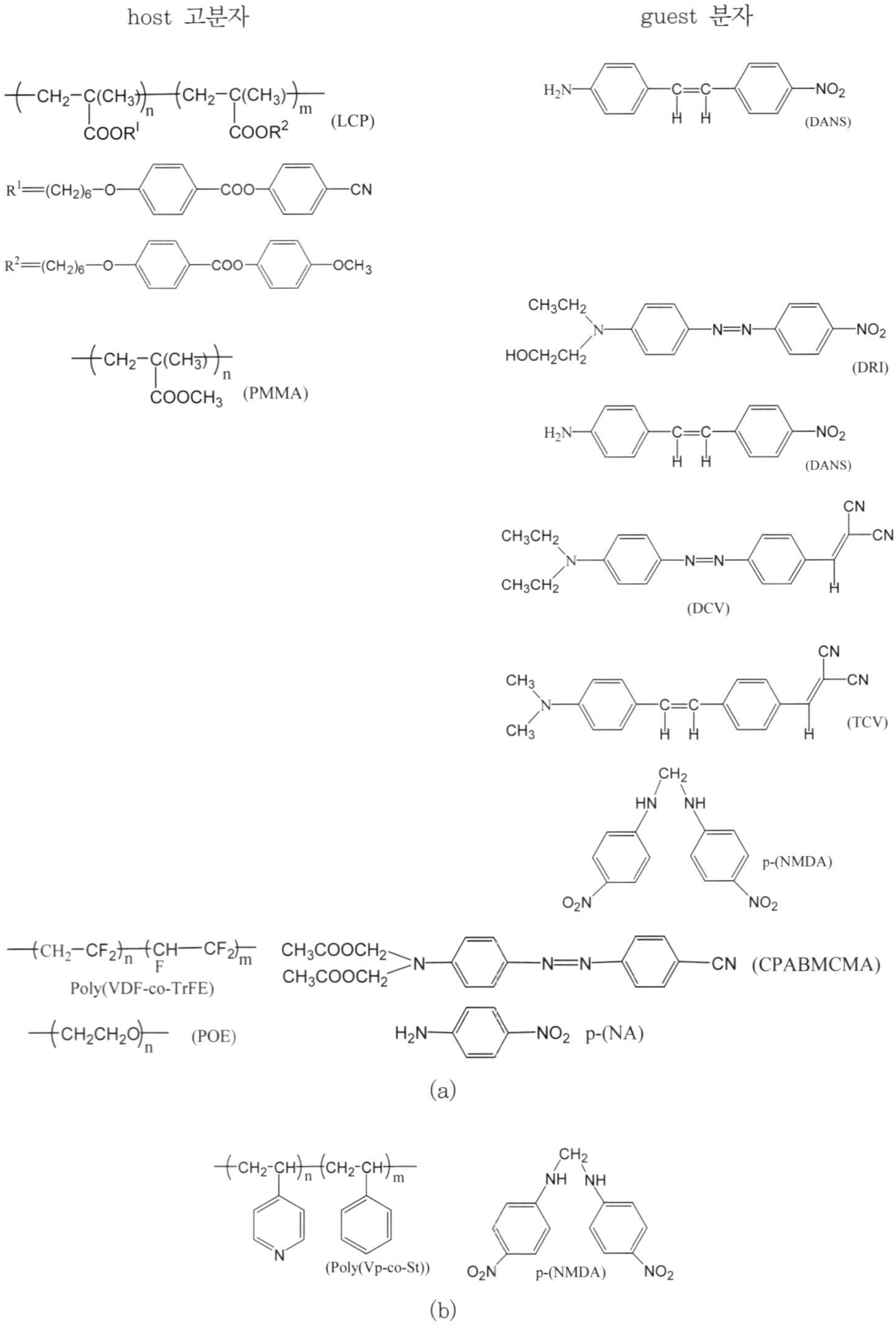

그림 6-32 guest-host계의 화학구조

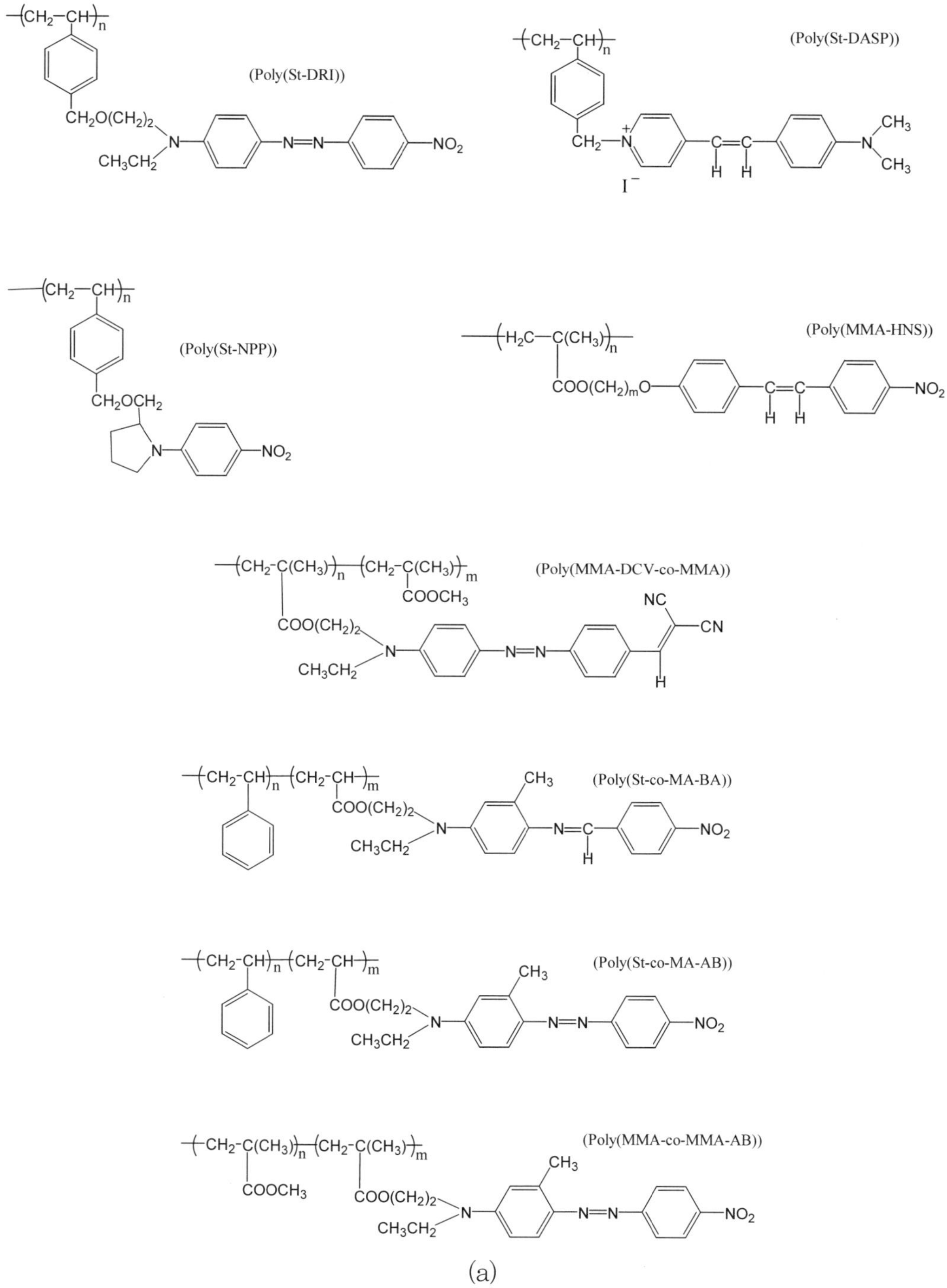
(Poly(St-DRI))
(Poly(St-DASP))
(Poly(St-NPP))
(Poly(MMA-HNS))
(Poly(MMA-DCV-co-MMA))
(Poly(St-co-MA-BA))
(Poly(St-co-MA-AB))
(Poly(MMA-co-MMA-AB))

(a)

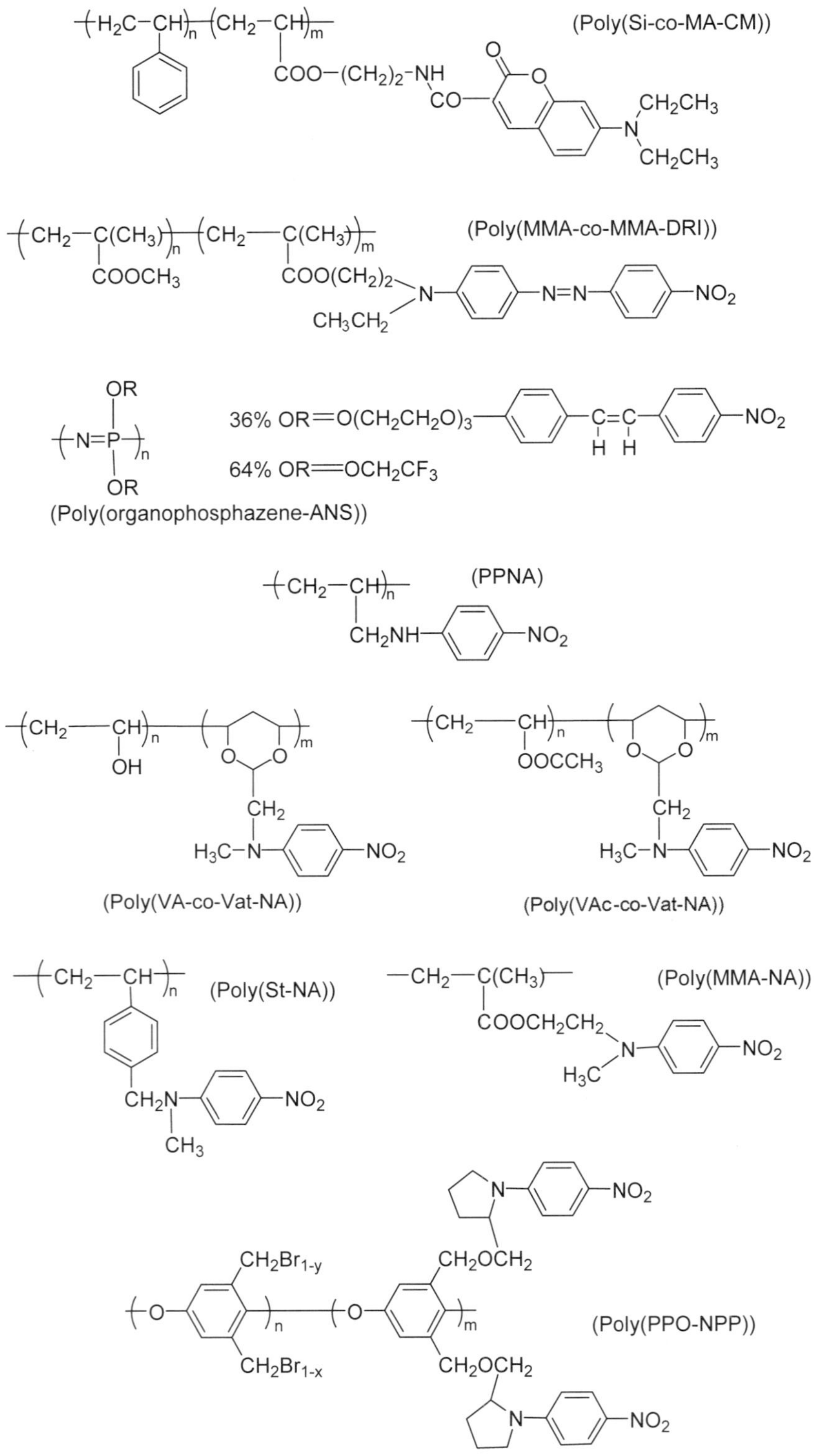
(Poly(Si-co-MA-CM))
(Poly(MMA-co-MMA-DRI))
36% OR=O(CH2CH2O)3
64% OR=OCH2CF3
(Poly(organophosphazene-ANS))
(PPNA)
(Poly(VA-co-Vat-NA))
(Poly(VAc-co-Vat-NA))
(Poly(St-NA))
(Poly(MMA-NA))
(Poly(PPO-NPP))

(b)

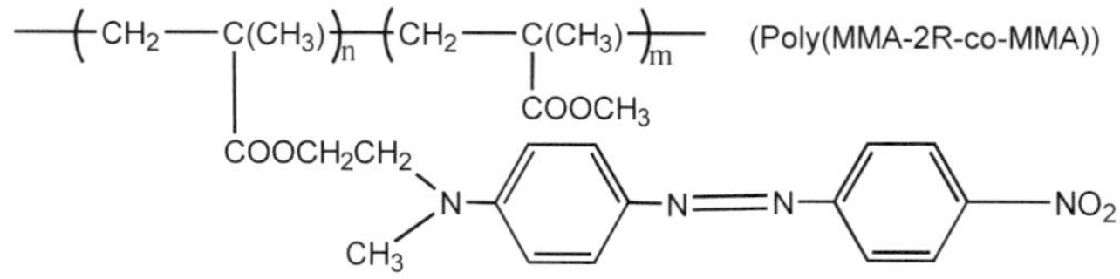

(Poly(MMA-2R-co-MMA))

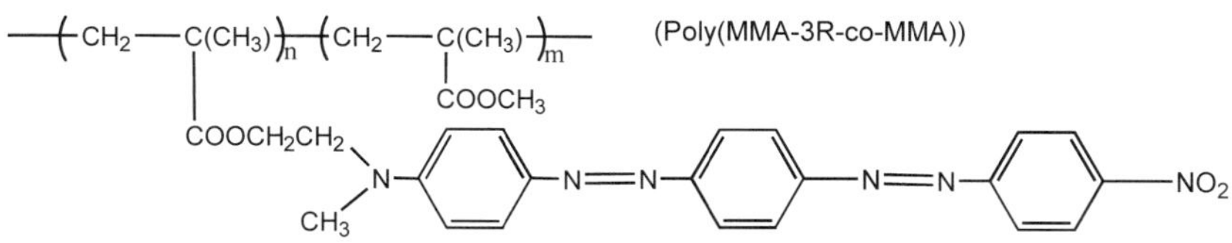

(Poly(MMA-3R-co-MMA))

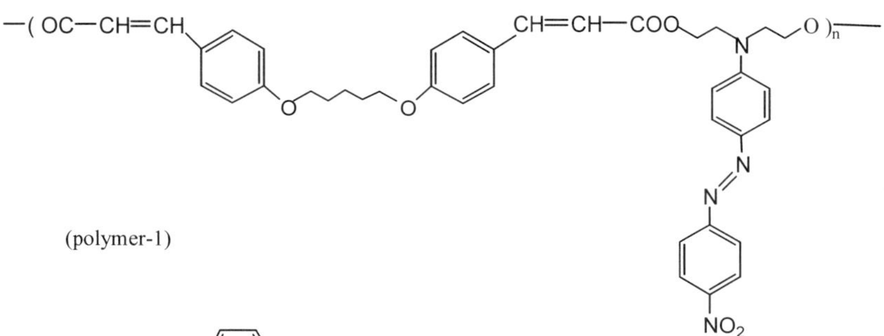

(polymer-1)

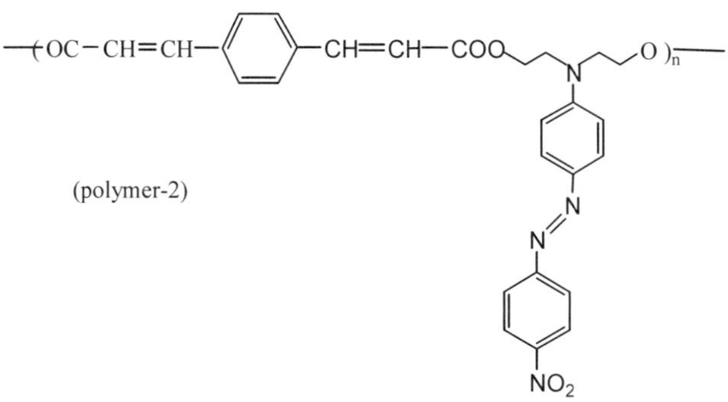

(polymer-2)

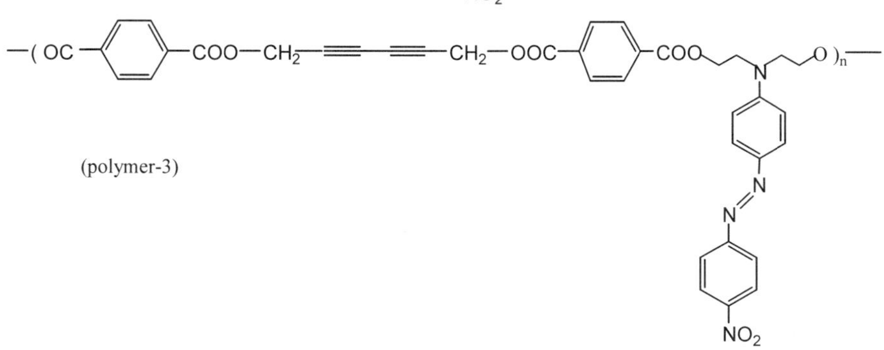

(polymer-3)

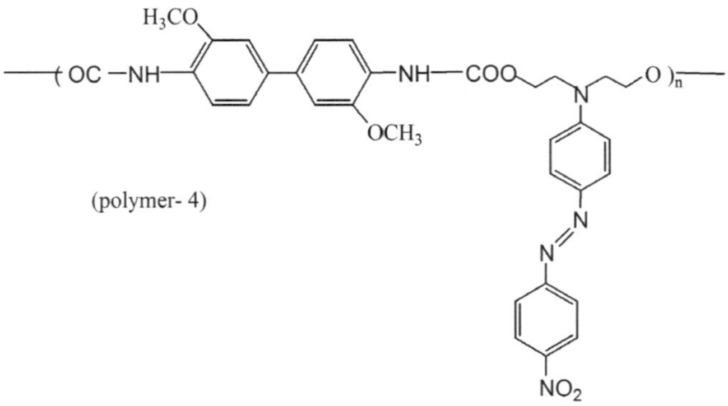

(polymer- 4)

(c)

그러나, 도핑시킨 색소가 승화되거나, 색소농도가 상승되지 않는 것으로부터, 최근에는 **그림 6-33**과 같이 고분자의 가지나 주사슬 중에 색소를 화학결합에 의하여 도입시킨 재료가 연구대상이 되고 있다.

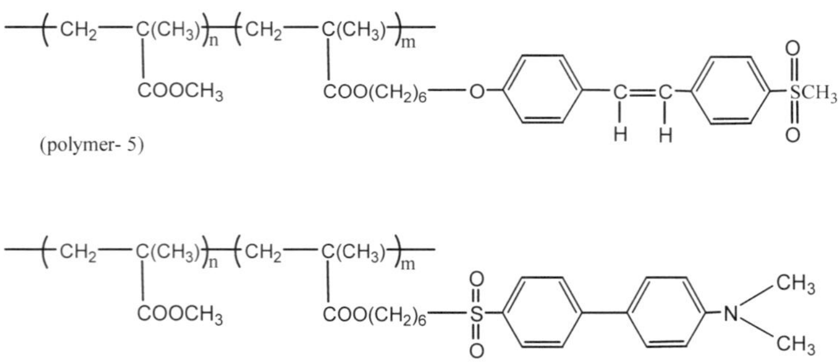

(polymer- 5)

(polymer-6)

(d)

그림 6-33 가지에 chromophore를 도입시킨 고분자의 화학구조

또한, **표 6-8**에서 보는 바와 같이, $LiNbO_3$의 d_{33}을 상회하는 d상수를 갖는 재료도 보고되어 있다.

표 6-8 각종 고분자계의 2차비선형 광학상수, 굴절률

NLO polymer	$\frac{SH\ 계수}{pm\ V^{-1}}$	$\frac{굴절률\ \lambda}{\mu m}$
PVDF	d_{33} = 0.4 (1.06㎛)	–
	d_{31} = 0.2	
Poly(VDF–co–TrFE)	d_{33} = 0.6 (1.06㎛)	1.42 (0.6328)
Poly(VDCN–co–VAc)	d_{33} = 0.4 (1.06㎛)	1.47 (0.6328)
	d_{33} = 118 (2.94㎛)	1.446 (1.47)
		1.434 (2.94)

Guest – Host계

Host–polymer	Guest NLO 색소	$\frac{SH\ 계수}{pm\ V^{-1}}$	$\frac{굴절률\ \lambda}{\mu m}$
LCP	DANS	d_{33} = 0.63 (1.06㎛)	–
PMMA	DR 1	d_{33} = 2.5 (1.58㎛)	1.52(0.6328)
PMMA	DR 1	d_{33} = 8.4 (1.06㎛)	1.52(–)
PMMA	DANS	d_{33} = 0.84 (1.06㎛)	–
PMMA	DCV	d_{33} = 31 (1.58㎛)	1.58(0.8)
		d_{31} = 11	
		d_{33} = 42 (1.36㎛)	–
	TCV	d_{33} = 84 (1.36㎛)	–
Poly(VDF–co–TrFE)	CPABMCA	d_{33} = 2.6 (1.06㎛)	1.647(0.5893)
POE	p–NA	d_{33} = 22 (1.06㎛)	1.621(0.532)
			1.535(1.064)
PVP	p–NMDA	d_{33} = 2.4 (1.06㎛)	1.633(0.532)
			1.601(1.064)
PMMA	p–NMDA	d_{33} = 1.5 (1.06㎛)	1.515(0.532)
		d_{33} = 0.7	1.489(1.064)

색소그래프트 비선형 광학특성 고분자(NLO polymer)

NLO polymer	$\frac{SH \text{ 계수}}{pm\ V^{-1}}$	$\frac{\text{굴절률}}{\mu m}$
Poly(St-DRI)	d_{33} = 1.1	-
Poly(St-DASP)	d_{33} = 0.05	
Poly(St-NPP)	d_{33} = 27	1.580 (0.6328)
Poly(MMA-HNS) (HCC#1232)	d_{33} = 33 (1.34㎛)	
Poly(MMA-HNS) (HCC#1232)	d_{33} = 75 (1.34㎛)	1.63 (-)
Poly(MMA-DCV-co-MMA)	d_{33} = 21 (1.58㎛)	1.58 (0.8)
	d_{31} = 7	
Poly(St-co-MA-BA)	d_{33} = 30 (1.06㎛)	-
	d_{31} = 5	
Poly(St-co-MA-BA)	d_{33} = 30 (1.06㎛)	-
	d_{31} = 5	
Poly(St-co-MA-AB)	d_{33} = 41 (1.06㎛)	-
	d_{31} = 11	
Poly(MMA-co-MA-AB)	d_{33} = 1.6 (1.06㎛)	-
	d_{31} = 0.5	
Poly(St-co-MA-CM)	d_{33} = 4.8 (1.06㎛)	-
	d_{31} = 1.4	
Poly(MMA-co-MMA-DRI)	d_{33} = 57 (1.06㎛)	-
Poly(Organophosphazene-ANS)	d_{33} = 5.5 (1.06㎛)	-
PPNA	d_{33} = 31 (1.06㎛)	1.824 (0.532)
	d_{31} = 5.1 (1.06㎛)	1.690 (1.064)
Poly(Vat-NA-co-VA)	d_{33} = 35 (1.06㎛)	1.677 (0.532)
		1.587 (1.064)
Poly(Vat-NA-co-VAc)	d_{33} = 15 (1.06㎛)	1.649 (0.532)
		1.559 (1.064)
Poly(St-NA)	d_{33} = 22 (1.06㎛)	1.790 (0.532)
	d_{31} = 7	1.663 (1.064)

Poly(MMA-NA)	d_{33} = 30 (1.06㎛)	1.713 (0.532)
	d_{31} = 11	1.600 (1.064)
Poly(PPO-NPP)	d_{33} = 27 (1.06㎛)	1.584 (0.633)
Poly(MMA-2R-co-MMA)	d_{33} = 44 (1.06㎛)	-
Poly(MMA-3R-co-MMA)	d_{33} = 69 (1.06㎛)	-
polymer-1	d_{33} = 108 (1.06㎛)	-
polymer-2	d_{33} = 250 (1.06㎛)	-
polymer-3	d_{33} = 119 (1.06㎛)	-
polymer-4	d_{33} = 223 (1.06㎛)	-
polymer-5	d_{33} = 9 (0.82㎛)	-
polymer-6	d_{33} = 46 (0.84㎛)	-

가교 NLO polymer

가교모노머 또는 폴리머	NLO색소	SH 계수 / $pm\,V^{-1}$	굴절률 λ / μm
Bis-A	p-NA	d_{33}=31(1.06㎛) d_{31}=7.5	1.649(0.532) 1.559(1.064)
Bis-A	NPDA	d_{33}=13.5(1.06㎛) d_{31}=3	1.671(0.532) 1.602(1.064)
NNDN	NAN	d_{33}=50(1.06㎛) d_{31}=16	1.87 (0.532) 1.72 (1.064)
Bis-A	ANT	d_{33}=89(1.06㎛) d_{31}=25	1.83 (0.532) 1.69 (1.064)
DGE	PS(O)-NPP	d_{33}=2.9(1.06㎛)	————
PVCN	CNNB-R	d_{33}=21.5(1.06㎛)	1.634(0.532) 1.625(1.000)

SHG 활성 p-NA 결정화 폴리머

Host polymer		SH 계수 / $pm\,V^{-1}$	굴절률 λ / μm
PCL		d_{33}=230(1.06㎛)	2.35(0.532) 1.85(1.064)
PBDG		0.8×MNA 분말	

그러나 이들의 계에서는 분극처리로서 얻어진 분자배향에 시간과 더불어 완화하고, 비선형 광학활성도 실활되는 문제가 있다. 이와 같은 문제점을 해결하기 위하여 **그림 6-34**와 같은 가교형분자가 등장했다.

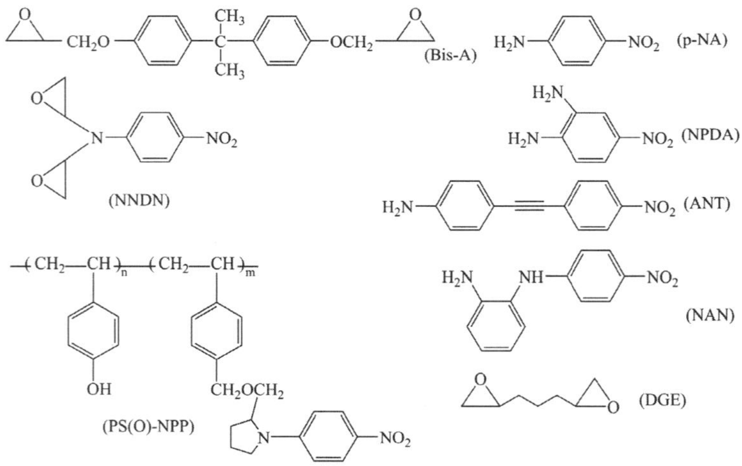

그림 6-34 가교계 고분자의 화학구조

이와 같은 계는 쌍극자배향이 가교에 의하여 고정되기 때문에 감쇠는 현저하게 작아지지만, 가교가 불균일하게 진행되는 것으로 인하여 광산란이 커지는 문제도 보고되어 있다.

다른 하나의 흥미 있는 고분자계의 재료화는 고분자용액으로부터 비선형물질의 결정화이다. 통상의 상태에서는 비대칭중심구조인 p-니트로아닐린도 **그림 6-35**에 나타내는 폴리-ε-카프로락톤이나 PBDG의 용액으로부터 결정을 성장시키면 MNA와 같은 정도의 커다란 d상수를 가지는 재료로 되는 것이 확인되었다.

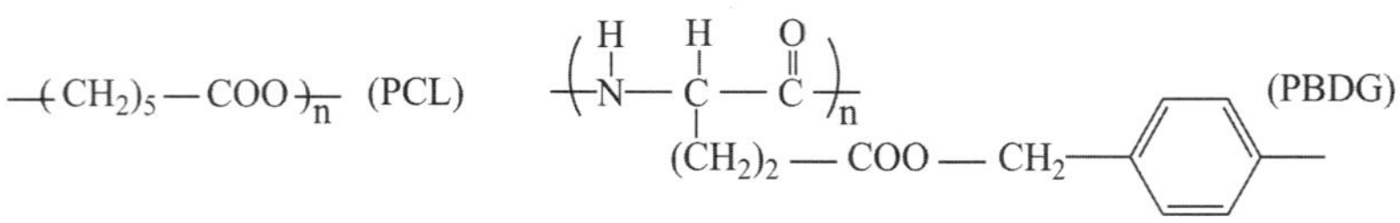

그림 6-35 p-NA의 결정 변형을 유기하는 고분자의 화학구조

6-5-6 위상정합

실제로 효율 좋은 파장변환을 행하기 위해서는, 물질 중에 전파되는 비선형 분극파와 발생된 고조파의 전파속도가 일치할 것, 즉 위상정합이 필요해 진다($\Delta K=0$). 위상정합의 방법은 결정, 박막 등 재료의 형태에 따라서 다르다. 이하에 2차의 비선형 광학재료의 위상정합 방법에 대해서 설명한다.

1) 벌크위상정합

물질 중에 파장이 다른 빛이 전파될 때, 일반적으로 전파속도가 다르다. 이것은 굴절률의 파장분산에 의한다. 통상 파장이 짧아지면 굴절률은 커진다. 따라서 비선형 광학매질에 입사된 빛에 의하여 어떤 점에서 발생된 2차광과, 입사광이 진전되어 다음의 장소에서 발생된 위상은 다르다. 따라서 서로 간섭하는 것에 의하여 강한 2차광은 얻어지지 않는다. 이 문제를 해결하기 위해서는 결정의 복굴절을 사용하지 않으면 안 된다. 즉 결정이 음(−)의 1축성 결정의 경우, 입사광을 정상광으로하고, 2차광을 이상광으로 취급하면 굴절률이 동일하기 때문에 1차광, 2차광과 함께 전파속도가 동일하게 되어 서로의 위상을 정합시킬 수 있다. 식(6−42)로부터 아는 바와 같이, 이 경우 $\Delta k=0$으로 되기 때문에 SH광은 전파장의 2승에 비례하여 증가한다. 이와 같은 결정의 굴절률을 이용한 위상정합에서는 비선형 텐솔의 비대각성분(d_{21}, d_{36} 등)밖에 이용할 수 없다.

2) 도파로형 SHG 디바이스

도파로형 SHG디바이스의 장점은 채널형 등으로 하면 입사광밀도를 대폭적으로 크게 할 수 있다. 도파로의 형태로서는 평면적인 채널형과 광섬유형으로 분류된다. 이하에 도파로형 위상정합 디바이스에 대해서 설명한다.

(ⅰ) mode분산법

굴절률 n의 정의는, 물질 중에 빛이 전파될 때의 속도 v와 진공 중의 전파속도 v_0의 비율, 즉 $n=v_0/v$이다. 매질 중에서 빛은 전자와 상호작용을 일으키면서 전파하기 때문에 진공 중에서 보다도 속도가 느려진다. 따라서 굴절률은 반드시 1 보다도 커진다. 다음에 굴절률이 낮은 막(피복층)에 샌드위치된 박막(중심층) 중을 빛이 전파되는 경우, 막계면에서 전반사하면서 진행하게 된다. 이 때 광전장의 방향이 막두께방향으로 평행한 경우를 TM mode, 자장방향이 막두께방향으로 평행한 경우를 TE mode라고 말한다. 막두께 L이 점점 얇아지면 피복층의 영향이 커지며, 도파로 외관의 굴절률 N(실효굴절률)은 피복의 굴절률 n_c에 근접된다. 한편, L이 충분히 큰 경우 중심의 굴절률은 도파층 물질의 굴절률 n_f에 같아진다. 따라서 실효굴절률 N은 $N=n_f\sin\theta$로 표시되며, $n_c<N<n_f$의 범위에 존재하는 것으로 된다. 이와 같은 도파로에 있어서 입사광 ω와 2차광 2ω의 두께 L에 의한 N의 변화는 **그림 6−36**과 같이 mode분산으로 표시된다.

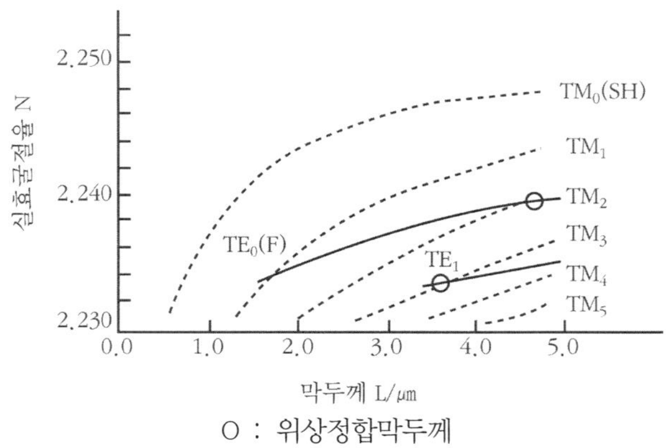

그림 6-36 mode 분산에 의한 위상정합($LiNbO_3$)

$TM_n(n=0,1,2\cdots)$의 n은 mode의 차수이다. n_c, n_f도 각각 ω의 의존성이 있을 뿐만이 아니고, ω에 의하여 피복층으로부터의 영향이 다르기 때문에, 각각 다른 mode의 분산곡선이 나타난다. 여기서 입사광 ω와 2차광 2ω의 교점이 위상정합점이다. 이 경우 그림으로부터 아는 바와 같이, 도파로 두께의 제어를 매우 엄밀(0.1nm이내)하게 행할 필요가 있다. 이것은 상당히 곤란하며, 예를 들면 MNA를 PMMA에 혼입하고, 도파장 2.4mm의 도파로에 있어서, 43.4W의 입사광에 대해서 3.2mW의 2차광이 얻어졌다. 따라서 그의 효율은 $7.4\times10^{-3}\%$였다.

(ii) non-collinear법

이것은 **그림 6-37**에 나타낸 바와 같이, ω의 2광속을 어떤 각도에서 도파로 중에 입사하여 발생하는 2ω의 빛과 ω의 사영성분의 위상이 일치하도록 하여 위상정합을 행하는 방법이다.

입사광은 K_1, K_2, 교점에서 K_3의 2차광이 발생한다.

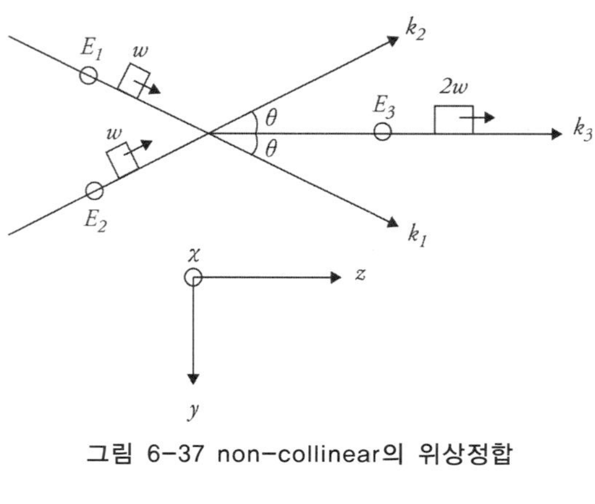

그림 6-37 non-collinear의 위상정합

NTT의 그룹은 Poly(MMA−2R−co−MMA)를 코로나방전 처리로서 폴링을 행하여 non−collinear 위상정합을 행한다. 그 효율은 Nd : YAG 130W의 입사에 대해서 5×10^{-5}%이었다. 이와 같이 낮은 효율은 **그림 6−37**에서 설명한 바와 같이, 상호작용을 일으키고 있는 영역이 2개의 입사광속이 교차하고 있는 부분뿐이기 때문이다. 이 경우 상호작용의 길이는 1mm이었다. 한편, 이 방법의 장점은 입사각을 변화시키는 것에 의하여, 입사광의 파장을 여러 가지로 변화시켜도 위상정합이 가능한 점이다.

(iii) Cherenkov방법

이것도 non−collinear법의 일종이다. **그림 6−38**에 나타내는 바와 같이, 비선형 광학매질과 투명매질의 조합으로 된다. 이 경우 비선형 광학매질은 피복층에서나 중심층에서나 어떤 쪽에서도 좋다.

여기서는 도파부분이 비선형 광학매질로 한다. A점에서 2차광이 피복층에 방사되는 것으로 한다. 위상정합 시키기 위해서는 입사파가 B점까지 진행했을 때, B점에서 방사된 2차광과 A점에서 방사된 2차광의 위상정합이 필요하다.

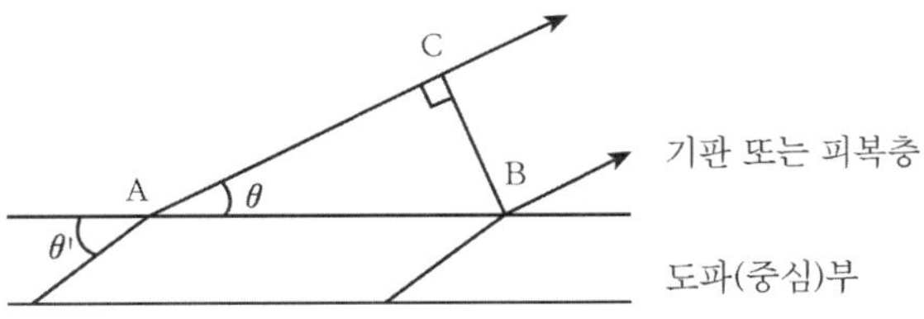

그림 6−38 Cherenkov방사방식 위상정합의 개념도형

이 조건은 A점으로부터 방사된 2차광으로 B로부터 하강한 수직선 C라고 하면, AC가 파면 법선으로 되어 있는 것이 필요하다. 따라서 중심층의 입사분극파 ω의 전파속도를 $n_f(\omega)$, 피복층 2차광의 전파속도를 $n_c(2\omega)$라고 하면 다음 식이 성립한다.

$$n_c(2\omega)\cos\theta = n_f(\omega)$$

이 식으로부터 아는 바와 같이 분극파 쪽이 그 곳으로부터 발생하는 2차광의 속도 보다도 빠르기 때문에, Cherenkov방사라고 불린다. 상기의 식이 성립되기 위해서는 도파층의 실효굴절률을 $N(\omega)$라고 하면, $n_c(\omega) < N(\omega) < n_f(2\omega)$이면 좋다. 따라서 위상정합의 조건은 mode분산법과 비교하면 쉽게 달성된다. 종래는 주로 저분자의 DMNP나 DAN 등의 섬유화에 의하여 비율이 높은 변환효율이 얻어지고 있다. PMMA의 일부에 DR1을 도입시킨 고분자를 사용하여

Cherenkov의 도파로를 달성했다. 812nm의 빛 1kW의 입사에 대해서 약 1%의 2차광을 얻었다. 여기서 흥미 있는 것은 DR1의 흡수말단은 500nm를 초과하고 있다. 그러나 방사된 406nm의 2차광은 피복층을 전파하기 때문에 중심층에 흡수되지 않고 2차광으로 발생되는 것이다. 이외의 시스템에서 2차광은 입사광과 같은 매질을 전파하기 때문에, 항상 2차광이 재료에 흡수되지 않도록 분자설계상 고려하지 않으면 안 되는 것이다. 이것에 의하여 분자설계의 폭이 상당히 넓다고 생각된다.

(iv) 분극반전, 주기분극법(유사위상정합법)

유사위상정합법의 원리는 비선형광학의 분야에서 노벨상을 수상한 것으로, 1960년대에 보고되어 있다. 그러나 최근 그의 제작기술이 진보하는 것에 의하여 급속히 주목되기에 이르렀다. 그의 구조는 **그림 6-39**에 나타낸다. (a)는 분극반전구조라고 말하며, 쌍극자의 방향이 주기적으로 반대방향으로 되어 있다. (b)는 주기분극구조로서, 이것은 분극된 부분과 분극되지 않은 부분이 주기적으로 되어 있다.

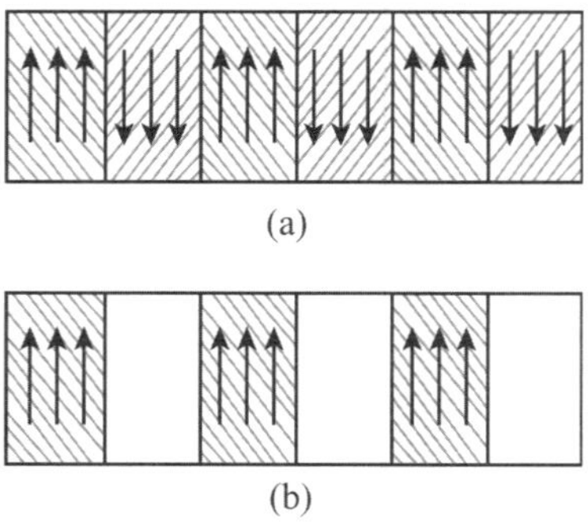

그림 6-39 주기구조의 모델 도형 (a) 분극반전구조, (b) 주기분극구조

일반적으로 굴절률은 파장이 긴 빛에 대해서 낮고, 파장이 짧으면 높아진다. 따라서 입사광 쪽이 2차광보다도 매질 중의 전파속도가 빠르기 때문에, 입사광이 매질 중에 전파되는 것에 의하여 비선형 분극파와 방출되는 2차광의 위상은 약간씩 벗어난다. 따라서 입사광이 전파되는 것에 의하여 방출된 2차광은 처음에는 겹쳐서 강도가 증가한다. 그러나 어떤 2차광 강도가 최대로 되는 전파거리 l_c에 있어서 2차광의 위상을 180° 변화시킬 수 있으면, 최초의 상태로 되돌리는 것으로 되며, 재차 2차광은 서로 간섭의 결과 강해진다. 이와 같은 결과를 구체화 시키는 구조가 **그림 6-39(a)**이다. 즉, 분극방향이 반전하고 있으면, 그 부분으로 부터 발현하는 분극파결과는 위상이 180° 다르다. 따라서, 이 분극파로 부터 발생하는 2차 고조파의 위상도 180° 변하기 때문이다. 또한, 마찬가지로 l_c의 곳으로부터 급속히 2극의 배향도를 0으로 하면, 2차

광은 매질 중에 전파될지라도 2차광은 방출되지 않는다. 따라서 간섭의 결과, 2차광은 강하게 합친 그대로 쌍극자의 배향되지 않은 곳으로 전파된다. 이 배향되지 않은 부분의 길이를 적당하게 조정하면 2차광과 입사광의 위상을 정합시킬 수 있다. 이 상태로 된 점으로 부터 재차 쌍극자로 배향된 부분을 도파시키면 이전에 존재하고 있던 2차광과 새로 발생된 2차광은 서로 그 강도를 강하게 정합한다. 그림 (b)가 이 경우의 구조에 상당한다.

그림 6-40에 위에서 설명한 2가지 방법으로 유사위상정합시켰을 때의 2차광 강도와 주기의 길이와 관계를 나타낸다. 이때의 전파의 길이 l_c는 다음 식으로 표시된다.

$$l_c = \lambda/[4\{N(2\omega) - N(\omega)\}] \tag{6-49}$$

여기서 N은 ω 및 2ω에 있어서 실효굴절률이다. 이 경우, l_c는 매우 엄밀하게 제어가 필요하다. 예를 들면, 유기재료에서 l_c는 2~8㎛ 정도이다. 이 때 10%의 오차가 있다고 하면, $10 \times l_c$의 거리를 도파하면 2차광 강도는 0으로 된다.

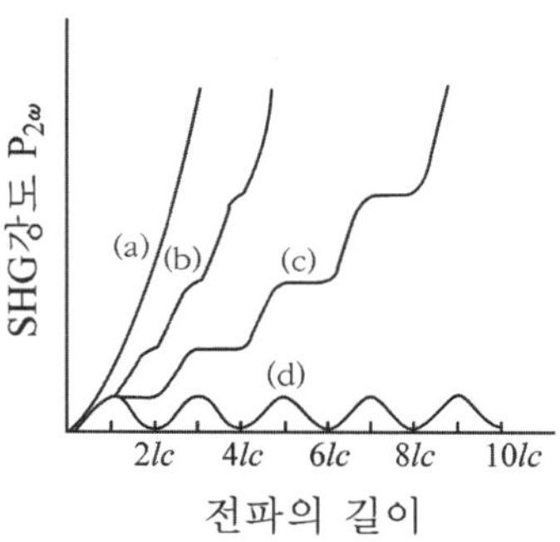

(a) 결정의 위상정합
(b) 분극반전구조
(c) 주기분극구조
(d) 위상정합하지 않는 경우

그림 6-40 위상정합법에 의한 2차광 강도의 전파의 길이에 의한 변화

Khanarian 등은 PMMA에 니트로스틸벤을 도입시킨 계의 필름상에 주기전극을 구성하여 주기분극을 행했다. 6㎛ 폭의 전극을 6㎛ 간격으로 제작했다. 피크값의 변환효율은 도파장 5mm에서 $0.01\%W^{-1}$였다. 변환효율이 낮은 것은 슬라브형 도파로이기 때문에, 광전장의 강도가 작은 것에 의한다. 채널형 도파로로 하면, 입사광의 폐쇄가 보다 크게 되어 변환효율의 향상이 기대된다. 표 6-9에 실제로 변환된 2차광의 효율, 및 위상정합의 방법을 나타낸다.

표 6-9 고분자 SHG재료의 파장변환효율과 변환방법

물질	도파로	도파장(mm)	변환효율($\% W^{-1}$)	위상정합법
옥시니트로스틸벤	슬라브	5	0.01	주기폴링에 의한 유사위상정합
옥시니트로스틸벤/ MMA공중합체	슬라브	0.1~1.0	3×10^{-7}	non-collinear
옥시술폰스틸벤/ MMA공중합체	슬라브	-	-	hot-bleaching에 의한 유사위상정합
MMA/PMMA (guest/host)	슬라브	-	1.7×10^{-4}	mode분산

표 6-10의 무기재료의 결과와 비교하면 고분자계의 파장변환효율은 아직 현저하게 떨어진다. 잠재적인 상수가 어느 정도 높아도 실효변환효율이 낮으면 실용화되지 못한다.

표 6-10 무기 SHG재료의 파장변환효율과 변환방법

물질	도파로	변환효율($\% W^{-1}$)	위상정합법
$LiTaO_3$	채널	71.0	유사위상정합
KTP	채널	208	유사위상정합
$LiTaO_3$ +$LiNbO_3$	채널	325	5층구조 mode분산

실용화의 제1 관문은 고분자재료의 투명성을 향상시키는 것이다. Chromophore의 응집을 어떻게 규제하여 그의 도입율을 향상시킬지, 도파로를 제작할 때, 표면의 평활성 향상이나, 굴절률이나 도메인 등을 어떻게 정밀하게 제어할지 등의 문제를 극복하지 않으면 안된다. 또한, 반도체 레이저광을 어떻게 효율적으로 재료 중에 입사시킬지 등의 커플링법, 또는 소자로 부터의 반사에 대해서 반도체의 광발진이 불안정하게 되는 현상, 더욱 빛을 흡수하여 도파로의 온도가 상승할 때의 대책 등의 문제점이 많이 존재한다.

6-6 광기록재료

6-6-1 광정보기록

광정보기록은 빛을 이용하여 물질을 변화시키는 것에 의하여 기록을 행하는 것으로서, 예를 들면 광디스크와 같이 비접촉으로 기록 · 재생이 가능하며, 종래의 기록방식에 비하여 고밀도,

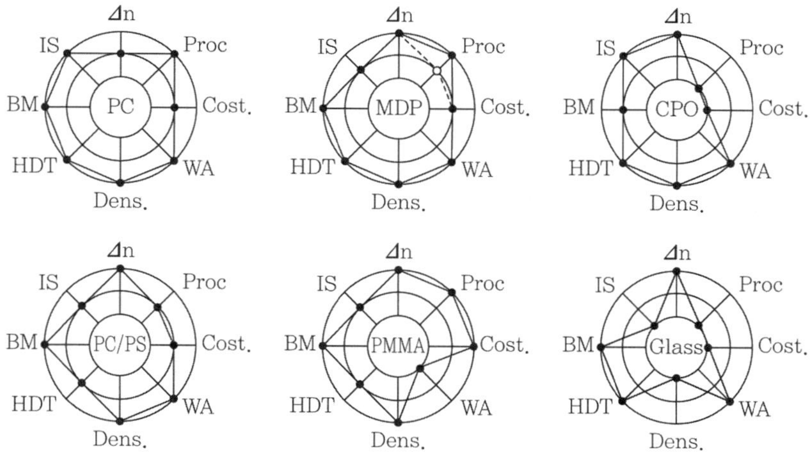

PC : 폴리카보네이트, PMMA : 폴리메타크릴산메틸, CPO : 환상폴리올레핀,
MDP : 열경화성수지, PC/PS : 폴리카보네이트/폴리스티렌블렌드, Glass : 무기유리,
Δn : 굴절율의 균일성, Proc : 가공성, Cost : 가격, WA : 흡습성, Dens : 밀도,
HDT : 내열성, BM : 굴곡의 탄성율, IS : 내충격성

그림 6-41 광디스크용 기반재료의 특성비교(반경이 클수록 광디스크 재료로서 적당)

고품질이라고 하는 특징을 갖는다. 최근의 레이저기술의 발전에 의하여 복사할 수 있는 큰 출력의 광원이 쉽게 이용할 수 있도록 되었기 때문에, 광기록방식의 개발이 활발하게 행해지고 있다.

광디스크의 재료에는 각종의 형태로서 고분자재료가 사용되고 있으며, 특히 디스크의 기반으로 되어 있다. 또한, 광기록의 밀도나 신뢰성은, 이들 고분자재료의 특성, 특히 내열성, 흡습성, 투명성 등의 특성에 크게 영향을 받는다. 그림 6-41에 기반재료의 예를 나타낸다.

광기록에는 물리적인 형상변화를 빛으로서 재생되는 읽기 전용메모리, 새로운 자료를 1회만으로 쓰는 추가기록형메모리, 자유로 재생소거를 반복하는 고처쓰기 가능형메모리의 3가지 방식이 있다. 읽기 전용메모리는, 기록의 읽기는 빛으로 행하지만, 기록의 쓰기는 원리적으로 인쇄 이외에 정보기록방식의 연장상에 있다. 고쳐쓰기 가능성 및 추가기록형메모리의 원리는, 빛에 의하여 어떤 물성변화를 일으키는 것으로서, 예를 들면, 광자기방식, 광유기상변화, 기포의 생성과 소멸 등이 제안되어 있다. 그러나 이들은 어느것이나 광에너지의 흡수에 동반되는 발열을 이용하는 heat mode 기록으로서, 다중기록이나 쓰는 시간 등의 점에서 광기록의 특성을 충분히 활용하고 있지 않다. 한편, hot chromism은 photon mode의 기록방식으로서 열확산이 없기 때문에 고해상도로 되며, 전자여기에 의하여 반응이 일어나는 것으로 인하여 광가열에 비하여 고속기록이 가능한 장점이 있다. 또한 빛의 다색성을 이용하는 것에 의하여 분자레벨까지의 고밀도 기록이 가능하며, 이 방식으로서 PHB(광화학 hole burning)이 있다.

6-6-2 hot chromism

1) photochromism을 이용한 광메모리

빛에 의하여 물질의 색이 가역적으로 변하는 현상을 photochromism이라고 말한다. 포토크로믹 메모리는, 이 반응을 이용하여 광흡수의 유무를 bit에 대응시켜 기록/재생을 행하는 것으로서, 1956년 Hirshberg에 의하여 최초로 제안되었으며, 그 후, 각종 포토크로믹 화합물이나 기록 · 재생방식이 제안되어 있다. 그 원리로서는 흡수대의 변화에 의한 것이 일반적이지만, 콜레스테릭 액정 중의 포토크로믹 분자의 광이성화에 동반되는 선택반사파장의 변화에 의한 것, 액정매트릭스의 선광도 변화에 의한 것, 상전이, 배향변화에 의한 것 등이 있다.

2) photochromic 재료의 제작

(i) photochromic 분자

photochromism을 나타내는 재료는, 일반적으로 분자의 광이성화에 의하여 광흡수대가 변하는 형태의 것이 많고, spiropyran, fulgide, diallylethene, azobenzene 등이 알려져 있다.

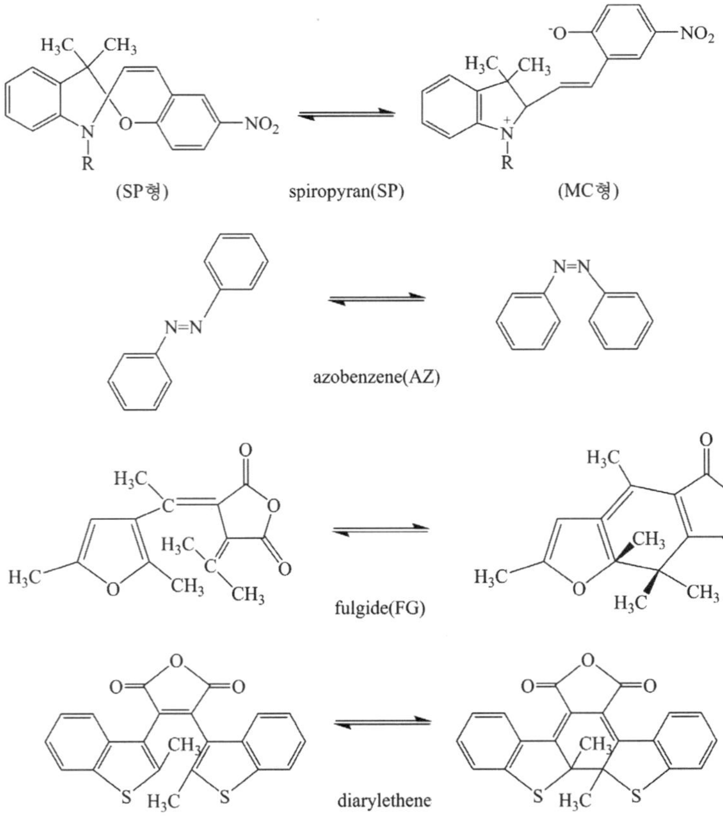

그림 6-42 주요한 포토크로믹 분자

또한 금속 착화합물의 전하이동에 의한 착색의 예나, 스피로피란의 이성화에 동반되는 J회합체를 제조하는 것에 의하여 기록의 내열성과 밀도를 향상시키고 있는 예가 있다. 그림 6-42에 이들 포토크로믹 분자를 나타낸다.

(ii) 매트릭스

포토크로믹 메모리는, 이들의 분자를 적당한 매트릭스 중에 분산시키든지, 화합결합으로 도입시켜 제작한다. 매트릭스는, 시료의 형상을 유지시켜 포토크로믹스분자의 광반응의 장소로 이용되는 등의 다양한 역할을 담당하고 있으며, 목적에 따라서 폴리머 등 각종의 재료가 사용되고 있다. 또한 액정을 매트릭스로서 이용하는 방법이 보고되어 있지만, 이것은 분자의 광이성화에 동반되는 매트릭스 자체에 변화를 유도시켜서 매트릭스를 그 반응의 일부에 적극적으로 활용하는 예이다.

3) photochromic 재료의 평가

포토크로믹 재료를 설계하는 경우에는, 다음과 같은 조건을 만족시키는 것이 특히 중요하다.

① 반도체레이저광의 파장영역에 흡수체를 가질 것
② 부반응이 없고, 쓰기/소거할 때 반복안정성이 좋을 것
③ 무색, 착색의 양쪽 상태에서 열적으로 안정할 것
④ 반응의 양자효율이 높을 것

이 중에서 흡수대의 위치는, 그 스펙트럼의 측정에 의하여 평가할 수 있다. 아래에 반응의 효율과 그 안정성의 평가법을 설명한다.

(i) 반응효율

반응효율의 평가에는, 반응의 양자효율로서 생각하는 경우와, 조사에너지에 대한 반응수로서 생각하는 경우가 있다. 반응의 양자수율은 포토크로믹 분자의 여기상태에 있어서 각종 실활과정의 속도 중에서 반응속도의 비율이고, 포토크로믹 분자의 구조, 매트릭스에 의한 실활의 비율, 매트릭스 중의 자유체적, 폴리머사슬의 완화상태(글라스전이나 α전이, β전이 등), 결정화 등에 영향을 미친다.

후자의 반응효율은, 광흡수의 효율과 반응의 양자수율 곱으로 표시되며, 실용적인 평가에 이용되는 경우가 많다. 광흡수효율은 포토크로믹 분자의 흡광계수와 분자의 존재밀도, 매트릭스의 극성 등에 영향된다. 이들의 효율은 반드시 일정하지 않고, 포토크로믹분자의 반응진행과 함께 변하며, 반응은 완전히 진행하지 않는다. 이와 같이, 포토크로믹분자가 도달할 수 있는 최종 이성화율도 그 계의 해상도에 영향하는 넓은 의미의 인자라고 생각할 수 있다. 이것은 포

토크로믹분자의 흡수대 중에 광반응생성물의 흡수대가 겹치는 것에 의한 광정상상태나, 열적인 역이성화, 매트릭스의 상태에 의하여 제한된다.

(ii) 안정성

시료의 안정성에는, 열안정성과 반복안정성의 2개 요소가 있다. 열안정성은, 암반응에 의하여 포토크로믹분자가 가역적으로 역이성화 하는 경우, 기록의 쓰기와 보존이 가능한 온도를 가리킨다. 한편, 반복안정성은 기록과 소거를 반복하는 중에 색소의 농도가 일정한 값에 회복되지 않을 때까지의 반복회수를 가리킨다. 이것은 반응할 때에, 비가역적인 부반응에 의한 색소의 열화나 소실이 일어나는 것에 의한 것이 주된 원인이다. 많은 회수의 반복을 측정하는 경우에는, 그 조작도 복잡하기 때문에, 그림 6-43과 같은 자동측정장치가 고안되어 있다.

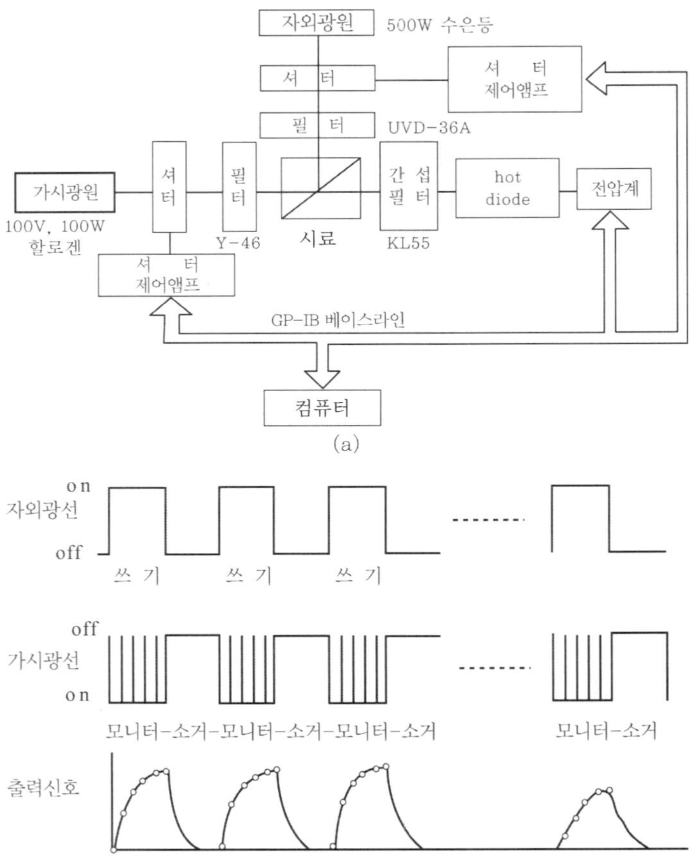

그림 6-43 반복특성평가장치(a)와 반복특성평가의 측정 연속변화(b)

실험 예 6-6 폴리카보네이트 중의 아조벤젠의 광이성화속도

비스페놀A형 폴리카보네이트의 10% 디클로로에탄용액에 아조벤젠을 가하고 (0.006~0.02mol/l), 석영판상에 cast한 후, 실온에서 2시간, 이어서 감압하에 100℃에서 4시간 건조시킨다. 시료필름을 크라이오스타트(Oxford DN704) 중에 두고, UVD36 및 Pyrex필터를 사용하여 크세논램프의 360nm광을 조사하여 아조벤젠의 광이성화를 행한다. 또한, 조사광의 일부를 320nm로서 투과광으로 하여, 그의 강도에 의하여 이성화율을 구한다. 반응초기에는 용액 중에서와 마찬가지로 1차반응속도로서 이성화가 진행되지만, 반응의 진행과 더불어 1차반응으로부터 벗어나고, 결국 정상상태에 달한다(그림 6-44 참조).

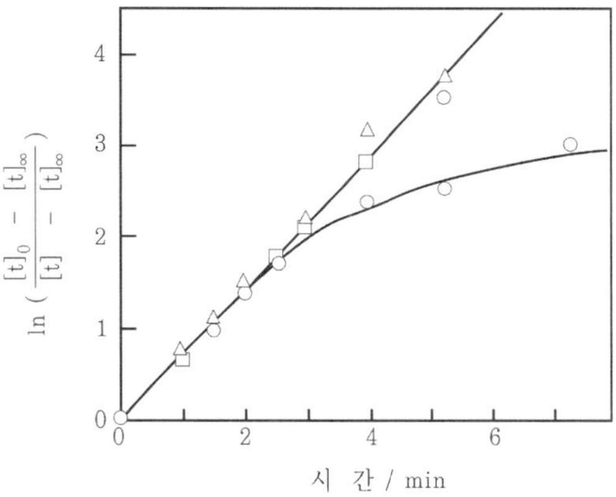

○ : 폴리카보네이트 중, □ : 아세트산에틸 중, △ : 에탄올 중, 측정온도 : 288K

그림 6-44 아조벤젠의 trans→cis 광이성화의 1차 플롯

6-6-3 PHB(photochemical hole burning)

1) PHB의 원리와 기초

(i) PHB의 원리

색소 등의 광흡수분자(guest)를 유기 혹은 무기의 매체 중에 분산시켜서 극저온상태로 조절하면, 각종의 진동모드가 억제되기 때문에 각각의 guest분자의 흡수대폭은 매우 좁아진다. 그러나 폴리머와 같은 아모르퍼스 매체 중에서는, 매체와 guest의 마이크로적인 상호작용이 미묘하게 다르기 때문에, 개개의 흡수대 위치에 분포가 생성되어 전체로서는 넓은 흡수대로 된다. 따라서 레이저광과 같은 선폭이 좁은 빛을 조사하여, 어떤 파장에 대응하는 분자만을 선택적으로 반응시키고, 그 결과 스펙트럼에 hole을 비우는 것을 PHB (photochemical hole burning), 또는, 광물리적인 매트릭스의 구조변화에 의한 hole형성의 경우를 포함하여 PSHB(persistent spectral hole burning)라고 말한다(그림 6-45 참조).

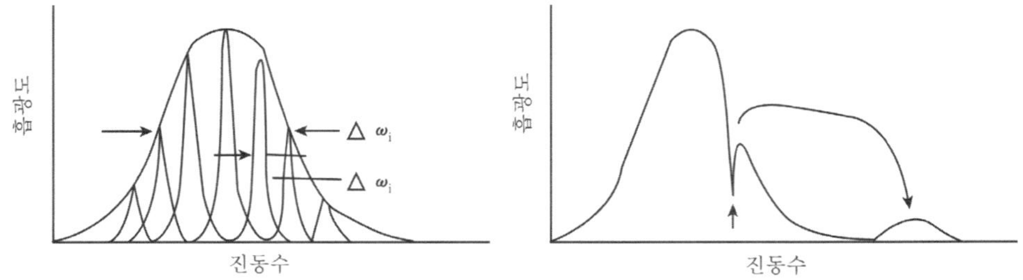

(a) (b)

그림 6-45 PHB의 원리

(ii) phonone side hole과 pseudophonone side hole

PHB가 일어나기 위해서는, guest가 zerophonone 전이하여 얻어지는 것이 필요하며, 이것에 의하여 형성된 hole을 zerophonone hole이라고 말한다. 또한 비정질 고체 중에서는 고유의 낮은 에너지진동이 있으며(phonone준위), hole을 관찰할 때에 높은 에너지쪽에 phonone side hole이 관찰된다. 또한, 그의 phonone side band를 여기하는 것에 의하여 형성되는 hole을 pseudophonone side hole이라고 말한다. pseudophonone side hole의 zerophonone선으로부터의 샤프트주파수 ES로부터, 반대로 매트릭스폴리머 고유의 낮은 에너지진동모드를 조사할 수 있다. 또한, zerophonone band와 side band 중, zerophonone band가 차지하는 비율을 Debye - Waller인자라고 말하며, 그의 온도의존성으로부터 hole의 열안정성을 견적할 수 있다.

2) PHB시료의 제작

PHB재료는 guest분자(혹은 반응중심)와 매트릭스로 형성되며, 각각 유기계재료, 무기계재료의 예가 알려져 있다. 그림 6-46에 그의 예를 나타낸다.

- PHB 재료계
  - guest
    - 유기계
      - 대환상화합물 : 포르필린, 프탈로시아닌 등(호변이성형, 전자이동형, 광증감형)
      - 방향족 퀴논류 : 키니잘린, 하이드록시나프토퀴톤 등(수소결합이동형)
      - 분해형 : 디메틸테트라진, 디하이드로펜아진 등
      - 광물리형(NPHB) : 페릴렌, 레조르핀 등
    - 무기계 — 이온화형(컬러-센터) : 전자선, 중성자조사(희토류원소) : Sm^{2+}, P_t^{3+}, Eu^{3+} 등
  - matrix
    - 유기계
      - 저온강성용매 : 에탄올, 메탄올글라스 등
      - 폴리머 : PE, PMMA, PS, PVA, PVB, PhR, PI 등
      - 분자결정 : ter-phenyl, 안트라센 등
    - 무기계
      - 이온결정 : NaF, LiF, CaF_2, BaClF 등
      - 금속산화물 : $LiGa_5O_8$, $Y_3Al_5O_{12}$ 등
      - 기타 : 다이아몬드, 석영글라스 등

그림 6-46 PHB재료계

(i) 유기계재료

유기계의 시료는, 일반적으로 색소를 폴리머 중에 분산시켜 제조하며, guest와 host의 다수의 조합이 가능하기 때문에, 다양한 시료설계가 가능한 것과, 또한 반응의 효율이 비교적 높다고 하는 특징을 갖는다. PHB분자로서 사용되는 색소는 그의 반응형태에 따라서 호변이성형, 수소결합이동형, 분산형, 광물리형 등으로 분류된다. 또한, 다른 종류의 분자간에서 전자이동이나, 에너지이동을 일으키는 것과 같은 복합형의 것도 알려져 있다. 매트릭스폴리머는 그의 구조에 따라서 hole형성효율이나 hole의 폭에 크게 영향을 끼친다. 또한, guest와 매트릭스간의 수소결합을 이용하여 hole형성을 행하기도 하고, 에너지이동에 의하여 hole을 형성하는 등, 적극적으로 hole형성에 기여하는 예도 있다.

(ii) 무기계재료

무기계재료는, 이온결정 중에 혹은 금속산화물 중에 희토류원소이온을 도핑시키든지, 이온결정에 전자선조사를 행하여 칼러센터를 형성시키는 것에 의하여 제작한다. 이들은 일반적으로, 반응의 양자수율이 작지만, hole의 열안정성이 좋고, 실온까지 hole을 보존시키는 예도 있다. 또한 무기의 매트릭스 중에 유기색소를 도입시킨 복합계재료의 예도 있으며, 졸겔법이나 포접화합물을 이용하는 방법이 있다.

실험 예 6-7 테트라페닐포르필린(TPP)-폴리메타크릴산메틸(PMMA)계 시료의 제작

테트라페닐포르필린(TPP) 6.2mg을 벤젠 10ml에 용해시킨다. 폴리메타크릴산메틸(PMMA) 1g을 벤젠 10ml에 용해시킨다. 여기에 이전의 TPP용액 1ml을 가하고, 균일하게 되도록 교반한 후, 직경 3cm의 샤레에 옮기고, 드라이어로서 용매를 증발시킨다. 더욱, 진공건조기 중에서 감압하 120℃에서 하룻밤 건조시킨 후, 전량의 2/3 정도를 취하고, hot press기에서 120℃, 5분간 가압성형시킨다. 자외가시분광 광도계를 이용하여 가시흡수스펙트럼을 측정하면 광학밀도 약 0.6의 시료가 얻어진다.

3) 측정장치

그림 6-47에 PHB측정장치의 예를 나타낸다. 측정계는, 레이저광원, 시료실, 분광기, 냉각장치로 형성된다. 레이저는 일반적으로 파장스캔을 하기 위하여 Ar^+레이저를 펌프광으로 하는 색소레이저를 이용하며, 링형태의 것(예를 들면, Coherent 699형)을 이용하는 것에 의하여, 좁은 파장분포의 광원을 얻을 수 있다.

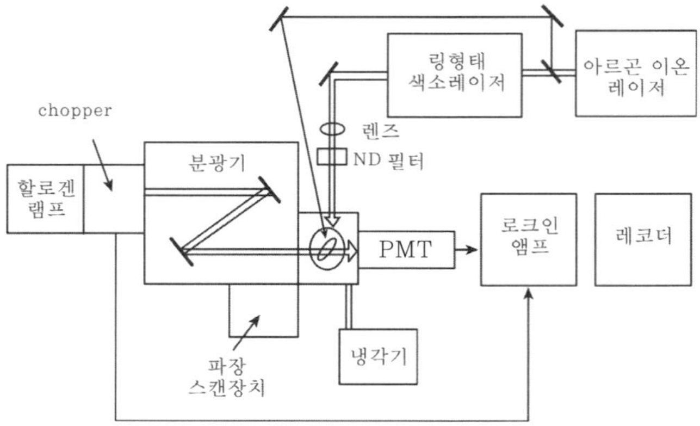

그림 6-47 PHB 측정장치

시료실은, 레이저조사 및 스펙트럼측정을 위하여 4면에 창이 있는 cryostat를 이용한다. 시료의 냉각은 액체헬륨을 직접 시료실에 유입시키든지, 헬륨가스를 사용한 순환식냉각기를 이용한다. 읽어내는 빛에 의한 hole의 파괴를 피하기 위하여 광게이트형(2색여기) PHB의 실험을 위해서는, 펌프광을 이용하는 Ar^+레이저의 일부를 취하여 시료에 동시에 조사한다.

4) PHB 측정

레이저광조사는 감광필터를 이용하여 레이저의 광강도를 적당하게 저하시켜 행한다. 색소레이저를 이용하는 경우에는, 먼저 흡수대의 피크부근에 약간 강한 빛으로 marker를 기록하고, 그 후의 hole형성에는 marker로부터의 상대치로서 파장을 고려하면 좋다. 양자수율을 구하는 경우에는, 동일파장으로 순차광량을 증가시킨 후, 그 때마다 스펙트럼의 변화를 기록한다. 조사파장을 변화시킬 때에는 이미 형성된 hole의 side hole에 의한 영향을 피하기 위하여 조사광의 파장간격에 주의할 필요가 있다. 또한 여러 곳에서 hole형성의 차를 비교할 때는 처음에 형성된 hole 이외의 hole을 형성할 때 구멍을 메우는 영향을 받기 때문에, hole을 형성할 때마다 스펙트럼을 기록하는 것이 좋다.

5) 자료해석

(i) 광학밀도의 보정

극저온에서는 시료의 몰흡광계수는 상온의 값과 다르기 때문에, 시료의 광학밀도도 실온과 극저온에서는 다르다. 따라서 single beam식의 측정계를 이용하여 실험을 행할 때에는 실온에 있어서 광학밀도를 직접 파악할 수 없기 때문에, 먼저 실온에서 시료의 광학밀도를 구하고, 이어서 PHB측정계에 설치한 후에, 실온시와 냉각시의 투과율의 차이로부터, 측정온도에 있어서 시료의 광학밀도를 견적한다.

(ii) 양자수율의 계산

hole형성의 양자수율은, 색소가 흡수한 광자수에 대한 hole형성에 기여한 색소분자수의 비율로서 정의된다. 이 때, 일반의 광반응의 경우와 같이, 광반응에 의하여 흡수대 전체가 균일하게 감소하는 것이 아니고, 흡수대 중의 조사파장에 대응하는 부분만이 감소하여 hole로 되기 때문에, 그의 양자수율은 다음과 같이 견적된다. 먼저, 광반응에 의하여 hole로 형성된 분자수를 구한다. 시료의 면적을 S/cm^2, 두께를 ℓ/cm, 몰흡광계수를 $\varepsilon/M^{-1}cm$, 농도를 $C/mol/l$, 초기의 광학밀도를 A_o, 또한 흡수스펙트럼의 균일폭, 불균일폭을 각각 $\Delta W_h/cm^{-1}$, $\Delta W_i/cm^{-1}$로 둔다. 광조사에 의하여 hole의 색소농도가 $-dC$ 변하고, 광학밀도가 $-dA$만큼 변했다고 하면, 이 때 hole로 형성된 분자수 N_{hole}은,

$$N_{hole}=-dCS\ell(W_h/W_i)10^{-3} \qquad (6\text{-}50)$$
$$= -dAS(W_h/W_i)/(10^3\varepsilon)$$

로 된다.

한편, 레이저의 강도를 P/Wcm^{-2}, 그의 진동수를 υ, 조사시간을 dt/s, Planck상수를 h, Avogadro수를 N_A라고 하면, 시료가 흡수한 광자수 N_{absorb}는,

$$N_{absorb}=PdtS(1-10^{-A_o})/(h\upsilon N_A) \qquad (6\text{-}51)$$

로 된다.

따라서 구해지는 hole형성의 양자수율 $\varnothing$는,

$$\varnothing=N_{hole}/N_{absorb} \qquad (6\text{-}52)$$
$$=-dA(h\upsilon N_A)(W_h/W_i)/[10^3\varepsilon Pdt(1-10^{-A_o})]$$

이다.

실험적으로는 hole 깊이의 변화초기의 기울기를 이용하여,

$$\varnothing=-d[(A/A_o)/dt]_{t=0}\ A_o(W_h/W_i)/[10^3\varepsilon(P/h\upsilon N_A)(1-10^{-A_o})] \qquad (6\text{-}53)$$

으로 계산된다.

(iii) Debye-Waller인자 및 phonone준위에너지의 견적

실험에서는 zerophonone hole의 낮은 에너지쪽에 pseudophonone side hole이 관찰되는 경우가 있다. 충분히 깊은 hole을 형성하는 것에 의하여 pseudophonone side hole의 피크위치가 확실해지기 때문에, 이 피크간의 거리에 의하여 phonone준위의 에너지 E_S가 구해진다. 이것은 매트릭스폴리머의 비정질상태에 고유한 낮은 에너지의 진동모드에 의한 것이기 때문에, 폴리머에 고유의 값이다. 어떤 온도 T에 있어서 Debye-Waller인자의 온도의존성은, 어떤 온도 T였던 zerophonone hole의 면적 $S_o(T)$와 이것을 4K로 냉각시켰을 때의 면적 $S_o(4)$의 비율로부터

$$DW(T)=S_o(T)/\{S_o(T)+S_p(T)\} \quad (6-54)$$
$$\sim S_o(T)/S_o(4)$$

으로 견적할 수 있다. 따라서 $S_p(T)$는 phonone side hole의 면적으로서 통상의 색소와 폴리머의 상호작용은 작기 때문에, 4K에서 Debye-Waller인자는 1에 가까운 것, 흡수의 진동자강도에 온도의존성이 없는 것을 가정하고 있다.

Chapter 07

기계적 특성 고분자재료

7-1 고강도 고분자재료

7-1-1 소재의 선택

고분자재료에는 1차원, 2차원, 3차원 형상재료로서 섬유, 필름, 성형물이 있지만, 고강도 고분자재료로서는, 분자의 공유결합을 최대한으로 활용하는 것은 섬유이기 때문에, 여기서는 섬유를 예로서 취하여 그 소재의 선택에 있어서 주의점을 설명하기로 한다. 더욱, 2차원, 3차원 형상재료의 경우에는 필름의 평면내에서 결합상태를, 성형물에서는 가교나 강화재의 상태를 고려할 필요가 있다.

1) 주사슬을 구성하는 공유결합

먼저, 소재의 선택에 있어서 주사슬을 구성하는 공유결합이 견고한 폴리머를 선택한다. 선상 고분자의 주사슬에 이용되는 공유결합의 종류는 적다. 표 7-1에 그의 결합에너지를 나타낸다. 약한 결합을 함유하면 그 곳에서 역학적 성질이 지배된다. 더욱, 분자사슬의 탄성율, 강도는 구성되는 공유결합의 반발상수, 결합각의 반발상수의 크기에 따라서 결정되기 때문에, 이들의 값이 큰 것을 선택할 필요가 있다.

표 7-1 주사슬결합의 결합에너지

결합	결합에너지(kcal/mol)	결합	결합에너지(kcal/mol)
C — C	83	C — N	73
C = C	146	C = N	147
C ≡ C	200	C — S	65
C — O	86	C = S	128

2) 분자사슬의 점유단면적

이론식으로부터 분자사슬의 탄성율, 강도는 분자사슬의 점유단면적이 작을수록 큰 것을 알 수 있다. 분자사슬의 점유단면적은 결정구조에 있어서 단위포자 기저면의 면적과 분자사슬의 개수로부터 계산할 수 있다. 각각의 분자사슬은 거의 Van der Waals 거리에서 접촉하여 충진된다. 가지의 나선구조는 점유단면적을 증대시키기 때문에 좋지 않다.

3) 분자사슬의 입체형태

분자사슬의 신장변형에 필요로 하는 에너지는 단결정 주위의 내부회전, 결합각의 변각, 결합의 신장 순서로서 증대한다. 따라서, 내부회전을 허용하는 나선구조, 결합각의 변각을 남기는 평면 지그재그구조, 결합의 신장만으로 형성되는 직선구조의 순서로서 신장변형이 곤란해지기 때문에, 이 순서로서 탄성율이 증대한다. 분자사슬의 입체형태는 에너지적으로 가장 안정한 결정구조상태에서 판단한다.

4) 분자사슬의 강직성

굴곡성의 결합단위를 함유하는 분자사슬의 탄성율은 낮다. 분자사슬의 굴곡성은 결합각이 작고, 단결정 주위의 내부회전에너지가 낮을수록 증대한다. 반대로, 분자사슬에 환상구조를 갖는 경우에는 굴곡성이 저하한다. 환상구조는 휘어지기 어려운 장점을 갖는 반면, 고유단면적이 커지지만, 분자사슬의 강직성으로 인하여 탄성율이 높아진다. 강직성을 증대시키면 분자사슬의 배향을 촉진시키기 때문에 특정의 조건하에서는 액정을 나타내는 경우가 있다. 이것은 분자사슬을 신장시키는 상태에서 배향되기 때문에, 고탄성율화의 유력한 수단으로 되어 있다.

5) 분자량, 분자량 분포

분자사슬의 말단은 역학적 결함으로 된다. 특히 강도에 대해서 결정적인 결함으로 되기 때문에, 분자량을 증대시키지 않으면 안된다. 고분자량화는 탄성율이나 강도의 향상에 중요하지만, 그러나 분자사슬간의 서로 휘감는 정도의 증가, 용해성의 저하, 용융점도의 증가, 가공성의 저하 등의 문제를 일으킨다. 고분자량 폴리머의 경우에는, 더욱 더 쉽게 연신하여 초기의 구조를 형성시키는 것이 특히 중요하다. 또한, 분자량분포는 좁을수록 분자사슬의 말단결함이 균일하게 분포하기 때문에 재료가 강인해 진다.

6) 결정탄성율과 결정화도

결정탄성율은, 그 폴리머의 탄성율에 있어서 극한치이기 때문에, 높은 결정탄성율을 갖는 소재를 선택해야 한다. 결정탄성율은 앞에서 설명한 선택요건의 모두에 관여하지만, 특히 나선구조, 평면지그재그구조, 직선구조의 순서에 따라서 큰 차이로서 증대한다. 결정탄성율은 실험적, 이론적으로 구해지지만, 측정방법이나 연구자에 따라서 측정값이 상당히 다르다. 결정탄성율이 높아도 결정화도가 증가하지 않는 경우는, 오히려 결정탄성율이 낮지만, 결정화도가 높은 쪽에서 고탄성율이 얻어진다. 결정화의 난이를 결정하는 요인은 복잡하지만, 각 폴리머에서 지금까지의 연구로부터 얻은 최고결정화도의 값이 길잡이가 된다.

7-1-2 굴곡성 고분자

1) 폴리에틸렌

폴리에틸렌의 기본구조는 $\left[CH_2 - CH_2 \right]_n$ 으로서, 분자응집에너지가 작고, 굴곡성이 풍부하며, 글라스전이온도가 낮지만, 분자대칭성이 좋고, 반복단위길이가 254Å으로 짧기 때문에 결정성이 풍부하며, 고밀도폴리에틸렌의 배향물질은 70~95%의 결정화도를 나타낸다. 또한, 결정구조에 있어서 분자사슬의 입체형태는 평면지그재그로서 분자사슬의 점유단면적도 $0.183nm^2$으로 작다. 수백만의 초고분자량이 얻어지는 종류가 적은 폴리머의 일종이다. 결정탄성율은 분자사슬 방향에서 250GPa, 이론강도는 32GPa로서 높기 때문에, 분자사슬을 당겨서 신장시킨 사슬결정조직으로 형성시키면 고강도 · 고탄성율섬유로 되는 것으로 인하여, 이것은 많은 연구가 집중되어 탄성율에서는 거의 목표에 달하고 있다. 저융점, 비접착성 및 섬유화되기 쉬운 것이 결점이다.

2) 폴리비닐알코올

폴리비닐알코올의 기본구조는 $\left[CH_2 - CH(OH) \right]_n$ 로서, 그의 골격은 폴리에틸렌과 마찬가지로 C-C결합으로 형성되며, 결정구조에 있어서 분자사슬의 입체형태도 평면지그재그이고, 분자사슬의 점유단면적이 $0.215nm^2$으로 작다. 반복단위길이는 2.52Å으로 짧고, 결정화 되기 쉽다. OH기에 의한 수소결합은 분자내, 분자간에서 형성되기 때문에, OH기가 없는 폴리에틸렌에 비하여 융점이 매우 높다. 입체규칙성도 수소결합형성, 결정융점, 결정탄성율에 영향을 끼친다. 신디오탁틱, 아이소탁틱, 어택틱 중에서 신디오탁틱 폴리비닐알코올이 가장 높은 융점(250℃)을 나타낸다. 결정탄성율은 분자사슬 방향으로 235GPa, 이론강도는 26GPa로서 높다. 고탄성율 · 고강도섬유의 소재로서 충분한 조건을 갖추고 있다. 그러나, 연신과정에서 다수의 수소결합과 강인한 결정을 해체시키기 어려워서 고배향도를 달성시키는 것이 문제로 된다. 또한, 폴리에틸렌에 비하여 고분자량화가 곤란하다.

3) 나일론-6

나일론-6의 기본구조는 $-\!\!\!\![NH(CH_2)_5CO]_n\!\!\!\!-$로서, 그 골격에 아미드결합을 갖는다. 결정구조(α -형)에 있어서 분자사슬의 입체형태는 평면지그재그이고, 분자사슬의 고유단면적은 0.177nm^{2}으로 작다. 그러나, 반복단위길이는 17.2Å으로 길고, 수소결합을 형성하는 분자사슬은 서로 역평행으로 배치시키지 않으면 안되기 때문에 결정화시키기 어렵다. 아미드결합은 수소결합의 형성에 기여하지만, 분자사슬 방향의 결정탄성율을 저하시킨다. 결정탄성율은 분자사슬 방향에서 165GPa이지만, 이론강도는 32GPa로서 높다. 고탄성율 · 고강도섬유의 소재로서 소질은 갖추고 있지만, 연신과정에서 원섬유 중에 존재하는 다수의 얇은 층이나 수소결합 및 연신에 동반되는 배향결정화에 의하여 고배향, 고결정성 조직을 얻기 어렵다. 연신, 열처리 섬유에서도 결정화도는 60% 전후이다. 결정화도, 탄성율, 강도를 높일 수 있는 연구가 필요하다. 나일론-66, 나일론-46 등에도 마찬가지의 문제가 있지만, 유망한 소재이다.

4) 폴리(에틸렌테레프탈레이트)

폴리(에틸렌테레프탈레이트)의 기본구조는 $-\!\!\!\!(O-(CH_2)_2-OOC-C_6H_4-CO)_n\!\!\!\!-$로서, 결정구조에 있어서 분자사슬의 입체형태는 페닐렌기 면에 평행한 측면으로부터 보면 에스테르 결합 부분에서 구부러져 있지만, 골격은 평면지그재그이다. 그러나, 분자사슬의 점유단면적은 0.219nm^{2}으로 크고, 반복단위 길이도 10.75Å으로 길다. 3사정계에 속하며, 분자사슬의 방위와 분자사슬 축방향의 비틀림이 규정되어 결정형성조건이 어렵고, 통상의 연신방법으로는 결정화도는 50% 전후가 한도이다. 그러나, 비결정의 원섬유가 얻어지기 때문에, 분자사슬을 고도로 배향시킨 후에 결정화 시키는 방법이 개발되면 고탄성율 · 고강도의 가능성이 있다. 결정탄성율은 분자사슬방향에서 108GPa, 이론강도가 28GPa로서 높다.

5) 아이소탁틱폴리프로필렌

아이소탁틱폴리프로필렌의 기본구조는 $-\!\!\!\!(CH_2-CH(CH_3))_n\!\!\!\!-$로서, 그 골격은 폴리에틸렌과 마찬가지로 C-C결합으로 형성되지만, $-CH_3$기의 입체장해와 반발로 인하여, 결정구조에 있어서 분자사슬의 입체형태는 3/1라선구조를 취하고 있다. 따라서 분자사슬의 점유단면적은 0.344nm^{2}으로 크고, 결정탄성율은 분자사슬 방향에서 42GPa로서 작다. 그러나, 연신에 의하여 분자사슬은 배향하기 쉽고, 결정화도가 70%를 초과하는 경우도 많다. 원섬유의 얇은 층을 해체하고, 신장시켜 사슬결정조직을 변화시키는 방법을 연구하면 결정탄성율에 근접시킬 가능성이 있기 때문에, 결정화도가 향상되지 않는 폴리머로부터 고탄성율로 되리라고 생각된다. 이론강도는 17GPa로서 낮지만, 1GPa 정도의 섬유는 쉽게 얻어지고 있다.

6) 폴리옥시메틸렌

폴리옥시메틸렌의 기본구조는 $\left(-CH_2-O-\right)_n$로서, 결정구조에 있어서 분자사슬의 입체형태는 9/5라선구조를 취하고 있다. 결정탄성율은 분자사슬 방향에서 53GPa라고 보고되어 있지만, 섬유의 실측탄성율이 60GPa로서 이것을 초과했기 때문에, 이론적 계산으로부터 구해진 탄성율은 81GPa라고 생각된다. 라선구조 분자사슬의 Van der Waals 접촉의 단면투영은 직경이 0.447nm의 기둥상태로 되며, 점유단면적은 0.173nm^2으로 작고, 이것이 결정구조에 있어서 6방최밀충진되어 있다. 분자사슬은 배향되기 쉽고, 결정화도가 90~99%에 달한다. 이와 같은 점에서, 폴리옥시메틸렌도 아이소탁틱-폴리프로필렌과 마찬가지로 실측탄성율치로부터 고려하면 고탄성율 · 고강도소재라고 말할 수 있다.

실험 예 7-1 유동용액 결정화법

유동용액 결정화의 대표적인 예인 Couette장치 표면성장법은 그림 7-1과 같은 간단한 장치로서 행해지기 때문에, 고탄성율 섬유제조의 실험실적 방법으로서 이용할 수 있다.

Couette장치 표면성장법은 초고분자량 폴리에틸렌의 0.5wt% 정도의 p-자일렌 희박용액 중에 로터를 회전시키고, 로터표면에 형성되는 겔층에 종자결정을 접촉시켜 16mm/s의 성장속도와 같은 속도로서 연속적으로 감는 방법으로 100~125℃의 조건에서 탄성율 100GPa와 강도 2.6GPa의 섬유를 얻는다. 열연신으로 조작하면 더욱 역학적 성질이 향상된다.

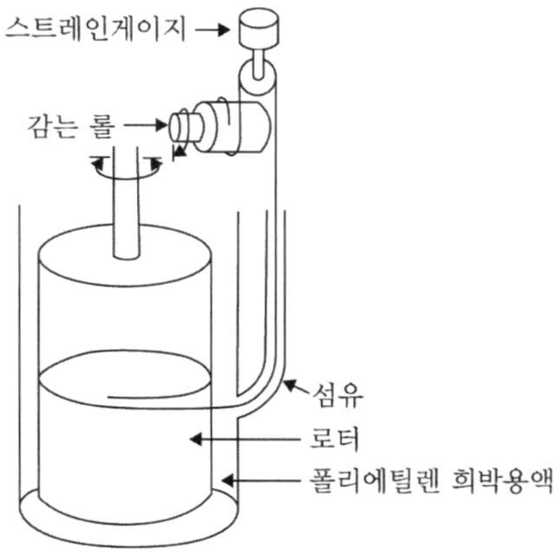

그림 7-1 Couette장치 표면성장법

실험 예 7-2 겔 방사법

초고분자량 폴리에틸렌의 2wt% 정도의 데칼린 준희박용액을 130℃에서 그림 7-2와 같은 장치를 사용하여 방사한다. 용매는 자일렌, 파라핀 등도 사용된다. 노즐을 나온 섬유는 냉각조를 통하여 겔섬유로 조절한 후, 120℃에서 열연

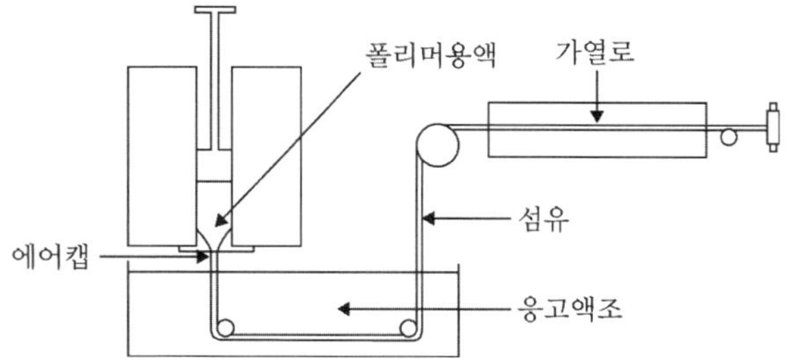

그림 7-2 gel 방사법

신하면 분자사슬의 엉킴이 적고, 30배 이상으로 초연신이 가능하다. 얻어진 섬유는 탄성율 90GPa, 강도 3GPa 정도의 역학적 성질을 갖는다. 미연신 겔섬유로부터 용매를 제거시킨 Xerogel도 마찬가지로 초연신이 가능하다.

조건이 적절하면 탄성율 120GPa, 강도 3.7GPa의 섬유를 얻을 수 있다. 공업적으로는 고농도화가 진전되어 고강력 섬유의 중요한 제조법으로 되어 있다.

실험 예 7-3 건습식 방사법

건습식 방사법은 반건반습 방사법이라고도 불리며, 겔방사법도 포함되는 넓은 의미의 명칭이다. 장치는 원리적으로 **그림 7-2**와 같다. 원료 폴리머를 용제에 용해시킨 방사원액을, 노즐로부터 공기 중에 방사하여 적당한 에어캡을 설치한 후, 섬유를 저온의 응고액조로 유도한다. 응고액조로부터 연속적으로 섬유를 감은 후, 더욱 연신시키는 방법이다. 이 방법은 폴리머의 용제가 고비점으로서, 통상의 건식방사가 불가능한 경우나 노즐로부터 나온 원액실을 냉각시켜 겔로 형성시키는 경우에 이용된다. 에어캡에 의하여 100℃ 이상의 온도차를 조절할 수 있다. 전자는 나중에 설명하는 케블러의 액정방사가 있다. 후자의 예로서는, 고중합도의 폴리비닐알코올을 디메틸술폭사이드와 물의 80/20wt% 혼합용매에 용해시키고, 5% 용액으로 조절한 후, 90℃에서 −50℃의 메탄올 중에 건습식방사하면 연신성이 좋은 겔섬유가 얻어진다. 또한, 분자사슬의 응집이나 배향 등의 제어 또는 마이크로 상분리의 방지를 위해서 이용할 수 있다.

실험 예 7-4 고상압출법

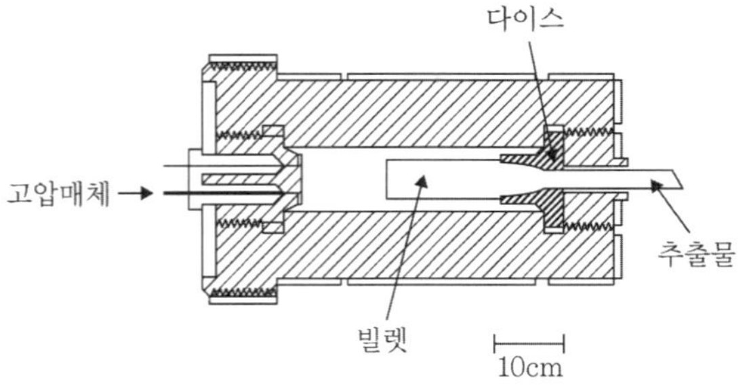

그림 7-3 정수압고상압출법

고상압출법은 원주상시료(이것은 billet이라고 말한다)를 가열하면서 다이스를 통하여 압출시키는 방법으로 ram고상압출법, 정수압고상압출법의 2종류가 있다.

ram고상압출법은 instron capillary rheometer 등의 고압압출이 가능한 장치를 사용하여 직경 10mm의 billet을 실린더 중에 삽입하고, 입구와 출구의 구경의 비(EDR)로부터 산출되는 연신비를 선택한 conical die를 설치한 후, 가열하여 계속 일정한 속도로서 실린더를 하강 시키는 것에 의하여 압출시키는 방법이다. 압출시킬 때에 고압을 발생시켜서 압출속도는 1mm/min 정도로 조절한다. 시료는 billet을 제작가능하면 어떤 폴리머에도 적용할 수 있다. 폴리에틸렌에서는 132℃, EDR 40에서 탄성율 70GPa의 섬유를 얻을 수 있다.

정수압고상압출법은 **그림 7-3**과 같이, billet의 선단을 잘라서 다이스에 맞춘 후, 계속 가열하면서 압출시킨다.

유압을 압력원으로서 이용하기 때문에, billet와 실린더 간에는 직접 접촉되지 않는다. 폴리에틸렌을 예로 들면, 100℃에서 100mm/min, 출구의 구경 2.5mm, 테파 15°의 다이스를 이용하여, 25배로 연신시켜서 탄성율 55GPa의 섬유를 얻을 수 있다. 고상압출법은 커다란 단면적이나 다른 형태의 단면을 갖는 성형물의 제작에 응용되는 경우도 있다.

실험 예 7-5 공압출법

공압출법은 **그림 7-4**와 같이 폴리에틸렌이나 폴리옥시메틸렌을 세로로 자른 billet에 필름 또는 섬유상의 시료를 채우고 billet마다 압출시키는 방법이다.

압출온도는 각각 120℃와 160℃에서 행한다. 두께 90 ㎛의 폴리프로필렌 필름의 경우를 예로 들면, 2×90mm로서 자른 필름을 절반으로 자른 폴리에틸렌의 billet에 채우고, EDR 10의 다이스에서 1mm/min의 속도로서 공압출시키면, 필름은 실제로 8.8배로 연신된다. 탄성율은 4GPa지만, 공압출필름을 더욱 EDR 2의 다이스에서 재차 압출시키면 전연신배율은 12배로 되며, 탄성율은 12GPa로 증대한다.

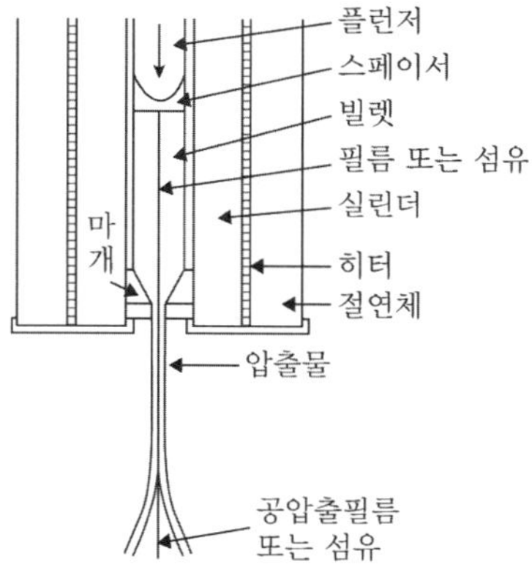

그림 7-4 공압출법

실험 예 7-6 다이연신법

다이연신법은 **그림 7-5**와 같이, billet을 가열시킨 다이스를 통하여 끌어당기는 방법이다.

고상압출법에 비하여, 원재료 쪽이 개방되어 있기 때문에 연속적으로 행해지며, 게다가 커다란 단면적을 갖는 시료를 연신할 수 있는 특징을 갖는다. 폴리에틸렌의 경우, 15°의 각도에서 출구의 구경 4mm의 다이스를 이용하며, 연신온도 100℃, 연신속도 50cm/min로서 연신전후 시료에 있어서 직경비의 2제곱이 25일 때, 탄성율은 약 60GPa의 rod가 얻어진다.

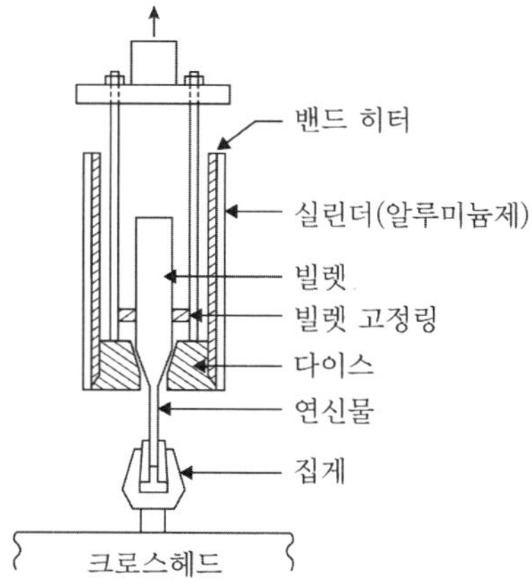

그림 7-5 다이연신법

실험 예 7-7 롤 인장법

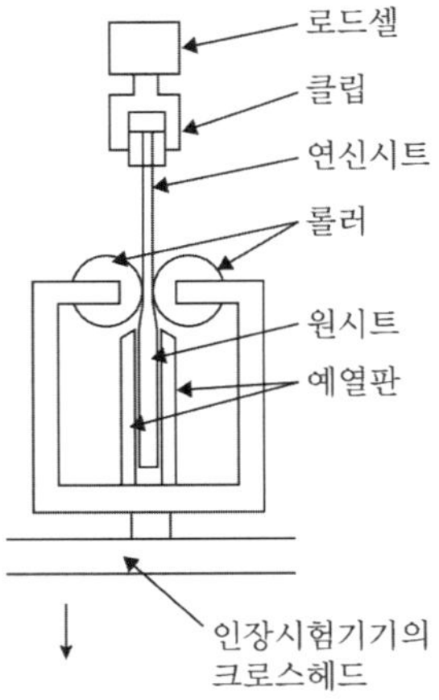

그림 7-6 롤 인장법

롤인장법은 **그림 7-6**과 같이 가열시킨 플레이트에서 예열시킨 시트상의 시료를, 1쌍의 가열시킨 롤러 사이에 채우고 강제적으로 한 축방향으로 연신시키는 방법이다. 특징으로서는, 탄성회복을 억제하면서 높은 변형비를 얻는 방식이다. 각종의 폴리머시트에 적용할 수 있지만, 폴리에틸렌을 예로 들면, 두께 1.1mm, 폭 30mm의 고밀도 폴리에틸렌 시트를 150℃로 예열하고, 1~50cm/min의 속도로서 끌어당긴다. 롤러 온도 75℃에서 25배로 연신되며, 탄성율 43GPa, 강도 0.67GPa의 필름이 얻어진다.

실험 예 7-8 존연신(Zone drawing)·열처리법

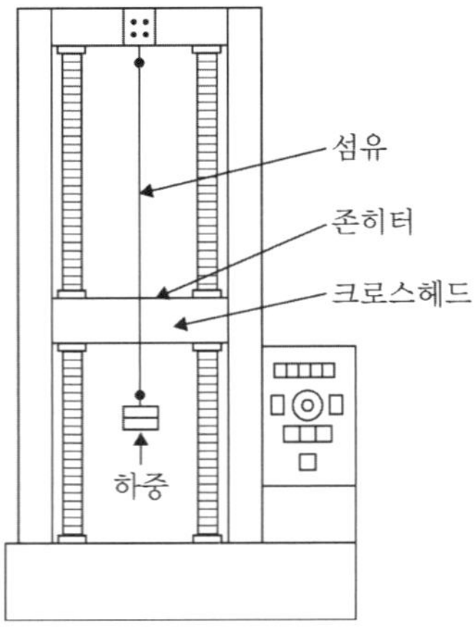

그림 7-7 존연신·열처리법

존연신 · 열처리법은 일정한 장력하에 어떤 시료를 좁은 가열로로 가동시켜서 계속 가열하여 연신 또는 열처리하는 방법이다. 존연신에서는 네킹부분이 가열로와 함께 가동되며, 시료의 한쪽 말단으로부터 점차로 연신구조로 변한다. 이어서, 존열처리에서는 높은 장력하에서 분자사슬을 끌어당긴 상태에서 국소가열부분을 가동시켜 연신하여 사슬결정조직으로 변환시킨다. 겔방사섬유나 단결정적층매트 등의 연신하기 쉬운 초기구조의 원시료를 사용하면 효과가 크다. 장치는 실험적인 경우, **그림 7-7**과 같이 인장시험기를 이용할 수 있다.

폴리비닐알코올을 예로 들면, 중합도 11800, 결정화도 44%, 직경 0.814mm의 건습식방사섬유를 사용하는 동일 시료에, 연신온도와 장력을 변화시켜, 존연신 · 열처리를 3회 반복한다. 각각 단계에서의 연신온도, 장력은 225, 210, 220℃와, 1.7, 25, 30kg/mm^{2}으로 조절하면, 동적 탄성율은 실온에서 110GPa, 220℃에서 42GPa의 고탄성율섬유가 얻어진다.

실험 예 7-9 마이크로파 유전가열연신법

분자내의 극성기는 마이크로파의 특정주파수 및 온도에서 유전흡수를 일으켜서 발열한다. 주파수에 의하여 운동에 관여하는 분자사슬단편의 크기나 영역이 다르다. 예를 들면, 낮은 주파수 쪽으로부터 결정흡수(α흡수), 비결정흡수(β흡수) 및 비결정영역이나 결정결함부분 분자사슬의 국소적인 운동에 기인하는 γ흡수의 순서로 된다. 여기서 γ흡수영역에서 적절한 조건을 선택하면 결정성 고분자재료의 비결정영역이나 결정결함부분을 선택적으로 가열할 수 있다. 흡수주파수영역은 온도에 따라서 변하기 때문에, 외부가열을 병용하면서 효과적인 연신조건을 선정한다. 또한 마이크로파는 재료의 심층부분까지 도달하기 때문에, 단면적이 큰 재료의 연신이 가능하다. 이 방법은 특히 폴리옥시메틸렌에서 효과가 있다. 그림 7-8에 장치를 나타낸다.

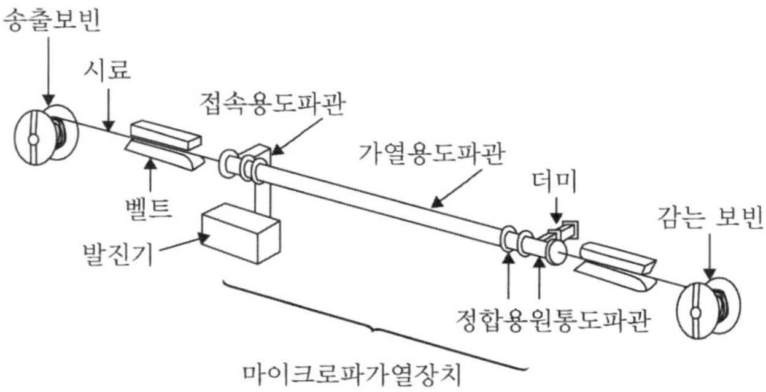

그림 7-8 마이크로파 유전가열연신법

시료는 외경 3mm, 내경 1mm의 튜브상으로 마이크로파 유전가열장치에 연속적으로 공급된다. 발진주파수 2.45GHz, 내경 약 100mm의 가열로를 이용하고, 연신온도 140℃에서 연신하면, 연신비는 26배이고, 탄성율 58GPa, 강도 1.7GPa로 된다.

실험 예 7-10 팽윤연신법

대상으로 되는 폴리머의 good solvent와 poor solvent의 적당한 비율의 혼합용매 중에서 시료를 가열하면서 팽윤시켜, 연신을 용이하게 하는 방법이다. 이 방법은, 글라스전이온도가 높고, 연신에 고온을 필요로 하는 경우나 열화하기 쉬운 폴리머의 경우에, 외관상의 글라스전이온도를 낮추기 때문에 매우 유용한 연신법이다. 이와 같은 의미에서, 굴곡성폴리머로부터 방향족계 폴리아미드, 폴리아미드이미드, 폴리이미드 등의 내열성 폴리머의 섬유나 필름의 연신에 유효하다. 취성이나 수소결합 등 2차 결합을 갖는 폴리머에도 이용된다. 예를 들면, 폴리(메타페닐렌이소프탈아미드)필름은 디메틸포름아미드 30%, 에틸렌글리콜 70%의 혼합용매 중,

50℃에서 거의 평형팽윤도에 달한 후, 연신하면 7배로 연신되며, 탄성율은 8.5GPa로 된다. 혼합용매로서 디메틸아세트아미드–수계도 이용된다.

실험 예 7-11 단결정 박층매트 열연신법

이 방법은 단결정 적층매트 중에서 분자사슬의 규칙성이 높은 겹침과 적당한 분자사슬의 엉킴으로 초연신을 가능하게 하는 방법으로서, 초고분자량 폴리머가 아니면 효과가 작다.

구체적으로는 초고분자량 폴리에틸렌의 0.05~0.2wt% 희박용액을 서서히 냉각 또는 등온결정화시켜서 얻어지는 단결정을 여과집적시키고, 압축건조시킨 매트를 초연신시킨다. 초연신에는 뜨거운 물 또는 실리콘오일 중에서의 열연신, 공압출시킨 후, 오븐 중에서의 열연신, 또는 존연신 · 열처리방법 등이 있다. 연신배율은 200~400배에 이른다. 하나의 예를 들면, Mv 4.5×10^6의 폴리에틸렌을 0.1wt%의 p–자일렌용액으로 조절하고, 140℃로부터 서서히 냉각시켜 석출물을 여과한 후, 매트를 제작한다. 이 매트를 170배까지 고온다단계 존연신 · 열처리하면 탄성율 232GPa, 강도 6GPa에 달한다.

실험 예 7-12 겔필름 열연신법

겔의 연신성은 분자사슬의 엉키는 정도에 따라서 강하게 영향을 받기 때문에, 용액을 조제할 때의 농도에 주의해야 한다. 또한, 최대연신배율은 연신온도가 높을수록 크다. 하나의 예를 들면, 초고분자량 폴리에틸렌 0.4wt% 데칼린용액을 150℃에서 30~40분간 교반시킨 후, 얼음으로 둘러싼 알루미늄통 중에 흘려서 겔을 제작하고, 수주간 실온에서 건조시키면 겔필름을 얻을 수 있다. 이 필름은 135℃에서 300배로 연신이 가능하며, 탄성율 200GPa, 강도 6.2GPa로 된다. 폴리프로필렌에 대해서도 적용할 수 있으며, 탄성율 36GPa, 강도 1GPa의 것이 얻어진다.

실험 예 7-13 가압하 열연신법

가압하에서의 열연신법은 지금까지 폴리옥시메틸렌에 적용되었으며, void(공간율)가 적은 섬유나 rod 혹은 튜브가 얻어진다. 구체적으로는, 연신은 2단계로 행해지며, 예비연신과 주연신으로 형성된다. 연신에 사용되는 장치를 **그림 7-9**에 나타낸다.

압력은 펌프에 의하여 가해지며, 실리콘오일이 순환된다. 오일은 기름중탕에 삽입된 히터에서 소정의 온도로 가열된다. 시료는 외경 6mm, 내경 1.8mm의 튜브상이고, 압력관은 길이 12m의 것이 사용된다. 공급시키는 롤과 감는 롤의 회전비를 조정하며, 예를 들면 예비연신으로 8배, 주연신으로 2.5배로 연신하면, 전연신비는 20배로 된다. 주연신은 압력 400kg/cm^2, 연신온도 174℃로서 연신시킨 경우, 최고탄성율은 53GPa에 달한다.

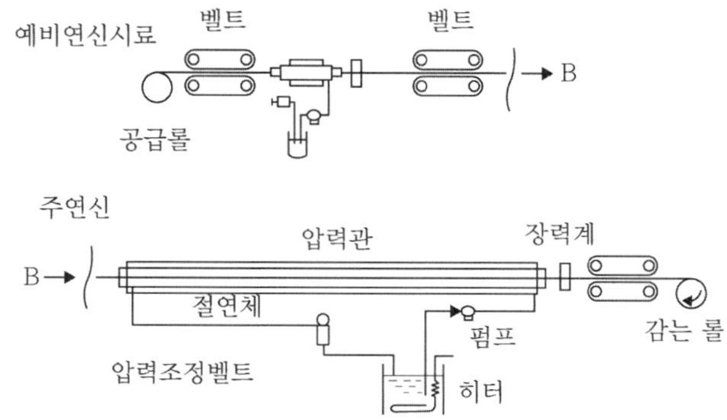

그림 7-9 가압하 열연신법

실험 예 7-14 진동 열연신법

진동 열연신법은 열연신시킬 때에 섬유축방향으로 왕복하는 진동을 가하는 연신법이다. 그림 7-10과 같이, 섬유에는 진동, 열 및 장력이 동시에 작용하기 때문에 효과적인 연신이 행해진다. 연신은 커다란 변형이기 때문에, α분산에 관여하는 범위의 온도와 주파수가 선택된다. 또한, 결정의 해체를 목적으로 할 때는 결정분산을 일으키는 온도와 주파수가 가늠으로 된다. 폴리(에틸렌테레프탈레이트)섬유를 예로 들면, 3회의 진동 열연신으로 충분한 탄성율의 향상효과가 관찰된다. 1회째는 연신온도 90℃, 장력 0.7kg/mm^2, 주파수 100Hz, 변위 50㎛, 2회째는 연신온도 90℃, 장력 23kg/mm^2, 주파수 10Hz, 변위 100㎛, 3회째는 연신온도 210℃, 장력 28kg/mm^2, 주파수 100Hz, 변위 50㎛로서, 각각의 조건이 얻어진 시료의 실온에 있어서 동적 탄성율은 8GPa, 17GPa, 37GPa의 순서로 증대한다.

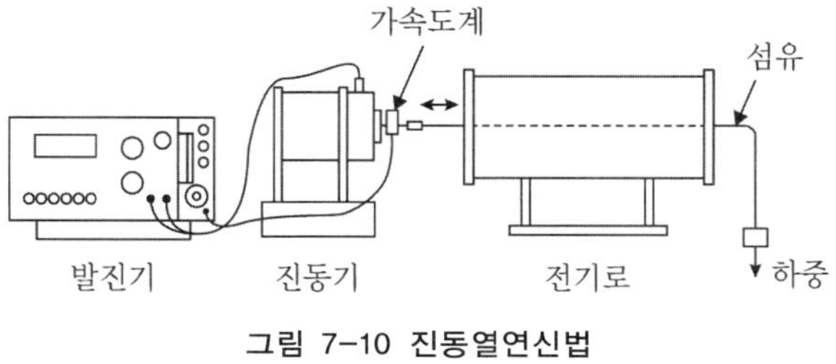

그림 7-10 진동열연신법

실험 예 7-15 고장력하 열처리법

고장력하 열처리법은 이미 고도로 배향결정화된 섬유조직 중의 비결정사슬을 더욱 신장시킬 목적으로 행하는 방법이다. 글라스전이온도 이상의 온도에서 응력-비틀림곡선을 구하고, 시료를 절단하는 응력의 80~95% 응력하에서 유지시키면 수분이내에 응력완화가 발생한다. 이 응력을 유지시킨 그대로 온도를 저하시켜 실온으로 되돌리면 비결정사슬이 신장된 구조로 고정된다. 이 방법은 **그림 7-11**과 같은 장치로서 간단히 행해진다.

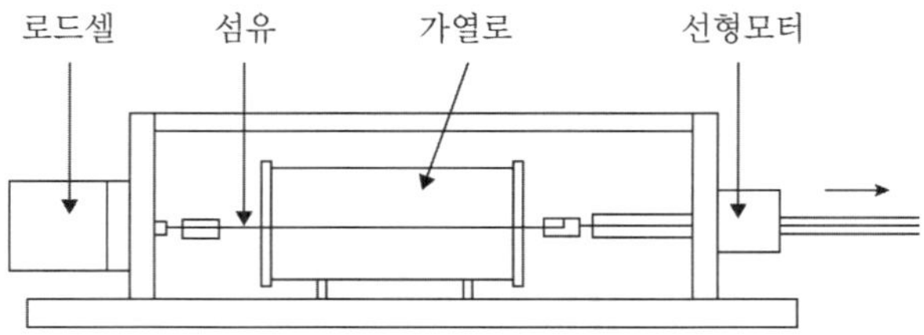

그림 7-11 고장력하 열처리법

하나의 예로서, 이미 존연신 · 열처리시켜 20GPa의 탄성율을 갖는 폴리(에틸렌테레프탈레이트)섬유를 사용하고, 2회에 걸쳐서 고장력하 열처리를 반복한다. 1회째는 연신온도 100℃, 초기장력 804MPa, 보존시간 60분, 2회째는 연신온도 120℃, 초기장력 863MPa, 보존시간 60분으로 행한다. 연신배율의 증가는 7.2로부터 7.7배로서 약간 변하는 것에도 불구하고, 20℃에서의 동적 탄성율은 20~41GPa로 급격히 증가한다.

실험 예 7-16 고상중합법

고상중합법은 불포화기를 갖는 모노머의 단결정을 사용하여, 그 분자사슬의 배열질서를 거의 유지시킨 그대로 고상중합시키는 방법이다. 대표적인 예로서 디아세틸렌유도체의 고상중합이 알려져 있다. 다음에 나타낸 모노머의 치환기 R로서 $-CH_2-O-CO-NH-C_2H_5$ 혹은 $-CH_2-O-CO-NH-C_6H_5$ 등이 사용된다.

단결정의 제조는 불순한 원료를 용매로부터 재결정을 반복하여 정제한 후, 용매증발법에 의하여 행한다. 단결정은 침상, 판상 등의 형태로서 석출된다. 침상정에서는 길이 수 cm에 이르는 것도 있다. 중합반응은 γ선조사 또는 80℃로 가열하여 행한다. 얻어진 섬유상단결정은 최고값으로서 탄성율 53GPa, 강도 1.4GPa를 나타낸다.

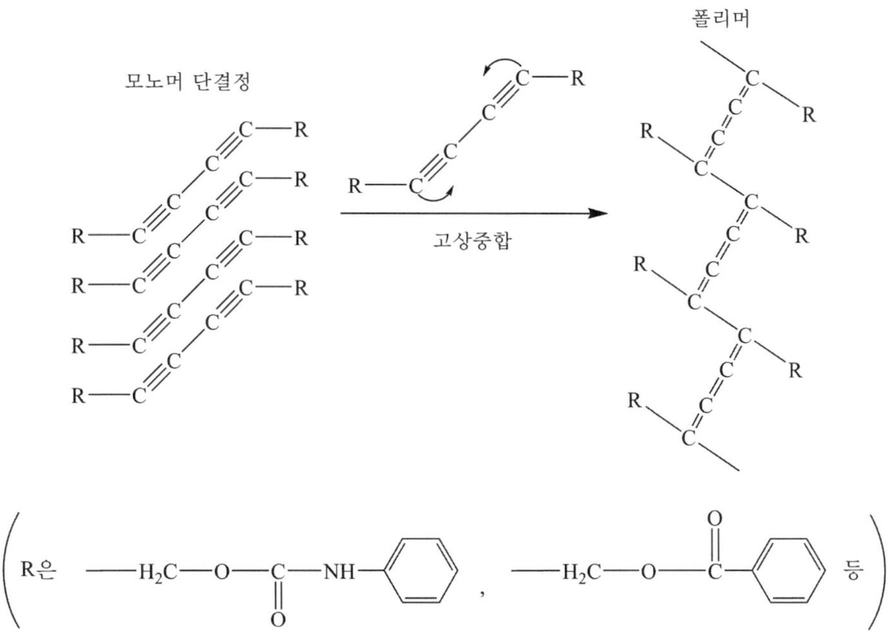

탄성율이나 강도는 치환기의 크기에 영향을 미친다. 최근, 치환기의 아미드기, 에스테르기에 의한 가교를 행하여 3차원 고탄성율화의 실험도 연구되어 있다.

7-1-3 강직성 고분자

고탄성율, 고강도 고분자재료를 얻기 위한 중요한 방법에 있어서, 분자사슬이 강직하여 굴곡되기 어렵고, 신장사슬구조를 취하기 쉬운 폴리머를 이용하는 방법이 있다. 이 종류의 폴리머는 주사슬에 고리구조를 함유하고 있다. 이하에 그 대표적인 예를 들고, 합성과 가공의 실험 예를 나타낸다.

1) 아라미드

방향족계 폴리아미드를 아라미드라고 말하며, 폴리p-페닐렌테레프탈아미드, 폴리p-벤즈아미드, 및 가공성을 향상시키기 위하여 비대칭성 구조를 갖는 아라미드나 공중합 아라미드 등 다수가 제안되어 있다. 다음에 합성의 실험 예를 나타낸다.

실험 예 7-17 폴리p-페닐렌테레프탈아미드(PPTA)의 합성

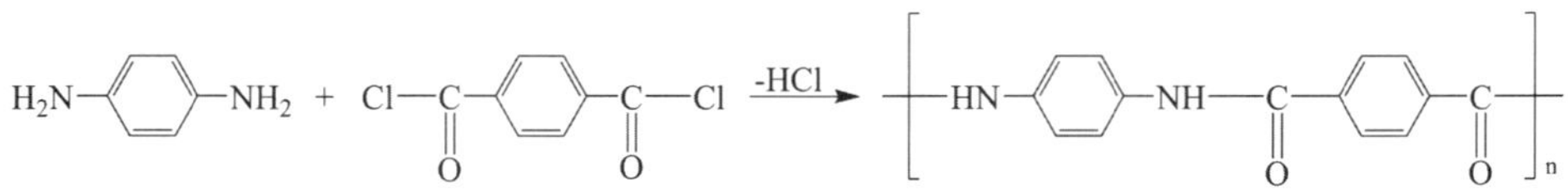

p-phenylenediamine terephthaloyl chloride PPTA

p-페닐렌디아민과 테레프탈산클로라이드를 헥사메틸포스포릴아미드와 N-메틸피롤리돈의 2 : 1 혼합용매 중에서 저온중축합법에 의하여 합성한다.

또한, N-실릴화방향족디아민을 사용하면, 보다 온화한 조건에서 높은 분자량이 얻어진다고 하는 아라미드합성법이 보고되어 있다.

실험 예 7-18 폴리p-벤즈아미드(PBA)의 합성

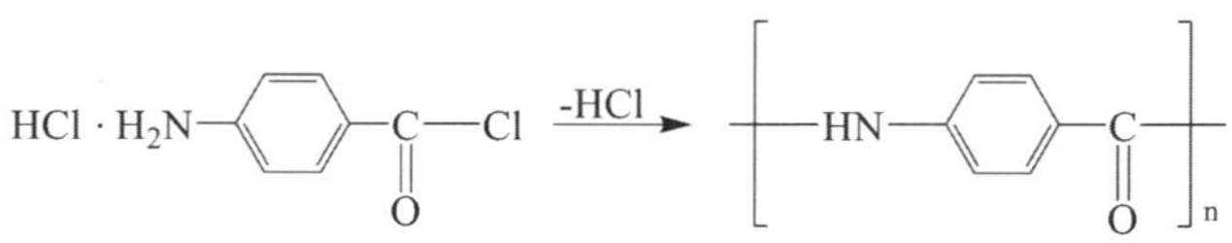

p-aminobenzoyl chloride hydrochloride PBA

p-아미노벤조일클로라이드염산염을 테트라메틸우레아 중에서 저온중축합시킨다. 도중에 탄산리튬을 첨가하면 고중합도의 폴리머가 얻어진다.

실험 예 7-19 공중합 아라미드

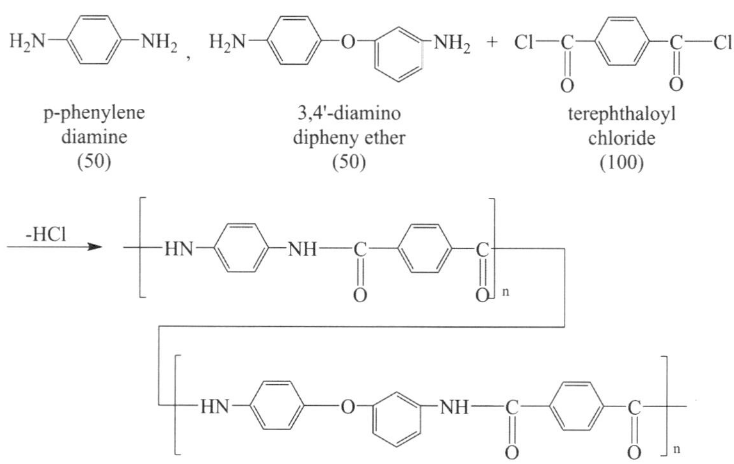

TECHNORA

공중합 아라미드의 예로서 Technora(HM-50)®가 있다. 이것은 용해성이 높고, 황산을 사용하지 않고 용액방사가 가능하며, 에테르결합과 m-페닐렌을 주사슬 중에 도입시킨 공중합 아라미드이다. 디아민으로서 p-페닐렌디아민과 3,4′-디아미노디페닐에테르의 50 : 50과, 2염기산염화물로서 테레프탈산클로라이드 100을 사용하며 N-메틸피롤리돈 중에서 저온중축합시킨다.

다음에 방사, 연신 실험 예를 나타낸다.

실험 예 7-20 리오트로픽액정 방사법

폴리p-페닐렌테레프탈아미드(PPTA)는 용융하지 않고, 열분해하기 때문에, 용융방사가 불가능하다. 또한, 유기용매에는 불용이기 때문에, 통상의 습식방가사 불가능하지만, 진한 황산에는 용해가 가능하며 특정의 온도-농도 범위에서 네마틱액정을 나타내는 것으로 인하여 액정방사가 가능하다. 예를 들면, 20%, 80~100℃의 방사원액을 **그림 7-12**와 같은 건습식 방사장치로서 액정방사를 행한다.

상품명은 Kevlar®라고 불리며, 탄성율 68GPa, 강도 2.9GPa, 신도 3.6%이지만, 긴장 열처리하면 탄성율이 더욱 향상하며 124GPa에 달하여, 강도 27GPa, 신도 2.4%로 된다.

PBA의 경우에는, 탄성율 130GPa, 강도 2.2GPa, 신도는 2%로 된다. 용액에서 액정을 발현하는 것을 리오트로픽액정이라고 말한다.

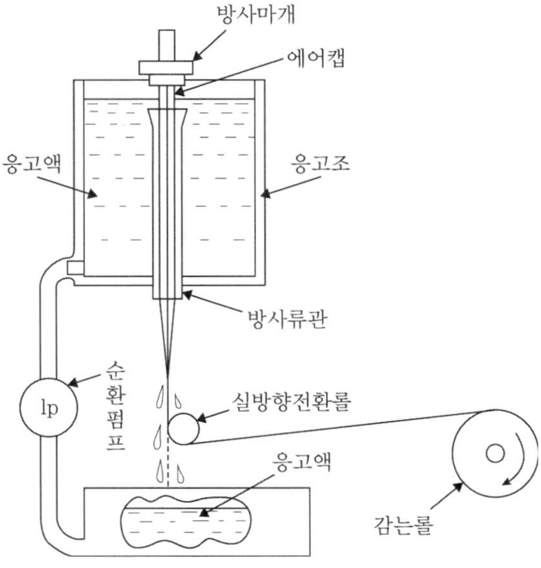

그림 7-12 액정방사법

실험 예 7-21 등방성 용액방사-열연신법

Technora는 N-메틸피롤리돈에 용해하기 때문에 중합용액을 중화시키면, 그대로 방사원액으로 사용할 수 있다. 중합용액을 6wt% 농도로 조정하고, $CaCl_2$수용액 중에서 건습식 방사시킨다. 얻어진 겔섬유를 탈용매시킨 후, 500℃에서 8.5배로 열연신시킨다. 이 섬유의 탄성율은 70GPa, 강도 3.1GPa, 신도는 4.4%에 달한다.

실험 예 7-22 맨드렐법(Mandrel methad)에 의한 필름제작

폴리p-페닐렌테레프탈아미드(PPTA)의 황산용액을 **그림 7-13**과 같은 장치로서 오일을 계속 유통시키면서 원추형의 폴리염화비닐제 금형상에 압출유하시키고, 물-메탄올계 응고중탕에서 2축연신필름을 제작한다. 필름의 탄성율, 강도는 필름 면내부의 모든 방향에 2.3GPa, 96MPa이다. 1축성으로 조정하면 탄성율은 MD방향에서 8.3GPa, 강도는 0.25GPa로 되지만, TD방향에서 무르게 된다.

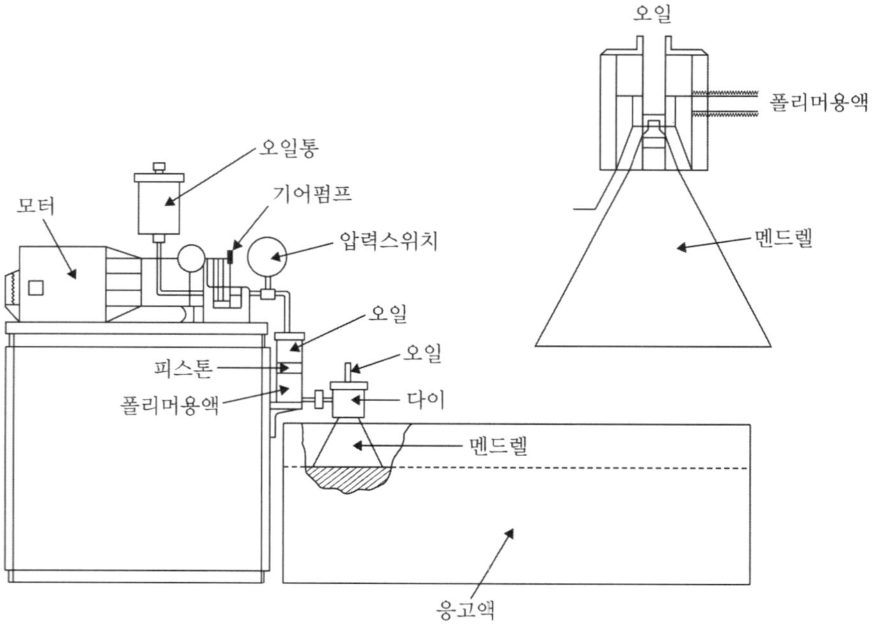

그림 7-13 맨드렐법

2) 폴리아릴레이트

방향족계 폴리에스테르를 폴리아릴레이트라고 말한다. 대표적 기본구조인 폴리p-옥시벤조에이트는 용융되지 않고, 강산에도 용해되지 않기 때문에, 통상의 방법에 의하여 섬유나 필름이 얻어지지 않는다. 따라서 가융, 가용의 폴리아릴레이트를 제조하기 위해서는 비직선성분,

플렉시블 스페이서, 혹은 치환기를 갖는 방향환을 도입시키는 방법이 취해진다. 이것에 의하여 융점이 저하하여 용융방사가 가능해 진다. 지금까지 다수의 공중합폴리머가 제안되어 있다. 폴리아릴레이트는 흡수성이 없는 특징을 갖는다. 또한, 폴리아릴레이트의 거의 대부분은 서모트로픽액정을 형성한다. 합성은 하이드록시산법 등의 몇가지 합성법이 있지만, 여기서는 아세테이트법을 설명한다.

실험 예 7-23 폴리p-옥시벤조에이트

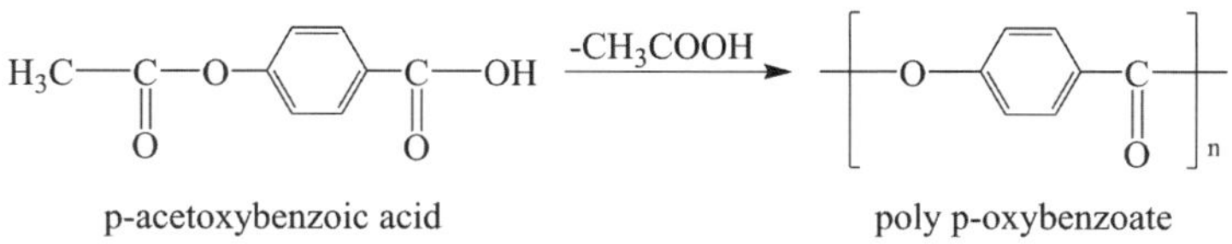

폴리p-옥시벤조에이트는, 뜨거운 매체 중에서 p-아세톡시벤조산을 용융시켜 고상 중축합에 의하여 합성된다. 결정화도 진행조건에 따라서 Wiska를 합성할 수 있지만, 불용불융이기 때문에 일반적으로 중합분말을 분말야금법으로 성형한다.

실험 예 7-24 Vectra®(Celanese), Vectran®(Curare)

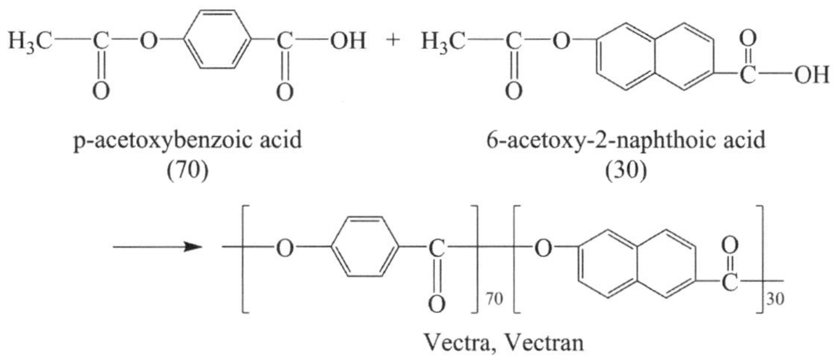

p-아세톡시벤조산과 6-아세톡시-2-나프토산으로부터 아세테이트법에 의하여 200℃에서 합성된다. 공중합 조성비는 70/30으로 조절한다. 융점은 270℃, 열분해점은 400℃이다.

실험 예 7-25 공중합 폴리아릴레이트(Excel®, Ekonol®)

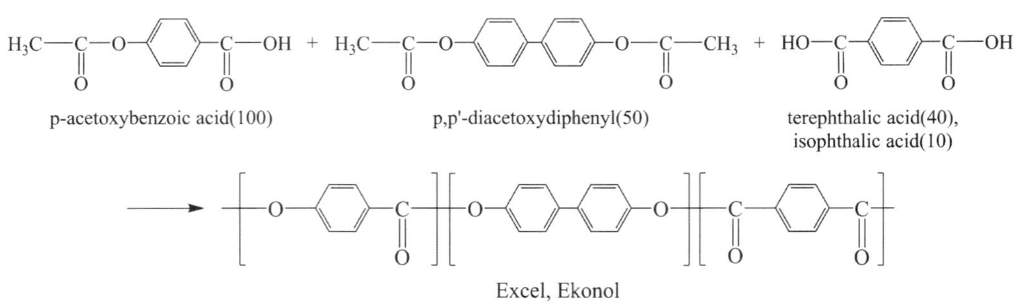

공중합 폴리아릴레이트 예로서 Excel®(Carborundum사) 또는 Ekonol®(Sumitomo chemical)이 있다. p-아세톡시벤조산과 p,p′-디아세톡시비페닐과 테레프탈산 및 이소프탈산으로부터 아세테이트법에 의하여 합성된다. 공중합 조성비는 100/50/40/10으로 조정된다. 융점은 380℃이다.

실험 예 7-26 서모트로픽의 액정방사-열처리법

용융방사법이기 때문에, 탈용매 등의 문제가 없으며, 단사섬도를 증대시킬 수 있다. 방사섬유를 유동온도 부근에서 열처리하면, 고상중합 되어 중합도가 증대하며, 게다가 신장사슬구조로 되기 때문에 역학적 성질에 뛰어나다. Vectoran®은 탄성율 69GPa, 강도 2.9GPa, 신도 3.7%이고, Echonol®은 탄성율 134GPa, 강도 4.1GPa, 신도 3.1%이다.

실험 예 7-27 자장배향법

액정폴리머에 강력한 자장($1 \sim 10 \times 10^4$G)을 인가하면 배향을 나타낸다. 액정폴리머로서는 폴리아릴레이트(대부분은 굴곡사슬을 함유한다)가 잘 사용된다. **그림 7-14**와 같은 장치에 미리 막대상으로 성형시킨 시료를 테플론튜브에 넣고, 전자석 또는 초전도자석을 이용하여 자장내부에서 가열용융시킨다. 일정시간(약 30분) 자장을 인가한 후, 온도를 낮추고, 인가를 중지한다. 온도, 시간, 자강강도가 클수록 잘 배향된다.

이 방법은 폴리아조메틴에도 적용할 수 있다. 섬유의 직경이 작을수록 탄성율이 높고, 0.22mm의 폴리아조메틴섬유에서는 100GPa로 된다.

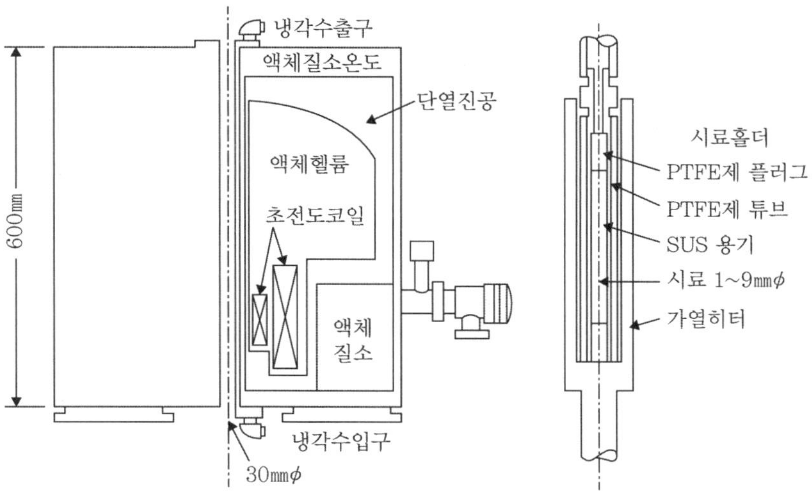

PTFE: polytetrafluoroethylene

그림 7-14 자장배향법

실험 예 7-28 자기강화 폴리머의 사출성형법

서모트로픽 액정폴리머는 사출성형하면 단섬유 강화성형물과 동등 이상의 화학적 성질을 나타낸다. p-아세톡시벤조산과 테레프탈산과 나프탈렌디아세테이트와의 공중합체(60/20/20)의 자기강화 폴리머를 340℃에서 용융시키고, 압력 39MPa에서 rod상의 시료를 고속사출하면, 탄성율 20GPa, 강도 0.17GPa의 역학적 물성이 얻어진다.

실험 예 7-29 폴리아릴레이트의 진동열처리법

시판의 Vectoran섬유에 진동열처리법이 시험되었다. 진동주파수 100Hz, 진폭 5㎛로서 온도 200℃에서 장력 76MPa와 84MPa의 2회 처리를 동일시료에 가하면, 동적 탄성율은 시판섬유의 49GPa로부터 83GPa로 향상되었다. 고온에서의 탄성율도 200℃에서 7.2GPa로부터 18GPa로 증가되었다.

3) 폴리아조메틴

폴리아조메틴은 -N=CH-가 페닐렌기를 연결하여 주사슬을 구성하는 폴리머이기 때문에, 반복단위에는 2개의 페닐렌기 또는 치환페닐렌기가 속한다.

실험 예 7-30 폴리아조메틴의 합성과 방사

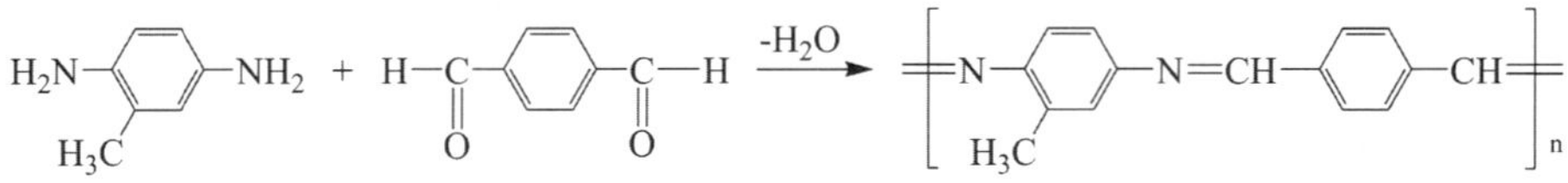

2-methyl-1,4-phenylenediamine　terephthalaldehyde　polyazomethyne

2-메틸-1,4-페닐렌디아민의 에탄올 용액과 테레프탈알데히드의 에탄올 용액을 혼합하고, 침전된 폴리머를 세척, 건조시킨 후, 더욱 열중합시킨다. 융점이 256℃이기 때문에 용융방사가 가능하다. 얻어진 섬유의 탄성율은 109GPa, 강도는 4.1GPa, 신도는 4.4%로 된다.

4) 이절고분자

지금까지의 강직성 폴리머는 페닐렌기나 나프탈렌기를 갖는 고리구조가 탄소원자로 구성되어 있었다. 이것에 대해서 이절고리고분자는 탄소원자 이외의 원자가 고리구조에 함유되어 거의 대부분은 5원환을 형성하고 있다. 고리의 강직성으로부터 내열성이 높고, 아라미드나 폴리아릴레이트에 존재하는 아미드결합이나 에스테르결합을 함유하지 않기 때문에 역학적 성질에 뛰어나다. 더욱, 이절고리를 페닐렌기나 나프탈렌기의 양쪽에 결합시키면, 분자사슬의 직선성이 완전히 유지되기 때문에, 유기고탄성율 · 고강도섬유의 우수한 분자설계로서 알려져 있다.

다음에, 합성 및 방사의 실험 예에 대해서 설명한다.

실험 예 7-31 폴리p-페닐렌벤즈비스티아졸(PPBT)의 합성

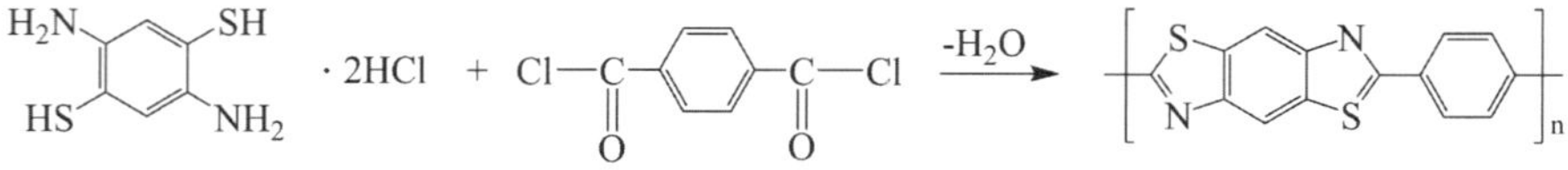

2,5-diamino 1,4-benzenedithiol　terephthaloyl chloride　PPBT

2,5-디아미노-1,4-벤젠디티올과 테레프탈산클로라이드를, 폴리인산을 중합용매겸 축합제로 사용하여 100~200℃에서 용액중합시킨다.

실험 예 7-32 폴리p-페닐렌벤즈비스옥사졸(PPBO)의 합성

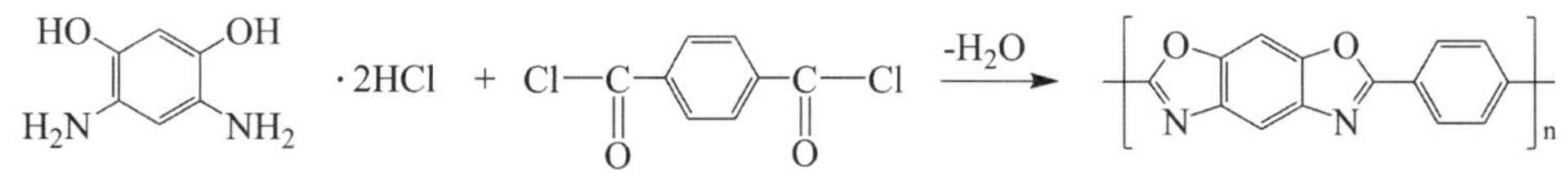

4,6-디아미노레조르신과 테레프탈산클로라이드를 폴리인산을 중합용매겸 축합제로 사용하여 130~200℃에서 용액중합시킨다.

위에서 설명한 2종류의 폴리머는 난용성으로서 폴리인산이나 메탄술폰산 이외에는 용해하지 않는다. 용액은 리오트로픽액정으로 되기 때문에 액정방사법이 이용된다. 폴리인산법으로 얻어진 중합용액을 그대로 방사원액으로 사용할 수 있다. 방사에는 건습식방사법을 이용한다. 에어갭은 20cm로서 상당히 길다. 방사속도는 200m/min까지 가능하다. 섬유는 더욱 고장력하 고온열처리를 행한다. 열처리 온도는 500~680℃, 장력 150MPa, 열처리시간 8초로서 얻어진 섬유의 탄성율은 300GPa를 초과한다. PPBT섬유의 탄성율을 320GPa, 강도 3.1GPa, 신도는 1.1%이고, PPBO섬유의 탄성율은 370GPa, 강도 3.6GPa, 신도는 1.9%로 된다.

폴리이미드도 중요한 이절고리 고분자이다. 폴리이미드에서 가장 빨리 개발된 것은 Capton®(Du Pont사)이고, 이것은 내열성필름으로 널리 사용되고 있다. 그러나, 굴곡성이 풍부한 에테르결합을 함유하기 때문에 필름으로서의 가공성, 강인성은 좋지만, 역학적 성질에 있어서는 탄성율 3GPa, 강도 0.17GPa 정도로서 낮다. 그 후, 폴리이미드의 내열성을 활용하여 역학적 성질을 향상시키기 위하여, 분자사슬의 직선성을 높인 많은 폴리이미드가 개발되었다. 다음에 Capton을 포함한 고탄성율·고강도화에 관한 실험 예를 설명한다.

실험 예 7-33 디아미노디페닐에테르를 사용한 폴리이미드(Capton)

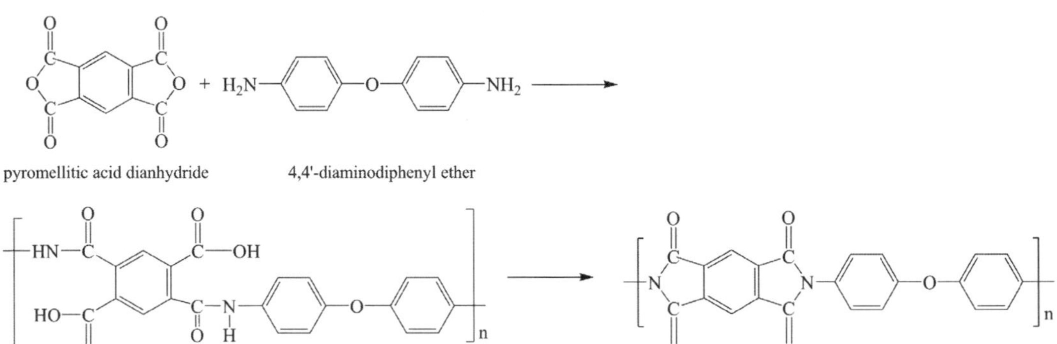

피로멜리트산무수물과 4,4′-디아미노디페닐에테르를 극성용매 중에서 중부가반응시켜서 폴리아미드산을 합성한다. 이 전구중합체 용액을 흘려서 늘리고, 용매를 제거시킨 후, 열적 또는 화학적으로 이미드화시켜 폴리이미드필름을 제작한다. 그대로는 역학적 물성이 낮기 때문에, 폴리아미드산필름의 단계에서 40℃의 디메틸포름아미드 40vol% 수용액 중에서 3배까지 길게 연신시킨 시료를 고정상태에서 300℃로서 가열하여 고리화시키면, 동적 탄성율이 실온에서 6GPa로 된다. 380℃에서도 2.1GPa를 나타낸다. 또한 Capton 필름으로부터 폭 2mm로 절단하고, 연신온도를 300℃로부터 20℃ 간격으로 380℃까지 상승시키면, 장력도 $8kg/mm^2$으로부터 $25kg/mm^2$까지 점차로 계속 증대되며, 5회 zone연신하면, 실온 탄성율이 24GPa, 강도 1.1GPa, 절단신도는 4.3%로 된다.

실험 예 7-34 2-클로로-p-페닐렌디아민을 사용한 폴리이미드

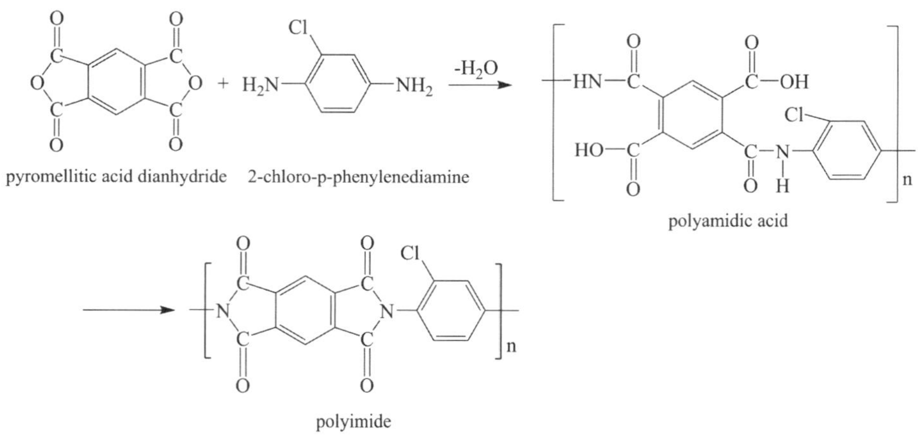

피로멜리트산무수물과 2-클로로-p-페닐렌디아민을, N-메틸피롤리돈을 용매로 사용하고, 폴리아미드산 용액을 제조한 후, 응고액 중에 습식방사하여 피리딘과 무수아세트산에서 화학적으로 이미드화시키고, 열연신, 열처리한 섬유는 탄성율 100GPa, 강도 1.0GPa, 절단신도가 1.2%로 된다.

실험 예 7-35 비페닐테르라카르복실산무수물과 p-페닐렌디아민으로부터 얻어진 폴리이미드

위에서 조합으로부터 얻어진 폴리아미드산의 디메틸아세트아미드 용액을 글라스판상에서 주조필름으로 제작하고, 50℃에서 건조시킨다. 이 필름을 80%까지 실온에서 연신시킨 후, 진공 중에서 길게 연신시킨 시료를 고정상태에서 250℃로서 2시간 이미드화시킨다. 더욱 진공 중에서, 330℃로서 2시간 열처리한다. 얻어진 필름은 탄성율 60GPa, 강도는 1.2GPa로 된다.

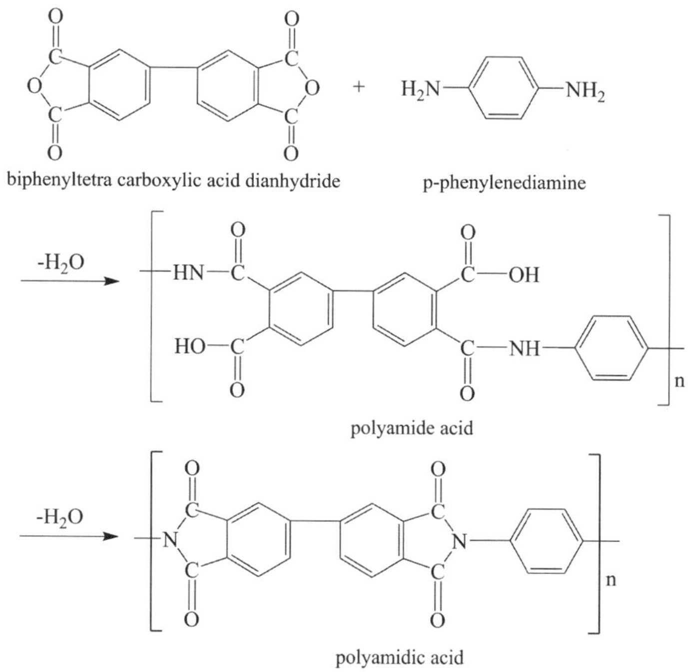

7-1-4 복합재료

복합재료는 2종류 이상의 소재를 조합시킨 재료로서, 특히 고강력 고분자복합재료의 관점으로부터 섬유강화플라스틱과 분자복합재료가 대표적이다.

1) 섬유강화플라스틱

강화섬유로서는 글라스섬유, 탄소섬유, Kevlar®, 붕소섬유 등이 주로 사용된다. 한편, 매트릭스로서는 열경화성수지와 열가소성수지로 분류된다. 열경화성수지로서는 에폭시수지, 폴리이미드 등 이외에 페놀수지 등 일반적인 열경화성수지가 사용된다. 열가소성수지로서는 나일론, 폴리프로필렌 등의 일반적인 열가소성수지를 비롯하여 폴리에테르에테르케톤, 폴리페닐렌술피드 등의 내열성수지가 사용된다. 강화플라스틱의 경우, 그의 역학 물성은 섬유자체의 탄성율, 강도에 크게 의존하지만, 더욱 복합재료의 용도에 의하여 섬유의 종류, 길이, 배향성, 함유량, 형태 등이 적당하게 선택된다. 일반적으로, 단체인 플라스틱의 경우 보다도 더욱 내피로성이 개선된다. 또한, 강화섬유와 매트릭스와의 접착성을 검토하기 위한 계면의 연구도 필요하다.

(i) 매트함침형 복합재료

하나의 예로서 설명하면, 형틀에 이형제를 칠한 후, 글라스매트나 글라스포를 깔고, 촉매를 혼합한 불포화폴리에스테르를 롤이나 브러시로서 칠하여 충분히 함침시킨 후, 상온에서 경화시킨다. 이것을 hand lay up법이라고 말하며, 실험실에서 가능한 가장 간단한 방법이다.

(ii) 단섬유분산형 열경화성수지 복합재료

디알릴프탈레이트를 20~30% 중합시킨 프레폴리머에 글라스단섬유를 혼합하여 prepreg를 제조하고, 금형에 충진시킨 후, 160℃ 정도의 경화온도에서 압축성형한다. 폴리디알릴프탈레이트는 글라스와의 접착성이 좋으며, 중합할 때의 수축율도 작다.

(iii) 단섬유분산형 열가소성수지 복합재료

직경 10㎛ 정도의 글라스섬유를 20wt%, 폴리카보네이트와 혼합하고, 펠릿화시켜 사출성형한다. 성형조건은 실린더 온도 300℃, 압력 600MPa에서 아령형태로 성형하면 역학적 성질의 검토에 편리하다.

(iv) 한쪽 방향 장섬유 강화시트의 탄성율, 강도의 평가

섬유가 한쪽 방향으로 배향시킨 강화시트인 섬유방향의 탄성율 및 강도는

$$E_L = E_f V_f + E_m(1 - V_f)$$
$$\sigma_L = \sigma_f V_f + \sigma_m(1 - V_f)$$

로서 표시된다. 여기서 E_L, σ_L은 강화시트의 탄성율, 강도, E_f, σ_f는 강화섬유의 탄성율, 강도, E_m과 σ_m은 매트릭스의 탄성율, 강도(섬유가 절단하는 비틀림에서 발생하는 매트릭스의 응력), V_f는 강화섬유의 체적함유율을 나타낸다. $E_f \gg E_m$ 및 $\sigma_f \gg \sigma_m$이기 때문에, 한쪽 방향 섬유강화복합재료의 탄성율, 강도는 E_f, σ_f가 클수록, 강화섬유가 많을수록, 또한 aspect비율이 높을수록 높아진다. 상기의 식은 엄밀하게는 섬유길이와 섬유구경의 비율인 aspect비율의 보정이 필요하다. 또한, 직렬역학모델로부터 섬유방향에 직각방향의 탄성율, 강도의 계산도 가능하다.

2종류의 강화섬유, 예를 들면 Kevlar®와 탄소섬유를 사용하여 혼성화하면, 내충격성이나 굽힘강도가 크게 향상된다. Kevlar®나 탄소섬유와 에폭시수지나 부가형 폴리이미드로부터 얻어지는 섬유강화 복합재료는 강도, 경량, 내열성 등에 우수하며, 항공, 우주분야에서 중요한 구조재료로 되어 있다.

2) 분자복합재료

분자복합재료는 강직성고분자를 굴곡성고분자의 매트릭스 중에 분자의 단위로서 분산시켜 강직성고분자의 보강효과를 기대하고 있다. 분산시킨 강직성고분자는 신장된 입체형태로서 존재하며, 분자말단을 제외하고 결함이 없고, aspect비율도 최대의 상태이다. 그러나, 분자단위로서의 균일분산은 곤란하고, 실제로는 섬유상 micro fibril로서 분산되어 있다. 더욱, 강직성고분자와 굴곡성고분자를 공중합시키는 방법도 있다. 많은 조합이 검토되고 있지만, 여기서는 3종류의 예로서 설명한다.

실험 예 7-36 아라미드/나일론-6계분자 복합재료

아라미드로서 PPTA(Mv= 12300)를 사용하고, 나일론-6와의 비를 5 : 95가 되도록 조정한 황산용액을 대량의 수용액 중에서 압출하고, 생성된 침전을 물과 메탄올로서 세척한 후, 240℃에서 압축성형하고, 빙수 중에서 급랭시킨다. 약 5% PPTA의 블렌드에서, 나일론-6 단체의 탄성율 0.91GPa로부터 1.69GPa로, 또한 강도는 51MPa로부터 59MPa로 증대한다. 더욱 균일조직으로 조정하기 위해서 공중합하면 동일조성일지라도 절단신도가 대폭으로 개선된다.

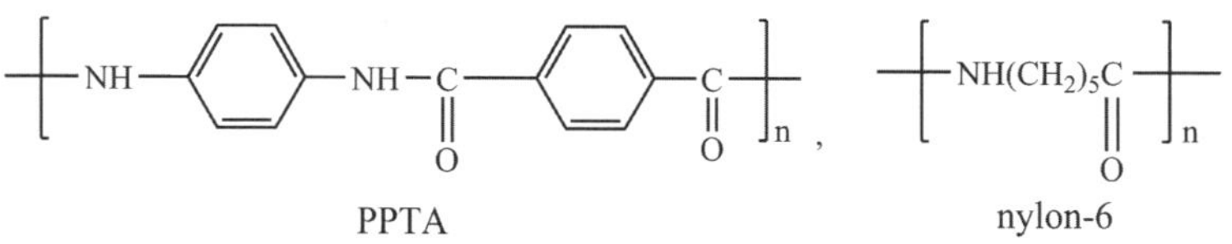

실험 예 7-37 폴리 p-페닐렌벤조비스티아졸(PPBT) / 폴리 2,5(6)-벤조이미다졸(AB-PBI)계 분자 복합재료

30% PPBT/ 70% AB-PBI의 조성으로 클로로술폰산을, 2.5%를 함유하는 메탄술폰산을 용매로 사용하고, 임계농도(실온에서 3.1%)이하에서 용해시켜 원액으로 사용한다. 섬유는 물을 응고제로서 사용하여 건습식 방사한다. 필름은 slot die를 통하고 수 중에서 압출하여 응고시킨다. 섬유, 필름과도 중화, 물로서 세척, 건조시킨 후, 543℃에서 열처리한다. 섬유에서 탄성율 120GPa, 강도 1.3GPa, 신도는 1.3%로 되며, 필름에서 각각 88GPa, 0.9GPa, 2.4%로 된다.

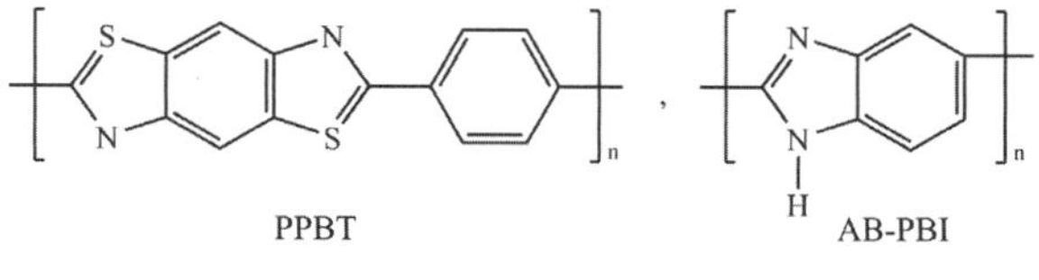

실험 예 7-38 폴리이미드/폴리이미드계분자 복합재료

비페닐테트라카르복실산무수물과 강직성의 p-페닐렌디아민으로부터의 폴리아미드산과 굴곡성의 에테르결합을 갖는 4,4′-디아미노디페닐에테르로부터의 폴리아미드산을 각각 디메틸아세트아미드와 디메틸포름아미드를 용매로 사용하여 용해시켜 혼합하고, 글라스판상에 주조하여 건조시킨 후, 냉연신한다. 이미드화를 250℃에서 2시간 행한 후, 열처리를 330℃에서 2시간 행한다. 강직성 폴리이미드와 굴곡성 폴리이미드의 비율이 70 : 30의 경우에는 양호한 분산상태로 되며, 탄성율은 35GPa, 강도는 1.5GPa로 된다.

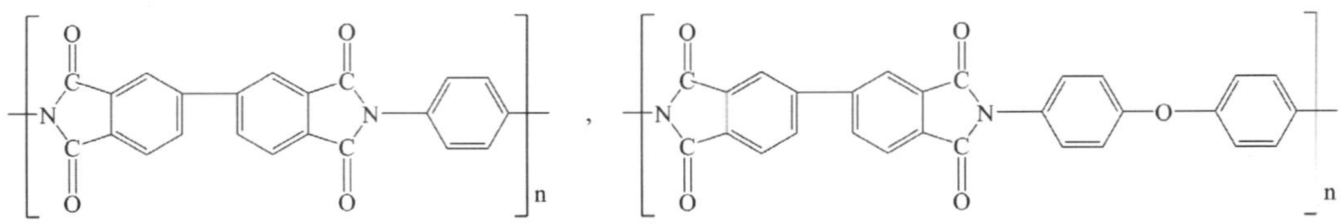

강직성 폴리이미드　　　굴곡성 폴리이미드

7-2 팽윤성 고분자재료

7-2-1 분류와 형성법

용매를 흡수하여 팽윤상태로 존재하는 고분자는, 일반적으로 고분자겔이라고 불린다. 고분자겔은 모든 용매에 불용의 3차원 망상구조를 갖는 고분자 및 그의 팽윤체라고 정의되고 있다. 그 망상구조를 팽윤시키고 있는 용매가 물이든지, 유기물질인지에 따라서, 하이드로겔과 오르가노겔로 대별된다. 우리들의 주위에 존재하는 겔은 거의 대부분 하이드로겔로서 젤라틴, 한천 등 많은 음식물이나 흡수성 고분자겔이 이것에 해당한다. 한편, 오르가노겔은 그다지 친숙하지 않지만, 최근에는 실리콘오일을 용매로 사용하는 겔 등이 있다.

겔의 형성은 유동성의 손실에 밀접하게 관여하고 있다. 이것이 화학반응에 의한 고분자간의 가교(화학결합 겔)의 형성에 의한 경우도 있고, 수소결합이나 이온결합에 의한 응집(분자간 결합겔)이나 고분자사슬의 물리적 엉킴 등에 의한 것도 있다.

디비닐화합물이나 다관능성화합물의 중축합반응에 의하여 가교구조를 형성시키면, 화학결합(공유결합)에 의한 겔을 합성할 수 있다. 화학결합에 의한 망상구조의 제조에는, 열, 빛, 방사선, 플라즈마 등의 에너지를 이용하는 중합과 동시에 가교시키는 방법과, 선상고분자를 먼저 합성한 후, 화학반응에 의하여 가교시키는 방법이 있다. 일반적으로 전자의 방법에서는 균일한 망상구조를 얻기 어렵지만, 폭넓은 모노머의 종류에 적응시키는 장점이 있다. 또한, 방사선, 빛을 이용하면, 저온하에서 반응이 진행하기 때문에, 생체촉매의 고정화에 매우 적당하다. 한편, 고분자간을 직접 나중에 가교시키는 방법은 막, 섬유 등의 형태를 유지시킨 그대로 제조할 수 있는 것과, 가교밀도의 조정이 용이하기 때문에 저팽윤성의 겔도 제조할 수 있는 것이 특징이다.

고분자간의 수소결합이나 이온결합, 혹은 킬레이트의 형성 등에 의하여 물리적 가교에 의한 겔을 형성시킬 수 있다. 폴리이온컴플렉스나 천연고분자겔의 대부분은 이와 같이 조정해서 합성되고 있다. 예를 들면, 젤라틴은 단백질분자간의 수소결합에 의하여 얻어지는 겔이고, 아르긴산칼슘겔은 칼슘이온을 중개하여 2개의 헬릭스상태 당사슬이 회합하여 겔을 형성하고 있다. 또한, 폴리이온컴플렉스는 반대하전을 갖는 2개의 고분자사슬이 Coulomb의 힘으로 결합된 겔이다. 폴리비닐알코올의 겔화는 수소결합을 중개하여 개시된다고 알려져 있지만, 이 때, 미세한 결정의 성장이 중요한 역할을 한다고 보고되어 있다.

분자간 결합에 의한 망상구조는 제조가 용이하지만, 일반적으로 열, 용액의 종류, 이온강도, pH변화 등에 의하여 졸-겔전이를 일으켜 안정성이 저하되는 경우도 있다. 그러나 최근, 동결해동법, 동결진공법에 의하여 역학적으로 상당히 우수한 겔의 제조가 가능하게 되었다. 표 7-2에 겔합성법의 예와 얻어진 겔의 특징에 대해서 정리하여 나타냈다.

표 7-2 합성고분자겔의 합성법과 특징

<table>
<tr><th colspan="2">합성</th><th>방법</th><th>예</th><th>특징</th></tr>
<tr><td rowspan="8">화학 결합에 의한 겔의 형성</td><td rowspan="4">중합과 동시에 가교</td><td>열중합</td><td rowspan="4">각종 비닐모노머와 디비닐화합물과의 공중합</td><td>합성이 용이하다</td></tr>
<tr><td>광중합</td><td rowspan="2">저온반응</td></tr>
<tr><td>방사선중합</td></tr>
<tr><td>플라즈마중합</td><td>박막겔</td></tr>
<tr><td rowspan="4">고분자 사슬형성후가교</td><td>화학가교</td><td>PVA-알데히드</td><td rowspan="3">저온가교
형상부여가능
균일가교</td></tr>
<tr><td>광가교</td><td>PVA-스틸바졸륨염</td></tr>
<tr><td>방사선가교</td><td>아크릴계폴리머,
PMVE</td></tr>
<tr><td>플라즈마가교</td><td></td><td>표면가교</td></tr>
<tr><td>고분자 결합에 의한 겔 형성</td><td>수소결합</td><td>동결건조법
동결해동법
동결저온결정화법
고분자간컴플렉스</td><td>PAA
PAA-PVA
⋮
PMAA-PEG</td><td>뛰어난
역학특성</td></tr>
</table>

합성		방법	예	특징
고분자 결합에 의한 겔 형성	이온결합	혼합	PVP-PAA 등 폴리이온컴플렉스	합성이 용이하다
	배위결합	킬레이트반응	$PVA-Cu^{2+}$ $PAA-Fe^{3+}$	

7-2-2 화학결합에 의한 겔 형성

1) 중합반응시에 가교시키는 방법

(i) 라디칼제에 의한 중합

가장 간단한 방법은 디비닐화합물의 존재하에서 비닐모노머의 중합이다. 에틸렌글리콜디메타크릴레이트나 메틸렌비스아크릴아미드는, 아크릴계겔을 합성할 때, 가교제로서 잘 사용된다.

우수한 역학특성과 탄성을 나타내는 겔을 제작하는 데에는, 균일한 망상구조를 갖는 겔을 제조할 필요가 있다. 이것을 위해서는, 가교제와 모너머의 반응성이 유사한 조합을 선택하는 것이 중요하지만, 이와 같은 가교반응도 라디칼공중합과 유사하다고 생각할 수 있다. 공중합 반응성비 $r_1=r_2=1$의 모노머와 가교제에 의한 반응은, 무질서하게 일어나기 때문에 균일한 망상구조를 갖는 겔을 제작하는 데에는 이상적이다. 그러나, 이 관계를 충족시키는 조합을 찾는 것이 용이하지 않다. 일반적으로는 유사한 반응성비를 갖는 모노머와 가교제의 조합을 선택하는 것이지만, 위에서 설명한 관계는 낮은 중합율에서만 성립하며, 중합율이 높아지면 r_1, r_2의 약간의 차이가 모노머 및 가교제의 소비량의 차가 커지는 것으로, 겔 중의 가교밀도나 분포의 편차를 가져오기 때문에 주의할 필요가 있다.

실험 예 7-39 폴리(2-아크릴아미드-2-메틸프로판술폰산)겔의 합성

2-아크릴아미드-2-메틸프로판술폰산(AMPS) 4g, 과황산칼륨 0.05g, 메틸렌비스아크릴아미드 0.15g을 물 10ml에 용해시키고, 시험관에 넣는다. 질소를 2시간에 걸쳐 유통시켜서 용액 중의 산소를 치환시킨 후, 60℃에서 24시간 유지하면서 중합시킨다. 반응 종료 후에 겔을 다량의 물에 침적시켜서 미반응의 모노머, 개시제, 가교제를 제거한다. 가끔 물을 교환하여 겔을 팽윤시킨다. 겔의 팽윤도는 다음과 같이 가교제의 농도에 관계한다.

가교제(mol)/모노머(mol)	10^{-1}	10^{-2}	10^{-3}
팽윤도(팽윤겔중량/건조겔중량)	9	165	320

실험 예 7-40 아크릴아미드계 단분산겔의 합성

아크릴아미드 4g, 아크릴산 1g, 메틸렌비스아크릴아미드 1g, 아조비스이소부티로니트릴 0.2g을 에탄올 46ml에 용해시키고, 플라스크에 넣는다. 질소분위기 하, 60℃에서 6시간 격렬하게 교반하면서 라디칼중합시키면, 입자구경 0.5㎛정도의 단분산 겔입자가 얻어진다.

(ii) 방사선중합

출력은 작지만, 투과성이 우수한 γ선과, 투과성은 작지만, 큰 출력이 가능한 전자선이 있다. 방사선법은 다음과 같은 점에서 우수하다.

① 화학개시제가 불필요하기 때문에 균일한 겔이 생성한다.

② 저온중합이 가능하기 때문에 생물활성물질의 고정화에 적합하다.

(iii) 광중합

비닐모노머의 흡수파장과 일치하는 빛을 가교제의 존재하에서 모노머에 조사하는 방법과, 상기의 용액에 광증감제를 가하고 조사하는 방법이 있다. 광증감제로서는 유기과산화물이나 아조비스계 화합물이 잘 사용된다. 가교의 균일성은 i)에서 설명한 메카니즘에 의하여 규제된다. 빛에 의한 겔의 작성법은, 겔의 대량생산에는 적합하지 않지만, 저온에서 반응이 진행하기 때문에, 효소 등 열변성하기 쉬운 물질의 고정화에도 적당하다.

2) 고분자사슬간을 나중에 가교시키는 방법

(i) 화학가교

일반적으로 셀룰로오스나 폴리비닐알코올(PVA) 등의 수산기를 갖는 폴리머는, 알데히드, N-메틸올화합물, 디카르복실산, 비스에폭사이드 등으로 가교시킬 수 있다. 또한, 아미노기를 갖는 고분자는 알데히드나 글리시딜기에 의하여 겔화된다. 이 가교법은 중합과 동시에 가교시키는 방법에 비하여, 균일한 망상구조를 갖는 겔이 얻어진다. 또한, 불용성 성막법으로서도 잘 이용되고 있다.

실험 예 7-41 폴리에틸렌이민 겔의 합성

2.3mol/l의 폴리에틸렌이민 수용액 4.3ml에 노나에틸렌글리콜디글리시딜에테르 0.18mol/l 수용액 1.4ml를 혼합하고, 글라스판 등에 도포시킨 후, 80℃에서 3시간 방치하면, 차츰 고화하여 막상태의 겔이 얻어진다.

(ii) 방사선가교

γ선을 조사하는 것에 의하여, PVA나 폴리메틸비닐에테르(PMVE)의 가교를 수용액 중에서 행할 수 있다. 방사선조사에 의하여 물이 분해하여 생성한 라디칼이 주사슬로부터 수소를 탈취하고, 폴리머라디칼이 커플링하여 가교가 일어난다고 생각할 수 있다.

실험 예 7-42 감온성 폴리메틸비닐에테르(PMVE) 균질겔의 합성

PMVE 10% 수용액을 임의의 용기에 넣고, 감압하에서 충분히 탈포시킨 후, PMVE 전이온도(37℃)이하, 가능하면 20~30℃에서 γ선 또는 전자선으로 100kGy(10Mrad)의 조사를 행하여 가교겔화시킨다. 겔을 용량으로부터 취할 때에는, 전이온도 이상으로 가열하고, 전이수축시킨 후에 취하면 겔의 파괴를 방지할 수 있다.

실험 예 7-43 PMVE 스펀지상 겔의 합성

PMVE 10%이상의 수용액을 임의의 용기에 충진시키고, 감압하에서 충분히 탈포시킨다. 이것을 20℃에서 14kGy(1.5Mrad)의 γ선조사를 행한 후, 전이점 이상의 온도(40℃)에서 85kGy(8.5Mrad)의 γ선조사를 행하는 것에 의하여, PMVE의 마이크로상 분리상태가 고정화되어 섬유상 겔이 생성된다. 겔의 경도는 40℃에서의 조사선량을 증가시키는 것에 의하여 달성할 수 있다.

실험 예 7-44 PMVE섬유상 겔의 합성

PMVE 50% 수용액과 아르긴산나트륨 5% 수용액을 같은 양으로 혼합하고, 홈믹서로서 충분히 교반하여 균일화시킨다. 이것을 감압하에서 탈포시킨 25℃의 방사액을 40℃로 가열시킨 20wt% $CaCl_2$ 수용액의 방사중탕 중에 0.06mm 중의 스테인레스 노즐을 통하여 압출하고, 아르긴산칼슘을 생성시키는 것에 의하여, 섬유상 미가교겔이 얻어진다. 이 겔을 20wt%의 염화칼슘 수용액에 침적시킨 그대로 실온에서 100kGy(10Mrad)의 γ선조사를 행하여 가교겔화시킨다. 조사종료 후, 이온 교환수로서 세척하여 미반응의 PMVE 및 아르긴산을 제거하면 섬유상 PMVE겔이 얻어진다.

(iii) 광가교

이 방법은 화상형성이나 광경화를 목적으로 행한 것이 많고, 광가교도와 저팽윤성의 고분자겔을 얻는 경우에 적당하다. 하이드로겔 제조의 예는 다소 적고, PVA나 N-비닐피롤리돈과 같은 수용성 고분자를 디아조수지, 비스아지드, 중크롬산염과 같은 광가교제로서 가교시킨 예나, 수용성고분자 사슬상에 스티릴피리디늄염 등의 감광기를 갖는 폴리머를 2량화시키는 방법이 대표적인 것이다. 그림 7-15는 스티릴피리디늄염을 함유한 폴리비닐알코올(PVA)의 광가교식을 나타낸다.

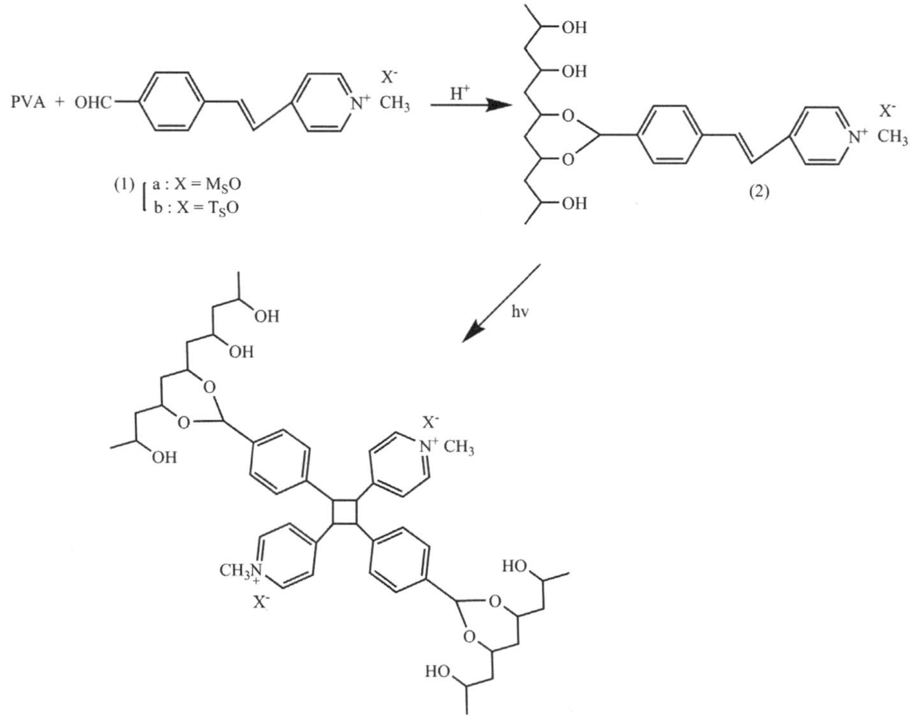

그림 7-15 스틸바졸륨기를 가지는 폴리비닐알코올의 합성과 광가교

(iv) 플라즈마가교

폴리에틸렌, 폴리테트라플루오로에틸렌, 나일론 등의 고분자물질에, 고주파방전을 이용하여 여기시킨 불활성 가스를 접촉시키는 것에 의하여, 고분자표면을 가교시킬 수 있다. 이 방법은, 특히 CASING처리(crosslinking with activated species of inert gases)라고 말하며, 일반적으로 용매친화성이 낮으며, 비교적 가교밀도가 높은 겔의 제조에 적당한 이외에, 폴리머 표면에 접착성 기능을 부여하는 적당한 가교법이다.

7-2-3 분자간 결합에 의하여 가교시키는 방법

1) 수소결합가교

동결진공법, 동결해동법 등에 의하여 고분자사슬간에서 유효하게 수소결합을 형성시키면, 우수한 역학적 특성과, 함수성을 나타내는 겔을 제조할 수 있다. 완전히 겔화시킨 PVA의 동결

진공건조에 의한 겔의 형성이 하나의 예이다. 이외에 폴리메타크릴산-폴리에틸렌글리콜, 폴리아크릴산(PAA)-PVA와 같이 2종류의 다른 고분자를 혼합시키는 것에 의해서도 가능하다. 이 겔의 결점은 일반적으로 가열에 의하여 겔-졸의 전이가 일어나서 기계적 강도가 저하되는 것이다.

실험 예 7-45 PAA-PVA 복합체겔의 합성

7.4wt% PVA수용액 10g과 6.7wt% PAA수용액 10g을 혼합시킨 용액을 -30℃에서 하룻밤 동결시킨다. 다음날 실온에 방치하여 해동시킨다. 이것을 10회 반복한다. 이 때 투명용액은 차츰 백색으로 되며, 백색의 PAA-PVA 복합겔이 얻어진다. 얻어진 겔을 물로서 세척한 후 수중에 방치하여 평형팽윤시킨다. 이 조건에서 얻어진 중합겔은 20배의 팽윤도를 나타낸다.

2) 이온결합가교

반대전하를 갖는 2종류의 고분자 전해질용액을 적당한 조건하에서 혼합시키면, 소위 폴리이온컴플렉스겔로 된다. 겔의 합성은 용매의 종류, pH, 폴리머의 농도 등의 각종 요인에 의존하며, 이들을 조절하는 것에 의하여 분자간의 정전기적 힘이 변하여 목적에 따르는 팽윤도, 탄성율의 겔을 합성할 수 있다. 폴리카티온과 폴리아니온의 비를 1 : 1로서 혼합하면 중성의 겔이 얻어지며, 이 비율이 달라지면 이온교환능력을 갖는 겔이 얻어진다.

폴리이온컴플렉스겔은 적당한 혼합비의 물, 유기용매, 염의 3성분계 용매에 가용이기 때문에, 도막법 등에 의하여 성막할 수 있다. **그림 7-15**에 그의 예를 나타낸다.

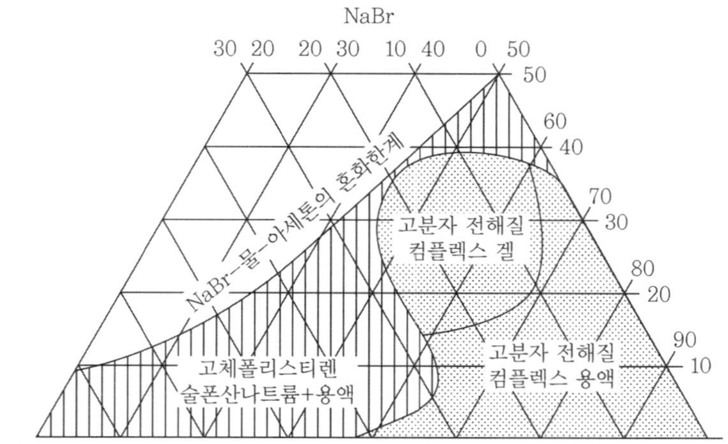

그림 7-15 폴리비닐벤질트리메틸암모늄(PVBMA)-폴리스티렌술폰산나트륨(NASS) 콤플렉스의 3성분계에 있어서 상대도형

실험 예 7-46 폴리이온 컴플렉스겔의 합성

1.67g의 폴리스티렌술폰산나트륨을 물 100ml에 용해시킨 용액을, 같은 몰농도의 폴리 4-에틸비닐피리디늄브로마이드 수용액에 교반하면서 적하하면 침전이 생성한다. 잠시 계속적으로 교반한 후 여별한다. 수회에 걸쳐서 순수한 물로서 세척한 후, 진공건조시키면 폴리이온컴플렉스의 백색분말이 얻어진다.

3) 배위결합가교

PAA 등의 폴리카르복실산이나, 폴리스티렌술폰산 등의 강산성 폴리머를 알칼리, 알칼리토류금속과 결합시켜서 겔을 합성하는 방법이다. 이 경우는, 금속이온과 리간드가 직접 결합한 것이 아니고, 수화이온을 중개하여 실현된다. 따라서 수화이온반경과 결합력과는 상호관계가 있으며, 유효반경이 작을수록 정전작용은 증가하고, 겔화되기 쉽다고 생각된다. 겔화는 폴리머의 분자량과 농도, 가교반응을 일으키는 용액의 종류, 염의 농도에도 의존한다. 고분자의 농도가 작든지, 중합정도가 충분하지 않으면, 겔화되지 않는 경우가 있다.

Chapter 08

전기적 특성 고분자재료

8-1 이온전도재료

전하담체를 이온으로 하는 전기전도체는, 전해질 용액이나 용융염과 같이 일반적으로는 액체인 것이 많다. 이것은 이온의 이동이 물질이동이기 때문에, 그의 빠른 이동에는 계의 높은 자유도를 필요로 하는 것이다. 통상의 결정고체나 글라스에서는, 고체전해질이라고 불리는 특수한 구조를 갖는 한 무리의 물질 이외에, 그의 이온전도성은 낮다. 1970년대 후반으로부터 80년대에 걸쳐서 알칼리금속염 등의 전해질을 고농도까지 용해시키고, 더욱 고체상태에서 높은 이온전도성을 나타내는 고분자재료가 많이 발견되었고, 이들을 이온전도성 고분자 혹은 고분자고체전해질(polymer electrolyte)라고 불리는 한 무리의 신소재가 등장했다. 이것은 글라스전이온도 Tg 이상의 온도영역에 존재하는 고분자물질에 특유한 고무상태의 존재를 이용한 것이다. 무기글라스나 유기저분자글라스는 Tg를 지나면 유동하지만, 고분자의 경우 화학적 혹은 물리적인 가교가 존재하면 Tg이상의 온도영역에서도 유동하지 않는 고체로서 대부분의 경우 탄성체로 된다. 즉, 미시적인 점성율은 낮지만, 거시적인 점성율은 높은 상태가 실현되고 있다. 이와 같은 고분자가, 전해질을 용해, 해리하는 능력을 가지며, 더욱 생성된 이온운반체가 고분자사슬의 국소적인 운동에 의하여 운반되면, 높은 이온전도성이 발현된다. 더욱, 경량이며 성형성이 풍부한 고체막으로서 얻어지기 때문에, 가소성(탄성)을 갖는 새로운 고체전해질로서 에너지, 일렉트로닉스 분야로 응용의 확대가 기대되고 있다.

이전부터 저분자용매를 흡착 혹은 이것에 의하여 가소화 또는 팽윤된 이온을 함유한 고분자(고분자전해질, 이온을 함유한 겔 등)가 높은 이온전도성을 나타내는 것으로 알려져 있다. 이들의 고분자 중에서는 이온해리, 이동이라고 하는 이온전도성을 나타내는 직접적인 원인은 계중의 저분자용매에 의존하며, 고분자자체는 기본적으로 매트릭스로서 작용하는 것에 불과하다. 한편, 이온전도성 고분자는, 고분자를 용매로 사용하는 전해질의 고용체로서, 이온전도성을 나타내는 원인을 고분자자체가 담당하고 있다. 즉, 이온운반체의 생성은, 공유결합으로 연결된 리간드(극성기)와 이온의 상호작용에 의하여 일어난다. 또한 용매로서 작용하는 고분자사슬은 장거리이동이 불가능하기 때문에, 장거리의 이온이동에는 고분자사슬의 국소운동과 협동적인 이온의 국소이동에 추가되어 이온에 용매화 된 고분자리간드의 교환이 필수적인 과정으로 된다. 이와 같은 특징이, 이온전도성 고분자의 특성을 이해하는 중요한 과제로 된다.

8-1-1 이온전도성 고분자의 화학구조

지금까지 연구되어 있는 이온전도성 고분자는, 일반적으로 다음과 같은 화학구조상의 특징을 갖는다.

(1) 양이온으로 배위하기 위하여 필요한 전자공여성(Lewis 염기)의 극성기(리간드)를 높은 밀도로 갖는다.

(2) 리간드간의 간격이 적당하여, 인접하는 리간드가 이온에 협동적으로 상호작용하는 데 필요한 입체형태를 용이하게 취한다.

(3) 고분자사슬의 결합에 있어서 회전장벽이 낮고, 유연성이 풍부하며, 낮은 글라스전이점 Tg를 갖는다. 다음에 대표적인 이온전도성 고분자의 화학구조를 나타낸다.

(a) 폴리에테르

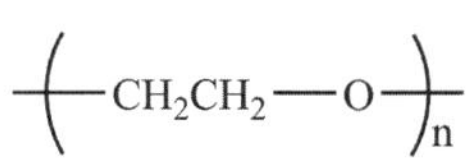

(1)

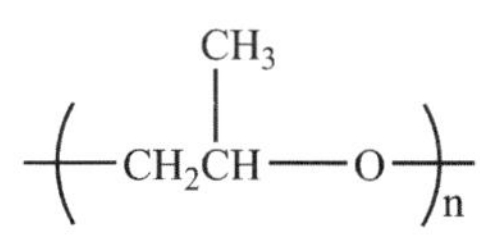

(2)

(b) 폴리에스테르

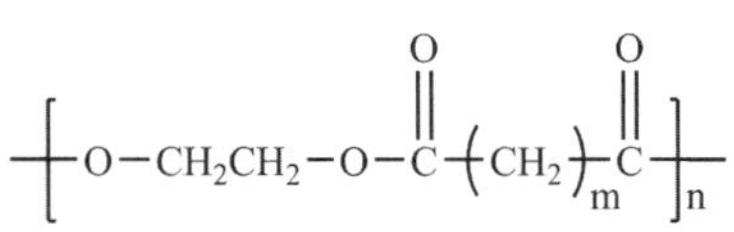

(m : 2, 4, 8)

(3)

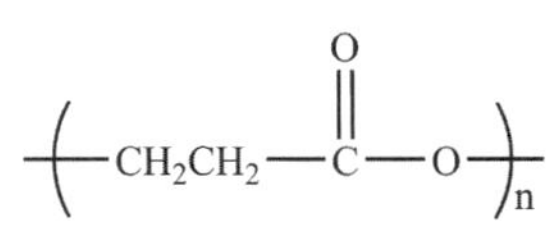

(4)

(c) 폴리아민

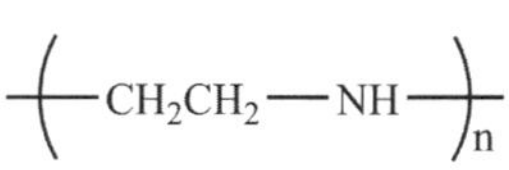

(5)

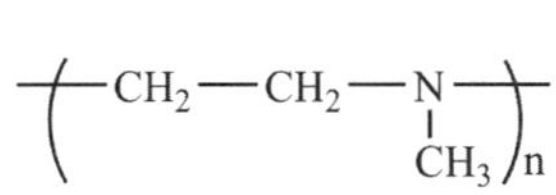

(6)

(d) 폴리술피드

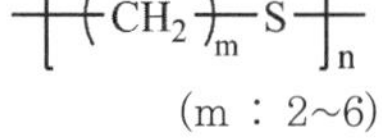

(m : 2~6)

(7)

(e) 폴리에테르 가지를
갖는 빗살형 고분자

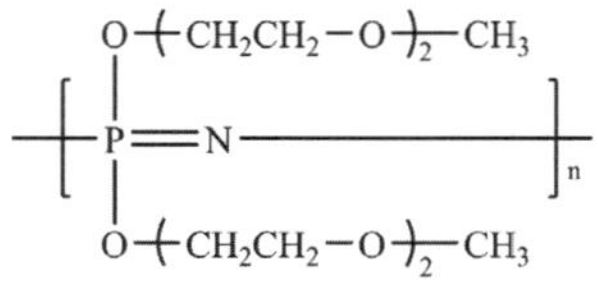

(8)

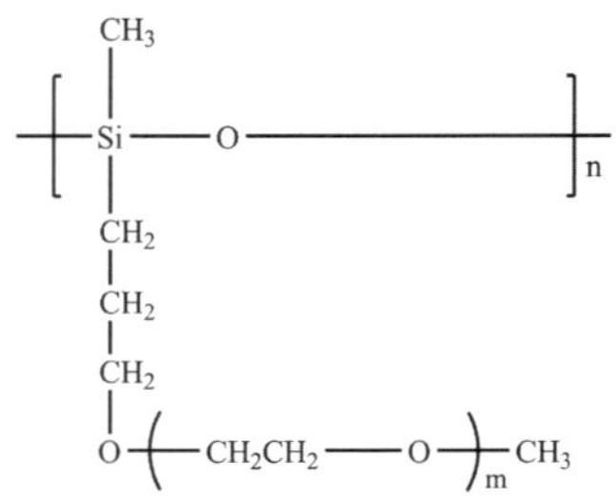

(9)

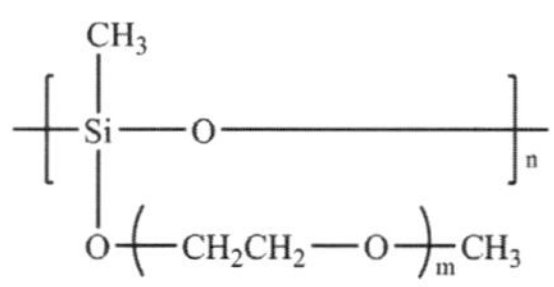

(10)

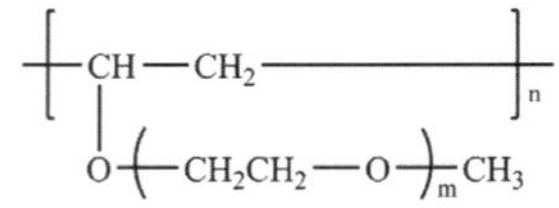

(11)

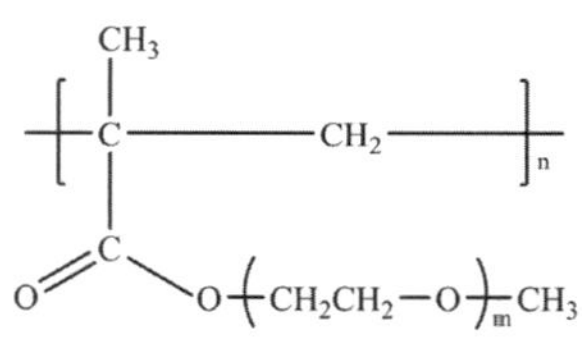

(12)

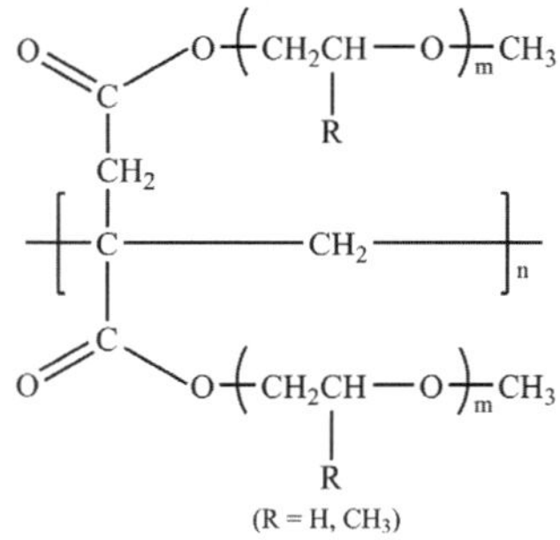

(13)

(f) 폴리에테르 공중합체

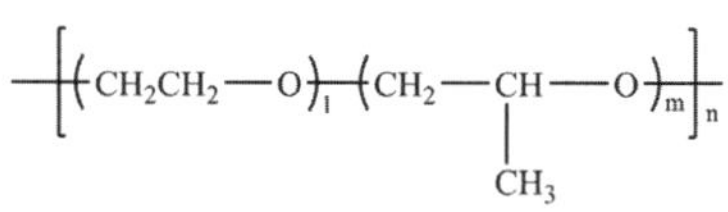

(14)

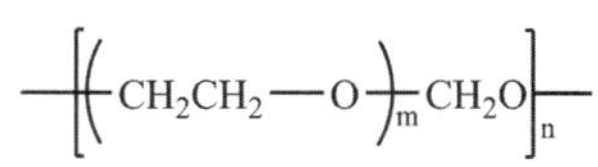

(15)

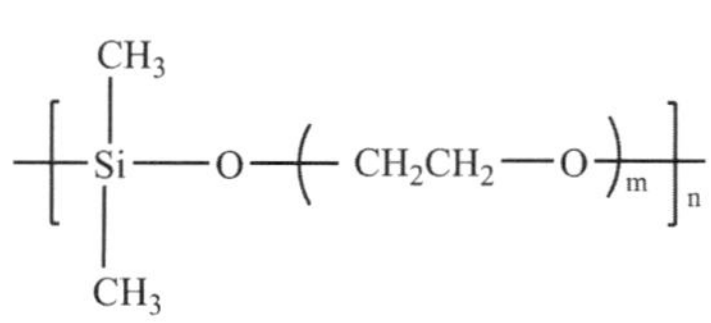

(16)

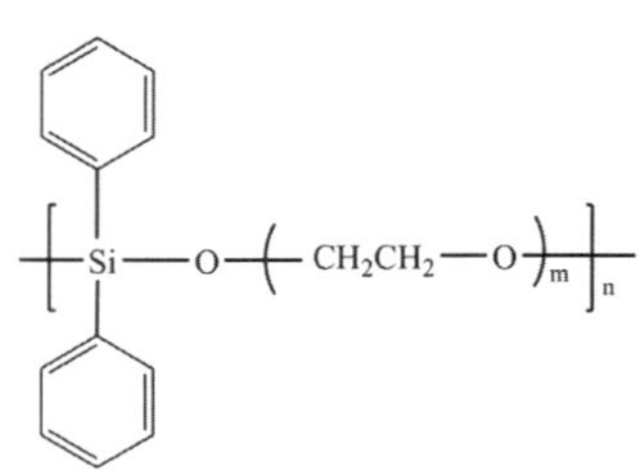

(17)

(g) 폴리에테르 가교체

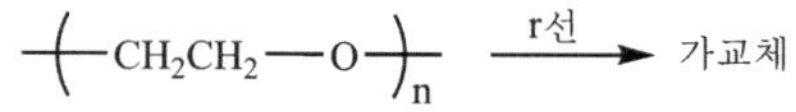

(18)

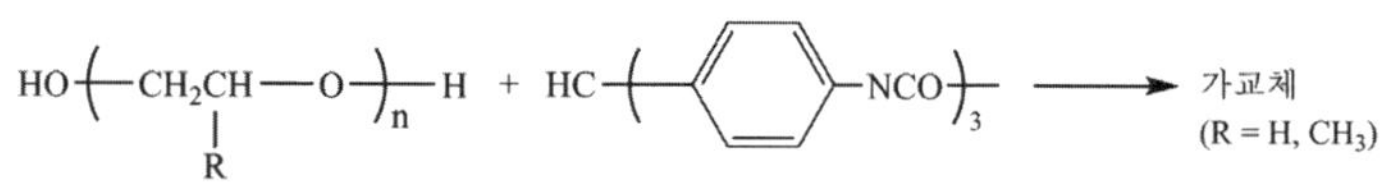

(19)

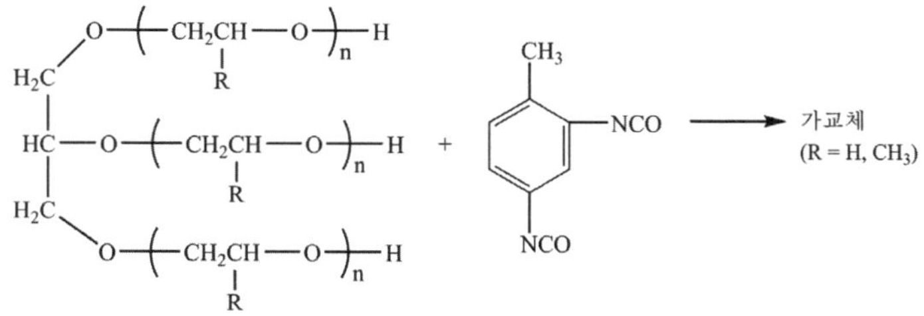

(20)

(1)~(7)은 이온전도성 고분자의 기본골격에 상당한다. 특히 폴리에틸렌옥사이드[PEO, (1)]의 복합체는 PEO 결정상의 융점(약 60℃) 이상에서 높은 이온전도성을 나타낸다. PEO 복합체의 실온부근에서의 전도율은 $10^{-8}Scm^{-1}$정도로서 낮지만, 이것이 높은 결정화도에 의한 것이라고 밝혀졌기 때문에, (8)~(17)에 나타낸 것과 같은 짧은 PEO 단편을 갖는 빗살형고분자나 공중합체가 합성되어, 무정형화가 확인되었다. 이들의 고분자에 전해질을 용해시킨 복합체의 이온전도율은, 실온에서 10^{-5}~$10^{-4}Scm^{-1}$에 달한다. 그러나 글라스전이점 Tg가 낮고, 게다가 무정형의 선상고분자에서는 역학적 성질이 저하한다. (18)~(20)에 나타난 것과 같은 가교구조는, 역학적 강도를 유지한 그대로 무정형화시키기 위한 매우 유효한 방법이다.

표 8-1에는 전해질을 용해시킨 복합체의 이온전도율의 값을 나타냈다.

표 8-1 이온전도성 고분자-전해질복합체의 전도율

고분자	전해질	M^+ / 반복단위	습 도 / ℃	전도율 / $S\,cm^{-1}$
(1)	$LiCF_3SO_3$	0.05	65	3×10^{-5}
	$LiClO_4$	0.083	65	4×10^{-4}
(2)	$LiCF_3SO_3$	0.063	30	1×10^{-6}
(3)(m=2)	$LiClO_4$	0.12	90	1×10^{-5}
(4)	$LiClO_4$	0.10	70	3.5×10^{-5}

고분자	전해질	M^+ / 반복단위	습 도 / ℃	전도율 / $S\ cm^{-1}$
(5)	$NaCF_3SO_3$	0.20	41	3.1×10^{-7}
(7)(m=5)	$AgNO_3$	0.25	63	7.5×10^{-6}
(8)	$LiCF_3SO_3$	0.25	30	2.7×10^{-5}
	$AgCF_3SO_3$	0.125	30	2.6×10^{-4}
(10)(m=7)	$LiClO_4$	0.04	25	$7\ \times10^{-5}$
(12)(m=9)	$LiCF_3SO_3$	0.055	20	$5\ \times10^{-6}$
(12)(m=22)	$NaCF_3SO_3$	0.33	20	$1\ \times10^{-5}$
(13)(R=H, m=3)	$LiClO_4$	0.05	20	1.5×10^{-6}
(16)(m=4)	$LiClO_4$	0.03	25	1.5×10^{-4}
(20)(R=H, n=22)	$LiClO_4$	0.01	30	1.0×10^{-5}
		0.02	30	1.3×10^{-5}
		0.05	30	5.4×10^{-6}
		0.10	30	8.9×10^{-7}

8-1-2 복합체 형성과 구조

양이온에의 극성기의 배위에 의하여 고분자 중에 전해질이 용해하여, 복합체가 형성되는 과정은, 전해질의 격자에너지 및 고분자의 응집에너지를, 이온의 고분자사슬에 의한 용매화에너지 및 복합체의 응집에너지가 보상되는 것에 의하여 일어난다. 따라서 전해질의 격자에너지가 낮을수록 복합체 형성은 쉽게 일어난다. 동일한 음이온의 전해질에서 비교하면, 양이온의 반경이 작을수록, 또는 리간드의 전자공여성이 높을수록, 양이온-리간드간의 상호작용은 커지기 때문에 복합체 형성은 일어나기 쉬어진다. 그러나 양이온과 단일 극성기의 상호작용은 비교적 약하고, 복합체 형성에 필요한 용매화에너지를 얻기 위해서는 복수의 극성기 배위가 반드시 필요하다. 알칼리금속 양이온에의 PEO의 에테르 산소 배위수는 최저 3~4라고 생각되고 있다. 고분자사슬 중의 극성기에 의한 배위에는, 분자간 및 분자내의 2종류 형식이 생각되지만, 인접한 극성기간의 분자내 용매화는, 엔트로피적으로나 입체적으로도 유리하다. 이것이 가능한지 어떤지는, 극성기간의 간격, 고분자사슬의 입체형태 문제가 밀접하게 관여하고 있다. 전형적인 이온전도성 고분자인 PEO는, 극성이 특히 높은 고분자가 아니지만, **표 8-2**에 나타내는 바와 같이 상당히 많은 전해질과 복합체를 형성한다.

표 8-2 PEO의 복합체 형성능력[*1]

	Li^+	Na^+	K^+	Rb^+	Cs^+	NH_4^+	Mg^{2+}	Ca^{2+}	Zn^{2+}	Cu^{2+}	Pb^{2+}
F^-	×	×	×	×	×	×	×	×	×	×	×
Cl^-	○	×	×	×	×	×	○	×	○	○	○
Br^-	○	○	×	×	×	×	○	○	○	○	○
I^-	○	○	○	○	○	○	○	○	○	○	○
NO_3^-	○	×	×	×	×	×	○				
SCN^-	○	○	○	○	○	○	○	○	○	○	
ClO_4^-	○	○	○	○	○	○	○	○	○	○	
$CF_3SO_3^-$	○	○	○	○	○	○	○	○	○	○	
AsF_6^-	○	○	○	○	○	○		○			
BPh_4^-	○	○	○	○	○	○					

[*1] ○ : 복합체형성, × : 용해성이 없음

복합체 형성은, 고분자와 전해질을 공통용매에 용해시키고, 유연시킨 후, 건조시켜 시료를 얻는 cast법, 용융상태의 고분자에 전해질을 직접 용해시키는 용융법 등이, (1)~(17) 등의 선상고분자에서는 널리 이용되고 있다. 용해성이 없는 (18)~(20)과 같은 가교체에서는, 전해질을 용해시킨 프레폴리머와 가교제의 반응에 의하여 직접 복합체를 얻는 방법, 처음에 복합체를 합성하고, 이것을 전해질용액에 침적, 건조시키는 방법이 이용되고 있다.

이하에, $LiClO_4$를 용해시킨 PEO 가교체(20)를 가교반응과 동시에 합성하는 방법을 나타낸다.

실험 예 8-1 $LiClO_4$를 용해시킨 PEO 가교체의 합성

수평균분자량 3000의 글리세린 존재하에 에틸렌옥사이드를 개환중합시켜 얻어진 PEO 트리올을 벤젠에 용해시키고, PEO 중의 수분을, 벤젠과의 공비증류에 의하여 제거한다. 벤젠을 유거한 후, PEO의 융점 이상의 온도인 80℃정도의 온도에서 진공건조시키면, 수분이 제거된 PEO 트리올이 얻어진다. 이 PEO 트리올 5g(1.67mmol) 및 충분히 건조시킨 0.234g(2.20mmol)의 무수 과염소산리튬($LiClO_4$)에 5mg(PEO 트리올에 대해서 0.1wt%)의 디부틸주석디라우레이트를 함유하는 메틸에틸케톤 5ml를 가하고, 용해시킨다. 이 용액에 감압증류에 의하여 정제시킨 0.435g(2.50mmol)의 톨릴렌-2,4-디이소시아네이트를 가하고, 교반하여 균일용액을 조제한다. 이상의 칭량, 혼합조작은 수분이 혼입되지 않도록 주의해야 하며, 가능하면 드라이박스 중에서 행한다. 이 용액을 교반하면서, 수 분에 걸쳐 가온(70℃ 정도)하고, 빠르게 면적 150~200cm^2의 평평한 샤레상에 유연시킨 후, 불활성가스 분위기하(드라이박스 중)에서 70℃로 유지시키는 것에 의하여, 용매유거와 동시에 가교반응을 진행시킨다. 가교반응은, 1시간으로서 거의 종료되지만, 이것의 완결과 용매의 유거를 위해서 80℃에서 48시간 진공건조시킨다. 불활성가스 분위기하에서 평평한 샤레로부터 가교체를 주의하면서 벗기는 것에 의하여, 두께 0.2~0.3mm정도의 이온전도성 PEO 가교체를 얻는다. 이 PEO 가교체 중의 $LiClO_4$ 농도는, PEO 반복단위에 대한 몰비([$LiClO_4$]/[EOunit])에서 0.02이고, 30℃에서 $10^{-5}Scm^{-1}$의 이온전도율을 나타낸다.

선상의 PEO(1)와 전해질과의 복합체에는, 착화합물의 결정을 형성하는 계가 있다. PEO와의 착화합물 형성이 보고되어 있는 전해질은 Li^+, Na^+, K^+, NH_4^+의 염이다. Li^+나 Na^+의 염에서는, 양이온과 PEO 반복단위와의 비율이 3 : 1이고, 융점이 150~200℃의 착화합물이 형성된다. K^+나 NH_4^+의 염에서는 4 : 1의 착화합물 형성이 일어나며, 융점도 80~100℃ 정도로 저하된다. 구조가 확정되어 있는 착화합물은 PEO-NaI, 및 PEO-NaSCN의 3 : 1 착화합물뿐이지만, 어느 것이나 나선상의 PEO사슬 중에 양이온이 위치하고, 그 주위에 음이온이 배치되어 있다. 착화합물 형성을 일으키는 복합체 중의 전해질 조성이, 착화합물 조성 이하의 경우에는, 복합체 중에 착화합물 결정상, PEO결정상, 전해질을 용해시킨 무정형상의 3상으로 존재가능하다. **그림 8-1**에 PEO-$LiCF_3SO_3$상의 도형을 나타낸다. 착화합물 결정의 융점은 전해

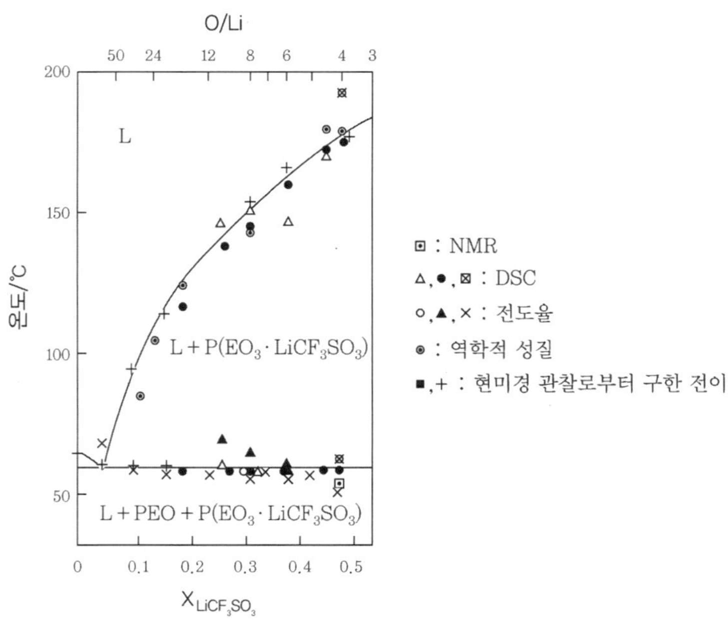

그림 8-1 PEO-$LiCF_3SO_3$상의 도형

질 조성의 감소와 더불어 저하하고, 60 : 1부근의 조성에서 PEO 결정과의 공통점을 제공한다. 이와 같은 착화합물 융점의 저하와 공융점 조성의 존재는, 결정성 PEO 복합체에 널리 확인된다. 복합체 중의 전도상은, 전해질을 용해시킨 무정형상이기 때문에, 조성 및 온도변화에 의한 상변화는, 이온전도성에 커다란 영향을 끼친다. 따라서, 결정성의 이온전도성 고분자복합체에 있어서는 열분석, 편향현미경 관찰 등의 방법을 이용하여 상구조를 밝히는 것이 중요하다.

8-1-3 이온전도 특성의 평가법

1) 전도율

이온전도성 고분자의 전도율은, 전극/시료/전극의 대칭구조를 갖는 평행평판형 셀에 대해서 복소임피던스법을 적용시키는 것에 의하여 구해진다. 시료에의 전극의 부착은 증착, 압착 등의 방법을 이용한다. 일반적으로, 이온전도체의 전도율은 수분의 영향을 받기 쉬우며, 또한 전극에도 수분, 질소, 산소 등과 반응하는 물질을 사용하는 경우가 많기 때문에, 셀의 조립 및 용기에의 봉입은 불활성가스분위기인 드라이박스 중에서 행한다. 또한 드라이박스중의 셀을 측정대상으로 하는 경우도 많다. 이와 같은 셀의 복소임피던스를 측정하면, 전위기울기에 따르는 이온의 영동과 동시에, 전기이중층의 충전, 방전, 전극반응 등이 일어나기 때문에 주파수 의존성을 나타낸다. 복소임피던스법은, 이 주파수 의존성을 복소임피던스 평면(복소임피던스의 실수부분을 가로축, 허수부분을 세로축으로 한 평면)에 플롯(복소임피던스 플롯, Cole-Cole plot이라고도 말한다)하고, 그의 궤적을 설명하는 등가회로 요소의 값(예를 들면 저항이나 용량값)을 구하는 방법이다. 이온전도체의 전도율, 이온전도체/전극계면의 특성을 밝히기 위해서는, 10^{-3}~10^{6}Hz정도 주파수영역의 측정이 유효하다. **그림 8-2**에 이온전도성 고분자를 이용한 셀의 복소임피던스플롯을 설명하기 위하여 잘 이용되는 등가회로와 그 전형적인 궤적을 나타낸다. 여기서 Rb는 시료의 전도율을 반영하는 이온전도체 벌크의 저항, C_g는 시료의 유전율을 반영하는 기하학적 용량, R_e는 시료/전극계면에서의 전기화학반응의 속도를 반영하는 전하이동저항, C_{dl}은 전기이중층 용량을 나타낸다.

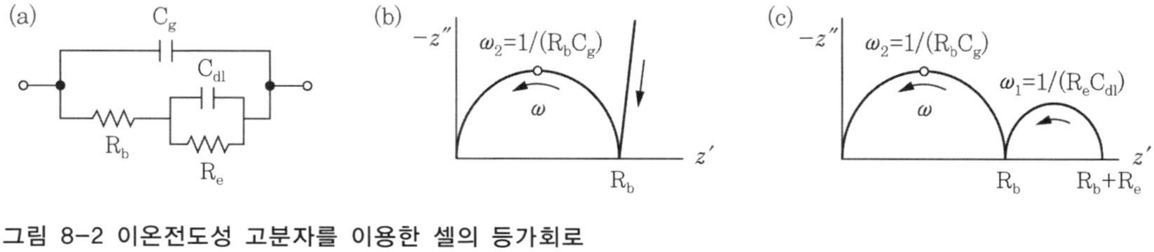

그림 8-2 이온전도성 고분자를 이용한 셀의 등가회로
(a)와 블로킹전극을 이용한 경우의 복소임피던스 플롯
(b) 및 non blocking전극을 이용한 경우의 복소임피던스 플롯 (c)

이온전도체 셀에서는, 일반적으로 $R_bC_g \ll R_eC_{dl}$의 관계를 만족시키기 위하여 임피던스플롯은, 이용하는 전극의 종류에 따라서 **그림 8-2(b)** 또는 (c)와 같이 된다. **그림 (b)**는 시료/전극 계면에서 전기화학반응이 일어나지 않는 블로킹전극을 이용한 경우이고, **그림 (c)**는 반응이 일어난 non blocking전극을 이용한 경우의 궤적이다. 여기서 Rb의 값이 구해지면, 전도율 σ는,

$$\sigma = d/(RbA) \qquad (8-1)$$

로부터 산출된다. 여기서 d 및 A는, 시료의 두께 및 전극면적이다.

복소임피던스법을 이온전도체 시료에 적용시킬 때 가장 중요한 것은, 시료 벌크의 임피던스와 시료/전극계면의 임피던스를 어떻게 분리하는가이다. **그림 8-2**에는, 시료가 균일한 경우의 등가회로와 그의 임피던스 궤적을 나타냈지만, 시료 중에 결정상이나 상분리 구조의 존재 등, 불균일 구조가 존재하는 경우에는, 시료 벌크의 임피던스를 나타내는 원호가 비뚤어지거나 2개로 나누어지는 경우가 있다. 또한, 계면의 임피던스에 관해서도, 확산 지배형의 임피던스의 궤적이 보다 저주파수 쪽에 나타나는 경우가 있다. 이와 같은 상황하에서 벌크 및 계면의 임피던스를 분리하기 위해서는, 벌크의 임피던스는 시료의 두께에 비례, 면적에 반비례, 이용하는 전극에 의존하지 않는 것에 대해서, 계면의 임피던스는 면적에는 반비례하지만, 두께에 의존성이 없는 것, 전극에 크게 의존하는 것을 이용한다. 또한, 시료 벌크의 특성에 추가하여 계면의 특성도 구하고 싶은 경우에는, 인가 교류전압을 통상 10mV 이하로 한다.

2) 이온수율

전도에 관여하는 캐리어가 1종류 이상 존재하는 경우에, 어떤 특정의 운반체에 의한 전도율의, 전전도율에 대한 비율을 수율이라고 말한다. 특히, 그 운반체가 특정의 이온일 때, 그 이온의 이온수율이라고 말한다. 여기서는, 직류분극 측정과 복소임피던스 측정의 병용에 의하여 이온수율을 구하는 방법에 대해서 설명하기로 한다.

M^+ 및 X^-가 이동할 가능성을 갖는 이온전도체(M^+X^-)에 있어서의 $M/M^+X^-/M$형 셀을 생각하자. 이 셀의 복소임피던스를 측정한 후[**그림 8-2 (c)**와 같은 복소임피던스 플롯이 측정된다], 10mV 이하의 직류분극 전압 ΔV를 가하고, 셀을 흐르는 전류의 경시변화를 측정한다. M 전극은, M^+이온에 대해서는 non blocking이지만, X^-에 대해서는 blocking이기 때문에, 셀에 흐르는 전류는 초기값 I(0)로부터 경시적으로 감소하여, 정상전류 $I(\infty)$에 도달한다. 이 때, 셀 중의 전류는, 음이온 만으로 운반되는 것이다. 여기서 양이온수율 (t_+)는

$$t_+ = R_b/[\Delta V/I(\infty) - R_e] = [I(\infty)\{\Delta V - I(0)R_e\}]/[I(0)\{\Delta V - I(\infty) - R_e\}] \qquad (8-2)$$

으로 얻어진다. R_b, R_e를 복소임피던스 측정으로부터 구하고, I(0), I(∞)를 직류분극 측정으로부터 구하는 것에 의하여, 양이온수율이 산출된다. 이 방법 이외에도, 극저주파까지의 복소임피던스의 측정, Tubandt법, Hittorf법, Radiotracer법, 자장기울기 NMR법 등이, 이온전도성 고분자의 이온수율 측정에 이용되고 있다. 일반적으로, 이온전도성 고분자 중에는, ion 쌍과 같은 비하전 이온종이 존재하지만 Tubandt법, Hittorf법 등의 한정된 방법 이외에는, 구해진 이온수율의 값에, 이 비하전 이온종의 이동도 영향을 미치는 것에 주의할 필요가 있다.

3) 전위창(분해전압)

전위창이란, 이온전도체에 산화반응이 일어나는 전위와 환원반응이 일어나는 전위간의 전위폭으로서, 이 전위차를 분해전압이라고 말한다. 전위창은, 이온전도성 고분자를 각종의 전기화학 소자에 응용하는 경우에, 적용 가능한 활성물질을 결정하는 값으로 된다. 전위창을 결정하기 위해서는, 3극식의 셀을 사용하여 전류-전위곡선의 측정을 행한다. 이온전도성 고분자의 전도율은, 전해질용액 등과 비교하여 낮기 때문에, 전극배치, 전극의 크기에 주의하고, 더욱 전위 보상장치를 사용하는 등, 전도손실(iR 손실)의 영향을 제거하는 연구가 필요하다.

8-1-4 이온전도성 고분자의 전도거동

이온전도성 고분자의 전도율 σ의 온도의존성은 대부분의 경우 다음의 3종류 중에서 어떤 것으로 유별된다.

(1) $\log\sigma$과 1/T이 직선관계를 나타내는 Arrhenius식에 따른다. 가끔 특정의 온도에서 기울기가 변하여 활성화에너지가 변한다.

(2) $\log\sigma$와 1/T은 어떤 온도까지는 Arrhenius식에 따르지만, 그 온도 이상에서 위에 凸의 곡선을 묘사한다.

(3) 측정온도범위 전역에서 $\log\sigma$와 1/T은 위에서 凸의 곡선을 묘사한다.

(1)과 (2)의 거동은, 결정성의 이온전도성 고분자에서 가끔 관찰되는 거동이다. (1)은 측정온도 범위 전역에서 비교적 결정화도가 높고, 게다가 상전이를 동반하는 경우로서, 예를 들면 **그림 8-1**에 나타낸 PEO-$LiCF_3SO_3$ 복합체에서 전해질 조성이 높은 경우가 이것에 상당한다. Arrhenius플롯은 PEO 결정의 융점부근에서 기울기가 작아진다. (2)는 결정성의 이온전도성 고분자가, 결정성의 융점 이상에서 무정형으로 되는 경우이다. 무정형상이 전도상인 경우, 이와 같은 결정성 고분자에서 관찰되는 Arrhenius형의 온도의존성으로부터 구해지는 외관상 활성화에너지는 의미를 갖지 않는다. 또한, 전도율의 온도의존성은 고분자의 결정화속도가 느리기 때문에, 온도승강에 대해서 히스테리시스를 동반하는 것이 많다. (3)은 측정온도 범위에서

완전히 무정형인 경우에 가끔 관찰되는 거동으로서, 무정형상이 전도상인 고분자 전도율의 온도의존성에 관한 본질적인 정보라고 말할 수 있다. 이 변화는, 고분자사슬 자신의 동적 거동(예를 들면, 점성율이나 완화시간)의 온도변화에 대해서 성립하는 Williams-Landel-Ferry (WLF)식

$$\log[\sigma(T)/\sigma(T_g)]=C_1(T-T_g)/[C_2+(T-T_g)] \tag{8-3}$$

혹은, Vogel- Tamman-Fulcher(VTF)식

$$\sigma(T)=AT^{-1/2}\exp[-B/T-T_0)] \tag{8-4}$$

에 서로 잘 관계되며 적합되는 경우가 많다. 여기서 $\sigma(T)$는 온도 T에 있어서 이온전도율, C_1, C_2, A, B는 상수, T_0는 이상적인 T_g(자유체적 또는 Configuration entropy로 되는 온도)이다.

이온전도성 고분자의 전도율 변화가 WLF식이나 VTF식으로 설명되는 것은, 액체에 유사한 전도메카니즘을 나타낸다. 그러나 전해질을 저분자 용매 중에 용해시킨 용액과는 다음의 여러 가지 점에서 중요한 차이를 갖는다. 첫째로, 이온전도성 고분자 중에서는 고분자사슬의 거시적 운동은 통상 동결되어 있기 때문에, 국소운동만이 이온이동에 기여한다. 전도율의 온도의존성에 대한 WLF식 혹은 VTF식의 성립은, 고분자 중에서의 캐리어 이온 생성이 고분자 사슬과의 강한 상호작용에 의하여 일어나기 때문에, 그의 국소운동과 이온이동이 협동적인 과정으로 되는 것이라고 생각된다. 국소운동에 의하여 이동한 이온이 더욱 이동을 계속하기 위해서는, 용매화 하고 있는 극성기의 교환이 필요하다. 저분자 용매계에서는, 이 이온에 배위된 용매의 교환반응 속도상수는 이온 이동도에 크게 영향을 미치지 않지만, 이온전도성 고분자 중에서 이 속도상수가 낮은 것은, 이온이 이동할 수 없는 것을 의미한다. 사실, 수용액 중에서, 이 교환속도가 작은 Mg^{2+}, Zn^{2+}의 염과 PEO와의 복합체에서는, 양이온수율이 제로(0)인 것에 대해서, 교환속도가 큰 Hg^{2+}, Cu^{2+} 등은 이동가능하다.

둘째로, 고분자 중에서는 1개의 이온의 존재가 다른 이온의 이동에, 이온-쌍극자 상호작용, 및 이온-이온 상호작용을 통하여 커다란 영향을 끼친다. 이것은 고분자 중에서 이온의 존재가 일종의 가교점으로서 작용하기 때문이다. 예를 들면, 장거리로 이온이 이동하기 위해서는 불가피한 분자간 용매화, 분자내 용매화된 양이온이 음이온과의 상호작용에 의하여 응집된 이온회합체 형성 등이 가교점으로서 작용한다. 이온농도 증대에 동반되는 가교효과의 증대는, 이온전도성고분자의 글라스전이점 T_g의 상승이라고 하는 공통적인 현상으로 되어 나타난다. 표 8-1 중 (20)의 계에서 하나의 예를 보는 바와 같이, 이온전도성 고분자의 일정 온도에 있어서

전도율은, 상당히 낮은 전해질 농도에 대해서 극대를 나타내며, 고농도에서 급격히 감소한다. 이 감소는 이온 가교효과에 의한 이동도의 저하가 주요한 요인이다.

이온전도성 고분자의 특성으로서는, 전도율에 추가되어 이온수율, 전위창이 특히 중요하다. 이온수율은, PEO−리튬염계 복합체로서 많이 검토되고 있으며, 리튬이온수율에서 0.2~0.5의 값이 보고되어 있다. 또한 PEO복합체의 전위창은, 적당한 전해질을 선택하면, 음(−)쪽은 양이온의 환원, 양(+)쪽은 음이온 또는 고분자사슬의 산화에 의하여 결정되며, 3~4V로서 상당히 넓다고 보고되어 있다.

8-2 전자전도(도전) 재료

공액 π−전자를 갖는 유기고분자는 전자수용체(acceptor) 혹은 전자공여체(donor)를 첨가하는 것(dopping)에 의하여 높은 전자전도성을 나타내며, 그 중에는 금속에 필적할 정도의 물질도 있다.

물질 중에 전기가 흐르는 것은, 하전담체(carrier)가 전장하에서 작용하는 것에 의한다. 하전담체가 전자인 경우를 전자전도, 이온인 경우를 이온전도라고 말하며, 양쪽을 구별한다. 여기서 설명하는 전도성 고분자는 전자도전체를 가리킨다.

일반적으로, 물질에 전기 흐름의 난이는 전류 i와 전위 E에 의하여 $i=\sigma E$로서 정의되는 전도율 σ/Scm^{-1}(electrical conductivity, 비저항의 역수)에 의하여 표시된다. 전도율은 전하를 운반하는 하전담체가 어느 정도인지, 또는 그것이 어느 정도 움직이기 쉬운지를 결정한다. 전자는 캐리어의 밀도 n/cm^{-3}, 후자는 이동도(mobility, $\mu/cm^2V^{-1}s^{-1}$)로서 정의 되며, $\sigma=ne\mu$로 된다.

많은 폴리머 예를 들면, 폴리에틸렌이나 폴리염화비닐 등은, 주사슬이 탄소와 탄소의 포화결합(σ결합)으로 형성되어 있으며, 전자는 그의 C−C간의 결합에만 존재(편재)하고 있다. 그 전자의 편재로 인하여 전기적으로나 화학적으로도 매우 안정하며, 전자가 여기되기 어렵기 때문에 자유로 움직이는 전자, 정공 등의 캐리어가 적고, 절연체로 되어 있다. 이것에 대해서 π공액 분자 중의 π전자는 π공액사슬에 따라서 비편재화 되어 있기 때문에, 상당히 움직이기 쉽다. 폴리아세틸렌이나 폴리(p−페닐렌)과 같이, π전자가 분자전체에 널리 분포되어 있는 폴리머를 π공액계 폴리머라고 말하며, 이와 같은 폴리머 중에서 전자는 쉽게 여기되어 자유로 움직일 수 있기 때문에 전자전도성을 발현한다.

8-2-1 전자전도성 고분자의 분류

전자전도성 고분자를 구조적으로 분류하면 표 8-3과 같다.

전자전도성 고분자의 골격은 공액이중결합으로 형성되며, 이 π전자면을 될 수 있는 한 공액면으로 하여 유효한 공액의 길이를 크게 제작하는 것이 높은 전자전도성을 실현하는 것으로 중요하다.

이외에도, 일반의 절연성 폴리머에 카본블랙이나 흑연, 혹은 금속미립자 등의 분산충진재를 첨가하는 방법으로도 전자전도성의 복합체를 제조할 수 있다.

트란스형 폴리아세틸렌은 도핑에 의하여 전도율 17000Scm^{-1}(연신했을 때)로서, 현재 알려져 있는 것 중에서 가장 높은 전도성을 나타내지만, 공기 중에서 불안정하며, 실용상의 제한을 받는다. 이것에 대해서, 방향족 고분자나 헤테로고리 고분자는 높은 안정성을 가지며, 기초, 응용의 양면에서 연구가 빈번하게 행해지고 있다. 또한, 폴리아닐린은 산화환원에 의하여 프로톤의 출입이 일어나며, 전자상태가 절연성으로부터 금속성으로 변한다. 즉, 이온성폴리머로서의 특징을 갖는다.

이와 같은 전자전도성 고분자의 대표적인 합성법으로서는 다음과 같은 방법이 있다. ① 배위중합법(Ziegler-Natta촉매), ② 전해(산화)중합법, ③ 산화적 축합중합법, ④ 탈할로겐화중축합법, ⑤ 고온고상반응(사다리형 고분자의 합성).

Ziegler-Natta촉매에 의한 아세틸렌의 중합은, 가장 단순한 π-공액계 폴리머인 폴리아세틸렌의 대표적인 합성법이다. 폴리아세틸렌은 불용, 불융이기 때문에 불균일계 촉매를 사용하면, 중합물에 혼입된 불용성 잔류 용매의 제거가 문제로 된다. 이것에 대해서 균일계 촉매를 사용하면, 촉매용액의 계면에서 중합하는 것에 의하여 균일한 필름상의 폴리아세틸렌을 합성할 수 있다. 또한, 생성된 필름을 용매로서 세척하는 것만으로 잔류촉매를 쉽게 제거할 수 있다.

전해중합법은, 목적으로 하는 폴리머를 1단계로서 게다가 박막상으로 합성할 수 있으며, 인가전위에 의하여 도핑이나 탈도핑이 용이하게 행해지는 점에서 특징을 갖는다. 지금까지 보고된 전해중합법에 의한 합성 예의 대부분은 양극에서의 산화반응을 이용한 양극 산화법이다. 모노머는 양극에서 1전자산화되며, 생성된 라디칼활성종간의 커플링의 반복에 의하여 중합이 진행된다.

$$HMH \xrightarrow{-e} HMH^{+\cdot} \xrightarrow{HMH^{+\cdot}} HMH^{+\cdot}-{}^{\cdot+}HMH \xrightarrow{-2H^{+}} HM-MH$$

$$\longrightarrow \longrightarrow \cdots$$

$$\longrightarrow Polymer$$

표 8-3 전자전도성 고분자의 분류와 특성

구조 분류	대표적 고분자	화학 구조	도전율 (Scm^{-1})	합성 방법
폴리엔	폴리아세틸렌	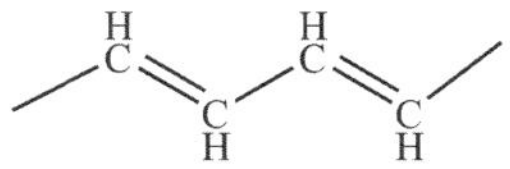	4000 (고밀도) 17000 (연신 6배)	$Ti(OR)_4-AlR_3$ 등을 촉매로 사용하는 계면 중합
방향족 고분자	폴리(p-페닐렌)	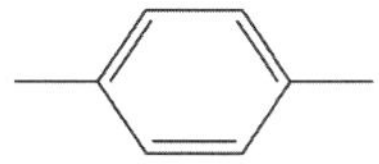	500	산화커플링법
	폴리(2,6-나프탈렌)	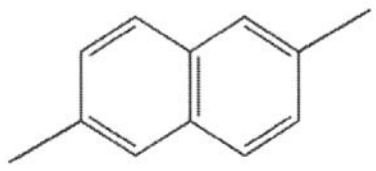	0.01	유기금속법, 전해중합법 등
헤테로 고리 고분자	폴리피롤	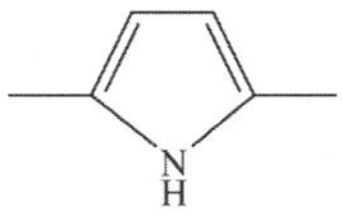	100	전해중합법
	폴리(2,5-티엔일렌)	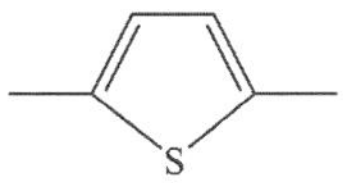	200	산화중합법
	폴리(피리딘-2,5-디일)	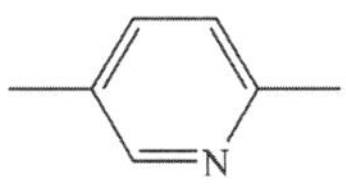	0.1	유기금속법 등
헤테로 사슬상 고분자	폴리페닐렌술파이드	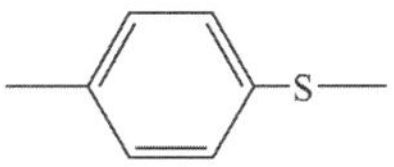	3	촉매중합법
	폴리아닐린	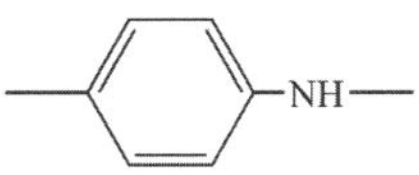	5	전해중합법 등
공중합형 고분자	폴리페닐렌비닐렌	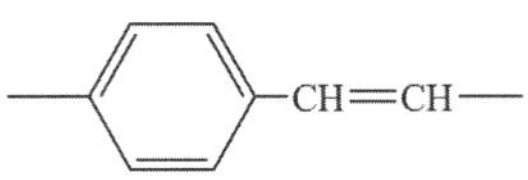	5000 (연신15배)	촉매중합법
	폴리디티엔일폴리엔	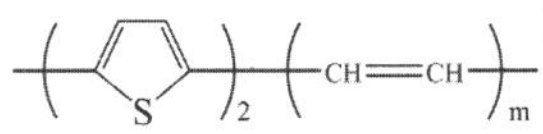	15	전해중합법 등
사다리 고분자	폴리아센	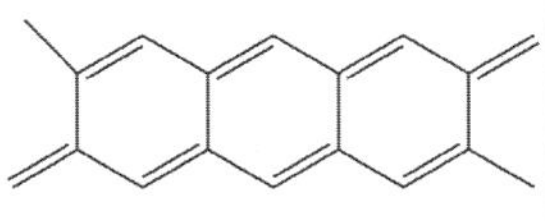	100	고온고상반응 등
		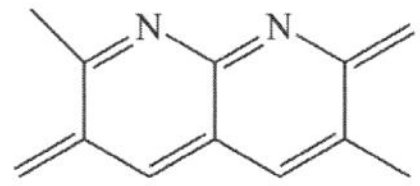	5	

전해중합에 사용되는 모노머로서는 피롤, 티오펜, 푸란 등의 헤테로방향족 화합물, 아닐린이나 페놀, 아세틸렌 및 이들의 유도체이다.

실험 예 8-2 전해중합에 의한 폴리피롤의 합성

2극단일셀에 의한 가장 간단한 방법으로 전해중합을 행하기 위한 하나의 예를 **그림 8-3**에 나타낸다. 공기 중의 산소를 계로부터 제거하기 위하여, 불활성가스를 도입하는 콕을 설치한 것이 좋다. 이와 같은 반응용기는 100ml의 비커와 2방콕을 조합시키면 간단히 제작할 수 있다. 작용전극(양극)에는 백금판이나 투명글라스전극(ITO글라스), 상대전극(음극)에는 백금판 등이 잘 사용된다.

증류에 의하여 정제하고, 불활성가스를 흡입시켜 탈산소시킨 아세토니트릴을 용매로 사용하고, 피롤의 농도가 0.05~0.1mol/dm^3, 지지전해질($LiClO_4$, $LiBF_4$, Et_4NClO_4, Et_4NBF_4 등)의 농도가 0.1~0.3mol/dm^{3}의 용액을 조제한다. 이 전해질용액을 비커에 가하고, 양쪽 전극간에 3.5V의 전위를 인가하면, 곧바로 양극상에 폴리피롤이 생성된다. 아세토니트릴로서 충분히 세척한 후, 건조시키면, 음이온으로 도핑된 폴리피롤이 필름상으로 얻어진다.

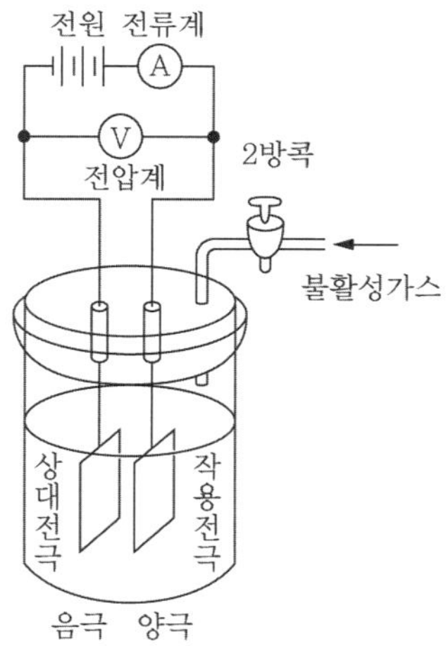

그림 8-3 전기화학 중합을 위한 반응용기

산화적 축합중합은, 염화알루미늄, 브롬화알루미늄 또는 염화철(Ⅲ) 등의 Lewis산을 촉매로 사용하고, 염화구리(Ⅱ) 등을 산화제로서 사용하는 것에 의하여 방향족 모노머나 방향족 헤테로고리모노머의 수소탈리에 동반되는 중축합반응을 행할 수 있다.

실험 예 8-3 산화적 축합중합법에 의한 폴리(p-페닐렌)의 합성

온도계, 교반기, 냉각기, 불활성가스 도입관을 설치한 1ℓ의 3구플라스크를 건조 질소로서 충분히 치환시킨 후, 적당하게 질소를 통하면서 25℃에서 벤젠 469g(6mol), 분말상태의 무수 염화알루미늄 200g(1.5mol), 무수 염화구리(Ⅱ) 101g(0.75mol)을, 이와 같은 순서로서 가한다. 어떤 시약도 탈수 정제시킨 것이 바람직하다. 반응열로서 온도는 31~32℃로 상승하기 때문에, 이 범위에서 유지되도록 조절한다. 약 25분의 유도기간이 지난 후에, 반응은 순조롭게 진행된다. 약 2시간 후에, 15℃로 냉각하여 생성한 고체를 여별하고, 벤젠으로 잘 세척한다. 건조시킨 후, 이 고체를 빙랭시킨 1.4ℓ의 18% 염산 중에 분산시키고, 혼합물을 비점까지 가열한다. 비등시킨 18% 염산 중에서 고체를 충분히 분쇄하여 될 수 있는 한 분말상으로 한다. 이 조작을 합계 4.2ℓ의 18% 염산을 사용하고, 수회에 걸쳐서 반복한다. 더욱 충분한 양의 비등수로서 세척을 반복한 후, 110℃에서 하룻밤 건조시키면 25~26g의 갈색 폴리(p-페닐렌)이 얻어진다.

그러나, 상기의 반응생성물에서 벤젠고리는 주로 파라위치에서 서로 결합하여 도입되지만, 일부는 분지하기도 하고, 가교할 가능성도 있다.

이것에 대해서, 디할로겐화벤젠을 모노머로 사용하고, $NiCl_2$(2,2′-bipyridine), $PdCl_2$ (2,2′-bipyridine) 등의 전이금속착화합물 촉매를 사용하여 마그네슘, 아연으로 탈할로겐화하는 탈할로겐화중축합법에서는 비교적 온화한 조건으로 중합이 진행되며, 고분자량으로 게다가 엄밀히 결합위치가 제어된 폴리(p-페닐렌)을 대량으로 합성할 수 있다. 더욱, 이 합성법은 다른 디할로겐화헤테로고리화합물(디할로겐화티오펜, 디할로겐화피리딘)에도 적용할 수 있다.

실험 예 8-4 탈할로겐화 중축합법에 의한 폴리(2,5-티엔일렌)의 합성

온도계, 교반기, 냉각기, 불활성 가스도입관을 설치한 250ml의 3구플라스크를 건조 질소로서 충분히 치환시킨 후, 마그네슘 1.22g(50mmol)을 넣고, 2,5-디브로모티오펜 12.1g(50mmol)의 테트라하이드로푸란용액 50ml를 서서히 적하한다. 그 후, 실온에서 1~2시간 교반하면 마그네슘은 소실되고, 황색의 Grignard시약이 생성된다. 여기에 $NiCl_2$(2,2′-bipyridine) 51mg을 가한다. 중합반응은 테트라하이드로푸란의 환류온도에서 거의 1시간으로 완료되지만, 더욱 4시간 계속 환류시킨 후, 반응혼합물을 에탄올 500ml 중에 가하여 생성물을 침전시킨다. 침전물을 묽은 염산, 에탄올의 순서로서 세척하고, 진공건조시키면 적갈색의 폴리(2,5-티엔일렌) 3.2g이 얻어진다.

8-2-2 전자전도성 고분자의 특성평가

1) 도핑

대부분의 π공액계 고분자는, 그대로는 절연체나 이것에 유사한 반도체이다. 그러나, 적당한 전자수용체 또는 전자공여체의 시약을 첨가(도핑)하면, 전하이동이 일어나 전자전도성이 발현된다.

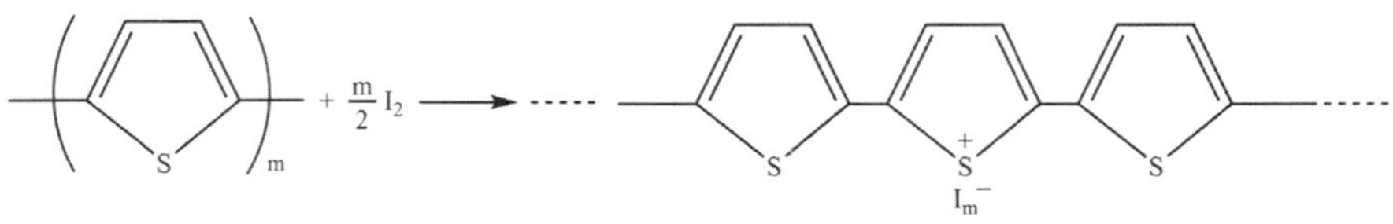

도핑의 방법에는 acceptor 또는 donor를 기상 혹은 용액 중에서 폴리머와 반응시키는 화학도핑과, 폴리머를 전극으로서 전기화학적으로 행하는 전기화학도핑이 있다. 도핑에 사용되는 도핑제를 표 8-4에 나타낸다.

표 8-4 전자전도성 고분자의 도핑에 사용되는 도핑제

	전자수용성(acceptor) 도핑제(dopant)
할로겐	Cl_2, Br_2, I_2, ICl, ICl_3, IBr, IF
Lewis산	PF_5, AsF_5, SbF_5, BF_3, BCl_3, BBr_3, SO_3
프로톤산	HF, HCl, HNO_3, H_2SO_4, $HClO_4$, FSO_3H, $ClSO_3H$, CF_3SO_3H, 각종 유기산, 아미노산 등
전이금속화합물	$FeCl_3$, FeOCl, $TiCl_4$, $ZrCl_4$, $HfCl_4$, NbF_5, $NbCl_5$, $TaCl_5$, MoF_5, $MoCl_5$, WF_6, WCl_6, UF_6, $LnCl_3$ (Ln=La, Ce, Pr, Nd, Sm 등의 란탄계열)
전해질음이온	Cl^-, Br^-, I^-, ClO_4^-, PF_6^-, AsF_6^-, SbF_6^-, BF_4^-, 각종 술폰산음이온
기타	O_2, $XeOF_4$, $(NO_2^+)(SbF_6^-)$, $(NO_2^+)(SbCl_6^-)$, $(NO_2^+)(BF_4^-)$, FSO_2OOSO_2F, $AgClO_4$, H_2IrCl_6, $La(NO_3)_3 \cdot 6H_2O$
	전자공여성(donor) 도핑제(dopant)
알칼리금속	Li, Na, K, Rb, Cs
알칼리토류금속	Ca, Sr, Ba
란탄계열	Eu
기타	R_4N^+, R_4P^+, R_4As^+, R_3S^+, 아세틸콜린

실험 예 8-5 폴리(2,5-티엔일렌)의 요오드 도핑

폴리(2,5-티엔일렌) 50mg을 플라스크에 넣고, 진공으로 탈기시킨 후, 요오드 증기와 접촉시킨다. 폴리머의 색은 곧바로 적갈색으로부터 흑색으로 변한다. 요오드 증기와 수 시간 접촉시킨 후, 1시간 진공탈기시켜서 미반응의 요오드를 제거하고, 흑색의 폴리(2,5-티엔일렌)-요오드 부가체(I_2/polymer=100~120wt%)가 얻어진다. 요오드 도핑율은, 원소분석에 의한 부가체 중의 요오드의 중량으로부터 구할 수 있다.

전기화학 도핑과정은 cyclic volatammetry에 의하여 간단히 관찰할 수 있다. Cyclic voltammetry는, 참조전극에 대해서 전압을 일정속도 ($v/V_{S^{-1}}$)로서, 어떤 전위로부터 어떤 전위까지 반복해서 소인하고, 전위에 대해서 전류를 플롯시킨 것으로서, 그의 도형을 cyclic voltamogram이라고 말한다.

실험 예 8-6 폴리피롤막에의 도핑·탈도핑

전해중합법에 의하여 합성된 폴리피롤막을 작용전극으로 사용하고, 상대전극으로는 백금판, 참조전극으로는 Li/Li^+를 사용한다. 작용전극의 전위를 2.5~3.8V간에서 소인하면, **그림 8-4**와 같은 cyclic voltamogram이 얻어진다. 그림 중의 anode전류(a)는 음이온의 도핑에, cathode전류(b)는 탈도핑에 상당한다.

2) 전도율의 측정

실제로 시료의 전도율을 구하는 가장 단순한 측정법은, 2단자법이다. 미리, 시료의 단면적S, 도체의 길이(전극간 거리) d를 측정한 시료의 양쪽 말단에 전극을 설치한 후, 일정한 직류전류 i를, 그 때의 양쪽 전극간에서 발생하는 전위차 V로부터 전도율 σ가 산출된다.

$$\sigma = \frac{id}{VS} \tag{8-5}$$

그러나, 낮은 저항의 시료에서는, 전극과 시료의 계면에서 발생하는 접촉저항의 영향을 피하기 때문에, 4단자법에 의한 측정이 필요하다.

단순한 4단자법에 의한 측정에서는 **그림 8-5**와 같이 장방형 혹은 선상의 시료에 4개의 전극을 설치하고, 정전류를 이용하여 바깥쪽의 2개의 단자(그림 중의 a, d)로부터 일정전류 i를 흘려준다. 그리고, 2개의 단자(그림 중의 b, c)를 사용하여 전압 V를 측정한다. 전압단자간의 거리 d, 시료의 단면적 S를 측정하는 것에 의하여 위의 식(8-5)으로부터 전도율 σ가 구해진다.

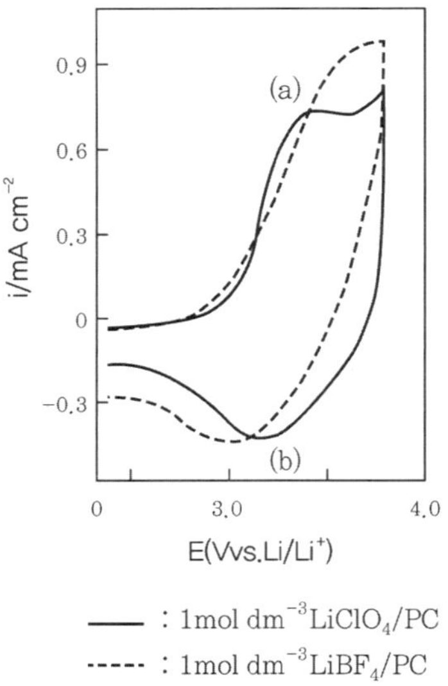

그림 8-4 폴리피롤막의 cyclic voltamogram
소인속도=50mVs-1)

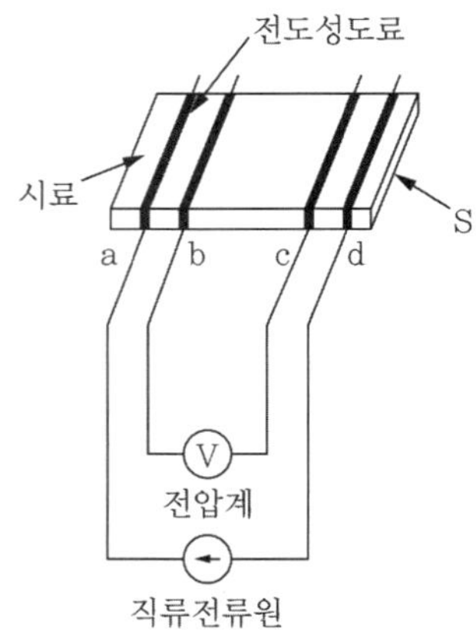

그림 8-5 4단자법에 의한 전도율 측정법

단자의 설치는, 일반적으로 은페이스트와 금 혹은 백금선을 이용하여 행해지고 있지만, 은과 폴리머의 계면에 절연층이 형성되지 않는 재료, 도포재료를 선택하는 것이 바람직하다. 화학적 안정성에서는 은페이스트보다는 카본블랙쪽이 높다.

이외의 측정법으로서는, 4탐침법, Van der Pauw법 등이 있다. 이들의 방법에서는, 시료를 특별한 형상으로 가공하지 않고, 전도율을 측정할 수 있다.

3) 홀효과(hole effect)

전자전도성 고분자의 캐리어농도, 이동도의 평가에는 hole계수의 측정이 필요하다. **그림 8-6(a)**에 나타내는 바와 같이, x의 정방향에 전류 I_X를 흘리고, z의 정방향에 자계(자속밀도) B_X를 제공하면 전류 I_X는 y의 음의 방향에 힘을 받으며, PQ간에 전압이 발생하는 현상을 홀효과라고 말한다. 생성한 전압 V_H를 홀전압이라고 말하며, 다음과 같은 식으로 나타낸다(t는 시료의 두께).

$$V_H = R_H \frac{IB}{t} \tag{8-6}$$

여기서 R_H는 hole계수로서 캐리어농도 n과 다음 식으로 관계된다.

$$R_H = \frac{1}{nq} \tag{8-7}$$

hole계수는 캐리어전하 q의 부호에 따라서, 양 또는 음의 값을 갖는다. 즉, hole계수를 구하는 것에 의하여, 시료 중의 캐리어농도의 견적과 n형반도체인지 p형반도체인지를 판별할 수 있다.

또한 이동도 μ는 hole계수 R_H와 저항율 ρ로부터

$$\mu = \frac{R_H}{\rho} \tag{8-8}$$

로서 주어진다. 측정에는 앞에서 설명한 Van der Pauw법이 잘 이용된다.

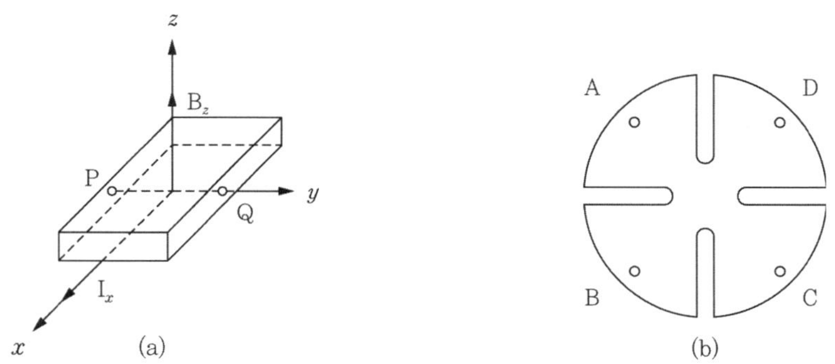

(a) 홀효과의 원리 (b) 이상적인 Van der Pauw의 시료형상

그림 8-6 Van der Pauw법의 의한 홀효과의 측정

4) 측정 방법

측정은 임의의 시료형상에 적용되지만, 미소전극의 크기나 접촉 저항 등에 의한 오차를 적게 하기 위하여 **그림 8-6(b)**에 나타내는 것과 같은 뜸새를 넣은 시료가 이상적이다.

먼저 얇은 재료의 말단부분 A, B, C, D에 미소전극을 설치한다. 전극 AB간에 전류 I_{AB}를 흘렸을 때에, 전극 CD간에 발생하는 전압을 V_{CD}라고 하고, 이것으로부터

$$R_{AB,CD} = V_{CD}/I_{AB} \tag{8-9}$$

을 정의한다. 마찬가지로 전극 BC간에 전류 I_{BC}를 흘렸을 때에 발생하는 전압을 V_{DA}라고 하면,

$$R_{BC,DA} = V_{DA}/I_{BC} \tag{8-10}$$

이 얻어진다.

이들의 저항치와 시료의 두께 t, 저항율ρ의 관계는 다음 식으로 주어진다.

$$\rho = \frac{\pi t}{\ln 2} \cdot \frac{R_{AB,CD} + R_{BC,DA}}{2} \cdot f \tag{8-11}$$

여기서 f는 $R = R_{AB,CD}/R_{BC,DA}$로서 결정되는 상수로서

$$\frac{R-1}{R+1} = \frac{f}{\ln 2} arc\ \cos h\left[\frac{\exp(\ln 2/f)}{2}\right] \tag{8-12}$$

로서 얻어지는 초월방정식의 해답이다.

hole계수는 자계의 유무에 의한 $R_{AC,BD}$의 차로부터 구해진다. 즉, 전극 AC간에 전류 I_{AC}를 흘리고, 여기에 직교하는 전극 BD간에 발생하는 V_{BD}로부터 $R_{AC,BD}$를 구한 후, 이어서 이 상태에서 시료면에 수직으로 자계(자속밀도) B를 인가하고, 마찬가지로 $R_{AC,BD}$를 얻는다. 양쪽의 차를 $\Delta R_{AC,BD}$라고 하면, hole계수 R_H는

$$R_H = \frac{t}{B} \cdot \Delta R_{AC,BD} \tag{8-13}$$

로 된다.

8-2-3 전자전도성 고분자의 응용

앞에서 설명한 바와 같이 전자전도성 고분자는, ① 도핑에 의하여, 가역적인 절연체-금속전이가 가능하고, ② 가시영역 정도의 낮은 에너지의 빛으로도 상호작용하기 쉬우며, 더욱, 도핑에 의하여 폴리머의 광학적 특성도 크게 변하는, 등의 우수한 또한 특이한 특성을 갖는다. 따라서, 이들의 폴리머를 이용한 각종의 응용이 가능하다.

표 8-5에 전자전도성 고분자의 공학적인 응용분야를 정리했다.

전자전도성 고분자의 응용분야는, 개발단계 레벨의 것으로부터, 이미 실용화되고 있는 것에 이르기까지 다양하다. 여기서는 응용면으로부터 본 전자전도성 고분자의 성질을 소개하기로 한다.

폴리머전지는, 앞에서 설명한 전기화학적 도핑의 가역적 반응을 충전-방전과정에 이용한 것

으로서, 도핑에 의하여 축적된 전하를 밖으로 방출시킬 수 있다. 2차전지로서의 응용은 이미 폴리아닐린으로 실용화되고 있다.

표 8-5 전자전도성 고분자의 응용분야

응용 분야		구체적인 예
새로운 전도재료		• 우주, 항공용 경량 전도재료 • 전자파 차폐용 복합재료
일렉트로닉스 분야	디스크리이트	• 고체전해 콘덴서 • 전기2중층 캐파시터
	전자부품	• 스윗칭, 비선형소자
	초LSI기술	• 초미세 배선기술 • 전계효과 트랜지스터
정보의 기록 · 기억		• 광기록 재료 • 복사기 • 표시소자
에너지 분야		• 1차전지, 2차전지, 연료전지 • 광전지와 태양전지 • 태양에너지의 변환과 축적
분자레벨의 인식과 제어		• 새로운 센서 • 촉매, 촉매전극 • 신경모델 등 생체기능 재료

실험 예 8-7 폴리(2,5-티엔일렌)을 정극재료로 이용한 아연-요오드 2차전지의 제작

시험용 2차전지의 구성도형을 하나의 예로서 **그림 8-7(a)**에 나타낸다.

그림에서는 음극의 아연판 B, 1cm×1cm의 구멍을 뚫은 스페이서(실리콘고무) D, 양이온교환막 E, 양극의 폴리(2,5-티엔일렌) F 및 백금판 G를 샌드위치 상으로 축적시키고, 글라스 에폭시판 A_1, A_2를 사용하여 양쪽으로부터 볼트로서 부착시켜 전지를 제작한다. 스페이서D_1, D_2의 구멍에는 1M ZnI_2수용액 100μl를 흡수시킨 1cm×1cm의 글라스섬유 여과지 C_1, C_2가 충진되었고, 이것이 음극실, 양극실의 역할을 하고 있다. F에는 20wt%의 탄소분말을 혼입시킨 폴리(2,5-티엔일렌)을 사용한다.

이 전지를 galvanostat를 이용하여 $2mAcm^{-2}$의 정전류에 의한 충전-방전을 행한 결과가 **그림 8-7(b)**이다. 충전은 약 1.36V로부터 시작하여 50분 후에는 1.50V로 된다. 그 사이에, $(2\times10^{-3})\times(50\times60)$=6C의 전기량이 충전되며, 이 전기량은 7.9mg의 요오드 도핑에 상당한다. 충전전압이 1.50V로 된 시점에서 충전을 중지하고, 잠시 방전시킨 후에 2mA의 정전류 방전을 행하면, 방전 개시점의 폐로전압은 약 1.30V로 되며, 47.5분 후에 전압은 1.0V로 된다. 이 사이의 충전시간 t_1과 방전시간 t_2로부터 전류효율은 95%, 더욱 평균충전전압(1.40V)과 평균방전전압(1.25V)으로부터, 에너지효율은 85%로 산출된다.

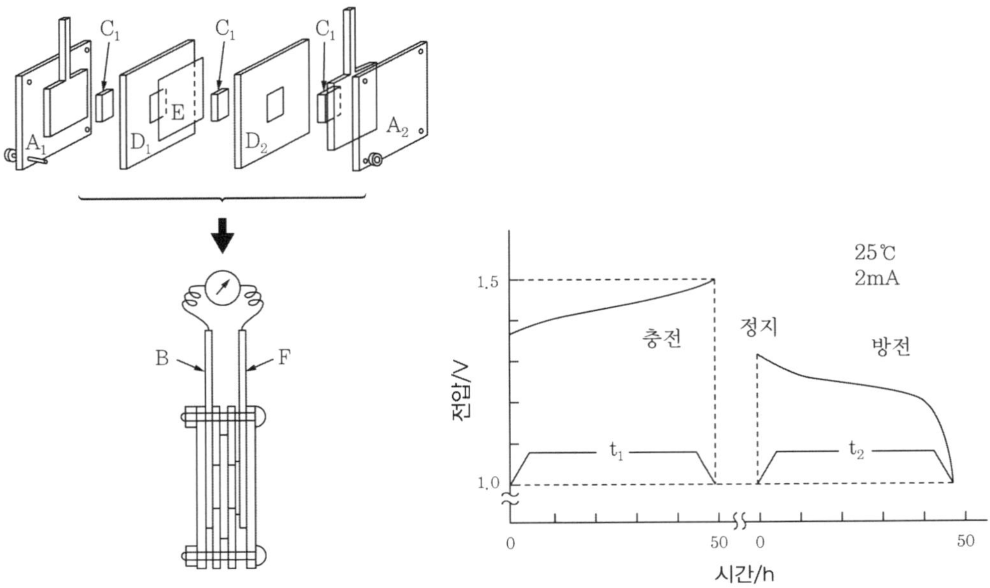

(a) (b)

A : 판, B : 아연판, C : ZnI_2수용액을 함유하는 글라스섬유여과지, D : 스페이서,
E : 양이온 교환막, F : 폴리(2,5-티엔일렌), G : 백금판
(a) 테스트용 전자구성도형, (b) 폴리(2,5-티엔일렌)을 양극으로 사용한 아연-요오드 2차전지의 충전-방전 곡선

그림 8-7 폴리머배터리

전자전도성 고분자의 다른 하나의 응용예로서 일렉트로크로믹소자로의 이용이 있다. 일렉트로크로미즘이란, 전자에너지에 의하여 일어나는 분자의 광학적 성질의 변화를 의미한다. 전자전도성 고분자는, ① 그 광학흡수스펙트럼이 도핑에 의하여 크게 변하고, 또한 그 색의 변화는 가역적으로 많은 회수로서 반복된다. ② 폴리머나 그 유도체의 종류에 따라서 다양한 색조를 발생할 수 있는 것 등으로부터 일렉트로크로믹디스플레이 재료로서 적당한다.

실험 예 8-8 전기화학적 도핑과정의 광학흡수측정

그림 8-8(a)와 같은 각재형태의 글라스셀 내부에, ITO 등의 투명전도성 글라스 상에 폴리(2,5-티엔일렌)이나 폴리아닐린 등의 전도성고분자를 제작한 것과, 대항전극으로 되는 투명전극, 전해질용액을 넣고, 전기화학적 도핑이 가능한 분광용 셀을 구성한다. 한편, 각재형태의

셀에 전자전도성 고분자만을 제외한 꼭 같은 동일의 전극과 전해질용액을 넣은 참조용 셀을 준비한다.

시료에 전기화학적 도핑을 행하고, 평형에 달했을 때, 시료를 함유한 셀 및 시료를 함유하지 않는 셀에 대해서 투과광강도를 측정하고, 양쪽을 비교하는 것에 의하여 흡수스펙트럼이 얻어진다[**그림 8-8(b)**]. 측정할 때, 인가전압을 변화시키고, 도프량을 변화시키면서 흡광도의 측정을 반복하면 좋다.

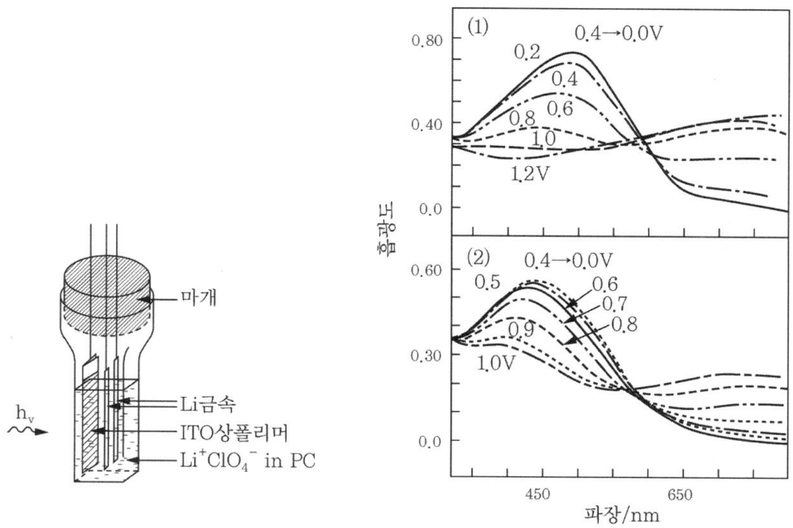

(a) 흡수스펙트럼 측정용 셀 (b) 폴리(3-메틸티엔일렌)막의 in-situ 흡수스펙트럼
(1) CH_3CN/0.1M $TEABF_4$ 용액 중 (2) H_2O/0.1M $NaBF_4$ 수용액 중

그림 8-8 전기화학 도핑과정의 광학흡수측정

전자전도성 고분자는, 앞에서 설명한 바와 같이, 도핑제(dopant)의 첨가에 의하여 전도성이 발현한다. 즉, 불순물반도체적 성질을 갖는다. 따라서 상기의 응용 예 이외에도 전자전도성 고분자를 이용한 반도체재료에의 응용이 빈번하게 행해지고 있다. 전자전도성 고분자는 도핑기술에 의하여, 그의 화학퍼텐셜(Fermi 준위)을 자유로, 게다가 가역적으로 제어할 수 있는 것으로부터, 전자전도성 고분자를 이용한 반도체소자에서는, 그의 특성을 용이하게 변화시키기도 하고, 최적화시킬 수 있다. 반도체소자의 제작에 관해서는, Schottky형 접합소자나, 더욱 그것을 응용하여 광전변환소자나 전계효과형 트랜지스터의 제작 등이 연구되고 있다.

8-3 자성재료

8-3-1 자성과 고분자

자성은 전자스핀과 그의 궤도운동에 의하여 발현된다. 따라서, 불쌍전자를 갖는 원자, 이온 혹은 분자가 자성을 담당하고 있다. 불쌍전자를 갖는 원자, 이온 및 분자가 집합하여 고체를 형성할 때, 불쌍전자간에 작용하는 상호교환작용이 고체의 자기적 성질을 좌우한다. 불쌍전자간의 상호교환작용이 외부로부터 공급되는 에너지에 비하여 무시할 수 있는 경우에는, 불쌍전자의 전자스핀은 여러 가지 배향을 취하는 상자성이지만, 상호 교환작용에 의하여 스핀이 같은 방향으로 배향하는 경우와 반평행으로 배향하는 경우가 있다. 전자는 강자성 상호작용, 후자는 반강자성 상호작용이 작용한 경우이다.

강자성 상호작용이 넓은 범위에서 행해지면 자구가 형성되며, 그것을 자장 중에서 배향시키면 자석으로 된다. 반강자성 상호작용이 작용하면, 스핀이 반평행으로 배열하기 때문에, 일반적으로 자화를 저하시키는 것으로 되지만, 다중항이 다른 화학종(chemical species) 간에서의 반강자성 상호작용은 양쪽의 자기모멘트가 다르기 때문에 외관상은 강자성으로서 작용하는 경우가 있다. 이것은 페리자성(ferrimagnetism)이라고 불리며, 페라이트(ferrite)가 하나의 예이다.

유기화합물은, 일반적으로 구성원자의 전자가 쌍을 이루고 있으며, 자기적으로는 불활성(반자성)이다. 따라서, 유기화합물에 자성발현을 요구하면, 페리라디칼(ferri radical)이나 카르벤(carbene) 등의 불안정 화합물이 대상으로 되기 때문에, 자성재료라고 하는 관점으로부터 전혀 주목되지 않았다. 자성재료에 대한 유기화합물을 주목하면, 자성고무, 자기테이프, 자기디스크 등의 고분자화합물이 다양하게 이용되고 있다. 그러나, 어느것이나 고분자에 무기자성체를 혼합, 도포, 스퍼터링한 것으로서, 고분자자신은 형태보존의 역할을 담당하고 있을 뿐이다. 그러나, 요즈음 고분자자신에 자기기능을 갖는 화합물이 발견되어 주목되고 있다.

8-3-2 자화의 측정과 자성의 판정

1) 자화율

자화율의 측정법에는 각종 방법이 있지만, 자기천칭(magnetic balance)이 가장 널리 이용되고 있다.

자기천칭에 의한 자화율의 측정은, 균일자장에 의한 Gouy법이나 또는 불균일자장을 이용한 Faraday법을 이용하여 행해지지만, 어느것이나 화학천칭을 이용하여, 수직으로 작용하는 힘을 읽고 환산하는 방법이다. 요즈음, 전자천칭이 많이 이용되며, 1㎍의 감도까지 측정할 수 있다.

고분자는 어느것이나 고체로서, 분말화하여 시험관에 충진한다. 자기천칭에 의하여 넓은 온도범위에서 자화율을 측정하고, 그 온도의존성으로부터 자성을 판정한다(그림 8-9 참조).

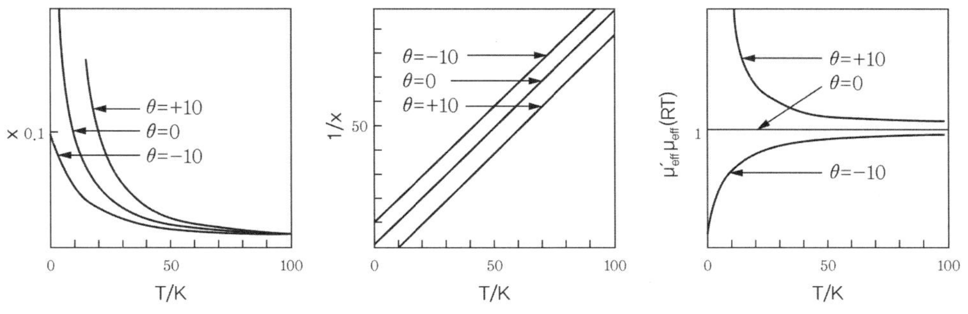

그림 8-9 자성의 온도변화

상자성의 경우에는, 자화율 χ의 온도의존성은 Curie 규칙(χ=C/T, C : 정수)에 따라서 쌍곡선으로 된다. 스핀간에 상호교환작용이 작용하면 Curie-Weiss 규칙[χ=C/(T−θ)]에 따르게 된다. θ가 양으로서 오른쪽으로 이동하는 경우에는 강자성, θ가 음으로서 왼쪽으로 이동하는 경우에는 반강자성 상호작용이 작용하고 있는 경우이다. 실제로는 자화율의 역수와 온도 관계를 조사하는 쪽이 훨씬 판별하기 쉽다. 높은 온도쪽으로부터 외삽시킨 직선이 온도축의 양(+)쪽은 절단하든지, 원점을 통하든지 혹은 음(−)쪽을 절단하는지에 따라서 자기적 상호작용의 존재를 알 수 있다[그림 8-9(b) 참조]. 자기모멘트에 환산하여, 그 온도변화를 조사하면, [그림 8-9(c)]에 나타내는 바와 같이, 더욱 판단이 용이하다. 구체적인 예로서, 가지에 2,2,6,6-테트라메틸피페리딘-1-옥실을 갖는 폴리메타크릴산에스테르의 경우를 사용하여 나타내면 그림 8-10과 같다.

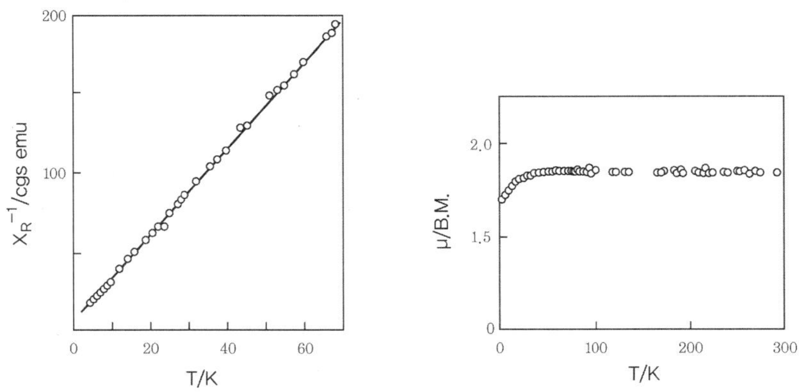

그림 8-10 2,2,6,6-테트라메틸피페리딘-1-옥실을 가지에 갖는 폴리메타크릴산에스테르의 자화율 및 자기모멘트의 온도의존성

이 경우, θ=−2.2K로 되며, 약한 반강자성 상호작용이 불쌍전자간에 작용하고 있는 것을 나타내고 있다. 자기모멘트로 환산하고, 그의 온도의존성을 플롯하면, **그림 8-10**에 나타내는 바와 같이, 10K정도로부터 반강자성 상호작용이 나타나는 것이 확실하다.

상기의 예에서 아는 바와 같이, 자기적 상호작용이 약할 때에는, 상자성적 거동이 약간 수정되는 것에 불과하지만, 불쌍전자간의 상호교환작용이 커지면, 스핀배열이 협동적으로 일어나며, 자화율의 급격한 변화가 관측된다. 스핀이 평행하게 배열하는 경우에는 강자성체가 출현하며, 반평행으로 늘어서는 경우에는 반강자성체로 된다. 공급되는 열에너지를 능가하여, 전자스핀이 평행하게 배열하기 시작하는 온도를 Curie점이라고 말하고, 반평행하게 배열하기 시작하는 온도를 Néel점이라고 말하며, 자기특성이 나타나는 중요한 온도이다.

강자성체나 페리자성(ferrimagnetism)을 나타내는 자성체를 자장 중에 두면, **그림 8-11**과 같이, 자장의 강도를 증가시키는 것에 따라서 자화가 진행되어 포화자장에 달한다.

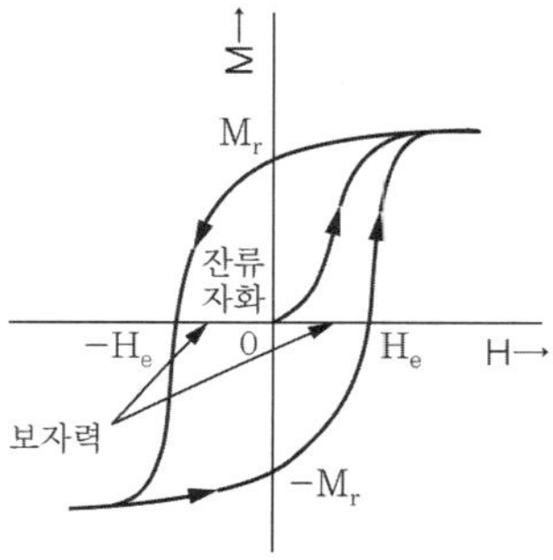

그림 8-11 강자성체의 히스테리시스 곡선

그 후, 자장의 크기를 저하시켜서, 그의 크기가 0으로 되어도 잔류자화 Mr이 남고, 역방향의 자장을 걸어서 비로소 자화는 0으로 된다. 자화가 0으로 되었을 때 역방향 자장의 크기는 보자력 Hc라고 불리며, Mr과 함께 자성체 자화의 크기를 나타내는 중요한 양이다. 더욱 역방향의 자장을 증대시키면, 역방향의 포화자화에 달한다. 이것을 반복시키는 것에 의하여, **그림 8-11**과 같은 히스테리시스곡선이 얻어진다. 이것은, 강자성체 혹은 페리자성체의 생성을 나타내는 중요한 곡선으로서, 자화의 크기를 나타내는 척도로 되기 때문에, 강자성체가 얻어졌을 때에는, 잔류자화와 보자력의 기재가 바람직하다.

유기고분자 자성체 중에는, 스핀의 배열이 서서히 일어나 부분적으로 스핀이 집합한 스핀글라스상태를 취한 것이 있다. 스핀글라스를 생성시키는 데에는 저온에서 단련시킬 필요가 있으며, 수십 시간 방치한 후, 시료를 단련온도보다 낮은 온도로부터 승온시키면서 자화율을 측정하면, 어떤 온도에서 극대가 관찰되는 경우가 있다. 이 극대는 Cusp라고 불리며, 자기질서형성에 시간이 걸릴 때에 생기는 현상이다. 이 현상은, p−클로로페닐아세틸렌이나 p−메톡시페닐아세틸렌을 Rh계 촉매로서 중합시켜 얻어진 전시스형폴리머를 열처리한 것으로 관측되고 있다.

2) 전자스핀공명

자성체는 어느 것이나 불쌍전자를 갖기 때문에, 소량의 샘플일지라도 ESR스펙트럼이 관찰된다. 고분자는 결정성인 경우가 많고, 분말시료로서 측정한다. 이 때, 스핀간에 작용하는 상호교환작용에 의하여, g=2.00당 예민한 1중선으로 관측되지만, Curie점이나 Néel점에 가까운 온도에서는, 스핀클러스터를 형성하는 자발자화로 인하여, g=2.00으로부터 벗어난 곳에 넓은 흡수가 나타난다. 강자성체로 되면, 자발자화는 더욱 진행되며, 자구가 형성된다. 따라서 자성체 내부에 커다란 자화장이 생성되기 때문에, g=2.00으로부터 크게 떨어진 곳에 새로운 시그널이 관측된다. 이것은 강자성공명이라고 불리는 것으로서, 시료의 형상에 의하여 공명자장이 다르다고 하는 특징이 있다. 현재까지 강자성공명이 관측된 예는 없지만, 강자성체 혹은 페리자성체라고 결론지을 수 있는 고분자에서는 이와 같은 측정이 바람직하다.

8-3-3 자성특성을 나타내는 고분자

현재까지 보고되어 있는 고분자자성체를 그의 구조로부터 분류하면, 다음과 같이 3종류의 형태가 있다. ① 주사슬공액형 고분자, ② 평면망상형 고분자, ③ 금속함유 고분자

1) 주사슬공액형 고분자

아세틸렌이나 디아세틸렌유도체는, 중합하면 다음과 같은 주사슬구조를 갖는 고분자로 된다.

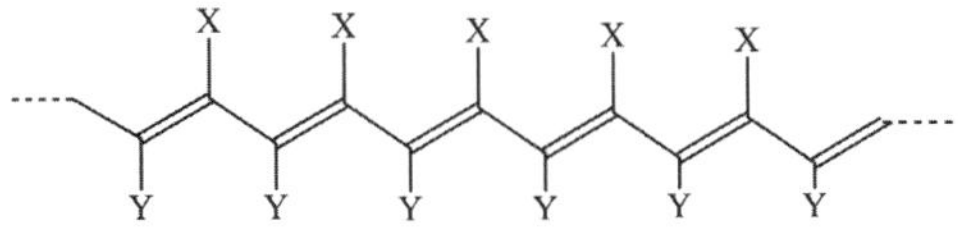
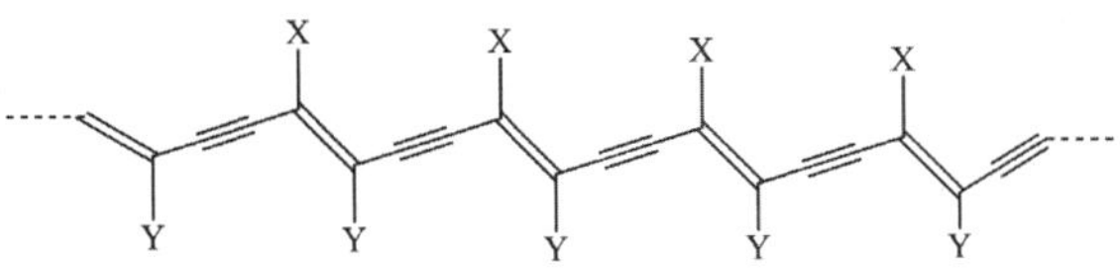

이와 같은 주사슬공액형 고분자의 X 또는 Y에 프리라디칼을 갖는 치환기를 도입하면, 이론적으로 디중항고분자로 되는 것이 예상되기 때문에, X 또는 Y의 안정한 라디칼을 갖는 고분자가 합성되고 있다. 현재 합성되어 있는 고분자에는 아래와 같은 것이 있지만, 강자성적 거동을 나타내는 것은, 페르다질기를 파라위치에 갖는 폴리페닐아세틸렌(21e)의 경우로서, 포화자화 0.18emug^{-}, 잔류자화 60 Oe를 가지는 자성고분자가 얻어지고 있다.

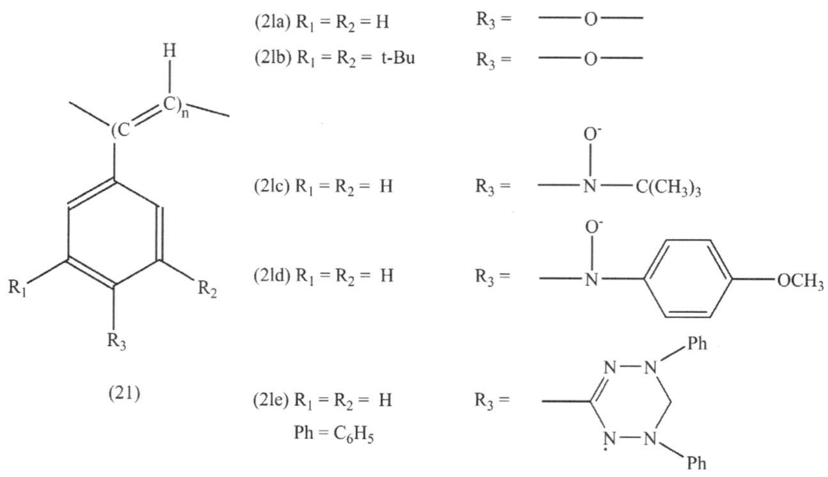

주사슬이 포화탄소사슬로 형성된 경우에는 같은 라디칼을 가지에 가지고 있어도 약한 반강자성 상호작용밖에 관측되지 않으며, 자성고분자재료의 분자설계에 하나의 지침을 제공하고 있다.

가지에 불쌍전자를 갖지 않는 경우에서도, 입체규칙성의 폴리(p-치환)페닐아세틸렌 중에 자기특성 고분자가 발견되고 있다. p-클로로페닐아세틸렌이나 p-메톡시페닐아세틸렌은, Rh계 촉매로서 중합하면, 100% 시스구조로 형성되는 고분자로 된다. 이 고분자를 150℃ 이상으로 가열하면, 불쌍전자가 현저하게 증대한다. 이것을 장시간 77K로 방치해 두면, 자연히 자기모멘트가 증대하는 것이 발견되고 있다. 이것은 ESR측정에서도 확실하며, 시간과 함께 시그널은 저자장으로 시프트하면서, 강도의 현저한 증대가 관측되었다. 이것은, 불쌍전자의 스핀이 배향된 부분이 생성되고, 스핀글라스상태로 되기 때문이라고 생각되고 있다.

1,4-비스(2,2,6,6-테트라메틸-4-옥시피페리딘-1-하이드록실)부타디엔(22)은, 열 또는 빛에 의하여 중합되어 흑색분말로 된다. 불용불융이기 때문에, 그의 구조는 잘 알 수 없지만, 적외흡수스펙트럼 등으로부터 다음의 중합반응이 일어나고 있다고 추정되고 있다. 얻어진 고분자의 일부에, 자석에 응답하는 부분이 존재하며, 그 자기적 거동이 조사되고 있다. 10K 이하에서는 상자성성분의 영향이 가해지며, 포화자장의 존재는 확실하지 않지만, 25K에서는 수천G에서 포화되고, 포화자화가 약 0.01 emu/g으로 되어 있다. **그림 8-24**에 나타낸 바와 같이, 2,2,6,6-테트라메틸피페리딘-1-옥실을 가지로 갖는 폴리메타크릴산에스테르에서는, 약한 반강자성밖에 얻어지지 않는 것을 고려하면, 주사슬에 공액계를 갖는 고분자인 것은 강자성을 나타내는 하나의 인자인 것을 나타내고 있다.

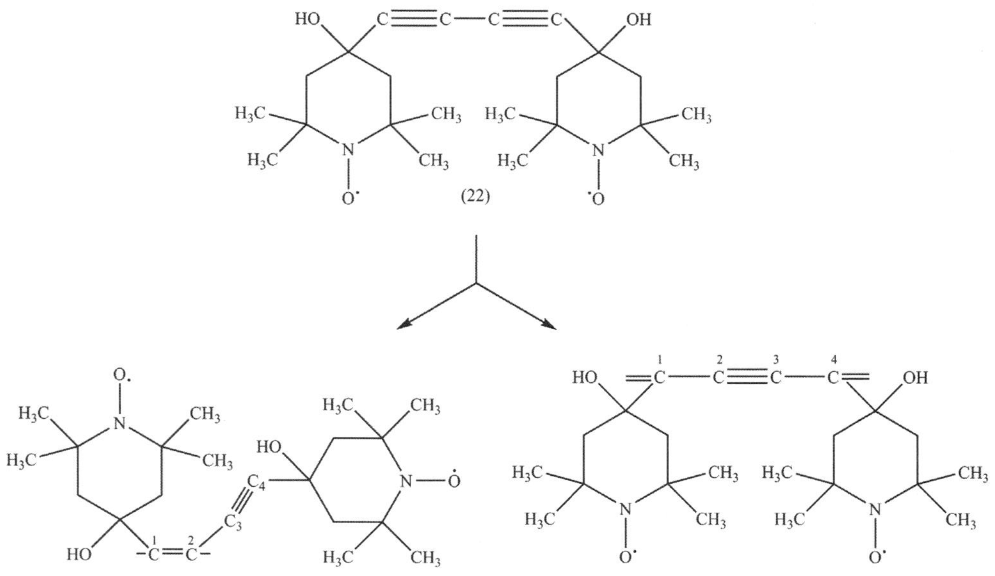

(22)

(23) (24)

선상공액고분자는 아니지만, π-전자가 부분적으로 펼쳐진 인디고단위를 주사슬에 갖는 고분자(25)가 합성되었으며, 그의 일부(10% 정도)에 자석으로 응답하는 부분이 발견되고 있다. 자성을 나타내는 부분의 포화자화는 0.7emu/g이고, 보자력은 120 Oe를 나타낸다고 보고되어 있다. 인디고단위에 대해서 살펴보면, 상온에서 3중항 비라디칼로서 존재하는 것에 의하여, 3중항 인디고단위가 상호교환작용을 통하여 다중항을 형성하며, 자성발현에 이른다고 생각되고 있다.

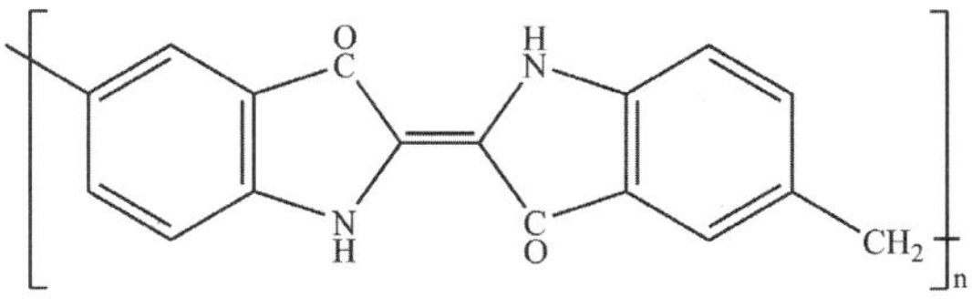

(25)

2) 평면망상형 고분자

트리아미노벤젠을 요오드와 반응시키면, 흑색 불용성의 고분자(26)가 생성된다. 이 때, 극히 소량이지만, 강자성체로서의 자성을 나타내는 것이 존재하는 것으로 발견되었다. 이 고분자도 불용불융이기 때문에, 그의 구조는 명백하지 않지만, 다음과 같은 평면망상형 고분자라고 추정되고 있다.

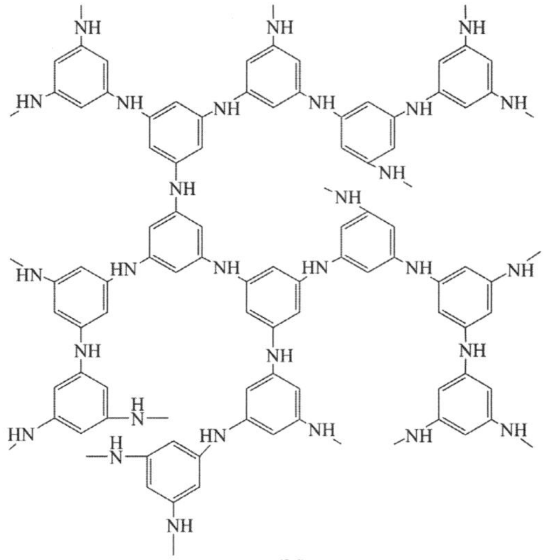

(26)

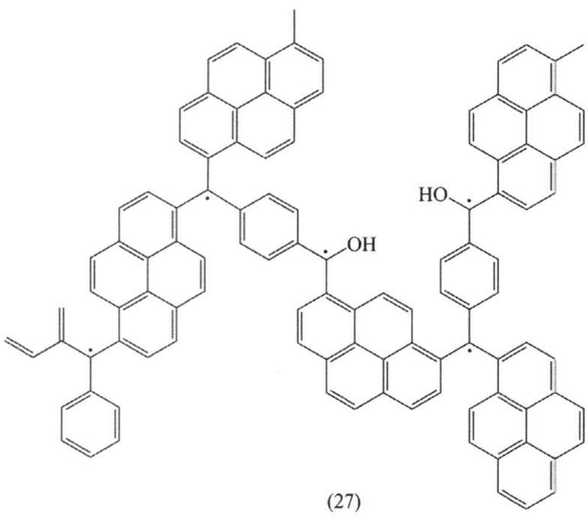

(27)

강자성을 나타내는 부분의 자화의 자장의존성이나 온도의존성을 조사하면, 자화곡선에 히스테리시스가 확인되며, 실온에서 강자성체로 되어있지만, 일단 420℃이상으로 승온시키면, 실온으로 되돌려도 자화는 회복되지 않는 것에 의하여, 고분자의 비가역적인 분해가 일어나는 것이라고 생각되며, 유기고분자 자성체의 증거로 되어있다.

피렌과 방향족알데히드의 축합중합으로 얻어지는 축합다환방향족수지[COPNA수지(27)] 중에 자석에 감응되는 부분의 존재가 발견되고 있다.

중합반응을 자장 중에서 행하면, 얻어진 수지의 강자성은 증대하며, 보다 강하게 자석에 끌리게 된다. 또한, 일단 얻어진 수지를 200℃로 가열하든지 또는 광증감제를 사용하여 탈수소하면, 보다 강한 자성을 나타내며, 포화자화 5emu/g, 보자력 200 Oe를 나타내는 강자성체로 되는 것이 보고되어 있다. 이 폴리머도 불용불융이기 때문에, 그의 구조는 확실하지 않지만, π−공액계가 2차원으로 확대된 망상고분자(27)라고 추정된다.

이 COPNA수지를 활성탄과 혼합하고, 1000℃에서 24시간 방치한 것은, 자화가 600배로 증대하며, 명백한 히스테리시스곡선을 나타내는 것으로 발견되었다. 이것을 1000℃이상으로 처리하면, 처리온도와 함께 자화율은 감소하고, 1200℃로서 처리한 것은 자성을 나타내지 않게 된다. 유사한 현상은, COPNA수지에 한정된 것이 아니다. 폴리염화비닐이나 폴리아크릴로니트릴과 같은 열처리에 의하여 탄소섬유를 생성하는 것일지라도, 활성탄과 혼합하고, 1000℃로서 열처리하면, 고분자자성체가 얻어지는 것으로 보고되어 있다. 이것은 1000℃로 가열하기 때문에, 고분자는 흑연으로 전환되지만, 활성탄이 존재하기 때문에, 급격한 흑연화가 억제되며, π−전자가 크게 확대된 디환방향족수지가 생성되기 때문이라고 생각되고 있다.

페놀−포름알데히드수지에서는, 활성탄을 첨가하지 않아도, 1000℃로 가열하는 것만으로 강자성을 나타내는 고분자가 얻어진다는 보고도 있다.

고분자를 열처리하지 않아도, 트리페녹시트리아진(28)과 아래에 나타내는 것과 같은 질소를 함유한 화합물[(29)~(33)]을 가열처리하여 생성된 고분자화합물이나 아다만탄의 가열 CVD(1000℃)에 의한 생성물 중에 명확한 히스테리시스곡선을 나타내는 강자성체가 발견되고 있으며, 자성재료로서의 전개가 기대되고 있다.

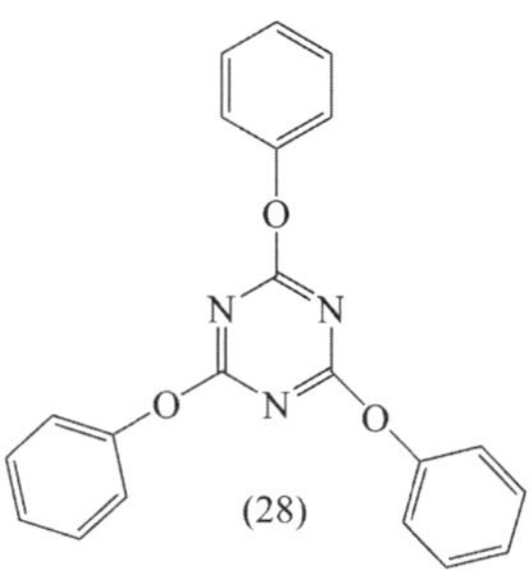
(28)

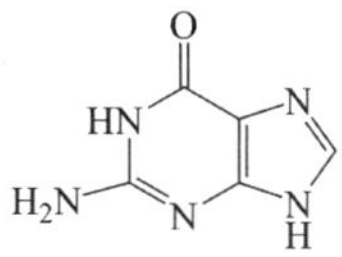
(29)

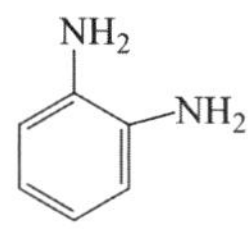
(30)

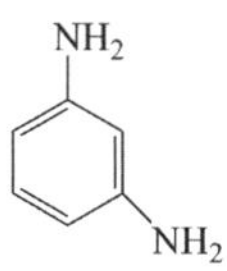
(31)

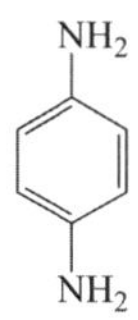
(32)

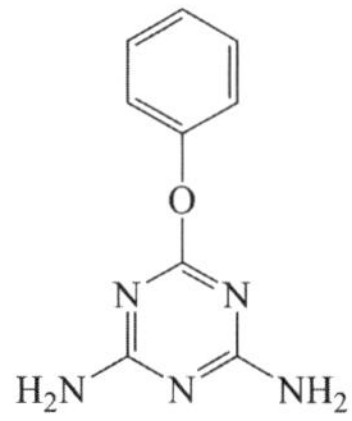
(33)

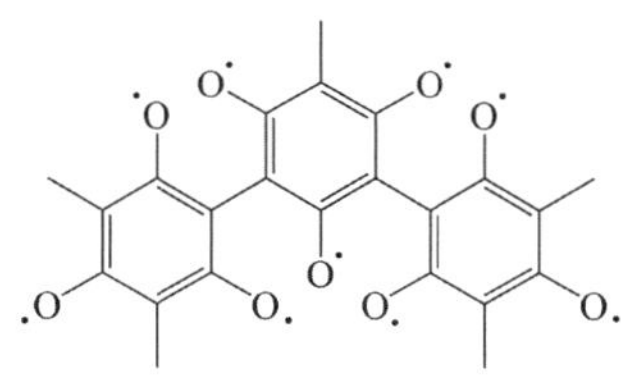
(34)

1,3,5-트리스아조시클로헥산을 가열하면, 폭발적으로 중합하여 흑색의 고분자물질로 되며, 얻어진 분말 중에 자석에 응답하는 부분의 존재가 발견되었다. 이 경우도 불용불융으로서, 그의 구조는 잘 알 수 없지만, π-전자가 평면에 확대된 평면망상형 고분자(34)라고 추정되고 있다.

3) 금속함유 고분자

아래에 나타내는 바와 같이, 다른 다중항을 가지고 상자성금속이온을 주사슬에 가지는 배위고분자가 합성되어 있다. 이와 같은 고분자에서는 주사슬에 존재하는 π-전자계를 통하여 금속이온간에 상호교환작용이 일어난다. 이 때, 반드시 강자성 상호교환작용이 일어날 필요는 없고, 반강자성 상호작용으로도 다중항이 다르기 때문에 페리자성(ferrimagnetism)으로 되며, 결과적으로 강자성체로 되는 것이 기대된다.

상기의 고분자는 어느것이나 Mn^{II}(S=5/2)와 Cu^{II}(S=1/2), Ni^{II}(S=1) 혹은 니트로닐니트록사이드(S=1/2)간에서 각각 강한 반강자성을 나타내지만, 그 이온간에 다중항의 차가 있기 때문에 페리자성으로 되며, 저온에서는 4.6K, 14K, 5.3K로 Curie점을 갖는 것이 보고되어 있다.

상자성 금속이온을 가지에 갖는 고분자도 합성되어 있지만, 통상 불쌍전자간의 상호작용은 약하고, 상자성인 경우가 많다. 그러나, 가지에 포르필린 상자성 금속이온을 갖는 고분자(38)에서는, 포르필린고리에 상호작용을 통하여, 상자성 금속이온간에 자기적 상호작용이 작용하는 것이 발견되고 있다. 그의 크기는 금속이온에 따라서 다르지만, Ag^{2+}나 $V^{IV}O^{2+}$의 경우에는, 유기라디칼을 가지에 갖는 폴리메타크릴산에스테르 보다는 큰 반강자성적 상호작용을 갖는 것이 보고되어 있다. 다른 상자성 활성을 갖는 공중합체도 제조되어, Cu^{2+}와 VO^{2+}를 갖는 경우에는 강자성적 거동을 나타내는 부분의 존재가 확인되고 있다.

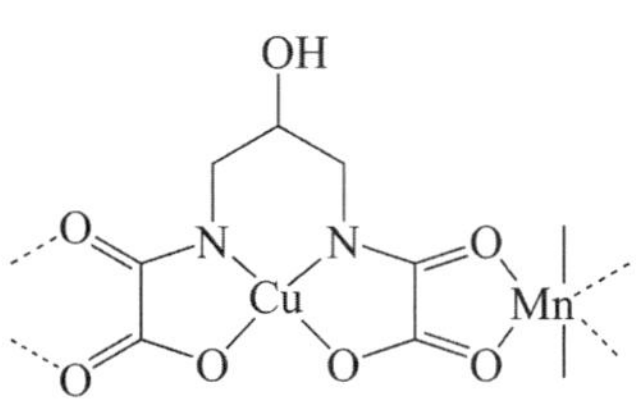

(35)

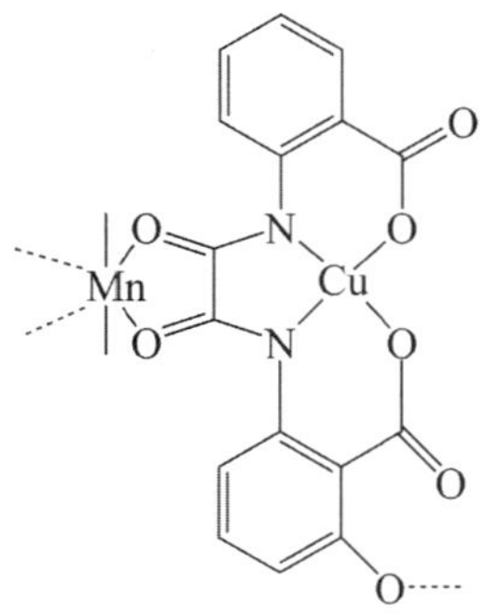

(36)

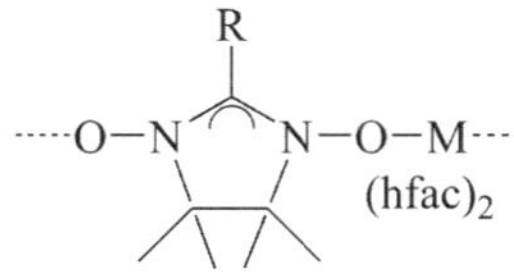

(a) R : CH_3, M : Ni

(b) R : $CH_2CH_2CH_3$, M : Mn

hfac=헥사플루오로아세틸아세톤

(37)

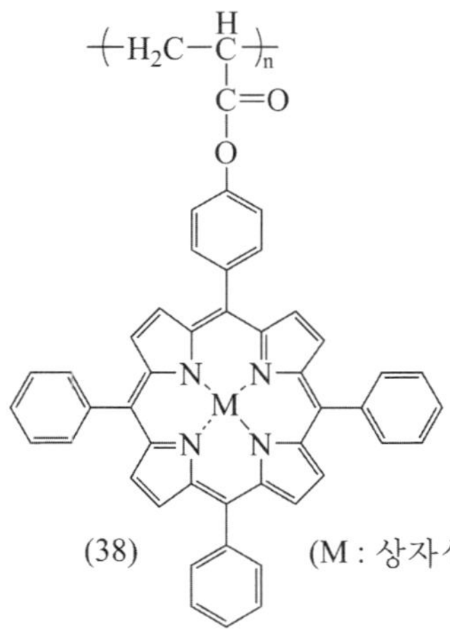

(38) (M : 상자성이온)

Chapter 09

무기 고분자재료

9-1 탄소섬유

9-1-1 탄소의 동소체와 탄소화의 과정

원자번호 6의 탄소(C)원자가 모여서 형성되어 있는 섬유가 탄소섬유이다. 따라서, 탄소섬유는 탄소동소체의 1종류라고 볼 수 있다.

잘 아는 바와 같이, 탄소원자는 3종류의 전자상태 즉, sp^3, sp^2, sp를 취할 수 있으며, 각각 4방탄소, 3방탄소, 2방탄소라고 불린다. 이들 3종류의 탄소원자에 대응하여, **표 9-1**과 같은 전형적인 구조를 갖는 동소체가 존재한다.

표 9-1 탄소의 동소체

전자상태	전형적인 구조	전이상태 구조
sp^3	다이아몬드(Diamond)	무정형탄소 (난층구조탄소)
sp^2	흑연(Graphite), 플러렌(Fullerene)	
sp	카르빈(Carbyne)	

탄소동소체의 더욱 커다란 특징은, 이들의 전형적 동소체 이외에 넓은 의미의 무정형탄소라고 불리는 전이상태의 탄소가 존재하는 것이다. 탄소섬유의 대부분은, 이것에 분류된다. 이 전이상태의 탄소 구조는, 천차만별이지만, 그의 주체를 이루는 것은, 난층구조라고 불리는 것으로서, **그림 9-1(b)**에 나타내는 바와 같이, 불완전한 흑연평면이 층상으로 누적된 구조를 취한다. 흑연과 난층구조의 탄소를 구별하는 X선적인 지표는, 112면의 회절선이 전자에서는 확인되지만, 후자에서는 확인되지 않는 것이다.

인공적으로 탄소의 동소체를 형성하는 방법은 여러 가지로 분류되지만, 탄소섬유에 한정하면 유기물원료를 가열하는 것이다. 유기물원료가 가열에 의하여 탄소로 변하는 과정을 **그림 9-2**에 나타냈다.

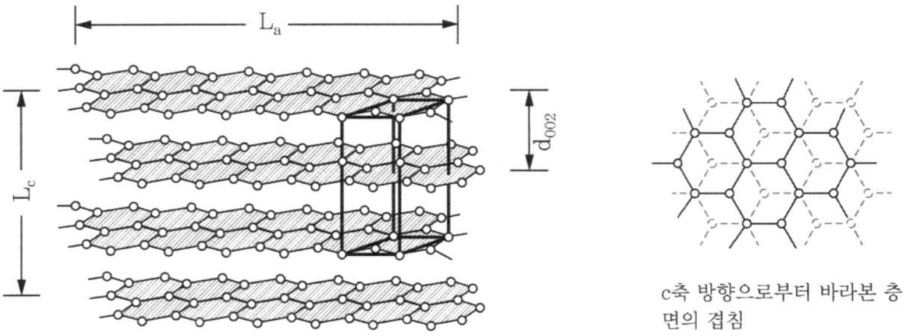

(a) 흑연구조

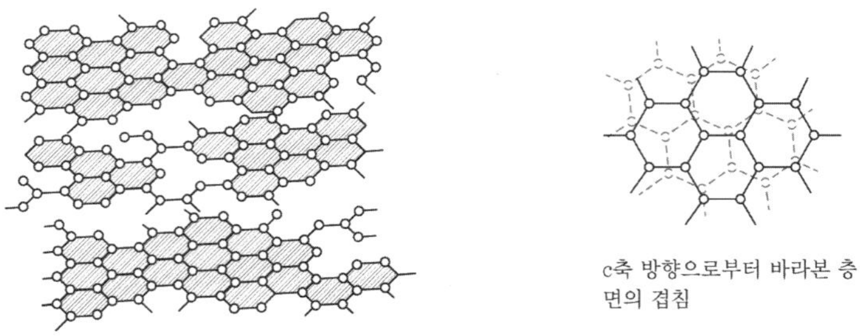

(b) 난층구조

그림 9-1 흑연구조와 난층구조

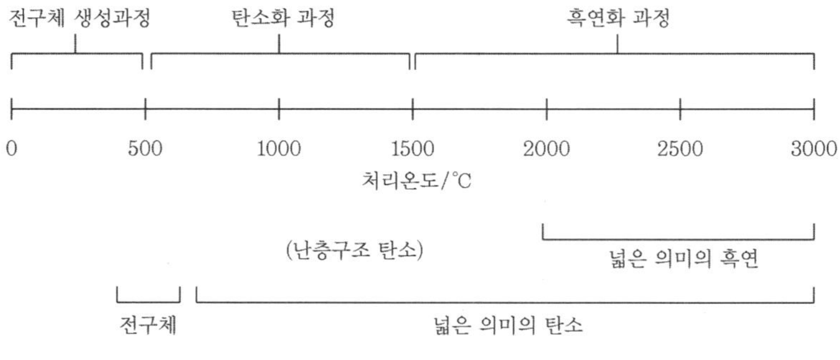

그림 9-2 유기화합물의 가열변화

그림 중의 전구체란, 이미 연화용융할 수도 없고, 그 후 탄소구조의 직접적인 바탕을 이루는 것을 나타낸다. 그 생성과정에서는 원료화합물의 고리화, 방향족화, 고분자량화 등이 주반응으로 된다. 탄소화과정에서는 수소, 일산화탄소, 기타 다른 종류 원소의 탈리 등의 화학변화를 동반하며, 공액계의 확대와 적층구조의 정리가 진행하여 난층구조로 된다. 여기서 실질적으로 탄소원자로부터 형성되는 물질이 생성된다. 흑연화의 과정은, 화학변화를 거의 포함하지 않는 결정성장이라고 하는 물리적 변화이다.

일반적으로, 탄소화는 1000~1500℃에서 완료되며, 그 이상의 온도에서 흑연화과정으로 이동한다. 흑연화과정에 있어서 결정성장의 속도는, 2000℃를 넘어서 상승하여 3000℃정도로 가속된다. 이 과정에서는, 외력 특히 전단력을 가하는 것에 의하여, 보다 용이하게 결정성장이 촉진된다.

탄소섬유의 최고처리온도는, 1000~3000℃로서, 그의 구조를 보다 흑연구조로 근접될 때에는, 선택적 배향성을 갖는 전구체가 형성되고, 최종처리온도를 높이는 것이 효과적이다.

9-1-2 탄소섬유의 분류와 제법

1) 사용목적 및 특성에 의한 분류

탄소섬유에는, 표 9-2에 나타내는 바와 같이, 사용목적에 따라서 3종류로 분류된다.

표 9-2 탄소섬유의 분류(I) (특성별)[*1]

종류	특징(E : 인장탄성율, σ : 인장강도)
고성능 탄소섬유 (HPCF)	비강도가 6.5×10^6cm, 비탄성율이 6.5×10^8cm 이상의 보강용 탄소섬유 (E〉120GPa, σ〉1.2GPa)
고강도 제품 (HTCF)	E : 220~260GPa, σ : 33GPa 이상 (현재, 최고의 σ는 상품으로서 7GPa)
고탄성율 제품 (HMCF)	E : 400GPa, σ : 2GPa이상 (현재, 최고의 E는 상품으로서 800GPa)
중간 탄성율 제품	E : 300GPa이상, σ : 5GPa이상
범용 탄소 섬유 (GPCF)	전도, 내열, 내식성을 중요시한 섬유재료 E : 40~100GPa, σ : 0.5~1.0GPa
활성 탄소섬유 (ACF)	전도, 내식성의 섬유상 활성탄 비표면적 : 700~2500m^2/g, 체적저항율 : 1~2$\times10^{-2}\Omega$cm σ : 70~500MPa

[*1] 흑연의 이론탄성율은 1020GPa, 이론강도는 180GPa

고성능탄소섬유(high performance carbon fiber)는 항공, 우주공학용을 비롯하여 첨단복합재료용의 보강섬유이다. 따라서, 특성적으로 본 주요한 문제점은 비강도, 비탄성율의 크기이다. 그 중에서는 고강도를 특징으로 하는 고강도제품(HTCF, high tenacity carbon fiber)과, 고탄성율을 특징으로 하는 고탄성율제품(HMCF, high modulus carbon fiber)이 있다. 요즈음, 고강도이고, 게다가 고탄성율인 상품의 개발이 진행되기에 이르러, 중간탄성율제품(IMCF, intermediate modulus carbon fiber)은 그의 첫 걸음이다.

범용탄소섬유(GPCF, general purpose carbon fiber)는, 첨단복합재료용이 아니고, 전도성, 내열성, 내식성 등을 겸비한 섬유재료로서의 용도를 목적으로 하고 있다. 고온내열성의 단열재료, 연료전지용전극, 접동성과 내식성을 증가시킨 패킹류, 혹은 낮은 가격으로 유인한 시멘트 보강용 등이다. 앞으로의 방향은 더욱 가격의 저감과 특성의 향상을 개선하는 것이라고 생각된다.

활성탄소섬유(ACF, activated carbon fiber)는 용제회수, 기타의 일반적 목적 이외에, 2차전지에 대체되는 소형대용량 축전지의 전극으로서 주목되고 있다. 그 목적을 위해서 기계적 강도와 전도성의 저하를 방지하면서 커다란 비표면적을 갖도록 조정하는 것이 중요하다.

2) 원료에 의한 분류와 제법

현재, 실용화되고 있는 탄소섬유의 원료별 분류를 표 9-3에 나타냈다.

표 9-3 탄소섬유의 원료별 분류

원료	탄소 섬유의 종류			
	HTCF	HMCF	GPCF	ACF
PAN	◎*2	○	–	○
핏치	○	○	◎*2	○
기타*1	–	–	○*1	○

*1 레이온, 페놀수지계

*2 ◎은 주요제품을, ○는 시판되고 있는 것을 나타낸다.

가장 생산량이 많은 HPCF, 특히 HTCF의 원료는 거의 대부분이 폴리아크릴로니트릴(PAN)섬유이다. PAN섬유를 원료로 하는 경우에는 우선, 용해되지 않는 안정한 섬유를 제조하고, 그 후 탄소화시킨다. 안정화를 위해서는, 공기 중에서 250℃ 부근까지 가열하지만, 이 과정에서 과도한 연신조작에 의하여 원료고분자를 섬유축방향으로 고도로 배향시켜 두는 것이 가장 중요한 점이다. 최종탄소화온도는 1500℃부근이기 때문에, 그림 9-2에 나타낸 바와 같이, 난층구조를 갖는 탄소질섬유이다. HMCF는 뒤에서 설명하는 바와 같이, 섬유측방향으로 고도로 배향시킨 흑연결정에 가까울수록 바람직하다. 따라서 PAN계에서는, HTCF를 더욱 2000℃이상으로 가열하여 제조한다. HMCF의 다른 하나의 유력한 원료는 결정상 핏치섬유이다. 핏치란, 석유, 콜타르 등의 가장 중요한 성분의 총칭으로서, 4~5개 고리의 축합다환 방향족의 복잡한 화합물이다. 최근에는, 나프탈렌의 중합 등에 의한 합성핏치도 생산되고 있다. 이들의 원료를 가열하면, 400℃ 이상에서 결정상태로 되며, 500℃ 이상에서 고체인 소위 코크스로 된다. 핏치계의 HPCF는, 이 결정상 핏치를 방사하고, 공기산화에 의하여 불용불융의 섬유를 변화시킨 후, 탄소화 및 흑연화시킨다.

GPCF의 원료는, 결정상태가 아닌 핏치, PAN, 레이온, 페놀수지계 등의 선택적 배향성이 없는 각종의 섬유로서, 기본적 공정은 HPCF와 같다.

활성탄은 일반적으로 배향성이 없는 무정형탄소를 700~1000℃의 온도에서 공기, 수증기 등과 접촉시키고, 산화에 의한 에칭을 행하는 것에 의하여 제조한다. 이 조작을 부활이라고 말한다. ACF의 경우도, GPCF를 전구체로 하고, 이것을 부활시켜 제조한다.

9-1-3 구조와 특성과의 관계

기계적 특성에 대해서는, 이미 **표 9-2**에 표시했기 때문에, **표 9-4**에 각종 탄소섬유의 특성 이외의 대표적 특성을 정리하여 나타냈다.

표 9-4 각종 탄소섬유의 특성[*1]

특성	GPCF	HTCF	HMCF
밀도/gcm^{-3}	1.58~1.65	1.80~2.15	1.76~1.82
체적저항율/$\mu\Omega$ cm	50~150	0.7~0.8	1.0~1.3
열팽창계수/10^{-6}K 섬유축 방향 직경 방향	 +1.7~+5 –	 −0.5~−1.7 +10~+13	 −0.1~−1.5 +5.5~+8.1
열전도율/$Wm^{-1}K^{-1}$	–	6.5	85

*1 기계적 특성에 대해서는 **표 9-2** 참조

밀도는, 가장 난잡한 무정형구조를 취하는 GPCF가 가장 작고, 배향성이 있는 난층구조를 취하는 HTCF나, 보다 흑연화가 진행된 HMCF로 될수록 커진다. 그러나, 아직 흑연결정의 2.26g/cm^3에는 달하지 않는다.

전도성의 크기도 정성적으로는 밀도와 같은 경향을 나타낸다. 열팽창계수에 있어서는, HMCF에서 직경방향에 양(+)의, 섬유측방향에 음(−)의 값을 나타내는 것이 특징적이다.

이들의 기계적 특성을 비롯하여 여러 가지 성질을 지배하는 인자가 모두 밝혀져 있지는 않지만, 각종 탄소섬유의 기본구조에 있어서의 개념적 모델과 그 요점을 **그림 9-3**에 나타냈다.

HPCF에서는, 리본상의 방향족 평면의 적층으로 형성되는 미소섬유(fibril)가, 섬유축방향에 고도로 배향된 구조를 취한다. 탄성율은, 탄소평면의 폭 La와 적층의 두께 Lc가 크고, 더욱 축방향으로의 선택적 배향성이 좋은 것일수록 커진다. 이것은, 구조로서는 될 수 있는 한 흑연구조에 가까운 것이 바람직한 것을 나타내고 있다.

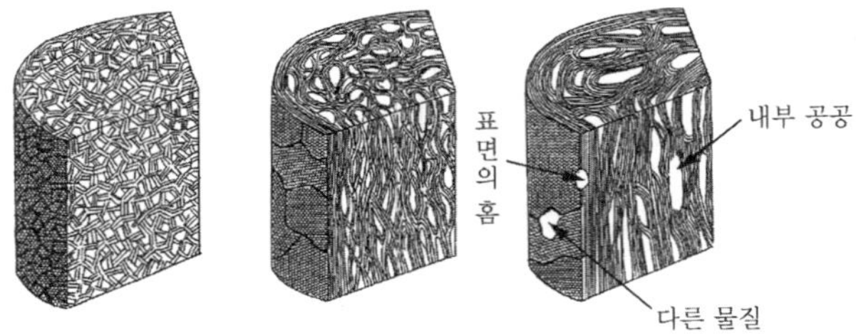

	(a) GPCF	(b) HTCF	(c) HMCF
밀도/gcm^{-3}	1.58~1.65	1.76~1.82	1.80~2.10
내부공공경/nm	0.5~0.8	0.8~1.0	1.5~2.0
배향도 π	거의 0	약 0.8	약 0.9
적층두께 L_c/nm	0.6	1.0	2.0

그림 9-3 각종 탄소섬유의 기본구조에 있어서의 개념적 모델

PAN계에서 탄성율을 600GPa정도로 하기 위해서는, 2500~3000℃를 필요로 한다. 이 점에서는, 평면분자로 형성되는 액정상 핏치를 원료로하는 쪽이, 흑연구조를 취하고 쉽고, 커다란 탄성율을 실현하기 쉽다. 그러나, 이와 같은 구조는, 한쪽에서 적층간의 틈이나 결함이 커지는 경향이 있으며, 인장강도, 압축강도, 전단강도 등이 저하하는 경향이 있다.

강도를 지배하는 인자 중에서, 영향이 가장 크다고 알려져 있는 것은, 섬유표면 및 내부의 다른 물질, 대소의 결함이나 공경 등의 존재이다. 이들이 파괴에 있어서 균열의 개시점으로 되기 때문이다. 고도의 선택적 배향성을 가지면서, 이들의 결함을 적게 하기 위해서는, 고순도 원료섬유의 사용, 안정화과정에 있어서 배향성의 부여, 먼지가 없는 분위기에서의 조업, 게다가 적층구조를 어느 정도 이상으로 성장시키지 않는 처리온도의 설정 등이 중요하다고 생각된다. 이상은 기본구조에 가까운 미소구조에 있어서의 고찰이지만, 조금 더 거시적인 섬유단면의 조직이나, 섬유간의 융착현상(분섬성) 등도, 단섬유나 섬유다발의 특성에 크게 영향을 미친다.

HPCF에 있어서는, 그 대부분이 수지와의 복합재료로서 사용된다. 따라서, 수지와의 계면상태에 크게 관계하는 섬유표면의 상황과 표면처리가 중요과제의 하나로 된다.

9-1-4 탄소섬유의 주요한 구조해석법과 2, 3가지의 결과

표 9-5에 탄소섬유의 구조해석에 사용되는 주요한 연구수단을 나타냈다.

구조해석의 제1과제는, 적층구조의 발달정도와 배향성의 파악이다. 이들에 대해서는, 광각X선회절이 가장 총괄적인 특징을 정량적으로 나타낸다. **그림 9-4**에, 3종류 섬유의 X선회절사진을 모델적으로 나타냈다. 이들의 측정으로부터, 층간격 d_{002}, 적층의 두께 Lc, 및 섬유축방향으로의 배향도 π가 구해진다. 대표적인 결과의 예를 그림 중에 같이 나타냈다. 배향도로서는, 적도선상의 회절의 debye 고리에 따라서 측정된 강도의 반치폭 H/deg를 구하고, 다음 식에서 얻어진 π값을 배향도의 초점으로 하는 경우가 많으며, 엄밀하게는 별도의 제안이 있다.

$$\pi = (180 - H)/180$$

소각의 X선산란에서는, 섬유 중에 존재하는 미소한 공경의 기하학적 형상, 표면적, 공극율 등에 있어서의 정보가 얻어진다. 예를 들면, 공공의 직경에 있어서의 결과에 의하면, 탄소화온도가 1000℃부근의 것에서, 5~8Å, 2000℃ 부근에서 8~12Å, 3000℃ 부근으로 되면, 15~20Å으로 된다.

표 9-5 구조해석의 주요한 수단[*1]

	배향성	결정성장	조직	다른 물질	공공결함	표면
반사형 편광현미경	◎	○	○	○	–	–
주사형 전자현미경	○	○	◎	◎	○	◎
투과형 전자현미경	◎	◎	◎	○	○	–
광각 X선회절	◎	◎	–	○	–	–
소각 X선산란	○	–	–	–	◎	–
라만 분광	–	○	–	–	–	○
X선 광전자분광	–	○	–	○	–	◎
자기저항	○	◎	○	–	–	–

*1 ◎ : 주요한 방법, ○ : 주요하지 않지만, 유효한 방법

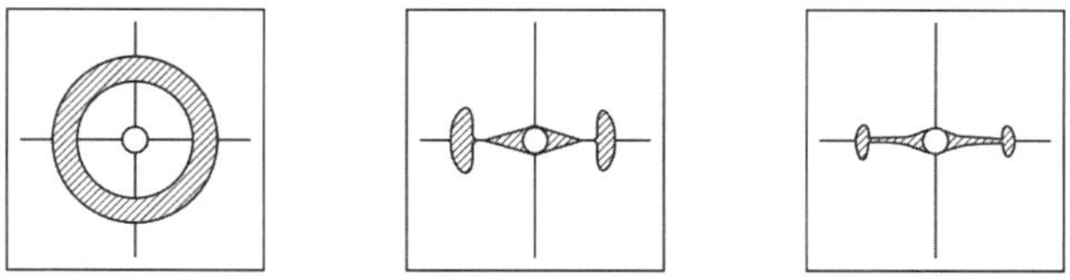

얻어진 파라미터의 예	(a) GPCF	(b) HTCF	(c) HMCF
π	0	0.80	0.92
d_{002}	0.345nm	0.348nm	0.342nm
L_c	0.6nm	1.0nm	2.0nm

그림 9-4 각종 탄소섬유의 광각X선에 의한 Laue사진과 얻어진 파라미터의 예

각종의 현미경 관찰도 배향성을 중심으로 한 섬유의 조직, 다른 물질의 존재 등, 정보를 얻기 위한 중요한 수단이다. 가장 거시적인 관찰을 주목적으로 하는 것이, 단면의 편광현미경 관찰이고, 이어서 주사형 전자현미경, 투과형 전자현미경이며, 가장 미세한 구조를 대상으로 하

는 것이 투과형 전자현미경, 특히 격자상의 관찰이다. 이들 이외에 자기저항, 라만분광, X선광전자분광 등도 각각의 입장으로부터 결정성장의 정도, 즉, 적층구조의 발달정도를 나타낸다.

자기저항이란, 자장 B를 인가했을 때의 비저항 ρ(B)와, 인가하지 않았을 때의 비저항 ρ(0)간의 비저항의 변화율 $\Delta\rho/\rho=[\rho(B)-\rho(0)]/\rho(0)$로서 표시된다. 자기저항을 탄소층면의 방향에 의하여 강한 이방성을 나타내며, 선택적 배향성의 파라미터이다. 일반적으로, 흑연구조에서는 양(+)의, 난층구조에서는 음(−)의 값을 나타낸다.

라만분광에서는 1580cm^{-1}와 1360cm^{-1}에 2개의 라만밴드를 나타낸다. 거의 완전한 흑연결정에서는 1580cm^{-1}에 1개의 밴드를 나타내고, 흑연층면을 형성하는 2차원6방격자의 진동에 귀속된다. 이것에 대해서 1360cm^{-1}의 밴드는, 면의 주변 6방대칭을 잃고 있는 탄소원자의 진동에 의하여 생성한다. 따라서, 각각의 강도비 $R=I_{1580}/I_{1360}$이 흑연화 진행의 초점으로 된다. GPCF나 HTCF에서는, R값은 1 전후이고, HMCF에서는 2개 이상의 값을 나타낸다(**그림 9-5** 참조).

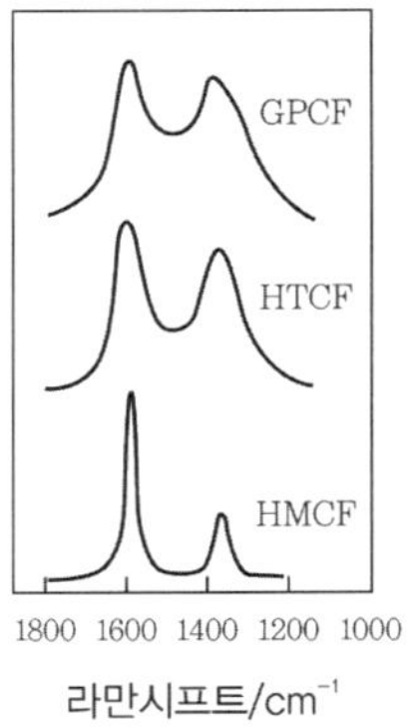

그림 9-5 각종 탄소섬유의 대표적 라만스팩트럼

X선광전자분광(XPS 또는 ESCA)은, 최근 현저하게 발달된 표면분석법으로서, 수소 이외의 모든 것이 대상으로 된다. 광폭스캔으로 전체의 원소분석을 행한 후, 개개의 피크에 대해서 협폭스캔으로 화학시프트로부터 결합상태를 구할 수 있다. 또한 라만분광의 측정깊이가 수백 Å이고, X선광전자분광의 측정깊이가 수십 Å이기 때문에, 이들은 표면분석의 가장 유력한 수단이다. 또한 양쪽의 분광 스펙트럼으로도, 그의 피크형상, 반치폭과 탄소 흑연화의 진행과정간에는 상관성이 있다. 이들의 특징을 이용하여, 탄소섬유 직경방향의 결정화 분포를 측정하고 있는 예도 있다. 이들의 결과에 의하면, 표층부와 내부에서는 결정화도가 다르며, 게다가 PAN 계와 액정핏치계에서, 그 분포상태도 다르다.

9-1-5 탄소 섬유의 표면

탄소섬유 강화복합재료의 성질은, 탄소섬유와 매트릭스 계면의 성질에 의하여 크게 좌우된다. 따라서, HPCF에 있어서는, 표면상황의 파악과 표면처리법이 중요한 과제로 된다. 주요한 요인은 단면형상, 凹凸 · 조잡성, 표면의 결정성, 매트릭스와의 젖음성, 표면의 화학적 활성, 관능기의 종류 등이다. 이들의 검토를 위해서는, **표 9-5**에 나타낸 각종의 검토 이외에 열분석에 의하여 발생하는 가스를 질량분석에 의하여 검출하는 방법 등도 이용된다.

일반적으로, 표면개질을 위해서, 전해산화, 약액산화, 기상산화 등의 처리가 실시되고 있다.

9-2 규소수지, 실리콘 수지

실록산결합(≡Si－O－Si≡)을 골격으로 하는 유기규소중합체는 실리콘이라고 불리며, 무기고분자재료의 일종으로 간주할 수 있다. 이것은 오히려 무기고분자와 유기고분자의 중간에 있다고 생각할 수 있다. 유기고분자에 없는 특이한 성질을 많이 가지고 있다.

최초의 유기규소화합물은 테트라에틸실란[$(C_2H_5)_4Si$]이다. F. S. Kipping이나, J. F. Hyde 그리고 E. G. Rochow 등의 연구에 의하여 많은 성과가 얻어졌으며, 1944년 Grignard법에 의한 Dow Corning사, 1947년 General Electric사의 직접법에 의한 실리콘이 공업화 되어 현재에 이르고 있다.

실리콘(organopolysiloxane)은 그의 성상으로부터, 오일, 고무 및 레진의 3가지 기본체계로 분류되며, 더욱 중합도나 유기기의 종류 등에 따라서 많은 특징이 있는 다수의 제품이 제조되고 있다. 내열성, 내한성, 전기특성이나 특이한 계면특성 등이 있다.

실리콘의 기본구성단위는 아래와 같은 4종류(Q단위는 유기기를 함유하지 않지만, 가교성분으로서, 또한 M단위와의 축합물로서 중요한 단위)로서 표시된다.

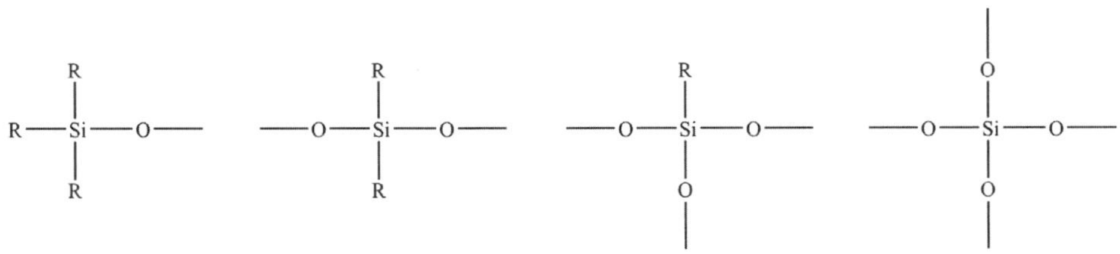

M단위(1관능성) D단위(2관능성) T단위(3관능성) Q단위(4관능성)

R : 수소원자 또는 1가의 유기기(메틸, 비닐, 페닐, 트리플루오로프로필기 등)

그림 9-6 실리콘분자의 기본구성단위

실리콘오일은 일반적으로 MD_nM으로 표시되며, n은 0~2000정도이다. T단위를 함유하는 가지상오일이나, 말단 실라놀과 같은 반응성 오일도 알려져 있다.

실리콘 생고무는 마찬가지로 MD_mM으로 표시되며, m은 3000이상으로서, 가교반응을 유효하게 진행시키기 위하여 유기기의 비닐기를 말단이나 사슬 중에 공중합시키고 있다. 밀러블형 실리콘고무는, 실리콘생고무와 보강성 미분말실리카가 기본구성단위이다.

실리콘레진(실리콘수지)은 T단위를 다량으로 함유한 3차원폴리머이다. T단위의 함유량과 유기기의 종류가 레진의 물성, 경화성에 영향을 끼친다.

9-2-1 유기염소계실란의 합성

실리콘의 모노머에 상당하는 유기염소계실란의 합성법은 많지만, 여기서는 현재, 공업적으로 이용되고 있는 몇 개의 방법을 설명하기로 한다.

1) 금속규소와 유기할로겐화물과의 반응(직접법)

1940년 E. G. Rochow에 의하여 발명되었다. 경제적으로 가장 유리한 합성법이다. 메틸클로로실란의 전량과, 페닐클로로실란의 일부가 합성되고 있다.

$$CH_3Cl + Si \xrightarrow{Cu} \begin{cases} (CH_3)_4Si \\ (CH_3)SiHCl_2 \\ (CH_3)_3SiCl \\ (CH_3)SiCl_3 \\ (CH_3)_2SiCl_2 \end{cases}$$

금속규소와 금속촉매(Cu를 주성분으로 하고, Zn, Sn 등의 첨가)의 분말 중에 270~300℃에서 염화메틸을 반응시켜서 직접 메틸클로로실란을 얻는다. 공정은 1단계로서 끝나지만, 반응의 내용 그 자체는 매우 복잡하며 상기 이외의 부생물도 생성한다. 각 성분비율의 컨트롤은 어느 정도 가능하다.

클로로벤젠을 사용하는 페닐클로로실란의 합성도 마찬가지의 촉매를 사용하여 얻는다.

2) 탄화수소 및 할로겐화탄화수소와 H – Si ≡ 결합을 갖는 실란과의 반응

페닐클로로실란의 제법으로서 직접법과 마찬가지로 잘 이용되는 방법으로서, 400℃이상의 고온하에서, 또는 BF_3, BCl_3 등의 촉매를 사용하고, 230~350℃에서 반응시킨다.

$$C_6H_6 + HSiCl_3 \longrightarrow C_6H_5SiCl_3 + H_2$$
$$C_6H_6 + CH_3SiHCl_2 \longrightarrow CH_3(C_6H_5)SiCl_2 + H_2$$
$$C_6H_5Cl + HSiCl_3 \longrightarrow C_6H_5SiCl_3 + HCl$$

비닐기를 갖는 클로로실란도 마찬가지로 염화비닐을 원료로 사용하여 합성된다.

$$CH_2 = CHCl + CH_3SiHCl_2 \longrightarrow CH_3(CH_2 = CH)SiCl_2 + HCl$$

3) H – Si ≡ 결합을 갖는 실란의 불포화탄화수소에의 부가반응

부가반응은 클로로실란의 합성뿐만이 아니고, 변성실리콘오일에서의 유기기의 도입이나, 실리콘폴리머간의 가교반응에도 이용되고 있다. 가장 효율이 높은 촉매는 염화백금산으로서, 이것은 SiH에 대해서 10^{-5}~10^{-6}mol로서 충분히 정량적으로 반응시킬 수 있다.

$$CH \equiv CH + HSiCl_3 \longrightarrow CH_2 = CHSiCl_3$$

$$CF_3CH = CH_2 + CH_3SiHCl_2 \longrightarrow CH_3(CF_3CH_2CH_2)SiCl_2$$

4) 유기금속화합물을 이용하는 방법

Grignard법이 유용하다. 현재도 특수한 실란류의 제조에 이용된다. 유기리튬화합물은 Grignard시약보다도 반응성이 높다. Grignard법으로 합성하기 어려운 경우에 특히 유용하며, 특수한 실란류의 합성에 이용되고 있다.

$$R'MgX + RSiCl_3 \longrightarrow RR'SiCl_2 + MgXCl$$

$$(CH_3)_3CLi + (CH_3)_2SiCl_2 \longrightarrow (CH_3)_3C(CH_3)_2SiCl + LiCl$$

9-2-2 유기폴리실록산의 합성

실리콘의 기본형인 오일, 생고무 및 레진은, 유기염소계실란 또는 알콕시실란을 가수분해하고, 중합 또는 개환중합으로 합성된다.

1) 가수분해 · 축합

클로로실란이나 알콕시실란은 물과 쉽게 반응하여, 실라놀을 생성하며, 더욱 탈수축합하여 실록산결합이 형성된다. 알콕시실란의 가수분해속도는 클로로실란에 비하여 느리기 때문에, 일반적으로 산이나 염기를 촉매로 사용하여 가수분해를 행한다.

가수분해속도는 유기기 R의 종류에 의하여, 또는 가수분해되는 기의 개수에 의하여 크게 다르다. 트리메틸실라놀[$(CH_3)_3SiOH$]은 간단히 단리되지만, 메틸실란디올[$CH_3SiH(OH)_2$]의 단리는 곤란하다. 디페닐실란디올[$(C_6H_5)_2Si(OH)_2$]은 쉽게 단리되며, 138~139℃의 융점이 측정될 정도로 안정하다.

가수분해법으로서는, 단독의 실란을 그대로 가수분해시키는 방법과, 수종의 실란혼합물을 물과 반응시키는 공가수분해법이 있다.

$$(CH_3)_2SiCl_2 \xrightarrow{H_2O} (CH_3)_2Si(OH)_2 \longrightarrow [(CH_3)_2SiO]_{3\sim7} + HO[CH_3)_2SiO]_nH$$

양적으로 가장 많은 디메틸디클로로실란은 가수분해되어, 환상체와 직쇄상 실록산이 된다. 환상체의 함유량은 60~70%정도가 일반적이지만, 에테르나 디옥산을 사용하여 함유량을 95% 정도로 높이는 방법도 있다. 직쇄상 실록산을 미량의 KOH 존재하에서, 150℃이상으로 가열하고, 크래킹시켜 환상체를 얻는 방법도 공업화되어 있다.

메틸비닐디클로로실란, 메틸페닐디클로로실란, γ-트리플루우오로프로필메틸디클로로실란 등의 2관능성 실란은, 다소의 조건의 차는 있지만, 거의 같은 방법으로 실록산화된다. 환상체를 중간체로 사용하는 이유는 고중합체의 생고무나 고점도의 오일을 합성하기 위해서는, 클로로실란의 정류에 의한 방법으로는 순도적으로 부족한 것에 의한다. 환상체 중에는 3관능성의 T 단위는 전혀 포함되지 않는다.

트리메틸클로로실란이나 디메틸비닐클로로실란 등의 1관능성의 실란도 가수분해되어, 디실록산으로서 사용된다.

$$2(CH_3)_3SiCl + H_2O \longrightarrow (CH_3)_3SiOSi(CH_3)_3 + 2HCl$$

2) 실리콘레진의 합성

실리콘레진은 3차원망상구조를 갖는 폴리실록산이다. 통상의 레진에서는 D단위와 T단위의 조합 또는 T단위 단독의 배합이 사용되며, 유기기로서는 메틸기 및 페닐기이다. 레진의 성질은 메틸기와 페닐기의 비율과, D단위와 T단위의 비율에 의하여 거의 결정된다. 용제의 종류와 양, 물의 양, 가수분해할 때의 온도도 레진의 활성도를 좌우한다. 중합할 때의 촉매(산, 알칼리, 금속염 등)의 종류와 농도, 레진의 농도, 중합할 때의 온도 등에 의해서도 성능은 미묘하게 다르다.

3) 실리콘오일, 실리콘생고무의 합성

실리콘오일이나 실리콘생고무도 직쇄상 diorganopolysiloxane으로서, 차이는 중합도뿐이다. 중합도 3000 이상의 대부분의 비유동성물질을 생고무라고 말한다.

$$M—M + \alpha D_n \xrightarrow{\text{촉매}} MD_m M + \beta D_m \quad \begin{array}{l}(\text{M-M} : (CH_3)_3SiOSi(CH_3)_3 \text{ 등}) \\ (D_n : [(CH_3)_2SiO]_{3\sim7} \text{ 등})\end{array}$$

M단위와 D단위의 혼합물을 강산 또는 알칼리 등을 촉매로 사용하고 가열하면, 실록산결합의

개열과 재결합을 포함하는 평형화반응이 일어난다. 촉매로서는 진한 황산(30~50℃)이나, KOH(150℃), $(CH_3)_4NOH$, $(n-C_4H_9)_4POH$(110℃)가 일반적으로 사용되며, 10^{-3}~10^{-4}mol% 농도로서 사용된다. 반응은 2~8시간 종료 후, 촉매는 중화되며, 미반응의 D_n이나 저분자실록산을 감압하의 가열에 의하여 제거하고, 제품화시킨다. $(CH_3)_4NOH$나 $(n-C_4H_9)_4POH$는 130℃이상으로 가열하면 분해하여 휘발성 성분으로 되며, 중화반응을 필요로 하지 않는 장점이 있다. 어떤 촉매를 사용해도 폴리머화율은 85% 정도이다. γ-트리플루오로프로필메틸실리콘오일이나 생고무에서는, 환상3량체와 유기리튬화합물이 사용된다. 앞에서 설명한 알칼리촉매의 존재하에서는, 4량체쪽이 생성폴리머 보다도 안정하기 때문이다.

$$[CF_3CH_2CH_2(CH_3)SiO]_3 \rightleftharpoons [\text{Polymer}] \rightleftharpoons [CF_3CH_2CH_2(CH_3)SiO]_4$$

5배위 유기규소화합물 등을 촉매로 사용하고, 단분산형 실리콘오일을 합성하는 방법도 제안되어 특수한 오일의 합성에 이용되고 있다. 이 방법을 이용하면 오일의 말단에 다른 유기기를 도입시킬 수 있다.

긴 사슬의 알킬기나, 폴리에테르기 등을 함유하는 유기변성 실리콘오일은, 거의 대부분이 $\equiv$SH기를 갖는 실록산과, 불포화기를 함유하는 화합물과의 부가반응에 의한다.

$$XCH{=}CH_2 + HSi\equiv \xrightarrow{Pt} XCH_2CH_2Si\equiv$$

(X : 긴 사슬의 알킬기 등)

아미노기를 함유하는 실리콘오일과 같이, 공중합에 의하여 합성되는 것도 있다.

실험 예 9-1 메틸하이드로겐폴리실록산의 합성

17.5% 염산수용액 360g, 메탄올 50g을 넣은 4구플라스크에, 트리메틸클로로실란 $[(CH_3)_3SiCl]$ 10.9g, 메틸디클로로실란$[CH_3SiHCl_2]$ 230g의 혼합물을 0~15℃로 유지하면서 30분에 걸쳐 적하하고, 30분간 계속 교반한 후, 분액깔대기에 옮기고, 실록산 층을 분리한다. 실록산 층을 플라스크에 옮긴 후, 진한 황산 6g을 가하고, 25~30℃에서 2시간 교반한다. 물 2.4g을 가하고, 30분 교반한 후, 황산층을 분리하고, 포화 Na_2SO_4, 물 100ml로서 2회 세척한다. 실록산 층에 건조시킨 Na_2SO_4, Na_2CO_3 각각 1g을 넣고, 하룻밤 방치시킨 후, 여과하

고, 140~150℃/10~15Torr/1hr으로 건조시켜 휘발성분을 제거하면, 오일 103.5g이 얻어진다. 이것은 점도 21.5cSt, 수소발생량 362ml/g의 메틸하이드로겐실리콘오일인 것으로 확인되었다.

실험 예 9-2 디메틸실리콘오일의 합성

200ml의 플라스크에 헥사메틸디실록산[$(CH_3)_3Si-O-Si(CH_3)_3$] 3.4g, 환상 디메틸실록산[$(CH_3)_2SiO]_{3\sim7}$ 100g을 넣고, 진한 황산 5g을 가한 후, 30℃에서 3시간 교반한다. 물 2g을 가하고, 30분 교반한 후, 황산 층을 분리한다. 건조시킨 Na_2CO_3 3g을 가하고, 5시간 방치시킨 후, 여과하고, 실록산을 최고 300℃/1Torr/1hr 건조시켜 휘발성분을 제거한다. 점도 98cSt의 투명한 디메틸실리콘오일 86g이 얻어진다.

실험 예 9-3 메틸비닐실리콘생고무의 합성

1ℓ의 분리가능한 4구플라스크에 교반봉, 온도계를 설치하고, 디메틸실록산4량체[$(CH_3)_2SiO]_4$ 500g을 넣은 후, 110~120℃에서 1시간에 걸쳐 반응용액 중에 모세관으로 건조시킨 질소가스를 통하면서 실록산의 건조를 행한다. 디비닐테트라메틸디실록산을 정확히 0.156g을 가한 후, 촉매로서 10% 포타슘실리코네이트[KOH 1g과 D_4 10g과의 반응물] 0.15g을 가한다. 모세관을 제거하고, 155~160℃로 가열하면 20분 후에 점도의 상승에 의하여 교반불능으로 되기 때문에, 교반은 정지한 그대로 더욱 4시간 같은 온도로 유지시킨다. 반응종료 후, 드라이아이스로부터 이산화탄소가스를 도입하고, 1시간 방치한 후, 감압유거조작(150℃/1~2Torr/3hr)하여 휘발성분을 제거한다. 수득률 약 85%로서 말단 비닐기를 갖는 실리콘생고무가 얻어진다. 감압유거 조작온도는 150℃를 초과하지 않도록 주의할 필요가 있다.

실험 예 9-4 메틸페닐실리콘오일의 합성

디메틸실록산4량체[$(CH_3)_2SiO]_4$ 80g, 디페닐실록산4량체[$(C_6H_5)_2SiO]_4$ 20g, 말단 트리메틸실록시봉쇄디메틸실리콘오일(점도 20cSt) 40g에 10% 포타슘실리코네이트 0.3g을 가하고, 155~160℃/10hr 가열하면서 교반한다. 촉매의 중화를 위해서 0.1g의 $(CH_3)_3SiCl$을 가하고, 10분간 교반한다. 생성염을 여과한 후, 300℃/1~2Torr/5hr 가열하여 휘발성분을 제거한다. 100g의 메틸페닐실리콘오일이 얻어진다. 페닐기의 함유량 5.20mol%, 점도 100cSt의 오일.

실험 예 9-5 단분산 디메틸실리콘오일의 합성

디메틸실록산3량체$[(CH_3)_2SiO]_3$ 80g, 톨루엔 20g, 디메틸술폭사이드 3g, 트리메틸하이드록시실란$[(CH_3)_3SiOH]$ 0.9g과, 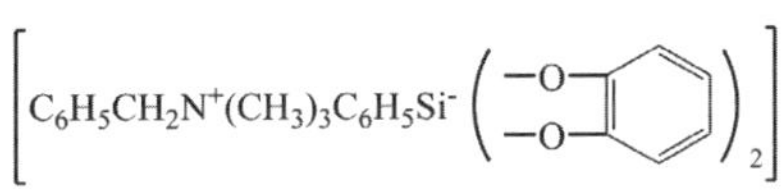 촉매 0.02g을 혼합하고, 60℃에서 75분 가열한다. 드라이아이스에 의하여 CO_2를 도입시켜서 반응을 정지시킨다. 생성물은 GPC(gel permeation chromatography)에 의하여 6400의 분자량 및 1.2보다도 작은 불균질성비율(Mw/Mn)을 나타냈다. 중합체는 $(CH_3)_3SiO[(CH_3)_2SiO]_xH$를 갖는 것으로 확인되었다. 피리딘과 $(CH_3)_3SiCl$의 투입에 의하여 단분산 디메틸실리콘오일이 얻어진다.

실험 예 9-6 폴리옥시에틸렌 변성 디메틸폴리실록산의 합성

$[(CH_3)_3Si]_2O$, $[(CH_3)_2SiO]_{3\sim7}$ 및 $[(CH_3)HSiO]_4$로부터 황산 평형에 의하여 합성된 평균조성식$(CH_3)_3SiO[(CH_3)_2SiO]_{24}[(CH_3)HSiO]_4Si(CH_3)_3$의 수소를 함유한 디메틸폴리실록산 200g, 2-피로판올 70g, 아세트산칼륨 0.05g, 말단 알릴기를 함유한 폴리옥시에틸렌$[CH_2{=}CHCH_2O(CH_2CH_2O)_{10}H]$ 200g의 혼합용액에, 염화백금산 1% 2-프로판올용액 0.1g을 가하고, 80℃에서 교반하여 반응시킨다. 샘플링으로 미반응 ≡SiH의 소멸을 확인한 후, 반응을 종료시킨다. 반응시간은 5시간을 필요로 한다. 1g의 활성탄을 혼합하고, 1시간을 교반시킨 후, 여과하고, 2-프로판올을 유거한 후, 담황색 오일 380g이 얻어졌다. 분석 결과, 알릴기가 잔존하지 않는 것을 확인했다. 폴리에테르말단의 OH기와의 탈수소반응인 부반응은 거의 없었던 것으로 확인되었다.

9-2-3 유기 폴리실록산의 합성

실리콘은 오일 및 그의 2차 가공품(에멀젼, 그리이스 등)을 제외하고, 거의 대부분이 유기폴리실록산간에 혹은 유기 규소화합물(유기 실란류)을 반응시켜서 사용된다. 실리콘 엘라스토머가 그의 대표적인 것이다. 박리시키는 종이용 실리콘이나 실리콘 점착제도 실리콘 엘라스토머의 일종의 응용제품이다. 현재 사용되고 있는 엘라스토머화반응은 많지 않지만, 일장 일단이 있다.

1) 과산화물 가교반응(밀러블고무, 점착제 등)

$$\equiv SiCH_3 + CH_2{=}CHSi\equiv \xrightarrow{ROOR} \equiv SiCH(OR)CH_2CH_2Si\equiv + \equiv SiCH(CH_2OR)CH_2Si\equiv$$

$$\equiv SiCH_3 + CH_3Si\equiv \xrightarrow{ROOR} \equiv SiCH_2CH_2Si\equiv$$

2) 부가가교반응(밀러블고무, 액상고무, 박리 종이용 등)

$$\equiv SiH + CH_2 = CHSi\equiv \xrightarrow{Pt} \equiv SiCH_2CH_2Si\equiv$$

3) 축합가교반응(액상고무, 박리 종이용, 스펀지 등)

$$\equiv SiOH + XSi\equiv \longrightarrow \equiv SiOSi\equiv + HX$$

(HX : H_2O, ROH, H_2, CH_3COOH, MeEtC = NOH, RNH_2 등)

실리콘고무는 유기 폴리실록산(실리콘 생고무나 반응성 오일)과 보강성 연무질 실리카를 필수 성분으로 하여, 많은 형식 및 많은 제품형태가 제안되었으며, 시판되고 있다. 어느 것이나 위에서 설명한 (1)~(3)의 반응을 이용하고 있지만, 어떤 제품도 Full compound 형태로서 시판되고 있으며, 요구 성능과 사용자에 따라서 자유로 선택된다. 표 9-6에 그의 일례를 나타낸다.

표 9-6 실리콘고무의 분류

- 실리콘고무
  - 가열 가황 (HTV)
    - 밀러블
      - direct feed — 과산화물
      - 가황제 후첨가
        - 과산화물
        - 부가반응
    - 액상 — 2액 — 부가반응
  - 실온 가황 (RTV) — 액상
    - 1액 — 탈(아세톡시, 옥심, 알코올, 아민, 아미드)
    - 2액
      - 탈(알코올, 물, 수소, 하이드록실아민)
      - 부가반응

9-3 무기섬유(금속 함유 섬유)

세라믹스나 글라스를 원료로 사용하는 무기섬유는 최초 고온로 등의 단열재로서 사용되고 있었지만, 1942년 Pittsburg Glass 사가 폴리에스테르수지에 글라스섬유(GF)를 복합화시켜 섬유강화 플라스틱(FPC, FRP라고 말한다)을 개발한 이래, 강화섬유로서의 역사가 시작되었다. 그 후, 각종의 고성능 무기재료가 개발되기에 이르렀으며, 현재는 섬유-금속복합재료(FMC), 섬유- 세라믹스복합재료(FCC)의 강화섬유로서 주목되고 있다.

9-3-1 무기섬유의 종류

무기섬유는 대별하면, 균일한 글라스상태의 비정질 섬유와 결정상으로 형성되는 결정질 섬유 (단결정, 다결정을 포함)로 분류되며, 또한 그 형태로부터는 연속된 장섬유(filament)와 섬유 길이가 짧은 단섬유(wool), 그리고 가로-세로비가 10 이상의 단결정으로 형성되는 휘스커(whisker)로 분류된다.

표 9-7에 각종 무기섬유(탄소, 금속을 함유)의 종류와 열적, 역학적 특성을 표시한다. 무기섬유의 성질은 섬유의 조성, 제법에 따라서 상당히 차이가 있지만, 섬유의 비중을 고려한 비강도, 비탄성율은 각각 10^6cm 및 10^8cm 정도이다. 이 값은 금속섬유 보다도 높고, 유기계의 슈퍼섬유(아라미드, 폴리에틸렌 등)에 대응한다. 따라서, 무기섬유의 최대 장점은, 500℃ 이상에서도 고강도가 유지되며, 1000℃ 이상의 최고 사용온도를 가지고 있다.

표 9-7 무기섬유의 종류와 특성

섬유 조성	형상	구경 ㎛	밀도 g cm^{-3}	강도 GPa	탄성율 GPa	신도 [%]	비강도 10^7cm	비탄성율 10^7cm	융점 ℃	최고사용 온도/℃	방사법	특징
글라스												
SiO_2(55)CaO(20)Al_2O_3(25)	F	8~12	2.6	3.5	72	4.8	1.3	28	700		용융	E class
SiO_2(65)MgO(10)Al_2O_3(25)	F	"	2.5	3.6	87	4.1	1.4	35	800		용융	S class
실리카알루미나(Ceramic)												
SiO_2(49)Al_2O_3(50)etc.	W	2~3	2.6	1.3					1760	1300	용융	amorphous
실리카												
추출 SiO_2(98)	W.F	0.1~10	2.2								용융	crystobalite
용융 SiO_2(99)	W.F	1~15	2.2	6.0	74		2.7	34	1660	1100	용융	
알루미나												
Al_2O_3	F	50~250	4.0	2.4	380		0.6	95	2020	1850	용융	Tyco
Al_2O_3(99.5)MgO(0.05)	F	20	3.9	1.4	380	0.4	0.36	97	2000	1100	소결	Du Pont
Al_2O_3(85)SiO_2(15)	F	9	3.2	2.6	250	1	0.81	78		1300	소결	Sumitomo
Al_2O_3(70)SiO_2(28)B_2O_3(2)	F	10~12	3.1	2.0	190		0.65	61		1200	소결	3M
Al_2O_3(90)SiO_2(10)	W.F	3	3.4	1	100		0.3	29		1600	소결	lCl

보론												
B on W-core	F	100	2.5	3.5	400	0.9	1.4	160	2050		기상	AVCO
B on C	F	100	2.2	3.3	360	0.9	1.5	164	2050		기상	AVCO
Borsic	F	100	2.6	2.9	390		1.1	150	2050		기상	CTI
B_4C coated B/W	F	145	2.3	3.9	360		1.7	157			기상	
탄화규소												
SiC on W	F	100	3.2	3.1	420	0.8	1	130	2690		기상	AVCO
SiC on C	F	100	3.1	3.2	390	0.8	1	126			기상	AVCO
SiC	F	10	2.6	2.8	170	1.4	1.1	65	2690	1100	소결	Nicalon
Si(35)C(44)Ti(5)O(16)	F	8	2.3	2.8	210		1.2	91	2690	1300	소결	Tirano
질화붕소												
BN	F	5~7	1.9	1	70		0.5	37	2950	2500	소결	Carborundum
질화규소												
Si_3N_4	F	10	2.5	2.5	300		1.0	120		1300	소결	
지르코니아												
ZrO_2(90)SiO_2(10)	W.F	4~15	5.0	2.0	350		0.4	70	2700	1950	소결	
휘스커												
SiC	W	2	3.2	20.6	480	0	6.4	150	2690		기상	
Al_2O_2	W	5	4.0	20.6	425	0	5.2	106	2050		기상	
K_2O(10~20)TiO_2(90~80)	W	0.3	3.6	6.9	270	0	1.9	75			기상	
탄소												
PAN(HT)	F	5~12	1.8	3.2	230	1.4	1.8	130		2500	소결	고강도제품
PAN(HM)	F	5~12	1.9	2.5	400	0.6	1.4	225			소결	고강도제품
Pitch	F	8	2.0	2.1	380	0.5	1.0	188			소결	
금속												
W	F	10	19.4	4	410		0.2	21			신장	
Mo	F	25	10.2	2.2	350		0.22	34			신장	
스틸	F	13	7.7	4.1	200		0.53	26		500	신장	

*1 W : 휘스커, 단섬유, F : 장섬유

9-3-2 무기섬유의 제법

무기섬유의 제법은, ① 용융법(원료 세라믹스를 고온으로 용융하여 인상법이나 노즐로부터 압출하고, 불어 날리는 법으로 섬유화 시킨다), ② 소결법(섬유상 전구체를 소결한다), ③ 기상법(기상반응으로 세라믹스를 침적시킨다)으로 대별된다. 고성능을 갖는 연속섬유는 소결법에 의하여 제조되며, 이것을 특히 전구체법이라고도 말한다. 전구체법에서는 목적물과 같은 구성 원소를 함유하는 무기고분자, 혹은 유기금속고분자를 프레세라믹스를 사용하여 섬유화 시키고, 이것을 소결하여 무기화 시킨다.

따라서, 미세하고, 균질적인 프레세라믹스섬유를 활용하여 얻는 것이 중요하며, 소성 후에 얻어지는 무기섬유의 성질은 프레세라믹스로 되는 고분자화합물에 의존한다고도 말할 수 있다.

프레세라믹스는, ① 합성이 간단하며, 안정성이 뛰어난 것, ② 열가소성 혹은 용매에 가용이며, 방사성이 양호한 것, ③ 소결성이 뛰어나며, 소성 후의 세라믹스 수득률이 높은 것 등의 조건을 만족하지 않으면 안된다. 표 9-8에 지금까지 개발된 각종 프레세라믹스를 표시한다.

프레세라믹스에는 폴리염화알루미늄이나 폴리실리케이트와 같이 무기원소만으로 형성되는 화합물도 있지만, 유기원소를 함유한 유도체가 많이 관찰된다. 유기기는 무기고분자에 가소성을 제공하여 성형성을 개선시키는 것 뿐만이 아니고, 탄화물에서는 탄소원으로도 된다.

표 9-8 각종 프레세라믹스의 구조

세라믹스	프레세라믹스(결합)	구조 및 예(성형법)
알루미나 (Al_2O_3)	폴리알록산 (Al–O)	$(-Al(R)-O-)_n$ (R : Me, Et, i-Bu) (1) 폴리(알킬알록산) 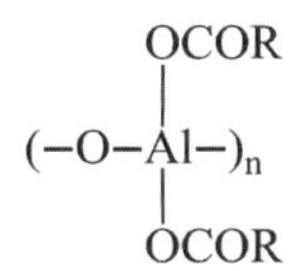 (R : Et, $C_{11}H_{23}$, …) (2) 폴리(아실옥시알록산) $[AlO_4Al_{12}(OH)_{24}(H_2O)_{12}]^{7+}$ (3) 폴리염화알루미늄
실리카 (SiO_2)	폴리실록산 (Si–O)	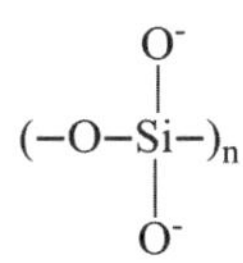 (4) 폴리실리케이트 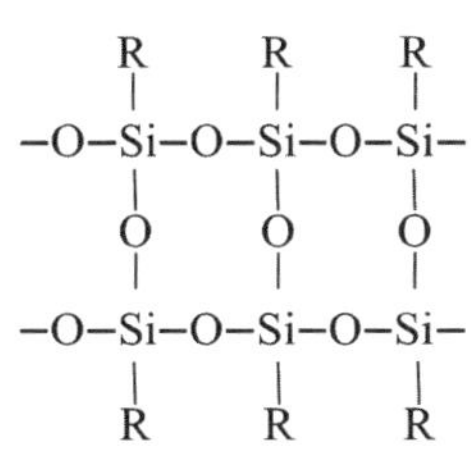 폴리실세스키옥산 (R : Ph, Me, C_6H_{11} …)
지르코니아 (ZrO_2) 티타니아 (TiO_2)	폴리지르코녹산 (Zr–O) 폴리티타녹산 (Ti–O)	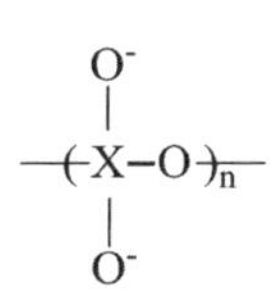 (X : Zr 폴리지르코녹산 Ti 폴리티타녹산)
탄화규소 (SiC)	폴리카보실란 (Si–O)	$(-Me_2Si-)_n \longrightarrow (-SiHMe-CH_2-)_n$ 폴리디메틸실란

(SiC/TiO)	폴리실란 (Si–Si)	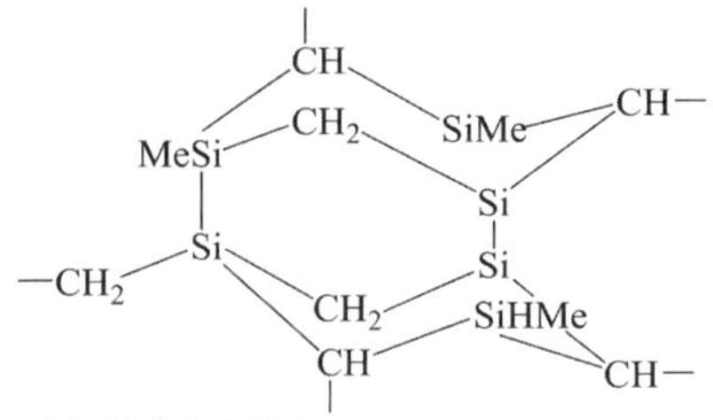 (5) 폴리카보실란 $-[(Me_2Si)_x\!-\!(PhMeSi)]_n-$ x = 0.5~1.5 (6) 폴리실라스티렌 폴리카보실란에 티타녹산을 공중합
탄화붕소 (B_4C)	폴리비닐카보란	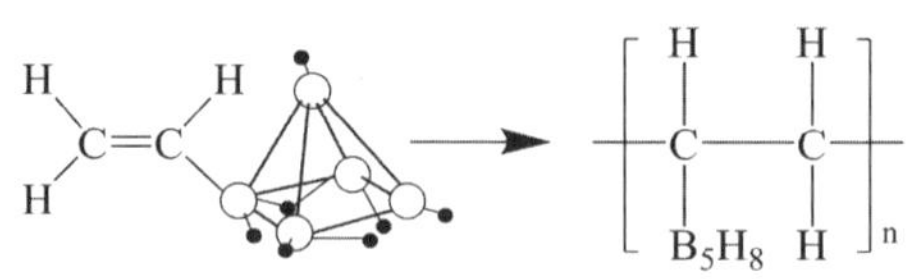
질화규소 (Si_3N_4)	폴리실라잔 (Si–N)	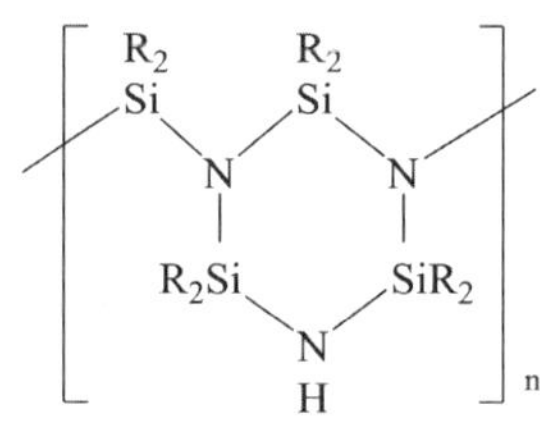 (7) 폴리실라잔 (R : H, Me, …)
질화붕소 (BN)	폴리보라젠 (B–N) 폴리비닐보라진	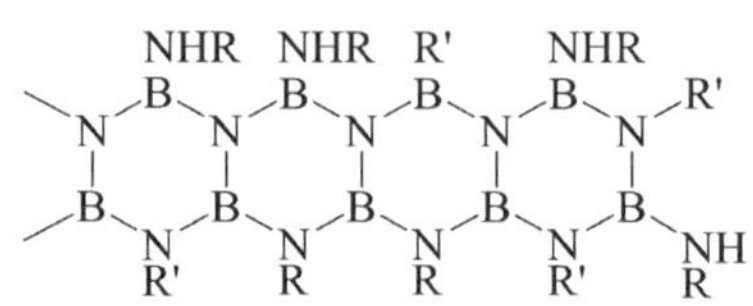 (8) 폴리(아미노보라진일) (R, R' : H, Me, Ph, …) 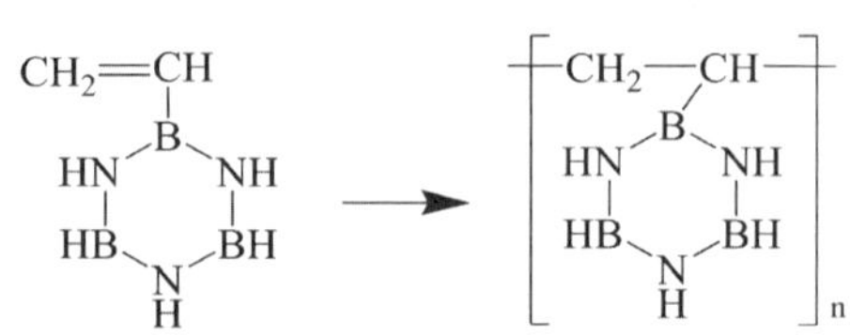
질화알루미늄 (AlN)	폴리알라잔 (Al–N)	$-[Al(R)-NH]_n-$ (R : H, Me, Et, …)

9-3-3 무기섬유의 합성 예

주요한 무기섬유의 특징과 실험실 스케일로서 행한 실험 예를 나타낸다.

1) 실리카 글라스섬유

글라스는 종래, 용융법에 의하여 성형되어 왔지만, 새로운 제조법으로서 실리케이트화합물을 출발물질로 사용하는 졸-겔법이 주목되기에 이르렀다. 졸-겔법은 세라믹스의 용액성형법이라고도 생각되며, ① 글라스 혹은 다결정 세라믹스가 저온에서 생성된다. ② 고도의 균질성(monolithic)이 달성된다. ③ 통상의 방법으로는 제작될 수 없는 새로운 조성물의 조제가 가능하다. ④ 스퍼터링이나 CVD법에 비하여 생산수율이 높다, 등의 특징을 가지고 있다. 여기서는 테트라에톡시실란을 이용한 졸-겔법의 예를 나타낸다.

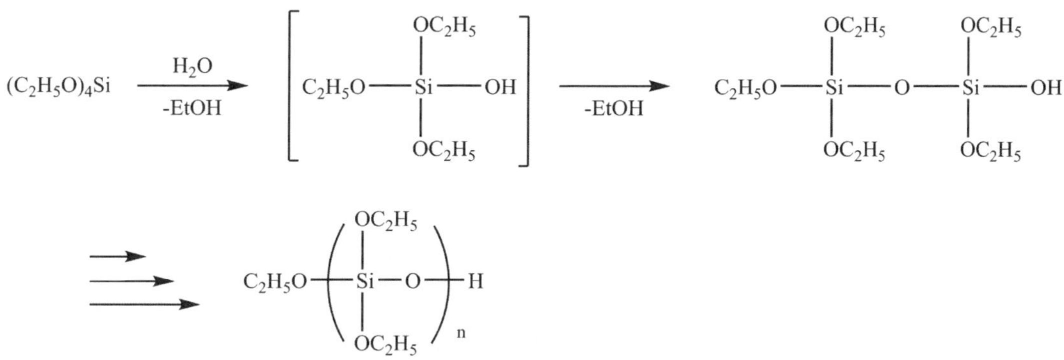

실험 예 9-7 폴리실리케이트의 합성, 방사, 소성

500ml의 3구플라스크에 환류냉각기를 설치하고, 플라스크 중에 테트라에톡시실란 169.5g, 순수한 물 25.0g, 에탄올 240g을 혼합한다. 이것을 자기교반기로서 교반하면서 진한 염산 0.30ml를 가하고, 실온으로부터 80℃까지 서서히 가열하여 반응시킨다. 용액의 점도는 조금씩 상승하여 약 300분 후에 예사성을 나타나게 된다. 그 후, 용액을 냉각하고, 0~5℃로 유지한다(보존기간 1주일).

이와 같이 해서 얻어진 용액을 직경 0.2~0.3mm의 짧은 바늘의 주사기에 넣고, 탈포시킨 후, 용액을 밀어낸다. 이것을 건조하여 고화시키고, 감는 장치로서 감는다. 얻어진 섬유를 건조시킨 후, 알루미나보우트에 올려 놓고, 전기관상로에 넣은 후, 공기 중에서 2℃/min로서 600℃까지 소성한다.

2) 알루미나섬유

알루미나섬유는 다른 산화물계 섬유에 비하여 장기간의 내열성에 뛰어나기 때문에, 장시간 방치해도 열화되지 않는다. 다른 산화물과 접촉시켜 생성된 혼합산화물의 융점이 높기 때문에, 불순물에 대한 오염저항이 크다. 또한 결정질로서 강도, 탄성율이 높은 것 등의 특징이 있지만, 1200℃ 이상에서서는 α-알루미나 혹은 mulite의 결정이 조잡하게 입자를 성장하여 강도저하를 일으키기 쉽다.

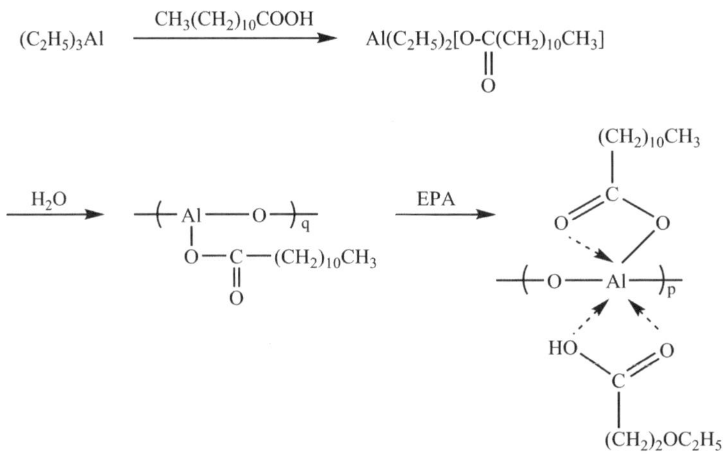

알루미나의 프레세라믹스로서는 염기성 염화알루미늄이나 트리에틸알루미늄을 가수분해하여 얻어진 폴리알록산 등이 사용되지만(표 9-8 참조), 어떤 것이나 방사성이 낮다. 여기서는 방사성이 비교적 양호한 폴리아실옥시알록산을 사용한 예로서 나타낸다.

실험 예 9-8 폴리아실옥시알록산의 합성, 방사, 소성

반응은 모두 아르곤 분위기 중에서 행한다. 300ml의 3구플라스크에 교반기, 적하깔대기, 상부의 입구에는 삼방콕을 부착시킨 환류냉각기를 설치한다. 플라스크 중에 트리에틸알루미늄 6.62g(58mmol)과 톨루엔 24ml를 넣고, 약 25wt% 용액을 조제한다. 이것을 교반하면서 -20℃로 냉각하고, 같은 몰수의 라우르산 11.6g을 함유한 톨루엔용액(50wt%)을 1시간에 걸쳐서 적하하면, 적하와 동반하면서 에탄이 발생된다. 적하종료 후, 실온에서 24시간 교반하여 반응을 완결시킨다. 이것을 재차 -20℃로 냉각하고, 증류수 1.04g을 함유하는 1,4-디옥산 용액 5ml를 약 1시간에 걸쳐서 서서히 적하한다. 이 때에도 적하와 동반하면서 에탄이 발생된다. 적하종료 후, 재차 실온에서 1시간 교반하여 반응을 완결시킨다. 이 때 용액의 점도는 서서히 상승하며, 실온에서 방치시키면 2~3시간으로 계는 겔상태로 된다. 이 계에 더욱 40~60ml의 톨루엔을 가한 후, 3-에톡시프로피온산 6.84g을 함유하는 톨루엔 용액 20ml를 적하하고, 실온에서 수 시간 교반한 후, 온도를 80℃로 상승시키고, 수 시간 계속 교반시키면, 계는 균일하고 끈적끈적한 용액을 형성한다. 이 용액으로부터 감압하에서 용매를 제거하여 생성폴리머를 단리한다. 생성폴리머를 분쇄한 후, 압출기에 넣고, 180~200℃로 가열하여 용융방사를 행한다. 얻어진 직경 40~50μm 전구체섬유를 10cm의 길이로 절단하고, 알루미나제의 보우트에 놓고 전기관상로에 넣는다. 먼저, 질소기류하, 150~190℃에서 6시간 가열유지시켜 섬유를 불융화시킨다. 그 후, 온도를 50℃로 상승시키고 15분간 유지시키는 조작을 반복하여 단계적으로 승온시킨다. 700℃까지는 질소기류하에서, 700℃ 이상에서는 공기 중에서 1000℃까지 소성시킨다. 실온으로까지 방치하여 냉각시킨 후, 백색의 섬유(강도 1.8GPa, 탄성율 40GPa)를 취한다.

3) 탄화규소섬유

탄화규소섬유는 탄소섬유에 비하여 강도, 탄성율에서 떨어지지만, 산화분위기에서의 내열성이 뛰어나며, 대기 중 1200℃에서도 열화되지 않는다. 또한, 용융금속과의 반응성이 낮으며, 젖음성도 좋기 때문에, 금속이나 세라믹스의 강화섬유로서 주목되고 있다. 프레세라믹스로서는 폴리카보실란이나 폴리실라스티렌(표 9-8 참조)이 사용되지만, 여기서는 폴리카보실란의 예에 대해서 설명한다.

실험 예 9-9 폴리디메틸실란의 합성

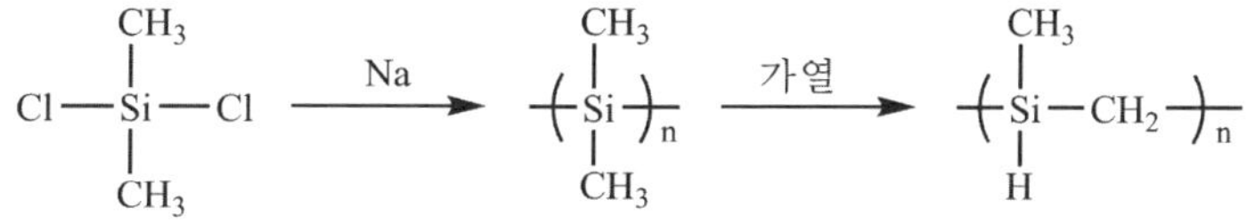

반응은 모두 질소분위기 중에서 행한다. 500ml의 3구플라스크에 100ml의 적하깔대기와 환류냉각기를 설치한다. 플라스크에 금속 나트륨 상에서 증류정제시킨 자일렌 250ml와 금속 나트륨 41g을 넣고, 가열하여 나트륨이 용융하면 격렬하게 교반시켜 금속 나트륨 현탁액을 조제한다. 여기에 증류시킨 디메틸디클로로실란 100ml를 적하깔대기로부터 45분에 걸쳐서 가한다. 적하종료 후, 140℃에서 약 10시간 가열환류하여 반응을 종료시킨다. 생성된 청자색의 침전물을 흡인여과에 의하여 분리하고, 이것을 메탄올 300ml 중에 투입하여 잔류된 나트륨을 용해하여 제거시킨다. 이어서, 이 메탄올 용액에 물 1ℓ를 가하고, 하룻밤 방치시킨 후, 백색침전물을 흡인여과하여 단리한다. 얻어진 분말을 물, 아세톤으로 세척하고, 실온에서 건조시킨 후,

150℃에서 6시간 진공건조시킨다. 생성된 백색분말의 폴리디메틸실란 42.5g(수득률 88.7%)은, 통상의 용매에 용해되지 않는다.

실험 예 9-10 폴리카보실란의 합성, 방사, 소성

100ml의 오토클레이브를 아르곤으로 치환하고, 상기에서 얻어진 폴리디메틸실란 25g을 봉입한다. 이것을 교반하면서 약 400℃/hr의 속도로서 가열하고, 450~470℃로 14시간 유지시킨다. 이 때, 최종적인 압력은 82~105kg/cm^{2}로 된다. 반응종료 후, 냉각하고, 오토클레이브로부터 황갈색의 점성 생성물을 취한다. 생성물을 n-헥산에 용해시키고, 여과에 의하여 침전물을 제거한다. 용액을 로타리에버포레이터로서 농축시킨 후, 진공증류를 행한다. 1mmHg로서 280℃까지의 유분을 제거하여, 황갈색 글라스상의 잔류물을 얻는다. 이것이 폴리카보실란으로서, 그의 수량은 12.7~14.7g(수득률 51~59%)이다.

생성 폴리머를 글라스제 주사기에 넣고, 아르곤 분위기하에서 200~300℃로 가열한다. 용융체는 점도가 낮기 때문에, 노즐로부터 실을 당기면서 낙하시킨다. 이것을 약 100m/sec의 속도로서 보빈에 감아서 방사를 행한다.

얻어진 섬유를 공기 중, 200℃에서 3~5시간 가열처리하여 불융화시킨다. 그 후, 섬유를 알루미나제 보우트에 놓고, 전기관상로에 넣은 후, 질소기류 중에서 1000~1300℃로 소성한다. 이 섬유의 화학조성은 Si(50.5)C(31.6)O(10.3)H(0.06)으로서 Si : C : SiO_2=1 : 0.78 : 0.22로 된다.

4) 질화규소섬유

최초, Seyferth에 의하여 폴리(메틸실라잔)[CH_3SiHCl_2] + NH_3 $\longrightarrow$ $-\!\!(CH_3SiH-NH)\!\!-_n$ 에 의하여 합성된다]을 프레세라믹스에 사용되는 프로세스가 개발되었다. 그러나, 이 프레세라믹스를 습식방사하고, 공기 중에서 소성하여 얻어진 섬유는 흑색의 탄질화규소섬유이었다. 이어서, 피리딘 존재하에 디클로로실란과 암모니아를 반응시켜 알킬기를 갖지 않는 고분자량 폴리실라잔이 합성되었으며, 이것을 프레세라믹스에 사용하는 것에 의하여 질화규소섬유가 개발되었다. 아래에 이것의 실험 예를 나타낸다.

실험 예 9-11 폴리실라잔의 합성, 건식방사, 소성

반응은 모두 질소 분위기 중에서 행한다. 300ml의 4구플라스크에 가스유입관, 교반기, 저온냉각기를 설치하고, 증류시킨 피리딘 150ml를 넣는다. 이것을 빙랭하에 교반하면서 디클로로실란 16.1g을 50분에 걸쳐서 적하한다. 적하와 동시에 백색 고체상의 부가물이 침전한다. 적하종료 후, 격렬하게 교반을 계속하면서 소다라임관, 활성탄관을 통하여 정제시킨 암모니아가스 10.9g을 1시간에 걸쳐 유입시킨다. 유입 종료 후에, 용액을 원심분리하여 침전물을 제거하고, 상등액을 여과한다. 여과액을 50℃, 5mmHg의 조건하에서 감압농축하고, 글라스상의 폴리실라잔 5.52g(수득률 77%)을 얻는다. 증기압 강하법에 의한 분자량은 2000정도이다.

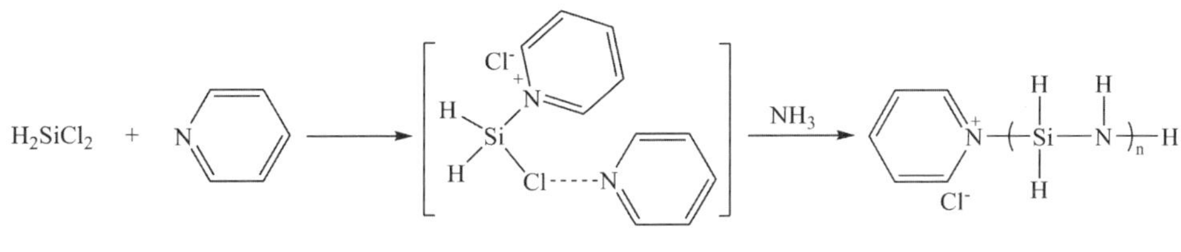

상기에서 얻은 폴리실라잔을 톨루엔에 용해시켜 진한 용액(30~40wt%)을 조정한다. 이것을 건식 방사장치에 넣고, 노즐로부터 일정속도로서 토출시킨 후, 건조 질소기류 중으로 통하는 것에 의하여 건조고화시키고, 감는 기계로서 섬유를 감는다. 그 후, 감압하에 25℃에서 3시간 유지시켜 건조한다. 얻어진 섬유를 알루미나제의 보우트에 놓고, 전기관상로에 넣는다. 그리고, 질소기류하에서 120℃/hr의 승온온도로서 1100℃까지 승온시키고, 그대로 4시간 유지시킨 후, 실온까지 방치하여 냉각시키고, 황갈색의 소성섬유를 취한다. 이 섬유의 a-Si_3N_4상 함유율은 60%(WAXS)로서, 규소 함유율은 39.5%이다.

5) 질화붕소섬유

6방정 질화붕소(h-BN)는 글라파이트 골격을 갖는 비산화물계의 세라믹스로서, 2200℃ 까지의 초내열성을 나타낸다. 비중은 세라믹스 중에서 최소이고, 용융금속과의 반응성이 낮으며,

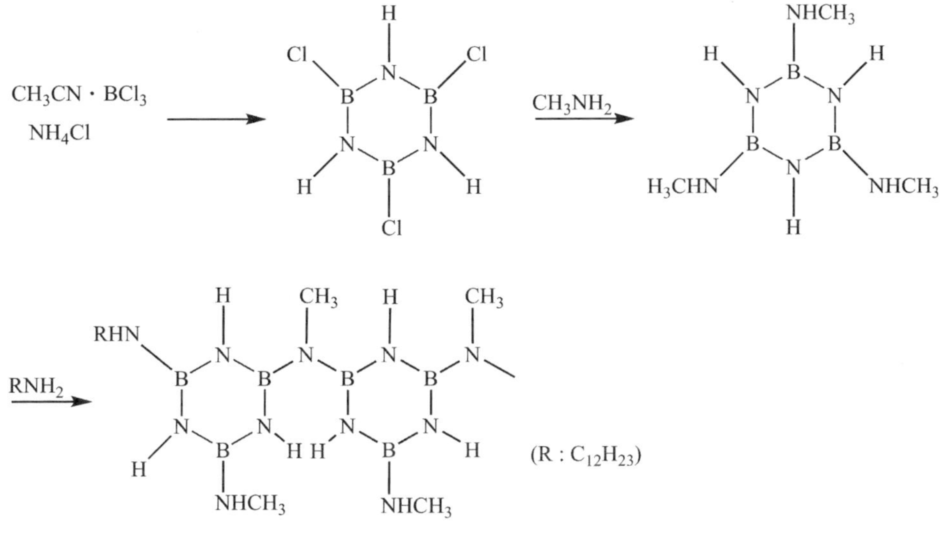

FRM에 사용가능하다. 그러나 소결성이 어렵기 때문에 성형하기 어려운 것이 결점이다. h-BN의 섬유화는, 산화붕소섬유의 질화에 의하여 행해졌지만, 최근에는 다음과 같은 프레세라믹스를 이용하는 방법이 유효하게 되었다.

실험 예 9-12 B-트리스메틸아미노보라진의 합성, 열 축합, 용융방사, 소성

반응은 모두 질소분위기하에서 행한다. 1000ml의 3구플라스크에 3방콕, 50ml의 적하깔대기, 드라이아이스/메탄올 냉각기를 설치하고 질소로서 치환한다. 플라스크에 클로로벤젠 250ml, 아세토니트릴 16.5g을 넣고, 실온으로 유지시킨다. 이것을 교반하면서 적하깔대기로부터 삼염화붕소를 1시간에 걸쳐서 적하한다. 그 후, 염화알루미늄 21.5g을 가하고, 130℃에서 5시간 가열환류시킨다. 반응용액을 질소기류하에서 여과하고, 침전물을 제거한 후, 용매를 유거하여 B-트리클로로보라진(수득률 80%, 정제하는 경우에는 승화한다)을 얻는다. 이어서 100ml의 3구플라스크에 3방콕, 200ml의 적하깔대기, 드라이아이스/메탄올 냉각기를 설치하고 질소로서 치환한다. 플라스크에 클로로벤젠 50ml를 넣고, -30℃로 냉각한 후, 메틸아민 50ml를 가하여 용해시킨다. 여기에 B-트리클로로보라진 16g을 함유하는 클로로벤젠용액 300ml를 적하깔대기로부터 1시간에 걸쳐 적하한 후, 실온으로 조정하고, 메틸아민을 가열환류하여 반응을 완결시킨다. 실온에서 하룻밤 방치시킨 후, 반응용액을 여과하여 백색 침전물을 여별한다. 여과액을 농축하여 얻어진 농축물을 벤젠에 재차 용해시켜 불용물을 여별한다. 이 여과액으로부터 벤젠을 유거하여 왁스상의 목적물을 얻는다.

3방콕을 설치한 시험관에 B-트리스메틸아미노보라진 2g과 라우릴아민 0.2g(10wt%)을 가하여 혼합시키고, 질소기류하, 150℃로서 1시간 가열한다. 반응시킨 후, 생성물(수득률 90%)을 감압하에서 전조시킨다.

가열축합물을 램형 압출기에 넣고, 90~100℃로서 가열하여 용융방사를 행한다. 얻어진 전구체 섬유(직경 50~70㎛)를 암모니아 기류하, 10℃/min으로 1000℃까지, 이어서 1800℃까지 질소기류하에서 소성하면 백색의 질화붕소섬유(강도 80MPa, 탄성율 7GPa)가 얻어진다.

Chapter 10

특수가공 고분자재료

10-1 연신재료(섬유, 필름)

섬유와 필름은 고분자재료의 사용형태로서는 양적이나 질적으로도 중요한 것이다.

갖추어야 할 기능은 양쪽의 형태에 크게 의존하고 있지만, 구조적으로는 1차원, 2차원의 차이는 있을지라도, 거의 대부분은 결성성의 선상고분자로 형성되어 연신에 의해서 주어진 분자배향이라고 하는 공통성을 가지고 있다. 예를 들면, 양쪽에서 공통적으로 요구되는 강도나 인성 등의 특성은, 이 분자배향에 따라서 주어지기 때문이다.

10-1-1 섬유

섬유는 "가늘고 길다"는 형태적 특징에 의하여 포괄되는 재료로서 구성되는 물질은 다양하다. 그러나, 고분자섬유에 있어서 형태적 특징은 선상고분자가 섬유길이의 방향으로 일축배향(uniaxial orientation)되어 있는 구조적 특징과 일체적으로 대응하고 있다. 이것은 섬유의 구조, 물성이 긴 방향을 축으로 하는 직교이방성을 갖는 것을 의미한다.

1) 고분자섬유의 특징

고분자섬유의 용도는 다음과 같은 3가지 영역으로 분류된다. 첫째로, 넓은 의미의 피복영역으로서 역사가 길다. 면, 마, 모, 견 등의 천연섬유에 추가되어, 재생섬유, 합성고분자에 의한 합성섬유까지 현저하게 다양화되어 있다. 이미 합성섬유는 천연섬유의 대용물질이 아니고, 독자적인 특징을 갖는 의복용 재료이다. 최근에는 색, 빛, 냄새 등이나, 스포츠용의 기동성에 풍부한 섬유도 개발되어 있다. 둘째로, 고탄성율, 고강도를 목표로 하는 고성능 섬유이다. 종래의 로프, 타이어코드 등에 추가되어, 고성능 복합재료의 강화섬유로서 필수적이다. 이 영역에서는 종래 주류였던 굴곡성 고분자재료에 추가되어, 강직성 고분자가 중요한 역할을 하고 있다. 셋째로, 목적으로 하는 기능이 명확한 기능성 섬유로서, 의료용의 중공사(Hollow fiber), 인공근육을 목표로 하는 겔섬유, Optical fiber 등으로서 주로 가늘다고 하는 형태적 특징을 이용한 것이다.

2) 인조섬유의 제조

천연섬유 이외의 섬유를 인조섬유라고 말한다. 그 중에서 소재고분자가 합성고분자일 때 합성섬유, 천연고분자에 일부를 화학적으로 개질시켜 소재로 된 것을 반합성섬유, 천연고분자를 일단 용해시키고 섬유화한 것을 재생섬유라고 말한다. 인조섬유의 제조에는 가늘고 긴 형태와 분자배향을 부여하는 2가지의 조작이 필요하며, 이것을 방사공정, 보다 넓은 의미로서는 제사공정이라고도 말한다. 이 2가지 조작이 분리되어 있는 경우와 그렇지 않은 경우로 분류되지만, 어느것이나 유동성을 부여한 상태에서 세공(노즐)을 통과시킨 후, 신장하여 현저하게 미세화하고, 응고시킨다.

(ⅰ) 용융방사(melt spinning)

융점 이상의 온도에서 충분히 높은 유동성을 갖는 고분자에 적용시키는 방법으로서, 합성섬유의 방사법에서 가장 중요한 것이다. 용융액을 방사노즐로부터 압출하고 계속 신장하여 냉각 · 고화시킨다. PET, 나일론류, 폴리올레핀류 등의 굴곡성 고분자에서는 이 방법을 이용하지만, 융점이 열분해온도보다도 낮은 경우에 한정된다. 고화시킨 섬유의 감는 속도는 "방사속도"라고 불리며, 생산효율뿐만이 아니고, 방사된 섬유의 성질에 크게 영향을 끼친다. 즉, 방사속도는 노즐을 통과한 실의 유동신장속도를 지배하며, 낮은 속도에서 분자는 가늘게 하는 과정 중에도 유동배향하지 않고, 둥근 형태 그대로 고화되어 배향되지 않는다. PET에서는 결정화속도가 낮고, 방사섬유는 거의 대부분 amorphous(과냉각의 비결정)이기 때문에, 다음의 연신공정에서 분자배향을 부여하고, 더욱 구조의 안정화를 위하여 열처리를 행한다. 방사속도가 높은 경우에는, 고속방사이다.

(ⅱ) 고속방사(high speed spinning)

용융방사에서 방사속도를 높이면, 노즐을 통과한 실의 유동속도가 상승하여 분자간의 마찰이 증가하고, 분자가 늘어나 유동배향이 발생한다. 따라서 액상분자의 Gibbs자유에너지가 증가하여 융점이 상승한다. 이 융점의 상승은, ① 선상고분자의 결정화 개시온도를 끌어올리는 것과 동시에, ② 과냉각도를 증가시키기 때문에 결정화에서 중요한 역할을 하는 결정핵 성장속도를 현저하게 증대시킨다. 한편, 유동배향에서 형성을 촉진시키는 결정핵은 유동의 방향(실의 길이)에 배향되어 있기 때문에, 이것을 목표로 형성되는 결정도 배향된다. 그 결과, 방사속도가 높으면, 미세화와 고화만으로 충분히 높은 결정배향도와 결정화도를 갖는 섬유로 된다. 이 경우에 연신은 불필요하다. 고속방사법이 가장 잘 적용되고 있는 PET에 있어서, 방사속도 3000m/min 이하에서는 비결성성이고 배향이 없다. 3000~5000m/min에서는 결정화가 약간 진행되며, 결정도 다소 배향되지만, 충분하지 않다. 따라서 여기까지의 속도에서는, 연신 및 열처리가 필요하다. 6000m/min 이상에서는 결정화도나 결정배향도도 충분히 높은 훌륭한 섬유로 된다.

(iii) 용액방사(solution spinning)

용융성이 없는 고분자에서는 용매를 사용하여 진한 용액으로서 노즐로부터 압출한 후, 탈용매 시키면서 계속 신장하여 분자배향을 부여하고 고화시킨다. 용매가 비휘발성의 경우에는 탈용매성 액체를 사용하여 용매를 제거한다. 이 방법을 습식방사라고 말한다. PAN을 주체로 하는 공중합체로 형성된 아크릴섬유에서는 질산수용액이나 DMAc(N,N-디메틸아세트아미드)를 용매로 사용하고, 물로서 탈용매 시킨다. Bemberg법에 의한 재생셀룰로오스섬유의 경우에는, 수산화구리의 암모니아용액을 용매로 사용하고, 탈용매는 물이나 약산을 사용한다. 비스코스법에 의한 재생셀룰로오스섬유에서는 셀룰로오스를 일단 비스코스로 변성시켜 용액으로 하고, 재생 및 응고액을 이용한다.

용액방사에서 용매가 휘발성의 경우에는 기화에 의하여 용매를 제거한다. 이것을 건식방사라고 말한다. 셀룰로오스아세테이트(주로 셀룰로오스디아세테이트)의 방사에서는 아세톤을 사용한 건식방사가 행해진다. 또한, 스포츠의료의 고탄성섬유인 폴리우레탄(PU) 스판덱스는 DMF 등을 용매로 사용하여 건식방사한다. 이상의 용액방사에서 분자배향은 주로 탈용매 중의 응고과정에서 신장에 의하여 발생한다. 용액방사는 용매, 탈용매조건, 신장방법 조건 등 각종의 제어해야 할 점이 있으며, 현재도 많은 개량이 행해지고 있다.

전구체를 사용한 용액방사 : 불용 · 불융의 고분자에서 그의 전구체가 가용인 경우에는, 전구체를 용융방사한 후, 목적으로 하는 고분자로 변환시키는 방법이 이용된다. 이것의 예로서는, 전기전도성의 p-페닐렌비닐렌(PPV)류, 고강도 · 고탄성율 폴리이미드계의 섬유재료가 있다. 더욱, 전구체가 용융액으로 되는 예는 알려져 있지 않다.

(iv) 겔방사(gel spinning)

이것은 상기의 용액방사로 분류되지만, 개성이 강하기 때문에 독립해서 취급하기로 한다. 종래, 소재고분자의 중합도를 증가시키면, 섬유의 강도적 성능이 향상된다고 알려져 있지만, 고중합도의 고분자 합성이 곤란하고, 게다가 합성되어도 고중합도 고분자의 높은 점도에 의하여 방사하기 곤란한 문제가 있었다.

PE에 있어서는 10^6 정도의 초고분자량PE(UHMWPE)가 합성되었지만, 방사는 곤란했다. Smith와 Lemstra는 초고분자량폴리에틸렌을 데칼린 등의 수% 희박용액(점도는 상당히 높다)으로 하여 "분자의 엉킴"(chain entanglement)의 수를 대폭으로 감소시키고, 노즐로부터 수중으로 압출시키면 냉각과 동시에 곧바로 겔화하며, 그 겔은 수십배로 매우 높은 연신이 가능하기 때문에, 그 연신물은 경이적으로 높은 Young's modulus(영율)이나 강도를 갖는다(표 10-1, 10-2 참조). 그 후, 이 겔방사법은 다른 고분자에 시험되었지만, it-PP를 제외하고 성공되질 못했다. 다른 고분자에서 성공되지 못한 이유는 결정의 소성변형이 PE에 비하여 매우 낮기 때문이다.

표 10-1 통상섬유의 기계적 특성

섬유		밀도	인장강도	건습강도비	영율	절단신도	수분율 (20℃ 65%)
		gcm^{-3}	gd^{-1}		gd^{-1}	[%]	[%]
PET	보통	1.38	4.3~6.0	1.0	90~160	20~40	0.4~0.5
	강력	1.38	6.3~9.0	1.0	90~160	7~17	0.4~0.5
PAN		1.14~1.17	3.5~5.5	0.9~1.0	38~85	12~20	1.2~2.0
Nylon-6	보통	1.14	4.8~6.4	0.84~0.92	20~45	28~45	3.5~5.0
	강력	1.14	6.4~10.0	0.84~0.92	27~50	16~25	3.5~5.0
Nylon-66	보통	1.14	5.0~6.5	0.90~0.95	30~52	25~38	3.5~5.0
	강력	1.14	6.5~10.0	0.90~0.95	40~60	15~22	3.5~5.0
PVA	보통	1.26~1.30	3.0~4.0	0.7~0.8	60~90	17~22	3.5~4.5
	강력	1.26~1.30	6.0~12.0	0.75~0.9	70~250	6~22	2.5~4.5
PU		1.0~1.3	0.6~1.2	1.0	-	450~800	0.4~1.3
PVC		1.39	2.7~3.7	1.0	30~45	20~25	0
PVDC		1.70	1.5~2.6	1.0	6~15	-	0
Rayon(Viscose)		1.50~1.52	1.7~5.2	0.5~0.8	-	-	11(공정수분율)

(v) 강직성 고분자의 방사

폴리 p-페닐렌테레프탈아미드(PPTA)의 고강도 · 고탄성율섬유가 개발된 이후에, 고성능섬유 소재로서 전방향족 폴리아미드(아라미드)나 전방향족 폴리에스테르(폴리아릴레이트)의 헤테로고리고분자가 제조되었지만, 실용화된 것은 드물다.

강직성 고분자섬유는 아래에서 설명하는 액정방사에 의한 것이 많지만, 굴곡성 고분자의 용액방사에 가까운 방법으로서, 방사 후에 용융방사의 경우와 같이 연신에 의하여 제조된 것도 있다.

표 10-2 고강도·고탄성율 섬유의 기계적 특성

	섬유	밀도	인장강도	영율	절단신도 [%]	흡수율
		gcm^{-3}	GPa	Gpa		
1	초고분자량PE	0.99	2.6~4.8	70~130	2~5	0
2	POM	1.45	1.5	40	7~10	0
3	PVA	1.35	2.8	51	-	-
4	PPTA(1)(표준)	1.44	2.9	72	3.6	7.0
5	PPTA(2)(고탄성율)	1.45	2.8	107	2.4	4.5
6	PPTA(3)(초고탄성율)	1.47	2.3	144	1.5	1.5
7	PPTA(4)(고강도)	1.44	3.4	96.5	3.3	6.5
8	Technora® (아라미드)	1.39	3.5	70	4.4	1.6
9	Ekonol® (아릴레이트)	1.40	4.1	134	3.1	0
10	Vectran® (아릴레이트)	1.40	2.9	69	3.7	0
11	PBT	1.33	4.2	365	1.1	0
12	탄소섬유(고강도)	1.7~1.8	3.5~7.1	230~290	1.3~2.4	-
13	탄소섬유(고탄성율)	1.8~1.9	2.5~4.4	380~590	0.5~1.2	-
14	스테인리스스틸	7.83	1.8	203	-	0

액정방사 : 액정성의 강직성 고분자의 섬유화는 액정상태에서 노즐의 통과와 계속 유동에 의한 높은 분자배향을 급속히 고정시키는 방법에 의한다. 이와 같이 액정상이 높은 유동배향성을 고정시켜 섬유화하는 방법을 액정방사라고 말한다. 아라미드의 대표적인 PPTA의 경우에는 진한 황산용액의 리오트로픽액정을 노즐을 통과시킨 후, 약간의 거리, 공중을 지나서 물로서 고화시킨다. 이 방사법으로는 연신은 필요없지만, 더욱 섬유 성능의 향상을 목표로 긴장상태에서 열처리가 행해진다.

(vi) 극세섬유의 방사

합성섬유의 굵기는 노즐의 굵기, 노즐로부터 압출되는 속도, 감는 속도, 연신하는 경우에는 연실율에 의하여 결정되지만, 일반적으로는 3d, 5d, 10d(d=denier)정도이지만, 이것 보다도 1단위 이상 작은 섬유를 극세섬유라고 말하며, 복합방사에 의하여 제조된다. 그림 10-1과 같이 소재고분자(거의 대부분 PET)를 다수의 노즐로부터 압출한 후, 미세화시키고, 보조물질의 용융액 중을 통과시켜 표면에 부착시킨 후, 1다발로 모으고, 2번째의 노즐을 통과시킨 후, 더욱 신장 · 미세화하고, 냉각 · 고화시킨다. 기본적으로는 용융방사법이다. 방사한 후, 보조물질을 용출시키면, 별개로 되어 극세섬유가 제조된다. 어떤 노즐도 특별히 미세하게 제작할 필요는 없으며, 생산성의 점에서도 매우 우수하다. 이 방법으로 1개의 복합섬유 중 극세섬유의 수는 최대로 500, 개개의 굵기 하한으로서는 0.01μm정도까지 기술적으로 가능하다.

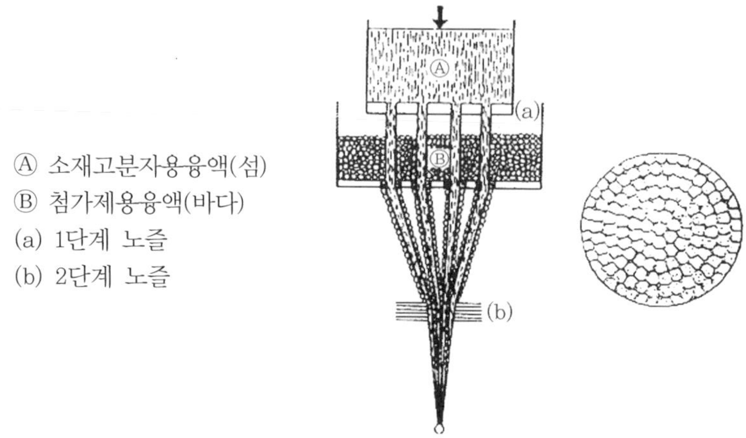

그림 10-1 극세섬유의 섬·바다 방사의 메카니즘과 방출사의 단면

(vii) 이형단면섬유의 방사

합성섬유의 방사기술의 발달에 의하여 섬유의 단면형태 제어가 다양화되어 있다. 단면형 제어의 제1 방법은 노즐형태의 검토이다. 소재고분자는 노즐로부터 압출되어 고화할 때까지는 유동성을 갖기 때문에 노즐의 형태나 섬유의 단면형태와는 서로 유사하지 않지만, 그러나, 더욱 노즐의 형태는 섬유의 단면형태를 지배하는 최대의 요인이다. 제2의 방법은 그림 10-2에서 보는 바와 같이 복합방사를 응용한 것이다.

(a) 꽃잎형

(b) 적층형

굵기는 (a)와 (b)의 직경 모두 15~20μm정도

그림 10-2 (PET/나일론-6) 복합방사 이형단면 섬유단면의 SEM사진

(a)의 경우는 1개의 노즐단면을 구분하여, 중심의 방사부분을 나일론-6, 쐐기형부분을 PET로서 방사한다. PET는 형태가 다르며, 더욱 미세섬유이다. 이 섬유에서는 2종류 소재고분자의 용액팽윤성의 차를 이용하여 분리한다. 나일론-6의 방사상태 섬유의 팽윤수축이 격렬하게 양

쪽 섬유의 길이가 변하기 때문에 특별한 실의 느낌이 발생한다. (b)의 경우는 층상으로 나일론-6와 PET가 복합되어 있다.

(viii) 중공섬유의 방사

중공섬유는 마카로니와 같은 관통된 구멍을 갖는 섬유로서 용도는 인공신장 등의 의용이나 정수 등의 산업용이다. 방사법은 용융방사나 습식방사 등의 소재고분자에 의하지만, 어느것이나 2중원통 노즐의 중심에 공기 또는, 고분자에 친화성이 없는 액체를 통과시킨다. 공중사는 형태와 동시에 투석이나 여과 등의 기능에 적합한 구조를 갖는다. 기본적으로는 다공구조이다. 일반적으로 분자배향은 구조를 치밀화하는 경향이 있기 때문에 연신하지 않는다. 특별한 예로서 폴리올레핀의 용융방사에 의한 중공사의 어떤 것은, 연신을 응용하여 다공화시킨다. 이 연신에 의한 다공화의 예는 그림 10-11(b)에서 관찰된다.

3) 섬유의 구조

섬유의 구조는 주사형전자현미경 등으로 관찰되는 거시적 구조와 광각이나 소각X선 등으로 검사되는 미시적 구조로 분류된다.

(i) 거시적 구조

a. 마이크로피브릴

천연 · 인조를 불문하고 섬유는 일반적으로 수십 nm이하 굵기의 미세섬유로서 마이크로피브릴(mf, micro fibril)의 집속체이다(그림 10-4 참조).

마이크로피브릴의 길이는 그의 스케일에서는 무한대이다. 굵기는 결정의 굵기에 대응하지만, 단면은 등방적이 아닌 경우가 많다고 생각되며, 엄밀히는 폭과 두께라고 말하는 쪽이 바르지만, 정량은 어렵다.

인조섬유에서는 연신 또는, 유동배향에 따라서 마이크로피브릴이 형성된다. 섬유는 마이크로피브릴의 집속체이기 때문에, 그의 성질은 개개의 마이크로피브릴의 물성과, 마이크로피브릴 간의 접합상태에 따라서 결정된다.

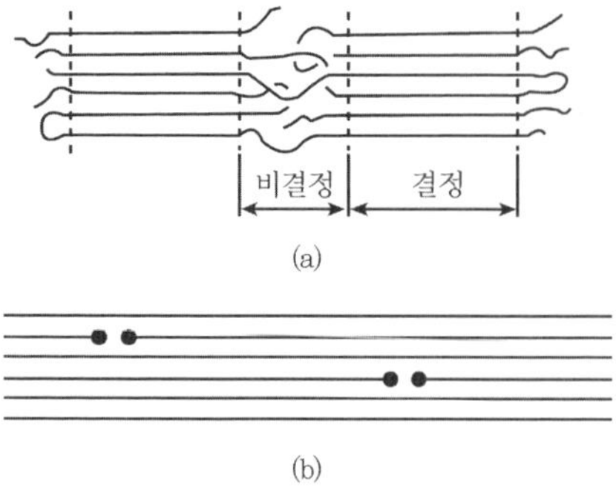

(a) 굴곡성고분자
(b) 강직성고분자
1개의 선은 1개의 분자를 나타낸다.
굴곡성 고분자의 비결정상에는 다른 종류의 분자사슬이 존재하며, 각각의 분율은 제법에 따라서 다르지만, 일반적으로 연신에 의하여 tie사슬의 수는 증가한다.

그림 10-3 마이크로피브릴의 미세구조

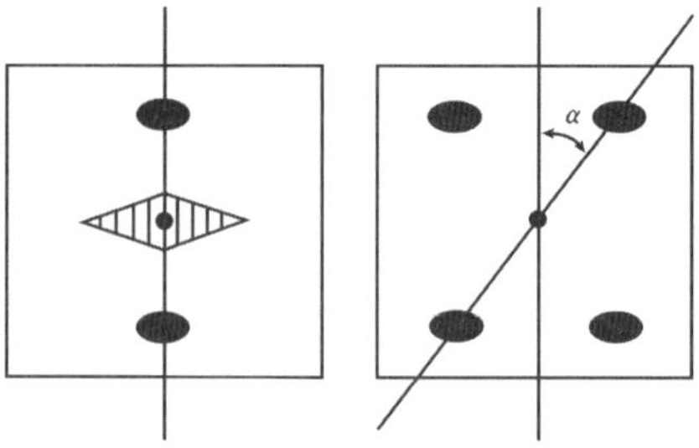

(a) 2점상(결정계면의 법선이 장주기의 방향과 일치[예를 들면, 그림 10-3(a)]
적도상의 산만산란은 마이크로피브릴에 의한 산란이며, 이 강도분포로부터 피브릴의 굵기가 평가된다.
(b) 4점상(상기법선과 장주기의 방향이 각 α로 경사한다. 이 경우도 적도 산만산란이 나타난다.)

그림 10-4 섬유의 소각X선 산란상

b. 스킨-코어 구조

이것은 섬유의 외부(스킨)와 내부(코어)의 불균일 구조로서, 특히 용액방사(습식이나 액정방사)섬유에서 현저하다. 탈용매의 응고가 외부로부터 발생하는 것에 의한다. 스킨에서는 분자배향도가 높고, 강도적인 성질은 코어보다도 높다.

이것은 마이크로피브릴의 내부구조로서, 그림 10-3에 표시되어 있는 것과 같이 굴곡성고분자에서는 결정 · 비결정의 직렬구조가 존재한다. 강직성고분자에서는 존재하지 않는다. 이 직렬구조의 주기, 즉 결정의 두께 l_c와 비결정층의 두께 l_a의 합$(l_c+l_a)=L$을 장주기(long spacing 또는, long period)라고 말한다. l_c는 결정화의 속도론적 요청으로부터 결정되지만, 5~10nm정도로서 매우 희박하다. 또한 장주기의 존재와 평가는 소각X선 산란(SAXS)의 피크에 의하여 확인된다(그림 10-4).

장주기 L은 파장 λ의 X선을 섬유축에 수직으로 입사시켰을 때에 SAXS 피크의 산란각을 χ(라디안 단위)로 하면, 식 (10-1)로서 구해진다.

$$L=\lambda/\chi \tag{10-1}$$

더욱, 체적 결정화도를 χ_v라고 하면 근사식으로 $\chi_v = l_c/L$이 성립한다.

장주기를 형성하는 결정과 비결정의 구조는 역사적으로도 중요한 과제였다. 현재는 그림 10-3과 같은 형태라고 상상하고 있다. 비결정상에서 중요한 것은 대향하는 결정계면에 양쪽말단이 파지되어 있는 "tie chain"과 동일의 결정계면에 양쪽말단을 파지시킨 "loop chain"이다. 더욱, 1930년대에 제안된 총상미셀구조(fringed micellar structure)에 있어서는, 모든 비결정사슬은 tie chain을 형성하고 있다고 하는 것이다.

4) 섬유의 분자배향

섬유에서는 결정·비결정을 불문하고, 분자사슬 배향의 길이 방향을 축으로 하는 1축원통대칭형이다. 이 형태의 배향에서는 다음 식으로 정의되는 f는 배향함수라고 불리는 중요한 양이다.

$$f = <\cos^2\gamma> - <\sin^2\gamma>/2 = (3<\cos^2\gamma> - 1)/2 \tag{10-2}$$

여기서, γ은 분자사슬축과 섬유축과의 각, 〈 〉는 평균을 나타낸다.

섬유의 복굴절(진동면이 섬유축방향의 빛의 굴절률 $n_{//}$과 직각방향의 굴절률 $n_{\perp}$의 차)는 다음과 같이 f에 비례한다. 이 $[\Delta n]$은 고유값으로서 고분자의 종류, 결정, 비결정에서 다르다.

$$\Delta n = n_{//} - n_{\perp} = [\Delta n] \cdot f \tag{10-3}$$

결정과 비결정이 공존하는 섬유에서는 양쪽 상의 기여는 체적적으로 가성되며, 다음 식이 성립된다.

$$\Delta n = [\Delta n_c] X_v \cdot f_c + [\Delta n_a](1 - X_v) \cdot f_a \tag{10-4}$$

여기서, 첨자 c는 결정, a는 비결정을 나타내며, X_v는 체적결정화도이다. 이 식은 가끔, 비결정의 배향도 f_a를 추정하는데 이용된다. 이때 f_c는 X선회절로서 직접 평가되며, $[\Delta n_c]$와 $[\Delta n_a]$에는 문헌의 값을 이용한다.

10-1-2 필름

필름은 두께 수 백 μm 이하의 면상재료이지만, 고분자필름이 압도적인 지위를 점유하고 있다. 필름은 섬유에 비하면 소재고분자로서 종류가 다양하다. 즉, 섬유는 특수한 것을 제외하면 결정성고분자에 한정되어 있지만, 필름에서는 결정성고분자에 추가되어 비결정성고분자도 많이 이용되고 있다. 또한, 분자배향성으로부터 살펴보아도 등방성에 가까운 것으로부터 매우 대칭성이 낮은 것까지 다양하다.

1) 고분자필름의 기능

고분자필름의 기능은 다음과 같은 3가지 영역으로 분류된다. 첫째로, 구조재료로서의 기능으로서 필름의 압도적인 다수는 이 범주에 속한다. 농업용 필름, 비디오 등의 테이프기재, 굴곡성 프린트, 회절기판필름 등 다양하지만, 탄성률, 강도, 내열성이 중요한 물성지표이다. 둘째로, 물질이동의 제어기능으로서 물질투과의 차단을 목적으로 하는 차단필름, 기체분리막, 투과막 등이 이것에 포함되지만, 차단필름은 이 영역에서 양적으로 압도적인 지위를 점유하고 있다. 셋째로, 절연, 전도, 유전, 압전 등 주로 전기 · 전자적 기능이다.

2) 고분자필름의 제법

(i) 용융성막법

이것에는 T다이(미세하고 폭이 넓은 슬릿)로부터 압출된 flat법과 링다이(원형슬릿)로부터 압출된 inflation법이 있다. 이들의 선택은 고분자의 종류에 의하지만, 양쪽 모두 이용되는 경우도 있다.

a) flat법 : T다이를 나온 용융액은 높은 정밀도의 거울면을 갖는 냉각롤러 또는 수 중에서 냉각 · 고화된다. 이 성형시트는 분자배향을 부여하기 때문에 연신된다. 필름에서는 일반적으로 기계방향(MD)과 축방향(WD)으로 2축연신(biaxial drawing)된다. 이들 중에는 다음과 같은 2가지 방법이 있다.

① 축차 2축연신 : 먼저 섬유의 연신과 같은 원리로서 속도가 다른 2개의 롤러쌍으로서 MD연신시킨 후, 필름의 양쪽을 클립으로 파지하고 WD연신한다. MD연신은 용이하다. WD연신은 대향하는 클립간격을 증가시키는 것으로 달성되지만, 이 경우에는 인접하는 클립간격을 바꿀 필요가 없다. 특히, 결정성이 높은 소재에서는 MD연신으로 피브릴이 형성되어 균열되기 쉬우며, 계속 WD연신이 곤란하기 때문에 결정화도가 낮은 PET, it-PP, PVC나 결정성의 PVC에 한정된다.

② 동시 2축연신 : 처음부터 성형시트를 클립으로 파지하고, 인접하는 클립간의 거리를 늘려서 MD연신, 대향하는 클립간격을 확대하여 WD연신한다. 각 방향의 연신율은 이 경우에도 독립적으로 결정되지만, MD연신율은 축차2축연신과 같이 크게 취하는 것은 기구적으로 어렵다. 이 방법은 피브릴화를 위한 축차2축연신이 어려운 경우에도 적용할 수 있으며. 필름면이 롤러면에 접하지 않기 때문에 양질의 표면상태가 얻어지는 것 등의 장점

이 있다. 동시2축연신에서는 인접클립 간격의 확대가 요구되지만, 이것은 클립을, ① 팬터그래프에 올려놓고, 팬터그래프를 지탱하는 2개 틈의 간격을 좁히는 방법과, ② 핏치가 먼저 갈 정도로 커지는 회전축을 이용하는 방법이 있다. 어떤 경우에도 그 축은 8자형태로 세팅된다. 2축연신에서는 특히 연신온도나 친수성고분자에서는 습도를 적당한 곳에 선택하는 것이 중요하다. 연신 후에는 열처리하여 구조를 안정화시킨다.

b) inflation법 : 용융고분자를 원형의 다이(circular die)로부터 튜브상태로 압출시킨 후, 냉각하고 압축공기나 뜨거운 바람을 불어넣어 부풀리는 방법이다. 이 팽창으로 튜브는 동시2축연신된다. WD방향으로의 연신율은 MD의 1~2.5배 정도이며, 이것을 블로우비율이라고 말한다. 이 방법에 의한 필름의 기계적 성질은 높지 않지만, 응용가능한 고분자의 종류는 많고, 설비코스트의 저감, 포장에 적당한 튜브형태 등 많은 장점이 있기 때문에 널리 응용되고 있다. 더욱, 다층압출에 의한 inflation복합필름이 가스방벽성(gas barrier), 열봉인성(heat seal)의 향상을 위하여 많이 생산되고 있다.

(ii) 용액성막법

진한 용액으로 성막하는 방법으로서, 용매가 휘발성이나 비휘발성에 따라서 분류되지만, 양쪽 모두 탈용매에 의한 체적의 현저한 감소가 발생하는 것이 특징적이며, 이것은 다음에 설명하는 바와 같이 분자배향에 중대한 영향을 끼친다.

a) 건습식 성막법 : 용매가 휘발성의 경우로서, 원액은 T다이를 통하여 회전드럼 또는 앤드리스금속밴드상에 유연된다. 건조기류에 의한 탈용매하여 시트로서 취급하는 상태로 되었을 때 드럼이나 밴드로부터 분리시켜, 더욱 건조를 진행시킨다. 필요한 경우에는 응고를 촉진시키기 위하여 냉각한다.

b) 습식성막법 : 이것의 대표적인 예는 비스코스를 경유하는 재생셀룰로오스필름(셀로판)의 성막법으로서, T다이방식으로 응고 · 재생시킨다. 이 경우에는 특히 탈수가 동반되어 결정의 높은 면배향성이 발생한다.

c) 리오트로픽액정의 등방성필름의 성막법 : 액정성고분자는 유동배향성이 높기 때문에 1축배향을 특징으로 하는 섬유의 제조에는 유리하지만, 면내부에서 등방성을 갖는 필름의 제조가 곤란하다. 이와 같은 경우에는, 액정상태에서 지지체상에 유연시킨 후, 재차 승온하여 등방용액으로 되돌리고, 빨리 응고중탕에 침적시키는 방법을 이용한다. 이 방법으로 PPTA의 면내부 등방필름이 제조되고 있다.

3) 고분자필름의 구조

필름의 소재고분자는 결정성에 한정되지 않고, 비결정성의 것도 사용되며, 배향방식도 복잡하여 섬유와 비교하면 구조는 다양하다.

(ⅰ) 거시적 구조

a) 표면구조 : 필름의 거시적 구조로서 중요한 것은 두께의 균일성 이외에 표면의 凹凸구조이다. 카세트테이프용 PET필름의 예에서는 무기입자의 첨가(외부입자) 또는 중합촉매(내부입자)를 적극적으로 활용하고, 입자 자체의 마찰특성을 이용하면 동시에 결정핵으로서 활용하여 결정성 제어의 역할을 한다. **그림 10-5**는 축차 2축연신 PET필름의 표면사진이다.

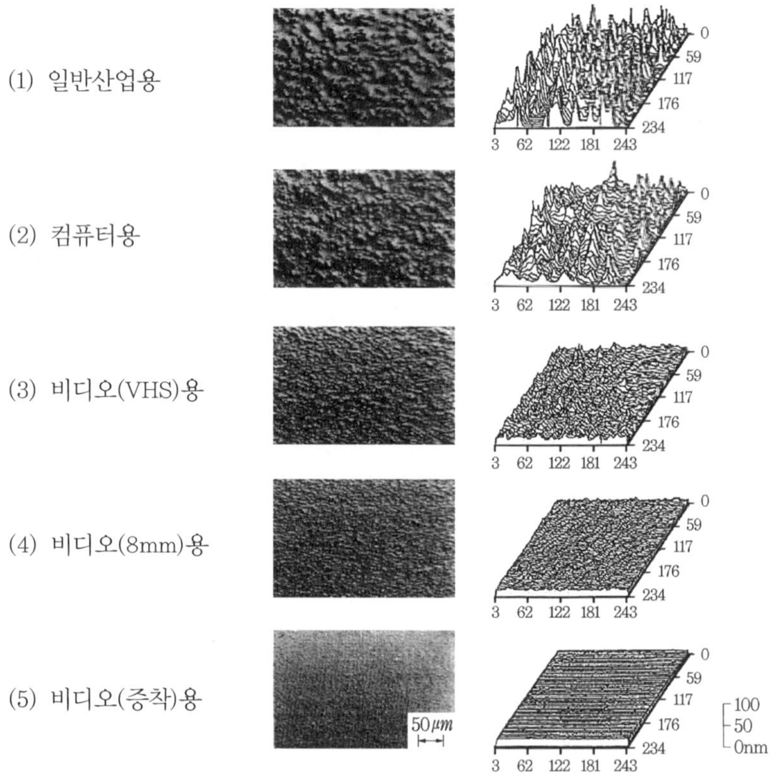

(a) 사진 (b) 프로파일

그림 10-5 축차2축연신 PET필름의 표면

b) 마이크로 피브릴 : 섬유의 구조에서 나타낸 바와 같이 연신에 의하여 피브릴은 형성되지만, 2축연신에서도 마찬가지이다. 그러나, 연신율 자체가 섬유의 경우일수록 크지않은 것도 관계하고 있으며, 일반적으로는 2축연신필름에 있어서 피브릴형성은 현저하지 않다. **그림 10-6**은 2축연신에 의하여 마이크로피브릴이 형성되어 있는 것을 나타내는 극단적인 예이다.

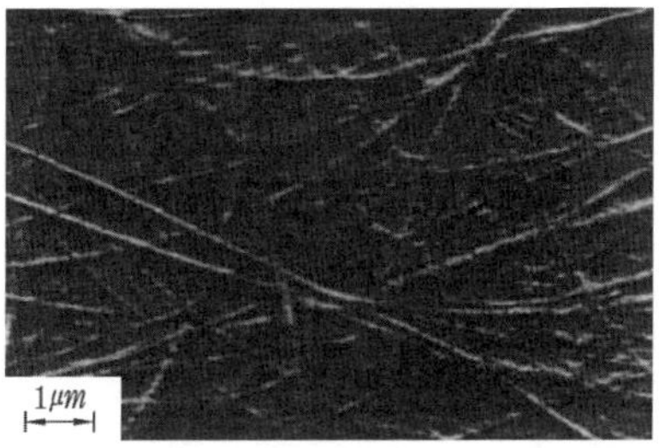

그림 10-6 초고분자량 PE겔의 동시 2축연신(16×16)필름의 표면 SEM사진

c. 구결정 : 연신을 부여하지 않든지, 연신율이 낮은 결정성 고분자 필름에서는 결정화는 구결정의 형성을 동반한다. 일반적으로 구결정의 존재는 역학적 성질의 저하뿐만이 아니고, 광산란을 일으키기 때문에 투명성을 저하시킨다.

(ii) 미시적구조

피브릴 내부의 구조는 기본적으로 섬유의 경우와 유사하지만, 피브릴 내부의 결정은 현저한 면배향을 나타낸다. 이 면배향은 연신이나 건조과정에 있어서 두께의 감소가 현저한 것과 관계하고 있다. 피브릴의 단면은 분자사슬과 직각인 결정의 단면과 일치하고 있기 때문에, 이 형태의 결정면 배향은, 피브릴단면의 경우 칫수적으로 등방적이 아니고, 얇은 배향이 두께의 방향으로 정렬되어 있는 것을 나타내고 있다. 필름의 미세구조의 검토에서는, X선을 ① 두께, ② 폭, ③ 길이의 3방향으로부터 입사시킨 회절밴드를 광각, 소각 모두를 측정할 필요가 있다. 물론, ①에서 완전한 환상밴드이면, ②와 ③은 동일패턴으로 되기 때문이다.

4) 고분자 필름의 분자배향

필름에 있어서 분자배향의 형식은 다양하다. 즉, 거의 대부분 배향이 없는 것으로부터 압전필름과 같이 분자사슬축의 배향에 추가되어 분자축에 따르는 분자구조의 비대칭을 반영한 고도의 분자배향형식에 따르고 있다.

(i) 3차원 등방성

비결정성 고분자에서는, 3차원 등방성에 가까운 것은 용이하게 제조되지만, 결정성 고분자에서는 제조되기 어렵고 면내 등방성으로 되기 쉽다.

(ii) 면내(2차원)등방성(종과 횡의 이방성 없음)

분자사슬이 필름면에 평행하고, 더욱 면내부에서는 랜덤배향을 취한다. 결정의 면배향이 발생하고 있다.

(iii) 면내 이방성(종과 횡의 이방성 있음)

1축 또는 2축 연신필름에서 관찰되는 것으로서, MD방향으로 분자사슬의 배향도는 WD의 배향도보다도 높다. 이 경우에도 결정면 배향이 발생하고 있다. 3차원적으로 이방성을 갖지만, 필름의 표면과 이면, 앞과 뒤, 좌와 우의 구별이 없으며, 결정의 (222)대칭에 대응하는 형식이다. 이 형태의 필름은 상당히 많다.

(iv) 표면, 이면이방성

앞과 뒤의 구별은 면내이방성과 같지 않지만, 표면과 이면은 명확하게 구별된다. 두께의 방향에만 2회축이 있다. PVDF(폴리플루오르화비닐리덴)의 압전필름을 예로 들면, 분자사슬축은 고도로 MD방향으로 배향하지만, 분자의 CF_2는 필름 두께의 하나의 방향(표면)으로 향하며, CH_2는 반대쪽인 이면으로 향한다. 이 배향형식은 연신에 의하여 면내 이방성의 배향성을 부여한 후에, 분자의 회전운동을 가능하게 할 정도로 계속 가열하여 정전장 중에 필름을 전장에 수직으로 두고, 전장의 힘으로 CF의 쌍극자를 배향시키는 것에 의하여 얻어진다. 따라서, 이 형태의 배향형식의 부여에는 분자구조의 대칭성에 있어서 조건을 만족시키는 것과 쌍극자의 존재가 반드시 필요하다.

10-2 하이브리드재료

본래, 하이브리드(hybrid)는 2종류의 동물 또는 식물의 교배에 의하여 생성된 것을 의미하기 때문에, 다른 종류의 성분에 의하여 구성되는 복합계재료이다. 그러나, 실제로 하이브리드재료라고 불리는 것은 다음과 같은 2종류의 복합계에 불과하다. 첫째로, 유기고분자와 무기고분자의 분자단위 또는 그것에 가까운 수 nm단위의 상분리구조를 목표로 하는 복합계재료로서, 가끔 고분자마이크로 하이브리드재료라고 불린다, 둘째로, 예를 들면 탄소섬유와 아라미드섬유 등 유기섬유와 무기섬유를 사용한 섬유강화 복합재료이다. 이것으로부터 하이브리드재료라고 하는 명명에는 유기물질과 무기물질의 복합이 관계하고 있다.

10-2-1 고분자마이크로하이브리드재료

각각의 성분에서 분산상태는 항상 복합계재료의 물성에 크게 영향을 끼친다. 특히, 분산이 분자단위에 가까운 경우에는, 보다 큰 스케일의 분산구조의 것에 비하여 보다 효과적인 복합성을 나타내는 것 뿐만이 아니고, 어떤 경우에는 특수한 기능의 발현도 기대된다.

고분자마이크로하이브리드재료는 무기고분자나 무기물질을 유기고분자와 분자적 단위로서 관계시키는 것을 목표로 하는 복합계재료이다. 그러나, 그 역사는 깊지 않으며, 현재의 단계에서는 다음과 같은 3가지의 제법에 한정되고 있다. 첫째는, 무기의 특수한 물질을 유기고분자와 혼합한다고 하는 가장 단순한 방법이지만, 그의 예는 현재 천연의 화산석회 성분인 무기고분자의 이모고라이트와 하이드록시프로필셀룰로오스와의 수소결합을 이용한 하이브리드뿐이다. 둘째로, 금속알콕사이드의 가수분해에 의하여 생성하는 금속수산화물은 매우 온화한 조건하에서 탈수축합으로 고분자화하여 겔을 형성한다고 하는 성질을 응용한 것이다. 탈수축합시킬 때, 유기고분자를 용액 중에 분산시켜 두고, 무기겔 중에 고분자를 함유시키는 것에 의하여 복합화시키는 방법으로서, 일반적으로 졸-겔법이라고 말한다. 셋째로, 무기물질의 결정층간에 유기고분자를 삽입시켜 복합화하는 방법으로서, 인터컬레이션법이라고 말한다.

고분자마이크로하이브리드재료로 기대되는 기능은, 주로 강도나 탄성율 등의 역학적 기능이지만, 광학특성, 전기적 특성 등에도 앞으로의 전개가 기대된다. 다음에 이상의 2가지 방법에 대해서 설명한다.

1) 졸-겔법에 의한 고분자마이크로하이브리드재료

금속알콕사이드는 물과 반응하여 가수분해하고, 금속수산화물과 알코올로 된다. 이 금속수산화물인 M(OH)n은 물과 촉매의 존재하에 쉽게 탈수축합하고, 고분자를 형성하여 겔화한다. 광통신용의 optical fiber의 경우에는 Si의 알콕사이드로부터 미세한 겔이 형성되며, 이어서 겔 중에 함유되는 용매를 800~1000℃로서 처리하여 제거시킨다. 여기서 주목되는 고분자마이크로하이브리드를 제조하는 경우에는, 유기고분자와 금속알콕사이드를 공통의 수용성용매를 사용하여 용액을 제조하고 균일하게 혼합한 후, 이 상태에서 무기고분자를 형성시켜 겔을 제조한다. 공존하는 유기고분자는 무기고분자의 겔망상 중에 용매와 함께 갖히게 된다.

이것으로부터 아는 바와 같이, 이 방법의 응용에서는 사용되는 유기고분자와 금속알콕사이드의 선택이 매우 중요하다. 요구되는 복합재료로서의 기능을 발휘할 수 있는 금속수산화물과 유기고분자가 공통의 용매를 가지며, 그 용액 중에서 수산화물의 탈수축합이 진행되지 않으면 안된다. 이들의 조건은 매우 까다롭기 때문에 적용의 폭이 좁다.

(i) 고분자마이크로하이브리드에 사용되는 금속알콕사이드

졸겔법에 의한 고분자마이크로하이브리드의 대상으로서 검토된 금속알콕사이드는, Si, Al, Ti, Zr, Zn 등이다. 이 중에서 Si가 가장 많으며, 테트라에폭시실란(TEOS)이 주로 사용된다. Si계는 마이크로하이브리드재료로서의 목적외에 다공성실리카겔을 제조하기 위해서도 응용되고 있다.

(ii) 졸겔법에 의한 마이크로하이브리드재료의 종류

유기고분자와 금속알콕사이드의 쌍에 의한 분류도 가능하지만, 개발과정에 있는 현재는 한정된 계에서만 유효하다. 따라서, 유기고분자와 무기고분자의 친화성에 대해서 분류하면 다음과 같다. 일반적으로 분자분산계에 있어서 다성분재료의 형성에는, 각 성분간의 친화성이 필수적이며, 이 졸겔법에 의한 마이크로하이브리드의 경우에도 마찬가지이다. 친화성이 필수적이며, 이 졸겔법에 의한 마이크로하이브리드의 경우에도 마찬가지이다. 친화성이란, 통상적인 의미에서의 분자간력에 의한 것과, 공유결합에 의하여 양쪽 성분의 고분자가 결합하고 있는 경우의 2가지 의미를 가지고 있다.

a. 분자간력을 주체로 하는 계 : 여기에는, ① 상대의 무기고분자에 친화성이 높은 유기고분자를 선택하는 경우와, ② 분자간력을 강화시키기 위하여 적극적으로 화학적으로 개질시킨 유기고분자를 사용하는 경우가 있다. ①의 경우에서 중요한 것은 무기고분자와 수소결합 형성능력을 갖는 고분자의 선택이다. 따라서, 무기고분자쪽에서 수소결합과 관여하고 있는 것은, 금속수산화물인 $M(OH)_n$의 탈수축합에 의하여 겔이 형성된 상태에서 대량으로 남아있는 미반응의 OH기이다. 유기고분자의 예에서는 C=O기나 OH기 등이다. C=0의 예로서는, 폴리(N-아실에틸렌이민), 폴리(피롤리돈), 폴리(N,N′-디메틸아크릴아미드) 등, 폴리아크릴산이나 단백질 등, OH기의 예로서는 폴리비닐알코올(PVA), 폴리에틸렌글리콜(PEG) 등이 있다. PVA의 수소결합계로서는 SiO_2계 이외에 $Al(OC_3H_7)_3$를 사용한 Al_2O_3계도 있다. 다음에 이 범주에 속하는 것으로서 높은 역학성능을 목표로 한 것으로 SiO_2-폴리이미드계 마이크로하이브리드를 소개한다. 폴리이미드는 불용성이기 때문에 전구체인 폴리아미드산(1)과 TEOS로서 졸-겔법으로 하이브리드화시킨 후, 가열하여 이미드화(2) 시킨다.

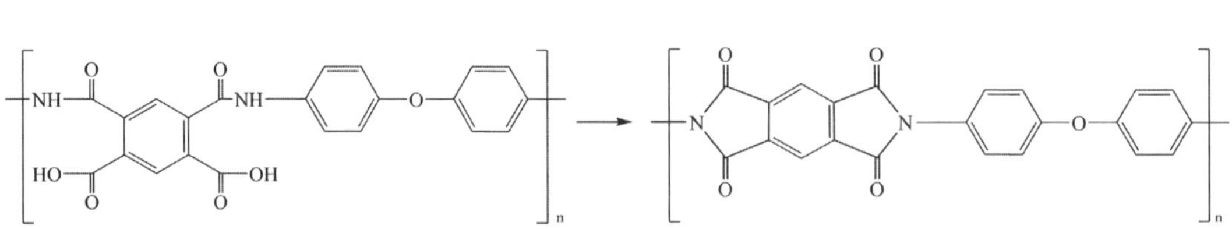

(1) (2)

소정량의 TEOS와 물 1.0ml를 10.0g의 10wt% 농도의 상기 폴리아미드산의 DMA_C용액에 가하고, 6시간 교반하여 균일한 용액을 제조한다. 이것을 글라스판상에 펼치고, 60℃에서 12시간 건조시킨 후, 270℃에서 3시간 N_2가스 중에서 열처리하여 이미드화시킨다. 이 방법으로 제조된 SiO_2-폴리이미드하이브리드필름의 특성을 표 10-3에 나타낸다.

표 10-3 SiO_2-폴리이미드 하이브리드 필름의 물성

시료	TEOS[*1] ml	실리카 함유량 wt%	투명성[*2]	Tg ℃	열분해 온도[*3] ℃	100℃에서의 동적 탄성율 10^9Pa
1	0	0	T	419	470	1.9
2	0.1	3	T	410	475	1.5
3	0.3	8	T	396	480	1.6
4	0.5	13	O	403	477	2.2
5	1.0	22	O	405	478	2.0
6	1.5	30	O	412	492	1.2
7	3.0	46	O	425	510	2.2
8	4.5	56	O	412	513	4.4
9	6.0	63	O	430	515	3.0
10	8.0	70	O	419	505	6.0

*1 10wt%아미드산 DMA_C용액 10g당에 가해진 양, *2 T는 투명, O는 불투명, *3 Tg 공기 중 측정

실리카의 양이 70%에 달해도 유연한 필름이 얻어지고 있다. 이 필름의 상온에 있어서 특성의 향상은 그다지 현저하지 않지만, 열분해온도의 상승이나 100℃에서의 동적 탄성율의 현저한 증가는, 이 재료에 있어서 고온특성의 우수성을 나타내고 있다. 더욱 Tg는 약간 저하하는 경향을 나타내지만, 변화는 작다. SEM관찰에 의하면 실리카의 성분은 3~7μm의 입자경을 형성하고 있으며, 실리카 양의 증대와 함께 입자경은 커지는 경향을 나타내고 있다. 이것은 SiO_2 분자의 망상 중에 폴리이미드가 분자분산한다고 하는 마이크로하이브리드의 설계론과는 약간 차이가 있는 것을 나타내고 있다.

① 전구체를 이용하는 졸-겔법 마이크로하이브리드 : 상기 폴리이미드의 하이브리드에서는 전구체인 폴리아미드산을 사용한다. 이와 같이 용해성이 없는 유기고분자의 경우에는 이와 같은 전구체가 사용된다. 그 예로서는 전기전도성을 갖는 폴리(p-페닐렌비닐렌)과 TEOS를 사용한 하이브리드가 제조되어 있다.

b. 화학결합에 의한 계 : 이것에는 다음의 3가지 경우가 있다.

① 유기고분자의 말단이 무기고분자와 결합하는 계(그래프트형) : 이것은 유기고분자의 말단기가 무기성분의 겔화에 참가하여 그래프트적 구조를 취하는 경우가 있다. 말단을 트리에톡시실란 $Si(OC_2H_5)_3$로서 개질된 폴리테트라메틸렌옥사이드(PTMO)를 사용한 Ti나 Zr계 마이크로하이브리드의 예가 있다. 또한, 폴리에틸렌옥사이드(PEO)말단의 OH기는 비수용액 중 산촉매로서 TEOS를 겔화시킬 때는 겔화의 탈수반응에 참가하여 화학결합을 형성한다고 알려져 있다.

② 유기고분자의 골격 중에 금속수산화물과 결합성을 갖는 성분을 공중합시키는 계 : 이 예로서는 금속알콕사이드를 짧은 사슬인 비닐기를 공중합시킨 다음과 같은 비닐계유기고분자를 사용하는 예가 있다.

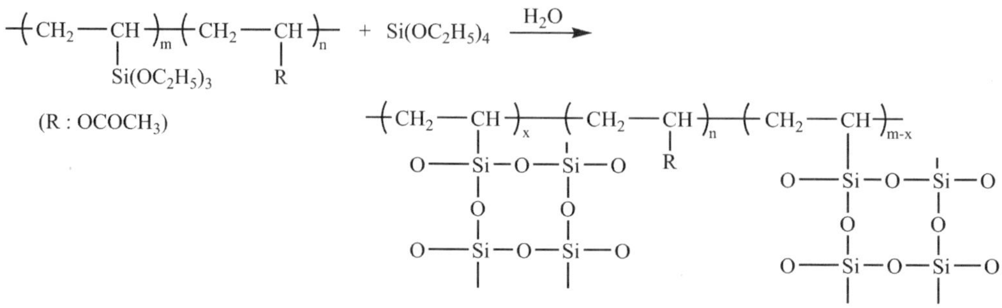

그림 10-7은 이 방법에 의한 PVAc/SiO_2계 마이크로하이브리드필름의 강도와 신도의 TEOS 함유량의 의존성을 나타낸 것이지만, 공중합체를 사용한 효과는 확실하다.

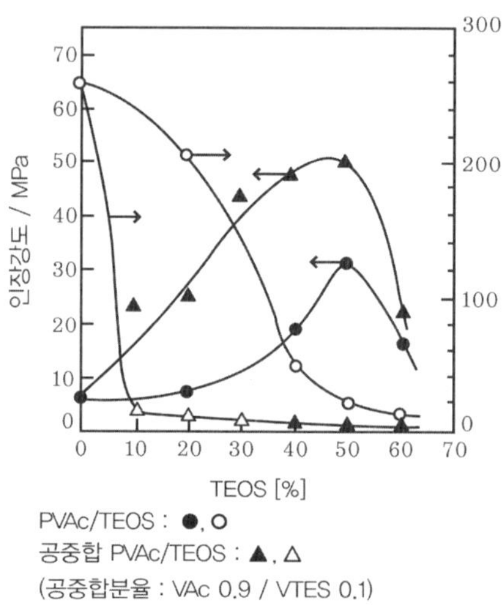

그림 10-7 PVAc/TEOS마이크로하이브리드필름의 강도와 신도의 TEOS 함량의존성

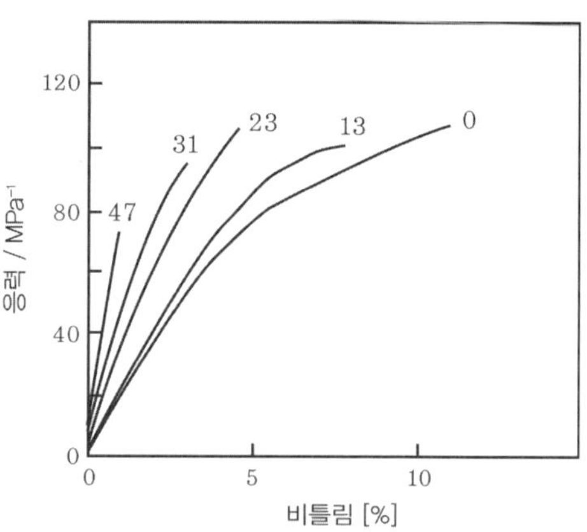

그림 10-8 공중합 아미드산을 사용한 SiO_2-폴리이미드하이브리드 필름의 응력-비틀림 곡선의 실리카 함유량의 의존성

이것과 마찬가지의 방법은 이전의 항에서 소개한 폴리이미드/SiO_2계에도 적용되고 있다. 다음과 같은 Si를 함유한 아미드산을 공중합시킨 폴리아미드산을 사용하면, 양쪽 성분의 분산성의 향상이 확인되고 있다. 더욱, 겔화나 겔화 후의 건조나 열처리에 의한 이미드화는 호모폴리

머를 사용한 경우와 마찬가지이다. 그림 10-8은, 이 마이크로하이브리드필름의 상온에 있어서 S-S곡선을 나타낸다.

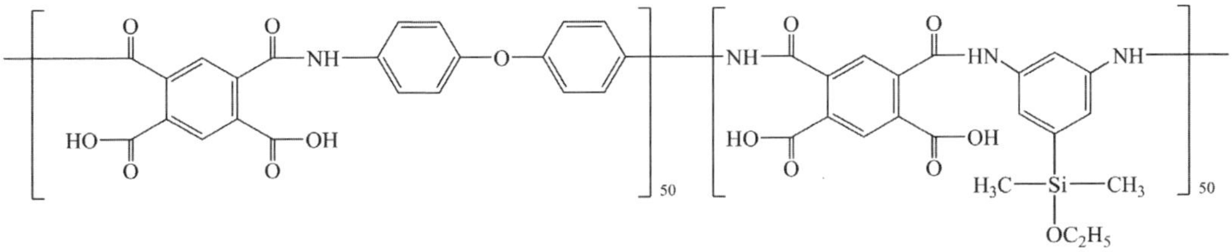

③ 유기성분으로서 양쪽 말단이 금속수산화물과 탈수 · 축합성을 갖는 올리고머를 사용한 계 : 이 계에서는 기본적으로 유기성분이 올리고머 중합도의 길이에서 블록의 유기 · 무기공중합체를 형성한다. 이것의 예로서, 중합도 4~33인 PEO올리고머의 양쪽 말단을 $-Si(OC_2H_5)_2CH_3$로 하고, TEOS와 졸-겔화시킨 마이크로하이브리드가 있다.

(iii) 졸-겔법에 의한 마이크로하이브리드재료의 물성

처음에 설명한 바와 같이, 이 종류의 재료는 역사가 짧고, 주로 제법단계에 있으며, 그 중에서도 가장 진전된 것은 유기고분자재료의 역학적 특성의 향상이다. 이것에는 이미 몇 개의 예로서 나타낸 고강도 · 고탄성율화를 목표로 한 것이 많다. 한편, 높은 탄성 변형성을 갖는 엘라스토머의 성능 개선에 이 방법을 응용하는 경우도 있고, 폴리디메틸실록산의 엘라스토머로서의 성능이 SiO_2계의 졸-겔법에 의한 하이브리드화로서 향상되는 것이 확인되고 있다.

실리카의 함유량 이외에, 촉매로서 사용되는 염산 첨가량의 효과 등도 검토되어 있다. 폴리메틸페닐실록산-SiO_2하이브리드엘라스토머도 제조되어 있다. 역학적 성능 이외에도 유기고분자 성분의 성능개량을 목표로 하는 것이 많으며, 예를 들면 전구체를 이용하는 방법으로 인용된 PPV/SiO_2계에서는 SiO_2의 투명성을 이용하여 PPV성분의 투명성을 향상시키고, 본래 PPV가 갖는 비선형 광학특성을 효과적으로 발휘하도록 한 것이다. 또한, 유기고분자 성분에 도핑을 시켜서 이온전도성을 발휘시킨 예로서 PEO/SiO_2계가 있으며, 또한 일렉트로크로믹소자에의 응용 등도 있다. 앞으로는, 유기 · 무기 양쪽 성분의 성질을 융합시켜 본래의 마이크로하이브리드효과의 발현이 기대된다.

(iv) 무기고체 중의 공공형성의 수단으로서 졸-겔법

유기고분자 공존하에서의 금속알콕사이드의 졸-겔화에 의한 하이브리드화는, 무기고분자 고체 중에 형태나 크기가 제어된 공공(空孔)을 형성시키기 위해서도 이용된다. 이것은, 마이크로하이브리드를 제조한 후, 1000℃부근의 온도로서 처리하여 유기 성분은 분해, 증발시키기도 하고, 용매로서 추출하여 공공을 형성시키는 방법이다. 이 다공질재료는, 다공질재료로서 사용되는 이외에, 공공 중에 새로운 고분자 모노머를 함침시켜서 중합하는 등의 방법으로 새로운 성분을 구멍의 형태로서 제조하고, 재차 마이크로하이브리드재료로 제조할 가능성을 갖고 있다. 상기에서 설명한 폴리(N-아실에틸렌이민)-SiO_2계에서는 크기로서 구경이 평균 20Å정도까지의 작은 공공을 갖는 SiO_2(실리카겔)고체가 제조되고 있다.

2) 인터컬레이션법에 의한 고분자 마이크로하이브리드 제조

점토광물 등의 무기결정입자의 특정한 결정면에 인터컬레이션법으로 유기고분자를 삽입시켜 마이크로하이브리드재료를 제조한다. 가장 연구가 진전되어 있는 몬모릴로나이트에서는 2장의 실리카 4면체층의 사이에 알루미나 8면체층을 삽입하여 약 10Å의 주기를 형성시키고 있다. 이 알루미나층에는 본래 Al^{3+}가 있어야 할 곳에 Mg^{2+}나 Fe^{2+}이 일부를 점유하고 있다. 따라서, Na^{+}, K^{+}, Ca^{2+} 등이 이것의 부정에 의한 전하부족을 보충하고 있지만, 동시에 이들은 물분자 등과 배위하고 있다. 또한, 이들의 층 사이에는 이온적으로 활성화되어 있다고 생각할 수 있다. 따라서, 어떤 종류의 극성유기물(유기암모늄염 등)은 이들의 층 사이에 인터컬레이트한다.

실제의 재료로서, 인터컬레이션법에 의한 유기고분자 · 무기광물 마이크로하이브리드재료는 다음과 같이 분류하는 쪽이 이해하기 쉽다.

첫째는, 점도광물의 층 사이에 유기고분자가 인터컬레이트하여, 층간거리는 확대되어 있지만, 층 구조는 유지되어 있는 경우이다. 이 때는 삽입되는 유기물질의 양은 적다. 이것의 예는 아민으로서, 인터컬레이트시킨 몬모릴로나이트를 에폭시수지 중에 분산시키는 것에 의한 에폭시수지의 강도적 성능의 향상이나, 몬모릴로나이트에의 아크릴산이나 아크릴로니트릴을 인터컬레이트시킨 후에 중합시키는 시험이 행해지고 있다. 이들의 방법에서는, 본질적으로 인터컬레이트시키는 양은 적지만, **표 10-4**에서는, 처리조건에 의하여 대폭으로 양이 변한다. 이와 같은 경우에는 다음과 같은 2가지의 분류는 방법이 아니고, 처리조건에 의존한다.

둘째로, 원리적으로는 인터컬레이션을 응용하지만, 인터컬레이트시키는 양이 많고, 최종적으로 점도광물의 층간이 분리되어 분산된 형태를 취하는 경우이다. 나일론-6-몬모릴로나이트계의 마이크로하이브리드를 예로 들면, 먼저 몬모릴로나이트와 12-아미노라우르산의 암모늄염[$H_3N^+(CH_2)_{11}COOH$]을 수 중에서 혼합하고, 여과, 동결건조시켜 제1단계의 인터컬레이트를 끝낸 유기화 몬모릴로나이트를 제조한다. 이것을 ε-카프로락탐에 혼합시키고, 100℃로 가열하면, 유기화 몬모릴로나이트의 층간에 ε-락탐이 인터컬레이트한다. 이것을 250~270℃로서 가열 · 중합시켜 나일론-6를 제조한다. 더욱, 유기화 몬모릴로나이트의 양이 8wt% 이하에서는 ε-카프로락탐의 반응성이 낮기 때문에 6-아미노카프로산을 사용한다. 이와 같이 해서 얻어진 하이브리드재료의 특성을 **표 10-4**에 나타낸다. 이 표에서, 시료 1~3은 분류 2에 속하고, 시료 4이하는 분류 1에 속하는 몬모릴로나이트의 층구조를 유지시키고 있다. 시료 1~3에서는, 몬모릴로나이트는 분산되어 실리카층이 나일론-6에 분산된 형태로 되며 고온의 유동성은 높고, 통상의 사출성형이 가능하다. 비교적 소량의 몬모릴로나이트 성분의 함유량으로도, 이 성형물(나일론-6)의 고탄성율화, 고강도화가 진행되며, 특히 열안정 온도나 수소가스의 차단성도 현저하게 향상된다.

그 후, 위에서 설명한 것과 같은 암모늄염에서의 1단계 인터컬레이트를 생략하고, ε-카프로락탐을 처음부터 사용한 방법으로도 충분히 고도의 인터컬레이트가 가능하게 되었다. 이외에 인터컬레이션법의 응용으로서는, 이온성이 없기 때문에 직접 인터컬레이트시킬 수 없는 무극성 유기물인 것으로 인하여, 미리 유기 양이온이나 금속 다가이온을 인터컬레이트시킨 후, 가열하여 배위되어 있는 물을 제거하는 것에 의하여 이들의 물질로서 층간의 재접근을 방지하여 빈 간격을 제작하는 방법도 생각되고 있다.

10-2-2 하이브리드 섬유강화복합재료

일반적으로 하이브리드 복합재료는 1종의 매트릭스에 2종의 강화섬유를 함유시킨 것이다. 하이브리드 복합재료의 목적은, ① 복합재료의 성능을 저하시키지 않고, 값싼 섬유를 가하여 가격을 저하시키는 것, ② 가격이 높은 고성능의 섬유를 약간 첨가하는 것에 의하여 가격을 그다지 올리지 않고, 복합재료의 성능을 현저하게 향상시키는 것 및, ③ 가격은 별도로 하고, 고성능을 목표로 하는 것이다.

표 10-4 나일론-6-몬모릴로나이트하이브리드의 특성

시료	몬모릴로나이트 함유량 $wt\%$	나일론 수평균 분자량($\times 10^3$)	층간거리 Å
1	1.9	17.2	〉100*2
2	5.0	10.0	〉100
3	8.7	6.34	〉100
4	13.0	3.80	121
5	26.2	1.66	60
6	42.8	0.81	44
7	59.6	0.466	26
8*1	78.7	–	17

*1 유기화 몬모릴로나이트단독, *2 층간이 분리된다.

성능의 향상에서는 고강도, 고탄성율의 탄소섬유 강화복합재료(CFRP)의 "무름"(brittle-ness)을 유기 고분자섬유인 아라미드의 Kevlar 강화재료(KFRP)나 글라스섬유강화재료(GFRP)의 파단비틀림의 크기(강인성)로서 극복하려고 하는 것이다.

하이브리드 복합재료에서는, 섬유의 종류 선택과 동시에 각 성분 섬유의 배열이나 분산상태가 중요하다.

그림 10-9는 하이브리드화의 모형적인 분류를 나타낸 것이다.

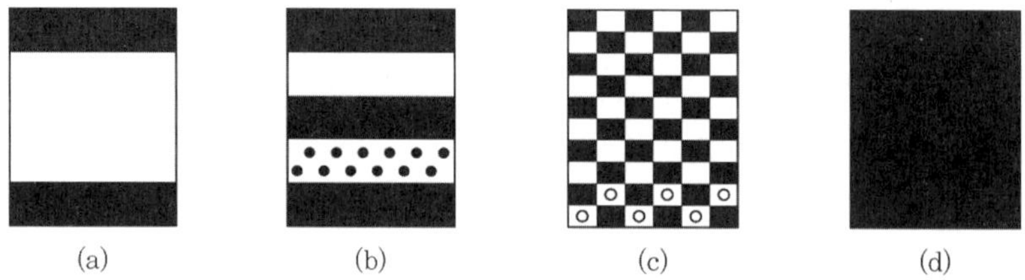

그림 10-9 하이브리드복합재료의 레벨을 나타내는 모형도(모든 강화섬유의 방향은 지면에 수직이다. 백과 흑은 다른 성분이다)

그림 (a)는 평판의 양쪽에 있어서 파단신장의 큰 것이 바람직한 스킨코어구조이다. 그림 (b)는, 2종의 섬유를 함유하는 2장의 평판(ply)을 적층시킨 것으로서, 각 층간의 접착은 중요한 의미를 갖는 ply-by-ply구조이다. 그림 (c)는 각 섬유 다발(tow)이 1개의 평판 중에 교대로 배치되어 있는 tow-by-tow구조이다. 그림 (d)는 섬유단위에서 양쪽 성분이 균일하게 혼재되어 있는 것이다. 그림 10-10은, 글라스섬유/탄소섬유 강화복합재료의 ply-by-ply형의 1축배향 복합재료에 있어서 S-S곡선이다. 평판간의 접착성 유무에 따라서 그의 S-S곡선은 큰 차이가 있다. 접착성이 강한 것에서는 탄소섬유가 절단된 후에도 응력은 계속 증가하고 있다. 여기에 하이브리드화의 의의가 있다.

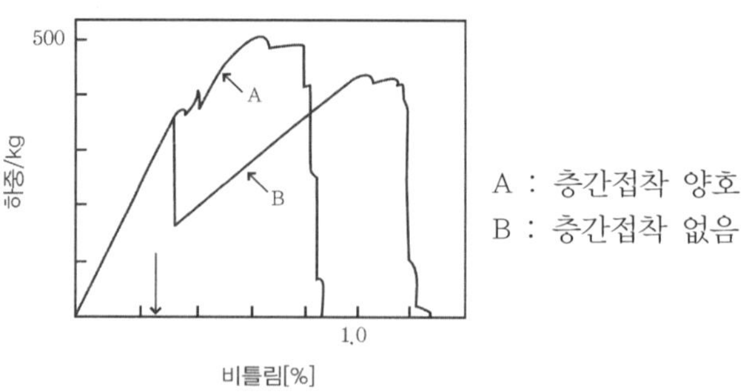

그림 10-10 GFRP/CFRP ply-by-ply형 하이브리드 복합재료의 하중-비틀림곡선(화살표는 CFRP단독의 파단점보다도 하이브리드효과에 의하여 큰 비틀림까지 견디고 있다)

10-3 적층재료

적층재료는 복수의 성분요소가 각각 거시적인 평면층을 형성하고 있는 필름이나 시트 등의 2차원재료이다. 적층의 목적은 단독으로는 발휘할 수 없는 성능이나 기능을 각각의 층이 분담하는 것으로서 복합재료 중에서도 가장 단순한 구조이다. 적층재료는 대체적으로 다음과 같은 3종류로 분류된다. 첫째는 주로 식품을 대상으로 하는 방호성 포장용 적층필름이다. 둘째는 광학적 성능 등의 기능성 적층필름이나 막으로서 현재 그다지 많지 않다. 셋째는 고강도 고탄성율 등을 목표로 하는 섬유강화복합시트나 고배향도 필름의 적층재료로서, 특히 고성능복합재료로서 매우 중요한 역할을 하고 있다.

10-3-1 포장용 적층필름

포장용 필름의 주요한 기능은 기계적 강도 등 이외에 산소나 수증기에 대한 방호성이다.

1) 다층필름의 구성

포장용 다층필름은 아래의 항에서 설명하는 바와 같이 4종류의 방법으로 제조되지만, 증착필름을 제외한 3종류의 필름에 있어서 그의 구성은 거의 공통적이다. 우선 가장 내부의 층은 내용품과 접하기 때문에, 내용품과의 낮은 친화성과, 가열 또는 초음파 밀폐성이 높은 다음과 같은 고분자가 사용된다. 각종의 폴리올레핀, 올레핀공중합체 PVAc, PVC/VAc 공중합체, 폴리부타디엔, 코폴리에스테르 등이다. 열압착성의 향상을 위해서는 융점을 적당히 강화시킬 필요가 있으며, 공중합은 이것을 위한 유효한 수단이다. 중간층은 특히 수증기가 산소 등의 방호성이 높은 소재인 폴리염화비닐리덴공중합체, EVOH 등 이외에 itPP나 PE 등이 사용되고 있다. 이외에 알루미늄박이나 알루미늄 혹은 실리카의 증착막 등의 경우도 있다. 가장 외부의 층은 역학적 성능이 우수한 재료로서 라미네이드법에 의한 적층의 경우에는 2축연신필름이나 세로판, 종이 등이 사용된다. EVOH가 중간층인 방호성필름에서는 EVOH가 흡습하면 방호성이 저하하기 때문에 최외층은 수증기 방호재료로의 역할도 수행하고 있다.

2) 다층필름의 종류

이들은 제법에 따라서 다음과 같은 4종류로 분류된다.

(i) 압출코팅필름

적층의 1성분인 기재필름이나 시트의 상부에 다른 적층성분의 용융체를 압출하고 냉각 고화시키는 방법이다. 이때 양쪽의 접착성향상을 위하여 기재표면을 코로나방전 등으로 활성화시키는 경우가 많다. 코팅속도가 낮은 경우에는 성형할 때 용융체의 표면에서 공기산화가 접착성을 향상시키지만, 고속으로 되는 것에 따라서 그 효과는 기대할 수 없기 때문에, 활성산소의 존재하에서 코팅 등의 방법도 있다. 더욱 폴리에틸렌류의 코팅에서는 1μm 이하 두께의 미량으로 primer라고 불리는 유기티탄화합물 등의 제3성분을 기재에 도포하여 anchor효과를 발휘시켜 접착성을 향상시키는 경우가 많다. 코팅법에는 코팅제가 다층으로 되는 공압출에 의한 다층코팅도 포함하여 널리 응용되고 있다.

(ii) 라미네이트 필름

적층시켜야 할 1개의 기재상에 접착제를 도포하고, 다른 기재를 압착하는 방법이다. 접착제의 종류에 따라서 통상 건식 혹은 습식적층법(dry or wet laminater)으로 분류되고 있다. 전자는 기재에 접착제를 도포한 후, 용매를 증발시킨 상태에서 압착하는 방법이다. 폴리이소시아네이트와 폴리에테르 또는 폴리에스테르계의 접착제가 많이 사용된다. 더욱 용제를 사용하지 않고 용융상태의 열가소성 접착제에 의한 라미네이션도 행해지고 있다.

(iii) 공압출필름

복수의 압출기로부터 층상융해액을 중복층상화 시킨 후, 다시 1개의 다이로부터 압출하고, 냉각 고화시키는 방법이다. 각각으로부터 융해액을 통로(manifold)를 통하여 폭의 확대 및 그것에 동반하는 박층화를 진행시킨 후, 중복층상화 시키는 메카니즘을 multi-manifold법, 중복층상화 시킨 후에 그것을 행하는 메카니즘을 single-manifold법이라고 말한다. 전자의 방법이 일반적으로 정밀도가 높은 복합이 가능하다. 공압출에서는 중복층상화 이후의 각층의 동적 정밀도를 동등하게 행할 필요가 있다. 중복층상화 개수에서는 예를 들면 single-manifold법을 응용하여 PS와 PMMA를 교대로 25μm 두께로서 100층을 복합시키는 예도 있다.

단독필름의 경우와 마찬가지로 선상의 T다이법과 원형다이에 의한 inflation법이 이용된다. 전자는 복합층의 수나 정밀도에서는 유리하지만, 후자는 성막 중의 blow에 의한 연신이 가능하며, 역학적 성능은 높고 또한 열수축성 필름의 제조도 용이하다.

공압출법에서의 각 층간의 접착성은 사용하는 폴리머간의 상호작용에 의존하지만, 약한 경우에는 접착성을 높이기 위하여 별도의 물질막층(tie layer)을 도입한다.

1) 복합인플레이션필름

3~5층의 가스방호성이나 열방호성을 갖는 복합필름이 인플레이션법으로 다음과 같은 조합에 의하여 제조되고 있다.

① 나일론-6 혹은 나일론-66/나일론-12 또는 EVOH, ② 폴리올레핀튜브 내면에 나일론수지를 복합하고 방사선가교, ③ 접착층을 매개하여 PVDC/PE, EVA, ionomer 등의 열방호성 수지, ④ EVOH/폴리아미드의 블렌드수지 또는 열방호성 수지.

2) 공압출필름의 연신

연신에 의하여 필름의 성능은 향상되기 때문에, 연신필름을 기재로 사용한 코팅이나 라미네이션이 널리 행해지고 있다. 그러나, 작업능률로 부터 보면, 공압출에 의하여 다층재료를 제조하고, 이것을 연신하는 것이 훨씬 유리하다. 그러나, 필름재료의 연신은 단독으로도 상당한 기술을 필요로 하기 때문에, 더구나 다층재료에서는 일반적으로 곤란하며, 각 층을 형성하는 고분자가 서로 유사한 구조 · 성질을 갖는 것에 한정되고 있다. 공압출 필름의 다층화에 있어서 주목적은 열 또는 고주파 방호성 등의 표면개량이지만, 이것을 받아드리는 층은 연신되어도 그 성능에는 변화가 없다. 기재로서 작용하는 층은 연신에 의하여 성능이 향상된다. 이와 같은 공압출연신필름에는 itPP와 공중합PP, PET와 이소프탈산공중합PET의 조합이 있다. 변형된 것으로서는 itPP와 탄산칼슘이나 활석 등의 백색안료를 혼입시킨 itPP를 공압출시킨 후, 연신하고 공공을 형성시켜 합성종이를 제조한다.

(iv) 증착필름

고분자필름상에 금속 특히 알루미늄을 증착시킨 소위 증착필름은, 포장재료로서 널리 사용되는 이외에, 콘덴서 등의 전기재료나 단열재로서의 건축용재료로서 중요하다. 증착필름은 고분자 필름과는 비교할 수 없을 정도로 금속막의 높은 방호성, 광선의 차단, 장식성 등 포장재료로서의 능력 이외에, 열선의 반사, 높은 전기전도성 등의 중요한 기능을 갖는다. 제법의 원리는 기재필름 1권을 장치내에 넣고, 10^{-4}Torr압력하에서 Al을 1400℃ 정도로 가열, 용융, 증발시켜 필름면에 증착시키는 것이다. 감압은 Al의 산화방지 및 증기의 필름에 도달하도록 돕는다. 증착은 냉각용의 드럼으로 필름의 이면을 지지한 상태로서 연속적으로 행하지만, 필름의 열에 대한 안정성이 요구된다. 현재, 증착속도는 300m/min에 달하고 있다. 이 경우에도 필름면과 Al과의 친화성이 중요하며, 폴리올레핀계나 PET필름 등에서는 코로나방전이나 친화제의 도포가 행해진다.

10-3-2 특수기능을 갖는 적층필름

포장용 이외에도 다음과 같은 경우에는 적층필름이 중요한 역할을 하고 있다.

(i) 편광판

요오드나 염료를 PVA 등의 필름에 압착시킨 후, 고도로 1축연신시키는 것에 의하여 얻어진 편광성 필름은 연신에 의한 피브릴의 형성으로 인하여, 분할이 격렬하게 일어나기 때문에 그대로는 사용할 수 없다. 따라서 양쪽 면에 광학적으로 같은 쪽으로 투명성이 높은 필름을 라미네이트시켜 보강한다. 거의 대부분의 경우 트리아세테이트가 사용된다. 이것의 편광판은 액정디스플레이 시스템(LCDS)에서 필수적인 역할을 하고 있다.

(ii) 위상차이판

상기의 편광필름에 추가하여, 위상차이판도 많은 LCDS에 있어서 그의 시각특성 향상을 위해서 매우 중요하다. 시각의존성을 줄이기 위하여 이상적으로는, 위상차이판의 3축방향 굴절률 n_x, n_y, n_z에 있어서 $n_z=(n_x+n_y)/2$의 관계가 성립되는 것이 중요하다. 여기서 z는 필름의 두께방향, x와 y는 면내부의 주축이다. 그러나, 일반적으로 양의 복굴절을 나타내는 고분자필름의 연신에서는, x를 연신축으로 하면 연신에 의한 단면의 감소가 폭보다는 두께의 감소로서 보다 많이 가져오는 것과 관련하여, $n_x \rangle n_y \rangle n_z$의 경향이 있으며, 상기의 조건은 만족되기 어렵다. 따라서 열수축성이 다른 필름을 연신방향에 수직으로 되도록 붙여서 연신시키는 것에 의하여, 폭의 수축을 증대시키는 등의 연구가 행해지고 있다. 한편, 이 조건을 2장의 복굴절성이 반대인 필름을 적층시키는 것에 의하여, 만족시키는 방법이 널리 행해지고 있다. 이것은 굴절률이 직렬계에서는 각 성분의 체적분율에서 가성성을 나타내는 것을 응용한 것으로, 양의 복굴절재료로서는 PC, 음의 재료로서는 폴리스티렌의 1축연신필름이 사용된다.

(iii) 적층중공섬유

미세다공성의 중공섬유는 의용, 공업용, 가정용 등 다방면에서 사용되고 있다. 이 중공섬유에서도 다층화가 행해지고 있다. 이것은 원리적으로 다층의 용융압출을 중공사에 응용하는 것이다. **그림 10-11**은 그의 예로서 다공성/균질(비다공성)/다공성의 3층구조이고, 이 공중사 기능은 균질층에 의존하며, 양쪽의 층은 고도로 통기성을 갖는 지지체 역할을 하고 있다.

이 균질층은 분자단위의 물질 분리기능인 산소 부화기능을 달성하지만, 투과효율부터는 희박하면 희박할수록 좋고, 1~0.5μm정도, 전층을 포함한 두께는 25μm(섬유내경은 200μm)이다. 중공화를 위하여 공기흐름을 둘러싸는 3개의 동심원형 노즐로부터 각 용융폴리머는 압출방사된 후 연신된다. 이 중공사의 산소 투과속도는, $10^{-4}cm^3/cm^2/sec/mmHg$로서 고성능이다.

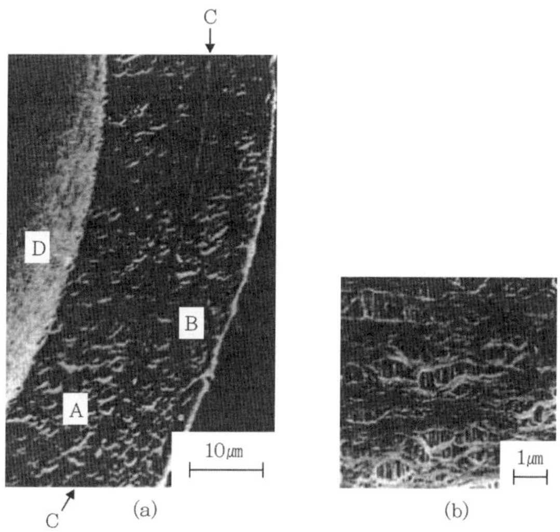

A : 내층(다공성)
실리콘코폴리머
B : 외층(다공성)
폴리-4-메틸-1-펜텐
C : 균질상
D : 내층의 표면(단면이 실의 축과 직각이 아니기 때문에 이와 같이 나타내고 있다)

그림 10-11 3층구조의 중공사 단면(a)와 내면(b)의 SEM사진.
(b)는 연신에 의한 다공화의 전형적인 형태를 나타내고 있다(상하가 실의 축방향).

10-3-3 섬유강화복합시트 적층재료

한쪽 방향으로 늘어선 섬유로서 강화되어 희박하고, 1축이방성 재료시트(통상 Lamina라고 불린다)를 방향을 바꾸어 몇장을 합친 적층판은 실용적으로 유용한 재료이다.

1) 단독 라미나의 종류와 성질

이들은 장섬유를 사용한 것과 단섬유를 사용한 것이 있다. 전자는 배향축 방향에 있어서는 섬유의 성능을 100% 유효하게 활용한 것으로서, 항공 · 우주 등 선진기술의 분야에서 유용하다. 한편, 후자는 섬유가 짧고, 배향도도 낮기 때문에, 강화효율은 장섬유강화재료에 비하여 현저하게 낮지만, 통상의 고분자 형성에 있어서 압출성형기를 거의 그대로 사용하는 등의 경제적 장점이 있다. 장섬유 강화재료의 제조에는 필라멘트 와인딩성형기나 오토클레이브 등 전용기가 필요하다.

(i) 라미나 단독의 역학특성

이 재료의 특징은 섬유의 배향방향과 직각방향에서의 Young율이나 강도의 현저한 차이이다. 그 이방성으로 인하여, 인장방향이 강화섬유에 대해서 평행 또는 직각이 아닌 경우는, 한쪽 방향으로 인장해도(법선응력 뿐) 반드시 전단변형이 일어난다. 그림 10-12와 같이 섬유의 방향과 그의 1변이 평행하지 않도록 자른 장방형의 재료를 인장하면 평행사변형으로 되며, 2개의 대각선의 신장은 일치하지 않는다. 이것을 cross elasticity라고 말한다. 이 변형의 형식은 이 시트를 적층시킨 경우에 중요한 의미를 갖는다.

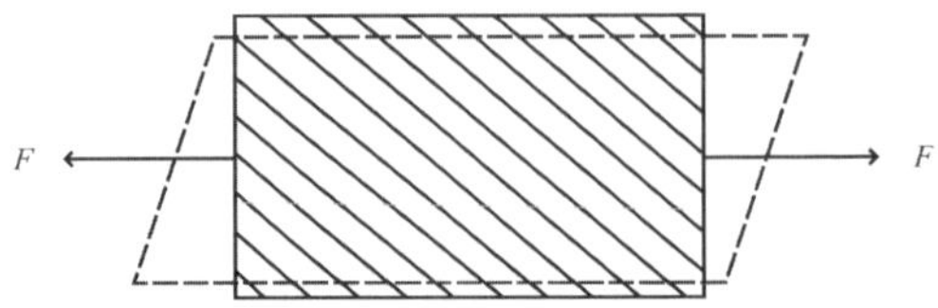

그림 10-12 1축 강화복합재료의 기울기 방향의 신장에 동반되는 변형형식
(힘 F에 의하여 그 방향으로의 신장과 동시에 전단변형이 일어난다. 미세한 사선은 섬유의 방향)

2) 적층의 모드와 특성

라미나의 적층에 있어서는, 다음과 같은 3가지의 모드가 있다. 첫째는 비(역)대칭 적층으로서 적층판의 기본축(예를 들면 장방향 X)에 대해서 섬유축이 $+\theta$와 $-\theta$의 각도를 갖도록 2장을 적층시키는 경우이다. 이 때는, 예를 들면 X방향의 신장력에 의하여 cross elasticity가 생성하지만, 각각의 라미나에서 그의 방향이 반대이다. 즉 위쪽의 라미나 대각선은 신장되는 데 그것과 겹쳐있는 아래쪽의 라미나 대각선은 수축하기 때문에 비틀림이 발생한다. 인장에 의하여 신장과 동시에 비틀림이 발생하고 있지만, 이것을 커플링효과라고 말한다. 둘째는 대칭적층이라고 불리는 것으로서, 위와 마찬가지로 x축을 기준으로 한 각도 θ에 있어서, 예를 들면 $(+\theta/-\theta/-\theta/+\theta)$와 같은 4장의 적층은, 이 모드이다. 더욱, $\theta=0$와 90°의 적층은 cross elasticity라고 말한다. 셋째는 적층에 의하여 면내에서의 역학적 성질을 등방적으로 하는 경우이다. 원리적으로는 n층을 같은 각도로서 변경시켜 적층하면 좋으며, 이 형태의 적층판을 유사등방성판이라고 불리는 경우도 있다. 실제로 항공기용 등에서는 대부분의 경우, n=4에서 0, $\pm45^\circ$, 90°의 적층이 행해진다.

적층판은 전체로서 판단하기 전에 가장 얇은 층(섬유의 배향방향에 의한다)에서 파괴가 일어난다(최약층파괴). 또한 각 층간에서의 파괴도 중요하다. 이것은 이전에 설명했던 섬유배향의 방향으로부터 비스듬하게 인장시키면, 전단변형이 발생한다고 하는 라미나의 성질에 기인하고 있다. 신장할 때 각각의 라미나간에는, 서로 역방향으로 변형하려고 하는 힘이 작용하고 있으며, 이것을 층간전단응력이라고 말한다. 이것이 그 층간의 접착력을 초과하면 층간파괴가 발생하지만, 접착력은 매트릭스 고분자의 종류에 직접 관계한다. 이와 같은 적층판의 강도는, 라미나의 고도이방성으로 인하여 현저하게 다양화되어 있다.

10-3-4 1축연신필름의 1방향 적층재료

섬유에서 굵기는 강도나 탄성율에 큰 영향을 끼치지만, 필름이나 시트 등의 2차원 재료에서는 두께가 중요한 의미를 갖는다. 특히 습식으로 성막하고 연신하는 경우 등은, 높은 기동성으로 인하여 배향의 완화가 발생하기 쉽고, 두께와 응고까지의 시간이 길어지기 때문에 고성능 필름이 얻어지지 않는다. 따라서, 미리 높은 분자배향도가 얇은 단독시트를 제조하고 배향의 방향을 일치시켜서 다수를 적층하는 것에 의하여 소정의 두께를 갖는 1축성 고성능시트재료를 제조한다. 이것의 예로서는 폴리이미드벤조비스티아졸(PIBT)이 있다. 아미드산 상태에서의 유기용매로부터 성형가능하기 때문에, 이것을 성막하고, 진공건조에 의하여 농축한 후, 응고용액 중 팽윤상태에서 연신하며, 더욱 계속해서 열처리공정에서도 연신을 가하는 것으로 두께 20μm, 인장탄성률 130GPa, 강도 1.2GPa, 파단신장 1.0%의 단독필름을 제조한다. 여기에 어떤 종류의 폴리아미드산의 NMP용액을 얇게 칠하고, 적층, 90℃에서 건조시킨 후, 350℃에서 200kg/cm^{2}의 압력하에서 10분 열적으로 압착시켜 제조한 두께 0.57mm의 적층재료는 굽힘 탄성률 107GPa의 높은 값을 나타낸다.

10-4 표면가공재료

고분자재료의 표면에 물리적 혹은 화학적 작용을 실시하여, 그 표면의 성능을 강화시키든지, 더욱 새로운 기능을 부여시킬 목적으로 하는 프로세싱을 표면개질이라고 말한다. 표면개질은 부여하는 기능의 종류, 대상으로 하는 고분자재료의 성질에 의하여, 그 방법을 다르게 하지만, 대상으로 하는 고분자재료의 표면소재에 직접 물리적 혹은 화학적 작용을 실시하는 방법(표면처리)과, 대상으로 하는 고분자재료의 표면상층에 고분자의 박막을 부착시키는 방법(박막형성)으로 대별된다. 대표적인 표면처리법과 박막형성법을 표 10-5, 표 10-6, 표 10-7에 정리했다.

표 10-5 대표적인 표면처리법

처리 방법	작용하는 활성종	기대되는 기능
1. 화염 처리	산소라디칼	친수성, 접착성, 인쇄성
2. 오존 처리	오존	친수성, 접착성, 인쇄성
3. 고에너지선 처리		
자외선 처리	자외선	친수성, 표면경도
전자선 처리	전자	친수성, 표면경도
방사선 처리	β, γ선	친수성, 표면경도

4. 방전 처리		
코로나방전 처리	산소라디칼, 오존	친수성, 접착성, 인쇄성
글로우방전 처리 (플라즈마 처리)	전자, 이온, 라디칼	친수성, 접착성, 인쇄성, 소수성, 이형성

표 10-6 습식법에 의한 박막형성 방법

성막 방법	성막의 원리
1. 도포법	폴리머 용액을 고분자의 표면에 도포, 건조시킨다.
2. 회전도포법	스피나에 의하여 폴리머용액을 회전하는 원판상에서 도포건조시킨다. 도포법보다도 얇고, 균일한 박막을 도포할 수 있다.
3. 전해중합법	전기분해에 의하여 전극상에서 모노머를 중합, 전극상에서 막을 퇴적시킨다.
4. Langmuir-Blodgett법	수면상에 전개시킨 단분자막을 고분자기판상에 전사한다.

표 10-7 건식법에 의한 박막형성 방법

성막 방법	성막의 원리
1. 진공증착법	진공 중에서 막소재를 증발시키고, 고분자기판상에 퇴적시킨다(동작압력~ 10^{-4}Pa).
2. molecular-beam epitaxy법	최고진공 중에서 막으로 되는 원료를 분자선에 의하여 고분자기판상에 운반하고, 고분자의 표면상에서 중합, 막을 형성시킨다(동작압력~ 10^{-5}Pa).
3. 고주파이온플래팅법	진공 중에서 막소재를 증발시키고, 플라즈마존을 통과시키는 것에 의하여 이온화, bias전계가 걸린 고분자기판상에 막을 퇴적시킨다(동작압력~ 10^{-3}Pa).
4. 스퍼터링법	전극상에 있어서 막소재로 되는 목표물을 이온화시킨 원자(통상 아르곤 이온)에 의하여 기상으로 변화시켜 고분자기판상에 퇴적시킨다(동작압력 10^{+1}~10^{-1}Pa).
5. 플라즈마중합법	모노머를 플라즈마 중에 투입하고, 플라즈마 중에 존재하는 전자 · 이온 · 라디칼과의 상호작용에 의하여 중합반응을 개시시켜 고분자기판상에 막을 형성시킨다(동작압력 10^{+2} ~ 1Pa).

부여하는 표면기능으로서는 친수성, 소수성, 금속화(metallization), 표면경화, 대전방지 등이 있다. 이들의 표면기능을 부여하는 구체적인 방법을 설명하면 다음과 같다.

10-4-1 친수성

폴리머 표면의 친수성으로의 개질은, 표면개질 중에서 가장 오래전부터 행해진 것이다. 인쇄성, 흡수성, 접착성 등의 기능발현도, 이 친수성 개질에 의하여 달성된다. 폴리머 표면의 친수화 처리는 표면산화에 의한 것이 거의 대부분이다. 산화반응의 수단을 달리하는 것에 의하여, 표 10-8에 나타낸 방법으로 행해지고 있다.

표 10-8 폴리머의 표면 친수화방법

건식법	습식법
1. 화염 처리 2. 오존 처리 3. 자외선 처리 4. 전자선, 방사선 처리 5. 코로나방전 처리 6. 글로우방전(플라즈마) 처리 7. 폴리머-블렌드	1. 화학약품 처리 2. 프라이머 처리 3. 폴리머코팅 4. 그래프트중합

습식법에 비하여, 표면친수화법으로서 처리프로세스가 용이하기 때문에 코로나방전처리, 글로우방전처리의 건식법이 채용되는 경우가 많다. 표 10-9는 폴리에틸렌을 코로나방전처리, 글로우방전처리했을 때의 친수화의 효과를 비교한 것이다.

표 10-9 건식법에 의한 표면 친수화 결과

친수화법	물의 접촉각(°)	표면 에너지(dyn/cm)	O/C	관능기의 농도*[1]		
				OH	C=O	COOH
코로나방전 처리			0.138	1.7	1.8	1.2
글로우방전 처리						
O_2-플라즈마	46	52.1	0.172	0.02	5.30	1.60
N_2-플라즈마	48	51.3				
미처리	110	28.4				

*[1] 탄소100개당의 관능기의 수

코로나방전 처리, 글로우방전 처리에 의하여 표면에너지는 증가하며, 폴리에틸렌 표면에 카르보닐기를 주체로 하는 산소극성기가 생성한다. 개질된 폴리머 표면에 생성하는 극성기는

FT-IR, XPS에 의하여 분석되고 있다. 폴리에틸렌 표면 근처에 생성된 극성기의 XPS에 의한 분석결과의 일례를 표 10-9에 나타냈다.

표 10-10 플루오르가스에 의한 폴리머 표면의 플루오르화 반응

폴리머	F/C 원자비	폴리머	F/C 원자비
폴리에틸렌	1.33	폴리카보네이트	1.48
폴리프로필렌	1.39	폴리메틸메타크릴레이트	1.29
폴리에틸렌옥사이드	0.95	폴리술폰	1.05

10-4-2 소수성

폴리머 표면에 존재하는 수소를 플루오르로서 치환하는 것에 의하여 간단히 소수화가 달성된다. 수소와 플루오르의 치환반응은, ① 플루오르가스에 의한 직접 플루오르화, ② 플루오르가스의 플라즈마 처리가 이용된다.

플루오르가스에 의한 직접 플루오르화에서는 플루오르의 치환반응은 약간으로 끝나고, 그 치환량은 F/C 원자비=1.5 정도까지 달한다(표 10-10 참조).

표 10-11 플라즈마 처리에 의한 폴리에틸렌의 플루오르화 반응

폴리머의 종류	플루오르화합물	F/C	물 및 헥사데칸의 접촉각(°)	
폴리에틸렌	SF_6	0.85	117	48
	CF_4	0.95	121	51
	C_2F_6	0.78	114	55
	미처리		99	〈5
폴리프로필렌	SF_6	1.03	117	49
	CF_4	1.02	123	53
	C_2F_6	0.78	116	56
	미처리		104	〈5

플루오르의 치환반응에서는 XPS에 의한 검토로부터, 단계적으로 플루오르화가 진행하는 것으로 밝혀졌다. 플루오르가스에 의한 플라즈마 처리에서는 치환반응의 메카니즘이 다르며, 반응의 초기단계부터 CF_2, CF_3기가 생성한다. 플라즈마 처리에 사용되는 플루오르화합물의 종류와 그 효과를 표 10-11에 나타냈다.

플루오르화합물의 플라즈마중합에 의해서도 폴리머 표면의 소수화가 가능하지만, 일반적이 아니다.

10-4-3 메탈화

폴리머의 표면에 금속, 금속산화물의 박막을 적층시키는 것에 의하여, 표면전도성, 전자파실드, 광학필터, 열차단, 가스방출 등의 기능이 부여된다. 폴리머 표면에 적층된 금속은 Al, Zn, Cu, Sn, Ag, Cr, Pd, Ti가 주요한 것이지만, ITO, Ni–Cu, Co–Ni의 합금도 사용된다. 이들의 금속은 진공증착법, 스퍼터링법에 의하여 폴리머 표면에 적층된다. 금속박막과 폴리머와의 접착력은 중요하며, 기상으로 증발된 금속입자의 운동에너지를 증대시킨다. 폴리머 표면과의 특수한 결합을 형성시키는 연구가 행해지고 있다. 운동에너지의 증대에는 낮은 분위기 압력, 통상 1×10^{-2}Pa 이하에서 증착이 행해진다. 금속과 특수한 결합을 형성시키기 위하여, 금속의 증착전에 코로나방전 처리, 글로우방전 처리에 의하여 표면산화를 실시하는 것이 일반적이다.

10-4-4 표면경화

폴리머 표면에 극히 얇은 경화막을 형성시키는 것에 의하여 폴리머의 표면경도를 높일 수 있다. 폴리머 표면의 경도는 실용적으로 표면의 흠이 요구되는 경우가 많으며, 연필경도시험, 테이버마모시험, 모래낙하시험, steel wool 찰상시험은 마모도 포함된 형태로서 평가되고 있다. 표면경화막이 두꺼울수록 표면경도는 높지만, 폴리머와의 접착력의 관점으로부터, 표면경화막의 두께는 수㎛로부터 십수㎛가 한계이다. 폴리머 표면경화에는 비교적 두꺼운 막을 필요

표 10-12 폴리머 표면경화에 사용되는 대표적인 멜라민계, 아크릴레이트계, 실리콘계 코팅제

코팅제의 종류	대표적인 화합물
멜라민계 폴리머	트리메틸올멜라민, 헥사메틸올멜라민, 부톡시메틸올멜라민, 에테르화메틸올멜라민
아크릴레이트계 폴리머	(폴리올아크릴레이트)1,6–헥산디올디아크릴레이트, 네오펜틸글리콜디아크릴레이트, (폴리에스테르아크릴레이트)α,ω –테트라아크릴비스트리메틸올프로판테트라하이드로프탈레이트, α,ω –디메타크릴비스디에틸렌글리콜프탈레이트(우레탄아크릴레이트)톨릴렌디이소시아네이트, 이소포론디이소시아네이트와 하이드록시에틸아크릴레이트와의 공중합물 (에폭시아크릴레이트)비스페놀A디글리시딜에테르의 디아크릴레이트, 트리메틸올프로판폴리글리시딜에테르의 폴리아크릴레이트
실리콘계 폴리머	디클로로디메틸실란, 디메틸디메톡시실란, 트리클로로메틸실란, 메틸디메톡시실란, 테트라메톡시실란, 테트라에톡시실란의 가수분해 축합물

로 하기 때문에, 주로 폴리머의 도포법이 행해지고 있다. 도포하는 폴리머는 멜라민계, 아크릴레이트계, 실란계가 일반적이다. 표 10-12에는 대표적인 멜라민계, 아크릴레이트계, 실리콘계 코팅제(실란계 코팅제)를 나타냈다.

멜라민계 폴리머는 피막이 구부러져 가공이 가능할수록 플렉시블하지만, 경화막이 부드럽다. 아크릴레이트계 폴리머는 내후성이 떨어진다. 실리콘계 폴리머는 피막이 단단한 반면에, 파괴되기 쉬운 결점이 있다. 표 10-13에는 멜라민계, 아크릴레이트계, 실리콘계 코팅제의 특징을 비교했다.

표 10-13 멜라민계, 아크릴레이트계, 실리콘계 코팅제의 특징

항목	멜라민계	아크릴레이트계	실리콘계
1. 수지성분	에테르화멜라민	다관능아크릴레이트	오르가노폴리실록산
2. 고형분농도	10~30%	10~100%	10~30%
3. 용액점도	5~10cps	5~30cps	10~30cps
4. 경화시간	1~2시간	20~30초	1~5시간
5. 경화온도	100~130℃	실온	70~130℃
6. 분위기조건	특히 없음	질소가스실링	온도 25℃이하, 습도 50%이하
7. 표면경도	유연하다	실리콘계 보다도 떨어진다	단단하다
8. 밀착성	양호	내후 밀착성 불량	양호
9. 내약품성	약간 떨어진다	양호	양호
10. 내열성	양호	실리콘계 보다도 떨어진다	양호
11. 내 steel-wool성		실리콘계 보다도 떨어진다	양호
12. 내후성	실리콘계 보다도 떨어진다	실리콘계 보다도 떨어진다	양호
13. 내온수성	실리콘계 보다도 떨어진다	실리콘계 보다도 떨어진다	양호

폴리머 도포 이외에, 최근 SiO_2, SiC, TiO_2 등의 고경도 무기화합물을 진공증착, 스퍼터링, 이온플래팅법에 의하여 폴리머기판상에 적층시키는 방법이 있다. 표 10-14는 실란화합물인

테트라메틸실란과 산소, 아르곤, 테트라플루오로메탄과의 혼합가스를 원료로 하는 플라즈마중합폴리머를 폴리에틸렌필름상에 적층하고, 경화막으로 했을 때의 경도를 연필경화시험으로 평가한 것이다.

더욱, 탄화수소를 원료로 하는 플라즈마CVD를 이용한 아모르퍼스카본, 다이아몬드박막의 폴리머기판상에의 적층도 시험되고 있다. 그러나, 이들의 방법에서는 고경도의 박막생성에는 높은 기판온도를 필요로 하기 때문에, 적용에는 내열성의 폴리머에 제한된다.

표 10-14 플라즈마폴리머의 경도

혼합가스의 종류	혼합가스조성(몰비)	연필경도
테트라메틸실란		3H
테트라메틸실란/Ar	4/1	6H
	1/1	6H
	1/2	5H
테트라메틸실란/O_2	3/1	5H
	1/1	〉6H
	1/3	〉6H
테트라메틸실란/CF_4	10/1	6H
	4/1	6H
	2/1	5H
	1/1	3H

10-4-5 방담(흐림방지)가공

폴리머 표면의 온도가 분위기의 로점보다도 낮아질 때, 혹은 분위기가 고온다습으로 되었을 때, 폴리머 표면에 물이 결로하여 빛의 투과를 막는다. 폴리머 표면에서 결로가 일어나도 빛의 투과를 방해하지 않도록 표면을 개질하는 것을 방담가공이라고 말한다. 폴리머 표면에서의 결로는 불가피하기 때문에, 결로된 물방울이 빛의 투과를 방해하지 않도록, ① 폴리머 표면을 친수성으로 하여 결로된 물방울을 막상태로 형성시킨다. ② 폴리머 표면을 소수성으로 하여 결로된 물방울을 구슬상태로 형성시켜 자신의 무게에 의하여 낙하시키는 방법이 취해지고 있다. 구체적인 가공방법은 친수성 표면개질, 소수성 표면개질이 채용되고 있다.

10-4-6 대전방지

4차암모늄염과 같은 양이온을 갖는 양이온계면활성제, 술폰산과 같은 음이온을 갖는 음이온계면활성제, 양쪽 이온기를 갖는 양쪽성 계면활성제, 더욱 에테르, 에스테르, 아민, 아미드기를 갖는 비이온계면활성제를 폴리머에 반죽하여 넣는 방법이 일반적이다. 이들의 계면활성제가 폴리머 표면에 흘러나와, 표면저항이 저하하는 것에 의하여 대전방지효과가 발휘된다. 이 방법에서는 대전방지효과의 지속성에 문제가 있다.

10-5 초박막(LB막을 포함)

Langmuir－Blodgett(LB)막은, 수면상에 형성된 단분자막(1분자 길이의 막 두께로 형성된다)을 기판에 몇장이 옮겨진 유기초박막이다. 이 막의 작성법에서는, 분자레벨로서 구조제어가 가능하기 때문에, LB막을 광집적회로, 포토크로믹소자, 광전변환소자 등으로서 이용되는 것이 기대되고 있다. LB막에 극한기능성을 부여하는 데에는 먼저, 그 구성단위인 단분자막이 저결함 혹은 무결함이고, 더욱 그 누적과정에서 결함을 도입시키지 않고, LB막을 구축하는 것이 필요하다. 이와 같이 하기 위해서는, 단분자막의 열적 거동, 응집구조를 파악하고, 구조결함의 평가법을 확립시키고 게다가, 저결함 혹은 무결함 LB막의 구축법을 검토할 필요가 있다.

10-5-1 단분자막의 열적 거동

단분자막의 면적탄성율 K_s는 표면압(π)－표면적(A) 곡선으로부터 다음 식에 의하여 산출된다.

$$K_s = -A(d\pi/dA) \qquad (10\text{-}5)$$

K_s는 막내부의 분자 패킹이 가장 치밀하게 되었을 때에 최대치 $K_{s(max)}$를 취하기 때문에, 여기서는 $K_{s(max)}$를 단분자막의 응집상태를 나타내는 지표로 되었다.

그림 10-13은, 순수한 수면상에 전개시킨 팔미트산 단분자막의 log $K_{s(max)}$의 수상온도 T_{sp} 의존성 및 표면압 20mNm^{-1}으로 기판에 옮긴 단분자 막의 전자선회절상이다. 단분자막의 전자선회절상을 촬영할 때에는, 수면상의 결정구조를 유지시킨 그대로 옮기는 것이 가능한 친수성의 SiO 기판을 이용한다. 또한 전자선회절상은 수상온도 T_{sp}와 같아지도록 시료셀의 온도를 변화시켜서 촬영했다.

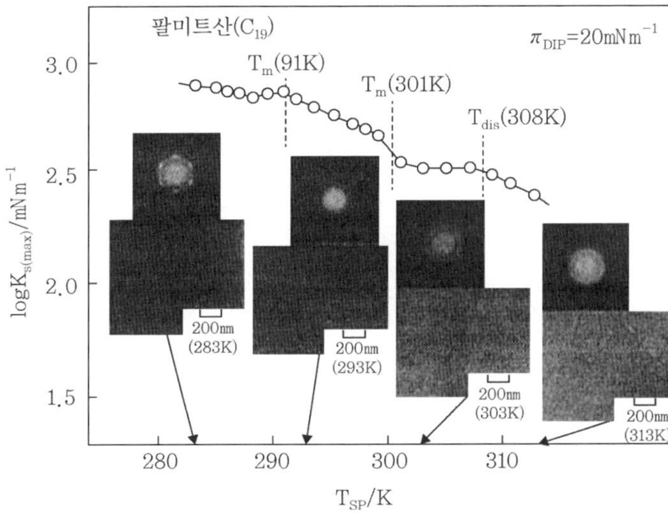

그림 10-13 수면상의 팔미트산 단분자막의 log Ks(max)의 수상온도 의존성과 20mNm^{-1}로서 기판에 옮긴 단분자막의 투과형 전자현미경 명시야상과 전자선회절상

그림 10-13으로부터 확실한 바와 같이 log $K_{s(max)}$대 T_{sp}의 기울기는 물의 온도 291, 301 및 308K 근방으로 변했다. 291K 이하의 저온영역에서는 전자선회절상이 예민한 결정성의 6 점스폿을 나타내는 것에 대해서, 고온영역에서는 결정상의 링으로 되며, 291K를 경계로 결정 방위가 산란된다. 또한, 전자선회절상으로부터 평가한 2차원 결정 (10)의 면간격 열팽창계수가 291K를 경계로 증대했다. 이들의 사실로부터, 291K에 있어서 팔미트산 단분자막의 log $K_{s(max)}$의 저하는 역학적으로 결정완화에 대응하고 있으며, 이 온도를 단분자막의 결정완화온도 $T_{\alpha c}$라고 말한다. $T_{\alpha c}$에서는 결정상 내부의 분자간 퍼텐셜의 비조항의 기여가 증대하며, 결정상은 탄성적으로부터 점탄적으로 변하기 때문에 $T_{\alpha c}$영역에서 열팽창계수는 절점을 나타내고, 고온영역에서 열팽창계수는 증대한다. 따라서 $T_{\alpha c}$는 그림 10-13의 $K_{s(max)}$와 면간격의 온도의존성으로부터 결정할 수 있다. 더욱, 303K의 전자선회절상이 amorphous hole를 나타내는 것에 의하여, log $K_{s(max)}$가 급격히 감소하는 301K에서 단분자막은 융해했다고 생각된다. 그림과 같은 방법으로 알킬사슬길이가 다른 지방산단분자막의 융점 T_m을 평가할 수 있다.

그림 10-14는 2차원결정의 알킬사슬길이 의존성을 나타낸다. 파라핀의 융점은 Broadhurst의 식으로부터 산출되었다.

미리스트산(C_{14}), 팔미트산(C_{16})과 스테아르산(C_{18}) 단분자막의 융점은, 각각 278K, 301K와 317K 였다. 단분자막 작성용 트랩은 고온까지 승온할 수 없기 때문에, 이 3종류의 융점(T_m)의 실측치에 기인하는 T_m-알킬사슬길이 의존성을 핏팅시키는 것에 의하여 아라키드산(C_{20}), 베헨산(C_{22})의 융점(T_m)이 예측가능하며, 그림 10-14에 나타냈다. 지방산의 융점은, 단분자막 쪽이 3차원 결정 보다도 낮다. 그러나, 그의 차는 알킬사슬길이의 증가와 더불어 감소

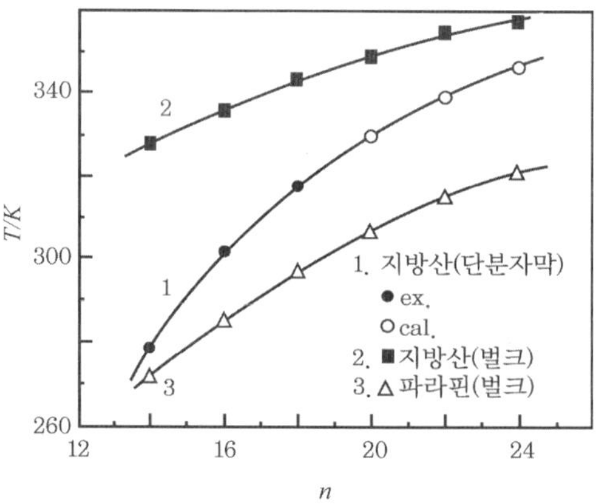

그림 10-14 수면상의 지방산 단분자막(1), 지방산 3차원 결정(2), 파라핀 3차원 결정(3) 융점의 알킬사슬길이 의존성

하며, 알킬사슬길이의 증가에 의한 분자간 응집력의 증가에 의하여, 보다 안정한 단분자막이 형성되는 것을 나타내고 있다.

10-5-2 단분자막의 응집상태

일정온도로 유지한 수면상의 단분자막을 각종의 표면압에서 수면상 단분자막의 응집상태를 그대로 반영하는 것이 가능한 SiO 기판상에 옮기고, 투과형 전자현미경(TEM)으로 촬영했다. 명시야상을 관찰할 때에는, 단분자막의 외형과 표면상태를 명확하게 나타내기 위하여 백금-카본으로 23° 각도로부터 촬영했다.

1) 결정성 단분자막 · 비결정성 단분자막

그림 10-15(a)는 T_m 및 $T_{\alpha c}$ 이하의 수면온도 T_{sp} 283K에 있어서 팔미트산(C_{16}) 단분자막의 π-A 거동과 각 표면압력에 있어서 투과형 전자현미경에 의한 명시야상 및 전자선회절상이다.

π-A 거동은 표면압력이 표면적의 감소와 더불어 급격히 증가하는 것을 나타내고 있다. 표면압력 $0mNm^{-1}$에 있어서 명시야상에서는 콘트라스트의 명확한 바다와 섬의 구조가 관찰되며, 더욱 전자선회절상이 결정성 링을 나타내는 것으로부터, 수면상에 팔미트산의 희박용액을 전개시킨 직후부터 표면압력 0에서도 이미 결정방위의 랜덤인 2차원 단결정이 형성되고 있는 것이 확실하다. 표면압력의 증가와 더불어 명시야상에서는 2차원 단결정이 응집되는 과정이 관찰되며, 전자선회절상이 6점스폿으로 변했다. 이것은 압축에 의하여 단분자막 도메인간의 융착이 형성되기 때문이라고 생각된다. 이와 마찬가지의 거동은, 스테아르산바륨($2C_{18}Ba$) 단분자막에 있어서도 관찰되고 있다. 이상과 같이, 수면온도가 $T_{\alpha c}$ 이하의 경우는, 압축에 의하여 단분자막 도메인간의 융착이 형성되는 "압축융착배양 · 결정성단분자막"으로 된다. 한편, 수면

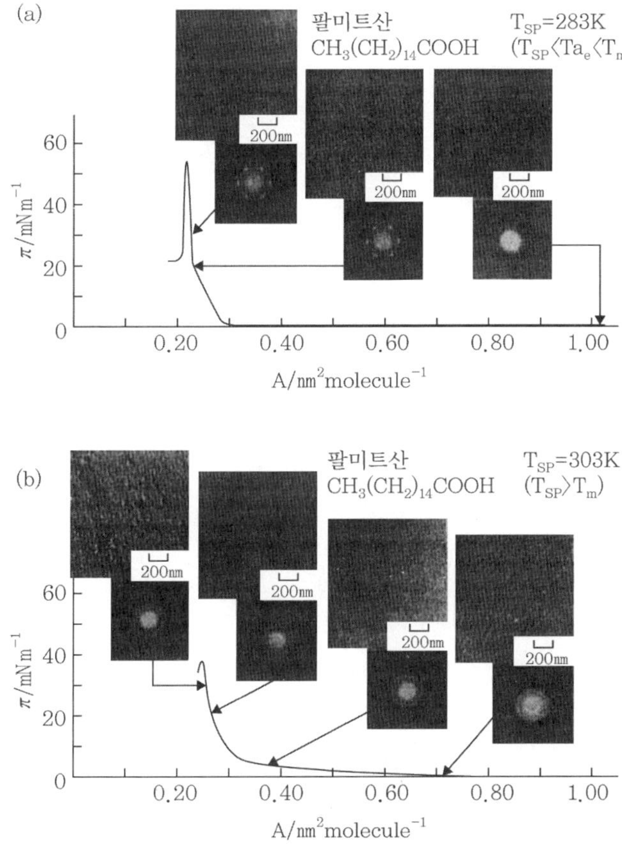

그림 10-15 Tαc 이하(a) 및 Tm 이상(b)의 수면온도에서 전개시킨 팔미트산 단분자막의 π-A곡선과 각 표면압력에서의 투과형 전자현미경 명시야상과 전자선회절상

온도가 $T_{\alpha c}$ 이상에서 T_m이하의 경우에는, 압축에 의하여 결정성 도메인은 응집하지만, 결정방위는 랜덤인 그대로의 "랜덤배향 · 결정성단분자막"으로서 결정완화현상은 결정성 도메인간의 융착에 커다란 영향을 미치는 것이 확실하게 되었다.

그림 10-15(b) T_m 이상인 수면온도 303K에서 수면에 전개된 경우의 팔미트산 단분자막의 π-A 거동과 TEM의 관찰결과이다. **그림 (a)**의 결정상 단분자막의 경우와는 달리, π-A곡선에는 평평한 영역이 관찰되었다. 표면압력 0mNm^{-1}에 있어서는, 콘트라스트가 약한 바다와 섬의 구조가 관찰되지만, 전자선회절상은 amorphous hole이고 전개직후에는 표면압력 0으로서, 아모르퍼스상태의 구조체가 존재하는 것이 확실하다. 또한, 압축에 의하여 도메인의 응집하는 과정이 관찰되었지만, 전자선회절상은 amorphous hole인 그대로이며, 압축에 의한 비결정상으로부터 결정상으로의 상전이는 관찰되지 않았다. 적외분광법에 의하여 단분자막의 압축과정에 있어서 분자사슬의 입체형태 변화를 추적한 결과, 비결정성 단분자막에서는 평평한 영역에서 gauche배위에 대한 trans배위의 비율이 급격히 증가하고 있으며, π-A 곡선의 flat

는 분자사슬의 질서화가 일어나는 영역인 것이 확실하게 되었다.

이들의 결과로부터, 순수한 수면상에서의 지방산 단분자막은 융점과 수상온도의 관계로부터 "결정성 단분자막"과 "비결정성 단분자막"으로 분류되는 것이 확실하게 되었다.

2) 압축결정화 단분자막

앞에서 설명한 순수한 수면상에서의 지방산은 극성기의 거의 대부분이 비이온성이며, 단분자막상의 상태는 수면상 단분자막의 융점 및 결정완화온도와 수상온도의 관계로서 결정된다. 그러나, 분자간의 반발력이 강한 이온성의 극성기인 양쪽 친매성분자 단분자막의 경우에는 (1)에서 설명한 단분자막과는 다른 응집구조를 취한다.

그림 10-16(a)는 친수기가 술폰산나트륨인 음이온성 양쪽 친매성분자의 화학구조와 그 단분자막의 융점(316K) 이하의 물의 온도 293K에 있어서 π-A 곡선과 TEM의 관찰결과이다.

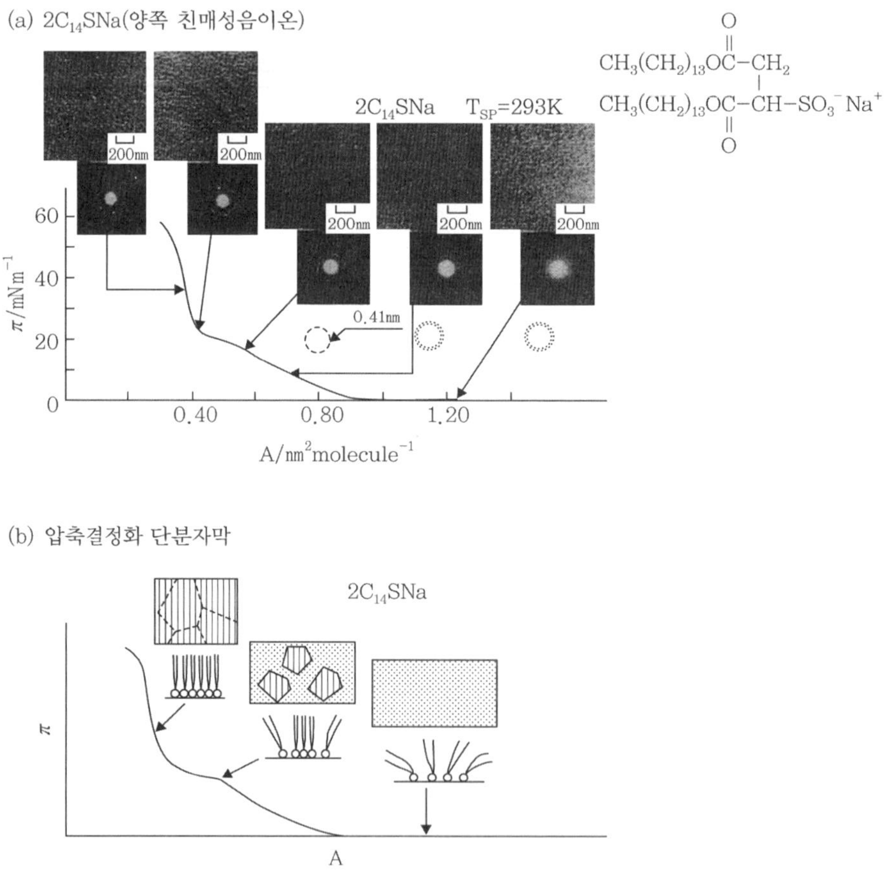

그림 10-16 Tm 이하의 물의 온도에서 전개된 음이온성 양쪽 친매성분자의 π-A곡선과 각 표면압력에 있어서 투과형 전자현미경 명시야상과 전자선회절상(a)와 각 표면압력에 있어서 분자응집상태의 모형도(b)

π–A 곡선에는 표면압력 17~21mNm^{-1}의 범위에서 평평한 영역이 관찰되었다. 전자선회절상은 0mNm^{-1}에서는 amorphous hole였지만, 평평하게 되는 17mNm^{-1}에서는 방위각 방향으로 넓혀진 결정상의 6점상으로 되었다. 그림(a)의 결과는 압축에 의하여 비결정성 단분자막으로부터, 결정방위가 정리된 결정성 단분자막으로의 상전환이 일어나는 것을 나타내고 있다. 음이온성 양쪽성 분자의 극성기간에 강한 정전적 반발력이 작용하는 경우에는, 표면압력 21mNm^{-1}으로부터 더욱 높은 표면압력 35mNm^{-1}사이에서 전자선회절상은 방위각 방향으로 보다 예민하게 배향된 6점상으로 되며, 결정도메인의 결정방위가 더욱 정리되어 대면적화되는 과정이 관찰되었다. 이 사실은 평평한 이상의 평면압력에 있어서 압력조작에 의하여 결정도메인의 계면이 융착하는 것으로서 설명된다.

그림 (b)는 음이온성 양쪽 친매성분자 단분자막의 융점이하 물의 온도에서 압축과정에 있어서 응집구조변화의 모형도이다. 음이온성 양쪽성 분자의 극성기간에 강한 정전적 반발력이 작용하여 표면압력이 낮고, 1분자의 고유면적이 충분히 큰 영역에서는 비결정성 단분자막이 형성된다. 그러나, 비결정상태에서의 압축에 의하여 분자밀도가 증가하면 알킬사슬간의 응집력으로 인하여 결정화가 일어난다. 평평한 영역에서는 단분자막의 2차원 결정화가 진행하며, 결정상과 비결정상이 공존하는 평형영역이다고 생각된다. 이와 같은 응집과정을 나타내는 단분자막을 "압축결정화 단분자막"이라고 말한다.

10–5–2에서 해석한 단분자막의 응집상태에 기인하여, 단분자막을 표 10–15와 같이 분류했다.

표 10–15 각종 단분자막의 응집구조 모형

		수상온도*1 T_{sp}	형태학적 구조 $\Pi_0 \rightarrow \Pi$
결정성단분자막	융착 결합 배향	$T_{sp} < T_{ac}$	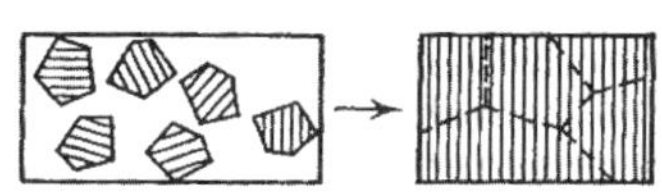
	집합 랜덤 배향	$T_{ac} < T_{sp} < T_m$	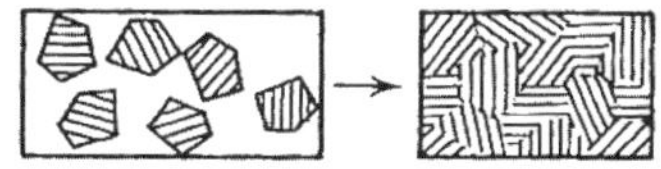
비결정성 단분자막		$T_{sp} < T_m$	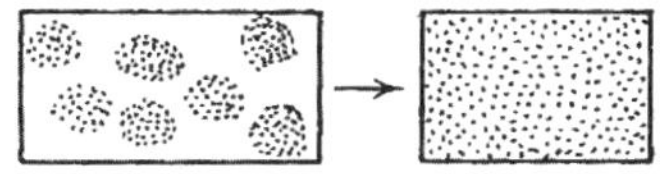

압축결정화 단분자막	$T_{sp} < T_m$	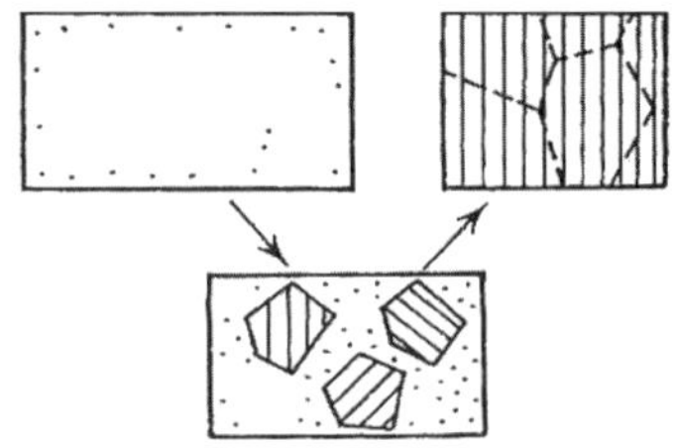
냉각결정화 단분자막	$T_{sp} > T_m$ ↓ $T_{sp} < T_m$	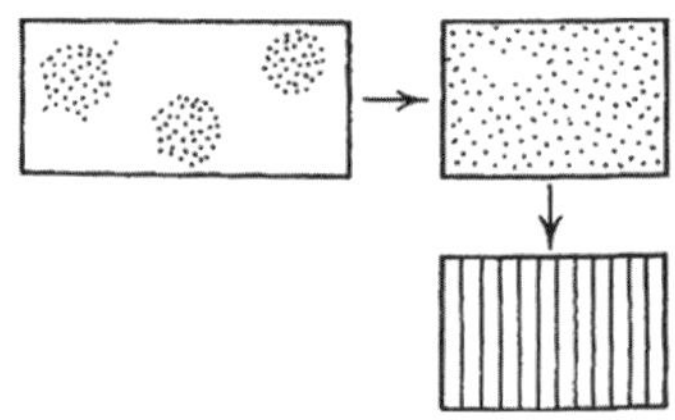

*1 T_{sp} : 수상온도, T_{ac} : 결정완화온도($T_{ac} < T_m$), T_m : 융점

10-5-3 저결함 단분자막의 구축

결함이 존재하지 않는 분자유동성이 높은 비결정성 단분자막을 외관상 평형상태에서 결정화하면, 무결함 · 대면적의 단분자막을 구축할 수 있다고 생각된다. 이와 같은 제작프로세스에서 조제된 단분자막을 냉각결정화 단분자막(표 10-15 참조)이라고 말한다.

결정학적인 연속성(결정의 크기)과 난잡도는 X선의 고차회절이 관찰되는 경우에는 Hosemann의 파라크리스탈의 해석으로, 1차의 회절피크만이 관찰되지 않는 경우에는 Fourier해석법에 기인하는 싱글라인법이 있다.

파라크리스탈이란 작은 범위에서는 결정에 유사한 3차원 주기를 갖지만, 긴 범위에서 보면 비결정상으로 되는 것과 같은 영구난잡, 즉 제2종의 난잡을 갖는 구조를 말한다. 본래 원자가 존재해야 할 결정격자의 면간격을 d, 실측면간격과의 차를 Δd라고 하면 제2종 격자의 난잡의 크기, g는 $\Delta d/d$로 표시된다. X선 혹은 전자선회절강도에 필요한 각종의 보정을 행한 후, 고차의 회절강도에 대해서 적분폭 $\Delta\beta$를 실측한다. 해설을 위한 고차의 회절을 (100), (200), (300), ……으로 하고, (h00)의 각각의 회절에 대해서 $\Delta\beta(h)$를 구한 후, $[\Delta\beta(h)]^2$대 h^4의 플롯을 행한다.

$$[\Delta\beta(h)]^2 = \frac{1}{d^2}\left(\frac{1}{N^2}+\pi^4 g^4 h^4\right) \tag{10-6}$$

식 (10-6)의 기울기로부터 제2종의 난잡도 g를 $h^4=0$에 보삽시킨 직선의 절편으로부터 결정학적 연속성 L을 d×N으로부터 평가할 수 있다.

X선 혹은 전자선회절로서 관찰되는 회절점이 1개의 경우에는, Fourier해석에 기인하는 싱글라인법으로부터 결정학적 연속성과 난잡도를 평가할 수 있다. X선 혹은 전자선회절강도는 결정학적 연속성(결정의 크기)과 결정의 비틀림의 곱에 의존하는 항을 포함하는 Fourier계수로 전계된다. 회절강도를 n만큼 떨어진 결정격자면으로부터 기여의 합이라고 하면 결정의 크기 A_n^s과 결정의 비틀림 A_n^D의 곱의 Fourier계수 A_n은

$$\begin{aligned} A_n &= A_n^s \times A_n^D \\ &= 1 - \frac{1}{N}n - 2\pi l^2 < e^2 > n^2 + 2\pi^2 l^2 \left(\frac{< e^2 >}{N} - < ee' >\right) n^3 + \cdots \\ &= 1 + an + bn^2 + cn^3 + \cdots \end{aligned} \quad (10-7)$$

과 n에 관해서 전개된다. 여기서 N은 결정학적 연속성의 척도인 격자면수, ℓ은 반사의 차수이다. 또한 n개 떨어진 원자의 상대변위 Z_n과 격자비틀림 변수 간에는 $\langle en^2 \rangle = \langle Z_n^2 \rangle / n^2$의 관계가 있으며 $\langle en^2 \rangle$은 Taylor전개로서 $\langle en^2 \rangle = \langle e^2 \rangle + \langle ee' \rangle n$ +~로 된다. 시료로부터의 진짜의 해석강도 프로파일 P(2θ)를 식(10-7)에 의하여 Fourier 변환하고 Fourier계수 A_n을 산출한다.

$$A_n = \int_{-\frac{1}{2}}^{\frac{1}{2}} \frac{P(2\theta)\sin^2\theta}{kf^2} cos 2\pi n(h-l)d(h-l) \quad (10-8)$$

전자선이 회절할 때는 산란파의 편광은 없기 때문에 좁은 1개 회절피크의 Bragg 각의 내부에서는 Lorenz인자($\sin\theta^2$)와 구조인자 f는 일정하다고 볼 수 있다. 또한 K는 단위격자의 체적과 다중도와 입사 전자파 파장의 곱으로서, 2θ에는 의존하지 않는다. 식(10-8)에서 구한 Fourier계수 A_n이 식(10-7)이 될 수 있는 한 일치하도록 n의 각각의 계수 a, b, c,……를 구한다. 이것으로부터 N, e 및 e′가 구해지며, 최종적으로는 N과 Z_n이 평가된다. 결정학적 연속성은 L = d×N으로부터, 또는 결정학적 난잡도는 $\langle Z_1^2 \rangle = e^2 + ee'$를 사용하여 D[%] = $\langle Z_1^2 \rangle^{1/2} \times 100$으로부터 평가된다.

스테아르산 (T_m=317K)의 벤젠용액을 단분자막의 용점이상 온도인 320K로 유지시킨 순수한 수면상에 전개하고, 비결정성 단분자막을 형성시켰다. 이것을 $15_m N_m^{-1}$까지 압축하고 일정한 표면압력으로 유지시킨 그대로 수면상의 단분자막을 융점 이하의 수상온도까지 약 40K/h

로서 냉각한 후, 그대로 3시간 유지하여 결정화시켰다. 이 냉각결정화 단분자막을 표면압력 $26_mN_m^{-1}$으로 기판상에 옮기고, 전자선회절법에 기인하여 싱글라인법을 적용시켜, 결정학적의 연속성과 규칙성(난잡도)을 평가했다. 난잡도란 이상적인 결정구조의 면간격 d 혹은 층구조의 주기길이 L에 대한 상대변위 Δd/d 혹은 ΔL/L로서 정의된다. 표 10-16에 293K, $26_mN_m^{-1}$에서 조제된 스테아르산의 결정성 단분자막과 303K, $15_mN_m^{-1}$에서 결정화시킨 냉각결정화 단분자막의 결정학적인 난잡도와 연속성을 나타낸다.

표 10-16 결정성 단분자막과 냉각결정화 단분자막의 결정학적 난잡도와 연속성

스테아르산	난잡도[%]	결정상의 연속성(nm)
결정성 단분자막($26mNm^{-1}$, 293K)	4.9	6.4
결정화 단분자막($15mNm^{-1}$, 303K)	1.5	1.2×10^2

결정성 단분자막보다도 냉각결정화 단분자막쪽이 결정상의 난잡은, 4.9%로부터 1.5%로 크게 감소하고, 결정도메인 중의 결정학적 연속성도 6.4nm로부터 120nm로 크게 증가했다. 비결정성분자막의 냉각결정화에 의하여, 결정성 단분자막보다도 훨씬 낮은 결함의 단분자막이 얻어지는 것으로 밝혀졌다. 표 10-16의 냉각결정화 단분자막의 값은 폴리에틸렌 단결정의 값과 대응하고 있으며, 열역학적으로 될 수 있는 한 온화한 조건에서 조제한 고분자 단결정과 동등의 결정상태를 갖는 단분자막의 조제가 가능하게 되었다.

10-5-4 X선회절법에 의한 LB막의 구조결함 평가

규칙성이 높은 LB막을 구축하는 데에는, 어떤 조제조건이 적당한지를 검토해본다. 팔미트산바륨($2C_{16}Ba$), 스테아르산바륨($2C_{18}Ba$), 아르긴산바륨($2C_{20}Ba$), 베헨산바륨($2C_{22}Ba$)을 사용하고, 단분자막의 표면상태가 형태학적으로 균일하게 되는 표면압력의 20, 25, 30과 $35_mN_m^{-1}$에서, 이들의 단분자막을 층내부(lateral 방향)결정결함 해석용으로서 폴리스티렌기판에 200층 누적시키고, 또한 층간(longitudinal 방향) 규칙성 해석용으로서 현미경용 커버글라스상에 21층 누적시켰다. 여기서 사용한 LB막 시료는, 수면 전계온도가 단분자막의 융점 이하 온도영역에서 형성되는 결정성 단분막이다. LB막 결정층내부의 결정학적인 연속성과 규칙성은 LB막 막면의 평행방면에 X선을 입사시키고, 광각영역에 나타나는 간격에 기인하는 회절프로파일에 대해서 Fourier해석에 기인하는 싱글라인법을 적용하여 평가했다. 또한, LB막 층간의 연속성과 규칙성은, Kratky U-slit camera를 부착시킨 반사형 소각X선 산란장치를 이용하여, 층간에 기인하는 소각X선 산란상의 강도분포를 측정하고, Hosemann의 파라크리스탈이론에 기인하여 평가했다.

그림 10-17(a)에 $2C_{16}Ba$, $2C_{18}Ba$, $2C_{20}Ba$, $2C_{22}Ba$ LB막의 층내부 및 누적층간의 결정학적인 난잡의 정도를 나타낸다.

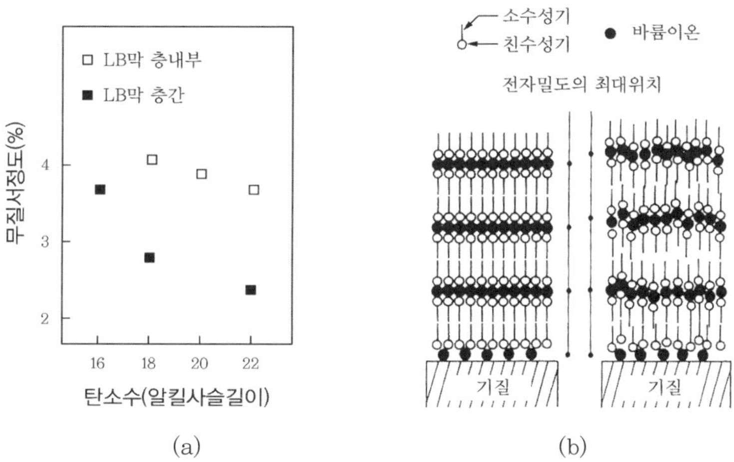

그림 10-17 (a) 알킬사슬길이가 다른 지방산바륨 LB막의 결정층 내부와 다른 적층간의 결정학적인 난잡도
(b) LB막의 응집상태 모형, 규칙구조(좌)와 불규칙구조(우)

알킬사슬길이의 증가에 동반하여 양쪽 방향에서의 난잡도는 모두 감소했다. 이것은 알킬사슬길이의 증가에 동반하여 분자간 응집력의 증가가 LB막을 구성하는 단분자막 내부의 결정학적인 규칙성을 증가시키며, 이것에 동반하여 LB막 층간의 규칙성이 증가한 것이라고 생각된다. **그림 (b)**에 LB막의 응집상태 모형을 나타낸다. **그림 (b)**에 나타낸 ●은 막면 수직방향의 전자밀도의 극대점을 나타낸다. 바꾸어 말하면, 이들의 점은 2 분자의 반복위치를 나타내고 있다. **그림 (b)**의 왼쪽의 LB막은 lateral방향 뿐만이 아니고, 누적방향에도 규칙성이 좋은 적층구조를 취한다. 한편, **그림 10-17(b)**의 오른쪽 LB막은 단분자층 내부에 난잡이 있고, 그것에 동반하는 누적방향에도 난잡을 일으키고 있는 것을 나타내고 있다. 알킬사슬길이의 증가에 동반하여, **그림 (b)**의 오른쪽 그림으로부터 왼쪽 그림의 응집상태로 근접된다고 생각된다.

LB막 누적층간의 난잡도의 변화가, TEM관찰에 의한 수면상 단분자막의 응집상태의 균일성과 깊이 관련되어 있다. **그림 10-18**의 왼쪽에 불균일 단분자막과 그의 단분자막의 누적에 의하여 구축된 LB막의 모형도를, 또한 왼쪽에는 균일단분자막과 그것을 누적시킨 LB막의 모형도를 나타낸다.

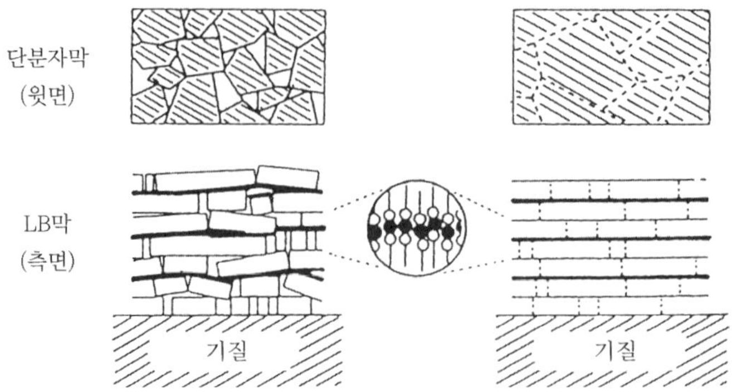

그림 10-18 불균일 단분자막(a)와 균일 단분자막(b)로부터 누적된 LB막의 층구조

이들의 그림으로부터, 단분자막의 응집상태가 불균일한 단분자막을 누적시킨 경우, LB막 층간의 난잡도가 증가하는 것을 알 수 있다. 이상의 결과로부터, LB막 층간의 규칙성에는, 그 구성단위인 단분자막 층내부의 결정학적인 규칙성과 단분자막의 응집구조 균일성의 양쪽이 기여하는 것은 확실하다. 최후에, 낮은 결함LB막을 구축하는 것의 중요성을 나타낸다. LB막의 막면 법선방향의 전기전도도(절연성)는 LB막 층간의 난잡도의 감소와 함께 저하하며, LB막의 절연특성이 향상된다. 표 10-16에 나타내는 결합성 단분자막과 비교하여 난잡도 1.5%의 냉각결정화 단분자막의 절연성이 2~3단위 향상된다.

10-6 캐스팅재료(2차원막)

고분자사슬의 2차원 상태의 박막 중이나 극표면 등에 있어서 기능발현이 기대되고 있으며, 고분자 고체 중에 있어서 2차원 상태의 분자응집구조의 해명이 반드시 필요하다. 1개의 비섭동사슬의 랜덤코일의 확대보다도 얇은 막에서는, 분자사슬은 3차원 고체 중과는 다른 2차적 확대를 갖는 응집상태로 되며, 2차원 초박막이라고 말한다. 여기서는 수면 캐스팅법에 의하여 조제한 형태학적으로 균일한 2차원 초박막을, 광각X선 산란해석 및 소각중성자 산란(SANS)(λ =1.2nm)해석에 의하여 분자사슬 응집구조를 검토한다.

10-6-1 2차원 캐스팅막의 조제와 응집구조 해석

2차원 초박막을 구성하는 물질로서, 각종 분자량의 단분산 폴리스티렌을 사용했다. 형태학적으로 균일한 2차원 초박막을 형성하는 시클로헥사논을 용매로 사용하고, 용액을 293K의 수면상에 전개하여 2차원 초박막을 조제했다. 전개용액의 농도를 변화시키는 것에 의하여, 박막의 두께를 제어할 수 있다.

중수소화폴리스티렌(D-PS)과 폴리스티렌(H-PS)의 혼합물을 시료로 사용하고, SANS 강도 곡선의 Debye함수와의 핏팅에 의하여 2차원 초박막 중의 분자사슬의 회전반경을 평가할 수 있다. 2차원 초박막을 두께 25μm의 강철 기판상에 2000장 적층시켜 SANS의 강도를 측정했다. H-PS/D-PS가 8/2(체적분율)시료의 SANS 강도로부터 H-PS시료의 SANS 강도를 빼는 것에 의하여 비간섭성 산란과 Void 산란의 기여를 제거한다. 또한, 입사X선에 CuKa(λ =0.154nm)를 사용하고, 광각X선 산란강도를 goniometer로서 Bragg 각의 2θ에서 2~145°의 범위로서 측정했다. 대칭투과법 및 대칭반사법에 의하여 각각의 박면에 평행방향과 수직방향의 원자간 상관거리에 상당하는 광각X선 산란을 측정했다. 광각X선 산란강도곡선으로부터 동경밀도 분포함수를 평가하고, 단거리의 원자밀도 상관에 대해서 검토했다. 간섭성 산란강도 $I_{coh}(s)$는 동경밀도 분포함수 P(r)과 다음의 관계가 있다.

$$P(r) = 1 + \frac{1}{2\pi^2 r^2}\int s \cdot i(s) \cdot \sin s \cdot r ds \qquad (10\text{-}9)$$

$$i(s) = \frac{I_{coh}(s)}{nf^2} - 1$$

s는 산란백터($|s| = 4\pi\sin\theta/\lambda$), f는 원자산란인자, n은 원자의 수 밀도이다. 보정한 실측산란곡선 $I_{ex}(s)$를 Krough-Moe-Norman의 방법에 의하여 규격화시킨 후, 비간섭성 산란을 분리하여 $I_{coh}(s)$을 결정하고, 간섭함수 i(s)의 Fourier변환으로부터 동경밀도 분포함수를 평가했다. Modification 함수법에 의하여 중단효과 및 광각쪽의 오차를 감소시켜, anti-Fourier변환을 행하는 것에 의하여 오차를 측정했다.

비섭동사슬의 말단간의 거리 $<R^2>_0^{1/2}$에 대한 막두께, t의 비 D=t/$<R^2>_0^{1/2}$를 2차원 초박막의 2차원성을 나타내는 파라미터로서 정의했다. D는 장거리의 상관, 즉 말단간의 거리나 회전반경 등의 1개 분자사슬의 장거리 상관의 관점으로부터 생각되는 파라미터로서, D가 0에 가까워지는 것에 따라서 완전한 2차원 상태에 근접된다. 비섭동사슬의 회전반경 $\langle S\rangle_0$에 대한 2차원 박막 중의 막면에 평행방향의 회전반경 $\langle S\rangle_{2D}$의 비를 R_s로 한다. 비섭동사슬, 즉 random work의 사슬이라면 2차원 상태에 있어서도 막면에 평행방향의 회전반경은 3차원상태와 같기 때문에 R_s는 1로 된다. **그림 10-19**는 R_s의 D의존성을 나타낸다.

여기서는 중원자 담지 고분자법을 이용한 소각X선 산란해석에 의한 결과도 포함해서 나타내고 있다. R_s는 1보다도 크고, D가 작아질수록 R_s는 커지고 있다. 따라서, 고분자사슬은 막면에 평행방향으로 확대된 섭동상태에 있으며, 완전한 2차원 상태로 접근할수록 섭동의 정도가 커지는 것이 확실하다. 소각X선 산란해석과 중성자 산란해석의 결과와는 약간 다르며, 중원자

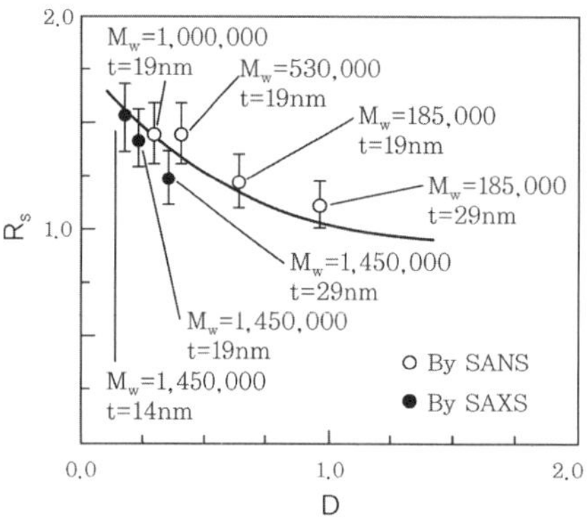

그림 10-19 단분산의 2차원 폴리스티렌막의 소각X선 산란법과 중성자 산란법으로부터 평가된 R_s의 D의존성

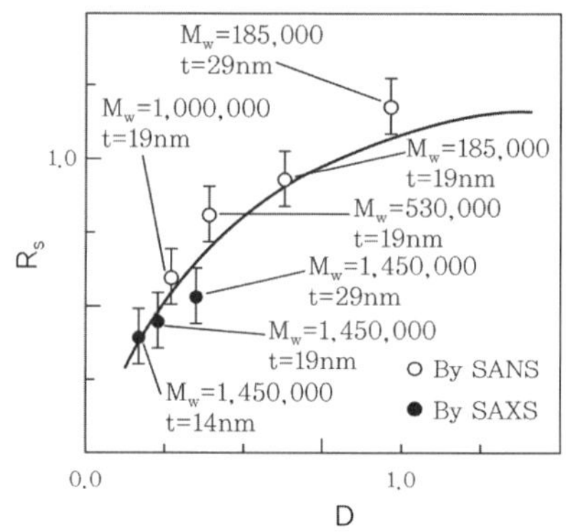

그림 10-20 R_v의 D의존성

담지 고분자에 의한 섭동이 원인이라고 추정된다. **그림 10-20**은 회전반경과 막의 두께로부터 계산된 1개의 분자사슬만의 체적의 비섭동사슬에 대한 비를 R_v로 하고, R_v를 D에 대해서 플롯한 것이다. D가 작아지는 것에 따라서 R_v는 작아지며, 완전한 2차원상태로 접근할수록 분자사슬간의 관계가 작아지면서 고립사슬에 가까워지는 것을 나타내고 있다.

대칭투사법 및 대칭반사법으로 측정된 3차원 고체 및 2차원 초박막의 $I_{ex}(\theta)$는 측정오차범위 내에서 일치한 것으로부터, 각 시료의 원자 밀도분포는 등방적이다. 폴리스티렌의 광각X선 산란에는 2θ에서 10°($\lambda/2\sin\theta$=0.88nm), 20°(0.45nm), 40°(0.24nm), 75°(0.14nm) 부근에서 나타내고 있는 특징적인 amorphous halo가 존재하며, 이들은 각각의 주사슬간 혹은 주사슬에 직접 결합한 원자단간의 거리, 제2 근접원자간 거리, 혹은 가장 근접원자간 거리에 상당하는 halo라고 생각되고 있다. 2차원 초박막의 광각X선 산란에 있어서도 거의 같도록 halo가 관찰되지만, D가 작아지는 것에 따라서 10°정도의 halo의 극대가 저하하여 약간 낮은 각도쪽으로 시프트하고 있다. 이것은 2차원성이 강해지는 것과 동시에 분자사슬간의 패킹이 완화되는 것을 나타내고 있다. 그러나, 1개 halo의 정보뿐이기 때문에, 응집구조를 예측하는 것은 위험하여, 넓은 각도범위의 산란을 동시에 고려할 필요가 있다. 따라서 동경밀도 분포함수에 의하여 단거리 원자간의 상관에 대해서 상세히 검토했다. **그림 10-21**은 각 시료의 동경밀도 분포함수이다. ↓로서 나타낸 피크는 (a), (b)가 각각 가장 근접원자간 거리, 제2 근접원자간 거리에 대응하며, 이것으로부터 장거리의 피크 (c)는 주로 분자사슬간의 거리에 상당한다. 2차원 초박막의 동경밀도분포는, 3차원 고체와 매우 유사하다. 그러나, (c)의 피크에 있어서는 어느 정도의 차이가 보이며, 3차원 고체에서는 단거리쪽에 편재된 피크인 것에 대해서, 2차원 초박막에서는 D가 작아지는 것에 따라서 장거리쪽에 편재되어 있다.

특히, 2D-PS9(M_w=6390000, t=19nm)의 2차원 초박막에 있어서는 (c)의 피크는 장거리쪽으로 약간 시프트하고 있으며 2차원 초박막에서는 분자사슬간의 패킹이 완화되어 밀도가 작아지는 것을 나타내고 있다.

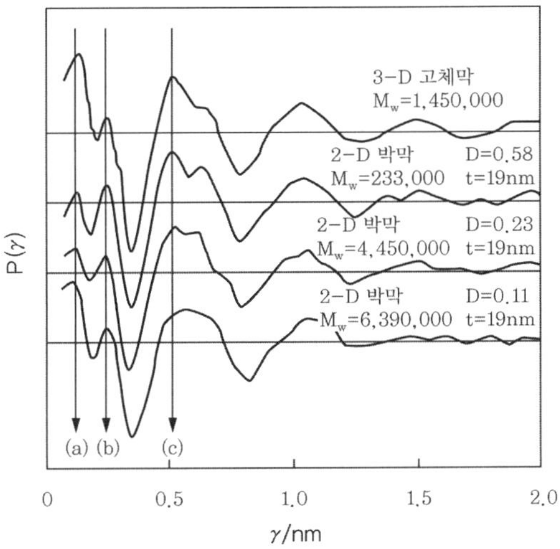

그림 10-21 막두께가 다른 단분산 폴리스티렌막의 동경분포함수

결론으로서 수면전개법에 의하여 조제된 2차원 초박막의 분자사슬은, ① 막면에 평행방향으로 확대된 섭동상태에 있으며, 완전한 2차원 상태로 근접하는 것에 따라서 섭동의 정도가 커지고, ② 분자사슬간의 관련되는 정도는 작아지기 때문에, ③ 분자간 사슬의 패킹은 완화된다고 하는 결론에 이른다.

10-7 경량재료

플라스틱은 비중이 거의 1~2의 범위로서 비교적 경량인 재료이지만, 더욱 발포체(발포배율 : 수배~5, 60배)로서 경량화되며, 그의 저열전도성, 완충성, 경량성을 이용하여, 단열재분야, 포장분야, 자동차 내장분야, 일용잡화분야 등에 유용한 재료로서 이용되고 있다. 수지로서는, 폴리에틸렌, 폴리프로필렌, 폴리스티렌, 폴리염화비닐, 우레탄, 에폭시 등 거의 대부분이 발포체로서 공업적으로 제조되고 있으며, 그 중에서도 폴리에틸렌, 폴리스티렌, 폴리우레탄의 발포체는 3대발포체라고 불리고 있다.

10-7-1 플라스틱의 발포

플라스틱의 발포는, ① 화학반응의 발생가스, ② 저비점 화합물의 기화가스, ③ 혼합분산된 공기, ④ 기타의 가스작용에 의하여 행해진다. ①은 우레탄 생성반응에 동반하는 이산화탄소나 열분해형 화합물로부터 발생하는 질소가스, 이산화탄소, ②는 혼입되는 공기를 기포로서 이용한다. 현재, ①과 ②가 주류이며, 이들은 화학반응 형식의 화학분해형 발포제와 저비점 화합물 형태의 물리형 발포제이다. 대표적인 발포제를 표 10-17에 나타낸다.

발포제로부터 발생하는 가스는, 폴리머 중에서 기포를 형성하여 발포체를 생성하지만, 발포체 중에 함유되는 가스의 양은, 이론적으로 발생하는 가스의 양에 대해서 90% 이상의 높은 수득률로부터 50% 정도의 낮은 경우까지 있으며, 플라스틱재료나 발포제, 또는 독립 기포구조, 연속 기포구조 등에 의하여 결정된다.

표 10-17 대표적인 발포제

	화학명(제품명)	조성	분자량	비점/℃	증기압(30℃) kPa
물리형	트리클로로모노플루오로메탄 (Freon-11)	CCl_3F	137.4	24	126
	디클로로디플루오로메탄 (Freon-12)	CF_2Cl_2	120.9	-30	743
	펜탄	C_5H_{12}	72	36	57(20℃)
	1,1-디클로로-1-플루오로에탄	CH_3CCl_2F	117.0	32	93
	1-클로로-1,1-디플루오로에탄	CH_3CClF_2	100.5	-10	390

	화학명	구조식	분자량	분해온도/℃	발생가스량/mlg^{-1}
화학형	아조디카본아미드	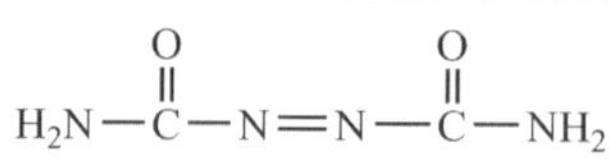	116	200~210	200~230
	아조비스이소부티로니트릴	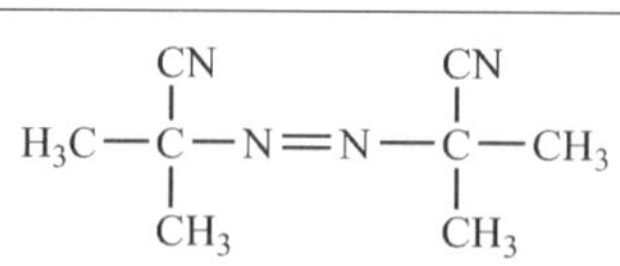	164	98~102	137
	하이드라조디카르복실산 이소프로필	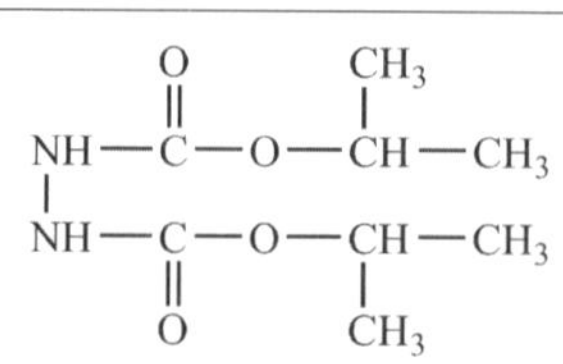	204	270~310	230

발포는, 발포초기에 발포제로부터 발생하는 가스가 발포핵(핵제)을 중심으로 기포로 되지만, 균일하고 미세한 기포를 형성하기 위해서는, ① 발포제 및 핵제를 수지 중에 극히 균일하게 작은 단위로서 분산시킬 것, ② 기포의 생성으로부터 성장, 안정화까지의 시간을 짧게 하는 것이

중요하며, ②는 기포경이 시간의 평방근에 비례하여 커지기 때문이다. 이와 같이 해서 생성된 발포체의 기포는, 기포경이 통상 수백μm로서, 그의 구조에 대해서 많은 연구가 행해지고 있지만, 현재는, 5각형이 12개 집합된 12면체라고 하는 생각이 정착되고 있다. 그림 10-22에, 발포체의 현미경사진을 나타낸다. 또한, 최근에는 기포경이 수μm의 마이크로셀 발포체의 제조 기술이 개발되어 있다.

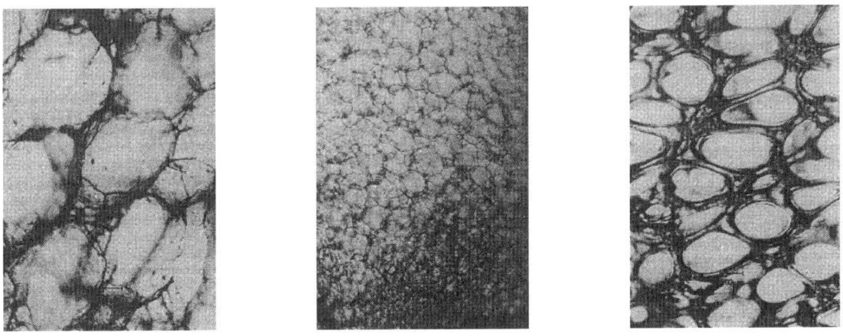

(a) (b) (c)

(a) 폴리에틸렌(발포배율 30배), (b) 폴리스티렌(발포배율 60배) (c) 폴리우레탄(발포배율 15배)

그림 10-22 각종 발포체의 현미경사진(×125배)

10-7-2 폴리에틸렌 발포체

폴리에틸렌수지는, 결정융점 이상에서 용융체의 점도가 매우 작고, 폴리에틸렌 발포체의 제조에 있어서는, 발생가스에 의한 기포생성에 견디도록 용융체의 점도를 개선시킬 필요가 있다. 예를 들면, 그림 10-23에 나타내는 바와 같이, 가교에 의하여 발포적성 점도범위를 확대시킬 수 있지만, 그 방법으로서는 전자선가교나 화학가교가 있다. 따라서, 폴리에틸렌의 가교특성이나 희망하는 발포체에 맞는 가교도(겔분율), 발포제의 양 등을 적당히 선택, 조절할 필요가 있다.

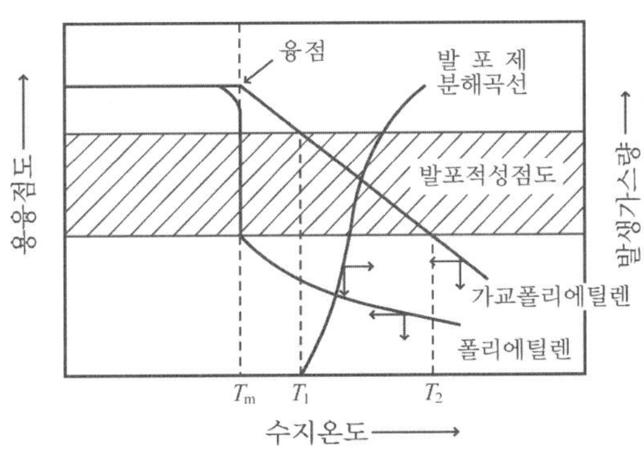

그림 10-23 가교폴리에틸렌폼의 발포

전자선 가교폴리에틸렌의 경우를 그림 10-24에 나타낸다.

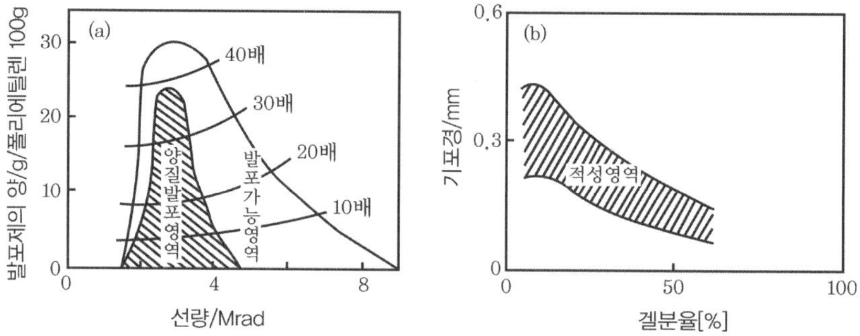

그림 10-24 가교폴리에틸렌의 발포특성(a) 및 겔분율과 기포경(b)

다음에, 폴리에틸렌시트의 발포에 대해서 설명하면, 그림 10-25와 같다. 여기에, 발포체의 배합, 작성조건을 나타낸다. 재료는, 폴리에틸렌수지와 발포제, 핵제, 및 화학가교에서는 과산화물(발포제의 분해온도 이하에서 분해하는 과산화물)로 형성되며, 배합량은 목적으로 하는 발포체의 배율에 의하여 결정된다.

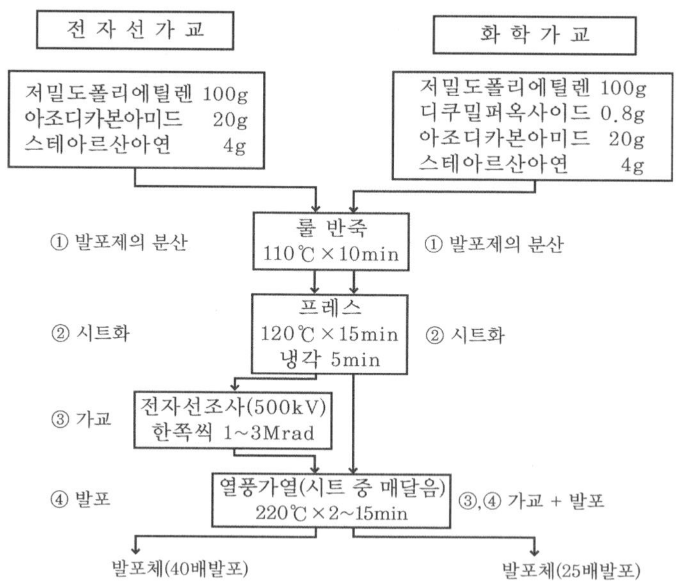

그림 10-25 가교폴리에틸렌 발포체의 제조

발포배율은 발생가스량과 발포제의 발포효율로서 추정된다. 발생가스량은, 물리형에서는 이상기체로서 Boyle-Charles' 법칙으로부터 산출되며, 화학형에서는 분해온도 이상에서의 실측치의 예를 표 10-17에 나타냈다. 발포효율은, 주로 발포할 때의 시트표면의 용융체점도(가교도)에 관련되며, 전자선가교발포에서는, 시트표면의 가교가 충분히 행해진 후에 발포하기 때문에 발포효율이 거의 100%(독립기포)로 되며, 화학가교발포에서는, 시트표면의 가교가 불충분하여 발포 중에 발포가스가 누출되는 것이 많고, 발포효율이 50~90% 정도로 된다. 또한, 조성되는 발포체는, 전자선가교발포쪽이 두께방향에서의 가교도에 차가 적기 때문에 균일한 발포경의 표면이 깨끗한 것으로 된다.

실험의 순서는, ① 발포제의 분산, ② 시트화, ③ 가교, ④ 발포이다. 발포제의 분산은, 발포제 및 과산화물이 분해하지 않고, 폴리에틸렌이 용융되는 최저온도에서 충분히 행하며, 시트화는 마찬가지로 프레스 가능한 최저온도에서 시트화시켜 균일한 두께가 되도록 행한다. 다음에, 전자선가교에서는, 분지도(분지도가 많은 경우, 조사효율이 높아지기 때문에 조사선량은 적어서 좋다)에 의하여 다소 다르지만, 거의 **그림 10-24**의 범위에서 조사량으로 가교시켜 발포제의 분해온도 보다도 40~50℃ 정도의 높은 온도에서 발포를 행한다. 또한, 화학가교에서는, 가교에 의하여 폴리에틸렌수지를 발포에 견디는 점도로 조정한 후, 발포제를 서서히 분해시키는 것이 필요하며, 재료는 대개 과산화물의 1분간 반감기의 온도가 발포제의 분해온도 보다도 20~40℃ 정도 낮은 것을 선정하고, 가교 · 발포는, 발포제 분해온도 보다도 10~20℃ 정도 높은 온도에서 행한다.

공업적으로는, **그림 10-26**과 같은 방법으로 제조되며, 자동차의 천정부분, 도어부분 등의 내장재, 지붕 · 배관재 등의 단열용 건축재료, 일용잡화 등에 사용되고 있다.

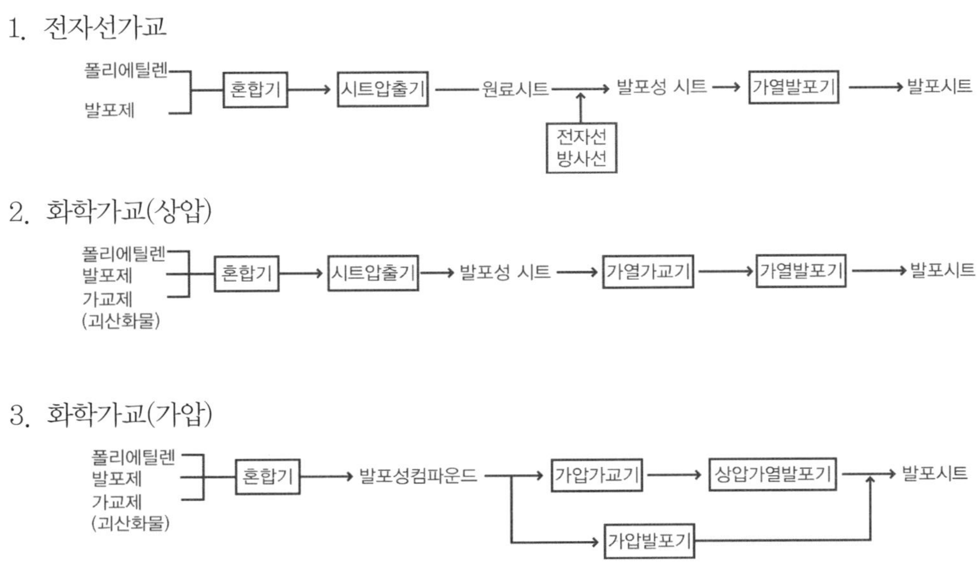

그림 10-26 가교폴리에틸렌 발포체의 공업적 제조방법

10-7-3 폴리스티렌 발포체

폴리스티렌수지는, 가소화를 행하기 쉬우며, 또한 프로판 등의 증발형 발포제의 보존성이 좋고, 발포제가 발산되기 어렵기 때문에, 이것을 입자상태의 발포성재료로서 사용하는 입자발포법이 널리 이용되고 있다.

입자발포체는, 1단계법 또는 2단계법으로 발포성입자를 제조하고, 더욱, 예비발포 및 숙성, 형틀내부에서 성형을 거쳐 제조된다. 여기서, 예비발포는, 증기(90~105℃)에 의하여 발포성입자를 가열발포하고, 균일한 최종 발포제품을 얻기 위하여 행하는 공정이다. 이 예비발포는, 수증기에 의하여 행해지지만, 이것은, 수증기가 폴리스티렌에 대해서 매우 높은 투과율을 갖기 때문에, 수증기가 수포막을 통하여 기포내부로 용이하게 침입하는 것으로 증기압분량만큼 내압을 상승시켜 발포조성효과를 발현하기 때문이다. 숙성은, 예비발포 종료 후, 냉각에 의하여 입자의 기포내부에서 발포제의 응축변화에 의한 감압을 방지하기 위하여, 발포의 내부압력을 상압으로 되돌리는 공정으로서 행해지며, 통상, 사일로 등으로 공기와 접촉시키는 방법으로 행한다. 형틀내부의 성형은, 숙성시킨 후의 입자를 형틀의 내부에 최밀충진시키고, 0.6~1.2kg/cm^{2}의 가열시킨 수증기를 불어 넣어서 행한다.

그림 10-27에 입자기포의 간이적인 실험 예로서, 2단계법 폴리스티렌의 발포입자의 배합, 작성조건을 표시한다.

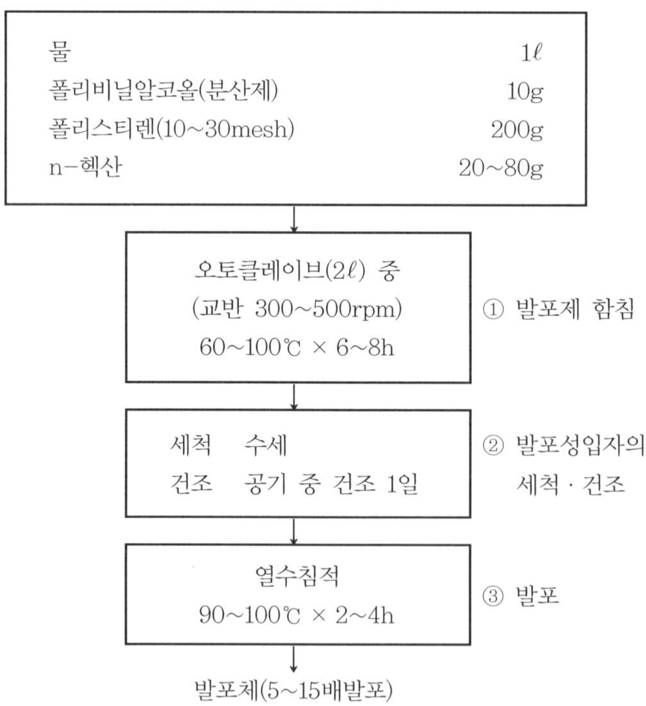

그림 10-27 폴리스티렌입자 발포체의 제조

실험은, 폴리스티렌입자를 현탁분산시키고, ① 발포제를 함침시키는 공정, ② 발포성입자의 세척, 제조의 공정과, ③ 열수 중에서 발포성입자를 발포시키는 공정(예비발포까지)의 3공정으로 형성된다. 발포제를 함침시키는 공정에서는, 입자를 팽윤시키는 것이 포인트이며, 현탁용액의 온도, 압력, 시간의 적성화가 중요하다. 발포성입자의 발포는, 수증기의 효과를 이용하여 행하지만, 발포밀도가 시간의 경과에 의하여 변하기 때문에 온도, 시간에 의하여 얻어지는 발포입자가 다르다.

입자발포의 용도로서는, 용이한 형물성형을 이용하여, 완충용기, 단열용기에, 또한 대규모의 이용으로서 도로를 조성할 때의 지하매설체로서 이용되고 있다.

10-7-4 폴리우레탄 발포체

폴리우레탄 발포체는, 폴리올과 폴리이소시아네이트와의 중부가반응에 의하여 생성되는 고분자를 발포시킨 것으로서, 재료의 조합에 의하여 연질로부터 경질까지 각종의 성능을 갖는 발포체가 제조되고 있으며, 각종의 제조법이 개발되어 있다(그림 10-28 참조).

우레탄 발포법		
slab 발포	연질~경질발포체	free size로서 긴 발포체를 제조하고, 재단가공하여 이용한다.
Mold 발포 (hot몰드법, cold몰드법)	연질~경질발포체	형틀내부에 주입하고 발포경화시킨 후 분리한다.
Spray 발포	경질발포체	정량펌프로서 spray gun에 의하여 미립자상태로 불어서 발포시킨다.
Froth 발포 (가열프로스법, 상온프로스법)	경질발포체	불어서 발포시키는 하나의 방법으로서, 발포제의 기화에 의하여 발포시킨다.
RIM	반경질발포체, 경질발포체	원료를 혼합기 중에서 고압으로 충돌시켜 형틀 내부에 주입하여 성형시킨다.
Raminate 발포	경질발포체	컨베어상에서 종이나 알루미늄박의 위에서 연속적으로 발포시키고, 그 위에 종이나 알루미늄박을 적층시킨 판의 제법

그림 10-28 폴리우레탄 발포체

폴리올로서는, ① 폴리에테르폴리올, ② 폴리에스테르폴리올, ③ 폴리머폴리올을 사용한다. ①의 폴리에테르폴리올은 연질로부터 경질까지의 통상적인 폴리우레탄 발포체에 이용되고, ②의 폴리에스테르폴리올은 특수한 연질발포체에 이용되며, ③의 폴리머폴리올은 인테그랄스킨 혹은 고탄성 발포체에 이용된다. 폴리이소시아네이트는 이소시아네이트기가 1분자 중에 2개 이상 함유되는 것을 사용한다. 대표적인 것으로서는 톨루엔디이소시아네이트(TDI), 메틸렌디페닐디이소시아네이트(MDI)가 있으며, MDI에는 고순도품과 조잡품의 2형태가 있다. TDI는 주로 연질발포체에 사용되고, 고순도의 MDI는 RIM, 합성피혁 등에 사용되며, 조잡품의 MDI는 일반의 경질발포체에 사용된다.

우레탄의 발포배합에는, 다음과 같은 각종 조제를 사용한다.

(i) 촉매

트리에틸렌디아민 등의 3차아민, 디부틸주석디라우레이트 등의 금속염

(ii) 발포제

Freon-11, 12, 141b 등의 할로겐화탄소 또는 물과의 병용(최근에는 물만에 의한 nonfreon 발포기술도 개발되어 있다)

(iii) 정포제

디메틸폴리실록산에 폴리하이드록시알킬렌을 그래프트시킨 것 등의 실리콘화합물 우레탄발포의 반응은 주로

① 우레탄결합의 생성 $\sim NCO + \sim OH \rightarrow \sim NHCOO\sim$

② 우레아결합의 생성 $\sim NCO + H_2O \rightarrow \sim NHCONH\sim + CO_2$

③ 뷰렛결합의 생성 $\sim NHCONH\sim + \sim NCO \rightarrow \sim \underset{\displaystyle CONH\sim}{\underset{|}{N}}CONH\sim$

으로서, 발포체의 생성과정(**그림 10-29 참조**)은, 먼저 배합계가 균일하게 분산되어 반응이 일어나기 시작하고, 계의 점도상승과 반응열에 의한 Freon 발포제의 기화가스 혹은, 물의 반응에 의한 기포가 성장하여 발포체를 형성한다. 이 기간에 정포제의 작용에 의한 유화작용으로 인하여 배합계의 균일분산, 무수한 발생가스에 대한 기포핵의 형성, 표면장력의 저하효과에 의한 기포경의 균일화, 더욱 기포막의 박막화를 억제하여 기포의 파괴를 방지하는 기포안정화(Gibbs-Maran-goni 효과) 등이 행해져서 균일한 기포구조를 갖는 발포체가 생성된다.

발포제를 **그림 10-30**에 나타낸다. 발포실험에 있어서의 포인트는, 반응성을 일정하게 하기 위해서 배합원료의 온도관리, 균일한 분산계를 얻기 위하여 충분한 교반, 독성의 원료(방독마스크, 보호안경, 환기가 필수)에 대한 안전관리에 충분히 주의해야 한다.

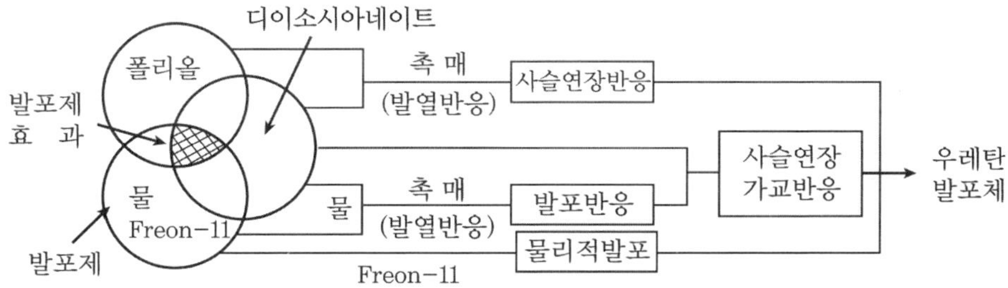

그림 10-29 우레탄발포체의 중합·발포반응

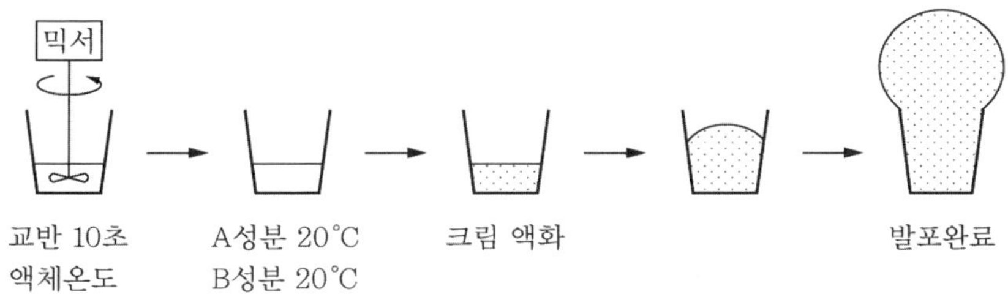

발포처방

A성분	폴리이소시아네이트	폴리메릭 MDI(NCO함유량)31.3%	145.6	중량부
B성분	폴리올	폴리에테르폴리올 (수산기값 455mg KOH/g)	100	중량부
	발포제	Freon-11	25.0	〃
		물	2.0	〃
	정포제	오르가노실리콘 L-5420	1.5	〃
	촉매	테트라메틸헥사메틸렌디아민	1.5	〃
		펜타메틸디에틸렌트리아민	0.3	〃
	반응성	크림타임	29초	
		겔타임	91초	
		라이즈타임	135초	
	발포체의 성질과 상태	밀도	27.6kg/m^{-3}	
		독립기포율	91.5%	

그림 10-30 폴리우레탄 발포체 제조의 혼합처방

폴리올과 폴리이소시아네이트의 배합비율은, 폴리올 당량에 대한 이소시아네이트 당량의 비율을 1.05정도로 조절하고, 약간의 폴리이소시아네이트를 과잉으로 사용하여 충분히 반응을 행하는 것이 필수이며, 이 때, 폴리올을 100으로 했을 때, 폴리이소시아네이트의 배합량은 폴리올의 수산기값을 (OHV), 폴리이소시아네이트의 NCO 함유율을 (nco)%로서 (1/12.72)×[(OHV)/(nco)]×100으로 계산된다. 또한, 각종 조제는 희망하는 발포배율, 발포체의 물성, 반응성 등에 대해서 적당하게 결정된다. 배합계의 반응성을 나타내는 지표로서는, 크림타임(CT), 라이즈타임(RT) 등이 있다. CT는 혼합물이 교반개시로부터 완전히 불투명한 크림상태로 변할 때까지의 시간이고, RT는 발포체의 팽창이 최고에 달할 때까지의 시간이다. 이것은 발포체의 품질, 기초상태 등의 발포에 대한 공정관리의 가늠으로서, 배합처방이나 조건관리 등의 지표로 된다.

우레탄발포체는, **그림 10-28**과 같은 각종 제조법에 의하여 제조되며, 그 공업적 용도는 다종 다양하다. 대표적인 것으로서, 연질발포체는 자동차의 내장, 가구 등의 쿠션재료로 사용되며, 경질발포체는 냉장고, 쇼케이스 등의 단열재, 또는 우레탄의 접착성이나 강도를 이용한 복합재료로서, 금속판간의 적층구조로서 사용되는 샌드위치패널 건축재료, 섬유와의 복합에 의한 합성목재 등이 있다.

10-7-5 발포체의 성질

발포체의 대표적인 성질로서는 경량성, 단열성, 완충성, 흡착율이 있으며, 외관밀도, 열전도율, 충격 · 압축특성이 있고, 이들은 흡음성으로서 측정, 평가된다. 또한 이들의 성질은, 발포체의 기포구조가 독립기포인지, 연속기포인지에 따라서 다르기 때문에, 발포체의 연속기포율의 평가가 중요하다.

발포체의 성질에 대한 평가방법은, JIS, ASTM 등의 규격이 있으며, 주요한 것을 **표 10-18**에 나타낸다.

표 10-18 발포체의 성능 평가방법

평가 항목	규격 번호
외관밀도	JIS A9511, A9513, K6767, ASTM D1564, D1565, D1622
독립기포율	ASTM D1940, D2856
기포경	JIS K6402
인장시험	JIS K6402, K6767, ASTM D1564, D1623, D2406
압축시험	JIS A9511, K6382, K6767, ASTM D1564, D1565, D1667
굴절시험	JIS A9511, A9513, ASTM C203, C393, D790
열전도율	JIS A1412, A1413, A9511, ASTM C177, C518, D2326
흡수율	JIS A9511, A9513, K6767, ASTM C272, C534, D570
흡음율	JIS A1405, A1409, ASTM C384, C423

2

응용편

Chapter 11

탄화수소계 플라스틱

11-1 초고분자량 폴리에틸렌(UHMWPE)

11-1-1 서론

초고분자량 폴리에틸렌(ultra-high molecular weight polyethylene)은 ASTM (American society for testing materials)에 의하면, 그의 분자량이 3,000,000 이상의 것을 말한다.

$$-\!\!\left[CH_2 - CH_2 \right]_n\!\!-$$

이것은 특수한 Ziegler법에 의하여 제조되지만, 그의 분자량이 매우 크기 때문에 펠릿화가 곤란하여 일반적으로는 분체 그대로 성형가공업자에게 출하된다.

보통의 고밀도폴리에틸렌의 분자량이 20,000~200,000의 범위인 것에 대해서, 초고분자량의 폴리에틸렌은 고밀도폴리에틸렌의 10~100배의 분자량을 가지고 있으며, 화학구조상 이들은 유사하지만, 구성분자의 α사슬길이가 매우 길고, 게다가 직선상이기 때문에, 강직성 혹은 내충격성이 우수하며, 엔지니어링플라스틱으로서 기능을 중요시 하는 용도로의 발전이 기대되고 있다.

11-1-2 특성

1) 물성

초고분자량 폴리에틸렌의 일반적인 물성을 표 11-1에 다른 엔지니어링플라스틱과 비교하여 나타낸다.

표 11-1 초고분자량 폴리에틸렌의 일반적 물성

	HI-ZEX MILLION 240M	HI-ZEX MILLION 340M	San Fine U	Polyacetal
비중	0.935	0.930	0.94	1.42
인장강도(kg/cm^2)	400	500	400	720
인장율(%)	350	250	300	65
굽힘강도(kg/cm^2)	-	-	-	-
굽힘탄성율 ($kg/cm^2 \cdot 10^4$)	0.6	0.6	-	3.2
충격강도(Izod·notched kg·cm/cm)	파괴되지 않음	파괴되지 않음	파괴되지 않음	11
경도(Rockwell)	R40	R40	65~69(shore)	94
열변형온도(℃) ($4.6kg/cm^2$)	85	80	90~98	124
흡수율(%)	〈0.01	〈0.01	-	0.2
융점(℃)	136	136	-	179
Taber 마모	-	-	-	18

2) 기능과 특징

초고분자량 폴리에틸렌은 화학구조의 점에서는, 보통의 고밀도폴리에틸렌과 거의 변함이 없지만, 그의 분자량이 높은 것에 따라서 물성상 다른 특징을 나타낸다. 그 중에서도 충격강도가 크고, 게다가 극저온에 있어서, 그 특성의 유지율이 높은 것은 커다란 특징의 하나이다. 그의 특징은 다음과 같다.

i) 내마모성이 우수하고, 강철이나 폴리우레탄을 상회한다.
ii) 자기윤활성을 갖추고 있다.
iii) 내피로성 및 내응력 환경균열성이 우수하다.
iv) 내방사선성 및 내열수성이 우수하다.

3) 가공성

초고분자량 폴리에틸렌은 분자량이 수 백만이기 때문에 용융할 때의 점성이 매우 높고, 게다가 제조회사로부터의 공급이 분말상태이기 때문에 가공성의 점에서 우수한 재료라고는 말할 수 없다.

제조회사로부터 공급된 초고분자량의 폴리에틸렌 분말은, 프레스성형 혹은 압출성형에 의하여 판상체 혹은 원통체로 성형되고, 이어서 기계가공에 의하여 희망하는 제품으로 마감한다. 기계가공은 통상의 목공제품의 제조와 유사한 방법으로 행해진다. 이외에도 소결법이나 forging법에 의한 경우도 있다. 프레스 성형법의 예를 들면,

프레스 압력	20~50kg/cm^{2}G
온도	180~220℃
가열시간	40분(제품형상에 따라서 다르다)
냉각시 프레스 압력	100kg/cm^{2}G

초고분자량 폴리에틸렌은 일반적으로 단독으로 사용되는 것이 많지만, 필요에 따라서 열안정제나 자외선방지제의 사용도 가능하며, 또한 활석분말, 흑연, 글라스섬유, 운모 혹은 금속분말 등 각종 강화재의 첨가에 의한 개질도 가능하다.

더욱 과산화물에 의한 가교도 가능하며, 그것에 의하여 내마모성이 개량된다.

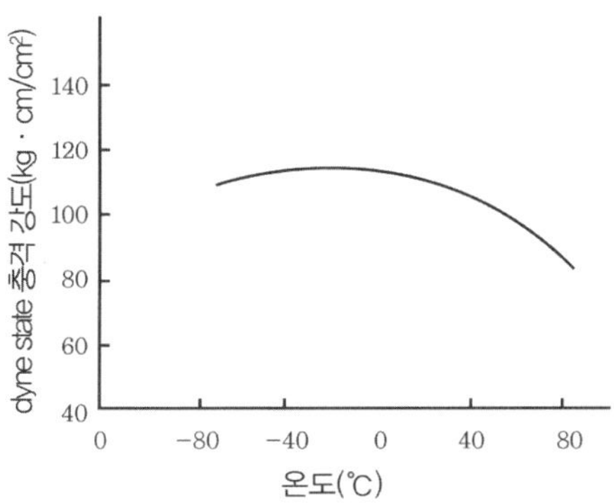

그림 11-1 하이젝스밀리온의 충격강도의 온도 의존성

11-1-3 용도

1) 화학기계 분야

케미컬벌브, 케미컬펌프, 가스킷, 필터, 기어, 볼트, 넛트, 실린더, 패킹

2) 제지기계 분야

섹션박스커버, 테이블롤, 닥터나이프, 디플렉터, 콕, 노즐, 필터부품

3) 건설기계 · 농업기계 분야

불도저의 배토판라이닝, 굴삭기의 버킷내장, 트랙터의 쟁기라이닝

4) 일반기계부품 분야

톱니바퀴, 기어, 베어링, 클러치, 패드, 핸들, 롤, 플렉시블커플링, 스톱퍼, 엘리베이터슬라이딩부품, 체인텐셔너, 섭동판, 피니언, 세탁기

5) 기타

선박부품, 요리용 주문판, 해머, 전기코팅부품, 점착테이프, 카셋테이프라이너, 의료기기, 극저온 및 원자력 관련 기기부품

11-1-4 시장

초고분자량 폴리에틸렌의 시장규모는 미국, 독일, 일본정도로서 그다지 크지 않지만, 앞으로 시장확대의 가능성이 기대되고 있다.

11-1-5 문제점

초고분자량 폴리에틸렌이 개발되어 30년 이상이 되었으며, 내마모성, 내충격성(특히 저온충격성), 자기윤활성 더욱 내약품성 등의 점에서 매우 우수함에도 불구하고, 그의 소비율은 상당히 작다. 그 이유는 성형하기 어려운 것과 내열성이다. 특히 내열성은 80~100℃ 로서, 통상의 고밀도폴리에틸렌과 그다지 차이가 없고, 용도범위가 제한되는 점에 있다.

따라서, 앞으로 초고분자량 폴리에틸렌의 시장확대에 있어서는 폴리머 쪽으로부터의 성형성의 개량, 성형가공기계 쪽으로부터 가공기술의 개발, 더욱 현재의 용도 해석과 이것의 특성을 활용한 용도의 창출이 필요하다.

그러나, 최근 폴리머 제조회사에 의한 고탄성 고강도섬유의 개발 혹은 성형가공 제조회사에 의한 사출성형법의 성공 등, 초고분자량 폴리에틸렌 관련분야의 연구개발이 활발히 진행되고 있기 때문에, 앞으로 시장확대가 기대된다.

11-2 폴리프로필렌(PP)

11-2-1 서론

폴리프로필렌은 아래의 식과 같이 분자내에 반복단위를 갖는 올레핀계의 열가소성플라스틱이다.

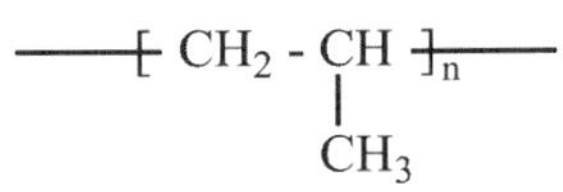

이것은 우유와 같은 흰색이고, 저비중, 고강직성, 고열변형온도, 내화학약품성, 및 전기적 특성 등이 좋으며, 상당히 광범위하게 사용되고 있다.

폴리프로필렌은 폴리머로서 출발당시는 대량소비형의 범용수지로서 취급되었다. 그러나, 그 후 각각 제조회사의 연구 노력에 의하여 복합화 기술이 비약적으로 발전했으며, 현재는 완전히 엔지니어링 플라스틱으로서의 지위를 확보하고 있다. 복합화 기술 중에서 주목되는 것은, 고활성 촉매의 개발과 기상 중합기술의 확립으로서, 이것이 최근의 폴리프로필렌 그레이드의 다양화 품질의 고도화 및 제조코스트의 감소를 가능하게 한 것의 최대 이유이다.

11-2-2 특성

1) 물성

폴리프로필렌의 대표적인 일반물성을 표 11-2에 나타낸다.

표 11-2 폴리프로필렌의 일반물성

	호모폴리머	코폴리머	GF30%
비중	0.9	0.9	1.12
인장강도(kg/cm^2)	350	290	900
인장률(%)	450	420	5
굽힘강도(kg/cm^2)	7,200	7,200	1,100
굽힘탄성율(kg/cm^2)×10^3	14,000	11,500	50,000
충격강도 (Izod·notched kg·cm/cm)	4	10	9
경도(Rockwell)	R100	M95	R115
열변형온도(℃)(4.6kg/cm^2)	110	100	160

2) 기능과 특징

폴리프로필렌의 가장 커다란 특징은, 주요 플라스틱 중에서 가장 비중이 작고, 게다가 기계적 특성의 밸런스가 매우 좋은 것에 있지만, 구체적으로는 다음과 같은 특징을 들 수 있다.

i) 내열성이 우수하다.
ii) 비흡습성이다.
iii) 내약품성, 내스트레스 크랙성이 우수하다.
iv) 전기적 특성이 우수하다.
v) 가공성이 우수하다.

3) 가공성

폴리프로필렌은 성숙도가 높은 폴리머의 1종으로서, 그의 성형가공기술도 다양하다. 따라서 사출성형, 압출성형 등 보통의 장치로서 쉽게 행할 수 있다 (표 11-3 참조).

표 11-3 폴리프로필렌의 가공성

	호모폴리머	40% GF도입
성형온도(℃)	205~260	260~290
성형압력(kg/cm^2)	700~1,400	700~1,700
성형수축	0.01~0.025	0.003~0.005

11-2-3 용도

1) 그레이드

폴리프로필렌은 일반적으로 그의 조성에 따라서 호모폴리머 그레이드와 코폴리머 그레이드로 대별되는 한편, 성형, 가공과 용도에 따라서 사출 · 압출 그레이드 및 필름 그레이드로 분류되고 있다. 그리고, 그들 중에는 활석, 운모, 황산바륨, 규산칼슘 등의 무기질충진재 혹은 글라스섬유 등의 강화재를 첨가한 강화 그레이드가 포함되어 있다.

폴리프로필렌 용도의 다양성으로부터, 각각의 요구특성에 따라서 새로운 그레이드가 가끔 개발되고 있으며, 이들은 폴리머의 제조회사와 사용자와의 공동연구에 의하여 행해지는 수가 많다. 이것으로부터, 폴리프로필렌의 그레이드 종류는 사용자의 수 만큼 다양하다고 볼 수 있으며, 제조회사의 카탈로그에 발표되지 않은 것도 많이 있다고 생각된다.

2) 관련분야

폴리프로필렌은 일용잡화품으로부터 공업용 부품에 이르기까지 매우 광범위하게 사용되고 있지만, 주요한 것은 다음과 같다.

(ⅰ) 자동차 분야

자동차히터 및 자동차에어콘의 하우징, 콘트롤패널, 인스트루먼트패널, 콘솔박스, 에어클리너, 배터리케이스, 범퍼

(ⅱ) 가정용품 분야

TV부품, 에어컨용 시로코팬, 취사용품, 커피제조기

(ⅲ) 기타

포장용 각종 필터

11-2-4 시장

종래, 폴리프로필렌은 폴리에틸렌, 스티렌계의 수지 및 폴리염화비닐과 함께 범용성 폴리머로서 위치하고 있었다. 따라서 공업용도 보다도 오히려 가정용품을 포함한 일용잡화 용도가 중심이었지만, 그 후, 고활성촉매의 개발, 기상법 중합기술의 확립, 더욱 폴리머고용체화의 기술진보에 의하여 호모폴리머, 코폴리머와 함께 고품질화와 그레이드의 다양화가 진행되었으며, 앞에서 설명한 바와 같이 범용폴리머 분야에 추가되어, 엔지니어링폴리머 분야도 담당할 수 있게 되었다. 자동차의 범퍼용 소재로서 응용은 그의 대표적인 예로서, 공업용 분야에서의 수요가 착실히 증대하고 있으며, 앞으로 더욱 수요증가가 예상되고 있다.

11-2-5 문제점

폴리프로필렌은 위에서 설명한 바와 같이, 제조기술과 가공기술의 진보에 따라서 용도분야가 비약적으로 증대했으며, 현재는 물품부족을 걱정할 정도로 수요가 크다.

폴리프로필렌에 있어 고려하지 않으면 안 될 것은, 수요의 구조변화 문제와 다른 수지와의 경합이라고 생각된다. 자동차의 범퍼재료로서 응용은 폴리프로필렌의 공업재료분야로 전개의 파이오니어로서 화제로 되었다. 그러나 ABS수지 등 다른 수지가 항상 경합하고 있다. 자동차와 같이 유행적 요소를 많이 갖는 상품은 재료의 선택에 대해서 매우 변신이 빠르다. 이와 같은 의미에서 앞으로 엔지니어링플라스틱으로서 정밀화와 고품질화의 연구개발이 필요하다.

Chapter 12 탄소사슬고분자

12-1 폴리메틸메타크릴레이트(PMMA)

12-1-1 서론

폴리메틸메타크릴레이트(polymethyl methacrylate)는, 분자내에 다음의 식으로 나타내는 반복단위를 함유하는 투명성이 우수한 열가소성플라스틱이다.

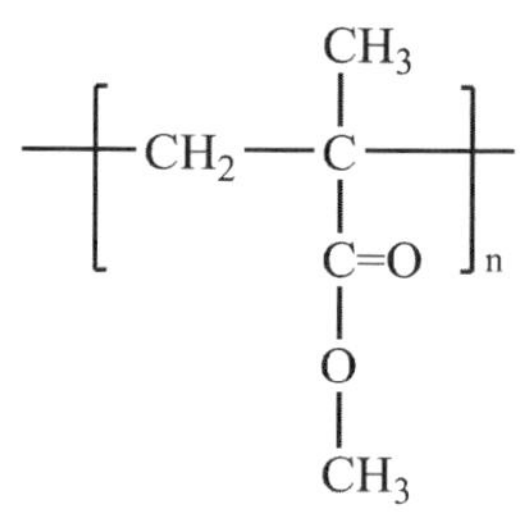

PMMA의 역사는 오래되었으며, 가볍고 게다가 강인한 이외에 무색투명하고, 가시광선 투과율이 98% 이상이기 때문에 통상의 무기글라스에 대해서 유기글라스라고 불리고 있으며, 항공기의 창유리(방풍글라스)용으로서 출발했다.

유기물질인 것으로부터, 무기글라스에 비하여 내충격성인 점에서는 매우 우수하지만, 내열성, 탄성율, 경도 등의 점에서는 떨어지기 때문에 변형하기 쉽고, 또한 표면이 손상되기 쉬운 결점이 있다. 그러나, 최근에는 내열성이나 표면경도가 개량된 제품이 각 회사로부터 생산되고 있으며, 용도도 광범위하다. 특히, 광섬유로서의 용도가 기대되고 있다.

12-1-2 특성

1) 물성

대표적인 PMMA의 일반물성을 표 12-1에 나타낸다.

표 12-1 PMMA의 대표적인 일반물성

	50N	60N	LP-1
비중	1.19	1.19	1.19
인장강도(kg/cm^2)	690	720	750
인장률(%)	5	5	5
굽힘강도(kg/cm^2)	1,100	1,100	1,200
굽힘탄성율(kg/cm^2)	33,000	34,000	35,000
충격강도 (Izod·notched kg·cm/cm)	1.5	1.6	1.8
경도(Rockwell)	M92	M95	M98
열변형온도(℃)	85	89	95
흡수율(%)	0.3	0.3	0.3
광선투과율	93	93	93
굴절률	1.49	1.49	1.49

2) 기능과 특징

현재 시판되고 있는 투명성 수지에는 폴리메틸메타크릴레이트수지(광선투과율 : 93%), 스티롤수지(광선투과율 : 87~92%), AS수지(광선투과율 : 78~88%), 폴리카보네이트수지(광선투과율 : 85~91%) 및 경질염화비닐수지(광선투과율 : 76~82%) 등이 있지만, 폴리메틸메타크릴레이트가 광선투과율(투명성)이 가장 높고, 내후(광)성의 점에서도 우수하다. 더욱 이것은 다음과 같은 특징을 갖추고 있다.

i) 경도가 높고, 표면광택이 우수하다.
ii) 성형가공성이 우수하다.
iii) 전기절연성이 우수하다.
iv) 착색이 자유로우며, 각종의 색조, 광택의 것이 얻어진다.

3) 가공성

폴리메틸메타크릴레이트는, 성형성이 우수한 것이 가장 큰 특징의 하나로서, 통상 열가소성수지의 성형에 사용되는 사출성형기에 의하여 쉽게 성형할 수 있다. 또한 주형성형도 가능하다.

성형조건은, 재료의 종류, 사출성형기의 종류, 금형의 구조, 더욱 제품의 형상에 따라서 다르지만, 일반적으로 표 12-2의 조건으로 행해진다.

표 12-2 일반적인 성형조건

	양(良)유동 그레이드	내열 그레이드
실린더온도(℃)	190~230	220~260
사출압력(kg/cm^2)	700~1,200	800~1,500
금형온도(℃)	40~50	50~70

12-1-3 용도

1) 그레이드

용도와 그의 요구특성에 따라서 양(良)유동 그레이드, 내열고강도 그레이드, 내약품 그레이드 및 내용제 그레이드 등, 각종의 그레이드 제품이 펠릿상태, 분말상태 혹은 모노머의 형태로서 공급되고 있다. 또한 사출판 혹은 캐스트판과 같은 반제품의 형태로서 판매되고 있다.

2) 관련분야

폴리메틸메타크릴레이트는 거의 투명성과 내후성이 우수한 것을 활용하여, 글라스용도를 중심으로 각종의 산업분야에서 사용되고 있다.

(ⅰ) 자동차 분야

램프커버렌즈(조명램프, 측방점멸램프, 패킹램프, 룸램프, 후방램프), 계기판, 계기판커버, 엠블램, 장식품

(ⅱ) 전기·기계 분야

다이얼스케일, 각종 계기커버, 전탁표시판, VTR 및 라디오카셋 등의 전면판

(ⅲ) 광학 분야

카메라 부품(파인더, 초점유리, 집광렌즈), 프레넬렌즈, 디스크기판, 각종 렌즈 및 프리즘, 광통신용 섬유

(ⅳ) 일용잡화 분야

고급식기, 문방구류, 회중전등렌즈, 채혈관, 피아노 · 오르간건반, 수도꼭지, 패션글라스, 파일링케이스

(v) 조명기구 분야

샹들리에, 램프갓, 가로등, 정원등

3) 경쟁제품

용도와 그의 요구 특성상에서 폴리스티렌, AS수지, 폴리카보네이트 혹은 경질염화비닐수지 등이 경합하고 있다. 그러나 투명성에서 폴리메틸메타크릴레이트의 우수성은 확고하다.

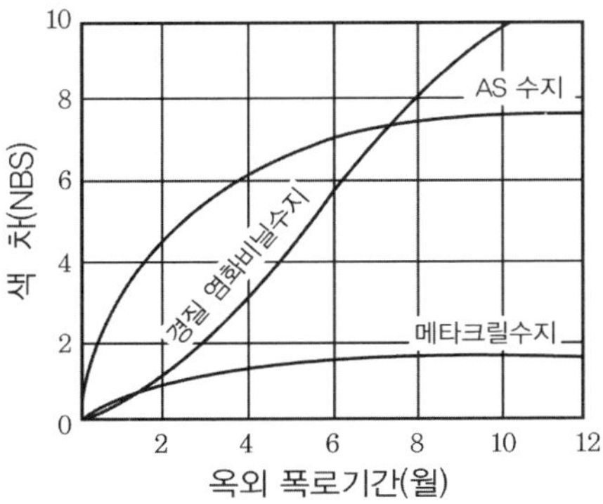

그림 12-1 옥외 폭로에 의한 색의 변화의 예

12-1-4 시장

폴리메틸메타크릴레이트의 우수한 투명성, 경량성(글라스의 약 반절) 및 강인성에 의하여 항공기의 창유리용으로서 출발했으며, 그 후 투명성을 필요로 하는 자동차 관련분야를 비롯하여 건축재료, 가정전기제품, 산업용 기기부품, 옥내 · 야외의 간판, 장식부품 등 넓은 분야에서 사용되었다.

종래 폴리메틸메타크릴레이트의 용도는 위에서 설명한 바와 같이 유리의 대체물로서 사용이 중심이었지만 광통신의 발달에 따라서 고도인 광학특성이 요구되는 광섬유용의 수요가 점점 증가하고 있다. 이와 같은 사실로부터 각각의 제조회사도 설비의 증강계획과 품질의 고도화 연구가 활발히 진행되고 있다.

12-1-5 문제점

투명성이 우수한 것을 이용하여, 유리의 대체를 중심으로 사용이 증가했다. 그러나 광통신의 발달에 따라서 광섬유로서의 이용이 증대하고 있다. 플라스틱광섬유는 석영글라스제의 것에 비하여 감쇠가 크고, 전달거리의 점에서 일보 양보했지만 가소성, 경량성, 가공이 용이하고, 값이 싼 점에서 유리하며, OA혹은 FA를 중심으로 하는 LAN용으로서 앞으로의 성장이 기대되고 있다. 따라서 금후 한층 고품질화가 요구될 것이라고 생각된다. 또한 광섬유용의 성장에 따라서 광학특성을 중심으로 한 품질의 개량이 중요한 과제라고 생각된다.

12-2 폴리에틸렌테레프탈레이트(PET)

12-2-1 서론

폴리에틸렌테레프탈레이트(polyethylene terephthalate)는, 다음 식에서 나타내는 바와 같이, 분자 내에 반복단위를 함유하는 결정성의 열가소성플라스틱이다.

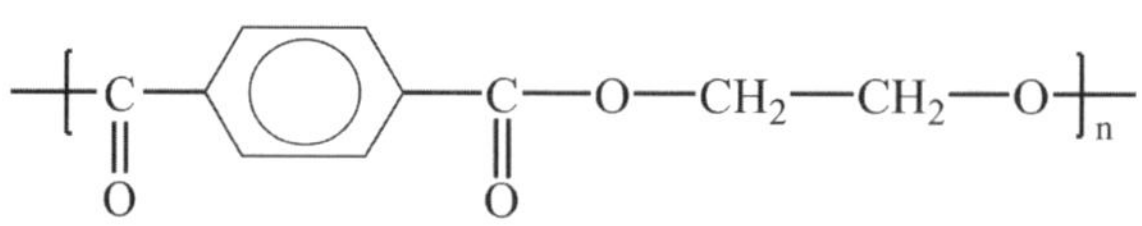

PET는, 테레프탈산 혹은 디메틸테레프탈레이트와 에틸렌글리콜과의 중축합반응에 의해서 제조된다.

폴리에틸렌테레프탈레이트는, 섬유 혹은 필름의 형태로서 오래전부터 사용되고 있지만, 성형품으로서의 이용에는 어려운 점이 있었다. 즉, 종래의 것은 성형할 때 결정화의 촉진을 위해서 금형의 온도를 150℃라고 하는 고온으로 유지시킬 필요가 있으며, 성형이 매우 곤란했다. 그러나 그 후 폴리머 자체의 개량, 글라스섬유의 강화, 더욱 결정화 촉진제의 사용 등에 따라서 금형의 온도를 90~100℃까지 저하와 동시에 얻어지는 성형품의 기계적 특성, 내열성 및 다른 특성이 크게 향상되었으며, 엔지니어링플라스틱으로서의 참여가 약속되기에 이르렀다.

12-2-2 특성

1) 물성

폴리에틸렌테레프탈레이트의 대표적 일반물성은 표 12-3에 나타낸다.

2) 기능과 특징

폴리에틸렌테레프탈레이트는 다른 열가소성플라스틱에 비하여 글라스섬유에 의한 강화효과가 기계적 특성, 내열성 및 기타의 여러 가지 특성이 현저하게 나타나는 점에서 커다란 특징이 있다.

ⅰ) 각종 엔지니어링플라스틱 중에서도 고수준의 내열성을 나타낸다.

ii) 강직성이 풍부하여 내크립성, 칫수안정성이 우수하다.

iii) 성형품의 마무리에서 표면의 광택이 우수하다.

iv) 전기특성이 우수하다.

3) 가공성

통상의 열가소성플라스틱과 똑같은 방법으로 성형할 수 있지만 제품대상의 점에서 사출성형을 적용하는 경우가 많다.

글라스섬유강화 그레이드는 비강화 그레이드에 비하여 성형기와 금형의 마모가 크기 때문에 실린더, 스크류, 노즐 및 금형의 재질과 구조를 충분히 고려하여 행하는 것이 중요하다.

반응조건은 그레이드에 따라서 각각 다르지만, 사출성형의 경우 일반조건은 30% 글라스강화 그레이드의 경우,

성형온도(℃) : 240~315

성형압력(kg/cm^2) : 350~700

표 12-3 폴리에틸렌테레프탈레이트의 대표적인 일반물성

	비강화	Bairopetto EMC310(GF10%도입)	Rynite 530(GF30%도입)
비중	1.34~1.39	1.59	1.56
인장강도(kg/cm^2)	490~735	1,000	1,620
인장율(%)	50~300	2.2	2.7
굽힘강도(kg/cm^2)	980~1,200	–	2,600
굽힘탄성율(kg/cm^2·10^3)	24.5~31.5	71	91.4
충격강도 (Izod·notched kg·cm/cm)	1.35~3.5	5.7	10.3
경도(Rockwell)	M94~101	M90	–
열변형온도(℃) (18.6kg/cm^2)	37.7~41.1	210	224
흡수율(%)	0.1~0.2	0.06	–
융점(℃)	–	255	254

12-2-3 용도

1) 그레이드

표준품을 중심으로 해서 각종 용도에 따라서 난연성 그레이드, 고강도 그레이드, 고강직성 그레이드, 저체도 그레이드 및 고광택 그레이드 등 각종의 것이 제조회사에 의하여 공급되고 있다.

2) 관련분야

폴리에틸렌테레프탈레이트는 기계적 특성, 내열성이 우수함과 동시에 전기적 특성 및 내약품성이 뛰어나기 때문에, 일용잡화품 분야로부터 전기 · 전자 분야까지 광범위한 용도가 있다.

(i) 전기 · 전자 분야

커넥터, 코일보빈, 계전기, 스윗치, 단자판, IC케이스, 콘덴서케이스, 휴즈호울더캡, 전원플러그

(ii) 자동차 · 수송기기 분야

차체, 스티어링호일, 디스트리뷰터캡, 배기가스부품, 점화코일, 웨이퍼암, 램프소켓, 각종 전기장치부품, 변속기부품, 자전거스프로킷

(iii) 기계 관련분야

시계부품, 복사기부품, 각종 펌프하우징, 관계용 부품, 전동공구, 모터하우징, 컴프레서하우징

(iv) 가구 · 일용품잡화 분야

의자의 팔걸이, 중량가동비품캐스터, 가구부품

3) 경쟁제품

구조재료로서 사용되는 폴리카보네이트, 변성PPO, 폴리아릴레이트, 폴리아세탈, 폴리부틸렌테레프탈레이트

12-2-4 시장

폴리에틸렌테레프탈레이트는 글라스섬유강화 그레이드의 개발에 의하여 성형가공성과 성형품의 기계적 특성을 비롯하여 각종의 특성이 개량되었으며, 엔지니어링플라스틱으로서의 지위를 부여했지만, 시장에서는 폴리부틸렌테레프탈레이트가 경합품으로서 커다란 세력을 가지고 있다. 생산량으로서 비교한 경우 폴리부틸렌테레프탈레이트의 약4만톤에 대해서 폴리에틸렌테레프탈레이트는 7,000~8,000톤으로서 그의 신장율이 5% 정도로 증가하고 있다.

12-2-5 문제점

열가소성플라스틱으로서의 폴리에틸렌테레프탈레이트는 결정성인 것도 원인이 되어 성형이 어렵고, 제품의 판매율이 증가하지 못했다. 그러나 그 후 폴리머 자체의 개량, 글라스섬유를 비롯하여 강화재의 첨가, 결정화 촉진제의 첨가 등에 의한 결정화 촉진기술의 개발에 따라서 다른 엔지니어링플라스틱과 동등의 성형이 가능하게 되었다. 그리고 전기적 성질 및 내열성 향상의 점에서도 상당히 현저한 효과가 얻어지고 있다. 이와 같이 폴리에틸렌테레프탈레이트 자체는, 종래의 것에 비하여 대폭적으로 품질개량에 성공했다. 더욱 경합품인 폴리부틸렌테레프탈레이트에 비하면 성형의 어려움과 성형품의 경도에서 떨어지기 때문에 시장확대의 저해가 되었다. 각 회사도 이들의 결점을 해소하기 위하여 노력하고 있지만, 이것으로 인하여 가격상승은 피할 수 없다. 경합품과의 비교는 단순히 가격뿐만이 아니고, 재료의 성능, 재료의 요구특성도 중요하다.

12-3 폴리부틸렌테레프탈레이트(PBT)

12-3-1 서론

폴리부틸렌테레프탈레이트(polybutylene terephthalate)는, 분자 내에 다음 식으로 나타내는 반복단위를 함유하는 결정성 열가소성플라스틱이다. 이 플라스틱은 테레프탈산, 혹은 테레프탈산디메틸과 1,4-부탄디올과의 용융중축합에 의하여 얻어지며, 일반적으로 PBT라고 불린다.

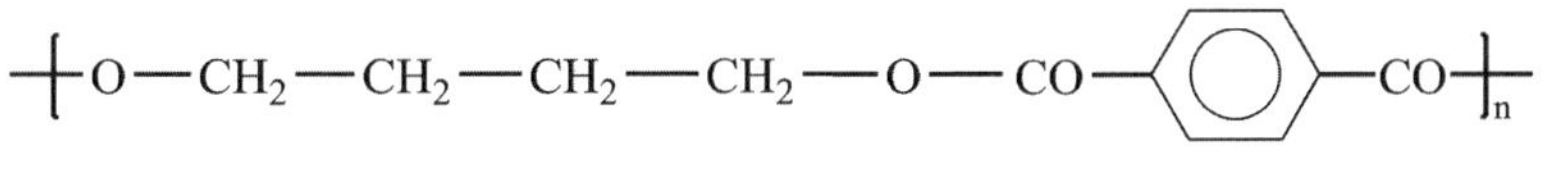

폴리부틸렌테레프탈레이트는 화학구조적으로 유사한 폴리에틸렌테레프탈레이트에 비하여 용융성형시킬 때 결정화속도가 크고, 사출성형이 용이하다. 또한 성형품의 기계적 특성 및 전

기적 특성이 우수한 것에 추가하여 치수안정성, 내약품성이 뛰어나며, 엔지니어링플라스틱으로서 고품질의 부류에 속하고 있다.

일반적으로 강화재 혹은 충진재를 함유하지 않는 비강화형과 이들을 첨가한 강화형으로 대별된다. 전자는 신장율이 크고, 인성이 풍부하며, 노치(notch)가 없는 신장이 매우 크다. 이것에 대해서 글라스섬유로서 강화시킨 것은, 각종 엔지니어링플라스틱 중에서도 고수준의 강도와 강직성을 나타낸다.

또한, 난연처리가 용이하며, 비교적 높은 UL지수가 얻어지는 것으로부터 각종 산업분야에서 성형부품재료로서 널리 사용되고 있다.

12-3-2 특성

1) 물성

표 12-4에 폴리부틸렌테레프탈레이트의 대표적인 일반물성을 비강화와 강화한 것의 비교를 나타낸다.

표 12-4 폴리부틸렌테레프탈레이트의 대표적인 일반물성

	TeijinPBT C7000	TeijinPBT C7030	Duranex 3300
비중	1.31	1.52	1.52
인장강도(kg/cm^2)	540	1,350	1,350
인장율(%)	360	4	2.5
굽힘강도(kg/cm^2)	850	1,900	2,150
굽힘탄성율(kg/cm^2)	24,000	90,000	93,000
충격강도 (Izod·notched kg·cm/cm)	5.2	10.4	9.5
경도(Rockwell)	M80	M96	M90
열변형온도(℃)	58	210	–
흡수율(%)	0.09	–	0.07
융점(℃)	225	225	228
연소성	HB	HB	HB
글라스섬유강화량(%)	–	30	30

2) 기능과 특징

폴리부틸렌테레프탈레이트는 글라스섬유와 같은 강화재의 효과가 기계적 특성의 향상에 현저하게 발현되는 특징을 갖는 것과 함께 다음과 같은 특징이 있다.

i) 강화형의 것은 열변형온도가 높다

ii) 내약품성이 우수하고, 각종 유기용제에 강하다.

iii) 성형성이 우수하고 표면광택이 좋은 성형품이 얻어진다.

iv) 흡수율이 낮고, 성형 후의 전기특성의 변화가 적다.

v) 마찰 마모 특성이 우수하다.

3) 가공성

결정성 폴리머인 폴리부틸렌테레프탈레이트는 용융점도가 다른 엔지니어링플라스틱에 비하여 낮고, 유동성이 좋기 때문에 얇은 품질의 것으로부터 복합형상품까지 광범위하게 존재하며, 정밀도가 좋고 쉽게 성형할 수 있다. 또한 글라스전이 온도가 낮고(40℃) 결정화도가 매우 크기 때문에, 성형 중에 결정화가 충분히 진행하여 안정한 성형품을 높은 순환율로서 얻을 수 있다.

성형은 다른 열가소성플라스틱과 마찬가지로 통상의 압출성형법 및 사출성형법에 의하여 행할 수 있다. 성형온도범위는 약 232~260℃의 범위에 있으며, 270℃를 초과하면 성형품의 기계적 특성의 변화를 일으키기 때문에 주의할 필요가 있다.

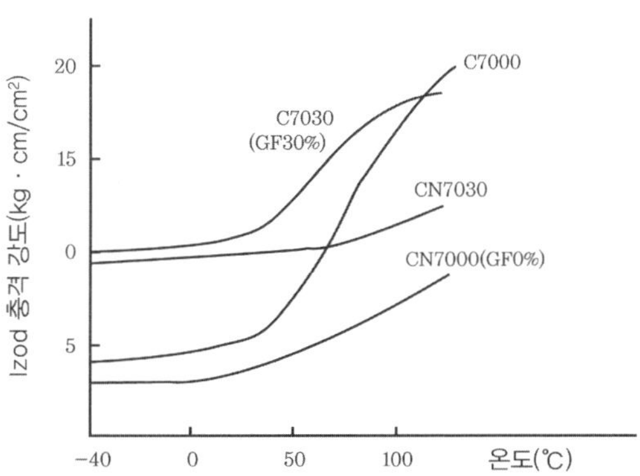

그림 12-2 충격강도의 온도 의존성

12-3-3 용도

1) 그레이드

폴리부틸렌테레프탈레이트는 다른 수지에 대하여 서로 용해하는 성질이 우수함과 동시에 보강재 혹은 첨가제에 의한 개질효과가 현저하게 발현하는 특징이 있기 때문에, 이것을 응용하여 각종의 그레이드가 준비되어 있다.

(i) 보강재의 유무

일반적으로 내추럴이라고 불리는 비강화형과 보강재를 첨가한 강화형이 있으며, 거의 대부분이 강화형이다.

(ii) 연소성의 차이

폴리부틸렌테레프탈레이트의 본래의 난연성은 UL94HB이지만, 난연처리를 실시한 UL94V-2, V-1, V-0가 시판되고 있다.

(iii) 기능의 차이

고유동 그레이드, 내충격 그레이드, 대전방지 그레이드, 내아크 · 내트래킹 그레이드, 양(良) 광택 그레이드, 내후성 그레이드, 접착성 개량 그레이드 등 각종의 것이 있다.

2) 관련분야

폴리부틸렌테레프탈레이트는 기계적 특성, 화학적 성질, 열적 성질 및 전기적 특성의 전체에 있어서 상당히 밸런스가 취해져 있는 것과 함께 성형성의 점에서도 우수하기 때문에, 가정용의 일용품으로부터 정밀공업제품에 이르기까지 광범위한 용도가 있다.

(i) 전기 · 전자 분야

커넥터, 커넥터잭, 레귤레이터부품, 스피커프레임, 코일보빈, 반도체부품, IC커넥터

(ii) 자동차 · 수송기기 분야

스윗치류, 디스트리뷰터캡과 관련부품, 카뷰레터, 벨브류

(iii) 기계 분야

카메라부품, 미싱부품, 시계부품, OA기기부품, 전동공구부품, 기어, 캠, 톱니바퀴

(iv) 가정용품 분야

헤어드라이어, 전탁, 전기다리미, 토스터용품, 푸드프로세서블레이드, 스포츠용품

3) 경쟁제품

최종 성형품의 용도와 그의 요구특성상 폴리카보네이트, 폴리아세탈, 변성PPE, 나일론-66 등의 범용엔지니어링플라스틱이나 ABS수지가 경합하고 있다.

12-3-4 시장

폴리부틸렌테레프탈레이트의 용도내역은 전기 · 전자기기 관련분야가 반절 이상을 점유하고 있으며, 이어서 자동차, OA기기의 순서로 되어 있다. 이것의 급격한 신장의 이유는, 폴리부틸렌테레프탈레이트가 다른 엔지니어링플라스틱에 비하여 물성 밸런스가 매우 좋은 것과 이외에도 낮은 가격에 있다.

12-3-5 문제점

폴리부틸렌테레프탈레이트는 일반적으로 엔지니어링플라스틱이라고 불리는 폴리아세탈, 나일론-6, 나일론-66, 폴리카보네이트, 변성PPE, 폴리에스테르 등, 여러 가지 중에서도 성능적으로 고수준에 위치하고 있으며, 앞으로 수요증대가 기대된다. 그러나 용도로부터 아는 바와 같이, 수출 의존도가 높은 분야에서의 사용량이 많다. 앞으로 성형기술 및 상품개발을 통하여 국내용의 수요확대가 중요하다.

Chapter 13

다른 사슬을 갖는 열가소성 플라스틱

13-1 폴리아세탈(POM)

13-1-1 서론

폴리아세탈(polyacetal)은 직쇄상의 고분자로서, 분자내에 다음 식으로 나타내는 반복단위를 함유한 결정도가 높은 열가소성플라스틱이다.

$$\left[O - \left(CH_2 - O \right)_{n-1} CH_2 - O \right]_n$$

호모폴리머와 코폴리머의 두 종류가 있고, 일반적으로 양쪽을 종합하여 아세탈수지 혹은 폴리옥시메틸렌(polyoxymethylene)이라고 말하며, POM으로 표시된다. 그 자체의 색은 불투명한 흰색이고, 독특한 특성을 가지고 있다.

호모폴리머는 포름알데히드의 반복단위를 갖는 중합체인 것에 대해서, 코폴리머는 에틸렌옥사이드 혹은, 1,2-디옥산을 공중합성분으로 하는 트리옥산의 공중합체이다. 이들 양자 간에는 다소 물성의 차이가 있다. 주로 결정화도가 높고, 호모폴리머의 경우 75~85%라고 하는 높은 값을 나타내며, 이것이 다른 엔지니어링플라스틱과 특성상의 가장 큰 차이점이다.

폴리아세탈은 각종의 엔지니어링플라스틱 중에서도 물성의 밸런스가 우수한 것도 큰 특징으로서, 특히 기계적 강도와 강직성이 우수한 것으로부터, 금속에 가장 가까운 플라스틱이라고 불리며, OA기기 혹은 일렉트로닉스 관련의 소형, 정밀부품에 광범위하게 사용되고 있다.

13-1-2 특성

1) 물성

표 13-1에 폴리아세탈의 대표적인 일반물성을 나타낸다.

표 13-1 폴리아세탈의 대표적인 일반물성

	Tenac 3010	Delrin 100	DURACON M90
비중	1.42	1.42	1.41
인장강도(kg/cm^2)	700	700	620
인장율(%)	75	13	60
굽힘강도(kg/cm^2)	-	-	-
굽힘탄성율(kg/cm^2)	28,000	26,700	26,400
충격강도 (Izod·notched kg·cm/cm)	11	12.5	6.5
경도(Rockwell)	M94, R120	M94, R120	-
열변형온도(℃)	170	172	110
흡수율(%)	0.16	0.22	-
융점(℃)	179	175	-
테이버마모	13	-	-

2) 기능과 특징

폴리아세탈은 우수한 마찰 · 마모특성에 추가하여, 자기윤활성이라고 하는 각종 엔지니어링 플라스틱 중에서도 적은 기능을 가지고 있지만, 더욱 다음과 같은 특징을 들 수 있다.

i) 기계적 강도와 강직성이 우수하다.

ii) 내피로성이 우수하며, 크립이 작다.

iii) 칫수안정성이 우수하다.

iv) 내유, 내약품성이 우수하다.

v) 사용온도 영역이 넓다(−40~+120℃).

3) 가공성

폴리아세탈은 용융할 때 유동성이 매우 좋고, 성형이 용이한 플라스틱으로서, 사출성형법에 의하여 능율 좋게 고속성형이 가능하며, 착색도 자유롭게 행할 수 있다. 단, 결정화도가 높기 때문에 성형수축이 크다. 예를 들면, 호모폴리머의 경우, 용융할 때와 상온에서 고체화될 때의 용적차이가 10% 이상이기 때문에, 성형조건의 관리에 충분히 주의할 필요가 있다. 즉, 성형품의 용도와 사용목적에 따라서, 수축을 고려한 두께, 형상, 사출압력과 보압시간, gate size(두께의 1/2치수가 이상적이다) 및 냉각속도 등의 여러 가지 조건을 정확하게 선택할 필요가 있다. 성형온도, 성형압력 및 성형수축은 원료폴리머의 종류, 제조회사의 차이 혹은 그레이드 등의 차이에 따라서 여러 가지로 다르지만, 성형조건의 하나의 예를 표 13-2에 나타낸다.

표 13-2 폴리아세탈의 성형조건

	호모폴리머	코폴리머
성형방법	사출	사출
성형온도(℃)	194~243	171~205
성형압력(kg/cm^2)	700~1,400	700~1,400
성형수축(cm/cm)	0.02	0.02

최근에는 폴리머의 개질과 성형기술의 진보에 따라서 절삭가공품과 동등의 고정밀도 제품이 얻어지게 되었으며, 소형정밀부품으로의 응용이 급속히 진행되고 있다.

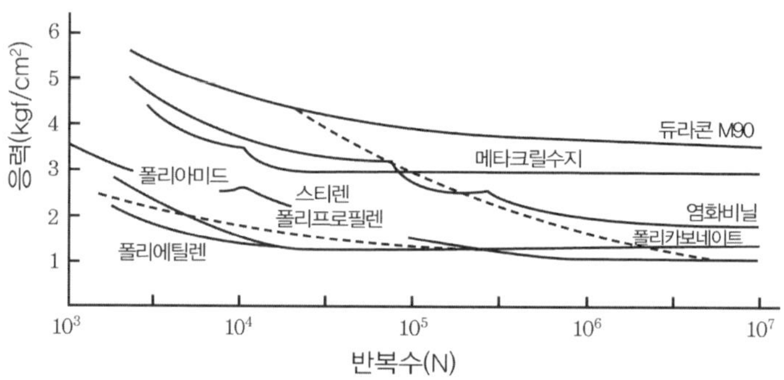

그림 13-1 듀라콘과 다른 수지의 내피로성의 비교

13-1-3 용도

1) 그레이드

글라스섬유를 비롯하여 각종 첨가제의 사용에 의한 강화개질이 행해지는 각종의 엔지니어링 플라스틱 중에서 거의 대부분의 것이 단독(비강화)으로서 사용된다. 각각의 제조회사 모두 용도의 확대에 대응할 수 있도록 호모폴리머, 코폴리머에 다수의 그레이드를 준비하고 있다. 또한, 글라스섬유, 탄소섬유, 각종 무기섬유, 혹은 무기질 충진재를 가한 고강직성 그레이드, 폴리4플루오르화에틸렌, 황화몰리브덴 혹은 오일을 첨가한 내마모성 마찰 그레이드, 금속코팅을 용이하게 한 코팅 그레이드도 시판되고 있다.

2) 관련분야

전체의 물성밸런스가 우수한 것으로부터, 그의 용도는 가정용품으로부터 공업용품에 이르기까지 다양하지만, 전반적으로는 정밀소형부품분야가 압도적으로 많다.

(i) 전기 · 전자 분야

다이랙트드라이브모터 톱니바퀴, 드래프트프로세서의 동력전달 기어, VTR샷시

(ii) 자동차 분야

라디에이터드레인콕, 타이어프레임콕, 도어록, 연료캡

(iii) OA기기 · 일용품 분야

시계기어, 팩시밀리기어, 복사기토너교반날개, 제초기기어, 전탁프린터

(iv) 토목 · 건축 분야

브라인드조정기와 기어, 기체유량기부분품

(v) 기타 잡화 분야

완구용 기어, 사무기기 캐스터, 의료용 조정제, 패스너, 라이터, 에어졸

3) 경쟁제품

ABS, 폴리아미드, 폴리카보네이트, 변성폴리페닐렌옥사이드(PPO,PPE) 등 일련의 엔지니어링플라스틱이 현재의 경합품이라고 생각된다.

13-1-4 시장

각각의 제조회사가 물성의 개량, 성형기술의 개발을 축으로 하여 그레이드의 확충과 용도의 확대에 적극적으로 움직이고 있다.

13-1-5 문제점

폴리아세탈은 비강화로서 우수한 기계적 강도와 높은 강직성이 얻어지는 점에서 다른 엔지니어링플라스틱에서는 볼 수 없는 독특한 면이 있다. 그러나, 연소성과 내자외선 열화의 점에

서는, 반드시 우수하다고 말할 수 없다. 사용에 있어서는 충분히 고려해 둘 필요가 있다.

또한, 폴리아세탈의 독무대였던 카셋릴의 일부가 보다 낮은 가격의 수지로 전환된 예로부터 아는 바와 같이, 가격인하의 의식을 항상 염두에 둘 필요가 있다.

13-2 폴리카보네이트(PC)

13-2-1 서론

폴리카보네이트(polycarbonate)는 분자내에 다음 식으로 나타내는 것과 같은 반복단위를 함유하는 투명성이 좋은 비결정성플라스틱으로서, 내충격성은 각종 엔지니어링플라스틱 중에서 최고이다.

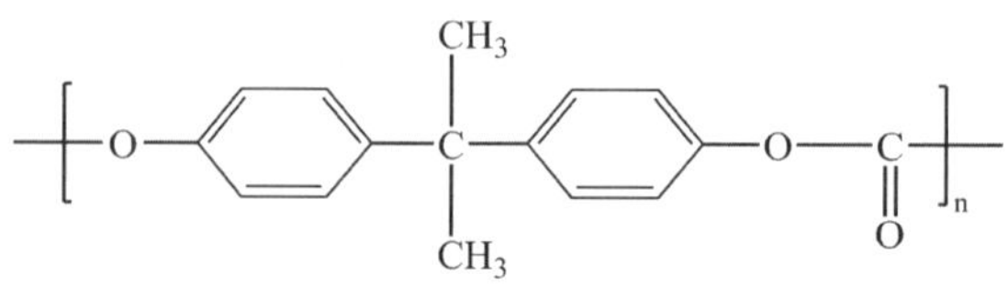

폴리카보네이트는 탄산과 글리콜 혹은 2가의 페놀과의 폴리에스테르로서, 지방산, 방향족 및 지방족 방향족 등, 각종의 것이 있다. 시판되고 있는 것은, 방향족 2가의 하이드록시화합물인 비스페놀A를 원료로 하여, 교환축합반응으로 제조된다.

분자를 구성하는 페닐프로판기와 카르복시기의 존재가, 이것의 우수한 기계적 강도와, 내열성을 발휘하는 커다란 이유이지만, 동시에 전기적 특성, 광학적 특성을 비롯하여 각종의 특성도 우수하기 때문에, 그의 용도는 매우 넓고, 그 중에서도 종래의 레코드 대신에 급격한 신장을 나타내고 있는 CD(콤팩트디스크), 자동차의 경량화를 돕는 글라스 대체의 용도가 주목되고 있다.

13-2-2 특성

1) 물성

표 13-3에 폴리카보네이트의 대표적인 일반물성을 나타낸다.

표 13-3 폴리카보네이트의 대표적인 일반물성

	Novarex 7025A	Novarex 7025G30	Pan Light L-1225	Iupilon S-2000	Lexan 1×1
비중	1.20	1.43	1.20	1.20	1.20
인장강도(kg/cm^2)	600~700	1,000~1,200	800	600~700	630
인장율(%)	90~110	4~6	140	90~140	110
굽힘강도(kg/cm^2)	700~800	1,600~1,900	920	820~920	940
굽힘탄성율(kg/cm^2)	-	-	23,000	23,000	24,000
충격강도 (Izod·notched·cm/cm)	70~90	15~20	85	75~102	65~87
경도(Rockwell)	M70~75	M80~90	M77	M60~70	M70
열변형온도(℃) 18.6kg/cm^2	135	145	134	145~155	138~148
흡수율(%)	0.15	0.11	0.20	0.23~0.26	0.15

2) 기능과 특징

폴리카보네이트는 기계적 특성에 있어서, 다른 엔지니어링플라스틱에서는 볼 수 없는 특징을 나타낸다. 즉 저온(-70℃)으로부터 고온(+120℃)에 이르는 매우 광범위한 온도영역에 걸쳐 있으며, 특성변화가 적다. 또한 상온에서는 금속과 같이 인장응력-굽힘곡선에 명료한 항복점이 확인되며, 항복점 이하의 응력영역에서는 Hooke의 법칙에 따르는 거동을 한다. 더욱 다음과 같은 특징이 있다.

i) 충격강도가 엔지니어링플라스틱 중에서 발군하며 우수하다.
ii) 크립특성이 우수하며, 치수안정성이 좋다.
iii) 내열성이 우수하며, 저온특성도 좋다.
iv) 투명성이 우수하다.
v) 전기특성이 우수하다.
vi) 독성이 없고, 자기 소화성이다.

3) 가공성

폴리카보네이트는 비결정성이기 때문에 성형수축이 작고, 정밀가공 성형품재료에 적합하며, 사출성형, 압출성형, 중공성형, 진공성형, 압축성형 등, 모든 성형법이 적용된다. 단, 분자구조상 성형할 때 수분이 존재하면 가수분해를 일으키기 때문에 성형하기 전에 충분히 건조시켜 두어야 한다.

폴리카보네이트의 일반적인 성형조건을 표 13-4에 나타낸다.

13-2-3 용도

1) 그레이드

각각의 제조회사 모두 용도에 따라서 일반 그레이드로서, 저점도, 중점도 및 고점도를 갖추고 있으며, 더욱 이들을 베이스로 하여 분리형 개량 그레이드, 자외선 안정 · 내후성 그레이드, 내열수성 그레이드, 고충격 그레이드, 내마모성 그레이드, 난연 그레이드 혹은 글라스섬유 강화그레이드 등이 있다.

표 13-4 폴리카보네이트의 일반적인 성형조건

	표준 그레이드	GF 강화품
성형방법	사출	사출
성형온도(℃)	270~300	290~345
성형압력(kg/cm$^{2)}$	700~1,400	700~2,100
성형수축(mm/mm)	0.005~0.007	0.001~0.002

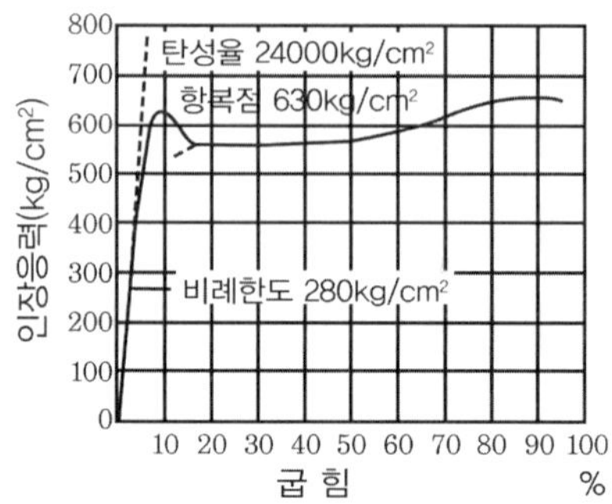

그림 13-2 Lexan의 응력-굽힘곡선

2) 관련 분야

폴리카보네이트는 발군의 충격강도에 추가하여 투명성, 내열성, 전기적 특성, 크립특성이 우수하며, 또한 성형수축이 매우 작은 것으로부터, 칫수정밀도와 칫수안정성이 엄격하기 때문에 요구되는 정밀부품 분야에 널리 사용되고 있다.

(i) 전기 · 전자 분야

다리미, 쇼바, 전자레인지부품, TV부품, 음향부품, 콤펙트디스크, 컴퓨터디스크커버, 수정진동자패키지, 커넥터, 전화잭, 말단기베이스

(ii) 자동차 · 수송 분야

프런트범퍼, 도어아우터핸들, 룸램프하우징, 에어컨제어페널, 계량기문자판, 시로코팬, 헤드램프

(iii) 정밀기계 분야

카메라부품, 손목시계, 카운터프레임

(vi) 기계부품 분야

전동공구, 콘트롤러유닛, 양수계기, 압력계기, 액면릴레이 스위치, 절연부싱

(v) 의료 분야

인공폐케이스, 인공투석기, 수혈세트, 주사기통

(vi) 스포츠·일용잡화 분야

야구용 헬멧, 물안경, 보호안경, 골프용품, 스키바인딩, 포유병, 유모차, 선글라스, 머리빗, 연필깎이

(vii) 토목·건축 분야

창유리, 고속도로울타리, 아케이트돔, 온수기커버, 방진커버, 간판, 조명커버

3) 경쟁제품

투명성인 점에서는 아크릴수지, AS수지, 경질염화비닐수지 등이 경합의 대상이 되지만, 다른 여러 가지 물성을 종합한 경우, 이들은 문제도 되지 않는다. 앞으로 글라스로의 대체가 어느 정도까지 진행될지 흥미롭다.

13-2-4 시장

폴리카보네이트는 비교적 다른 수지와의 블렌드성이 좋은 것으로부터 PBT, PET 혹은 ABS 등과의 폴리머블렌드에 의한 개질과 새로운 그레이드의 개발이 진행되고 있다.

13-2-5 문제점

폴리카보네이트는 특성파악과 성형가공기술이 거의 완성 영역에 달하고 있다. 앞으로 새로운 전개를 달성하기 위해서는 폴리머블렌드에 의한 새로운 폴리머고용체의 개발이 필요하리라고 생각된다.

13-3 변성PPE(변성PPO)

13-3-1 서론

변성 PPE, 즉 변성폴리페닐렌에테르(polyphenylene ether)는 이전의 미국 GE사의 상품명인 노릴(Noryl) 혹은 변성PPO(polyphenylene oxide)의 명칭으로 알려져 있다.

폴리페닐렌에테르는 분자내에 다음 식으로 나타내는 반복단위를 함유하는 베이지색의 폴리머로서 페놀계모노머, 예를 들면 2,6-디메틸페놀을 촉매의 존재하에서 유화중합시켜 얻어진다.

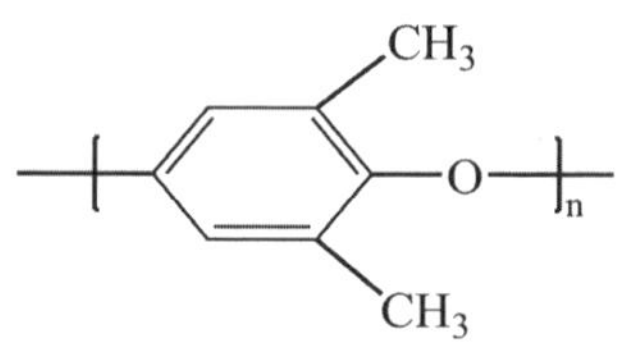

폴리페닐렌에테르는 우수한 기계적 특성, 내열성 및 전기적 특성을 갖추고 있지만, 내열온도가 매우 높기 때문에 성형가공이 어렵고, 실용화가 저지되고 있었다. 그러나, 그 후 폴리스티렌수지를 혼합하는 것에 의하여, 이것이 본래 가지고 있던 내열온도는 어느 정도 저하하지만, 성형가공성이 대폭으로 개량되기 때문에 용도범위가 넓은 플라스틱으로서의 전개가 가능하게 되었다.

변성폴리페닐렌에테르는 엔지니어링플라스틱 중에서 가격이 비교적 싼 것과, 내열성이 우수하기 때문에 자동차 및 OA기기의 하우징용을 중심으로 많이 사용되고 있다.

13-3-2 특성

1) 물성

표 13-5에 변성폴리페닐렌에테르의 대표적인 일반물성을 나타낸다.

2) 기능과 특징

변성폴리페닐렌에테르는 다른 수지와의 호환성이 우수하기 때문에 폴리머고용체의 형성이 용이하여, 폴리아미드와의 블렌드를 비롯하여, 각종 폴리머고용체의 개발이 실시되고 있다.

다른 엔지니어링플라스틱에 비하여 기계적 특성의 온도 의존성이 작고, 저온으로부터 열변형온도 부근까지 안정한 특성을 유지하는 것에 추가하여, 다음과 같은 특징을 갖추고 있다.

표 13-5 변성폴리페닐렌에테르의 대표적인 일반물성

	ZYLON 500H	NORYL 731J	ZYLON G702H	NORYL GFN2J
비중	1.06	1.06	1.22	1.21
인장강도(kg/cm²)	500	630	1,000	1,020
인장율(%)	40	60	5.7	4~6
굽힘강도(kg/cm²)	850	880	1,400	1,350
굽힘탄성율(kg/cm²)	24,000	25,000	51,000	50,000
충격강도 (Izod·notched kg·cm/cm)	22	18	10	10
경도(Rockwell)	R114	M78	R123	M90
열변형온도(℃) 18.6kg/cm²	120	128	140	140
흡수율(%)	0.07	0.07	0.06	0.03
테이버마모	29	30	34	35
성형수축율(mm/mm)	0.5~0.7	0.005~0.007	0.2~0.4	0.002~0.004

i) 강직성, 충격강도 및 크립 등의 특성 간의 밸런스가 좋다

ii) 칫수안정성이 우수하다.

iii) 전기절연성이 우수하며, 특히 유전율, 유전저항성이 낮다.

iv) 내열성이 우수하고, 난연성(자기소화성)이다.

v) 흡수율이 낮고, 가수분해 받기 어려우며, 뜨거운 물이나 수증기와 접촉해도 물성의 변화가 적다.

3) 가공성

변성폴리페닐렌에테르는 비정질플라스틱이기 때문에 성형수축, 선팽창계수가 다른 엔지니어링플라스틱에 비하여 작고, 정밀도가 높은 성형품을 얻을 수 있다. 또한, 열안정성이 우수하기 때문에, 성형온도범위를 넓게 선택할 수 있고, 동시에 분리형성 및 유동성도 뛰어나기 때문에 통상의 열가소성플라스틱에 사용되는 사출성형기 및 압출성형을 적용시킬 수 있다.

표 13-6에 변성폴리페닐렌에테르의 대표적인 성형조건을 나타낸다.

표 13-6 변성폴리페닐렌에테르의 대표적인 성형조건

	표준그레이드	30%글라스섬유 도입
성형온도(℃)	205~260	260~270
성형압력(kg/cm²)	980~1,400	1,000~2,800

13-3-3 용도

1) 그레이드

일반 그레이드를 베이스로 하여, 양(良)유동난연 그레이드, 내열 그레이드, 내유 그레이드 등이 있으며, 제조회사에 따라서는 자동차용 그레이드, 혹은 발포 그레이드 등, 각종의 그레이드를 갖추고 있다. 다른 엔지니어링플라스틱과 마찬가지로, 글라스섬유강화 그레이드도 그의 첨가량의 차이에 의한 것도 포함하며 각종의 것이 있다.

2) 관련 분야

변성폴리페닐렌에테르는 다양성이 크기 때문에, 일용잡화로부터 공업용품에 이르기까지 광범위하게 사용되고 있지만, 전기 · 전자 관련 및 자동차 관련분야가 압도적으로 많다.

(i) 자동차 분야

라디에이터그릴, 인스트루먼트패널, 공기청정기, 휠캡, 커넥터, 클러스터하우징

(ii) 전기 · 전자 분야

LED, 자동판매기의 동전교환기, AC어댑터, 휴즈호울더, 스위치, 터미널블럭, FBT고압보빈 · 릴레이소켓, 검출기기

(iii) 기계 분야

미니컴퓨터(발포성형), 사무용 컴퓨터케이스, PPC복사기케이스, 사운드8mm하우징, 카메라의 톱커버와 밑바닥, 비디오카메라하우징, 바닷물의 담수화장치 디스트리뷰터, 우물펌프, 케미컬펌프

(iv) 가정용품 분야

가습기, 커피메이커, 전기온풍기, 전기밥솥

3) 경쟁제품

난연성 ABS수지 및 난연성 폴리에틸렌수지, 혹은 다른 범용플라스틱을 베이스로 한 폴리머고용체 등이 경합품으로 되어 있다.

13-3-4 시장

변성폴리페닐렌에테르의 용도대상 내역은 OA기기, 자동차 및 전자 · 전기용으로 사용되고 있다.

종전의 그레이드 폴리페닐렌에테르에 있어서는 질적으로 거의 성숙한 영역에 달하고 있었지만, 새로운 용도개발을 목표로 새로운 그레이드 개발의 연구도 적극적으로 행해지고 있다.

폴리페닐렌에테르와 나일론의 고용체는 자동차 수지화의 최단거리에 있으며, 각각의 회사도 적극적으로 개발경쟁을 하고 있다.

13-3-5 문제점

변성폴리페닐렌에테르가 OA기기를 포함한 전자 · 전기 분야에서 용도확대를 계속 진행시킨 것은, 기계적 특성과 내열성이 우수한 것에 추가하여, 전기절연성이 뛰어나다고 하는 것이 가장 큰 이유였다. 그러나 최근의 전자파장해는 전기절연성이 우수한 것의 결과이다.

이 문제는 폴리페닐렌에테르 만으로서 해결될 수 있는 것이 아닐지도 모르지만 앞으로 발전을 계속하기 위해서는 어떤 대책이 필요하리라고 생각된다.

13-4 폴리아릴레이트(PAR)

13-4-1 서론

폴리아릴레이트(Polyarylate)는 방향족폴리에스테르의 일종으로서 분자내에 다음 식으로 나타내는 반복단위를 함유하며 내열성이 우수한 열가소성엔지니어링플라스틱이다.

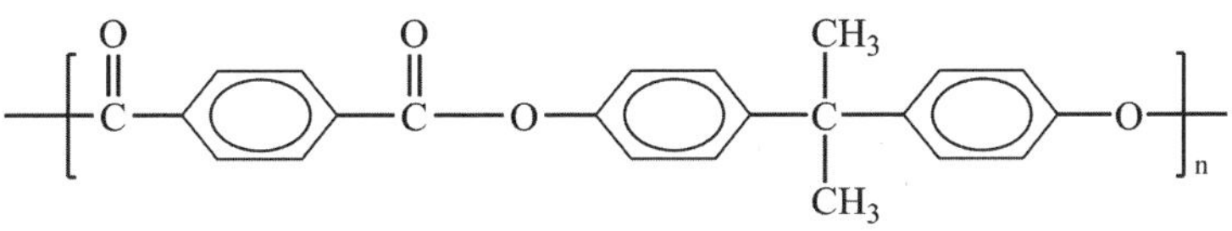

폴리아릴레이트는 2가의 페놀과 방향족디카르복실산과의 중축합반응에 의하여 얻어진다. 이들의 출발원료 조합에는 여러 가지가 있지만 현재 시판되고 있는 폴리아릴레이트는 2가의 페놀로서 비스페놀A를 방향족디카르복실산으로서 테레프탈산과 이소프탈산의 혼합물을 사용하여 중축합반응에 의하여 얻어지는 것이다. 테레프탈산과 이소프탈산의 혼합비가 70 : 30 ~ 50 : 50의 경우가 인성이 가장 높은 것이 얻어진다.

폴리아릴레이트의 특징은 그의 내열성으로서 전자·전기 관련분야를 중심으로 광범위하게 사용되고 있다.

13-4-2 특성

1) 물성

표 13-7에 폴리아릴레이트의 대표적인 일반물성을 나타낸다.

표 13-7 폴리아릴레이트의 대표적인 일반물성

	U-100	P1001	AX-1500
비중	1.21	1.21	1.17
인장강도(kg/cm^2)	715	700	740
인장율(%)	60	60	25
굽힘강도(kg/cm^2)	800	830	920
굽힘탄성율(kg/cm^2)	18,000	20,000	22,000
충격강도 (Izod·notched kg·cm/cm)	20	30	7
경도(Rockwell)	R125	R123	R105
열변형온도(℃) (18.6kg/cm^2)	175	175	150
흡수율(%)	0.26	0.26	0.75

2) 기능과 특징

테레프탈산 혹은 이소프탈산과 비스페놀A와의 중축합반응생성물은 본래 매우 높은 융점과 결정성을 나타내는 것과 동시에 상당히 무르고 성형재료로서 적성이 없다. 따라서 이 내열성을 손상시키지 않는 성형재료로서 적성이 부여된 것이 테레프탈산과 이소프탈산과의 혼합물과 비스페놀A와의 중축합반응생성물이 폴리아릴레이트이다. 이것은 비결정성으로서 내열성이 우수한 것에 추가하여 투명하고 다음과 같은 특징을 갖추고 있다.

i) 탄력회복성이 우수하다.

ii) 비강화에서 175℃라고 하는 높은 열변형온도를 가지고 있다.

iii) 내후성이 우수하다.

iv) 내충격성이 크고, 두께의존성이 적다.

v) 치수안정성이 우수하다.

Ⅵ) 내약품성이 우수하다.

3) 가공성

폴리아릴레이트는 통상 열가소성플라스틱의 성형에 사용하는 표준 스크류를 사용하여 사출성형을 행할 수 있고 또한 압출성형, 발포성형, 및 불음성형도 용이하다. 그러나 에스테르에 공통적인 취급상의 주의사항으로서 용융시킬 때 수분이 공존하는 것에 주의하지 않으면 안된다. 즉, 용융성형시킬 때 수분의 존재는 가수분해의 원인이 되는 것으로 분자의 열화와 물리적 특성의 저하를 일으키기 때문에 성형에 있어서는 미리 충분히 건조시키는 것이 중요하다. 일반적으로 130℃ 부근의 온도에서 6시간 정도 건조시키는 것이 바람직하다. 성형조건은 그레이드의 차이, 성형품의 형상이나 크기에 따라서도 다르지만 표 13-8에 대표적인 성형조건을 나타낸다.

표 13-8 폴리아릴레이트의 대표적인 성형조건

	압축성형	사출성형
성형온도(℃)	315~370	360~390
성형압력(kg/cm^2)	700~1,000	700~1,400

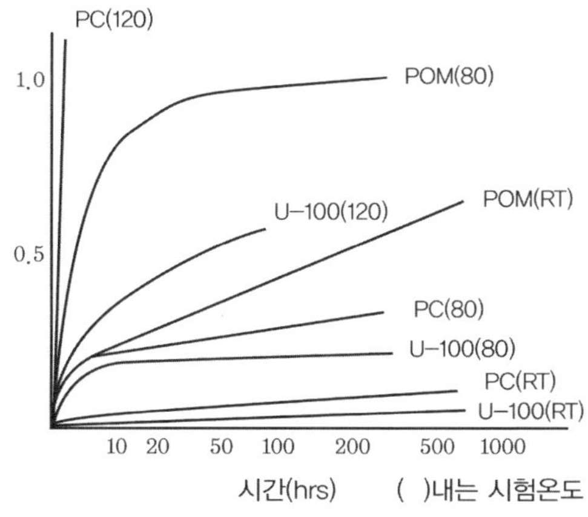

그림 13-3 U100의 인장크립 온도의존성(하중 100kg/cm^2)

13-4-3 용도

1) 그레이드

현재 시판되고 있는 폴리아릴레이트에는 투명형과 불투명형의 2종류가 있으며, 전자는 높은 열변형온도, 우수한 내후성, 높은 충격강도, 우수한 칫수안정성 등의 특징을 가지며 후자는 높은 열변형온도, 우수한 내약품성과 내스트레스크랙성 및 뛰어난 성형성 등의 특성을 가지고 있다. 더욱 특수그레이드로서 내마모성 그레이드, 내열·반사차광성 그레이드 혹은 글라스섬유강화 그레이드가 있다.

2) 관련분야

폴리아릴레이트의 특징인 높은 내열성, 투명성, 내약품성을 활용하여 각종 산업분야에서 사용되고 있다.

(i) 전기·전자 분야

스윗치, 플로피디스크, 플로피디스크용 드라이브유닛, LED리프렉터케이스, LED렌즈, 저항기볼륨축, 라디오카셋용 부품, 카셋테이프, 스피커진동판, 절연스페이서

(ii) 자동차 분야

안개등렌즈, 실내등렌즈, 램프하우스, 휴즈유닛케이스, 파워라이트부품

(iii) 기계 분야

시계케이스, 라디오카셋기어, 복사기부품, 펌프케이싱, 벌브

(iv) 의료·잡화 분야

점안용기, 칫솔, 주사기, 선글라스, 의료용 검사기구, 식품포장용기, 머리빗

3) 경쟁제품

내열성, 투명성 등에서 우수하지만 가격면에서는 각종 엔지니어링플라스틱 중에서 비교적 높은 부류에 속한다. 따라서 용도와 그의 요구특성에 의해서는 폴리카보네이트, 나일론-66, 폴리에스테르, 더욱 폴리아세탈과 경합하고 있다.

13-4-4 시장

폴리아릴레이트의 수요대상은 다른 엔지니어링플라스틱과 마찬가지로 전기·전자 관련분야를 필두로 의료잡화 관련분야, 기계 관련분야, 자동차 관련분야로 되어 있으며 광범위하게 응용되고 있다.

13-4-5 문제점

내열성을 중심으로 하는 기계적 특성이 우수한 고기능성플라스틱이 계속적으로 시장에 출현하기 때문에 종래의 엔지니어링플라스틱에 대해서 특수엔지니어링플라시틱 혹은 슈퍼엔지니어링플라스틱이라고 불리는 것이 많다. 이와 같은 의미에서 폴리아릴레이트는 슈퍼엔지니어링플라스틱 중에 속한다. 현재의 슈퍼엔지니어링플라스틱은 어떤 것은 내열성이 금속에 가까울 정도로 특징이 있으며 어떤 것은 투명성이 유리에 가까울 정도로 특징이 있다.

재료의 선택에 있어서는 이상과 같은 것을 전제로 하여 경비절감을 충분히 고려해야 할 필요가 있다.

13-5 폴리아미드(PA)

13-5-1 서론

폴리아미드(Polyamide)는 나일론의 명칭으로 알려져 있는 결정성의 열가소성엔지니어링플라스틱의 일종으로서 PA라고 생략하여 표기한다.

분자구조의 차이에 따라서 PA-6, PA-66, PA-610, PA-11 및 PA-12 등 각종의 것이 있지만 현재 엔지니어링플라스틱의 주류를 이루고 있다.

폴리아미드는 분자내에 다음 식으로 나타내는 반복단위를 함유하는 PA-6 및 PA-66이다.

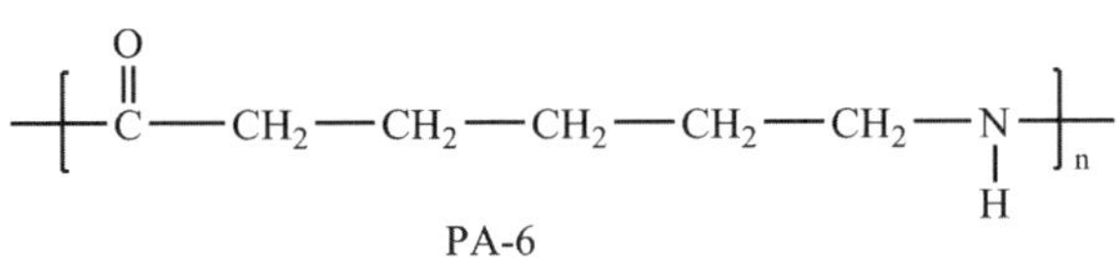

PA-6

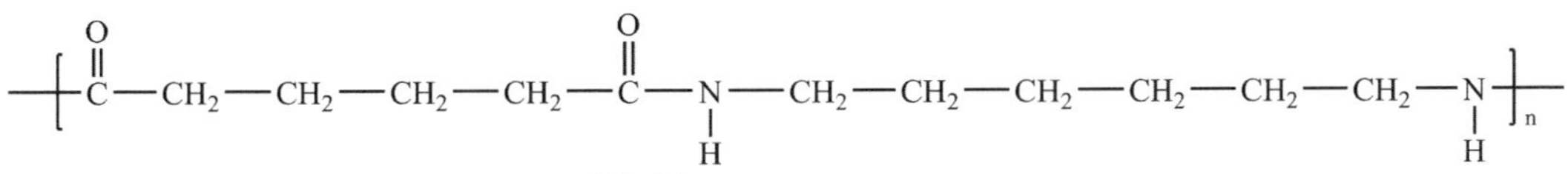

PA-66

나일론이라고 말하는 명칭은 이것을 최초에 개발하고 상품화시킨 미국의 Du Pont사의 상표에 유래하고 있다. 이 회사가 최초로 개발한 나일론-66에 붙여진 에피소드는 지금도 남아 있지만 그의 하나는 "강철 보다도 강하고, 거미실 보다도 가늘다"라고 하는 캐치프레이즈로서 당초의 주용도는 섬유였다.

나일론은 인성, 내화학약품성, 전기특성 등이 우수하지만 결정성인 것과 흡수율이 다른 플라스틱에 비하여 한 단위만큼 크기 때문에 성형이 어려운 것과 함께 성형의 칫수안정성이 부족한 것으로 인하여 엔지니어링플라스틱으로서 평가되기까지에는 많은 연구가 필요하다. 그러나 현재 성형법의 개발, 글라스섬유 혹은 다른 무기질계 강화재의 사용에 의한 개질, 더욱 고용체화 기술의 진보에 의하여 엔지니어링플라스틱으로서의 지위는 부동적으로 되었다.

13-5-2 특성

1) 물성

현재 폴리아미드의 주류인 나일론-6 및 나일론-66의 대표적인 일반물성을 표 13-9에 나타낸다.

표 13-9 폴리아미드의 대표적인 일반물성

	nylon-6		nylon-66	
	비강화 CM1017-C	CM1011G30 (GF30%도입)	비강화 CM3001-N	CM3001M-G (GF30%도입)
비중	1.12~1.14	1.36	1.13~ 1.14	1.37
인장강도(kg/cm^2)	760	1,700	800	1,800
인장율(%)(파단)	130	5	110	5
굽힘강도(kg/cm^2)	1,000	2,600	1,150	2,600
굽힘탄성율(kg/cm^2·10^4)	2.55	8.0	2.9	8.5
충격강도 (Izod·notched kg·cm/cm)	5	11	5	9
경도(Rockwell)	R119	R120	R119	R121
열변형온도(℃)(4.6kg/cm^2)	182	224	220	262
흡수율(%)(23℃ 수중포화)	10	6.4	8.0	5.5
융점(℃)	225	225	265	265
테이버마모(ASTMD 1044)	3~4	12	8	24

2) 기능과 특징

나일론의 강인성을 비롯한 뛰어난 기계적 특성은 분자내에 함유되어 있는 강력한 아미드결합에 의한다. 단, 흡수율이 큰 점은 사용상 충분히 고려하지 않으면 안 된다.

i) 내충격성이 우수하고, 강인하다.

ii) 마찰계수가 작고, 내마모성이 우수하다.

iii) 자기윤활성이다.

ⅳ) 내유, 내용제성이 우수하다.

ⅴ) 내열성이 우수하고, 자기소화성이다.

3) 가공성

나일론의 성형은 일반적으로 사출성형 혹은 압출성형으로 행해진다. 앞에서 설명한 바와 같이 흡수성이 크기 때문에 성형하기 전에 충분히 건조시킬 필요가 있다. 원료펠릿 중에 수분이 존재하는 경우 성형품 중에 기포가 발생하고, 성형품의 물성저하나 외관상 불량의 원인으로 된다. 건조조건의 눈대중으로서는 열풍건조의 경우 80℃에서 최고 4시간 정도가 보통이고, 0.2% 정도 수분량의 것으로 할 수 있다.

성형조건은 그레이드와 성형품의 종류에 따라서 다르지만 하나의 예로서 나일론-66의 사출성형 조건을 표 13-10에 나타낸다.

13-5-3 용도

1) 그레이드

글라스섬유나 무기질계 강화재를 첨가한 각종 그레이드에 추가하여 성형성과 성형품의 물성이 다른 각종의 비강화 그레이드가 제조회사로부터 공급되고 있다. 다른 수지와의 고용체화 되어 있는 것도 시판되고 있으며 앞으로 그의 종류도 더욱 증가할 것으로 생각된다.

표 13-10 나일론-66의 사출성형조건

	비강화	GF33% 도입 강화
실린더온도(℃)	275~285	285~295
노즐온도(℃)	285	280~285
금형온도(℃)	80	80~85
사출압력(kg/cm^2) 1차	600	1,200
사출압력(kg/cm^2) 2차	–	600

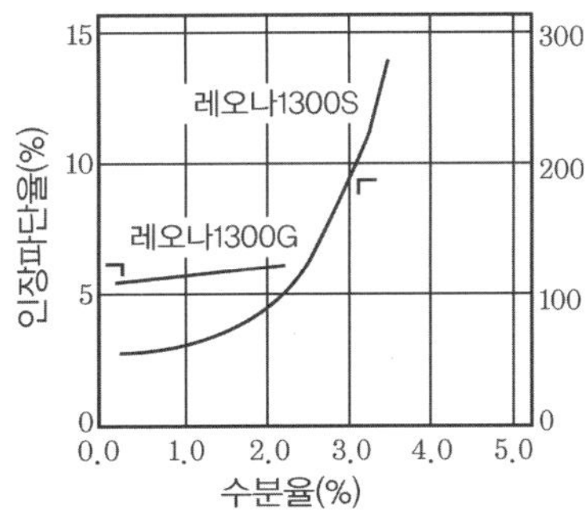

그림 13-4 나일론의 수분율에 의한 물성변화

2) 관련분야

나일론은 엔지니어링플라스틱으로서 출발했을 당시는 인성과 자기윤활성이 우수했기 때문에 폴리아세탈과 시장에서 경합했지만 글라스섬유 등의 강화그레이드가 개발된 것에 의하여 용도 범위는 현저하게 확대되었다.

(i) 자동차부품 분야

타이밍기어, 와이퍼기어, 엔진커버, 브레이크오일탱크, 스토레나

(ii) 기계부품 분야

각종 톱니바퀴, 축받이, 각종 볼베어링, 튜브, 파이프, 프로펠러, 냉각팬, 지퍼

(iii) 전기부품 분야

코일보빈, 스윗치케이스, 커넥터, 휴즈부품, 전동공구하우징, 절연용 볼트·너트

(iv) 가정용품 분야

의자캐스터, 프로판용기, 머리빗

(v) 의료용품 분야

수술용브러시, 주사기, 약품컵

(vi) 기타

필름의 형태로서 식품포장, 의료기구 고온살균용 외장부품

13-5-4 시장

폴리아미드는 흡수·흡습에 의한 칫수의 불안정이라고 하는 단점이 있지만, 내열성의 점에서는 슈퍼엔지니어링플라스틱에 필적하며, 자동차 특히 엔진룸을 중심으로 한 용도에 강력하게 발휘하고 있다. 시장개척이 시작된 나일론-46은 열변형온도가 295℃로서 높기 때문에 앞으로 내열 분야에서 기대가 크다.

13-5-5 문제점

내열성의 점에서는 슈퍼엔지니어링플라스틱을 상회하는 수준에 달한 것이 개발되어 있지만 이것의 치명적인 결함은 흡수성과 흡습성이다.

13-6 폴리이미드(PI)

13-6-1 서론

폴리이미드(Polyimide)는 방향족환을 이미드결합에 의하여 결합하는 구조로 형성되며 분자 내에 다음 식과 같은 반복단위를 함유하는 초내열성의 엔지니어링플라스틱이다.

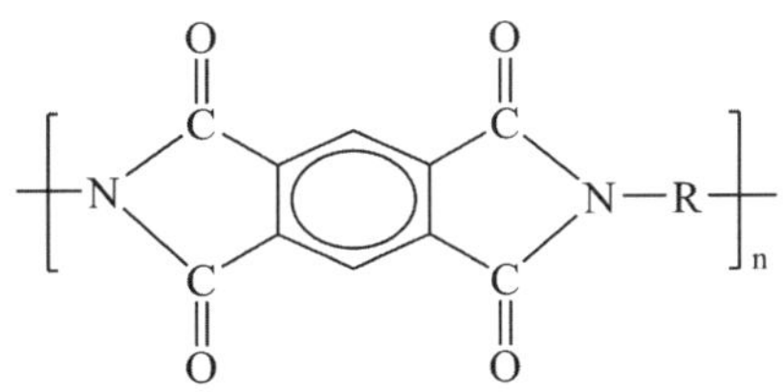

폴리이미드에는 원료와 반응메카니즘의 차이에 따라서 각종의 것이 있지만 반응메카니즘으로부터 축합반응형과 부가반응형 혹은 열가소형과 열경화형으로 분류된다.

다른 엔지니어링플라스틱과 마찬가지로 글라스섬유 혹은 탄소섬유와 같은 강화재를 첨가한 것을 비롯하여 각종의 것이 제조회사로부터 공급되고 있다.

폴리이미드의 최대의 특징은 그의 내열성으로서 전 방향족폴리이미드 중에는 융점이 700℃ 정도의 것이 있으며 통상 성형재료로서 사용되는 것일지라도 성형품은 260℃ 혹은 그 이상의 온도에서 수 천~수 만시간의 사용에 견디고 있다.

폴리이미드는 원래 미국의 우주개발 연구 중에 개발된 소재로서 고가인 것이 그의 용도와 시장의 확대에 지장을 초래하지만 소재의 제조와 성형가공 기술의 개발에 의하여 급속히 수요의 일반화가 진행되고 있다.

13-6-2 특성

1) 물성

표 13-11에 폴리이미드의 대표적인 일반물성을 나타낸다.

표 13-11 폴리이미드의 대표적인 일반물성

	Kineru 5504	Kineru 4515	Imidaroi KIR-10
비중	1.9	1.6	–
인장강도(kg/cm²)	1,600	800	–

인장율(%)	–	–	–
굽힘강도(kg/cm^2)	3,500	1,100	950
굽힘탄성율(kg/cm^2·10^4)	21	8	3.5
충격강도 (Izod·notched kg·cm/cm)	80	5.5	2~3
경도(Rockwell)	M120	M119	45~50(percoll 934-1)
열변형온도(℃)	330	320	–
흡수율(%)	–	–	–
융점(℃)	–	–	–
글라스 섬유 첨가량(%)	65	40	–

2) 기능과 특징

폴리이미드는 분자내에 이미드 결합이 함유되어 있는 것으로부터 각종의 엔지니어링플라스틱 중에서도 탁월한 내열성과 내화학약품성을 가지고 있으며 또한 아래와 같은 특징을 가지고 있다.

i) 250~300℃의 온도에서 장시간 사용할 수 있다.

ii) 선팽창계수가 작고, -250~+250℃의 온도영역에서 치수변화가 상당히 적다.

iii) 내약품성 및 내방사선성이 우수하다.

iv) 자기윤활성을 가지고 있다.

v) 내마모성이 우수하다.

3) 가공성

폴리이미드는 내열성이 우수하기 때문에 성형온도가 높고 기술적으로 다소의 복잡성을 동반하지만 원료로서 사용하는 산무수물의 선택이나 중합방법의 개량, 더욱 성형기술의 연구에 의하여 압축성형, 사출성형, 직접성형, 혹은 적층성형이 행해지고 있다.

직접성형의 경우에는 분말원료를 상온에서 2,800~3,500kg/cm^{2}의 고압하에서 소정의 형태로 성형하여 얻어진 성형체를 360~ 380℃의 고온으로 가열소결하는 분말야금과 유사한 조작으로 행해진다. 한편 적층성형은 폴리이미드의 용액을 와니스로서 글라스 혹은 흑연으로 적용시키는 방법이다. 폴리이미드의 일반적인 성형조건을 표 13-12에 나타낸다.

표 13-12 폴리이미드의 일반적인 성형조건

	압축성형	직접성형	적층성형
성형온도(℃)	330~350	360~380	310~370
성형압력(kg/cm²)	210~350	2,800~3,500	1,050~1,190

또한, 적당히 컴파운딩된 것은 에폭시수지나 페놀수지와 마찬가지로 사출성형이나 압출성형이 가능하다.

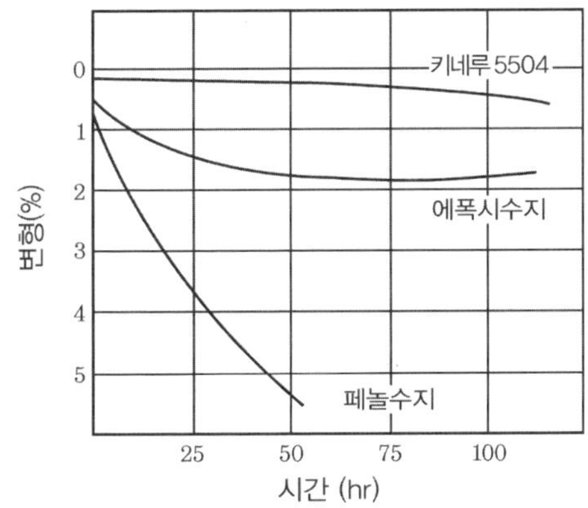

그림 13-5 각종 구조 부품재료의 열간 굽힘크립특성(200℃, 175kg/cm²)

13-6-3 용도

1) 그레이드

용도와 그의 요구특성에 따라서 분말상의 것, 와니스로서 사용하는 액상의 것, 더욱 글라스섬유 혹은 탄소섬유를 첨가한 강화그레이드, 폴리테트라플루오로에틸렌, 이황화몰리브덴 혹은 흑연 등을 첨가한 섭동그레이드 등 각종의 것이 시판되고 있다. 또한 반제품의 형태로서 필름, 둥근 봉, 각목의 형태로서 공급되고 있다.

2) 관련분야

폴리이미드는 우주·항공 관련분야에서 내열성을 비롯하여 각종 특성의 우수함이 충분히 확인되었기 때문에 일반 산업부품으로의 응용이 진행되고 있다.

(i) 전기·전자 분야

기계적 특성, 전기적 특성, 내방사선성 등의 우수한 점을 활용하여 컴퓨터의 다층기판, VTR

의 플렉시블프린트기판, IC소켓, 커넥터, 레이더방어돔, X선형광분석용 샘플호울더

(ii) 자동차 · 항공기 분야

내열성, 칫수정밀도, 기계적 특성, 더욱 내화학약품성 등의 우수한 특성을 활용하여, 모터의 절연와이어, 호일, 베어링, 터빈엔진부품, 제트엔진커버

(iii) 정밀기계부품 분야

칫수안정성, 기계적 특성이 우수한 것을 활용하여 카메라, 복사기부품, 기어, 베어링

3) 경쟁제품

용도와 그의 요구특성상 폴리술폰, 폴리에테르술폰, 폴레에테르에테르케톤, 혹은 다른 고내열성엔지니어링플라스틱과 경합하고 있다.

13-6-4 시장

폴리이미드는 내열성의 점에서 최고 수준에 위치하고 있는 엔지니어링플라스틱이기 때문에 각각의 회사가 기업화를 목적으로 적극적인 활동을 행하고 있다.

폴리이미드는 내열성이 큰 것으로서 금속과 같으며 용도에 따라서 금속을 상회하는 성능을 갖는 플라스틱인 것은 사실이지만 킬로그램 당의 가격이 고가이기 때문에 구체적인 용도개발이 진행되지 않고 있다. 따라서 용도개발과 그것에 의한 시장전개가 주목된다.

13-6-5 문제점

위에서 설명한 바와 같이 용도개발의 방향에 더욱 불확정적인 부분이 있다. 앞으로 폴리이미드의 성능을 충분히 발휘시키는 용도와 경비절감이 중요한 과제라고 생각된다.

13-7 폴리아미드이미드(PAI)

13-7-1 서론

폴리아미드이미드(Polyamideimide)는 분자내에 다음 식으로 표시되는 반복단위를 함유하는 고내열성엔지니어링플라스틱의 일종이다.

폴리이미드계의 수지는 그의 화학구조에 유래하여 우수한 내열성을 갖는 반면 성형과 가공

이 곤란하기 때문에 용도가 한정되었고 압축성형, 직접성형, 적층성형 혹은 이들의 방법으로 얻어진 반제품으로부터 절삭가공, 혹은 2차가공에 의해서 만으로 최종제품을 얻을 수 있었다. 미국에서 항공우주재료로서 개발된 폴리피로멜리트이미드가 이것의 전형적인 것이다.

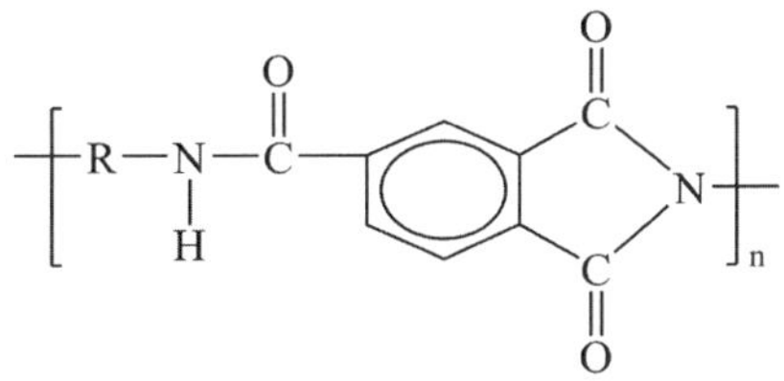

폴리이미드계 수지의 내열성 및 다른 우수한 특성을 손상시키지 않고, 성형성을 개량하려고 하는 하나의 연구로부터 생성된 것이 폴리아미드이미드이다.

폴리아미드이미드는 원료의 선택과 반응의 종류에 따라서 각종의 것이 얻어지지만 직쇄상으로 열가소성인 것, 직쇄상으로 비가소성인 것, 및 열경화성인 것의 3종류로 대별된다. 직쇄상으로 열가소성인 것은 통상의 열가소성플라스틱과 마찬가지로 사출성형, 압출성형, 압축성형이 가능하다. 내열성에 있어서 폴리이미드에 약간 떨어지지만 그러나 250℃라고 하는 고온에서 장시간 사용에 견딜 수 있으며 단시간 사용의 경우에는 260℃ 부근까지 본래 가지고 있는 기계적 특성을 유지할 수 있다.

13-7-2 특성

1) 물성

표 13-13에 폴리아미드이미드의 대표적인 일반물성을 나타낸다.

표 13-13 폴리아미드이미드의 대표적인 일반물성

	비강화	Torlon 4203L ($3\%TiO_2$, 0.5%PTFE 첨가)	Torlon 5030 (30%GF, 1%PTFE첨가)
비중	1.38~1.40	1.40	1.57
인장강도(kg/cm^2)	1,200~1,900	1,900	1,990
인장율(%)	12~15	12	5
굽힘강도(kg/cm^2)	1,900~2,000	2,160	3,250
굽힘탄성율($kg/cm^2 \cdot 10^3$)	36~46	46.7	113

충격강도 (Izod·notched kg·cm/cm)	13~22	13.8	10.8
경도(Rockwell)	E78	E91	E94
열변형온도(℃)	260~273	274	274
흡수율(%)	0.23	0.28	0.22

2) 기능과 특징

폴리아미드이미드의 특징은 무엇보다도 폴리이미드에 가까운 고온내열성을 가지고 있음에도 불구하고 통상의 열가소성플라스틱과 마찬가지로 사출성형이 가능하며 또한 엔지니어링플라스틱 중에서도 최고 수준의 기계적 특성을 가지고 있다. 더욱 주요한 특징은 다음과 같다.

i) 인장강도, 내충격성이 우수하다.
ii) 260℃ 부근에서 통상의 엔지니어링플라스틱과 같은 인장강도를 나타낸다.
iii) 전기적 특성이 우수하며, 높은 체적저항율을 나타낸다.
iv) 내약품성이 우수하다.
v) 내자외선성, 내방사선성이 우수하다.
vi) 칫수안정성이 우수하다.

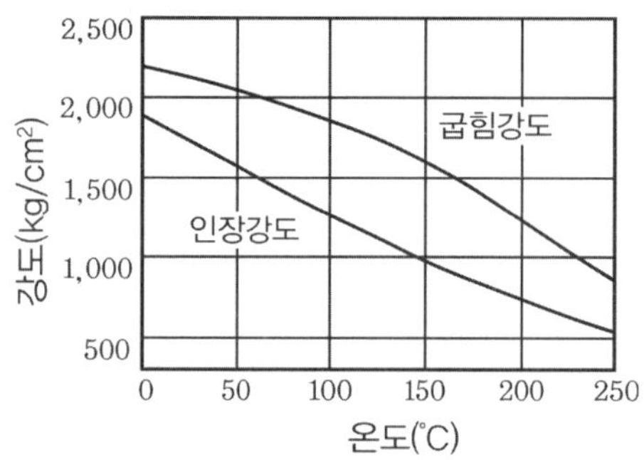

그림 13-6 인장강도와 굽힘강도의 온도의존성

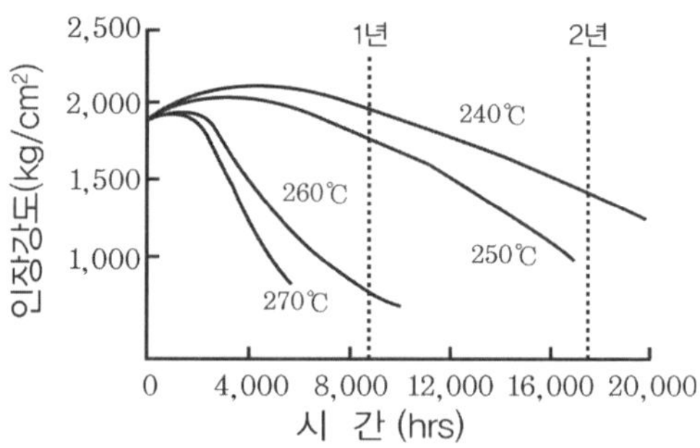

그림 13-7 내열노화성

3) 가공성

다른 엔지니어링플라스틱에 비하여 성형온도가 비교적 높다. 게다가 용융점도가 매우 높기 때문에 금형의 설계에는 다음과 같은 점에 주의해야 한다.

i) 통로(gate)를 될 수 있는 한 길고, 그리고 짧게 한다.
ii) 주행지(runner)를 두껍고, 짧게 한다.
iii) 배기구(rent)을 설치한다.
iv) 용접부(weld)를 될 수 있는 한 적게 한다.

v) 성형품이 충분한 특성을 발휘하기 위해서는 뒷마감이 필요하다.

성형 후의 뒷마감은 급격한 승온을 피하여 성형품의 형상, 크기, 더욱 두께에 따르는 조건을 선택하지 않으면 안 된다. **표 13-14**에 폴리아미드이미드의 일반적인 성형조건을 나타낸다.

표 13-14 폴리아미드이미드의 일반적 성형조건

	사출성형
실린더 온도	290~340℃
노즐 온도	370℃
성형 압력	2,000~2,800kg/cm^2
금형 온도	200℃이상

13-7-3 용도

1) 그레이드

용도와 그의 요구특성에 따라서 비강화를 베이스로 하여 고강성그레이드, 고경도그레이드, 글라스섬유 혹은 흑연강화 그레이드, 더욱 내마모성의 향상과 마찰계수의 저감을 목적으로 한 흑연+플루오르수지 첨가 그레이드가 공급되고 있다.

2) 관련분야

(i) 전기·전자 분야

정보기기부품, 커넥터, 버닝소켓, IC소켓, 보빈, 카드호울더, 프린터가이드, 유전용 전기용품

(ii) 기계 분야

벌브시이트, 유압기실린더, 피스톤링, 백업링, 웨어링, 볼베어링리테이너, 로울러, 캠, 기어, 베어링, 펌프부품

(iii) 자동차·수송기기 분야

실린더링, 기어, 베어링, 클러치의 밑바닥, 엔진부품

(iv) 우주·항공 분야

부싱, 왓셔, 스페이서, 넛트 등의 젯트엔진부품, 파워컨트롤클러치, 여닫이문베어링, 커넥터, 펌프부품

3) 경쟁제품

열변형온도를 척도로서 보는 경우 나일론-66(글라스섬유강화), 폴리페닐렌설파이드, 액정폴리머(글라스섬유강화)가 동일 수준의 것이다. 폴리아미드이미드가 가지고 있는 고온에서의 장기간 사용의 특성을 고려한 경우, 그의 우수성은 확실하지만, 용도와 그의 요구특성에 따라서는 이들과 경합하고 있다.

13-7-4 시장

시장을 장악하지 못했기 때문에 그의 규모는 작고 또한 용도의 방향이 확실히 결정되지 못한 실정이다.

13-7-5 문제점

새로운 소재로서 시판되고 있는 슈퍼엔지니어링플라스틱에 모두 갖추고 있지만, 사용자의 입장에서도 또한 플라스틱 제조회사의 입장에서도 재료선택의 결정적인 요인을 확실히 갖추지 못했다.

내열성과 기계적 특성의 경우에는 금속을 대체할 수 있지만, 다른 성형가공프로세스나 가격의 문제를 합쳐서 고려한 경우에는, 단순히 금속을 대체할 수 없다고 생각된다.

13-8 폴리에테르이미드(PEI)

13-8-1 서론

폴리에테르이미드(Polyetherimide)는 분자내에 다음 식에서 나타내는 반복단위를 함유하는 비결정성 고성능엔지니어링플라스틱의 일종이다.

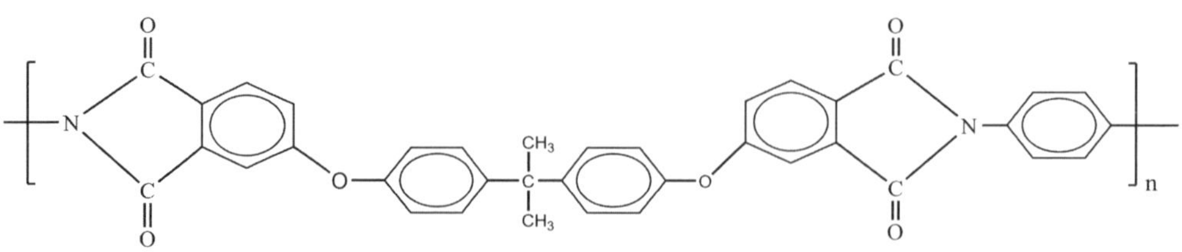

비강화의 폴리에테르이미드는 호박색을 띄고 있으며 단독으로도 사용할 수 있지만 거의 대부분의 경우 글라스섬유, 탄소섬유 혹은 무기질계 충진재 등으로 강화된 상태로서 사용되고 있다.

폴리에테르이미드는 분자내에 방향족이미드와 에테르결합이 교대로 결합한 구조의 반복으로 되어 있다. 이 경우, 방향족환과 이미드의 배치는 폴리머의 강직성, 커다란 기계적 강도, 및 우수한 내열성에 기여하며, 한편 에테르결합은 고분자의 유연성과 용융할 때의 좋은 유동성에 기여하고 있다.

비강화의 기계적 특성은 엔지니어링플라스틱 중에서도 최고 수준에 위치하고 있다. 또한 난연제를 첨가하지 않은 그대로 사용해도 상당한 난연성을 나타내는 것도 커다란 특징이며 전체적으로 특수엔지니어링플라스틱의 장점과 범용엔지니어링플라스틱의 장점을 겸비하고 있는 독특한 것이다.

13-8-2 특성

1) 물성

표 13-15에 폴리에테르이미드의 대표적인 일반물성을 나타낸다.

표 13-15 폴리에테르이미드의 대표적인 일반물성

	Ultem 1000	Ultem 2100 (GF10% 도입)	Ultem 2300 (GF30% 도입)
비중	1.27	1.34	1.51
인장강도(kg/cm^2)	1,070	1,220	1,630
인장율(%)	60	6	3
굽힘강도(kg/cm^2)	1,480	2,050	2,350
굽힘탄성율(kg/cm^2)	33,700	45,900	84,700
충격강도 (Izod·notched kg·cm/cm)	5	6	10
경도(Rockwell)	M109	M114	M125
열변형온도(℃) 18.6kg/cm^2	200	207	210
흡수율(%)	0.25	0.26	0.18

2) 기능과 특징

폴리에테르이미드는 표 13-15에서 보는 바와 같이 비강화의 특성이 다른 엔지니어링플라스틱에 비하여 높은 수준에 있는 것이 커다란 특징으로 되어 있지만 더욱 다음과 같은 특징을 가지고 있다.

i) 기계적 특성의 밸런스가 좋다.

ii) 내열성이 우수하고, 180℃에 있어서 굽힘탄성율은 20,000kg/cm^2 이상이라고 하는 높은 값을 나타내며 단시간이면 200℃이상의 사용에 견딘다.

iii) 난연성이 우수하며, 특별히 난연제의 첨가를 필요로 하지 않는다.

iv) 내약품성, 내가수분해성, 내후성 및 내γ선성이 우수하다.

v) 전기적 특성이 우수하다.

vi) 가공성이 우수하다.

3) 가공성

폴리에테르이미드는 비결정질이기 때문에 성형수축이 작고, 게다가 용융할 때의 유동성이 좋은 것으로 인하여 두꺼운 제품의 경우에도 구석구석까지 충분히 도달하여 고정밀도의 제품이 얻어진다.

성형에 필요한 수지온도는 다른 수지에 비하여 약간 높지만 용융물이 비뉴토니언유동(non-Newtonian flow)을 나타내는 것으로부터 전단속도가 낮은 압출성형, 불음성형과 전단속도가 높은 사출성형과 양쪽의 경우 모두가 저점도성 상태로 유지된다고 하는 특징이 있으며, 쉽게 성형할 수 있다.

그러나 보다 더욱 정밀도가 높은 성형을 하기 위해서는 금형온도 혹은 스크류디자인에 대해서 연구할 필요가 있다.

표 13-16에 폴리에테르이미드의 사출성형에 대한 일반적인 조건을 나타낸다.

표 13-16 폴리에테르이미드의 일반적 성형조건

	사출성형
성형 온도	340~425℃
성형 압력	700~1,200kg/cm^2

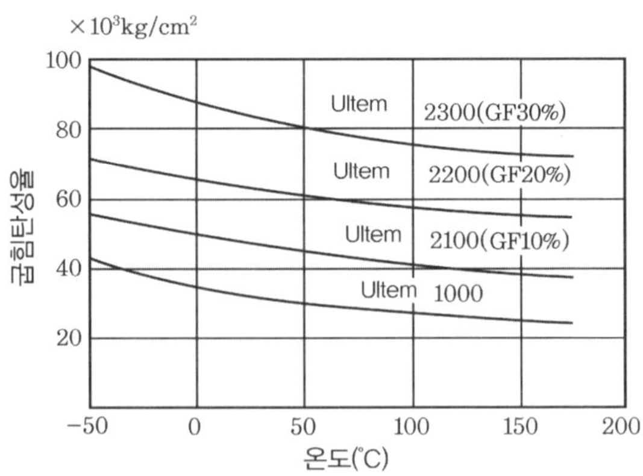

그림 13-8 Ultem의 굽힘탄성율의 온도 의존성

13-8-3 용도

1) 그레이드

폴리에테르이미드의 비강화품의 베이스에 글라스섬유 강화그레이드, 무기질계 충진재 강화그레이드, 내마모그레이드, 내약품성 개량그레이드, 고내열그레이드, 탄소섬유 강화그레이드, 다른 수지와의 폴리머고용체 등이 공급되고 있다.

2) 관련분야

가정용 전기제품 분야로부터 항공기 분야에 이르기까지 광범위한 분야에서 다음과 같은 제품으로서의 전개가 진행되고 있다.

(i) 전기·전자 분야

땜납내열성, 칫수정밀도, 난연성, 스냅핏성을 활용하여 : 프린트기판, IC소켓, 시험기구, 통신용 커넥터, 스윗치, 보빈, 터미널

(ii) 자동차 분야

내열성, 내약품성(윤활제, 냉각용액, 연료), 내크립성, 기계적 강도, 칫수안정성 등의 특성을 활용하여 : 커넥터, 터미널, 휴즈, 보빈, 부싱베어링, 센서, 벌브, 필터볼, 주입기, 침대용 반사형광램프

(iii) 가정용 전기부품 분야

내약품성(식품, 기름, 그리스, 지방), 마이크로파차단성, 표면광택성 등을 이용하여 : 전자레인지, 콤프레셔, 베어링, 부싱, 기어, 세탁기, 유압기기, 열교환기, 조명기구, 기계부품, 메디컬트레이

(iv) 특수분야

에나멜선, 항공기용 융단

3) 경쟁제품

내열성의 척도에 따라서 열변형온도를 올리면 30%의 글라스섬유 강화폴리프로필렌테레프탈레이트, 마찬가지로 30%의 글라스섬유 강화나일론-66 및 폴리에테르술폰이 경합대상으로 된다. 경합의 커다란 요인이 가격이라고 알려져 있다. 실제로 제품이 된 경우에 있어서, 이 가격

에 상당하는 성능의 발휘 여부는 사용자에게 있다. 그러나 대표적인 가격의 인하에 의한 시장 확대가 예상되고 있다.

13-8-4 시장

각 물성을 종합하여, 비교적 밸런스가 좋은 재료라고 말할 수 있지만, 소비되는 신장은 작다. 그 가장 큰 이유는 가격이 비싸기 때문이다. 실제로 제품으로 된 경우에, 그 가격에 상당하는 성능이 발휘될지 어떨지는 사용자에게 속하는 문제로서 사용하기 나름이다.

13-8-5 문제점

폴리에테르이미드의 특성을 활용한 용도가 명확하지 않다. 따라서 앞으로 용도개발을 통하여, 상세한 물성의 확인이 필요하다.

슈퍼엔지니어링플라스틱에 공통적이지만 현재의 것이 금속을 대체할 수 있는 구조재료를 지향하는 한 가격은 재료선택의 중요한 포인트가 되리라고 생각된다.

13-9 폴리에테르에테르케톤(PEEK)

13-9-1 서론

폴리에테르에테르케톤(Polyether ether ketone)은 분자내에 다음 식에서 나타내는 반복단위를 함유하는 결정성의 열가소성엔지니어링플라스틱이다.

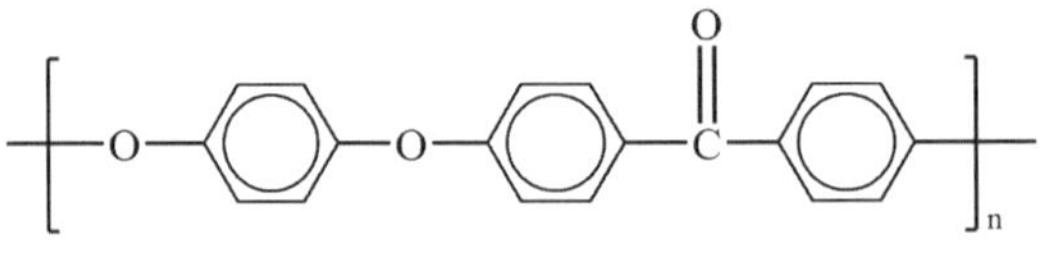

방향핵으로 포위된 케톤결합과 에테르결합의 존재는 전자가 구조의 안정화에 후자가 용융할 때의 고유동성에 기여하고 있다. 이 구조가 폴리에테르에테르케톤이 우수한 내열성과 기계적 특성을 발휘하는 커다란 이유이다.

폴리에테르에테르케톤은 내열성이 가장 큰 특징으로서 다른 여러 가지 성질에 있어서도 각종 엔지니어링플라스틱 중에서 최고 수준에 위치하고 있으며 각종의 산업분야 특히 가혹한 조건하에서 사용되는 정밀공업부품재료로서의 용도확대가 진행되고 있다.

13-9-2 특성

1) 물성

표 13-17에 폴리에테르에테르케톤의 대표적인 일반물성을 나타낸다.

표 13-17 폴리에테르에테르케톤의 대표적인 일반물성

	비강화	GF 20%	CF 20%
비중	1,300	1,440	1,440
인장강도(kg/cm^2)	930	1,380	1,680
인장율(%)	150	4.4	6.0
굽힘강도(kg/cm^2)	–	–	–
굽힘탄성율($kg/cm^2 \cdot 10^4$)	3.98	10.71	12.75
충격강도(Izod·notched)(kg·cm/cm)	45	11	4.8
강도(Rockwell)	–	–	–
열변형온도(℃)	152	286	300
흡수율(%)	0.14	–	–
융점(℃)	334	–	–
난연성(1.6mm두께)	UL94-VO		

2) 기능과 특징

폴리에테르에테르케톤은, 비강화의 열변형온도가 152℃인 것에 대해서, 여기에 20%의 글라스섬유, 20%의 탄소섬유를 강화시킨 것은 각각 286℃, 300℃의 2배 가까운 정도로 상승한다. 각종의 엔지니어링 플라스틱 중에서도, 특히 섬유강화의 효과를 현저하게 나타내는 특징을 가지고 있으며, 더욱 아래와 같은 특징을 가지고 있다.

i) 매우 강인하다.
ii) 난연성(UL94 V-O)으로서, 연소된 경우에도 연기의 발생량이 매우 적다.
iii) 내약품성이 우수하며, 진한 황산 이외에는 용해하지 않고 고온의 산·알칼리에 침식되지 않는다.
iv) 300℃의 가압열수, 또는 스팀 중에서도 사용할 수 있다.
v) 내방사선성이 우수하다.

3) 가공성

폴리에테르에테르케톤은 내열성이 매우 강하기 때문에 성형온도가 다른 열가소성플라스틱에 비하여 비교적 높지만, 용융할 때 유동성이 뛰어난 것으로 인하여 통상의 열가소성플라스틱으로 사용되는 사출성형, 압출성형, 회전성형, 분말도장 등, 각종의 방법에 적용시킬 수 있다. 그러나 결정성인 것과 결정화속도가 느리기 때문에, 냉각속도에 대한 연구가 필요하다. 특히 비강화의 것은 이와 같은 경향이 강하고 급속한 냉각에 의하여 비결정상태로 되며, 성형품의 물성 저하와 불안정의 원인으로 되기 때문에 주의해야 한다. 이것을 방지하기 위하여 어닐링처리도 하나의 방법이다. 비강화의 것에 있어서 대표적인 사출성형을 표 13-18에 나타낸다.

표 13-18 폴리에테르에테르케톤의 사출성형

	사출성형
실린더 온도	330~380℃
금형 온도	160~180℃
사출 압력	1,000~1,400kg/cm^2

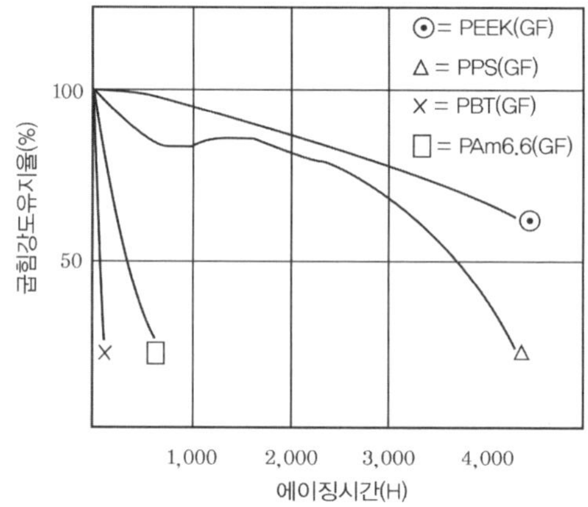

그림 13-9 250℃ 에이징에 의한 굽힘강도의 변화

무기질 및 무기안료에 의한 착색은 자유로 행할 수 있다. 또한 성형품의 착색은, 폴리에테르에테르케톤 상호간은 물론, 다른 수지와도 쉽게 행할 수 있다.

13-9-3 용도

1) 그레이드

모노필라멘트용, 필름용, 전선코팅용, 사출성형용, 압출성형용, 분말성형용 등, 각종의 용도로 사용되며 비강화, 글라스섬유강화, 혹은 탄소섬유강화의 형태로서 각각 공급되고 있다. 또한 튜브, 둥근 봉, 두꺼운 판 등, 2차가공용 그레이드도 있다.

2) 관련분야

일반적으로 사용가능온도 240℃라고 하는 우수한 내열성과 내약품성, 인성, 섭동특성을 이용하여 각 분야로의 응용이 기대되고 있다.

(ⅰ) 전기 · 전자분야

플렉시블프린트회로기판, 고온용 커넥터, 터미널블럭, 케이블커넥터, 와이어링캡, IC캐리어 테이프

(ⅱ) 자동차 · 수송기기 분야

베어링리테이너, 엔진피스톤의 스커트, 클러치부품, 파워브레이크의 진공벌브부품, 터보충전기의 팬, 가솔린엔진의 캠공이

(ⅲ) 기계장치 분야

원자력발전용 커넥터 및 벌브부품, 열수펌프하우징, 스팀벌브의 예비받침, 제초기부품, 내열패킹, 채유용 커넥터, 액정기판세척용 스프링켓

(ⅳ) 항공 · 우주 분야

미사일의 배터리하우징, 항공기용 안테나, 레이더돔

(ⅴ) 기타 분야

철의 내부식코팅, 내열필터, 내열벨트, 각종 전선피복

3) 경쟁제품

내열성인 것만을 생각하는 경우, 글라스강화 나일론-66, 나일론-46, 폴리페닐렌설파이드 액정폴리머, 폴리에테르설폰, 폴리에테르케톤, 경우에 따라서는 불소수지가 경합의 대상으로 된다.

13-9-4 시장

1980년에 영국의 ICI에 의하여 시판되었으며, 그의 특성, 특히 내열성의 우수성은 충분히 인정되었지만, 구체적인 용도는 그다지 개척되지 못했기 때문에, 따라서 시장규모도 그다지 크지 않다.

용도별 내역은, 전기 · 전자 분야가 30%로서 가장 많고, 산업자재 분야 15%, 자동차 · 차량 분야 10%, 기타 15%로 되어 있다. 다른 엔지니어링플라스틱에 비하여 항공 · 우주 분야의 용도가 많은 것이, 이 플라스틱의 특징으로 되어있다.

13-9-5 문제점

내열성과 기계적 특성의 점에서 금속을 능가하는 재료인 것은 의심할 여지가 없지만, 문제는 킬로그램 당의 높은 가격에 있다. 최근, 범용엔지니어링플라스틱의 가격상승에 대한 슈퍼엔지니어링의 가격하강에 의한 판매량의 확대경향이 있다. 앞으로 가격인하를 전제로 한 적정가격과 정확한 용도개발이 중요한 과제라고 생각된다.

13-10 폴리페닐렌설파이드(PPS)

13-10-1 서론

폴리페닐렌설파이드(polyphenylene sulfide)는, 미국의 Phillips석유회사가 개발한 고성능의 결정성엔지니어링플라스틱으로서, 분자내에 다음 식으로 나타내는 반복단위를 가지고 있다.

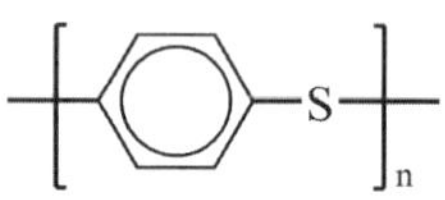

폴리페닐렌설파이드는, 방향족고리가 그의 파라위치에서 유황에 의하여 결합된 단순한 구조로 되어 있으며, 이것이 금속에 가까운 기계적 특성과 강직성을 발휘하는 원인으로 되어 있다. 이 구조와 특성은, 엔지니어링플라스틱 중에서도 독특한 것으로서, 가혹한 환경하에서도 장시간에 걸쳐 기계적 강도를 안정하게 계속 유지할 수 있다. 예를 들면, 40%의 글라스섬유강화 그레이드는, 열변형온도가 260℃로서 높고, 게다가 장기간 사용의 내열온도는 170℃이며, 열가소성엔지니어링플라스틱 중에서는 최고수준의 내열성을 나타낸다.

또한, 산소분위기 중에서 가열시킨 경우, 열경화수지에 유사한 거동을 나타내는 것으로서, 이것은 기계적 특성에도 영향을 미치는 독특한 성형품이 얻어진다.

비강화의 것은 분말상이지만, 이것을 베이스로 하여 컴파운딩과 펠릿화 처리하고, 성형가공용으로 조정한 후, 성형가공제조회사에 공급된다.

13-10-2 특성

1) 물성

표 13-19에 폴리페닐렌설파이드의 대표적인 일반물성을 나타낸다.

표 13-19 폴리페닐렌설파이드의 대표적인 일반물성

	비강화	Ryton PPS R-4 (GF40% 강화)	AsahiPPS RG-40JA (GF40% 강화)	Sasuti G-4 (GF40% 강화)
비중	1.3	1.67	1.64	1.64
인장강도(kg/cm^2)	665	1,530	1,500	1,700
인장율(%)	1~2	1.2	1.3	–
굽힘강도(kg/cm^2)	980	2,100	2,110	2,400
굽힘탄성율(kg/cm^2·10^4)	3.8	14	14.4	11.5
충격강도 (Izod·notched kg·cm/cm)	2.7	9	9.5	9.0
경도(Rockwell)	R123	R123	R123	R123
열변형온도(℃)(18.6kg/cm^2)	135	260	〉260	〉260
흡수율(%)	〈0.02	0.05	–	–
성형수축율(cm/cm)	–	0.0025	–	0.2(%)
테이버마모	–	–	–	–

2) 기능과 특징

폴리페닐렌설파이드의 제1의 특징은, 성형품이 금속에 가까운 기계적 강도와 강직성에 추가하여 높은 내열성이지만, 또한 다음과 같은 특징이 있다.

i) 고온내열성이 우수하고, 열변형온도가 260℃ 이상인 것과 동시에, –50℃라고 하는 저온에서도 상온일 때의 특성을 유지한다.

ii) 넓은 온도범위에 걸쳐 우수한 칫수안정성과 내크립성을 나타낸다.

iii) 전기절연성이 우수하고, 넓은 주파수영역에 걸쳐 유전율이 낮다.

iv) 불연성으로서 난연제가 필요없다.

v) 독성이 없고, 안전하다.

vi) 용융할 때, 유동성이 우수하고 성형하기 쉽다.

3) 가공성

폴리페닐렌설파이드는, 결정성플라스틱이기 때문에, 용융할 때 유동성이 좋고, 글라스섬유, 탄소섬유, 그 밖의 무기섬유와 같은 강화재와의 친화성이 좋기 때문에, 범용플라스틱에 가까운 성형성을 나타낸다.

성형가공은 용도와 그의 요구특성에 따르는 그레이드를 적당히 선택하는 것에 의하여, 통상의 사출성형기 및 압출성형기를 사용하여 쉽게 행할 수 있다.

폴리페닐렌설파이드는, 결정성플라스틱이기 때문에, 성형품의 물성, 특히 성형수축, 충격강도, 표면경도, 내크립성 등의 기계적 물성은 결정화도(최고 65%)에 크게 의존한다. 이 플라스틱은 글라스전이점 이상의 온도에서 결정화속도가 매우 크기 때문에, 성형사이클을 저해하지 않지만, 고도의 물성을 발휘시키기 위해서는 금형온도를 포함한 성형온도를 엄격하게 조절하는 것이 중요하다. 표 13-20에 폴리페닐렌설파이드의 대표적인 사출성형조건을 나타낸다.

표 13-20 폴리페닐렌설파이드의 대표적 사출성형

	사출성형
노즐 온도	310~340℃
금형 온도	120~150℃
사출 압력	600~1,200kg/cm^2
냉각 시간	5~30 sec

13-10-3 용도

1) 그레이드

글라스섬유강화, 글라스섬유/무기충진재강화, 섭동용, 고분자량 · 두꺼운 성형용, 및 하우징용 그레이드 등, 용도에 따르는 각종의 그레이드가 준비되어 있다.

2) 관련분야

우수한 기계특성과 전기적 특성, 특히 내열성을 활용하여 각종의 산업분야에 광범위한 용도를 갖지만, 공업부품 중심의 금속대체가 많다.

(i) 전기 · 전자 분야

커넥터, 코일보빈, 스윗치, 소켓, 릴레이부품, TV튜너부품, 프린트기판, VTR부품, 전자레인지부품, 다리미, 조리기부품, 전선피복, 전자부품하우징

(ii) 자동차부품 분야

라디에이터부품, 커넥터, 디스트리뷰터부품, 점화장치부품, 브레이크부품, 클러치부품, 변속기부품, 오일펌프, 배기가스처리장치부품

(iii) 기계부품 분야

펌프, 벌브, 유량계, 콤프레셔부품, 단열판, 스프레이노즐

(iv) 정밀부품 분야

카메라, 기어, 시계, 복사기부품, 컴퓨터부품

3) 경쟁부품

폴리카보네이트, 폴리부틸렌테레프탈레이트, 폴리설폰 등이 있다.

13-10-4 시장

폴리페닐렌설파이드의 생산량은 다른 엔지니어링플라스틱에 비하여 생산량이 적다. 그러나 전자·전기부품을 중심으로 하여 증가추세에 있다. 앞에서 설명한 바와 같이, 1984년에 미국의 Phillips석유회사의 특허가 소멸되었기 때문에, 이 때까지 basic resin을 구입하여 컴파운딩을 실시했던 제조회사는 물론이고, 각각의 회사가 basic resin의 중합으로부터 컴파운딩에 이르기까지 일관된 생산체제로 이행하고 있다. 또한 용도확대에 의한 수요의 증대와 함께, 가격의 저하도 예상되고 있다.

13-10-5 문제점

폴리페닐렌설파이드는, 슈퍼엔지니어링플라스틱 중에서도, 최고수준에 속하는 성능을 가지고 있기 때문에, 금속의 대체를 목표로 정밀부품으로의 용도확대가 진행되고 있다.

미국 Phillips석유회사의 독점으로부터 해방된 것에 의하여, 품질의 향상과 그레이드의 다양화도 진전되리라고 기대하지만, 그러나 과다경쟁으로 인하여 시장혼란이 예상된다.

13-11 폴리설폰(PSU)

13-11-1 서론

폴리설폰(polysulfone)은, 분자내에 다음 식으로 나타내는 반복단위를 함유하는 비결정성의 열가소성 고성능엔지니어링플라스틱이다.

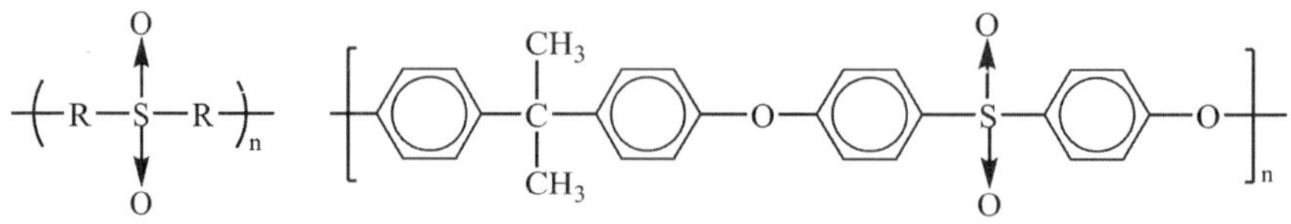

PSU UDEL

R이 지방족탄화수소나 혹은 방향족탄화수소에 따라서 폴리머의 성질은 매우 다르지만, 미국의 UCC사에 의하여 개발된 UDEL은, R이 방향족탄화수소로 된 것이다. 글라스전이온도가 190℃로서 높은 것에도 불구하고, 우수한 성형가공성을 나타내며, 각각의 분야로 전개가 기대되고 있다.

화학구조로부터 예상되는 바와 같이, 벤젠환을 결합하는 프로필리덴기, 설폰기, 및 에테르기의 존재는, 이것이 고성능엔지니어링플라스틱으로서 특징의 원인으로 되어 있다.

폴리설폰은 기계적 특성과 내열성이 우수하고, 글라스전이점 부근까지 특성이 유지되며, 고온시에 강직성이 뛰어나기 때문에 정밀공업 부품재료로서 광범위하게 사용되고 있다.

13-11-2 특성

1) 물성

표 13-21에 폴리설폰의 대표적인 일반물성을 나타낸다.

표 13-21 폴리설폰의 대표적인 일반물성

	UDEP Polysulfone P1700	UDEL GF110	UDEL GF130
밀도(g/cc)	1.24	1.33	1.49
인장강도(kg/cm^2)	720	800	1,100
인장율(%)	50~100	3	2
굽힘강도(kg/cm^2)	1,100	1,500	1,600
굽힘탄성율(kg/cm^2·10^4)	27,400	38,700	77,300
충격강도 (Izod·notched kg·cm/cm)	7.1	6.5	7.6
경도(Rockwell)	–	–	–
열변형온도(℃)(18.6kg/cm^2)	174	179	181
UL연속사용온도(℃)	160	–	–
성형수축율(%)	0.7	0.4	0.2
GF첨가율(%)	–	10	30

2) 기능과 특징

폴리설폰은, 비결정질인 것으로부터, 성형수축이나 체도가 작으며, 성형이 용이하고, 게다가 기계적 특성이 우수한 성형품을 얻을 수 있다. 이것의 주요한 특징은 다음과 같다.

i) 비강화의 것은 아름다운 호박색으로서, 착색, 금속코팅이 자유롭다.

ii) 기계적 특성이 좋고, 특히 인성이 풍부하다.

iii) 내열성이 우수하고, 190℃ 부근까지 물성의 유지율이 높다.

iv) 칫수정밀도와 안정성이 우수하다.

v) 내약품성이 우수하고, 특히 가열수증기나 비등수에 잘 견딘다.

vi) 난연성이다.

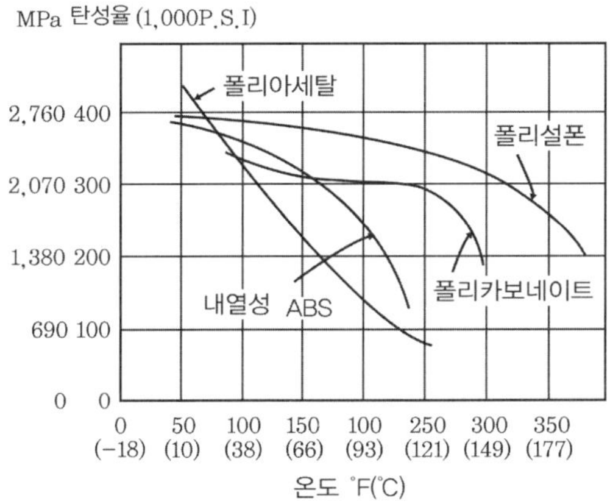

그림 13-10 폴리설폰의 굽힘강도와 온도의 관계

3) 가공성

폴리설폰은, 비결정질플라스틱인 것으로 인하여, 성형수축율이 0.2~0.7%로서 낮기 때문에, 칫수정밀도가 엄격히 요구되는 정밀부품도 쉽게 성형할 수 있다.

성형은, 통상의 열가소성플라스틱과 똑같은 방법으로 행할 수 있으며, 사출성형, 압출성형, 중공성형, 및 용제캐스트 등의 방법으로 자유롭게 적용시킬 수 있다.

폴리설폰은, 폴리카보네이트와 마찬가지로 용융점도의 온도 의존성이 크고, 실린더 혹은 금형의 온도에 따라서 용융점도를 조절할 수 있지만, 정밀성형품을 사출성형에 의하여 행하는 경우, 사출온도, 사출압력, 사출속도 등을 정확하게 조절하는 것이 중요하다. 표 13-22에 폴리설폰의 대표적인 성형조건을 나타낸다.

표 13-22 폴리설폰의 대표적 성형조건

	표준품	30%글라스섬유 도입
성형온도(℃)	330~360	350~380
성형압력(kg/cm^2)	1,000~2,000	1,200~2,500

13-11-3 용도

1) 그레이드

보통의 투명 그레이드(비강화)를 베이스로, 고분자량 그레이드, 난연 그레이드, 분말상 그레이드가 있으며, 더욱 강화 그레이드로서, 산화티탄도입 그레이드, 첨가량과 섬유길이가 다른 각종 글라스섬유강화 그레이드가 준비되어 있다. 또한, 성형방법의 차이에 의한 그레이드의 구분도 행해지고 있다.

2) 관련분야

폴리설폰은, 강인하고, 기계적 특성이 우수한 것에 추가하여, −101~+160℃에 이르는 넓은 온도영역에 존재하는 것으로 인하여, 그의 특성을 유지할 수 있기 때문에, 그의 용도범위도 정밀기계부품을 중심으로 다양하다.

(ⅰ) 전기·전자 분야

IC소켓, 커넥터, 코일보빈, 부싱, 프린트기판

(ⅱ) 자동차 분야

휴즈박스, 트리거휠, 라이트부품, 특수배터리케이스

(ⅲ) 정밀기계 분야

시계케이스, 시계내부부품, 복사기부품, 카메라부품

(ⅳ) 식품공업 분야

낙농기기, 필터플레이트, 업무용 복사기, 자동판매기부품

(ⅴ) 의료기기 분야

의치, 내시경부품, 마취기부품, 조영제주입기

(vi) 공업부품 분야

한외여과장치, 여과기, 펌프, 파이프

3) 경쟁제품

폴리카보네이트, 변성PPO, PBT, 폴리아릴레이트, 나일론-6, 폴리아세탈 등이 경합품으로 되지만, 용도와 가격인하에 대해서 충분히 고려할 필요가 있다.

13-11-4 시장

폴리설폰은, 미국 Union Carbide사에 의하여 개발된 것으로서, 생산능력에 관해서는, 공식 통계자료에 나와 있는 규모에는 달하지 않고, 수 100톤/년 정도로 추정되며, 이들의 용도개발이 기대되고 있다.

13-11-5 문제점

폴리설폰은, 공업용 정밀부품에 요구되는 특성을 충분히 갖추고 있으며, 미국의 안정위생기준, FDA규격에 합치하고 있는 등, 엔지니어링플라스틱으로서 독특한 위치에 속하고 있다. 그러나 가격의 점에서, 특히 금속대체를 대상으로 한 경우, 사용자인 성형품제조회사의 관심을 유도하기 어렵다. 이것은 플라스틱 상호간의 경우에는 마찬가지로서, 투명한 점에서 폴리카보네이트와 비교한 경우, 폴리설폰은 2배에 가깝다.

현재, 각종 슈퍼엔지니어링플라스틱이 시판되고 있지만, 이것을 사용하는 필연성과 가격에 있어서, 수지제조회사, 사용자 모두에게 불충분한 것에 문제가 있다.

13-12 폴리에테르설폰(PES)

13-12-1 서론

폴리에테르설폰(polyether sulfone)은, 분자내에 다음 식으로 나타내는 반복단위를 함유한 비결정성의 열가소성고성능엔지니어링플라스틱의 일종이다.

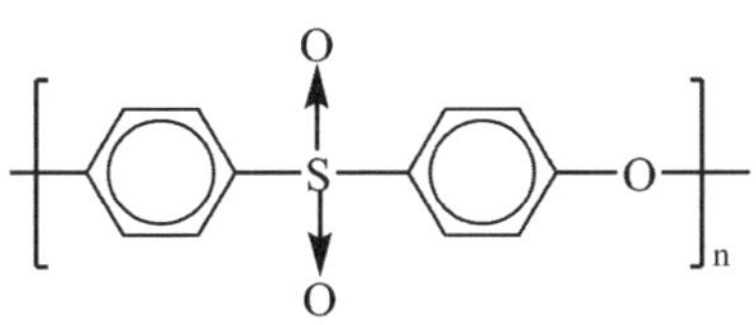

디페닐설폰의 중축합반응에 의하여 합성된 비강화품은 투명한 호박색을 띠며, 이것의 자체, 코팅용, 혹은 접착제용에 분말의 형태로서, 또는 사출성형용 혹은 압출성형용에 펠릿의 형태로서 공급된다.

또한, 글라스섬유, 혹은 탄소섬유 등의 강화재에 의한 강화개질이 가능하며, 이들의 강화품도 펠릿의 형태로서 공급되고 있다.

폴리에테르설폰의 가장 커다란 특징은 고온특성이며, 이 성형품은 200℃라고 하는 고온하에서도 칫수변화나 물성저하를 일으키지 않고, 장시간의 사용에 잘 견딜 수 있다. 인장강도의 변화를 척도로 해서, 강도유지성을 측정한 경우, 200℃의 온도에서 강도가 최초의 1/2로 되는데, 4~5년 걸릴 정도의 내열성을 갖추고 있다.

13-12-2 특성

1) 물성

표 13-23에 폴리에테르설폰의 대표적인 일반물성을 나타낸다.

표 13-23 폴리에테르설폰의 대표적인 일반물성

	비강화	4101GL20(GF20%도입)	4101GL30(GF30%도입)
비중	1.37	1.51	1.60
인장강도(kg/cm^2)	860	1,270	1,430
인장율(%)	40~80	3	3
굽힐 강도(kg/cm^2)	1,320	1,750	1,940
굽힐 탄성율(kg/cm^2)	26,500	60,200	85,700
충격강도 (Izod·notched kg·cm/cm	8.7	8.0	8.0
경도(Rockwell)	R120	R134	R134
열변형온도(℃)18.6kg/cm^2	203	210	216
흡수율(%)	0.43	–	0.30
테이버마모	20	–	30

2) 기능과 특징

폴리에테르설폰은, 글라스전이점이 225℃, 열변형온도가 203~216℃로서 높고, 슈퍼엔지니어링플라스틱 중에서도 발군의 내열성을 갖추고 있으며, 다음과 같은 특징을 가지고 있다.

i) 내가수분해성이 우수하고, 150~160℃의 열수, 스팀에 견디며, 또한 고온하에서 산알칼

리에 침식되지 않는다.

ii) −100~+200℃의 넓은 온도범위에 걸쳐 거의 탄성율의 변화가 없다.

iii) 180℃까지의 온도분위기하에서, 그의 크립특성은 열가소성플라스틱 중에서 가장 뛰어나다.

iv) 선팽창계수가 상당히 작고, 글라스섬유강화품은 $2.3 \sim 10^{-5}$/℃로서, 이 값은 알루미늄에 가까우며, 200℃에 있어서도 이 값이 유지된다.

v) 난연성이며, 난연 처리가 필요 없다.

vi) 식품위생규격(미국 FDA)에 합격하고 있다.

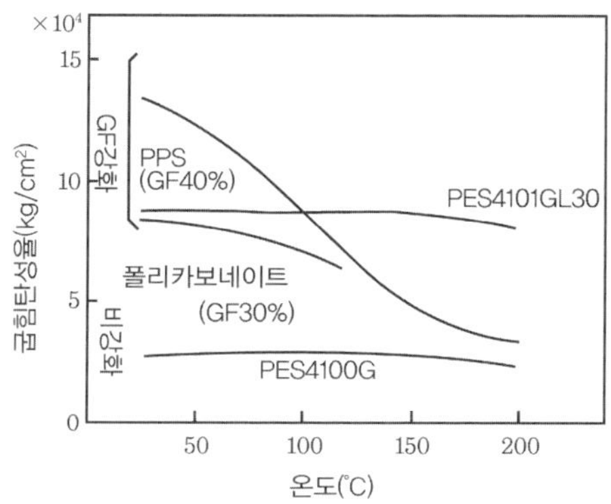

그림 13-11 굽힘탄성율의 온도 의존성

3) 가공성

폴리에테르설폰은, 내열성이 우수함에도 불구하고, 통상의 열가소성 플라스틱의 성형가공에 사용하는 장치에 의하여, 쉽게 성형할 수 있다. 사출성형, 압출성형, 압축성형, 더욱 진공성형에 자유롭게 적용된다.

또한, 원료수지의 착색, 성형품에 있어서의 코팅, 증착, 초음파융착, 기계가공, 융제접착, 도장도 자유로우며, 비강화품은 용접도 가능하다.

표 13-24에 폴리에테르설폰의 대표적인 사출성형조건을 나타낸다.

표 13-24 폴리에테르설폰의 대표적인 사출성형조건

	비강화품	30% 글라스 섬유강화
성형 온도(℃)	300~ 370	310~ 370
성형 압력(kg/cm^2)	1,000~ 1,400	1,200~ 1,600

13-12-3 용도

1) 그레이드

일반 성형 그레이드를 베이스로 하여 용도와 그의 요구특성에 따르는 그레이드가 준비되어 있다. 즉, 사출, 압출성형용 고분자량 그레이드, 압출전용 그레이드, 글라스섬유를 각각 20%, 30% 첨가한 강화 그레이드, 코팅 및 접착제 그레이드 등이 있다. 더욱 2차가공용으로 하여, 필름, 시트, 막대, 압축성형판 등도 공급되고 있다.

2) 관련분야

(i) 전기·전자 분야

코일보빈, 전위차계케이스, 반도체정류소자절연부품, 프린트기판의 프런트패널용 스위치, 휴즈호울더

(ii) 기계 분야

농업기계의 엔진캡절연부품, 피스톤링, 내열로울러, 기어, 복사기부품, 카메라부품, 영사기 그릴, 기어박막

(iii) 자동차 분야

기어박스베어링리테이너, 브레이크샤프트부시, 엔진기어, 기화기코일보빈, 반도체정류소자 수세기

(iv) 항공기 분야

창틀, 온풍덕트, 위생유닛 내장재

3) 경쟁제품

용도와 요구특성에 따라서, 폴리에테르이미드, 폴리페닐렌설파이드, 혹은 폴리설폰이 경합하지만, 경우에 따라서는 범용엔지니어링플라스틱도 경합의 대상으로 된다.

13-12-4 시장

폴리에테르설폰은, 영국의 ICI사에 의하여 개발된 것으로서, 그의 수요량은 통계자료에 기재된 규모에는 이르지 않았다. 그러나 독특한 특성으로부터 금속대체에 기대가 크며, 자동차,

항공 · 우주 및 전자 · 전기 등의 각 분야에서, 정밀기계부품 대상으로 시장 확대가 기대되고 있다. 또한 내열성과 기계적 특성을 이용하는 구조부품에 한정되지 않고, 비결정성, 투명성을 이용하는 전도성필름과 같은 기능성재료에의 전개도 행해지고 있다.

13-12-5 문제점

폴리에테르설폰은, 기능과 성능의 점에서, 기존의 엔지니어링플라스틱으로부터 더욱 진전된 슈퍼엔지니어링플라스틱이 지향하는 고수준을 목표로 한 것이기 때문에, 종전의 것에 비하여 상당히 고가이다. 다른 플라스틱과의 경합을 고려한 판매 전략에 따라서, 더욱 시장 확대가 기대된다.

13-13 불소수지(FCR)

13-13-1 서론

불소수지(fluorine-contained resin)는, 탄화수소분자내의 수소원자의 전부(I), 혹은 일부(Ⅱ)가 플루오르원자로서, 혹은 이들의 플루오르원자의 일부(Ⅲ)가 염소원자로서 치환된 구조를 갖는 고분자의 총칭이다.

이들 중에서, 폴리테트라플루오로에틸렌(polytetrafluoroethylene)(Ⅰ)이 대표로서 PTFE 혹은 TFE라고 불리고 있다.

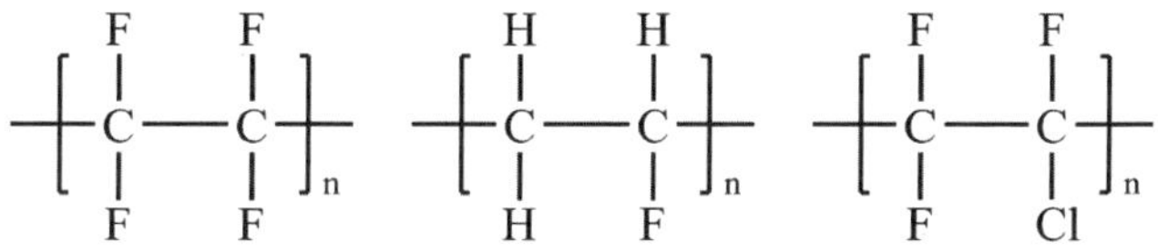

(Ⅰ) (Ⅱ) (Ⅲ)

불소수지는 고성능이고, 게다가 특수한 기능을 가지고 있기 때문에, 최근에는 반도체 산업을 비롯하여 정밀산업의 급속한 발전에 의하여 이 수지에 대한 기대와 수요가 점점 증대하고 있다.

불소수지의 하나의 난점으로서는, PTFE는 열가소성수지인 것에도 불구하고, 용융점도가 $10^{11} \sim 10^{12}$ poise로서 매우 높기 때문에, 통상의 성형가공기의 사용이 어렵고, 분말야금에 유사한 소결법에 의하여 성형하지 않으면 안 된다. 그러나 PTFE가 본래 가지고 있는 특성의 저하를 될 수 있는 한 적게 하고, 게다가 용융성형가공할 수 있는 일련의 공중합체계 수지의 개발에 의하여, 이와 같은 난점의 상당한 부분이 해결되었다.

13-13-2 특성

1) 물성

표 13-25에 불소수지의 대표적인 일반물성을 표시한다.

표 13-25 불소수지의 대표적인 일반물성

	PTFE	FEP	PFA	ETFE	PVDF
비중	2.14~2.20	2.12~2.17	2.12~2.17	1.70	1.80
인장강도(kg/cm^2)	140~350	190~220	320	455	1,200~2,000
인장율(%)	200~400	250~330	280	200	100~200
굽힘탄성율 ($kg/cm^2 \cdot 10^3$)	3.5~6.3	6.7	6.7	14	–
충격강도(Izod·notched kg·cm/cm)	16.3	파괴되지 않음	–	파괴되지 않음	–
열변형온도(℃)18.6kg/cm^2	55	50	–	74	–
흡수율(%)	〈 0.01	〈 0.01	0.03	0.029	〈 0.03
융점(℃)	327	275	310	270	–
연속사용온도(℃)	260	200	260	150	–

2) 기능과 특징

불소수지는, 그의 내약품성, 내후성 및 내열성의 점에서, 다른 엔지니어링플라스틱의 추월을 허용하지 않는 것이 커다란 특징이지만, 더욱 다음과 같은 특징도 갖추고 있다.

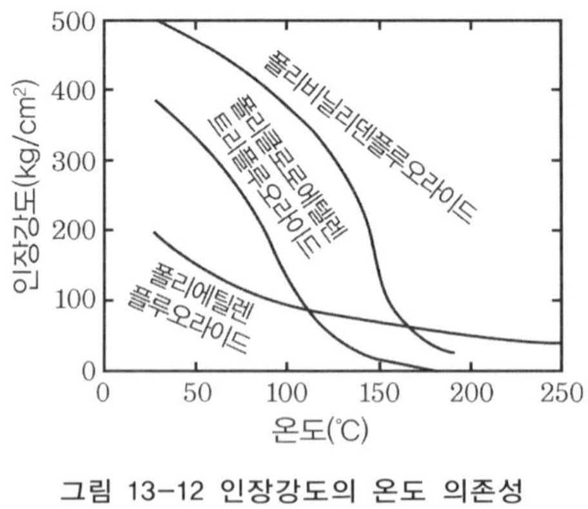

그림 13-12 인장강도의 온도 의존성

i) 용융알칼리금속과 고온의 불소에 침식되는 이외에, 강산, 강알칼리, 약산, 약알칼리를 함유하는 거의 모든 무기, 유기약품에 대해서 안정하다.
ii) 전기절연저항이 높고, 고주파영역에서 우수한 유도특성을 나타낸다.
iii) 표면에너지가 작고, 비점착성이며, 게다가 마찰계수가 플라스틱 중에서 최저이다.

3) 가공성

불소수지의 대표인 PTFE는, 그의 용융점도가 매우 높기 때문에, 다른 열가소성수지와 마찬가지로 성형하기 어렵다. 일반적으로 압축성형 혹은 페이스트압출법에 의하여, 시트, 봉, 튜브 등을 제조하고, 이것을 소재로서 필요에 따라서, 기계가공에 의하여 최종제품으로 하는 방법이 취해지고 있다. 그러나 공중합체계의 것은, 사출성형, 압출성형, 혹은 불음성형이 가능하다.

13-13-3 용도

1) 그레이드

PTFE가 불소수지의 대표이지만, 그의 가공성 개량품으로서, 퍼플루오로알콕시 · 불소수지(PFA), 테트라플루오로에틸렌 · 헥사플루오로프로필렌공중합체(FEP), 에틸렌테트라플루오로에틸렌공중합체(ETFE), 폴리클로로트리플루오로에틸렌(PCTFE), 폴리비닐리덴플루오라이드(PVDF) 및 폴리비닐플루오라이드(PVF) 등, 각종의 것이 있으며, 용도와 요구특성에 따라서 공급되고 있다.

2) 관련분야

각 그레이드의 특성을 활용하여, 전기 · 전자 관련분야, 자동차 · 항공기 관련분야, 정밀기계공구 분야, 및 의료기기 분야 등, 상당히 광범위한 영역에서 사용되고 있다. 그레이드별로 주요용도를 들면 다음과 같다.

(i) PTFE

몰딩파우더, 충진재, 미세분말, 분산제의 형태로서 공급되며, 패킹, 톱니바퀴, 전기부품 등의 기계구조부품으로의 용도가 많다.

(ii) PFA

PTFE에 가까운 특성을 가지며, 게다가 용융성형이 용이하기 때문에 웨이퍼캐리어, 전선, 복사기용 가열로울러, 식품공업용 부품, 토우스터장치코팅에 사용된다.

(iii) FEP

사출성형, 압출성형이 가능하고, 전선피복, 전자부품, 튜브, 각종 용기의 라이닝에 사용된다.

(iv) ETFE

기계적 강도, 전기절연성, 내방사선성이 우수한 것을 응용하여, 전선피복을 중심으로 컴퓨터 기내의 배선, 혹은 원자로제어용 케이블의 피복용으로서 사용된다.

(v) PVDF

기계적 강도와 내마모성이 우수한 것을 이용하여, 화학장치용 벌브, 펌프, 항공기 및 군사용 기기의 배선의 피복 등에 사용되며, 더욱 고분자압전체로서의 기대가 크다.

3) 경쟁제품

여러 가지 특성과 성능을 종합하여, 이 수지는 매우 특수하기 때문에 경합의 가능성이 있는 것은 없다.

13-13-4 시장

불소수지의 생산량수치는 폴리에틸렌이나 폴리프로필렌 등의 대량소비형의 수지에 비하여 1단위 또는 2단위가 낮다. 이것은 불소수지가 독특한 특성과 성능을 갖는 것으로 인하여 고온이기 때문에 용도가 제한되고 있다.

그러나, 반도체산업, 자동차산업, 혹은 각종 정밀기계산업의 발전에 의하여, 불소수지의 특성과 기능에 기대하는 수요가 증대하고 있으며, 앞으로도 더욱 증대하리라고 생각된다.

13-13-5 문제점

불소수지는, 그의 특성과 기능의 독특한 점에서, 엔지니어링플라스틱과 다르다. 이것의 선택에 있어서는, 최종제품의 요구특성을 충분히 고려하는 것이 중요하다.

Chapter 14

열경화성 수지

14-1 섬유강화플라스틱(FRP)

14-1-1 서론

섬유강화플라스틱이란, 열경화성수지 혹은 열가소성수지를 매트릭스로 하고, 글라스섬유를 비롯하여 각종의 강화섬유를 혼합, 분산시킨 것의 총칭이다.

이전에는 불포화폴리에스테르를 매트릭스로 하고, 글라스섬유로서 강화시킨 것을 FRP (fiberglass reinforced plastics)라고 말했지만, 현재는 각종의 섬유강화플라스틱의 모두를 말한다. 정확성을 기하기 위해서 열가소성수지의 섬유강화품을 FRTP(fiber reinforced thermo-plastics)라고 말하는 경우가 있다. 그러나, 이것도 F는 글라스섬유로 한정하지 않는 경우가 많다.

FRP는 고강도이며 게다가 경량인 것을 가장 필요로 하는 항공 · 우주산업에 응용되는 재료로서 출발했다. 미국은 군사용도를 중심으로 한 기술개발이 진행된 것에 대해서, 일본에서는 민생용도를 축으로 한 개발이 진행되어 왔다.

FRP의 개발은 매트릭스로 불포화폴리에스테르, 강화제로 글라스섬유를 사용한 것으로부터 시작되었지만, 그 후 섬유강화의 기술진보와 새로운 재료개발을 포함한 복합화기술의 발전에 따라서 현재는 각종의 섬유, 각종의 재료가 섬유강화의 대상으로 취급되기에 이르렀다.

14-1-2 특성

1) 물성

FRP는 매트릭스로 되는 수지의 종류, 강화재로 되는 섬유의 종류 및 성형가공 방법의 차이에 의하여 다양하게 변한다. 따라서 대표적인 물성의 예시가 어렵지만, FRP의 개요를 설명하기 위하여 열경화성수지인 불포화폴리에스테르와 열가소성수지인 나일론-66를 표 14-1에 나타낸다.

표 14-1 FRP의 물성표

	주형품	GF 강화	나일론-66(비강화)	나일론-66(GF강화)
비중(%)	1.2	1.75	1.13~1.15	1.39
인장강도(kg/cm^2)	480	850	780	1,700
인장변형률(%)	-	1.7	60	3
굽힘강도(kg/cm^2)	-	-	1,300	2,600
굽힘탄성률($kg/cm^2 \cdot 10^4$)	4.5	10.8	3.3	8
충격강도(Izod·notched kg· cm/cm)	3.9*	70*	4	7
경도(Rockwell)	-		R118	R120
열변형온도(℃)	95	〉250	182	252
흡수율(%)	-	50**	1.5	1.0
융점(℃)	-	-	-	-
테이버마모	-	-	20	-

*Shalpy, Notched **mg/day

2) 기능과 특징

(ⅰ) 열경화성수지

① 고강도로서 비강도가 크고, 강철에 가까운 강도를 나타낸다.

② 내약품성, 내부식성이 우수하다.

③ 전기절연성이 우수하며, 전파투과성을 가지고 있다.

④ 투과성을 부여할 수 있다.

(ⅱ) 열가소성수지

각종의 열가소성수지가 본래 가지고 있는 물리화학적 특성에 추가하여, 내열성(열변형온도), 강성이 현저하게 향상된다.

3) 가공성

열경화성수지는 열가소성수지와는 달리, 용도와 목적에 따라서 각종의 성형방법이 사용된다. 이들 중에서 수작업에 의한 방법이 포함되어 있는 것은, 글라스섬유강화 열경화수지에 특유의 것이다.

현재 행해지고 있는 방법에는 hand lay up법 및 spray up법이라고 불리는 수작업 중심의 것과 사출성형법, filament winding법, matched die법이라고 불리는 기계적인 수단에 의한 것이 있다. 각각의 방법은 다르지만, 강화재인 섬유와 매트릭스를 형성하는 수지의 결합이 성형품의 물성을 지배하는 점에서는 공통적이며, 기포의 혼입 방지, 섬유표면과 수지의 친화성과 수지의 배향에 충분히 주의하지 않으면 안된다.

열가소성수지는 거의 대부분이 일반적인 사출성형기, 압출성형기 및 압축성형기에 의하여 성형된다. 일반적으로 섬유강화의 경우에는 성형온도 및 가공온도가 강화하지 않은 제품보다도 어느 정도 높아지는 것이 보통이며, 또한 글라스섬유와 같은 경도가 높은 강화재를 함유한 것은, 금형과 성형기의 마모가 크기 때문에 주의가 필요하다.

14-1-3 용도

1) 그레이드

불포화폴리에스테르수지는, 불포화 및 포화의 2염기산과 2가알코올의 축합반응에 의하여 얻어진다. 일반적으로 무수말레산, 무수프탈산, 에틸렌글리콜 및 프로필렌글리콜이 사용되며, 가교제로서 스티렌모노머가 사용된다. 원료의 선택에 따라서 고강도 그레이드, 가소성 그레이드, 내약품 그레이드, 내화 그레이드 등 각종의 것이 공급되고 있다.

한편, 강화재인 글라스섬유로서는 무수 알칼리의 E글라스로부터 제조된 섬유가 사용된다.

2) 관련분야

불포화폴리에스테르를 매트릭스로 하는 것을 중심으로 예를 들면,

(i) 자동차·수송기계 분야

차체, 연료탱크, 인스트루먼트 패널, 히터하우징, 소형선박, 부표

(ii) 전자·전기 분야

절연제품, 파라볼라 안테나, 배터리 케이스

(iii) 토목·건축 분야

정화조, 욕조, 세면대 욕조, 지붕, 클린타워

(iv) 화학공업 분야

탱크, 파이프, 관

3) 경쟁제품

물성에 대해서 만을 생각하면, 열가소성수지를 매트릭스로 하는 각종 섬유강화재료의 모두가 경쟁의 대상으로 된다.

14-1-4 시장

불포화에스테르를 매트릭스로 하여 출발한 FRP는 약 40년의 역사를 가지고 있다. 그러나 복합화 기술의 진보에 따라서 매트릭스재료의 범위가 열가소성수지로 확장되었으며, 탄소섬유나 각종 섬유강화재료의 개발에 의하여, 시장에서 FRP는 복합재료와 같은 의미, 혹은 그 일부이다고 하는 인식이 정착되고 있다. 단 최근의 첨단복합재료(ACM : advanced composite materials)라고 불리는 것은 매우 고가이기 때문에 그 사용분야가 제한된다. 따라서 ACM과 종래의 FRP와의 복합사용에 의한 경제합리성이 추구되고 있다.

14-1-5 문제점

FRP를 함유하는 복합재료는 기본적으로 다른 재료로 형성되는 다상구조체이다. 따라서 성형기술에 의해서도, 덜한 성형품의 물성의 점에서도 균질구조체에는 없는 복잡성이 함유되어 있다.

FRP는 가혹한 사용조건을 전제로 한 항공 · 우주산업의 분야에서 개발된 것이지만, 안전하며 게다가 안정한 제품을 얻기 위해서는, 매트릭스 수지와 강화재의 분산, 양쪽 계면거동과 구조 등의 정보가 필수적이다.

14-2 액정폴리머(LCP)

14-2-1 서론

시계나 전자계산기의 표시에 사용되고 있는 네마틱결정은, 잘 알려져 있는 액정의 일종이지만, 여기서 설명하는 액정은 엔지니어링플라스틱으로서, 그의 우수한 특성이 기대되고 있는 폴리머의 액정이다. 다음에 표시하는 바와 같이, 액정은 분자내에 반복단위를 함유하고 있지만, 분자의 사슬 중에 방향핵을 함유하고 있으며, 이 방향핵의 밀도가 높을 수록 분자의 강직성이 증가하고, 액정폴리머로서의 특징이 증가한다.

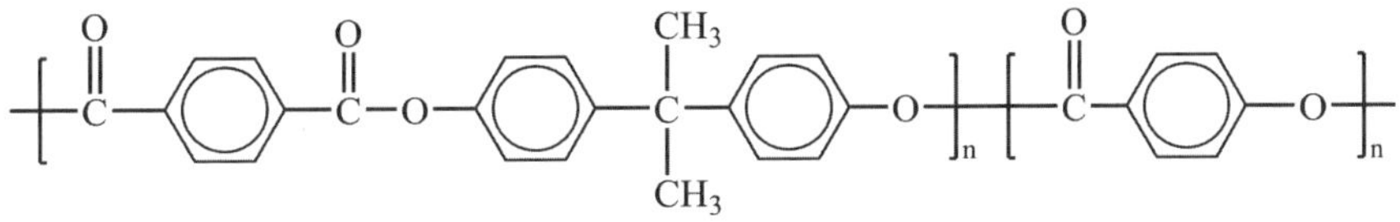

그림 14-1 액정폴리머의 구조

이 액정폴리머(Liquid crystal polymer)는, 강직성이기 때문에 용융할 때도 결정상태를 나타내고, 상당히 배향하기 쉬운 특징을 가지고 있으며, 용융형성할 때 흐르는 방향으로 생성한 배향상태가 고체화 후에도 유지되고, 섬유강화에 유사한 효과가 발휘된다. 이것은 자기보강효과라고 불리기 때문에, 다른 열가소성플라스틱에 없는 액정폴리머의 특징이다.

14-2-2 특성

1) 물성

액정폴리머의 일반적인 물성을 표 14-2에 나타낸다. 이것은 방향족 폴리에스테로부터 형성되는 액정폴리머의 하나의 예이다.

표 14-2 액정폴리머의 일반적 물성

	비강화*	A130*	Unitika** 표준품	Ekonoru*** E2008
비중(%)	1.40	1.62	1.37	1.69
인장강도(kg/cm^2)	2,100	2,150	1,100	1,000
인장변형률(%)	3.0	2.2	4.5	7.0
굽힘강도(kg/cm^2)	1,550	2,550	1,200	1,080
굽힘탄성률(kg/cm^2·10^4)	9	15	8.5	10.3
충격강도 (Izod·notched kg· cm/cm)	44	14	10	5
경도(Rockwell)	M60	–	M70	R104
열변형온도(℃)	180	230	64	311
흡수율(%)	0.08	0.05	–	0.02
융점(℃)	–	–	–	–
테이버마모	–	–	–	–

* Polyplastic(Co.)catalog(A130은 30%GF), ** Unitika(Co.)catalog,
*** Sumitomo(Co.)catalog GF강화품

2) 기능과 특징

액정폴리머의 특징은 용융할 때에도 결정구조가 유지되며, 성형고체화 후에도 그의 결정배향이 우수한 기계적 강도를 발휘할 수 있지만, 이것에 추가해서 다음과 같은 특징을 갖추고 있다.

i) 용융할 때의 유동성이 우수하기 때문에 엷은 층으로 충진성이 좋고, 고정밀도의 제품이 얻어진다.

ii) 성형수축율 및 선팽창계수가 낮으며, 칫수안정성이 우수하다.

iii) 내열성이 뛰어나다.

iv) 내가수분해성, 내약품성이 뛰어나다.

3) 가공품

열가소성폴리머이기 때문에 일반적으로 성형기를 사용하여 성형시킬 수 있다. 그러나 결정성으로 인하여 성형품은 기계적 성질에 이방성이 발생하기 때문에, 용도와 그의 요구특성을 충분히 고려한 제품과 금형의 설계가 필요하다. 이 기계적 성질의 이방성의 발생은, 글라스섬유 혹은 다른 무기충진재의 첨가에 의하여 상당한 정도까지 감소시킬 수 있다.

액정폴리머는, 결정성폴리머이지만, 다른 결정성폴리머와는 다르며, 성형고체화의 단계에서 용액상으로부터 결정으로의 상변화에 의한 체적변화를 일으키지 않기 때문에 성형수축이 작고, 정밀도가 높은 성형품을 얻을 수 있다. 그러나 위에서 설명한 바와 같이 결정의 배향은 피할 수 없으며, 유동방향과 그것에 대한 직각방향 사이에 차이가 발생하기 때문에 수지온도, 사출압력, 유지시간 및 금형온도의 상호간의 관계를 미리 충분히 확인해 두는 것이 중요하다. 액정폴리머의 성형조건의 하나의 예를 표 14-3에 나타낸다.

표 14-3 액정폴리머의 성형조건

	표준품	GF 30% 도입
실린더의 온도(℃)	285~300	315~330
노즐의 온도(℃)	290~300	320~330
수지의 온도(℃)	290~300	320~330
시출압력(kg/cm^2)	150~450	

성형품은 또한 드릴가공, 프라이스가공, 선반가공, 절삭가공 등이 가능하다. 접착은 일반적으로 시판의 접착제로서 행할 수 있다.

14-2-3 용도

강화하지 않은 표준품을 베이스로 하여, 글라스섬유, 탄소섬유, 석묵, 광물충진재로서 강화시킨 각종 그레이드가 제조회사로부터 공급되고 있다.

(i) 전기·전자 분야

커넥터, 칩-캐리어, IC소켓, 프린트배선기판, 코일과 보빈, 발광다이오드케이스, DIP스윗치, CD픽업

(ii) 광통신 분야

광섬유글라스, 광섬유커넥터

(iii) 화학장치 분야

충진탑의 충진물, 유정부품, 펌프부품, 벌브부품, 계측기부품

(iv) 자동차 분야

연료계통부품, 엔진실내부의 내열부품, 전자부품

3) 경쟁제품

물성의 점에서 현재의 경쟁품은 PEEK이지만 가격의 점에서는 약 반값이라고 하는 장점이 있다.

14-2-4 시장

액정폴리머의 개발 역사는 새로운 것이 아니지만, 상품으로서 상당히 출품된 것은 Du Pont사의 lyotropic 액정인 케블라를 제외하고, 그다지 오래되지 않았으며, 생산량, 사용량 모두 통계자료로서 정리되기까지는 이르지 못했다.

그러나, 요즈음 액정폴리머를 차세대 폴리머의 관점으로부터 그의 장래성을 중요시하고 각 회사가 적극적으로 개발하고 있다.

14-2-5 문제점

물성, 특히 고내열성, 고강도의 점에서 차세대의 폴리머로서 기대할 수 있지만, 결합성인 것

의 장점인 성형가공의 어려움의 원인으로 되어 있다. 그의 하나가 성형품에 나타나는 이방성에 있다. 가격은 앞으로의 전개에 의한 생산효과에 따르는 감소로 생각되지만, 그 전에 시장이 상품에서 얻어지는 폴리머 자체의 조성과 구조의 개량 및 성형가공기술의 개발이 필요하다고 생각된다.

14-3 전도성고분자(Conducting polymer)

14-3-1 서론

고분자재료는, 전자 · 전기분야에서 사용하는 예로부터 아는 바와 같이, 본래 그의 전기절연성이 우수하다고 하는 것이 가장 큰 특징이다.

전도성고분자가 주목되는 것은 2가지의 이유가 있다. 그 하나는 1979년, 펜실바니아대학의 Heeger교수와 그의 공동연구자에 의한 폴리아세틸렌을 사용한 전지의 시험발표이고, 다른 것은 산업계와 일상생활의 주변에서도 그의 중요성이 증가하고 있는 전자파장해의 많은 발생이다. 전자가 신재료의 개발에 주안점을 두고 있는 것에 대해서, 후자는 로봇, OA기기 및 가전제품을 포함한 전자 · 전기제품의 잘못된 동작의 방지와 안정성의 확보에 개발의 목적이 있다.

현재, 전도성고분자는 그의 구조로부터 2가지로 분류된다. 하나는 분자내에 π전자 공액계를 함유하며, 그 자체가 전도성을 가지고 있다. 일반적으로 분류되고 있는 전도성의 기준(표 14-4 참조)에 따르면, 금속과 같은 전도성을 나타내지 않지만, 반도체의 레벨에는 충분하다. 다른 하나는, 통상의 전기절연성의 플라스틱에, 금속분말, 금속섬유 그래파이트섬유와 같은 전도성재료를 혼입 · 분산시킨 것이다. 이 경우 엄밀한 의미에서는 전도성고분자라고는 말하기 어렵고, 오히려 도전재료라고 말해야 하지만, 위에서 설명한 전자파장해 방지재료로서 많은 연

표 14-4 각종 폴리머의 전도도

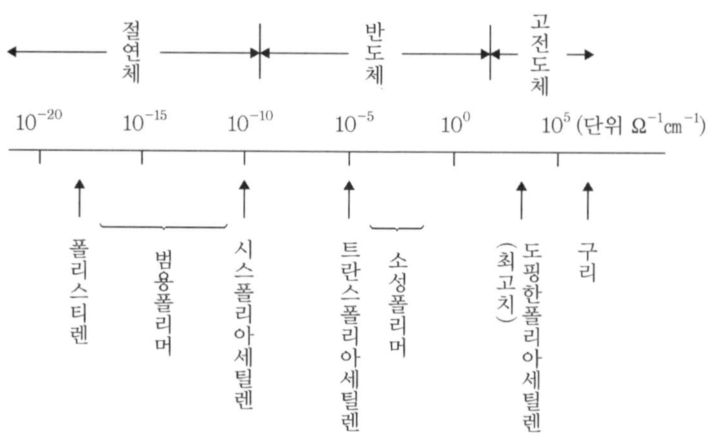

구가 행해지고 있다.

목표와 진행하는 방법의 차이는 있지만, 모두 앞으로 일렉트로닉스의 발전에 필수불가결한 재료로서 그의 실용화가 기대되고 있다.

14-3-2 특성

1) 각종 재료의 전도성

재료를 전기전도도의 차이에 따라서 분류한 것이 **표 14-4**로서, 절연체, 반도체 및 고전도체의 3가지로 분류된다.

가장 오래전부터 취급하고 있던 것이 폴리아세틸렌이다(**표 14-5** 참조). 폴리아세틸렌 (−CH=CH−)n은 **그림 15-3**과 같이, 탄소−탄소결합의 골격을 중심으로 각각 탄소에 결합하고 있는 수소원자의 위치관계가 다른 시스형태와 트란스형태의 2종류가 있다.

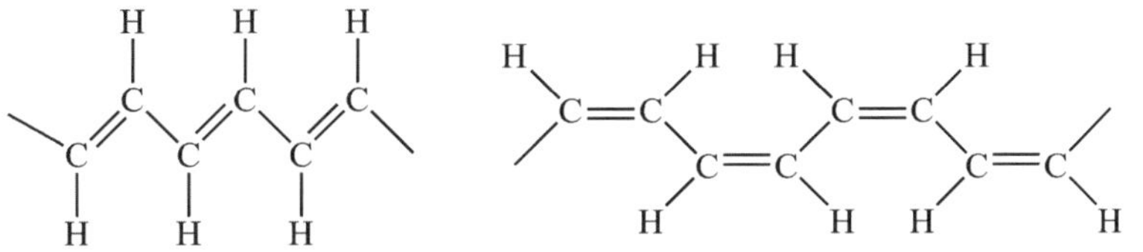

트란스형 폴리아세틸렌　　　　시스형 폴리아세틸렌

그림 14-2 폴리아세틸렌의 구조

각각의 전도율은, 시스형이 $10^{-7}Sm^{-1}$(S : Siemens) 트란스형이 $10^{-3}Sm^{-1}$로서 트란스형 쪽이 크다. 그러나 이것은 반도체의 정도, 즉 반도체의 규소 정도의 값이다. 이 문제를 해결하는 것이 도핑(dopping)이라고 불리는 방법이다. AsF_5를 도핑한 것은 수은 정도의 전도율을 나타내는 것이 확인되었다. 도핑효과를 더욱 높이기 위한 방법으로서 생각된 것이 전해중합법이라고 불리는 방법이다. 전도성고분자의 일종인 폴리피롤에 있어서 $[(C_2H_5)_4NBF_4]$의 아세토니트릴용액을 전해액으로 사용하고, 백금을 cathode로 하여 전해중합하는 것에 의하여 막상물을 얻는다. 폴리피롤 자체의 전도율은 폴리아세틸렌과 같은 정도의 반도체이지만, 중합시킬 때 전기화학적으로 ClO_4^-이나 BF_4^-의 도핑이 일어나 전도성고분자로 된다. 이 방법에 따라서 폴리티오펜, 폴리파라페닐렌, 혹은 폴리페닐렌설파이드 등, 각종의 전도성고분자가 연구되고 있다.

전기절연고분자에 전도성재료를 혼합 · 분산시킨 형태에 대해서는 여러 가지가 있다. 매트릭스로 되는 고분자로서는 폴리아미드, 폴리프로필렌, ABS 등, 일반적인 것이 대상으로 되며, 또한 전도성재료로서는 재료카본블랙, 탄소섬유, 금속섬유, 금속분말, 더욱 금속을 코팅시킨 글라스섬유가 있다.

표 14-5 각종 전도성고분자

	폴리머의 반복단위	도판트	전도도($\Omega^{-1}cm^{-1}$)
폴리아세틸렌	— CH = CH —	I_2 AsF_5	5.5×10^2 2.2×10^3
폴리(P-페닐렌)	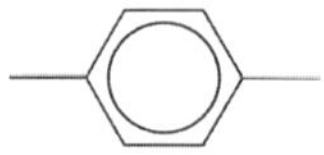	AsF_5	5.0×10^2
폴리(p-페닐렌설파이드)	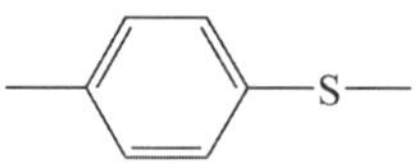	AsF_5	1.0
폴리피롤	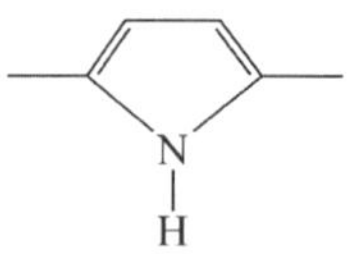	BF_4^-	1.0×10^2
폴리티에닐렌	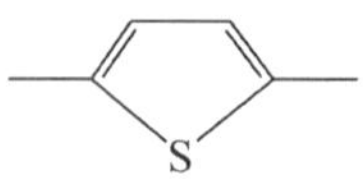	I_2	3.4×10^2

2) 기능과 특징

금속의 경우, 그의 전기전도는 자유전자의 이동에 의하고 있는 것에 대해서 유기고분자의 경우에는 공액2중결합 혹은 3중결합구조 중에 존재하는 비교적 움직이기 쉬운 π전자가 그 역할을 하고 있다.

전도성고분자는, 그 고분자가 본래 가지고 있는 특성, 즉 기계적 특성, 내약품성, 쉬운 가공성, 경량, 유연성 등의 여러 가지 성질이 우수한 것에 추가하여 전도성을 갖추고 있으며, 금속에 비하여 성형가공에 필요한 에너지가 감소된다.

3) 가공성

폴리아세틸렌을 비롯하여 일련의 전도성플라스틱은 일부가 시판에 성공한 것 이외에는 성형가공을 검토할 단계에는 이르지 못했다. 한편, 전도성재료를 혼합·분산시킨 것에 대해서는, 통상의 성형방법이 자유로 적용된다. 단, 성형가공의 조건이 성형품의 전도성에 영향을 끼친다.

14-3-3 용도

1) 고분자 자체가 전도성을 가지고 있는 것

이 종류의 전도성고분자는 앞에서 설명한 바와 같이 화학적 혹은 전기화학적 방법에 의하여 그의 전도성을 반도체 레벨로부터 금속 레벨까지 상당히 광범위하게 선택되는 특징을 가지고 있지만, 약간의 일부 이외에는, 명확한 용도를 개발하지 못했다.

그러나 실용화된 것의 하나로서, 폴리머 · 리튬의 2차전지가 있다. 양극에 폴리아닐린, 음극에 리튬 · 알루미늄합금을 사용한 구성으로 되어 있다. 전압은 종래의 니켈 · 카드뮴의 전지, 납의 전지가 각각 1.2V, 2V인 것에 대해서, 폴리머 · 리튬의 2차 전지는 3V이며, 게다가 자기방전이 적고, 수명이 종래의 것의 3배로서 5년 이상이다.

전도성고분자로 기대되는 앞으로의 용도로서, 전자접합소자, 집적회로용 전도체, 광스위치, 일렉트로닉디스플레이, 더욱 바이오센서 등, 일렉트로닉스분야 중심의 것이 기대되고 있다.

2) 전도성 재료를 첨가한 것

폴리프로필렌이나 나일론을 매트릭스로 하여, 각종의 전도성재료를 혼합 · 분산시킨 것이 OA 기기부품과 이들의 외피, 석유화학, 화학, 기계공장 작업원의 작업복 등에 사용되고 있다.

14-3-4 시장

전도성고분자 그 자체에 대해서는 시장규모를 생각할 단계에 이르고 있다. 도전성 재료를 첨가한 것에 대해서는, 전자파 장해 방지를 중심으로 앞으로 커다란 시장 확대가 예상되고 있다.

14-3-5 문제점

전도성고분자의 연구의 역사는 오래되었지만, 실용화의 연구는 계속 진행되고 있으며, 앞으로 남아있는 문제가 많다. 그 중에서도 유기고분자의 특성을 살려서 사용을 중심으로 하는 문제성의 개량과, 그의 이용시스템의 개발이 중요하다.

14-4 실리콘(SI)

14-4-1 서론

실리콘수지 (silicone resin)는, 분자내에 다음 식으로 나타내는 실록산결합을 반복단위로서 함유하는 폴리유기실록산이다.

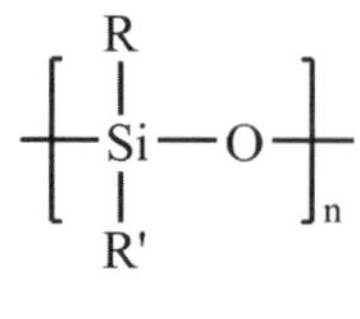

R, R' : 유기기

통상의 유기 고분자의 골격구조가 탄소－탄소결합에 의하여 형성되고 있는 것에 대해서, 폴리유기실록산은 규소원자(Si)와 산소원자(O)가 결합한 실록산결합(－Si－O－Si－)에 의하여 형성되어 있으며, 각각의 Si에 유기기가 결합한 것이다. 외관상의 구조는 무기고분자에 가깝다고 말할 수 있지만, Si에 결합하고 있는 유기기(R 및 R′)의 존재에 의하여, 유기고분자와 마찬가지의 거동을 나타낸다. R 및 R′는 같은 경우와 다른 경우가 있으며, 메틸기 (CH_3－) 혹은 페닐기 (C_6H_5－)이다. 시판의 실리콘수지라고 불리는 것의 대부분은 디메틸실록산을 주성분으로 하고, 유기기(R)와 규소(Si)의 몰비(R/Si)에 의하여 수지로서의 성질이 변한다.

R/Si의 비율이 클수록 유연하게 되어 탄성이 풍부하고, 동일의 R/Si에서는 유기기의 탄소수가 많을수록 유연하게 된다.

메틸실리콘은, 금속의 규소를 구리촉매의 존재하에서 염화메틸(CH_3Cl)과 200~500℃에서 반응시켜서 얻어지는 메틸클로로실란을 원료로 사용하여 제조한다. 메틸클로로실란에는 트리메틸클로로실란, 디메틸디클로로실란 및 메틸트리클로로실란의 3종류가 있다.

메틸클로로실란은, 중합반응을 행하여 폴리유기실록산으로 하지만, 중합조건을 적당히 선택하는 것에 의하여, 각각 중합도가 다른 오일, 고무 혹은 수지가 얻어진다.

폴리유기실록산은, 그 분자를 구성하는 Si－O결합이, 그의 결합에너지가 C－C결합보다도 크고, 이온결합의 정도가 큰 것으로부터, 내열성, 내약품성, 내구성이 우수하며, 공업재료부품으로서 널리 사용된다.

14-4-2 특성

1) 물성

폴리유기실록산은, 그의 중합도의 차이에 따라서 액체상태의 오일로부터 고체상태의 수지까지 각종의 것이 있으며, 수지에 있어서는 분자량의 대소, Si원자에 결합하는 유기기의 종류에 따라서 각종의 것으로 분류된다. 게다가 열경화성이기 때문에 일반물성으로서 대표값을 나타내는 것이 어렵지만, **표 14-6**에 참고값을 나타낸다.

2) 기능과 특징

실리콘수지의 특징은 Si원자와 O원자가 교대로 배열된 실록산결합에 기인하지만, 주요한 특징은 다음과 같다.

i) 불연성이며, 고온에 잘 견딘다.

ii) 내약품성, 내산화성이 우수하다.

iii) 발수성이 우수하고, 비점착성이다.

iv) 전기절연성이 우수하다.

v) 분리막으로서 사용된 경우, 산소에 대한 선택투과성이 우수하다.

표 14-6 폴리유기실록산의 대표적인 일반물성

	실리콘 고무	RTV	성형컴파운드
비중	1.15	1.46	1.86
인장강도(kg/cm^2)	100	25	-
인장율(%)	450	250	-
분열강도(kg/cm^2)	19	4	-
굽힘강도(kg/cm^2)	-	-	520
굽힘탄성율(kg/cm^2)	-	-	108,000
경도(JIS)	-	55	-
열변형온도(℃)	-	-	300
최고사용온도(℃)	-	260	-
흡수율(%)	-	0.7	0.05

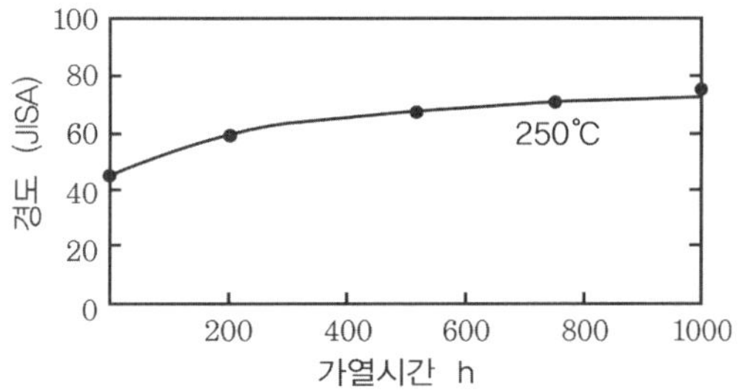

그림 14-3 실리콘고무의 내열성

3) 가공성

전반적으로, 열경화성수지에 공통적인 성형가공성의 어려움을 가지고 있다. 그러나 열가황형의 실리콘고무는 형상성형, 압출성형 혹은 코팅에 의하여 제품화할 수 있다. 또한 RTV 실리콘 고무(room temperature vulcanizing silicone rubber)는 페이스트상태로서 간단히 사용할 수 있다.

14-4-3 용도

1) 그레이드

다른 고무와 같은 프로세스를 거쳐 제품화 된 가황형실리콘고무는, 생고무와 합쳐서 형상성형, 압출성형에 배합된 컴파운트가 시판되고 있으며, 그 중에는 글라스섬유 혹은 무기강화재에 배합된 것이 있다.

통상 실리콘수지라고 불리는 것은, 톨루엔 혹은 자일렌에 용해시켜서 와니스 상태로 공급된다.

RTV는 페이스트상태로서 공급되며, 가열 혹은 가압하지 않아도 고무탄성을 나타내는 제품으로 된다. 이외에 그리스상태, 오일상태의 것이 시판되고 있다.

2) 관련분야

실리콘은, 그것이 본래 가지고 있는 독특한 특성과 기능으로 인하여, 대량소비형의 재료가 아니다. 그러나 그의 용도범위가 넓고, 일상생활용품으로부터 산업자재에 이르기까지, 특히 최근에는 전기 · 전자 분야, 자동차 분야에서 많이 사용되고 있다.

(i) 전기 · 전자 분야

전기절연, 전선, 도전고무스윗치, 커넥터, EMI씰드가스킷, 반도체소자의 접착 · 코팅, 전자기기의 접착씰, 광섬유의 코팅, 각종 트랜스오일, 콘덴서오일

(ii) 자동차 · 수송기기 분야

창유리의 접착씰, 전자부품의 보호코팅, 가스킷, 고압 · 저압캐이블, 오일씰, 호오스, 댐퍼오일, 전장품의 방습, 윤활유

(iii) 기계 분야

튜브, 가스킷, 오일씰, 내열도료, 내후도료, 볼베어링의 윤활유

(iv) 건축 분야

커튼, 지붕 · 벽면 · 옥상의 방수, 내후도료

(v) 화학산업 분야

로울, 콘베어벨트, 가스킷, 내열 · 내후도료

(vi) 의료·일용품 분야

치과용, 수혈용 튜브, 가스킷, 크림, 립스틱, 매니큐어, 연고

14-4-4 시장

실리콘은 세계 제2차 대전 중에 미국의 GE사에서 생산이 개시되었다. 그러나 대량소비형의 것이 아니고, 그 전생산량은 전플라스틱 생산량의 1% 미만이다. 최근에는 그 특성과 기능을 활용하여 하이테크 산업분야에서의 수요가 증가하고 있다. 가스분리막으로의 응용이 그 좋은 예이다.

14-4-5 문제점

실리콘은 어떤 면에서는 성숙소재라고 말할 수 있으며, 획기적인 개질을 희망하는 것은 어렵지만, 앞으로 발전을 위해서는 가공업의 개량이 제일 중요하다고 생각된다.

Chapter 15

고기능성 재료

15-1 고기능성 분리막(High functional separation membrane)

15-1-1 서론

고기능성 분리막은, 목표로 하는 기능을 생체고분자막에 유사할 정도로 두고 있기 때문에, 범위가 매우 다양하다.

분리조작은, 화학공업은 물론이고 각종 산업분야에서 오래 전부터 행해지고 있는 단위조작의 하나이지만, 기술진보에 따라서 분리기술에 대한 요구가 더욱 고도화 · 정밀화 되었으며, 그 중에서도 막분리기술에 대한 기대가 매우 크다.

IC기판의 실리콘웨이퍼의 세척에는, 전기저항이 18MΩ이라고 하는 순도가 매우 높은 물, 즉 초순수가 대량으로 사용되고 있으며 초순수의 제조에는 각종의 분리막이 중요한 역할을 하고 있다.

막분리기술은 원래 이온교환수지에 있었지만, 그 후 고분자화학, 그 중에서도 합성고분자의 취급기술의 발달에 따라서 구멍의 크기, 형태, 분포, 구조, 더욱 개량 등, 막설계의 자유도가 확대되어 용도와 목적에 따라서 막의 공급이 가능하게 되었다.

한편, 생체고분자막에 대한 기초연구의 진전과 동반하여 고기능성 분리막의 발전에 큰 기대가 요구되고 있다.

15-1-2 특성

1) 분리막의 분류

분리막의 분류방식에는 막의 기능에 의한 것, 분리의 대상이 되는 물질에 의한 것, 혹은 분리의 방법에 의한 것 등 여러 가지가 있지만, 막의 구조로부터 다음과 같이 2종류로 대별된다.

(i) 다공막

분리되는 물질의 직경을 상정하여 막설계에 기초해서 뚫여진 물리적으로 고정된 공간(구멍)

을 갖는 막을 말한다. 공경은 10Å이상이다.

(ii) 비다공막

물질, 본래의 구조적 공간. 즉 고분자재료에서는 각 분자 간의 매우 작은 간극을 응용하는 막으로서 대상으로 되는 공경은 10Å이하이다. 분자의 구조나 분자의 열진동성의 차이에 따라서 공경이 제어된다.

2) 분리막의 종류와 특징

분리의 대상으로 되는 물질입자의 크기와 그 분리에 유효한 방법은 **그림 15-1**과 같다.

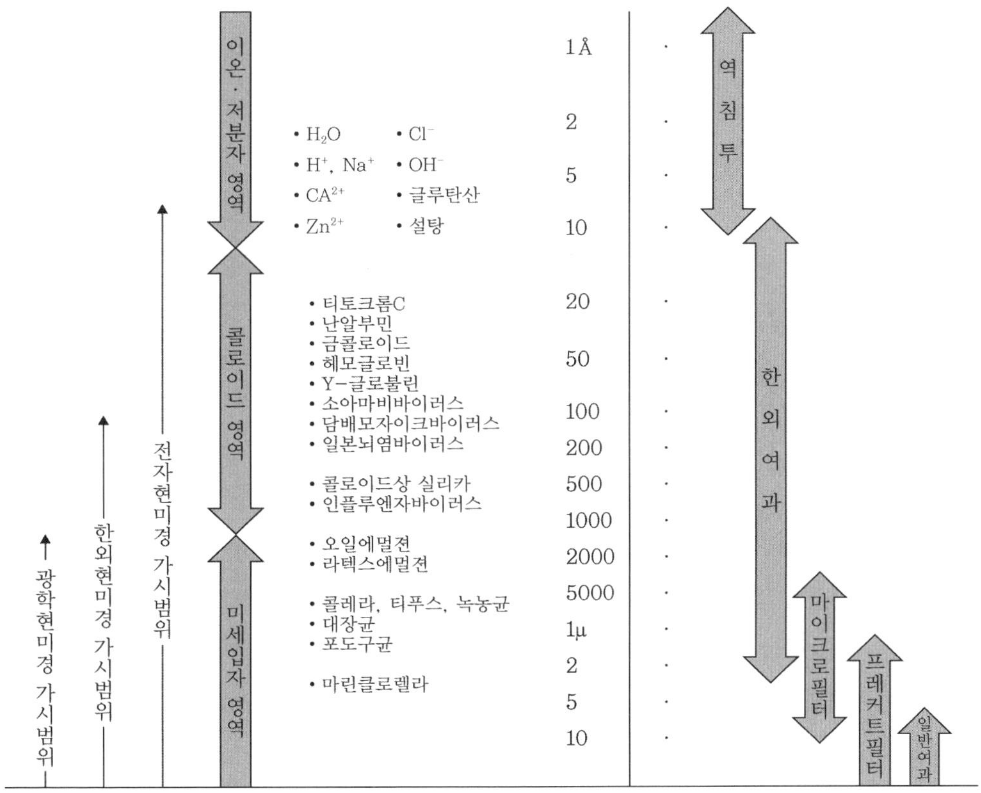

그림 15-1 분리된 입자의 크기와 방법

(i) 이온 교환막

고분자막 예를 들면 과플루오르화탄소의 막에 음의 전하를 갖는 설폰산기($-SO_3^-$) 혹은 양의 전하를 갖는 4차암모늄기($-NR_3^+$)를 고정시킨 것이다. 음의 고정전하를 갖는 막을 그의 기능으로부터 양이온교환막, 양의 고정전하를 갖는 막을 음이온교환막이라고 말한다.

(ii) 역침투막

염화나트륨 분자 크기의 무기염으로 형성되는 용질을 용매로부터 분리하는 역침투에 사용되는 막을 말한다. 공경은 약 10Å정도이다.

연구개발은 셀룰로오스계, 즉 아세트산셀룰로오스의 막으로부터 시작되었지만, 그 후 강도, 내구성 등의 성능 면에서 폴리아미드가 가장 뛰어나다고 알려져 있다.

또한 막이라고 불리면서 중공사 형태로 제조된 이것을 모듈화 한 것, 관형, 평면모형, 혹은 스파이럴 형태 등 여러 가지 형태의 것이 있다.

(iii) 한외여과막

일반적으로 콜로이드 차원의 입자를 대상으로 하여 분리조작을 행하는 한외여과에 사용하는 막을 말한다. 그러나 최근에는 한외여과 조작 자체가 대상으로 하는 입자의 크기에 따라서 구분되며, 분리되는 입자의 구경이 10nm이상의 경우를 여과, 0.025~10nm의 경우를 정밀여과, 분자량이 1,000~30,000범위의 고분자의 경우를 한외여과라고 불리게 되었다.

한외여과의 역사는 오래되었으며, 최초에는 셀로판이나 콜로디온막이 사용되고 있었지만, 합성고분자의 발달과 더불어 새로운 재료가 출현하여, 현재는 엔지니어링플라스틱이 중심재료로서 널리 사용되고 있다.

폴리에스테르설폰을 비롯하여 폴리아크릴로니트릴, 폴리비닐알코올, 폴리이미드, 폴리아미드, 폴리플루오르화비닐리덴, 폴리페닐렌옥사이드 등이 재료로서 사용되고 있다.

(iv) 기체분리막

현재 실용화로 진전되고 있는 것의 하나로서 산소부화막이 있다. 막재료로서 디메틸실록산(실리콘고무)이 사용되고 있지만 공업레벨의 효율을 확보하기 위해서는 25nm이하의 막두께로 할 필요가 있으며, 이것의 단독으로는 어렵기 때문에 폴리메틸실록산 60%와 폴리카보네이트 혹은 폴리하이드록시스티렌 40%로 형성되는 지지체를 사용하고, 0.1nm이하의 폴리디메틸실록산의 박막이 제조되어 있다.

지금 현재 1종류는 수소분리막이다. 폴리설폰으로 형성되는 다공막의 표면에 폴리디메틸실록산을 코팅한 것으로서 중공사의 형태로서 사용된다.

(v) 액정막

고분자재료 중에 저분자량의 액정상을 형성시킨 박막구조로서 폴리카보네이트와 N-14-에톡시벤질리덴으로부터 제조된 예가 있다. 액정의 선택적 투과기능을 이용하는 것으로서 산소부화, 몰레큘라시브, 의료용 센서, 더욱 광전변환막으로서의 효과가 기대되고 있다.

15-1-3 용도

1) 식품공업 분야

(ⅰ) 맥주 제조

맥주의 발효용 순수한 효모 이외의 효모, 세균, 곰팡이류의 제거에 트리아세틸셀룰로오스를 이용한 마이크로필터가 사용되고 있다.

(ⅱ) 우유가공 분야

치즈를 제조할 때 발생되는 가스의 분리에 한외여과, 역침투막이 사용되고 있다.

2) 의료 분야

인공신장용 혈액투석에 대해서 재생셀룰로오스 중공사, 폴리비닐알코올과 에틸렌비닐알코올 중공사의 복합체가 사용되고 있다.

3) 반도체 분야

이온교환막, 역침투막 및 정밀여과막이 각각 모듈화 된 유닛으로 구성되며 이것을 시리즈로 라인화 된 초순수제조장치에서 사용되고 있다.

4) 기타

ⅰ) 자동차, 가전, 건축분야의 전착도장에 있어서 도료의 회수와 배수처리에 사용되고 있다.
ⅱ) 멀리 떨어져 있는 섬에서 해수담수화에 역침투막이 사용된다.

15-1-4 시장

이온교환막의 시장규모는 수 백억이라고 알려져 있지만, 기타의 것에 대해서는 연구가 미진하고, 공식통계로 정리된 규모에는 이르지 못했다. 그러나 선택적 기체투과막 및 혈전성 분리막에 대해서는 앞으로 발전이 강력하게 기대되고 있다. 전자에 속하는 산소부화막이나 수소분리막은 에너지 절약과 밀접한 관계가 있기 때문에, 국가적 프로젝트로서 산 · 학 · 연의 협력으로 개발이 진전되리라고 생각된다.

15-1-5 문제점

고기능성 분리막의 목표를 생체막의 레벨로서 생각했을 때, 현재의 것은 그 목표로부터 상당히 떨어져 있다. 그러나 의료용의 경우에는 상당히 근접되었지만, 안전성의 문제해결에 연관되어 있다. 소재로서의 막과 그 시스템의 개발에 있어서 안전성의 확인이 매우 중요하다.

15-2 흡수성 고분자(Absorbing polymer)

15-2-1 서론

흡수성 고분자는, 그의 연구개발이 초기에는 자기 무게의 수백 배로부터 수천 배의 수분을 흡수, 유지하는 것에 주목되었다. 그러나 그 후의 연구는 환경을 제어하는 것에 의하여 흡수와 방출을 반복할 수 있는 고분자겔을 제조하여 의료나 토목분야에서 응용개발이 진행되고 있다.

각종 물질이 물을 흡수하는 것은, 우리의 일상생활 주변에서 보이는 현상으로서, 이것을 이용하는 것이 많다. 종이나 옷감과 같은 천연섬유, 전분 혹은 젤라틴과 같은 천연고분자, 혹은 해면, 합성수지 발포체 및 경석과 같은 다공질 재료는 모두 물을 흡수하기 때문에 용도와 목적에 따라서 오래 전부터 인간이 일상생활 중에서 이용하고 있는 것이다.

그러나 이들은 재료자체의 중량과 같은 양 혹은 수십 배 양의 물을 겨우 흡수, 유지하고 있다. 게다가 흡수한 물은 외압에 의하여 쉽게 방출된다.

이것에 대해서 흡수성 고분자는 대량의 수분을 흡수하고, 더욱 그 수분을 확고히 유지하여 외압이 가해진 경우에도 방출하지 않고 계속 고정하고 있다.

15-2-2 특성

1) 물성

시판품의 각종 그레이드에 대해서 그 흡수능력의 비교를 표 15-1에 나타낸다.

2) 기능과 특징

흡수성 고분자의 흡수기능은 고분자의 종류에 따라서 다르지만, 순수한 물의 경우, 고분자 그 자체의 수백 배로부터 수천 배의 양을 급속히 흡수하여 겔화하고 고정한다.

이 흡수능력의 크기를 설명하기 위하여, 0.2~0.3g의 분말로서 1컵의 물을 고정한다고 하는 표현을 사용한다. 이와 같이 겔화에 의하여 고정된 수분은 고분자를 구성하는 카르복실기, 수산기, 에테르기 혹은 아미드기 등의 친수성기의 작용에 의한 것으로서 그 결합력은 크고, 외압

표 15-1 각종 흡수성 고분자의 흡수능력

<table>
<tr><th rowspan="2">그레이드</th><th rowspan="2">화학조성</th><th rowspan="2">형태</th><th rowspan="2">크기
(평균)</th><th rowspan="2">함수율
(중량%)</th><th rowspan="2">진비중</th><th rowspan="2">pH</th><th rowspan="2">흡수속도</th><th colspan="2">흡수능력</th></tr>
<tr><th>순수</th><th>0.9% NaCl</th></tr>
<tr><td>S-50</td><td rowspan="7">아크릴산·
비닐알코올
공중합체</td><td>담황색구상</td><td>200μ</td><td>7%이하</td><td rowspan="7">1</td><td rowspan="7">중성</td><td rowspan="7">빠르다</td><td rowspan="7">600배</td><td rowspan="3">40~60배</td></tr>
<tr><td>SP-510</td><td rowspan="2">백색분말</td><td>10μ</td><td rowspan="2">11%이하</td></tr>
<tr><td>SP-520</td><td>20μ</td></tr>
<tr><td>S-110</td><td rowspan="4">담황색구상</td><td rowspan="4">200μ</td><td rowspan="4">7%이하</td><td rowspan="4">50~60배</td></tr>
<tr><td>S-120</td></tr>
<tr><td>S-140</td></tr>
<tr><td>S-550</td></tr>
<tr><td>N-100</td><td rowspan="4">아크릴산
나트륨
중합체</td><td>백색과립</td><td rowspan="3">200μ</td><td rowspan="3">7%이하</td><td rowspan="4">1</td><td rowspan="4">중성</td><td rowspan="4">상당히
빠르다</td><td rowspan="2">1,000배</td><td rowspan="2">60~80배</td></tr>
<tr><td>N-100P</td><td rowspan="2">백색구상</td></tr>
<tr><td>N-100SH</td><td>600배</td><td>50~60배</td></tr>
<tr><td>NP-1010</td><td>백색분말</td><td>10μ</td><td>11%이하</td><td>1,000배</td><td>60~80배</td></tr>
<tr><td>R-30G</td><td rowspan="6">폴리에틸렌
옥사이드
변성물</td><td rowspan="5">담황색입상</td><td>10mm이하</td><td rowspan="5">1%이하</td><td rowspan="5">1</td><td rowspan="6">중성</td><td rowspan="6">중정도</td><td colspan="2" rowspan="2">약 30배</td></tr>
<tr><td>R-30F</td><td>2mm이하</td></tr>
<tr><td>R-20G</td><td>10mm이하</td><td colspan="2" rowspan="2">약 15배</td></tr>
<tr><td>R-20F</td><td>2mm이하</td></tr>
<tr><td>R-30R</td><td>2mm이하</td><td colspan="2" rowspan="2">약 30배</td></tr>
<tr><td>R-30L</td><td colspan="4">담황색액체 (고형분 15%)</td></tr>
<tr><td>L-5</td><td>아크릴산·
비닐알코올
공중합체</td><td colspan="4">담황색 끈끈한 수용액
(고형분 5%)</td><td>5~6</td><td>빠르다</td><td colspan="2">환경조건에 따라서
흡수능력은
선정할 수 있다.</td></tr>
</table>

이 가해진 경우에도 간단히 유출하거나 방출되지 않는다. 그러나 순수한 물에 대해서 커다란 흡수능력을 나타내는 흡수성 고분자도 전해질이 존재하는 경우, 흡수능력은 순수한 물의 경우의 1/10 정도로 저하한다.

3) 형태

일반적으로 수 십마이크론으로부터 수 백마이크론의 구상 혹은 과립상 분말로서 일부는 단섬유상의 것도 있다. 또한 성형용으로 펠릿상으로 한 것도 있다.

15-2-3 용도

1) 일용품 잡화, 위생품 재료를 비롯하여 토목용 등의 산업용에 이르기까지 각종의 것이 공급되고 있다.

(i) 전분계통

전분에 아크릴산염을 그래프트중합시킨 것.

(ii) 셀룰로오스계통

카르복시셀룰로오스에 아크릴산염을 그래프트중합시킨 것.

(iii) 합성폴리머계통

아크릴산-비닐알코올 공중합체, 아크릴산 중합체, 아크릴산-아크릴아미드 공중합체, 폴리에틸렌-옥사이드 변성물

2) 관련분야

(i) 일용품 잡화 분야

향료담체, 종이타월, 냅킨, 기저귀, 모유패드, 생리용품, 장난감.

(ii) 산업자재 분야

물-기름분리, 수지첨가제, 에어필터, 전선피복제, 대전방지 실링제, 섬유개질, 축전냉각제, 포장, 욕제탈수제.

(iii) 농업, 토목, 건축 분야

농업용 필름, 원예용 보수제, 앵커볼트타공, 내부 탈수제, 오니고화제, 벽-천정재료.

(iv) 의료 분야

습포제, 붕대약, 인공신장용 필터재료, 치과용 타액흡수재료, 혈액흡착제.

3) 경쟁제품

단순히 흡수기능 뿐인 경우에는 건조용의 실리카겔, 생석회, 생리용의 펄프 혹은 화장지류로 경합한다.

15-2-4 시장

가격은 그레이드에 따라서 다르지만, 그의 폭은 킬로그램 당 상당한 가격차가 있다.

시장전체로서는 순조롭게 계속 신장되고 있다.

종래의 폴리아크릴산나트륨계통의 수지의 난점으로 되었던 성형성을 공중합체 형태의 폴리올레핀수지와의 복합화에 의하여 가능하게 한 것으로서, 동시에 사용한 후에는 건조에 의하여 반복해서 사용할 수 있는 특징이 있다.

현재의 수요는 산업용보다도 오히려 생활용품 분야의 비중이 크다고 말할 수 있다.

15-2-5 문제점

흡수성 고분자는 위에서 설명한 바와 같이 생리용품 혹은 종이 기저귀의 분야를 중심으로 한 수요확대가 진행되고 있지만, 다른 산업재료 분야에서의 용도개발은 그다지 진행되지 못하는 실정이다.

현재 기초과학의 입장으로부터 고분자겔의 디자인 합성과 고분자겔의 구조와 물성, 더욱 응용연구를 적극적으로 진행시키고 있다.

대상분야로서 의약 · 의료공학, 농학, 약학, 공업제품, 화학공학, 라이프사이언스, 생물화학, 농학, 지질학, 가공식품 등 여러 분야에서 취급되고 있다. 특히 주목되는 것은 환경의 제어에 의하여 흡수와 방출을 자유로 행할 수 있는 흡수성 고분자의 개발과 안구가 파손되었을 때의 망막박리의 치료에 대한 폴리비닐알코올계 고분자의 응용연구이다. 일상생활 용품으로의 이용은 단순히 흡수기능의 이용에 불과하다. 흡수성 고분자가 기능성 재료로서 발전하기 위해서는 앞으로 더욱 많은 과제가 남아 있다.

15-3 의료용 고분자(Medical polymer)

15-3-1 서론

고령화 사회에 접어들면서 인공장기에 대한 수요가 급격히 늘고 있다. 인공피부, 인공연골, 인공혈관, 인공뼈 등 다양한 바이오인공 장기의 개발과 상품화가 활발하며, 응용범위도 늘어나고 있다.

인공장기 대중화의 핵심은 인체 내에서 면역거부반응 없이 반영구적으로 그 기능을 유지할 수 있는 생체의료용 소재를 개발하는 것이다. 의료용 고분자의 소재가 그 핵심영역으로 떠오르고 있다.

15-3-2 특성

생체의료용 소재란 질병의 진단, 치료, 예방의 수단으로 생체에 적용되는 소재를 통틀어 말하며, 인공장기나 인공조직, 치료용품의 기본재료가 된다. 금속, 세라믹 등과 함께 생체의료용 소재로서 가장 많이 사용되는 소재 중의 하나가 의료용 고분자이다. 다양한 진료분야와 약제학, 유전자치료, 재활의학에 이르기까지 광범위하게 사용되고 있다.

의료용 고분자는 성형하기 쉬운 기계적, 물리적 성질을 갖춰야 하며, 체내에 이식했을 때 생식거부반응이 일어나지 않아야 한다. 또한, 체내의 여러 가지 단백질이나 혈액성분들이 흡착 됨으로써 기능이 저하되는 일도 없어야 한다. 이와 같은 조건을 충족시키는 생체적합성고분자재료에는 혈액적합성고분자와 조직적합성고분자, 생분해성 고분자, 기타 의료용 고분자가 있다.

15-3-3 용도

혈액적합성 고분자(blood compatible polymer)는 재료가 체내에 이식됐을 때, 재료표면과 혈액 사이에 혈전이 생기는 것을 억제하는 재료이다. 따라서 인공심장, 판막, 혈관 등 혈액이 직접 접촉하는 심혈관계에 주로 이용된다. 병 때문에 혈관이 막히거나 수술할 때 혈관의 길이가 짧을 경우에 대비한 인공혈관의 연구는 지난 수십 년간 계속 돼 왔고, 다양한 종류의 제품이 개발됐다. 혈관대체물을 개발하려는 최초의 시도는 합성고분자재료인 폴리우레탄으로 제조된 데이크론(Dacron)이나 폴리에틸렌테레프탈레이트(PET), 테플론(ePTFE)으로부터 제조된 관상동맥 우회로이식술(coronary artery bypass graft : CABG)이다. 6~10 mm 직경의 소구경 동맥에 적용할 때는 혈전증이 빨리 일어난다고 하는 단점이 있다.

혈관내피세포를 포함한 인공혈관의 개발도 이뤄졌다. 소구경 합성혈관의 혈전증 발생을 해결하기 위한 시도였다. 이와 같은 다양한 기술개발에도 불구하고 극소수의 혈관대체물질 만이 임상에 성공했다. 지금도 많은 연구실에서는 생분해되는 고분자재료를 기반으로 성장인자와 같은 생리활성물질을 만들어 인공혈관에 적용하는 방향으로 연구가 진행되고 있다.

인공심장에 사용되는 고분자는 혈액과 직접 접촉하기 때문에 혈액이 응고되지 않도록 하는 항응혈성이 중요하다. 인공심장의 본체나 내부코팅재료는 폴리우레탄, PVC, 폴리카보네이트 등이 사용되고 있지만, 칼슘화에 의하여 물성이 나빠지고 혈전이 생기는 현상 때문에 아직까지 영구적인 사용은 불가능하다. 헤파린(heparin)과 같은 항응고제를 화학적, 물리적으로 고정시키거나 혈장단백질의 흡착을 억제하기 위해서 폴리에틸렌옥사이드(PEO)를 이용하여 표면의 친수성과 소수성을 조절하는 방법에 관한 연구도 진행되고 있다.

조직적합성 고분자(tissue compatible polymer)는 부위 및 용도에 따라서 생체를 자극하지 않고, 생체조직과 특수한 결합작용으로 세포부착 성장성이 우수하거나 체내에서 분해, 흡수되는 성질이 우수한 재료들이다. 혈액적합성고분자와는 달리 조직과 재료 간의 친화성을 목적으로 하기 때문에 일반적으로 조직공학적으로 응용된다. 인공피부, 관절, 뼈, 치과-안과용 재료 등이 주로 이용되는 분야이다. 인공고관절 및 슬관절, 인공관골구 제품이 개발됐고 마찰파편이 생기는 현상 같은 부작용들을 해결하는 연구가 활발하게 행해지고 있다.

생체분해성 고분자(biodegradable polymer)는 단순히 가수분해 또는 효소의 작용으로 분해, 소멸되는 고분자이다. 따라서 이것을 이용하여 제조한 의료제품은 생체내에서 역할을 다한 후에는 없어지기 때문에 별도의 제거수술이 필요없다. 또한 분해되지 않는 고분자가 가지고 있는 고질적 문제인 다른 물질과의 반응도 걱정할 필요가 없다. 그러나 면역계에 의한 조직 거부반응이 나타날 수도 있고, 기계적 물성이 일정하지 않으며, 분해속도의 조절도 어렵다고 하는 점을 극복해야 한다. 생체분해성 고분자를 활용하여 상처를 접합하는 데 사용되는 흡수성 봉합사와 조직접합체, 부러진 뼈를 지지하는 골접합제, 약물을 전달하는 데 사용되는 약물전달제 등이 개발됐다. 특히, 최근에는 생체분해성 고분자 지지체에 세포를 배양해서 인체의 조직과 장기를 재생하는 조직공학에 대한 연구도 활발히 진행된다.

의료용 고분자(medical polymer)는 약물전달시스템, 유전자 치료, 인공심폐기, 인공간 등에도 이용되고 있다. 최근에는 이와 같은 합성 및 천연고분자재료의 단점을 보완하기 위해서 하이브리드 형태의 생체재료들이 개발되고 있으며 높은 생물학적 효과를 나타내는 생리활성물질을 화학적, 물리적으로 결합시키기 위한 다각적인 연구가 진행되고 있다. 또한, 지능형 고분자로서 산성도(pH), 온도, 빛과 같은 주위환경에 따라서 구조 및 형태가 변하는 자극감응성 고분자(stimulisensitive polymer) 개발도 진행되고 있다.

15-3-4 시장

의료용 고분자는 1990년대 초기에 저변이 확대되기 시작했으며, 의료용 고분자의 인체적용이 가시화되기 시작했다. 따라서 본격적으로 연구개발 및 시장형성에 투자한 기간은 10년 정도로서 현재까지도 투자환경 기반형성 단계산업이라고 말할 수 있다. 각종 바이오산업과 마찬가지로 의료용 고분자분야 역시 사업화 초기단계에 진입하면 고수익을 얻을 수 있지만, 기술개발이 완료된 후에도 상품화하기까지 각종 시험 및 인증에 많은 시간이 걸려 막대한 투자가 필요하다. 즉, 기회가 큰 만큼 위험도 큰 것이다.

표 15-2와 같이, SRI(Stanford Research Institute)의 보고서에 따르면, 현재 의료용 고분자 세계시장은 미국이 40% 이상을 점유하고 있고, 그 뒤를 유럽과 일본이 따르고 있다.

미국의 의료용 고분자 전체 시장규모는 2001년 약 20억 8,700만 달러였고, 2005년 약 28억 5,000만 달러, 2010년에는 약 35억 1,400만 달러로 증가할 것으로 예측되고 있다. 일본시장의 경우, 미국 바이오산업 규모의 25% 정도 수준인 점을 감안하면, 2005년 약 7억 1,200만 달러 수준의 시장을 형성한 것으로 추정된다.

미국의 의료용 고분자 시장은 향후 수년간 약 6.4% 이상의 성장을 거듭할 것으로 예상되고 있다. 성장의 가장 중요한 추진력은 노령인구의 확대이다. 2020년 이후에는 미국의 인구 노령화가 한층 가속화 될 것으로 예상되기 때문에 의료용 고분자 시장도 성장이 더욱 빨라질 것으로 전망된다.

표 15-2 미국의 고분자 시장규모

시장	단위 : 100만 달러		
	2000년	2005년	2010년
음료수 · 식료품	853	1,080	1,355
바이오 메디컬	385	557	786
개인용 의료용품	170	244	327
건설	143	162	180
페인트 · 잉크	124	145	168
원유 · 가스생산	94	109	129
포장	54	131	196
섬유 · 가죽	45	125	182
접착제	43	53	62
기타	176	244	325
합계	2,087	2,850	3,514

15-3-5 문제점

우리나라도 여러 연구소와 벤처기업 등에서 인공장기, 피부를 개발하고 있지만, 선진국에 비하여 기술수준이 크게 뒤지고 있는 것이 사실이다. 특히, 의료용 고분자를 사용한 인공장기를 실용화하기 위해서는 고분자공학을 비롯한 재료공학, 생화학, 의학, 약학 등 다양한 분야의 연구가 서로 복합적으로 협력해야 한다. 따라서 국가적 차원의 전략 마련과 함께 대대적인 연구개발 투자가 진행되고 있고, 산 · 학 · 연 제휴를 통한 의학 및 공학의 학문적 연구협력도 이루어질 것으로 기대된다.

Chapter 16

재료평가법

16-1 조성과 구조의 평가

16-1-1 서론

고분자재료의 평가에는 각종 레벨과 측면이 있다. 이 레벨에는 개개의 분자레벨로부터 집합체 레벨까지이다. 그 평가의 기본이 되는 정보종류를 표 16-1에 나타낸다.

표 16-1 재료평가의 기본이 되는 정보종류

형상	분자구조, 집합체 구조, 분자량
상태	결합상태, 전자상태, 혼합상태, 물리상태
조성	성분, 분포, 혼합조성
결정	결정, 비결정, 분자배열

이들을 기본으로 벌크의 재료특성이 결정되지만, 표 16-2에 현재 빈번하게 사용되고 있는 수많은 고분자재료의 평가 측정법 중에서, 대표적인 것을 나타낸다. 측면으로서는 성능이나 기능 등의 평가대상에 따라서 정적인 물성평가와 동적 평가가 있다. 분자레벨로서는 1차 구조, 2차 구조, 3차 구조, 또한 특수한 것을 제외하고, 고분자에는 분자량이나 구조로서 분포하고 있으며, 이들은 고분자재료의 물성이나 기능을 지배하는 가장 기본적인 인자로 되지만, 이들로부터 집합체로서 고분자재료, 특히 고분자 고체재료의 여러 가지 물성을 완전히 설명하기까지에는 이르지 못했다.

또한, 고분자 고체재료는 주로 성능에 관련되는 내부구조(벌크구조)와 기능에도 크게 관련하는 표면구조가 동일하지 않다. 이것에 대해서 요즈음, 후자의 연구, 즉 고분자 고체재료 표면의 평가법이 크게 진전되어 왔다. 본장에서는 개개 분자의 성질, 예를 들면, 화학구조나 분자량 등은 원래부터 고분자재료로서의 성질, 예를 들면, 밀도, 굴절률, 열전도율, 팽창계수, 비열, 융점(연화점), 글라스전이점, 전기저항(고체저항, 절연파괴전압, 유전율, 유전정접, 흡수율, 내유성, 연소속도, 내후성, 내약품성 등에 대해서는 생략) 등의 요즈음 발전이 현저한 고분자재료의 직접 평가법을 중심으로 하여 설명한다.

표 16-2 고분자재료의 평가측정법

	측정법	측정하는 양	연구의 대상
역학측정	크리프시험	크리프컴플라이언스	점탄성
	응력완화	완화탄성율	점탄성
	동적 점탄성시약	복소탄성율	점탄성, 상전이
	인장시험	인장탄성율·인장강도	대변형, 파괴
	굽힘시험	굽힘탄성율, 굽힘강도	대변형, 파괴
	압축시험	압축강도	파괴
	충격시험	충격강도	파괴
	피로시험	피로(진동변형, 압력에 비례)	파괴
	마찰시험	마찰계수	정적·동적·회전마찰계수, 마모
	경도시험	Rockwell경도 등	각종 경도
	점도측정	점도	상전이, 분자량측정
열측정	열량측정	비열,흡열 · 발열량	열역학량
	DTA · DSC	열적 변화에 동반하는 온도 · 엔탈피변화	상전이, 결정화, 융해열, 결정화도
	TGA	중량의 온도변화	열분해 온도
	열전도율 측정	열전도율	열전도율
구조해석	광각X선회절	결정면의 회절	결정구조, 결정배열, 결정화도
	소각X선산란	전자밀도분포	결정고차구조, 마이크로상분리구조(수십~수백 nm정도 구조해석)
	중성자산란	원자핵에 의한 산란	결정구조, 고차구조, 분자사슬형태, 분자운동 등(광각 · 소각X선산란 및 적외분광법에 상당)
	광산란	굴절률차에 의한 산란	분자사슬형태, 구정, 상분리
	전자현미경 · 전자선회절	전자선산란 · 회절 · 흡수 · 반사	결정구조, 결정의 고차구조, 상분리구조, 파단면의 관찰
	광학현미경	위상차 · 편광 · 간섭 · 형광	결정화속도, 구정, 섬유 · 액정 · 상분리구조
	공초점레이저 현미경	반사광 강도분포	구조체의 비파괴관찰 · 입체상구축
	복굴절	복굴절	쌍극자배향에 의한 분자사슬의 배향관측
	적외 2색성	흡수이방성	쌍극자배향에 의한 분자사슬의 배향관측

분자구조·분자운동해석	NMR	핵자기공명흡수스펙트럼	화학결합의 정성분석, 짧은 사슬가지, 입체규칙성, 기하이성체, 공중합체조성, 결정화학, 분자운동, 상전이
	적외·라만분광법	적외흡수· 라만발광스펙트럼	화학결합의 정성분석, 입체배치, 국소운동, 공중합체조성, 결정화도
	자외·가시분광법	자외·가시흡수스펙트럼	공중합체 조성
	원편광 2색성	원편광 2색성	나선구조
	준탄성광산란	광자상관	분자의 자기확산
	강제 레일리산란	라벨된 분자의 산란	분자의 확산
	유전분산	복소유전율	상전이
표면·계면분석	오제 전자분광	방출전자의 에너지스펙트럼	표면층 원소의 정성분석
	SIMS	이온빔분해원소의 질량분석	표면층 원소의 정성분석
	IR-ATR	반사스펙트럼	표면층의 조성분석
	STM·AFM	표면구조	결정구조, 분자구조, 표면토폴로지
	반사율 측정	X선·중성자의 반사율	계면구조, 상호확산
크로마토그래피	GPC	용출곡선	환산분자량, 분자량분포, 분별
	열분해가스 크로마토그래피	열분해물의 분석	공중합체의 배열분포
분자량측정	막침투압법	침투압	수평균분자량, 제2비리알계수
	초원심법(침강 속도·침강평형)	침강계수·침강평형도형	중량평균분자량, z평균분자량, 분자량분포
	광산란법	탁도	중량평균분자량, 제2비리알계수
	증기압 오스모메트리	증기압 강하	수평균분자량
	점도법	극한점도	점도평균분자량
	소각산란법 (X선·중성자)	절대산란강도	중량평균분자량, 분자량분포
	GPC법	보유시간	분자량, 분자량분포(표준시료환산)

고체재료의 조성이나 구조를 평가하는 입장으로는 여러 가지가 있지만, 여기서는 재료를 고체상태 그대로 분석이나 평가하는 입장을 취한다. 물론, 재료를 용해 혹은 분해하여 분석하는 것도 평균으로서의 조성, 화학구조를 파악하는데 중요하다. 그러나 이와 같은 조작에 의하여

재료 고유의 물성이나 기능이 소실된다. 고분자재료의 경우에도 독립의 분자로서 기본적으로 성질은 물론 중요하지만, 응집체로서 고체의 물성이나 기능과 관련시켜서 파라미터로서 조성이나 구조는 비파괴상태에서 그대로 계측하는 것이 필요하다.

고분자재료도 종래는 주로 구조재료로서 사용되었지만, 특수한 물성을 가지는 신소재나 디자인된 성능을 가지는 기능재료 분야가 요즈음 확대되고 있으며, 이와 같은 재료에서는 벌크로서 평균적인 조성구조 해석만으로는 불충분하기 때문에, 분포나 결함, 표면이나 미세부분의 정보가 특히 중요하다.

고분자재료는 다른 금속, 반도체, 세라믹재료 등에 비하여 매우 복잡한 물질로서 구성되어 있으며, 또한 조성도 복잡하다. 복수종의 고분자 블렌드나 그래프트도 진귀하지 않으며, 올리고머류나 수분 등도 반드시 공유하고 있다. 또한 실제로 사용되는 계에서는 가소제, 계면활성제, 자외선 흡수제 등의 다종다양한 첨가제가 사용되며, 조성으로서 복잡할 뿐만이 아니고, 이들 물질의 매트릭스로서 고분자재료 중의 분산 상태나 분포의 문제도 있다.

고분자의 구조에 있어서도 반복단위 이외에 말단이나 가지의 화학구조, 중합도나 분자량과 이들의 분포 외에도 결정성 고분자에서는 결정구조가 있다. 또한 고차구조로서 결정, 비결정의 크기, 비율(결정화도)이나 분포, 고분자사슬의 1축, 2축 배향, 장주기나 블렌드계의 분산상태가 있다. 더욱이 고차의 구조로서 여러 가지 자연발생적인 매크로 형태나 인공적인 복합재료에서의 적층구조 등도 있다.

평가법에는 재료의 평균적인 조성, 구조를 해석하는 벌크분석, 재료의 최표층(1원자층~1분자층의 두께범위에서 0.1~10nm 정도)을 선택적으로 해석하는 표면분석, 또한 재료 중의 미립자나 특정의 미소부분(subμm~100μm 정도)을 선택적으로 측정하는 미소부분석이 있다. 또한 이들과는 다른 분류로서 형태관찰, 원소분석, 상태분석이 있다. 어떤 분류에서도 해석의 순서는 벌크로부터 특정부분으로 또한 단순한 정보로부터 보다 복잡한 것으로 진전시키는 것이 중요하다.

고분자재료의 평가목적은 다양하지만, 조성이나 구조의 확인에서는 벌크분석이 주로 이용된다. 성능이나 기능의 발현 메커니즘의 해명을 위한 해석도 잘 시험되고 있지만, 어려운 경우가 많다. 여기에서는 표면분석이 중요하다. 접착성, 생체적합성, 대전방지성 등의 기능발현에는 재료의 최표면이 직접 관여하고 있기 때문이다. 또한, 벌크분석법에서도 성능저하에 관계하여 상당히 적은 조성, 구조차이의 검출이 요구되며, 검출한계나 정량한계에 가까운 해석이 필요하다. 재료의 구조나 사용에 관련해서 일어나는 트러블이나 클레임에 대응하는 분석도 많으며, 여기서는 미소부분석이 중요하다. 다른 물질의 확인은 발생원 대책에 필요하며, 재료의 불균일성을 파악하기 위해서는 사상기능이 요구된다. 여기에서는 벌크분석법과 표면과 미소부분 분석법에 있어서 대표적인 것을 들고, 고분자재료해석에서 이들이 제공하는 정보와 이용법에 대해서 간단히 설명한다.

16-1-2 벌크분석법

고분자재료 평가법의 중심은 벌크분석법이다. 이것은 고분자재료가 주로 구조재료로서 이용되며, 역학적 성질이나 열적 성질 등의 벌크특성을 이용하고 있기 때문에 벌크의 조성, 구조를 해석하는 것이 우선 필요하기 때문이다. 형태관찰은 단면 절편의 광학현미경이나 투과형전자현미경(TEM)을 이용하여 수행한다. 원소분석은 경원소에 있어서는 통상의 저분자유기물과 마찬가지로 수행하고, 중원소는 형광X선분석을 이용한다. 미량 원소분석이 필요한 경우에는 회화시켜서 수용액 형태로서 원자흡광법이나 발광법 등으로 수행한다. 화학구조에 있어서는 적외분광법, 라만분광법 등의 진동분광법, 용액이나 고체상태에서의 핵자기공명법(NMR)이 표준적인 방법이다. 결정구조에는 X선회절(XRD)을 이용한다. 이들 중에서 중요한 것은 다음과 같다.

1) 투과형전자현미경(TEM)

TEM은 관찰원리상 100nm 이하의 초박절편의 제작이나 산란콘트라스트를 형성시키기 위한 전자염색 등의 전처리에 시간이 걸리는 재료에 대한 개념의 형성에 있어서 매우 중요한 방법이다. 최근에는 고가속전압, 고배율의 장치가 보급되고 있지만, 고분자재료에 있어서는 100keV 정도에서 분해능 sub nm의 것이 주로 이용되고 있다. 관찰용의 절편에 있어서 대별하면, 레플리카법(Replica method)과 초박절편법이 있다.

레플리카법은 표면이나 분할단면의 관찰에는 이용되지만, 뒤에서 설명하는 주사형전자현미경(SEM)의 고성능화에서는 그다지 이용되지 않았다. 초박절편법은 시료를 수지로 포장하고, 다이아몬드나이프를 장착한 울트라마이크로톰(Ultra microtome)을 이용하는 방법이다. 상온에서 유연한 것이나 포장으로 변하는 위험성이 있는 것은 동결법을 이용한다. 물을 함유한 재료는 동결법을 이용하지만, 건조시킬 때에 변형되는 것은 다른 용매로 치환하는 등의 기술이 필요하다.

고분자는 C, H, N, O 등의 적은 종류의 경원소로 형성되고, 콘트라스트가 부여되기 어렵기 때문에 중금속이온을 이용한 전자염색법이 필요하다. 가장 잘 이용되는 것은, OsO_4에 의한 염색으로서 불포화결합이나 아민, 알코올이나 티오알코올기를 구조 중에 가지는 것이 염색되기 때문에, 그 외의 성분과 콘트라스트를 생성한다. 최근에는 OsO_4 이외에도 더욱 강력한 RuO_4나 아미드에 염착시키는 인텅스텐산($H_3PW_{12}O_{40}$)도 사용되며, 복수의 염색을 조합시키는 다중염색법도 수행되고 있다.

고분자재료에서의 TEM 관찰의 대상은 넓고, 적층필름이나 복합섬유 등의 구성, 벌크재료 중의 필러나 첨가제의 분포, 대전방지 성분 등의 분산상태, 블렌드 성분의 상분리 구조나 분산상태, 다공질재료나 결함으로서 보이드(Void)의 형상이나 분포, 또한 예는 적지만 고배율에서 고분자사슬의 라멜라나 구정구조 등도 관찰되고 있다. 이들의 응용 예 중에서 가장 위력을 발휘하고 있는 것은 다성분 블렌드의 상분리 구조의 관찰에서 성분조성에 따르는 전자염색, 때로는 다중염색 기술에 의하여 바다와 섬 구조 등의 시각화가 수행되고 있다.

2) X선회절(XRD)

XRD는 수많은 측정, 해석모드를 이용하여 고분자의 벌크 구조평가에 널리 이용되고 있다. 고분자재료는 결정성 고분자의 경우에서도 미세한 결정부분과 비결정부분이 공존하고 있으며, 회절패턴은 저분자결정과 비교하면 넓게 비결정부분에 의한 halo가 중첩되어 있다. 그러나 이 패턴으로부터 고분자의 확인은 가능하다. 또한 양쪽의 강도비율이나 혹은 특정 각도범위의 적분강도를 이용하여 상대적인 결정화도를 구할 수 있다.

결정화도는 밀도, 굴절률, 열측정, 진동분광법 등 이외의 많은 방법으로부터 얻어진 것과 대응을 취하는 것이 중요하다. 재료 중에서 고분자사슬의 1축 배향도나 배양함수를 특정 회절점의 디바이 고리(Debye ring)에 따르는 강도분포로부터 구할 수 있다. 필름시료의 경우, 결정에 있어서 각 면방위의 배열분포를 시각화 시키는 방법으로서 극점 도형법이 있으며, 2축 연신필름의 배향 등이 해석되고 있다. 회절점 2θ 방향의 강도분포로부터 미세결정의 크기를 구할 수 있다. 크기가 같은 경우에는 결정의 완전성 파라미터로 되며, 각종 결정의 산란의 정도를 논의할 수도 있다.

위에서 설명한 것과 같은 구조의 파라미터를 간단하게 구하는 이외에 저분자 단결정과 마찬가지의 본격적인 구조해석도 수행되고 있다. 우선, 층선 간격으로부터 분자사슬의 반복단위(섬유주기)를 결정하고, 격자상수, 결정구조, 원자좌표의 순으로 해석하지만, 저분자 결정과는 달리 임의성이 크기 때문에 많은 가정을 두고 해석을 진전시키기 위한 시간이 걸린다.

2θ가 0~5의 범위에 나타나는 소각산란이나 소각회절이 중요한 정보를 제공한다. 소각영역의 측정에는 강력하고 평행성이 우수한 X선원이나 각종 보정 등을 포함한 복잡한 데이터 처리가 필요하다. 소각산란으로부터는 재료 중의 입자나 공공의 수나 크기, 형상 등의 정보가 얻어진다. 또한 간섭성의 소각회절로부터는 Langmuir-Blodgett 막이나 결정성 고분자의 라멜라 구조 등의 장주기나 구조의 산란 등에 관한 정보가 얻어지고 있다.

3) 진동분광법(적외분광법, 라만분광법)

진동분광법은 고분자재료의 화학구조를 조사하는 가장 일반적인 방법이다. 적외분광법과 라만분광법은 서로 상보적이며, 전자는 주로 극성의 관능기, 후자는 고분자골격구조나 공액계의 정보를 제공한다. 어느 것이나 고분자재료의 확인, 결정성, 분자배향, 분자간의 상호작용 등 다양하고, 상세한 해석이 수행된다. 라만분광법은 재료 중의 형광의 방해를 위한 적용범위가 좁고, 측정시간이 길게 걸리는 것도 있고, 적외분광법과 비교하면 이용 빈도는 훨씬 적다. 단,

물을 함유한 계나 탄화가 진전된 재료 등의 특수한 것에서는 위력을 발휘한다.

적외분광법에서는 현재 거의 대부분 Fourier변환형 분광광도계(FT-IR)가 이용되고 있으며, 우수한 감도, 정밀도, 데이터 처리능력을 이용하여 재료관계의 해석에 널리 이용되고 있다. 특히 얻어진 적외스펙트럼의 차스펙트럼이나 합성스펙트럼을 이용하여 조성이나 구조에 있어서 약간의 변화나 차이를 논의할 수 있는 점에서 우수하다. 고분자재료의 합성스펙트럼을 이용한 조성분석, 차스펙트럼을 이용한 첨가제, 올리고머, 물 등의 해석이나 열화나 변질의 검토가 수행되고 있다. 말단기나 가지 구조 등도 차스펙트럼으로 취급한다.

결정화도의 결정이나 결정부분이나 비결정부분의 스펙트럼의 계산도 가능하다. 2색스펙트럼을 이용한 배향해석도 중요하다. 또한, 단순히 조성을 분석하는 것만으로 정지하지 않고, 블렌드 된 고분자간의 상호작용, 물이나 첨가제와 고분자의 상호작용 등도 조사할 수 있다. 또한, FT-IR의 고감도성을 이용하여 미량시료나 광학적으로 어두운 시료(자기테이프, 탄소섬유의 복합재료) 등도 측정되고 있다.

FT-IR 장치의 진보에 의하여 최근에는 밀리 초 단위의 고속스캔이나 마이크로 초 단위의 시간 분할법이 수행되고 있다. 전자에서는 고분자의 경화거동이나 광반응, 후자에서는 액정의 배향이나 완화, 역학적인 비틀림이나 완화 등의 빠른 현상을 추적하여 측정할 수 있기 때문에 새로운 해석분야가 확대되고 있다.

4) 고체 고분해능 핵자기공명법

핵자기공명법(NMR)은 물질의 화학구조 결정수단의 주요한 것의 하나이지만, 주로 용액 중에서 수행된다. 고분자용액의 NMR도 분자구조 결정에 있어서 중요한 수단이지만, 용액으로 되지 않는 재료나 용액으로 하는 것으로 소실되는 고차구조 등의 정보를 얻기에는 부적당하다. 종래 수행되어 온 고체의 광폭 NMR은 정보의 양이 적다. 고체의 고분해 NMR은 프로톤의 자화를 이용하여 13C의 자화를 유기하여 감도를 올리는 CP(Cross Polarization)와 고체의 선폭을 확대시키는 프로톤과의 쌍극자 상호작용을 소거하기 위해서 고출력 소거(Decoupling), 화학시프트의 이방성을 소거시키기 위한 자장에 대해서 54°44′ 경사된 축의 주위에서 시료의 고속회전(3~5kHz)에 의한 MAS (Magic Angle Spinning)를 조합시킨 소위 CP/MAS 모드의 측정을 수행하는 것에 의하여 고체인 그대로 고분해능의 스펙트럼이 얻어진다.

응용분야로서는 불용재료, 즉 겔화합물이나 가교고분자, 폴리이미드나 에폭시수지 등의 열경화성수지 혹은 석탄이나 피치와 같은 화석연료의 구조나 조성분석이 있다. 또한 고체물성과 직접 관계하며, 용액화 시키면 소실되는 것과 같은 고차구조, 결정구조나 이들의 역학적 혹은 열적인 변화 등의 해석도 중요하다. 더욱이 이들과 관련된 고체 중에서 분자의 각 부분에 있어서는 마이크로적인 운동성에 대해서 완화시간을 이용하여 해석할 수도 있다.

구체적인 응용예로서, 난용성의 폴리페닐렌설폰(PPSO)의 구조해석에서는 폴리페닐렌설파이드(PPS)의 산화과정에서 부생성물이나 미반응 PPS의 양 등이 CP/MAS 모드나 Dipolar Diphasing법에 의하여 분석할 수 있다. 또한, 폴리머-알로이의 해석 예에서는 나일론-6/에틸렌프로필렌 고무의 계에서 혼련에 의하여 나일론의 결정형이 γ형→α형으로 변하는 상태를 결정형으로 하여 민감한 피크의 증감으로부터 해석할 수 있다.

공업적으로는 가장 중요한 고분자의 하나인 폴리에틸렌테레프탈레이트(PET)의 해석도 수행되고 있다. 고체 고분해능 NMR의 특징은 고분자 각각의 부분, PET에서는 카르보닐기, 에틸렌글리콜기, 페닐기 등의 거동을 구별하여 해석할 수 있다. 결정, 비결정의 PET는 각각의 기가 상당히 다른 스펙트럼을 부여하기 때문에 연신, 열처리에 의하여 어떤 부분이 선택적으로 결정 상태에 가까운지를 알 수 있다. 1축 연신에 의하여 카르보닐, 페닐렌 부분은 변화가 없지만, 에틸렌글리콜 부분이 결정 상태로 변한다.

열처리에서는 모든 부분이 결정 상태로 변한다. 또한, T1ρ 해석에 의하여 각 부분의 운동성을 조사하면 에틸렌글리콜, 카르보닐 부분 모두 운동성이 높은 비결정상과 낮은 결정상으로 대응한 2종류의 T1ρ를 가지고 있으며, 연신이나 열처리에 의하여 에틸렌글리콜 부분에 있어서 비결정상의 T1ρ는 거의 대부분 변하지 않지만, 결정상의 T1ρ는 증대한다. 즉 운동성이 감소한다. 다른 쪽의 케톤 부분에서는 양쪽 모두 T1ρ가 증대하는 것으로 확인되었다.

16-1-3 표면과 미소부의 분석

고분자재료의 고기능화에 동반하여 표면이나 미소부분에 대한 분석의 필요성이 증가하고 있다. 재료의 극표층부분이나 미소부분에 기능성을 부여하기도 하고, 또한 복잡한 형태를 가지는 것도 많기 때문이다. 구조재료에 있어서도 접착성이나 제전성 등으로 표면이, 또한 역학적 성능의 향상을 위해서 결함이나 이물질 등의 미소부분이 중요시 되고 있다. 표면의 형태관찰에는 주사형전자현미경(SEM)이 보급되어 있으며, 동시에 미소부분의 원소분석이 전자프로브 미소부분석법(EPMA)으로 수행되고 있다.

최근에는 원자간력현미경(AFM)이 높은 공간분해능과 형태의 정량화 능력으로 주목되고 있다. 표면의 원소분석과 화학시프트에 의한 형태분석은 X선광전자분광법(XPS)이, 표면과 미소부분 및 깊이방향의 미량원소 분석에는 2차이온 질량분석법(SIMS)이 이용된다. 상세한 표면화학구조 해석에는 전반사흡수스펙트럼법(ATR) 등 표면모드의 Fourier변환 적외분광법(FT-IR)이, 미소부나 미소입자에 관해서는 적외현미경이나 라만현미경이 이용되고 있다.

1) 주사형전자현미경(SEM), 전자프로브미소부분석법(EPMA)

표면과 미소부분석의 가장 기본적인 것이 SEM과 EPMA이다. SEM은 종래 분해능 10nm 단위로서 이용되어 왔지만, 최근 휘도가 높고, 전자빔경이나 에너지 폭이 작은 전계방사(FE)형 전자총을 이용한 FE-SEM이 개발되어 2nm 정도의 분해능이 달성되었으며, 더욱 이온렌즈방식의 1nm 이하의 고분해능의 것도 가해졌고, 종래 TEM의 영역이었던 수만 배의 배율로서 관찰되기에 이르렀다. TEM에 비하면 초박절편의 조제 없이, 표면이나 단면을 관찰할 수 있으며, 편리하고, 분석능률이 높다.

고분자는 절연체이기 때문에 방전현상을 방지하기 위해서 금속(Au, Pt-Pd 등) 증착을 수행하는 것이 보통이지만, 이 경우 금속입자에 의한 분해능의 저하로 인하여 10~20nm 정도로 된다. 새로운 시험으로서 RuO_4 등도 부피가 크고 입체적인 시료가 좋은 것으로 이용되고 있다. FE-SEM은 1~3keV의 저가속 전압에서도 분해능의 저하가 비교적 작기 때문에, 이 에너지 영역에서의 방전이 적고, 표면선택성이 높은 장점을 이용할 수 있다.

SEM으로도 TEM에서 이용되는 OsO_4 등에 의한 전자염색을 이용하면 2차 전지 수율의 콘트라스트가 부여되어 고분자 블렌드의 상분리 구조를 TEM과 마찬가지로 관찰할 수 있다. 수분리막이나 의용재료 등 함수계의 다공구조재료에서는 원래의 구조를 유지한 그대로 건조시킬 필요가 있으며, 유기용제와 치환탈수를 수행할 임계점건조법이나 동결건조법 등이 이용된다. 동결은 급속히 수행되어 원래 형태를 손상시키지 않는 형태로서 생성시킨 비정질의 얼음을 고진공 중에서 승화시킨다. 동결기법에는 이외에 동결절단법이나 동결분할단법이 있다.

SEM의 고분자재료에서의 응용범위는 상당히 넓다. 표면형태 관찰로서는 섬유나 직물의 형태나 분말입자의 형상, 포토레지스트 패턴, 필름이나 성형품표면의 요철이나 입자, 표면의 오염물이나 부착물 등이 있다. 또한 단면 관찰도 잘 수행되며, 복합재료나 복합섬유, 복합필름의 구성이나 구조, 다공질재료나 비대칭막 등이 대상으로 된다. 또한 전자염색에 의한 고분자 블렌드의 상분리 구조 관찰 등도 TEM과 마찬가지로 수행되고 있다.

EPMA는 SEM에 형광X선분석계를 조합시킨 것으로서, SEM으로 장소를 결정한 미소부의 형광X선에 의한 원소분석이 가능하다. 이것은 형태와 원소조성을 동시에 해석할 수 있는 점에서 우수하다. EPMA에는 반도체 검출기를 이용한 에너지 분산(EXD)과 분광결정과 비례계수관을 조합시킨 파장분산(WDX)의 두 가지 방식이 있다. 전자는 신속하게 시료의 손상이 적고, 후자는 감도와 정량성이 우수한 특징이 있다. 고분자재료에서는 EXD가 많이 이용되고 있다. 형광X선은 경원소의 감도가 낮기 때문에 고분자의 주성분 원소분석은 일반적으로 수행되지 않는다. 그러나 할로겐원소나 유황 등 중원소와 함유되는 것은 한계가 없다. 압도적으로 많은 것은 재료 중의 이질물질 확인으로서 미립자, 촉매 응집덩어리, 불순물 등이 주된 대상으로 되어 있다.

2) 원자간력 현미경(AFM)

주사형터널현미경(STM)은, 반도체, 금속, 탄소재료 등의 재료에서는 TEM을 초월하는 공간분해능을 나타내고, 원자의 직접 관찰을 가능하게 하여 많은 새로운 발견을 가져오게 하고 있다. 그러나 대부분은 절연체인 고분자재료에 직접 적용은 불가능하며, 전기전도성을 부여하기 때문에 금속코팅이 필요하고, 분해능은 10㎚ 정도까지 저하한다. 이것에 대한 해답이 AFM으로서, 터널전류 대신에 원자간력을 이용하기 때문에, 일반의 고분자재료의 대상으로 될 수 있다. AFM의 아이디어는 STM의 발명자인 Binning에 의하여 제안되었지만, 그 후 반도체의 미세세공기술에 의한 캔틸레버의 제작과 광지렛대 방식에 의한 변위검출이라고 하는 2가지의 기술혁신이 있으며, 1990년대에 도입되어 급속히 보급되었다.

AFM은 면내부에서 0.2㎚, 수직방향 0.01㎚라고 하는 STM에 필적하는 공간분해능을 가지며, 실제공간에서 분자 1개 1개를 식별할 수 있다. 또한, SEM이나 TEM과는 달리, 화상해석으로부터 형태의 정량적인 취급이 가능하다. 대기 중이나 용액 중에서도 사용할 수 있다. 시료의 손상이 경미하게 하는 등의 우수한 특징을 가지며, 장래 고분자재료의 주요한 해석방법이 될 것이라고 생각된다.

AFM의 고분자재료에 응용 예는 아직 그다지 많지 않지만, SEM의 분해능으로 부족한 것, 전자선에 의한 손상이나 진공 중에서 변화가 있는 것, 콘트라스트를 얻기 어려운 것, 표면형태를 정량적으로 해석하고 싶은 경우 등에 사용되기 시작했다. 표면의 미세한 요철이나 미립자의 표면조직, 표면처리에 의한 형태변화, 고분자 결정형태의 해석 등이 수행되고 있다. 분자레벨의 분해능에 의한 관찰은 Langmuir-Blodgett막이나 액정, 저분자유기화합물 단결정 등으로 보고되어 있지만, 고분자재료에 대해서는 앞으로 과제가 있다.

3) 2차 이온 질량분석법(SIMS)

SIMS는 주로 금속, 반도체 중의 미량 불순물 등의 표면, 깊이방향의 분포나 미소부의 분석을 수행하는 방법이지만, 고분자재료에도 적용할 수 있다. SIMS에는 고스퍼터 속도에서 고감도로서 원소분석을 수행하는 dynamics SIMS(DSIMS)와, 대부분의 표면을 깍지 않고 원소분석에 참가하여 분자이온으로부터 화학구조 정보를 얻는 static SIMS(SSIMS)의 2종류가 있다. 전자에서는 주로 2중수속형 질량분석기를 이용하며, 후자에서는 비행시간형(TOF) 질량분석기가 사용된다. DSIMS에서는 미량원소나 매트릭스의 종류에도 의하지만, ppm~ppb의 검출하한, 0.1~1㎛의 가로방향 분해능, 1~10㎚의 깊이방향 분해능이 달성되어 있다.

정량에 있어서는 정밀도 ~±10~30%, 정확도 ±20~100%라고 하는 것이 현상이다. 고분자재료의 경우에도 미량 불순물 원소가 반도체와 같은 DSIMS의 조건에서 깊이방향 분석이 가능하다. 그러나 차징(Charging)의 방지, 화합물에 의한 스퍼터 속도의 현저한 차이 등 고분자

특유의 문제점을 고려할 필요가 있다. SSIMS는 오히려 반도체보다도 고분자재료가 앞으로 주된 대상이 되리라고 예상된다. SSIMS에서는 원소에서 ppm의 검출하한, 약 1㎛의 가로방향 분해능, M/△M~10^4의 질량분해능이 현재 달성되어 있는 기술수준이지만, 정량분석이나 매우 복잡한 질량스펙트럼을 충분히 해석하는 소프트웨이퍼는 아직 준비되어 있지 않다.

DSIMS의 응용 예로서는 필름표면의 금속성 불순물의 프로파일링, 금속박막으로부터 바탕 고분자로의 확산, 복합필름의 계면에서 상호확산, 고분자벌크 중의 촉매, 첨가제, 불순물 등에 의한 미량원소의 정성, 정량분석이나 이미지모드 혹은 매핑 모드(Mapping mode)에 의한 분포측정 등이 있다. SSIMS는 아직 응용 예가 적지만, 고분자재료의 조성이나 화학구조의 인식이나 확인, 고분자 블렌드의 배합비율, 블렌드나 그래프트 된 재료의 벌크와 표면의 내외층 차이, 표면흡착이나 표면오염, 표면처리나 표면열화에 의한 화학구조 변화 등이 종래, X선광전자분광법(XPS)에 의하여 수행된 내용이 대상으로 되어 있다. 대상으로 되는 계에도 의하지만, XPS보다 고감도로서 선택성이 높고, 구조 정보로서도 보다 상세하게 완전성이 높은 특징이 있다.

4) X선광전자분광법(XPS)

XPS는 고분자재료의 표면해석 방법 중에서 가장 중요한 것이다. 표층 10㎚ 정도의 정보를 선택적으로 부여하고, 원소분석에 추가해서 화학시프트에 의한 화학결합 상태를 해석할 수 있다. 연질 X선에 의한 광여기이기 때문에 전자, 이온 프로브와 비교하여 손상이나 차징도 적다. 정량적으로도 우수하고, ±10% 정도의 정밀도가 있다. 미소영역의 측정도 어느 정도 가능하게 되어 10~20㎛ 정도의 분해능이 달성되어 있다. 또한 특수한 이미드 모드의 장치도 개발되어 동일원소에서도 다른 결합상태의 것이 구별되어 매핑할 수 있다. 사용빈도는 한정되지만, Synchrotron 방사광을 이용한 측정도 수행되고 있으며, 여기광의 파장이 가변이다. 휘도가 높고, 순도가 높은 직선편광이라고 말하는 특징이 이용되고 있다. XPS가 부여된 정보도 단순히 내각전자의 결합에너지에 의한 원소의 확인과 화학시프트뿐만이 아니고, 위성피크(Satellite peak), 피크형상의 이용이나 외각 가전자대의 해석 등도 수행되고 있다. 최근에는 회전대음극 타겟을 이용한 고휘도의 X선원을 밝은 모노크로 미터를 조합시킨 저배경, 고감도, 고에너지 분해능의 장치가 개발되었고, XPS로부터 더욱 정밀한 정보를 인출할 가능성이 나와 있다. 또한, 광전자 강도의 각도의존성이나 광전자회절이라고 말하는 것도 수행되고 있다. 시료도 단순히 존재하는 표면을 측정하는 것에 멈추지 않고, 표면화학 수식법도 포함한 각종 표면처리나 청정화, 깊이방향의 프로파일링을 위하여 이온에칭, 기계연마, 화학에칭 등이 수행되며, 필요에 따라서 시료를 초고진공 중에 유지된 그대로 처리와 측정을 수행하는 것도 시험되고 있다.

XPS의 응용분야는 매우 넓고, 표면의 조성, 구조해석에서는 부가물, 오염의 분석, 첨가물,

불순물, 블렌드 성분 등의 표면에 편석, 블록공중합 사슬 등의 특정 부분이나 특정 관능기의 표면에 편석, 항의혈성 등의 생체적합성과 관련된 표면의 조성, 구조의 해석, 재료의 표면산화, 광열화, Weathering 등이 수행되고 있다. 표면처리나 표면박막 형성도 커다란 분야로서, 접착성, 제전성, 미끄럼성을 부여하는 처리나 항의혈성, 물질의 선택투과성이나 광의 선택적인 투과, 반사성을 부여하는 박막형성 등이 화학적 처리, 방전처리, 증착, 스퍼터링, CVD, 방전중합이나 전해중합으로 수행되고 있지만, 이들은 모두 XPS의 유효한 해석대상으로 되어 있다.

계면의 문제도 복합재료나 다층막과 관련하여 많고, 접착성, 전도성, 계면반응 등을 대상으로 XPS가 널리 이용되고 있다. 측정에는 계면을 노출시킬 필요가 있고, 기계적인 박리나 연마, 이온빔이나 화학적 방법에 의한 에칭이 수행되고 있다. 실제적 예로서는 증착막이나 스퍼터막의 금속과 기판의 고분자, 금속상의 열융착 고분자계면, 스틸타이어코드와 고무, 2종류 고분자간의 열압착계면이나 접착제계면 등이 있다. 또한 고분자 내부의 확산에 의한 물질이동도 흥미 있는 대상으로서 표면분석을 통하여 검토되고 있다. 실리콘오일 이동, 고분자간의 접촉에 의한 상호확산, 첨가제의 Bleed out, 표면그래프트 고분자 내부로의 이동 등이 그 예이다. 더욱 미소부분의 측정이 가능하게 되었기 때문에, 이들 모든 항목에 대해서 면내부 분포를 매핑할 수도 있다.

5) 진동분광법(적외분광법, 라만분광법)

적외, 라만분광법은 어느 것이나 벌크의 해석방법이지만, 각종의 반사법이나 현미경분광법 등을 이용하는 것으로 표면이나 미소부분을 선택적으로 측정할 수 있다. 진동분광법에 의한 표면, 미소부의 측정법은 표면선택성이나 공간분해능은 기존의 방법에 비하면 떨어지지만, 주어진 정보가 훨씬 상세하고 우수하기 때문에, 특히 고분자재료에서는 중요한 지위를 점유하고 있다.

적외분광법에서는 특히 FT-IR의 고감도성, 데이터 처리능력을 활용하여 전반사흡수스펙트럼법(ATR), 고감도반사법(RAS), 발광법(EMS), 확산반사법(DRS), 음향분광법(PAS), 현미경분광법 등의 다양한 측정 모드가 이용되고 있다. 고분자재료에서 가장 중요한 모드는 ATR로서 기판의 신호를 차스펙트럼법으로 제거하는 것에 의하여 10㎚ 정도의 표층부 신호를 선택적으로 얻을 수 있다. RAS, EMS는 고분자분체의 측정에 유효하다. 측정대상은 전항의 XPS와 꼭 같이 중요하지만, 사용 순서로서는 우선 표면감도가 우수한 XPS로서 측정대상의 존재를 확인하고, 원소조성과 대개의 결합상태를 파악한 후, 이어서 FT-IR의 계에 따라서 측정 모드를 이용하고, 더욱 상세한 조성, 구조정보를 얻는다. 적외현미경은 사용하는 광의 파장이 크고, 회절한계로 인하여 공간분해능은 떨어지며, 수~수십㎛ 정도이지만, 뒤에서 설명하는 라만현미경보다도 약간 적용범위가 넓기 때문에 잘 사용되고 있다. 대상은 고분자재료 중의 미소이질물질의 확인이 주목적으로 이용되고 있다.

라만분광법은 여기광이 가시자외영역에 있기 때문에 광학현미경과 조합시키면, 1㎛ 정도의 우수한 공간분해능을 가지는 현미경분광이 가능하다. 그러나 라만분광법 특유의 형광에 의한 방해 등이 있고, 적용범위는 그다지 넓지 않다. 다행스러운 것은, 폴리에스테르, 폴리올레핀, 폴리카보네이트, 탄소섬유 등 공업적으로 중요한 재료가 측정되기 때문에 널리 이용되고 있다. 1㎛ 정도의 공간분해능이 있기 때문에 단순히 미소이질물질의 분석에 그치지 않고, 첨가제나 탄화도 등 조성의 분포, 결정화도나 분자배향의 분포 등 매우 흥미 있는 해석이 가능하다. 형광에 의한 방해도 FT-라만법 등의 진보에 따라서 해결할 수 있는 가능성도 있다.

16-2 주관평가와 객관평가

16-2-1 서론

인간의 사회생활에서 사용되고, 손발이나 신체주변에서 접촉할 기회가 많은 재료를 "인간재료(Human materials)"라고 말하고 있다. 이 재료에 관해서 인간은 그들의 성질이 인간의 감성에 적합하면 좋다고 생각하고, 적합하지 않으면 스스로 배제된다. 재료의 성능은 한편으로 실용적인 기능성으로부터 오는 성능이 있으며, 이것이 우수한 것은 중요하지만, 상기의 감성과의 적합은 인간과의 적합이라고 하는 중요한 기능의 하나로서 인간재료로서의 본질적인 기능성이라고 말할 수 있다.

인간재료의 전형적인 것은 인간의 신체에 맞는 의복재료이다. 의복재료에서는 본래 외부환경의 추위, 더위에 대해서 신체의 온도조절작용을 도우며, 또한 외부로부터 받는 위해로부터 신체를 보호하는 역할이 실용적인 기능이다. 그러나 이들의 실용적인 기능은 우수해도 제2의 인간과의 적합성 기능에 떨어지면 인간은 착용을 피하게 된다. 즉, 같은 정도의 실용성을 가지는 것으로 보다 쾌적한 것을 구한다. 제2 성능을 여기서는 감성성능이라고 말한다.

감성성능에 관해서 인간의 판단은, 지금까지의 과학적 방법에서 보이는 것과 같은 개별적 분석적인 판단이 아니고, 종합판단의 특징이다. 단, 종합판단에서는 여러 가지 요인의 상호관계로부터 결과로서 나타난다. 좋고, 나쁘고, 즉, 좋다 혹은 불쾌하다는 판단에 이르며, 이 판단은 단순한 생리적인 판단이 아니고, 경험의 축적이라고 하는 데이터베이스로서 단시간에 머리에서 수행된다. 이와 같은 최종의 예, 아니요 판단의 결과는 그 후 인간의 행동을 규제하는데 있어서 매우 중요하다. 이와 같은 판단은 정밀하게 개별적으로 측정하여 데이터를 수집하는 근대적 과학방법으로부터 보면 상당히 애매하고 거칠며 원인분석도 불가능할 정도이지만, 개별측정이 어느 정도 정밀해도 최종적 결론, 예를 들면 좋다, 싫다는 것에 도달하지 않으면 인간에게 있어서 아무 가치도 없다. 거칠어도 결론은 최선의 방법으로 구하지 않으면 안 되기 때문이다. 이 최선 방법의 능력을 향상시키는 노력은, 물론 인간은 계속 수행하고 있다. 이것이 경험의 축적이다.

의복재료의 경우는, 실용성능도 관련되기 때문에 사태는 복잡하지만, 인간들은 지금까지 직물이라고 하는 표현으로서 주로 손에 의한 촉감으로부터 이 성질을 종합적으로 판단해 왔다. 이하에 이들의 객관적 판단, 즉 인간과는 별도로 개별적 과학적 방법을 이용하여 주관적 판단을 대행하는 시험이 발전하고, 실용화 되고 있는 것을 소개하고, 오히려 이들로부터 종합판단의 발전에 기여하고 싶다.

16-2-2 Primary hand and Total hand

Fabric hand는 포의 직물을 말한다. 직물이라고 말하는 것은 포가 인간이 좋다고 생각하는 성질을 가진다고 하는 것이지만, 그 판단에는 손으로 만지는 촉감과 더욱 의복으로 만들었을 때의 쾌적함과 아름다움을 예측하는 판단으로서, 정확한 판단에는 상당한 경험의 축적이 필요하다. 객관적 평가법의 개발에는 우선, 이 판단의 연구로부터 시작되었다. 포의 제조에 있어서 최종 공정인 마무리 공정의 숙련기술자, 특히 역사가 깊은 남성용 양모 원단의 마무리 숙련기술자 10명을 중심으로 하여 위원회를 구성하고 직물 판단의 내용에 대해서 검토했다.

제1단계 : primary hand(기본 직물) : 포의 좋고, 나쁜 것과는 별도로 의복의 적합성에 관계하는 포의 성질에 대해서 종합 판단한다.

제2단계 : total hand(종합 직물, 품질) : primary hand를 더욱 종합하여 최종 판단으로 좋다, 나쁘다고 판단한다.

16-2-3 객관적 평가

분석적으로는 손으로 포를 만졌을 때의 인간이 받아드리는 응답은 포의 역학적 성질과 표면의 특성이다. 숙련기술자와의 예비검토의 결과, 열적 응답은 직접적인 관계가 낮은 것으로서 직물로부터 제외한다.

찾아보기

ㅅ

ㅇ

R

S

T

V

W

X